Wangzikun

王梓坤文集 | 李仲来 主编

05

概率论基础及其应用

王梓坤 著

北京师范大学出版集团
BEIJING NORMAL UNIVERSITY PUBLISHING GROUP
北京师范大学出版社

前　言

王梓坤先生是中国著名的数学家、数学教育家、科普作家、中国科学院院士。他为我国的数学科学事业、教育事业、科学普及事业奋斗了几十年，做出了卓越贡献。他是中国概率论研究的先驱者，是将马尔可夫过程引入中国的先行者，是新中国教师节的提出者。作为王先生的学生，我们非常高兴和荣幸地看到我们敬爱的老师 8 卷文集的出版。

王老师于 1929 年 4 月 30 日（农历 3 月 21 日）出生于湖南省零陵县（今湖南省永州市零陵区），7 岁时回到靠近井冈山的老家江西省吉安县枫墅村，幼时家境极其贫寒。父亲王肇基，又名王培城，常年在湖南受雇为店员，辛苦一生，受教育很少，但自学了许多古书，十分关心儿子的教育，教儿子背古文，做习题，曾经凭记忆为儿子编辑和亲笔书写了一本字典。但父亲不幸早逝，那年王老师才 11 岁。母亲郭香娥是农村妇女，勤劳一生，对人热情诚恳。父亲逝世后，全家的生活主要靠母亲和兄嫂租种地主的田地勉强维持。王老师虽然年幼，但帮助家里干各种农活。他聪明好学，常利用走路、放牛、车水的时间看书、算题，这些事至今还被乡亲们传为佳话。

王老师幼时的求学历程是坎坷和充满磨难的。1940 年念完初小，村里没有高小。由于王老师成绩好，家乡父老劝他家长送他去固江镇县立第三中心小学念高小。半年后，父亲不幸去世，家境更为贫困，家里希望他停学。但他坚决不同意并做出了他人生中的第一大决策：走读。可是学校离家有十里之遥，而且翻山越岭，路上有狼，非常危险。王老师往往天不亮就起床，黄昏才回家，好不容易熬到高小毕业。1942年，王老师考上省立吉安中学（现江西省吉安市白鹭洲中学），只有第一个学期交了学费，以后就再也交不起了。在班主任高克正老师的帮助下，王老师申请缓交学费获批准，可是初中毕业时却因欠学费拿不到毕业证，更无钱报考高中。幸而学长王寄萍出资帮助，才拿到了毕业证并且去县城考取了国立十三中（现江西省泰和中学）的公费生。这事发生在1945年。他以顽强的毅力、勤奋的天性、优异的成绩、诚朴的品行，赢得了老师、同学和亲友的同情、关心、爱护和帮助。母亲和兄嫂在经济极端困难的情况下，也尽力支持他，终于完成了极其艰辛的小学、中学学业。

1948年暑假，在长沙有5所大学招生。王老师同样没有去长沙的路费，幸而同班同学吕润林慷慨解囊，王老师才得以到了长沙。长沙的江西同乡会成员欧阳伯康帮王老师谋到一个临时的教师职位，解决了在长沙的生活困难。王老师报考了5所学校，而且都考取了。他选择了武汉大学数学系，获得了数学系的两个奖学金名额之一，解决了学费问题。在大学期间，他如鱼得水，在知识的海洋中遨游。1952年毕业，他被分配到南开大学数学系任教。

王老师在南开大学辛勤执教28年。1954年，他经南开大学推荐并考试，被录取为留学苏联的研究生，1955年到世界著名大学莫斯科大学数学力学系攻读概率论。三年期间，他的绝大部分时间是在图书馆和教室里度过的，即使在假期里有去伏尔加河旅游的机会，他也放弃了。他在莫斯科大学的指导老师是近代概率论的奠基人、概率论公理化创立者、苏联科学院院士柯尔莫哥洛夫（А. Н. Колмогоров）和才华横溢的年轻概率论专家杜布鲁申（Р. Л. Добрушин），两位导师给王老师制订了学习和研究计划，让他参加他们领导的概率论讨论班，指导也很具体和耐心。王老师至今很怀念和感激他们。1958 年，王老师在莫斯科大学获得苏联副博士学位。

学成回国后，王老师仍在南开大学任教，曾任概率信息教研室主任、南开大学数学系副主任、南开大学数学研究所副所长。他满腔热情地投身于教学和科研工作之中。当时在国内概率论学科几乎还是空白，连概率论课程也只有很少几所高校能够开出。他为概率论的学科建设奠基铺路，向概率论的深度和广度进军，将概率论应用于国家经济建设；他辛勤地培养和造就概率论的教学和科研队伍，让概率论为我们的国家造福。1959 年，时年 30 岁还是讲师的王老师就开始带研究生，主持每周一次的概率论讨论班，为中国培养出一些高水平的概率论专家。至今他已指导了博士研究生和博士后 22 人，硕士研究生 30 余人，访问学者多人。他为本科生、研究生和青年教师开设概率论基础及其应用、随机过程等课程。由于王老师在教学、科研方面的突出成就，1977 年 11 月他就被特别地从讲师破格晋升为教授，这是“文化大革命”后全国高校第一次职称晋升，只有两人（另一位是天津大学贺家李教授）。1981 年国家批准第一批博士生导师，王老师是其中之一。

1965 年，他出版了《随机过程论》，这是中国第一部系统论述随机过程理论的著作。随后又出版了《概率论基础及其应用》(1976)、《生灭过程与马尔可夫链》(1980)。这三部书成一整体，从概率论的基础写起，到他的研究方向的前沿，被人誉为概率论三部曲，被长期用作大学教材或参考书。1983 年又出版专著《布朗运动与位势》。这些书既总结了王老师本人、他的同事、同行、学生在概率论的教学和研究中的一些成果，又为在中国传播、推动概率论学科发展，培养中国概率论的教学和研究人才，起到了非常重要的作用，哺育了中国的几代概率论学人（这 4 部著作于 1996 年由北京师范大学出版社再版，书名分别是：《概率论基础及其应用》，即本8卷文集的第5卷；《随机过程通论》上、下卷，即本8卷文集的第6卷和第7卷）。1992年《生灭过程与马尔可夫链》的扩大修订版（与杨向群合作）被译成英文，由德国的施普林格（Springer）出版社和中国的科学出版社出版。1999年由湖南科技出版社出版的《马尔可夫过程与今日数学》，则是将王老师1998年底以前发表的主要论文进行加工、整理、编辑而成的一本内容系统、结构完整的书。

1984年5月，王老师被国务院任命为北京师范大学校长，这一职位自1971年以来一直虚位以待。王老师在校长岗位上工作了5年。王老师常说："我一辈子的理想，就是当教师。"他一生都在实践做一位好教师的诺言。任校长后，就将更多精力投入到发展师范教育和提高教师地位、待遇上来。1984年12月，王老师与北京师范大学的教师们提出设立"教师节"的建议，并首次提出了"尊师重教"的倡议，提出"百年树人亦英雄"，以恢复和提高人民教师在社会上的光荣地位，同时也表达了全国人民对教师这一崇高职业的高度颂扬、崇敬和爱戴。1985年1月，全国人民代表大会常务委员会通过决议，决定每年的9月10日为教师节。王老师任校长后明确提出北京师范大学的办学目标：把北京师范大学建成国内第一流的、国际上有影响力的、高水平、多贡献的重点大学。对于如何处理好师范性和学术性的问题，他认为两者不仅不能截然分开，而且是相辅相成的；不搞科研就不能叫大学，如果学术水平不高，培养的老师一般水平不会太高，所以必须抓学术；但师范性也不能丢，师范大学的主要任务就是干这件事，更何况培养师资是一项光荣任务。对师范性他提出了三高：高水平的专业、高水平的师资、高水平的学术著作。王老师也特别关心农村教育，捐资为农村小学修建教学楼，赠送书刊，设立奖学金。王老师对教育事业付出了辛勤的劳动，做出了重要贡献。正如著名教育家顾明远先生所说："王梓坤是教育实践家，他做成的三件事情：教师节、抓科研、建大楼，对北京师范大学的建设意义深远。”2008 年，王老师被中国几大教育网站授予改革开放 30 年“中国教育时代人物”称号。

1981 年，王老师应邀去美国康奈尔（Cornell）大学做学术访问；1985 年访问加拿大里贾纳（Regina）大学、曼尼托巴（Manitoba）大学、温尼伯（Winnipeg）大学。1988 年，澳大利亚悉尼麦考瑞（Macquarie）大学授予他荣誉科学博士学位和荣誉客座学者称号，王老师赴澳大利亚参加颁授仪式。该校授予他这一荣誉称号是由于他在研究概率论方面的杰出成就和在提倡科学教育和研究方法上所做出的贡献。

1989 年，他访问母校莫斯科大学并作学术报告。

1993 年，王老师卸任校长职务已数年。他继续在北京师范大学任职的同时，以极大的勇气受聘为汕头大学教授。这是国内的大学第一次高薪聘任专家学者。汕头大学的这一举动横扫了当时社会上流行的“读书无用论”“搞导弹的不如卖茶叶蛋的”等论调，证明了掌握科学技术的人员是很有价值的，为国家改善广大知识分子的待遇开启了先河。但此事引起极大震动，一时引发了不少议论。王老师则认为：这对改善全国的教师和科技人员的待遇、对发展教育和科技事业，将会起到很好的作用。果然，开此先河后，许多单位开始高薪补贴或高薪引进人才。在汕头大学，王老师与同事们创办了汕头大学数学研究所，并任所长 6 年。汕头大学的数学学科有了很大的发展，不仅获得了数学学科的硕士学位授予权，而且聚集了一批优秀的数学教师，为后来获得数学学科博士学位授予权打下了坚实的基础。

王老师担任过很多兼职：天津市人民代表大会代表，国家科学技术委员会数学组成员，中国数学会理事，中国科学技术协会委员，中国高等教育学会常务理事，中国自然辩证法研究会常务理事，中国人才学会副理事长，中国概率统计学会常务理事，中国地震学会理事，中国高等师范教育研究会理事长，

《中国科学》《科学通报》《科技导报》《世界科学》《数学物理学报》等杂志编委，《数学教育学报》主编，《纯粹数学与应用数学》《现代基础数学》等丛书编委。

王老师获得了多种奖励和荣誉：1978 年获全国科学大会奖，1982 年获国家自然科学奖，1984 年被中华人民共和国人事部授予“国家有突出贡献中青年专家”称号，1986 年获国家教育委员会科学技术进步奖，1988 年获澳大利亚悉尼麦考瑞大学荣誉科学博士学位和荣誉客座学者称号，1990 年开始享受政府特殊津贴，1993 年获曾宪梓教育基金会高等师范院校教师奖，1997 年获全国优秀科技图书一等奖，2002 年获何梁何利基金科学与技术进步奖。王老师于 1961 年、1979 年和 1982 年 3 次被评为天津市劳动模范，1980 年获全国新长征优秀科普作品奖，1990 年被全国科普作家协会授予“新中国成立以来成绩突出的科普作家”称号。

1991 年，王老师当选为中国科学院院士，这是学术界对他几十年来在概率论研究中和为这门学科在中国的发展所做出的突出贡献的高度评价和肯定。

王老师是将马尔可夫过程引入中国的先行者。马尔可夫过程是以俄国数学家 A. A. Марков 的名字命名的一类随机过程。王老师于 1958 年首次将它引入中国时，译为马尔科夫过程。后来国内一些学者也称为马尔可夫过程、马尔柯夫过程、Markov 过程，甚至简称为马氏过程或马程。现在统一规范为马尔可夫过程，或直接用 Markov 过程。生灭过程、布朗运动、扩散过程都是在理论上非常重要、在应用上非常广泛、很有代表性的马尔可夫过程。王老师在马尔可夫过程的理论研究和应用方面都做出了很大的贡献。

随着时代的前进，特别是随着国际上概率论研究的进展，王老师的研究课题也在变化。这些课题都是当时国际上概率论研究前沿的重要方向。王老师始终紧随学科的近代发展步伐，力求在科学研究的重要前沿做出崭新的、开创性的成果，以带动国内外一批学者在刚开垦的原野上耕耘。这是王老师一生中数学研究的一个重大特色。

20 世纪 50 年代末，王老师彻底解决了生灭过程的构造问题，而且独创了马尔可夫过程构造论中的一种崭新的方法——过程轨道的极限过渡构造法，简称极限过渡法。王老师在莫斯科大学学习期间，就表现出非凡的才华，他的副博士学位论文《全部生灭过程的分类》彻底解决了生灭过程的构造问题，也就是说，他找出了全部的生灭过程，而且用的方法是他独创的极限过渡法。当时，国际概率论大师、美国的费勒（W. Feller）也在研究生灭过程的构造，但他使用的是分析方法，而且只找出了部分的生灭过程（同时满足向前、向后两个微分方程组的生灭过程）。王老师的方法的优点在于彻底性（构造出了全部生灭过程）和明确性（概率意义非常清楚）。这项工作得到了苏联概率论专家邓肯（Е. Б. Дынкин，E. B. Dynkin，后来移居美国并成为美国科学院院士）和苏联概率论专家尤什凯维奇（А. А. Юшкевич）教授的引用和好评，后者说："Feller 构造了生灭过程的多种延拓，同时王梓坤找出了全部的延拓。"在解决了生灭过程构造问题的基础上，王老师用差分方法和递推方法，求出了生灭过程的泛函的分布，并给出此成果在排队论、传染病学等研究中的应用。英国皇家学会会员肯德尔（D. G. Kendall）评论说："这篇文章除了作者所提到的应用外，还有许多重要的应用……该问题是困难的，本文所提出的技巧值得仔细学习。"在王老师的带领和推动下，对构造论的研究成为中国马尔可夫过程研究的一个重要的特色之一。中南大学、湘潭大学、湖南师范大学等单位的学者已在国内外出版了几部关于马尔可夫过程构造论的专著。

1962 年，他发表了另一交叉学科的论文《随机泛函分析引论》，这是国内较系统地介绍、论述、研究随机泛函分析的第一篇论文。在论文中，他求出了广义函数空间中随机元的极限定理。此文开创了中国研究随机泛函的先河，并引发了吉林大学、武汉大学、四川大学、厦门大学、中国海洋大学等高校的不少学者的后继工作，取得了丰硕成果。

20 世纪 60 年代初，王老师将邓肯的专著《马尔可夫过程论基础》译成中文出版，该书总结了当时的苏联概率论学派在马尔可夫过程论研究方面的最新成就，大大推动了中国学者对马尔可夫过程的研究。

20 世纪 60 年代前期，王老师研究了一般马尔可夫过程的通性，如 0-1 律、常返性、马丁（Martin）边界和过分函数的关系等。他证明的一个很有趣的结果是：对于某些马尔可夫过程，过程常返等价于过程的每一个过分函数是常数，而过程的强无穷远 0-1 律成立等价于过程的每一个有界调和函数是常数。

20 世纪 60 年代后期和 70 年代，由于众所周知的原因，王老师停下理论研究，应海军和国家地震局的要求，转向数学的实际应用，主要从事地震统计预报和在计算机上模拟随机过程。他带领的课题小组首创了“地震的随机转移预报方法”和“利用国外大震以预报国内大震的相关区方法”，被地震部门采用，取得了实际的效果。在这期间，王老师也发表了一批实际应用方面的论文，例如，《随机激发过程对地极移动的作用》等，还有 1978 年出版的专著《概率与统计预报及在地震与气象中的应用》（与钱尚玮合作）。

20 世纪 70 年代，马尔可夫过程与位势理论的关系是国际概率论界的热门研究课题。王老师研究布朗运动与古典位势的关系，求出了布朗运动、对称稳定过程的一些重要分布。如对球面的末离时、末离点、极大游程的精确分布。他求出的自原点出发的 d（不小于 3）维布朗运动对于中心是原点的球面的末离时分布，是一个当时还未见过的新分布，而且分布的形式很简单。美国数学家格图（R. K. Getoor）也独立地得到了同样的结果。王老师还证明了：从原点出发的布朗运动对于中心是原点的球面的首中点分布和末离点分布是相同的，都是球面上的均匀分布。

20世纪80年代后期，王老师研究多参数马尔可夫过程。他于1983年在国际上最早给出多参数有限维奥恩斯坦-乌伦贝克（OU，Ornstein-Uhlenbeck）过程的严格数学定义并得到了系统的研究成果。如三点转移、预测问题、多参数与单参数的关系等。次年，加拿大著名概率论专家瓦什（J. B. Walsh）也给出了类似的定义，其定义是王老师定义的一种特殊情形。1993年，王老师在引进多参数无穷维布朗运动的基础上，给出了多参数无穷维OU过程定义，这是国际上最早提出并研究多参数无穷维OU过程的论文，该文发现了参数空间有分层性质。王老师关于多参数马尔可夫过程的开创性工作，推动和引发了国内对于多参数马尔可夫过程的研究，如中山大学、武汉大学、南开大学、杭州大学、湘潭大学、湖南师范大学等的后继研究。湖南科学技术出版社1996年出版的杨向群、李应求的专著《两参数马尔可夫过程论》，就是在王老师开垦的原野上耕耘的结果。

20世纪90年代至今，王老师带领同事和研究生研究国际上的重要新课题——测度值马尔可夫过程（超过程）。测度值马氏过程理论艰深，但有很明确的实际意义。粗略地说，如果普通马尔可夫过程是刻画“一个粒子”的随机运动规律，那么超过程就是刻画“一团粒子云”的随机飘移运动规律。王老师带领的集体在超过程理论上取得了丰富的成果，特别是他的年轻的同事和学生们，做了许多很好的工作。

2002年，王老师和张新生发表论文《生命信息遗传中的若干数学问题》，这又是一项旨在开拓创新的工作。1953年沃森（J. Watson）和克里克（F. Crick）发现DNA的双螺旋结构，人们对生命信息遗传的研究进入一个崭新的时代，相继发现了“遗传密码字典”和“遗传的中心法则”。现在，人类基因组测序数据已完成，其数据之多可以构成一本100万页的书，而且书中只有4个字母反复不断地出现。要读懂这本宏厚的巨著，需要数学和计算机学科的介入。该文首次向国内学术界介绍了人类基因组研究中的若干数学问题及所要用到的数学方法与模型，具有特别重要的意义。

除了对数学的研究和贡献外，王老师对科学普及、科学研究方法论，甚至一些哲学的基本问题，如偶然性、必然性、混沌之间的关系，也有浓厚兴趣，并有独到的见解，做出了一定的贡献。

在“文化大革命”的特殊年代，王老师仍悄悄地学习、收集资料、整理和研究有关科学发现和科学研究方法的诸多问题。1977年“文化大革命”刚结束，王老师就在《南开大学学报》上连载论文《科学发现纵横谈》（以下简称《纵横谈》），次年由上海人民出版社出版成书。这是“文化大革命”后中国大陆第一本关于科普和科学方法论的著作。这本书别开生面，内容充实，富于思想，因而被广泛传诵。书中一开始就提出，作为一个科技工作者，应该兼备德识才学，德是基础，而且德识才学要在实践中来实现。王老师本人就是一位成功的德识才学的实践者。《纵横谈》是十年“文化大革命”后别具一格的读物。数学界老前辈苏步青院士作序给予很高的评价：“王梓坤同志纵览古今，横观中外，从自然科学发展的历史长河中，挑选出不少有意义的发现和事实，努力用辩证唯物主义和历史唯物主义的观点，加以分析总结，阐明有关科学发现的一些基本规律，并探求作为一名自然科学工作者，应该力求具备一些怎样的品质。这些内容，作者是在‘四人帮’[①] 形而上学猖獗、唯心主义横行的情况下写成的，尤其难能可贵……作者是一位数学家，能在研究数学的同时，写成这样的作品，同样是难能可贵的。”《纵横谈》以清新独特的风格、简洁流畅的笔调、扎实丰富的内容吸引了广大读者，引起国内很大的反响。书中不少章节堪称

① 指王洪文、张春桥、江青、姚文元.

优美动人的散文，情理交融回味无穷，使人陶醉在美的享受中。有些篇章还被选入中学和大学语文课本中。该书多次出版并获奖，对科学精神和方法的普及起了很大的作用。以至19年后，这本书再次在《科技日报》上全文重载（1996年4月4日至5月21日）。主编在前言中说："这是一组十分精彩、优美的文章。今天许许多多活跃在科研工作岗位上的朋友，都受过它的启发，以至他们中的一些人就是由于受到这些文章中阐发的思想指引，决意将自己的一生贡献给伟大的科学探索。"1993年，北京师范大学出版社将《纵横谈》进一步扩大成《科学发现纵横谈（新编）》。该书收入了《科学发现纵横谈》、1985年王老师发表的《科海泛舟》以及其他一些文章。2002年，上海教育出版社出版了装帧精美的《莺啼梦晓——科研方法与成才之路》一书，其中除《纵横谈》外，还收入了数十篇文章，有的论人才成长、科研方法、对科学工作者素质的要求，有的论数学学习、数学研究、研究生培养等。2003年《莺啼梦晓——科研方法与成才之路》获第五届上海市优秀科普作品奖之科普图书荣誉奖（相当于特等奖）。2009年，北京师范大学出版社出版的《科学发现纵横谈》（第3版）于同年入选《中国文库》（第四辑）（新中国60周年特辑）。《中国文库》编辑委员会称：该文库所收书籍"应当是能够代表中国出版业水平的精品""对中国百余年来的政治、经济、文化和社会的发展产生过重大积极的影响，至今仍具有重要价值，是中国读者必读、必备的经典性、工具性名著。"王老师被评为"新中国成立以来成绩突出的科普作家"，绝非偶然。

王老师不仅对数学研究、科普事业有突出的贡献，而且对整个数学，特别是今日数学，也有精辟、全面的认识。20世纪90年代前期，针对当时社会上对数学学科的重要性有所忽视的情况，王老师受中国科学院数学物理学部的委托，撰写了《今日数学及其应用》。该文对今日数学的特点、状况、应用，以及其在国富民强和提高民族的科学文化素质中的重要作用等做了全面、深刻的阐述。文章提出了今日数学的许多新颖的观点和新的认识。例如，“今日数学已不仅是一门科学，还是一种普适性的技术。”“高技术本质上是一种数学技术。”“某些重点问题的解决，数学方法是唯一的，非此‘君’莫属。”对今日数学的观点、认识、应用的阐述，使中国社会更加深切地感受到数学学科在自然科学、社会科学、高新技术、推动生产力发展和富国强民中的重大作用，使人们更加深刻地认识到数学的发展是国家大事。文章中清新的观点、丰富的事例、明快的笔调和形象生动的语言使读者阅后感到是高品位的享受。

王老师在南开大学工作28年，吃食堂42年。夫人谭得伶教授是20世纪50年代莫斯科大学语文系的中国留学生，1957年毕业回国后一直在北京师范大学任教，专攻俄罗斯文学，曾指导硕士生、博士生和访问学者20余名。王老师和谭老师1958年结婚后育有两个儿子，两人两地分居26年。谭老师独挑家务大梁，这也是王老师事业成功的重要因素。

王老师为人和善，严于律己，宽厚待人，有功而不自居，有傲骨而无傲气，对同行的工作和长处总是充分肯定，对学生要求严格，教其独立思考，教其学习和研究的方法，将学生当成朋友。王老师有一段自勉的格言：“我尊重这样的人，他心怀博大，待人宽厚；朝观剑舞，夕临秋水，观剑以励志奋进，读庄以淡化世纷；公而忘私，勤于职守；力求无负于前人，无罪于今人，无愧于后人。”

本8卷文集列入北京师范大学学科建设经费资助项目，由北京师范大学出版社出版。李仲来教授从文集的策划到论文的收集、整理、编排和校对等各方面都付出了巨大的努力。在此，我们作为王老师早期学生，谨代表王老师的所有学生向北京师范大学、北京师范大学出版社、北京师范大学数学科学学院和李仲来教授表示诚挚的感谢！

杨向群　吴　荣　施仁杰　李增沪

2016年3月10日

第 3 版作者的话

这一版中，继续改正了一些误植，补充了若干内容如附录 2、3、4，本书的许多读者已成为教学与科研的骨干，有缘相见时还承他们谈起此书，这对作者是最好的奖励. 本书累计已印刷发行十万册，作为一本教科书，实非易事. 作者再次感谢读者和有关人士的厚爱与指导.

作者　2006 年 7 月于北京

第 2 版作者的话

本书初版于 1976 年，后连印刷三次．承一些高等院校、科研单位用作教本或参考书．不少热心的读者提出了许多中肯的批评，甚至寄来勘误表；这些意见在这一版中已全被采纳，使本书为之生色．作者对他们的帮助表示最真诚的感谢．作者还衷心地感激韩丽娟、洪良辰、廖昭懋、蒋铎、洪吉昌等各位教授，他们关心本书的再版，并给予了许多帮助，第 2 版书末增加一附录《论随机性》，作为概率哲学的初探．

作者　1992 年 10 月

第 1 版作者的话

本书的目的是想比较严格地叙述概率论的基础知识，并介绍它的一些应用. 总共 8 章，前 3 章是核心部分，其中包括概率论的基本概念和定理；第 4 章是随机过程的初步导引；后面 4 章分别介绍概率论在数理统计、随机模拟、计算方法以及可靠性问题中的一些应用.

随着科学和社会的进步，概率论获得了新的生命力. 理论一与实际相结合，便立即呈现出"忽如一夜春风来，千树万树梨花开"的繁荣景象. 目前，概率论已被广泛应用到许多实际部门中，要在一本书内叙述各方面的应用是困难的. 因此，本书所谓的应用，只不过是一些方面的一些应用.

在写作过程中，我们注意了下列 3 点：

1. 为了使叙述比较清楚，我们广泛使用了"概率空间"的概念. 有了它才能明确地给出一些最基本的定义，如事件、随机变量等，否则，恐怕很难回答像"随机变量的函数是否仍是随机变量""独立随机变量 ξ_1，ξ_2 的函数g（ξ_1），g（ξ_2）是否仍独立"等这样一些无法避免的问题. 但另一方面，由于引进了概率空间，就必须用到一些最基本的测度论知识，这似乎不属本书的范围. 不过我们发现，如果只考虑概率论基础的需要，那么用到的测度论并不太多，在本书中完全可以自给自足，而且所用的篇幅很少．这样做还可以多少填平一些普通概率论与较高深的概率论分支之间的鸿沟．这种叙述方式也许还是一种新尝试．

2．对于基本概念，我们希望能讲明它们的背景和应用．在实践中所体会到的直观形象有助于抓住本质，它常常是理论的先导，并为理论提供思路、模型与方法；严格的逻辑证明和计算有时无非是直觉的一种数学加工和精确化而已．虽然如此，严谨的数学论证仍是十分重要的．正文中的定理或例题，都有详细证明或解答．

3．书中列举了较多的例题，其中有些是历史上著名的问题（见书末索引），它们在概率论的发展上起过一定的作用．前 5 章附有习题及详细解答，有些习题也可当作例题看，以利于自学．

§1.4（三）表示第 1 章第 4 节第 3 段．凡标有星号（∗）的章、节、段、定理或证明，都可在初次阅读时略去，待必要时补看．如用本书做教材，可挑选若干章节讲授．

本书大部分内容曾在南开大学数学系给本科生多次讲授过．芦桂章、孙曒两位教授为本书提供了习题及解答；吴荣教授详细审阅了全部底稿，并提出许多改进意见，作者对他们表示衷心的感谢．

由于水平所限，书中一定会有不少的错误和缺点，恳请批评指正．

作者 1976 年

目　录

第1章　事件与概率

§1.1　概率论的现实背景

(一) 概率论的研究对象

自然界有许多现象，我们完全可以预言它们在一定条件下是否会出现. 例如："同性的电互相排斥""在标准大气压下，水加热到100℃时必定沸腾"等是一定会出现的，而上述现象的反面，即"同性的电互相吸引""在标准大气压下，水加热到100℃时不沸腾"等是必然不会出现的. 在一定条件下必然出现的现象叫必然事件；在一定条件下必然不出现的现象叫不可能事件. 必然事件的反面是不可能事件.

然而自然界还有许多现象，它们在一定条件下可能出现也可能不出现，这种现象称为随机事件，或简称为事件. 例如："掷硬币得正面""明年北京7月间的平均温度是28℃"等都是随机事件.

概率论是数学的一个分支，它研究的对象是随机事件的数量规律性.

我们常常通过随机试验来观察随机事件. 例如：事件"得正

面”是随机试验“掷硬币”的一个可能的结果，而事件“28℃”是随机试验“观察明年北京 7 月间的平均温度”的一个可能的结果.

一般地，设 E 为一试验，如果不能事先准确地预言它的结果，而且在相同条件下可以重复进行，就称为随机试验，以 ω 表示它的一个可能的结果，称 ω 为 E 的一基本事件，全体基本事件的集 $\Omega=(\omega)$ 称为基本事件空间. 在具体问题中，十分重要的是：认清基本事件空间是由什么构成的. 我们来举一些例子.

例 1 E— 掷一枚普通的硬币而观察所出现的面①；ω_1— 正，ω_2— 反，于是 Ω 由两个基本事件构成，即 $\Omega=(\omega_1,\omega_2)$. ■

例 2 E— 自标号为 $1,2,\cdots,n$ 的 n 个同样的灯泡中任取其一，ω_i— 取得第 i 号，$\Omega=(\omega_1,\omega_2,\cdots,\omega_n)$. 这时如果简记 ω_i 为 i，那么得 $\Omega=(1,2,\cdots,n)$. ■

例 3 E— 计算某电话交换台在上午 9 时内所得呼唤次数；ω_i— 得 i 次呼唤；$\Omega=(\omega_0,\omega_1,\omega_2,\cdots)$. 如果简记 ω_i 为 i，那么得 $\Omega=(0,1,2,\cdots)$. ■

例 4 E— 观察北京 10 月间的平均温度，ω_a— 平均温度为 a℃，$\Omega=(\omega_a,-\infty<a<+\infty)$. 如果简记 ω_a 为 a，那么得 $\Omega=(-\infty,+\infty)$，即全体实数集（实际上 Ω 中有许多点是多余的，因为温度不可能低于 -273℃ 等）. ■

例 5 E— 向平面上某块有界区域 Ω 内随意投掷质点（例如掷球）而观察落点位置，以 $\omega(a,b)$ 表示落点的坐标为 (a,b) 的一个试验结果. 如果简记 $\omega(a,b)$ 为 (a,b)，那么基本事件空间重合于此区域 Ω. ■

基本事件是事件中的一种，一般的事件总是由若干个基本事件共同组成的，因而是 Ω 的一个子集. 譬如说，在例 2 中，事件 A

① 许多实际问题与此问题同类，例如：登记新生婴孩的性别，“女”或“男”，产品“合格”或“不合格”，明天天气“晴”或“非晴”，射击“中的”或“不中的”等.

为"取得标号不大于 3 的灯泡"，它是由三个基本事件"取得第 1 号""取得第 2 号""取得第 3 号"共同组成的，故$A=(1,2,3)$. 同样，对事件 B 为"取得标号为偶数的灯泡"，我们有 $B=(2,4,6,\cdots,2[\frac{n}{2}])$，其中$[a]$表示不大于 a 的最大整数. 又如在例 4 中，事件 C 为"不高于 18℃"，则可表示为 $C=(-\infty,18]$. 由此可见，每一事件对应于 Ω 的一个子集.

当且仅当事件 A 所含的一个基本事件出现时称为 A 出现.

(二) 事件的运算

试引进事件间的一些重要关系及对事件的运算. 以下 A,B,A_i,B_i 都表示事件.

(i) 如果 A 出现必导致 B 出现，就说 A 是 B 的特款，或者说 B 包含 A，记作$A\subset B$；如果 $A\subset B$ 而且 $B\subset A$，就说 A 与 B 相等，并记作 $A=B$. 例如，事件 A 为"取得第 2 号灯泡"，B 为"取得偶数号灯泡"，则 A 是 B 的特款；又如，事件 A 为"平均温度不高于 18℃"，B 为"平均温度低于 20℃"，则 A 是 B 的特款.

(ii) "两事件 A,B 中至少有一个出现"也是一事件，称此事件为 A,B 的和，记作 $A\cup B$；显然，$A\cup B$ 也是事件："或 A 出现，或 B 出现". 类似地，事件"$A_1,A_2,\cdots,A_n$ 中至少有一个出现"称为 $A_1,A_2,\cdots,A_n$ 的和，记为 $A_1\cup A_2\cup\cdots\cup A_n$ 或$\bigcup_{i=1}^{n}A_i$；事件"$A_1,A_2,\cdots$ 中至少有一个出现"称为可列多个事件的和，记作 $A_1\cup A_2\cup\cdots$ 或 $\bigcup_{i=1}^{+\infty}A_i$. 其次，"$n$ 个事件 $A_1,A_2,\cdots,A_n$ 都出现"也是一事件，称为 $A_1,A_2,\cdots,A_n$ 的交，记作 $A_1\cap A_2\cap\cdots\cap A_n$ 或 $A_1A_2\cdots A_n$ 或 $\bigcap_{i=1}^{n}A_i$. 类似定义 $A_1\cap A_2\cap\cdots$ 并简写为 $A_1A_2\cdots$ 或 $\bigcap_{i=1}^{+\infty}A_i$. 譬如说，在例 3 中，"呼唤次数为偶数"是基本事件"2""4""6"$\cdots$ 的和，而"呼唤次数为偶数"与"呼唤次数为 3 的倍

数”的交是事件“呼唤次数是6的倍数”.

(iii)“A出现而B不出现”也是一事件，称为A与B的差，记作$A-B$. 例如：“呼唤次数不小于6”与“呼唤次数不小于7”的差是“呼唤次数为6”；而“呼唤次数不小于6”与“呼唤次数为偶数”的差是“呼唤次数为不小于7的奇数”.

(iv) 不可能事件与必然事件通常也看成随机事件，分别用记号$\varnothing$及Ω表示. 如果两事件A,B满足关系

$$AB=\varnothing, \tag{1}$$

也就是说，如果A,B不可能同时出现，就说A,B是互不相容的. 例如：“呼唤次数大于10”与“呼唤次数小于10”是互不相容的.

两事件A,B如果满足关系

$$A\cup B=\Omega,\quad AB=\varnothing, \tag{2}$$

也就是说，A,B中必出现其一，但A,B不能同时出现，就说A与B互逆，或者说A是B(或B是A)的对立事件，记作$A=\bar{B}$. 例如“呼唤次数大于10”是“呼唤次数不大于10”的对立事件，但却不是“呼唤次数小于10”的对立事件.

上面说过，事件A可表示为基本事件空间Ω的一个子集，该子集仍然记为A，于是我们也可以从集合论的观点来看待事件，结果发现这种观点非常有用，因为上面对事件所引进的关系恰好和通常对集所引进的相应的关系一致. 譬如说，设事件A是事件B的特款，于是A出现必导致B出现. 考虑含于A的一个基本事件ω，当ω出现时，A出现，由假定这时B也出现，故此ω必含于B，从而证明了集A,B间有集合论中所定义的包含关系$A\subset B$. 反之，设集A含于集B，$A\subset B$；当事件A出现时，必定有A中的某一基本事件ω出现，既然此$\omega\in A$，因而$\omega\in B$，故事件B也出现，这说明A是B的特款. 由此可见，“事件B包含事件A”与“集B包含集A”两个概念是一致的. 类似地可以看到其他相应概念的一致

性：事件的"相等""和""交""差"分别与集的"相等""和""交""差"一致，不可能事件 $\varnothing$ 及必然事件 Ω 分别与空集 $\varnothing$ 及全空间 Ω 一致. 从而关系式(1)(2) 也可按集合论中的意义来理解，因此，"A 是 B 的对立事件"与"集 A 是集 B 关于 Ω 的补集"是一致的.

事件间的关系既然与集间相应的关系一致，我们就可以用图形来表达，如图 1-1：

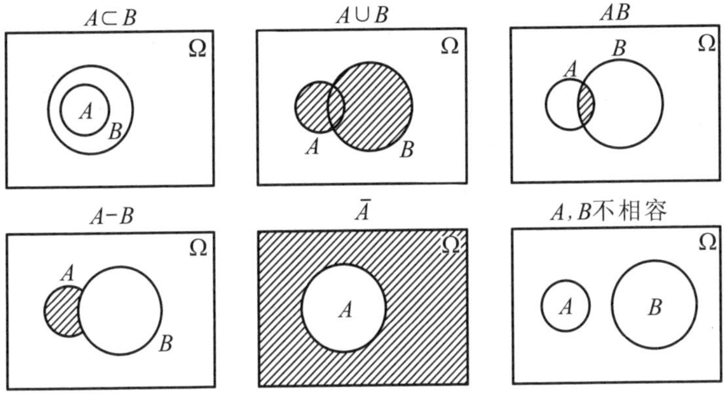

图 1-1

($A \cup B, AB, A-B, \bar{A}$ 分别为图中阴影部分)

(三) 概率

当我们多次做某一随机试验 E 时，常常会察觉某些事件出现的可能性要大些，也就是说，这事件出现的次数要多些，而另一些事件出现的可能性要小些. 例如"抽得偶数号灯泡"的可能性大于"抽得第 2 号灯泡"的可能性，因为后一事件是前一事件的特款. 既然各事件出现的可能性有大有小，自然使人想到该用一个数字 $P(A)$ 来标志事件 A 出现的可能性，较大的可能性用较大的数字来标志，较小的可能性就用较小的数字来标志. 这数字 $P(A)$ 就称为事件 A 的概率.

然而，对于已给的事件 A，到底应该用哪个数字来作为它的概率呢?就是说,怎样从数量上来规定 $P(A)$ 呢?这决定于所研究的随机试验 E 及 A 的特殊性,不能一概而论. 但在下列两种特殊的(即古典型的和几何型的) 随机试验中,事件的概率容易合理地规定,并能满足实际的需要.

Ⅰ. 古典型 先考虑一个特例,即例 2. 自标号为 $1,2,\cdots,n$ 的共 n 个同样的灯泡中任取其一,如果抽取时把这些灯泡完全平等看待,不特别侧重或特别看轻某些灯泡,那么,每个灯泡被取出的可能性应该是相同的,也就是说,一切基本事件 ω_i—"取得第 i 号灯泡" 都是等可能的(为了要实现等可能,譬如说可以这样做:在 n 张同样的纸片上各写上一个数字,从 1 到 n,然后把纸片折好,并把次序随意搅乱,再从中任取一张,它上面的数字就代表被取中的灯泡号码). 在此例中,只有 n 个不同的基本事件.

一般地,如果随机试验 E 具有:

(i) 只有有穷多个不同的基本事件 $\omega_1,\omega_2,\cdots,\omega_n$,

(ii) 一切基本事件都是等可能的,

两种性质,就说 E 是古典型的随机试验.

由上所述可见,例 2 及例 1 中的 E 都是古典型的.

对古典型的随机试验 $E,\Omega=(\omega_1,\omega_2,\cdots,\omega_n)$,设事件 A 由 $k(\leqslant n)$ 个不同的基本事件组成,我们就定义 A 的概率 $P(A)$ 为

$$P(A)=\frac{k}{n}. \tag{3}$$

不可能事件 $\varnothing$ 的概率定义为

$$P(\varnothing)=0. \tag{4}$$

譬如,在例 2 中,如果设 $n=100$,那么事件

$A=(\text{取得偶数号灯泡})=(\omega_2,\omega_4,\cdots,\omega_{100})$,

$P(A)=\frac{50}{100}=\frac{1}{2}$;

$B=(\text{取得号数不大于 10 的灯泡})=(\omega_1,\omega_2,\cdots,\omega_{10})$,

$$P(B)=\frac{10}{100}=\frac{1}{10};$$

$C=$（取得号数为 3 的倍数的灯泡）$=(\omega_3,\omega_6,\cdots,\omega_{99})$，

$$P(C)=\frac{33}{100}.$$

关于古典型的定义再说几句话：那里的第二个条件要求一切基本事件都是等可能的，即等可能地出现，然而，所谓“基本事件等可能地出现”又是什么意思呢？对此我们不能下数学定义而只能做一些解释：当从与问题有关的各个方面来考虑 $\omega_1,\omega_2,\cdots,\omega_n$ 时，如果它们完全处于平等的地位，谁也不比谁特别些，这时就可把它们看成是等可能的. 在目前很难用更简单的概念来定义“等可能”，就像集合论中“集合”的概念没有明确的数学定义一样. 我们无须对此感到惊异，因为如果概念甲是由较简单的概念乙来定义，那么乙也必须用更简单的概念丙来定义，如此下去，最后势必会遇到一个最基本的概念，我们再不能也不必用其他概念去定义它了，这时只需用一些例子或直观的语言去解说它的含义. “等可能”正是一个这样的基本概念.

附带指出，在实际问题中，往往只能“近似地”出现等可能，“完全的”等可能是很难见到的. 以掷硬币为例，严格说来，正、反两面也不能认为完全是等可能的，因为两面的花纹不同，凸凹的分布不同等. 不过这些因素对出现正（或反）面的影响很小，因而可以把它们忽略而仍认为是等可能的.

定理 1　对古典型随机试验 E，概率具有下列性质：

(i) 对任意事件 A，$0\leqslant P(A)\leqslant 1$；

(ii) $P(\Omega)=1$；

(iii) 设事件 $A_1,A_2,\cdots,A_m\,(m\leqslant n)$ 互不相容，则

$$P\Big(\bigcup_{i=1}^{m}A_i\Big)=\sum_{i=1}^{m}P(A_i). \tag{5}$$

证 由(3)(4)可见(i)是显然的. 由于 Ω 由 n 个不同的基本事件构成，故由(3)得 $P(\Omega)=\frac{n}{n}=1$.

下证(iii)：设 $A_i=(\omega_1^{(i)},\omega_2^{(i)},\cdots,\omega_{k_i}^{(i)})$ 含 $k_i(\leqslant n)$ 个不同的基本事件；由(3) $P(A_i)=\frac{k_i}{n}$,

显然

$$\bigcup_{i=1}^{m}A_i=(\omega_1^{(1)},\cdots,\omega_{k_1}^{(1)};\omega_1^{(2)},\cdots,\omega_{k_2}^{(2)};\cdots;\omega_1^{(m)},\cdots,\omega_{k_m}^{(m)})$$

共含 $\sum_{i=1}^{m}k_i$ 个基本事件；由于 $A_1,A_2,\cdots,A_m$ 互不相容，这些基本事件是互不相同的. 因此

$$P(\bigcup_{i=1}^{m}A_i)=\frac{\sum_{i=1}^{m}k_i}{n}=\sum_{i=1}^{m}\frac{k_i}{n}=\sum_{i=1}^{m}P(A_i).\ ■$$

Ⅱ. 几何型 几何型随机试验是例 5 中 E 的一般化与精确化. 设 Ω(如图 1-2)是 n 维空间中的勒贝格(Lebesgue)可测集，具有有限的测度 $L(\Omega)>0$($L(\Omega)$ 表示 Ω 的勒贝格测度，直观地说，对一维区间它是长度，对二维区域是面积，三维是体积……). 向 Ω 中投掷一质点 M，如果 M 在 Ω 中均匀分布，那么就称这随机试验(掷点)是几何型的. 所谓“M 在 Ω 中均匀分布”的详细内容是：“点 M 必定落于 Ω 中，而且落在可测集 $A(\subset\Omega)$ 中的可能性大小与 A 的测度成正比，而与 A 的位置及形状无关.”这时 Ω 中每一点 ω 是一基本事件：“M 落于 ω 上”，故有无穷多个基本事件而不能用(3). 如果以 $P(A)$ 表示“M 落在 A 中”的概率，考虑到均匀分布性，自然应定义

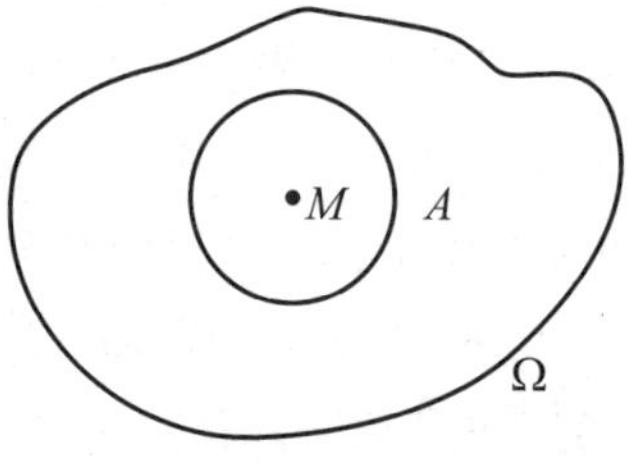

图 1-2

$$P(A)=\frac{L(A)}{L(\Omega)},\tag{6}$$

其中 $L(A)$ 表示 A 的测度，我们认为空集 $\varnothing$ 也是可测的而且 $L(\varnothing)=0$.

注意　这里概率 $P(A)$ 只是对可测集 A 才有定义，而不是对 Ω 的所有子集都有定义，因为有不可测的子集存在.

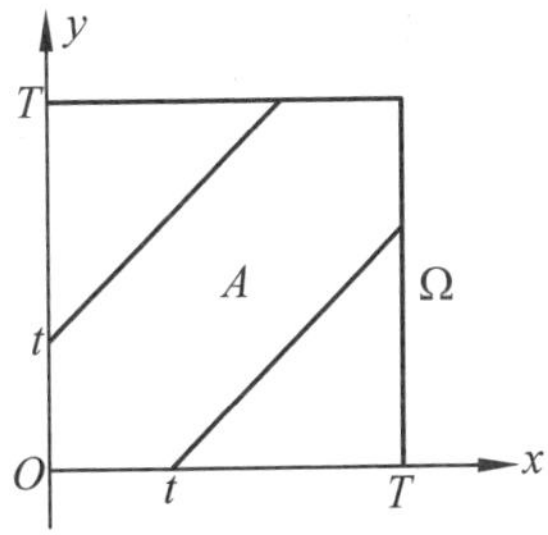

图 1-3

例 6(约会问题)　两人约定于 0 到 T 时内在某地见面，先到者等 $t(t\leqslant T)$ 时后离去，试求两人能会见的概率 p.

解　以 x,y 分别表示两人到达时刻，

$$0\leqslant x\leqslant T,0\leqslant y\leqslant T,$$

这样的 (x,y) 构成边长为 T 的正方形 Ω（如图 1-3）. 两人能会见的充分条件是 $|x-y|\leqslant t$，这条件决定 Ω 中一子集 A. 由(6)

$$p=\frac{L(A)}{L(\Omega)}=\frac{T^2-(T-t)^2}{T^2}=1-\left(1-\frac{t}{T}\right)^2. \blacksquare$$

注意　例 6 可抽象化为：设有两点 A,B 分别几何型地落于 $[0,T]$ 中，试求 A,B 的距离不超过 $t(t\leqslant T)$ 的概率 p.

例 7　在线段 AD 上任意①取两点 B,C，在 B,C 处折断此线段而得三折线，试求此三折线能构成三角形的概率.

解　设 AD 的长度为 l，点 A,D 的坐标分别为 $(0,0)$，$(l,0)$. 假定 B,C 的横坐标分别是 xl 及 yl，那么 $0\leqslant x,y\leqslant 1$，由此可见 B,C 两点与正方形 $0\leqslant x\leqslant 1,0\leqslant y\leqslant 1$ 上的点 (x,y) 是一一对应的.

---

① 所谓“任意”，严格地说，应理解为“B 及 C 都在 AD 上独立地均匀分布”.

先设 $x<y$，这时 AB,BC,CD 构成三角形的充分必要条件是 $|AB|+|BC|>|CD|$，$|BC|+|CD|>|AB|$，$|CD|+|AB|>|BC|$，其中 $|AB|$ 表 AB 的长. 注意 $|AB|=xl$，$|BC|=(y-x)l$，$|CD|=(1-y)l$，代入上面的三个不等式中，得

$$y>\frac{1}{2},x<\frac{1}{2},y-x<\frac{1}{2}. \qquad (7)$$

(7)式决定正方形内一 $\triangle GEF$（如图 1-4），它的面积是 $\frac{1}{8}$.

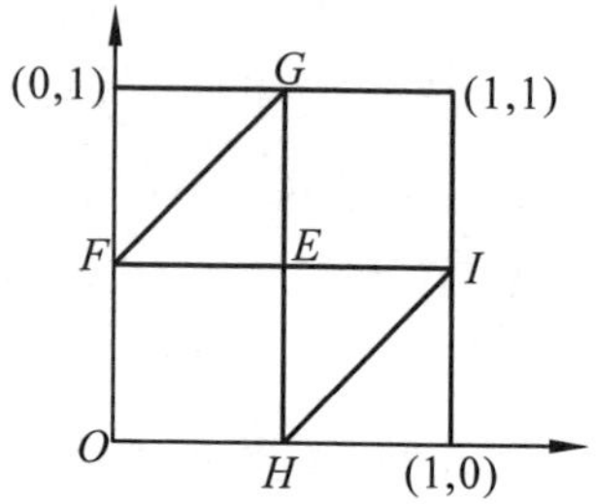

图 1-4

次设 $y<x$，同样可得 $\triangle EHI$，面积也是 $\frac{1}{8}$. 注意 $x=y$ 时 B,C 重合而不可能得三角形. 这样一来，我们的问题等价于向边长为 1 的正方形上均匀分布地掷点而求点落于 $\triangle GFE$ 或 $\triangle EHI$ 中的概率. 由(6)得所求概率为 $2\times\frac{1}{8}=\frac{1}{4}$. 注意此概率与 l 无关. ■

例 8［布丰(Buffon)问题］ 平面上画有等距离为 $a(a>0)$ 的一些平行线（图 1-5(a)），向平面任意投一长为 $l(l<a)$ 的针，试求针与一平行线相交的概率 p.

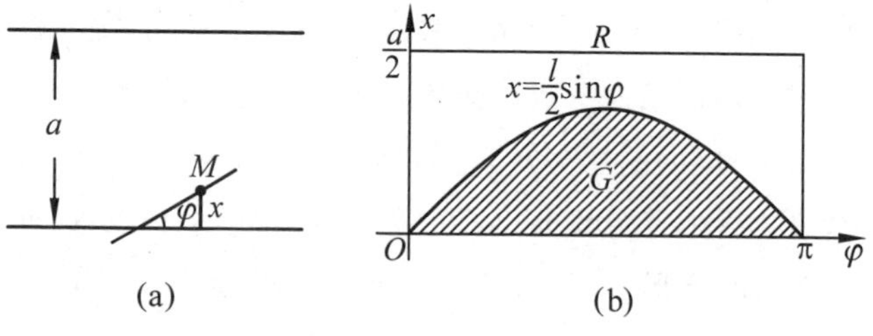

图 1-5

解 以 M 表示落下后针的中点，x 表示 M 与最近一平行线

的距离，φ 表示针与此线的交角，易见 $0\leqslant x<\frac{a}{2}$，$0\leqslant\varphi\leqslant\pi$. 这两式决定 $xO\varphi$ 平面上一矩形 R（图 1-5(b)）；其次，为了使针与一平行线（这线必定是与 M 最近的平行线）相交，充分必要条件是

$$x\leqslant\frac{l}{2}\sin\varphi.$$

这不等式决定 R 中一子集 G. 因此，我们的问题等价于向 R 中均匀分布地掷点而求点落于 G 中的概率 p. 由(6)得

$$p=\frac{1}{\frac{a}{2}\pi}\int_0^{\pi}\frac{l}{2}\sin\varphi\mathrm{d}\varphi=\frac{2l}{\pi a}. \blacksquare \tag{8}$$

注意 p 只依赖于比值 $\frac{l}{a}$，故当 l,a 成比例地变化时，p 的值不变，这正与直观符合.(8)式提供了一个求 π 的值的方法：如果我们能事先求得 p，那么由(8)就可以求出 π（续看 §2.9 例 7）①.

与定理 1 类似，可以证明下列定理：

定理 2　对几何型随机试验 E，概率具有下列性质：

(i) 对任意可测集 A，$0\leqslant P(A)\leqslant 1$；

(ii) $P(\Omega)=1$；

(iii) 设可列个可测集 $A_1,A_2,\cdots$ 互不相交，则

$$P\left(\bigcup_{i=1}^{+\infty}A_i\right)=\sum_{i=1}^{+\infty}P(A_i). \tag{9}$$

证　由定义中的(6)式立得(i)(ii). 利用测度的完全可加性：对可列个互不相交的可测集 $A_1,A_2,\cdots$，有

$$L\left(\bigcup_{i=1}^{+\infty}A_i\right)=\sum_{i=1}^{+\infty}L(A_i).$$

---

① 此试验已由多人做过，例如，1850 年沃尔夫(Wolf)掷针 5 000 次得 π 之估值为3.159 6；1901 年拉泽里尼(Lazzerini)掷 3 408 次得估值为 3.141 592 9. 后者掷的次数少反而得到好的结果，原因是他在合适的次数上停止了试验. 但如事先不知 π 的真值，应在何时停止实验？这是所谓“最佳停止问题”，值得研究.

由此立得

$$P\left(\bigcup_{i=1}^{+\infty} A_i\right)=\frac{L\left(\bigcup_{i=1}^{+\infty} A_i\right)}{L(\Omega)}=\sum_{i=1}^{+\infty}\frac{L(A_i)}{L(\Omega)}=\sum_{i=1}^{+\infty}P(A_i).\ \blacksquare$$

（四）频率

设 E 为任一随机试验，A 为其中任一事件，在同样条件下，把 E 独立地重复做 n 次，以 $f_n(A)$ 表示事件 A 在这 n 次试验中出现的次数，比值

$$F_n(A)=\frac{f_n(A)}{n}$$

称为事件 A 在这 n 次试验中出现的频率，而 $f_n(A)$ 称为 A 在这 n 次试验中出现的频数. 例如掷 100 次硬币中得到 51 次正面，那么"得正面"这一事件在这 100 次试验中的频率为 $\frac{51}{100}$，频数为 51.

容易想到，一般地如 A 出现的可能性越大，频率 $F_n(A)$ 也越大；反之，如果 $F_n(A)$ 越大，那么可以设想 A 出现的可能性也越大. 因此，频率与概率间应有紧密的关系. 的确，以后可以证明：在相当广泛的条件下，当 $n\to+\infty$ 时，在一定意义下 $F_n(A)$ 趋于 A 的概率 $P(A)$.

因此，当 n 充分大时，可以取频率作为概率的近似值. 在许多实际问题中，当概率不易求出时，往往就是这样做的.

频率具有重大的意义，这一方面是由于它能适当地反映 A 出现可能性的大小，另一方面频率的概念比较简单，容易掌握，我们常常可以根据频率的性质去推想概率的性质. 这就是我们为什么在这里要引进频率的原因.

定理 3 对任意随机试验 E，频率具有下列性质：

(i) 对任意事件 A，$0\leqslant F_n(A)\leqslant 1$；

(ii) $F_n(\Omega)=1$；

(iii) 对任意有穷多个互不相容的事件 $A_1,A_2,\cdots,A_m$，即

$A_iA_j=\varnothing, i\neq j$，有

$$F_n(\bigcup_{i=1}^{m}A_i)=\sum_{i=1}^{m}F_n(A_i), \tag{10}$$

其中 n 为任意正整数.

证　由 $F_n(A)$ 的定义(i)是显然的. 既然 Ω 是必然事件，$f_n(\Omega)=n$，故得(ii)，最后，根据这些事件的互不相容性得

$$f_n(\bigcup_{i=1}^{m}A_i)=\sum_{i=1}^{m}f_n(A_i),$$

以 n 除上式两边就得(10). ■

作为频率的应用，再来考虑布丰问题. 以 A 表示事件："针与一平行线相交". 如上所述，当 n 充分大时，$F_n(A)$ 接近于 $P(A)$，故由(8)得

$$\pi\approx\frac{2l}{F_n(A)a},$$

"≈"表示"近似". 因而我们可以用实验的方法来求 π 的近似值. 这种思想在计算数学的蒙特卡罗(Monte-Carlo)方法中得到广泛应用(参看 §3.3 例 1 及第 6,7 章).

关于几何概率的例题，还可见 §1.6.

定理 1～定理 3 启示我们在一般情况下(不限于古典型或几何型随机试验)应该如何定义概率，在 §1.3 中将讨论这个问题.

§1.2 古典型概率

(一) 复合随机试验

设已给 n 个随机试验 $E_1, E_2, \cdots, E_n$，其中 E_i 的基本事件记为 $\omega^{(i)}$，因而$\Omega_i=(\omega^{(i)})$是 E_i 的基本事件空间. 我们可以把$\{E_1, E_2, \cdots, E_n\}$看成为一个复合的随机试验 $\widetilde{E}$，就是说，把 $\widetilde{E}$ 做一次相当于把$E_1, E_2, \cdots, E_n$ 顺次各做一次，于是 $\widetilde{E}$ 的试验结果是由n个试验 $E_1, E_2, \cdots, E_n$ 的结果顺次联合组成的. 我们称 $\widetilde{E}$ 为由$E_1, E_2, \cdots, E_n$ 组成的n 次复合随机试验，并记

$$\widetilde{E} = E_1 \times E_2 \times \cdots \times E_n = \prod_{i=1}^{n} E_i. \tag{1}$$

显然，$\widetilde{E}$ 的任一基本事件$\tilde{\omega}$ 是具有 n 个分量的点

$$\tilde{\omega} = (\omega^{(1)}, \omega^{(2)}, \cdots, \omega^{(n)}), \tag{2}$$

其中 $\omega^{(i)} \in \Omega_i$. 因此，$\widetilde{E}$ 的基本事件空间 $\widetilde{\Omega}$ 由一切这样的点所构成，即

$$\widetilde{\Omega} = \{(\omega^{(1)}, \omega^{(2)}, \cdots, \omega^{(n)})\}, \tag{3}$$

有时记为

$$\widetilde{\Omega} = \Omega_1 \times \Omega_2 \times \cdots \times \Omega_n = \prod_{i=1}^{n} \Omega_i. \tag{4}$$

特别地，当 $E_1, E_2, \cdots, E_n$ 重合于一个随机试验 E 时，简记$\widetilde{E}=E^n$，并称 $\widetilde{E}$ 为E 的n 次重复随机试验，这时(2)(3)及(4)分别化为

$$\tilde{\omega} = (\omega_1, \omega_2, \cdots, \omega_n), \widetilde{\Omega} = \{(\omega_1, \omega_2, \cdots, \omega_n)\} = \Omega^n, \tag{5}$$

其中 $\omega_i \in \Omega$.

例 1 设 E_1 为掷一枚硬币，$\Omega_1 = (\omega_1^{(1)}, \omega_2^{(1)})$，$\omega_1^{(1)}$ 表示得正面，$\omega_2^{(1)}$ 表示得反面；E_2 为自标号为1,2,3 的 3 个球中任意抽取 1

球，$\Omega_2=(\omega_1^{(2)},\omega_2^{(2)},\omega_3^{(2)})$，其中 $\omega_i^{(2)}$ 表示取得标号为 i 的球，$i=1$，2，3，于是对 2 次复合随机试验 $\widetilde{E}=E_1\times E_2$，做一次 $\widetilde{E}$ 相当于先掷 1 次硬币再抽取 1 球，故 $\widetilde{\Omega}=\Omega_1\times\Omega_2$ 共含 6 个基本事件：

$$(\omega_1^{(1)},\omega_1^{(2)}),\quad(\omega_1^{(1)},\omega_2^{(2)}),\quad(\omega_1^{(1)},\omega_3^{(2)}),$$
$$(\omega_2^{(1)},\omega_1^{(2)}),\quad(\omega_2^{(1)},\omega_2^{(2)}),\quad(\omega_2^{(1)},\omega_3^{(2)}).\ \blacksquare$$

例 2　设 E 为掷一枚硬币，$\Omega=(\omega_1,\omega_2)$，$\omega_1(\omega_2)$ 表示得正（反）面，将 E 重复 n 次而得 n 次重复随机试验 $\widetilde{E}=E^n$，于是 $\widetilde{E}$ 的一个基本事件是由总共 n 个元："正面"或"反面"构成的. 显然 Ω^n 共有 2^n 个不同的基本事件. ■

例 3　设 E_i 共有 m_i 个不同的基本事件，则 $\widetilde{E}=E_1\times E_2\times\cdots\times E_n$ 共有 $\prod\limits_{i=1}^{n}m_i$ 个不同的基本事件. 特别地，如 $\widetilde{E}=E^n$，且 E 共有 m 个不同的基本事件，那么 $\widetilde{E}$ 的不同的基本事件共有 m^n 个. ■

设已给可列个随机试验 E_1，E_2，…，类似地可以考虑由它们组成的可列次复合随机试验

$$\widetilde{E}=E_1\times E_2\times\cdots=\prod_{i=1}^{+\infty}E_i. \tag{6}$$

如果 $\Omega_i=(\omega^{(i)})$ 是 E_i 的基本事件空间，那么 $\widetilde{E}$ 的任一基本事件 $\tilde{\omega}$ 是一点列

$$\tilde{\omega}=(\omega^{(1)},\omega^{(2)},\cdots)\ (\omega^{(i)}\in\Omega_i), \tag{7}$$

因而 $\widetilde{E}$ 的基本事件空间 $\widetilde{\Omega}$ 是所有可能的点列的集

$$\widetilde{\Omega}=\{(\omega^{(1)},\omega^{(2)},\cdots)\}, \tag{8}$$

有时记为

$$\widetilde{\Omega}=\Omega_1\times\Omega_2\times\cdots=\prod_{i=1}^{+\infty}\Omega_i. \tag{9}$$

特别地，当 $E_i=E$ 时（$i\in\mathbf{N}^*$），简记 $\widetilde{E}=E^{+\infty}$，并称 $\widetilde{E}$ 为 E 的可列次重复随机试验，这时(7)及(8)(9)分别化为

$$\tilde{\omega}=(\omega_1,\omega_2,\cdots);\widetilde{\Omega}=\{(\omega_1,\omega_2,\cdots)\}=\Omega^{+\infty}\quad(\omega_i\in\Omega). \tag{10}$$

例如，考虑例2中的E，这时$E^{+\infty}$中任一点是由一列“ω_1—正面”“ω_2—反面”构成的. 譬如说

$$(\omega_1, \omega_1, \omega_2, \omega_1, \omega_2, \cdots)$$

就是一基本事件，而$\Omega^{+\infty}$是所有这种序列的集.

（二）排列与组合

为了计算古典型随机试验中事件的概率，需要一些排列与组合的基本知识.

三个数字1，2，3共有6种不同的排列：123，132，213，231，312，321. 一般地，试问n个不同的元共有几种排列？每个排列共有n个位置，第1个位置上可以放进这n个元中的任何一个，共有n种放法；第2个位置上可以放进剩下的$n-1$个元中的任何一个，共有$n-1$种放法……因此，共有

$$n! = n(n-1)(n-2)\times\cdots\times 2\times 1 \tag{11}$$

种不同的排列.

更一般地，从n个不同元$a_1, a_2, \cdots, a_n$中任取$m(m\leqslant n)$个，并把它们排列，试问共有几种排列？利用类似的想法，第1个位置上可以有n种放法，第2个位置上有$n-1$种放法……第m个位置上有$n-m+1$种放法，因此，共有

$$n(n-1)\cdots(n-m+1) = \frac{n!}{(n-m)!} \tag{12}$$

种不同的排列.

在排列中，我们不仅注意了参加排列的是哪些元，而且还注意了元的次序，例如$a_1a_2a_3$与$a_1a_3a_2$虽然有相同的元，但因有不同的次序而被看成为两个不同的排列.

如果从n个不同的元$a_1, a_2, \cdots, a_n$中任取$m(m\leqslant n)$个而不论它们的次序，我们就得到了一种组合；两个组合只要有相同的元，不论次序如何，都认为是一样的，例如$a_1, a_2, \cdots, a_{m-1}, a_m$与$a_m, a_{m-1}, \cdots, a_2, a_1$是同一组合. 由于一种组合对应于$m!$种排

列，所以共有

$$\frac{n(n-1)\cdots(n-m+1)}{m!}=\frac{n!}{m!(n-m)!} \tag{13}$$

种不同的组合. 可以把组合问题换一种说法：要把n个不同的元a_1，a_2，…，a_n分成两组，一组$m(m\leqslant n)$个，另一组$n-m$个，那么不同的分法共有$\frac{n!}{m!\ (n-m)!}$种. 通常①把$\frac{n!}{m!\ (n-m)!}$记成 C_n^m.

一般地，要把 n 个不同的元分成$k(1\leqslant k\leqslant n)$组，使第 i 组含 m_i 个元，因而有$\sum_{i=1}^{k}m_i=n$，那么，可以先把 n 个不同的元分成两组，甲组含 m_1 个，乙组含 $n-m_1$ 个，再把乙组分成两小组，其一含 m_2 个，另一含 $n-m_1-m_2$ 个……因而总共不同的分法种数是

$$\frac{n!}{m_1!(n-m_1)!}\ \frac{(n-m_1)!}{m_2!(n-m_1-m_2)!}\cdots\frac{(n-m_1-\cdots-m_{k-2})!}{m_{k-1}!(n-m_1-\cdots-m_{k-1})!}$$

$$=\frac{n!}{m_1!m_2!\cdots m_k!}. \tag{14}$$

这时，如果两种分法中，第 1 组 m_1 个元彼此对应一样……第 k 组 m_k 个元也彼此对应一样，那么便认为两种分法相同.

（三）古典型随机试验中的概率计算

现在举一些例子来说明如何计算古典型中事件 A 的概率. 实际中许多具体问题可以大致归并为三类，它们具有典型的意义：

（Ⅰ）抽球问题；

（Ⅱ）分房问题；

（Ⅲ）随机取数问题.

以下的例子如果属于(i)类，我们就标以(i)，$i=$Ⅰ，Ⅱ，Ⅲ.

计算的步骤是：首先应求出不同的基本事件的个数 n，因而

---

① 为方便计，如 $m>n$，定义 $C_n^m=0$.

要弄清基本事件空间是什么，其次须求出所研究的事件 A 所含不同的基本事件的个数 k，于是 $P(A)=\dfrac{k}{n}$.

例 4(Ⅰ) 箱中盛有 α 个白球及 β 个黑球，从其中任意取 $a+b$ 个，试求所取的球恰含 a 个白球和 b 个黑球的概率.

解 这里的随机试验 E 是自 $\alpha+\beta$ 个球中取出 $a+b$ 个，每 $a+b$ 个球构成一基本事件 ω，所以共有 $C_{\alpha+\beta}^{a+b}$ 个不同的 ω. 事件 A："恰好取中 a 个白球 b 个黑球"共含 $C_{\alpha}^{a}\cdot C_{\beta}^{b}$ 个不同的 ω，故

$$P(A)=\frac{C_{\alpha}^{a}\cdot C_{\beta}^{b}}{C_{\alpha+\beta}^{a+b}}. \blacksquare \tag{15}$$

例 5(Ⅰ) 箱中盛有 α 个白球和 β 个黑球，从其中任意地接连取出 $k+1$ $(k+1\leqslant\alpha+\beta)$ 个球，如每球被取出后不还原，试求最后取出的球是白球的概率.

解 这里 E 是自 $\alpha+\beta$ 个球中接连不还原地取出 $k+1$ 个球，由于注意了球的次序，故应考虑排列. 每 $k+1$ 个排列好的球构成一基本事件，接连不还原取 $k+1$ 个可看成一次取 $k+1$ 个，所以共有 $C_{\alpha+\beta}^{k+1}$ 种不同取法，一种取法对应 $(k+1)!$ 个排列，故共有 $C_{\alpha+\beta}^{k+1}\cdot(k+1)!$ 个不同的 ω（即接连取出 $k+1$ 个球的取法），所需白球可以是 α 个中的任一个，有 α 种选法，其余 k 个可以是其余 $\alpha+\beta-1$ 个中的任意 k 个，有 $C_{\alpha+\beta-1}^{k}$ 种选法. 因而事件 A："取出的 $k+1$ 个球中最后一球是白球"共含 $\alpha C_{\alpha+\beta-1}^{k}\cdot k!$ 个不同的基本事件 ω，于是

$$P(A)=\frac{\alpha C_{\alpha+\beta-1}^{k}\cdot k!}{C_{\alpha+\beta}^{k+1}\cdot(k+1)!}=\frac{\alpha}{\alpha+\beta}. \tag{16}$$

值得注意的是 $P(A)$ 与 k 无关. $\blacksquare$

以后还会遇到各种各样的抽球问题，注意，这里的"白球""黑球"可换为"甲物""乙物"或"合格产品""不合格产品"等，我们所以说抽球问题有典型意义，原因就在于此.

例 6(Ⅱ)　有 n 个人，每个人都以同样的概率 $\frac{1}{N}$ 被分配在 N ($n \leqslant N$) 间房中的任一间中，试求下列各事件的概率：

A：某指定 n 间房中各有一人；

B：恰有 n 间房，其中各有一人；

C：某指定房中恰有 m ($m \leqslant n$) 人.

解　设 E 为随机试验："把一人分配到 N 间房中之一去"，于是每间房对应于一基本事件而 E 共有 N 个不同的基本事件. 本例中的随机试验 $\widetilde{E} = E^n$，故由本节(一)知 $\widetilde{E}$ 有 N^n 个不同的基本事件 $\widetilde{\omega}$.

今固定某 n 间房，第 1 人可分配到其中任一间，故有 n 种分法，第 2 人可分配到余下 $n-1$ 间中任一间，故有 $n-1$ 种分法……因而事件 A 共含 $n!$ 个不同的 $\widetilde{\omega}$，于是

$$P(A) = \frac{n!}{N^n}. \tag{17}$$

如果这 n 间房可自 N 间中任意选出，那么共有 C_N^n 种选法，因而事件 B 共含 $n!\mathrm{C}_N^n$ 个不同的 $\widetilde{\omega}$，于是

$$P(B) = \frac{n!\mathrm{C}_N^n}{N^n} = \frac{N!}{N^n(N-n)!}. \tag{18}$$

事件 C 中的 m 个人可自 n 个人中任意选出，共有 C_n^m 种选法，其余 $n-m$ 个人可以任意分配在其余的 $N-1$ 间房里，共有 $(N-1)^{n-m}$ 种分配法，因而事件 C 共有 $\mathrm{C}_n^m \cdot (N-1)^{n-m}$ 个不同的 $\widetilde{\omega}$，于是

$$P(C) = \frac{\mathrm{C}_n^m (N-1)^{n-m}}{N^n} = \mathrm{C}_n^m \left(\frac{1}{N}\right)^m \left(\frac{N-1}{N}\right)^{n-m}. \tag{19}$$

这是所谓二项分布的特殊情形(见 § 2.3)，注意当 n 及 N 固定时，$P(C)$ 只依赖于 m，如果记 $P(C)$ 为 P_m，则

$$\sum_{m=0}^{n} p_m = \sum_{m=0}^{n} \mathrm{C}_n^m \left(\frac{1}{N}\right)^m \left(\frac{N-1}{N}\right)^{n-m} = \left(\frac{1}{N} + \frac{N-1}{N}\right)^n = 1. \blacksquare$$

许多表面上提法不同的问题实际上属于同一类型，试看下例：

例7(Ⅱ) (i) 有 n 个质点，设每个都以同样的概率 $\frac{1}{365}$ 落于 365 个格子中的任一格中，试求每一格至多只含一点的概率 p.

(ii) 有 n 个人，设每人的生日是任何一日的概率为 $\frac{1}{365}$，试求此 n 人的生日互不相同的概率 p'.

(iii) 有 n 个旅客乘火车途经 365 站，设每人在每站下车的概率为 $\frac{1}{365}$，试求没有一人以上同时下车的概率 p''.

在(i)(ii)(iii)中都假定 $n\leqslant 365$.

解 这三个问题其实都和例 6 中求 $P(B)$的问题等价（取那里的 $N=365$)，只要把“人”“质点”“生日”“旅客”看成一样，把“房”“格子”“日”“站”看成一样，因而由例 6 的解答知

$$p = p' = p'' = P(B) = \frac{365 \times 364 \times \cdots \times (365-n+1)}{365^n}. \tag{20}$$

例如当 $n=30$ 时，$P(B)=0.294$，而 B 的对立事件 $\bar{B}$ 的概率由§1.1(5)为

$$P(\bar{B}) = 1 - P(B) = 0.706,$$

这里三位以后的小数略去. 由此可见，30 人中，至少有两人同生日的概率大于 70%.

要准确地算出 $P(B)$，计算量一般是很大的，试求近似值如下：改写(20)为

$$P(B) = \left(1-\frac{1}{365}\right)\left(1-\frac{2}{365}\right)\cdots\left(1-\frac{n-1}{365}\right). \tag{21}$$

当 n 较小时，把含有一个以上因子的乘积如 $\frac{1}{365}\times\frac{2}{365}$ 等项略

去，得

$$P(B) \approx 1-\frac{1+2+\cdots+(n-1)}{365}=1-\frac{n(n-1)}{730}, \qquad (22)$$

这里"≈"表示"近似于". 另一近似公式如下：注意对小的正数 x 有 $\lg(1-x) \approx -x$，故由(21)得

$$\lg P(B) \approx -\frac{1+2+\cdots+(n-1)}{365}=-\frac{n(n-1)}{730}. \qquad (23)$$

例如当 $n=10$ 时，(21)给出 $P(B)=0.883\cdots$，而(22)给出 $P(B) \approx 0.877$. ■

例 8(Ⅲ)　从 1，2，…，10 共 10 个数字中任取一个，假定每个数字都以 $\frac{1}{10}$ 的概率被取中，取后还原，先后取出 7 个数字，试求下列各事件 $A_i(i=1,2,\cdots,5)$ 的概率：

A_1：7 个数字全不相同；

A_2：不含 10 与 1；

A_3：10 恰好出现两次；

A_4：至少出现两次 10；

A_5：总和为 20.

解　设取一次所成的随机试验为 E，它有 10 个不同的基本事件，因而还原地取 7 次所成的随机试验是 7 次重复的，$\widetilde{E}=E^7$. $\widetilde{E}$ 共有 10^7 个不同的基本事件 $\widetilde{\omega}$. 容易看出

$$P(A_1)=\frac{10 \times 9 \times 8 \times 7 \times 6 \times 5 \times 4}{10^7} \approx 0.060\ 48,$$

$$P(A_2)=\frac{8^7}{10^7}.$$

今计算 $P(A_3)$. 出现 10 的两次可以是 7 次中的任意两次，故有 C_7^2 种选择，其他 5 次中，每次只能取 9 个剩下数字中的任何一个，故

$$P(A_3)=\frac{C_7^2\cdot 9^5}{10^7}.$$

一般地，10 恰好出现 $k(k\leqslant 7)$ 次的概率 p_k 为

$$p_k=\frac{C_7^k\cdot 9^{7-k}}{10^7}. \tag{24}$$

由于 A_4 是 6 个互不相容的事件“10 恰好出现 k 次($k=2,3,4,5,6,7$)”的和，故由(24)及§1.1(5)得

$$P(A_4)=\sum_{k=2}^{7}p_k=\frac{\sum_{k=2}^{7}C_7^k\cdot 9^{7-k}}{10^7}.$$

现在计算 $P(A_5)$. A_5 所含的不同的 $\bar{\omega}$ 的个数是下列方程的整数解的个数，

$$\sum_{i=1}^{7}x_i=20(1\leqslant x_i\leqslant 10), \tag{25}$$

其中 x_i 代表第 i 次所取得的数字. 然而(25)的上述解的个数重合于 $(x+x^2+x^3+\cdots+x^{10})^7$ 中 x^{20} 的系数，亦即 $(1+x+x^2+\cdots+x^9)^7$ 中 x^{13} 的系数. 由于

$$(1+x+x^2+\cdots+x^9)^7=\left(\frac{1-x^{10}}{1-x}\right)^7=(1-x^{10})^7(1-x)^{-7}$$
$$=(1-7x^{10}+\cdots)(1+\cdots+84x^3+\cdots+27\ 132x^{13}+\cdots),$$

可见 x^{13} 的系数为 $27\ 132-7\times 84=26\ 544$，所以

$$P(A_5)=\frac{26\ 544}{10^7}.\ \blacksquare$$

最后叙述一个在统计物理中起重要作用的例，这例还说明，在具体问题中，如何计算基本事件的个数需根据实际情况而定，因而赋予概率的方法也应如此.

例 9(Ⅱ) 设有 n 个质点，每点都以概率 $\frac{1}{N}$ 落于 $N(\geqslant n)$ 个盒子中的任一个里，试求事件 A:“某预先指定的 n 个盒中各含一

点”的概率 p.

由于对质点和盒子所作的进一步的假定不同，这题有三种不同的解法和答案. 相对于这些假定来说，每种解法都是正确的.

解 1［麦克斯韦-玻耳兹曼(Maxwell-Boltzmann)］ 假定 n 个质点是不同的，即可辨别的；还假定每个盒子能容纳的质点数是没有限制的，根据例 6 得

$$p=\frac{n!}{N^n}.$$

解 2［博斯-爱因斯坦(Bose-Einstein)］ 假定 n 个质点完全相同，因而不可辨别；对每个盒子则仍然假定它能容纳任意多个质点. 在解 1 中，分布法不仅依赖于每个盒子中的质点的个数，而且还依赖于是哪几个质点；而现在则只依赖于盒中的质点个数，因此计算基本事件个数的方法不同了. 为了更清楚地说明这点，我们就 $N=3, n=2$ 的情形来写出这两种解法中的全体基本事件. 以 a, b 表示这两个质点，下面的记号 $(ab, -, -)$ 表示第 1 盒中含两点，其余皆空，其他记号的解释类似，于是解 1 中共有下列 $3^2=9$ 个基本事件：

$1(ab, -, -)$	$2(-, ab, -)$	$3(-, -, ab)$
$4(a, b, -)$	$5(b, a, -)$	$6(a, -, b)$
$7(b, -, a)$	$8(-, a, b)$	$9(-, b, a)$

但在解 2 的假定中，则不区别 4，5 而把它们看成为同一基本事件，因为 $a=b$. 同样，6，7 与 8，9 也如此，故共只有 6 个基本事件，而 A 则只含一个(若预先指定的是第 1，2 个盒子，则 A 所含的基本事件由 4，5 表示)，于是在 $N=3, n=2$ 时，$p=\frac{1}{6}$.

回到一般情况，我们来计算基本事件的个数. 为此，采用下列巧妙的直观想法. 把 N 个盒子并排成一行. n 个点的一种分布法可表示如下：

$$| * * | * | * * * |-| \cdots | * * |$$

这表示第1盒有2点，第2盒1点，第3盒3点，第4盒空，最后一盒2点，$*$表点，"|"表盒子的壁. 当然，最外两端各有一壁. 把每个壁与每个点都看成一个位置，则 n 个球的一种分布法就相当于 $n+N-1$ 个位置(两端的不在内)被 n 个点占领的一种占位法，故共有 C_{n+N-1}^{n} 种分布法，亦即共有 C_{n+N-1}^{n} 个基本事件. 事件 A 只含其中的一个，故

$$p=\frac{1}{C_{n+N-1}^{n}}=\frac{n!(N-1)!}{(n+N-1)!}.$$

实际中的确有许多质点被认为是不可辨别的，例如微观世界中同类的基本粒子(如电子或光子)，至少在目前的科学水平上就是如此，因为现今还不能把两个电子区别开来. 关于这个问题的进一步讨论见第1章习题14及其解答. 解2是物理学家博斯与爱因斯坦于1924年提出的，它适用于所谓玻色子的基本粒子.

解3[费米-狄喇克(Fermi-Dirac)] 这时假定每个盒子至多只能容纳一个质点；而对质点则仍设为不可辨别的，于是任一种分布法都必须占用 n 个盒子. 由于质点不可辨，分布法只依赖于各盒中的落点个数，而不依赖于落的是哪几个点，因而共有 C_N^n 种分布法，亦即共有 C_N^n 个基本事件. 事件 A 只含其中的一个，故

$$p=\frac{1}{C_N^n}=\frac{n!(N-n)!}{N!}.$$

解3是物理学家费米与狄喇克于1925年提出的，它适用于所谓费米子的基本粒子. ■

上述各例表明：在计算古典型概率时，关键在于如何根据问题的条件区分两个不同的基本事件；只有这样才能正确计算出该试验中所有不同的基本事件的总数 n，以及所考虑的事件 A 中所含不同的基本事件的个数 k，两者的比 $\frac{k}{n}$ 就是所求的概率 p.

§1.3　概率空间

(一) 概率的公理化定义

到现在为止，我们只对古典型及几何型的随机试验定义了概率，然而这两种随机试验远远没有穷尽所有的随机试验，譬如说，§1.1 中例 3 与例 4 就不属于这两种类型，于是产生在一般情况下概率应如何定义的问题.

我们已看到，上述两种类型中的概率具有公共的性质(即§1.1 定理 1 及 2)，特别重要的是：任一随机试验中的频率也有类似的性质(§1.1 定理 3). 这使人们想到：可以用这些性质来作为一般的概率的定义. 近代概率论的公理结构中正是这样做的. 由于这些性质中只涉及空间 Ω 及其中的事件，所以在抽象化的场合，我们甚至可以摆脱具体的随机试验而直接从事件的概念开始. 现在就来叙述概率论的公理结构，它给出了事件与概率的严格定义.

定义 1　设 Ω 是抽象的点 ω 的集，$\Omega=(\omega)$，Ω 中的一些子集[①] A 所成的集 $\mathcal{F}$ 称为 Ω 的一个 σ- 代数，如果 $\mathcal{F}$ 满足下列条件：

(i) $\Omega\in\mathcal{F}$;

(ii) 若 $A\in\mathcal{F}$，则 $\overline{A}\in\mathcal{F}$ $(\overline{A}=\Omega-A)$;

(iii) 若可列个 $A_m\in\mathcal{F}$，$m\in\mathbf{N}^*$，则

$$\bigcup_{m=1}^{+\infty}A_m\in\mathcal{F}.$$

定义 2　设 $P(A)(A\in\mathcal{F})$ 是定义在 σ- 代数 $\mathcal{F}$ 上的实值集函数，如果它满足下列条件，就称它为 $\mathcal{F}$ 上的概率测度，或简称

① 空集 $\varnothing$ 是任一集的子集，Ω 也是 Ω 的子集.

概率.

(i) 对每个 $A\in\mathcal{F}$，有 $0\leqslant P(A)\leqslant 1$；

(ii) $P(\Omega)=1$；

(iii) 若可列个 $A_m\in\mathcal{F}$，$A_iA_j=\varnothing$，$i\neq j$，则

$$P\left(\bigcup_{m=1}^{+\infty}A_m\right)=\sum_{m=1}^{+\infty}P(A_m). \tag{1}$$

称点 ω 为基本事件，$\mathcal{F}$ 中的集 A 称为事件，因而 $\mathcal{F}$ 是全体事件的集，$P(A)$ 称为事件 A 的概率，三元总体 $(\Omega,\mathcal{F},P)$ 称为概率空间.

例 1 设 $\Omega=(\omega_1,\omega_2,\cdots,\omega_n)$ 只含 n 个不同的基本事件，Ω 的全体子集的集记为 $\mathcal{F}$，因而 $\mathcal{F}=\{\varnothing;(\omega_1),(\omega_2),\cdots,(\omega_n);(\omega_1,\omega_2),(\omega_1,\omega_3),\cdots,(\omega_{n-1},\omega_n),\cdots,\Omega\}$ 共含 $\sum\limits_{i=0}^{n}\mathrm{C}_n^i=(1+1)^n=2^n$ 个不同的集 $(\mathrm{C}_n^0=1)$. 由于 $\mathcal{F}$ 包含了 Ω 的所有子集，显然定义 1 条件(i)(ii)(iii)满足，故此 $\mathcal{F}$ 是 Ω 中的一个 σ-代数. 对任意 $A\in\mathcal{F}$，定义

$$P(A)=\frac{k}{n}, \tag{2}$$

其中 k 是 A 中不同的基本事件的个数. 根据§1.1 定理 1，可见定义 2 条件(i)～(iii)满足（注意这时 Ω 中不可能有可列多个非空的互不相交的集），因而 $(\Omega,\mathcal{F},P)$ 是一概率空间，这正是古典型随机试验的概率空间. ■

例 2 设 $\Omega=(\omega)$ 是 n 维空间中具有有限正勒贝格测度的集，Ω 中一切（勒贝格）可测子集构成一集 $\mathcal{F}$，$\mathcal{F}$ 是满足定义 1(i)(ii)(iii)的，对 $A\in\mathcal{F}$，定义

$$P(A)=\frac{L(A)}{L(\Omega)}, \tag{3}$$

这里 $L(A)$ 表示 A 的勒贝格测度. 由§1.1 定理 2，可见定义 2(i)

(ii)(iii)满足,因而$(\Omega,\mathcal{F},P)$是一概率空间,这正是几何型随机试验的概率空间. ■

例 3　设$\Omega=\mathbf{N}$由全体非负整数构成,Ω的全体子集所成的集$\mathcal{F}$是Ω中的一个σ-代数,对任意$A\in\mathcal{F}$,定义

$$P(A)=\sum_{k\in A}\mathrm{e}^{-\lambda}\frac{\lambda^k}{k!}\quad(\lambda>0\text{ 为常数}),\tag{4}$$

$$P(\varnothing)=0.\tag{5}$$

我们来验证定义 2(i)～(iii)满足:实际上,(i)是显然的;

$$P(\Omega)=\sum_{k=0}^{+\infty}\mathrm{e}^{-\lambda}\frac{\lambda^k}{k!}=\mathrm{e}^{-\lambda}\sum_{k=0}^{+\infty}\frac{\lambda^k}{k!}=\mathrm{e}^{-\lambda}\mathrm{e}^{\lambda}=1;\tag{6}$$

如$A_m\in\mathcal{F},m\in\mathbf{N}^*,A_iA_j=\varnothing,i\neq j$,由(4)(5)有

$$P\left(\bigcup_{m=1}^{+\infty}A_m\right)=\sum_{k\in\bigcup\limits_{m=1}^{+\infty}A_m}\mathrm{e}^{-\lambda}\frac{\lambda^k}{k!}=\sum_{m=1}^{+\infty}\sum_{k\in A_m}\mathrm{e}^{-\lambda}\frac{\lambda^k}{k!}=\sum_{m=1}^{+\infty}P(A_m).$$

由此可见,$(\Omega,\mathcal{F},P)$是一概率空间. ■

由σ-代数$\mathcal{F}$的定义,可见任一概率空间具有下列性质:

(i) $\varnothing\in\mathcal{F}$.

事实上,在定义 1 的条件(ii)中取$A=\Omega$,立知$\varnothing=\overline{\Omega}\in\mathcal{F}$.

(ii) 若可列个$A_m\in\mathcal{F},m\in\mathbf{N}^*$,则

$$\bigcap_{m=1}^{+\infty}A_m\in\mathcal{F}.$$

事实上,若能证

$$\bigcap_{m=1}^{+\infty}A_m=\overline{\bigcup_{m=1}^{+\infty}\overline{A}_m},\tag{7}$$

则由定义 1 的条件(ii)及(iii)即得$\bigcap\limits_{m=1}^{+\infty}A_m\in\mathcal{F}$. (7)式等价于下式

$$\overline{\bigcap_{m=1}^{+\infty}A_m}=\bigcup_{m=1}^{+\infty}\overline{A}_m.\tag{7'}$$

如果$\omega\in\overline{\bigcap\limits_{m=1}^{+\infty}A_m}$,也就是说,$\omega$不属于$\bigcap\limits_{m=1}^{+\infty}A_m$,那么至少存在一$k$,使$\omega$不属于$A_k$,亦即$\omega\in\overline{A}_k$,故$\omega\in\bigcup\limits_{m=1}^{+\infty}\overline{A}_m$,这得证$\overline{\bigcap\limits_{m=1}^{+\infty}A_m}\subset\bigcup\limits_{m=1}^{+\infty}\overline{A}_m$. 反

之，将上述各步逆转，就得$\overline{\bigcap_{m=1}^{+\infty} A_m} \supset \bigcup_{m=1}^{+\infty} \overline{A}_m$. 于是式(7)得证.

(7′)式是事件(或集合)运算中的重要关系，值得注意. 它表明“交的补集，等于补集的和”，而(7)式则表明“和的补集，等于补集之交”. 这两句话是等价的.

(iii) 若有穷多个 $A_m \in \mathcal{F}$，$m=1,2,\cdots,n$，则

$$\bigcup_{m=1}^{n} A_m \in \mathcal{F},\ \bigcap_{m=1}^{n} A_m \in \mathcal{F}.$$

事实上，在定义 1 的条件(iii)中取 $A_{n+1}=A_{n+2}=\cdots=\varnothing$，即得 $\bigcup_{m=1}^{n} A_m \in \mathcal{F}$，在(ii)中取 $A_{n+1}=A_{n+2}=\cdots=\Omega$，即得 $\bigcap_{m=1}^{n} A_m \in \mathcal{F}$.

(iv) 若 $A\in\mathcal{F}$，$B\in\mathcal{F}$，则 $A-B=A\overline{B}\in\mathcal{F}$.

关于概率空间的定义，我们再作一点注解. Ω 中的一集 A 是否是一事件，完全决定于 A 是否属于$\mathcal{F}$. 在定义$\mathcal{F}$时，并没有要求 Ω 的全体子集都属于$\mathcal{F}$，因而并不是任何一集 A 都一定是一事件，我们只要求$\mathcal{F}$满足定义 1 的条件(i)～(iii)就行了. 这带来了很大的广泛性，否则连几何型中所定义的概率都不能纳入一般的概率定义中，因为(3)中的 $P(A)$只是对可测集 A 才有定义，而可测集不能穷尽 Ω 的全体子集. 那么，在实际问题中，应该如何选择$\mathcal{F}$？也就是说，应该挑选 Ω 的哪些子集作为事件？这决定于问题的特殊性，必须具体问题具体解决. 一般如 Ω 只含有穷或可列多个点时，总是把 Ω 的全体子集的集取作$\mathcal{F}$，像例 1 和例 3 那样；如 Ω 不是有穷集或可列集时，就应根据问题的性质而选定$\mathcal{F}$，像例 2 那样. 当然，在有些问题里也可能把$\mathcal{F}$取作全体子集的集. 好在以后在一般的理论中，我们总是事先假设$\mathcal{F}$已经选定，因此这问题不会发生.

（二）概率的性质

定理 1 设 P 为概率，则

(i) $P(\varnothing)=0$.

(ii) 若 $A_m\in\mathcal{F}, m=1,2,\cdots,n$，又 $A_iA_j=\varnothing, i\neq j$，则

$$P\left(\bigcup_{m=1}^{n} A_m\right)=\sum_{m=1}^{n}P(A_m). \tag{8}$$

(iii) 对任意两事件 A_1, A_2，有

$$P(A_1\cup A_2)=P(A_1)+P(A_2)-P(A_1A_2). \tag{9}$$

证　(i) 因 $\varnothing=\varnothing\cup\varnothing\cup\cdots$，由(1)得 $P(\varnothing)=P(\varnothing)+P(\varnothing)+\cdots$，于是 $P(\varnothing)=0$.

(ii) 在定义 2 的条件(iii) 中取 $A_{n+1}=A_{n+2}=\cdots=\varnothing$. 利用 $P(\varnothing)=0$，得

$$P\left(\bigcup_{m=1}^{n} A_m\right)=P\left(\bigcup_{m=1}^{+\infty} A_m\right)=\sum_{m=1}^{+\infty}P(A_m)=\sum_{m=1}^{n}P(A_m).$$

(iii) 因 $A_1\cup A_2=A_1\cup A_2\overline{A}_1, A_1\cap(A_2\overline{A}_1)=\varnothing$，故

$$P(A_1\cup A_2)=P(A_1)+P(A_2\overline{A}_1). \tag{10}$$

然而，$A_2=(A_1A_2)\cup(A_2\overline{A}_1), (A_1A_2)\cap(A_2\overline{A}_1)=\varnothing$，故

$$P(A_2)=P(A_1A_2)+P(A_2\overline{A}_1).$$

由上式及(10)即得(9). ■

系 1　(i) 对任意 n 个事件 $A_1, A_2, \cdots, A_n$ 有

$$P\left(\bigcup_{m=1}^{n} A_m\right)\leqslant\sum_{m=1}^{n}P(A_m). \tag{11}$$

(ii) 若 A, B 为两事件，$A\supset B$，则

$$P(A-B)=P(A)-P(B), P(A)\geqslant P(B). \tag{12}$$

(iii) 对任意事件 A，有

$$P(\overline{A})=1-P(A). \tag{13}$$

证　(i) 当 $n=2$ 时，由(9)并注意 $P(A_1A_2)\geqslant 0$ 即得(11)；设 $n=k$ 时(11)成立，令 $\bigcup_{m=1}^{k}A_m=C, A_{k+1}=D$，利用对 $n=2$ 证明的结果及 $n=k$ 时的假定得

$$P(C\cup D)\leqslant P(C)+P(D)=P\left(\bigcup_{m=1}^{k} A_m\right)+P(A_{k+1})$$

$$\leqslant \sum_{k=1}^{k} P(A_m) + P(A_{k+1}) = \sum_{m=1}^{k+1} P(A_m).$$

(ii) 由 $A \supset B$ 得 $A = B \cup (A-B)$，其中 $B \cap (A-B) = \varnothing$，故 $P(A) = P(B) + P(A-B)$，于是(12)中前式成立；后式则由前式及 $P(A-B) \geqslant 0$ 得到.

(iii) 因为 $\Omega = A \cup \bar{A}$，$A\bar{A} = \varnothing$，所以 $1 = P(\Omega) = P(A) + P(\bar{A})$，从而得证(13). ■

* (9)式的一般化如下：对任意 n 个事件 $A_1, A_2, \cdots, A_n$，令

$$s_1 = \sum_{i} P(A_i), s_2 = \sum_{i,j} P(A_i A_j),$$

$$s_3 = \sum_{i,j,k} P(A_i A_j A_k), \cdots, s_n = P(A_1 A_2 \cdots A_n),$$

其中求和号对一切满足 $1 \leqslant i < j < k < \cdots \leqslant n$ 的 $i, j, k, \cdots$ 进行，例如 s_3 中的 $\sum\limits_{i,j,k}$ 表示对一切满足 $1 \leqslant i < j < k \leqslant n$ 的正整数 i, j, k 求和. 因 i, j, k 各不相等，$P(A_1 A_2 A_3)$，$P(A_1 A_3 A_2)$，…等 6 项只在此和中出现一项，即只论组合数，故 s_r 共含 C_n^r 项.

* **系 2(一般加法公式)** 对任意 n 个事件 $A_1, A_2, \cdots, A_n$，有

$$P\left(\bigcup_{i=1}^{n} A_i\right) = s_1 - s_2 + s_3 - s_4 + \cdots \pm s_n. \tag{14}$$

证 用归纳法. 当 $n=2$ 时，(14)化为(9). 今设(14)对 $n=k$ 正确，由此及(9)得

$$P\left(\bigcup_{i=1}^{k+1} A_i\right) = P\left(\left[\bigcup_{i=1}^{k} A_i\right] \cup A_{k+1}\right)$$

$$= P\left(\bigcup_{i=1}^{k} A_i\right) + P(A_{k+1}) - P\left(\bigcup_{i=1}^{k} A_i A_{k+1}\right)$$

$$= s_1 - s_2 + s_3 - s_4 + \cdots \pm s_k + P(A_{k+1}) - P\left(\bigcup_{i=1}^{k} B_i\right),$$

其中 $B_i = A_i A_{k+1}$，对 $P(\bigcup\limits_{i=1}^{k} B_i)$ 用(14)，对应地有

$$P\left(\bigcup_{i=1}^{k} B_i\right) = s_1' - s_2' + s_3' - s_4' + \cdots \pm s_k',$$

这里 $s_1' = \sum_{i=1}^{k} P(A_iA_{k+1}), \cdots$，以此代入上式，将 $P(A_{k+1})$ 与 s_1 合并，将 s_1' 与 s_2 合并，s_2' 与 s_3 合并，…，即知(14) 对 $n = k+1$ 正确. ■

定理 2(连续性定理)　设 $A_n \in \mathcal{F}, A_n \supset A_{n+1}, n \in \mathbf{N}^*$，令 $A = \bigcap_{n=1}^{+\infty} A_n$，则

$$P(A) = \lim_{n \to +\infty} P(A_n). \tag{15}$$

证　由 $\{A_n\}$ 的单调不增性 $A_n \supset A_{n+1}$，对任一 n，有

$$A_n = \left(\bigcup_{m=n}^{+\infty} A_m \overline{A}_{m+1}\right) \cup \bigcap_{m=n}^{+\infty} A_m = \left(\bigcup_{m=n}^{+\infty} A_m \overline{A}_{m+1}\right) \cup A.$$

上式右方诸集 $A_m \overline{A}_{m+1} (m = n, n+1, \cdots)$ 及 A 互不相交，故由定义 2 中的(iii) 得

$$P(A_n) = \sum_{m=n}^{+\infty} P(A_m \overline{A}_{m+1}) + P(A).$$

仍然根据互不相交性，$\sum_{m=1}^{+\infty} P(A_m \overline{A}_{m+1}) \leqslant P(\Omega) = 1$，故上式右方第一项是收敛级数的尾项，从而

$$\lim_{n \to +\infty} \sum_{m=n}^{+\infty} P(A_m \overline{A}_{m+1}) = 0.$$

由此即得(15). ■

系 3　设 $A_n \in \mathcal{F}, A_n \subset A_{n+1}, n \in \mathbf{N}^*$，令 $A = \bigcup_{n=1}^{+\infty} A_n$，则

$$P(A) = \lim_{n \to +\infty} P(A_n). \tag{16}$$

证　集列 $\{\overline{A}_n\}$ 满足定理 2 中的条件，故若令 $\widetilde{A} = \bigcap_{n=1}^{+\infty} \overline{A}_n$，则 $P(\widetilde{A}) = \lim_{n \to +\infty} P(\overline{A}_n)$. 然而由(7)知

$$\widetilde{A} = \bigcap_{n=1}^{+\infty} \overline{A}_n = \overline{\bigcup_{n=1}^{+\infty} A_n} = \overline{A},$$

故由(13)得

$$P(A) = 1 - P(\overline{A}) = 1 - P(\widetilde{A}) = 1 - \lim_{n \to +\infty} P(\overline{A}_n)$$

$$= \lim_{n\to+\infty}[1-P(\overline{A}_n)] = \lim_{n\to+\infty}P(A_n). \blacksquare$$

最后我们指出，等式(1)与等式(8)是有很大区别的. 前者表示对任意可列多个互不相容的事件，概率是可加的，故(1)式所表达的性质称为完全可加性；(8)表示对任意有穷多个互不相容的事件概率可加，故称(8)所表达的性质为可加性. 如上所证，由完全可加性可以推出可加性；反面的结论一般是不成立的. 然而我们有下列定理：

* **定理 3** 设 P 为 σ - 代数 $\mathcal{F}$ 上的任意非负集函数，$P(\Omega)=1$. 则 P 具有完全可加性的充分必要条件是

(i) 它是可加的；

(ii) 它是连续的，即对任一列 $A_n\in\mathcal{F}$，$A_n\supset A_{n+1}$，$n\in\mathbf{N}^*$，令 $A=\bigcap\limits_{n=1}^{+\infty}A_n$，则(15)式成立.

证 **必要性**已在定理 1 及定理 2 中证明，下面由(i)(ii) 证充分性. 设 $B_n\in\mathcal{F}$，$B_iB_j=\varnothing$，又 $B=\bigcup\limits_{m=1}^{+\infty}B_m$，要证 $P(B)=\sum\limits_{m=1}^{+\infty}P(B_m)$. 设 $A_n=\bigcup\limits_{m=n}^{+\infty}B_m$，显见 $A_n\supset A_{n+1}$，令 $A=\bigcap\limits_{n=1}^{+\infty}A_n$，如果存在 $\omega\in A$，那么对于一切 n，$\omega\in A_n=\bigcup\limits_{m=n}^{+\infty}B_m$，于是 ω 必属于无穷多个 B_m. 这与假设 B_m 互不相交矛盾，因而得证 $A=\varnothing$；根据(ii) 知 $\lim\limits_{n\to+\infty}P(A_n)=P(A)=0$.

由于 $B=\bigcup\limits_{m=1}^{n}B_m\cup A_{n+1}$ 及(i)，得

$$P(B)=\sum_{m=1}^{n}P(B_m)+P(A_{n+1}).$$

令 $n\to+\infty$ 即得 $P(B)=\sum\limits_{m=1}^{+\infty}P(B_m)$. $\blacksquare$

§1.4　条件概率

(一) 条件概率的定义

在实际问题中，除了要知道事件 A 的概率 $P(A)$ 外，有时还需要知道在“事件 B 已出现”的条件下，事件 A 出现的条件概率 $P(A|B)$. 由于增加了新的条件：“事件 B 已出现”，所以 $P(A)$ 一般与 $P(A|B)$ 是不同的.

例如，从标号分别为 1,2,3,4 的四个球中，等可能地任取一球，那么事件 A：“得标号为 4”的概率 $P(A)=\frac{1}{4}$；如果已知事件 B：“得标号为偶数”已出现，那么这时只剩下两种可能，或得 2 号或得 4 号，所以 $P(A|B)=\frac{1}{2}$.

在一般情形下，应该怎样定义 $P(A|B)$？由于频率与概率有很多类似的性质，先从频率的讨论开始.

设 A,B 为任一随机试验 E 中的两个事件，每次试验结果，不外是下列四种情形之一.

(i) A 出现，B 不出现；

(ii) B 出现，A 不出现；

(iii) A,B 都出现；

(iv) A,B 都不出现.

现在把 E 重复做 n 次，分别以 n_1,n_2,n_3,n_4 记上述四种情况出现的次数，显然 $\sum_{i=1}^{4} n_i = n$，而且

$$B \text{ 的频率为 } F_n(B) = \frac{n_2+n_3}{n},$$

$$AB \text{ 的频率为 } F_n(AB) = \frac{n_3}{n}.$$

在 B 已出现的条件下，A 的频率为 $F_n(A|B)=\dfrac{n_3}{n_2+n_3}$. 根据这些式子，得

$$F_n(AB) = F_n(B) \cdot F_n(A \mid B). \tag{1}$$

因此，如 $F_n(B)>0$，就有

$$F_n(A \mid B) = \frac{F_n(AB)}{F_n(B)}. \tag{2}$$

(2)式启发我们应如何定义 $P(A|B)$.

定义 1 设 $(\Omega, \mathcal{F}, P)$ 为概率空间，$A \in \mathcal{F}$，$B \in \mathcal{F}$，设 $P(B)>0$. 在事件 B 已出现的条件下，事件 A 出现的条件概率 $P(A|B)$ 定义为

$$P(A \mid B) = \frac{P(AB)}{P(B)}. \tag{3}$$

对于古典型随机试验，设 B 含 m 个不同的基本事件，$m>0$，AB 含 k 个，以 n 表示 Ω 中总共不同的基本事件的个数，则

$$P(A \mid B) = \frac{\frac{k}{n}}{\frac{m}{n}} = \frac{k}{m}.$$

类似地，对几何型随机试验，如 $L(B)>0$，我们有

$$P(A \mid B) = \frac{\frac{L(AB)}{L(\Omega)}}{\frac{L(B)}{L(\Omega)}} = \frac{L(AB)}{L(B)}.$$

定理 1 如果 $P(B)>0$，那么 $P(A|B)$ 作为 A 的集函数是 $\mathcal{F}$ 上的概率；即

(i) 对每个 $A\in\mathcal{F}$，有 $0\leqslant P(A|B)\leqslant 1$；

(ii) $P(\Omega|B)=1$；

(iii) 若 $A_m \in \mathcal{F}, m \in \mathbf{N}^*, A_iA_j = \varnothing, i \neq j$，则

$$P\left(\bigcup_{m=1}^{+\infty} A_m \mid B\right) = \sum_{m=1}^{+\infty} P(A_m \mid B). \tag{4}$$

证　(i) 因 $P(B) \geqslant P(AB), P(B) > 0$，故由(3)知

$$0 \leqslant P(A \mid B) \leqslant 1.$$

(ii) $P(\Omega \mid B) = \dfrac{P(\Omega B)}{P(B)} = \dfrac{P(B)}{P(B)} = 1.$

(iii) $P\left(\bigcup\limits_{m=1}^{+\infty} A_m \mid B\right) = \dfrac{P\left(\bigcup\limits_{m=1}^{+\infty} A_m B\right)}{P(B)} = \sum\limits_{m=1}^{+\infty} \dfrac{P(A_m B)}{P(B)} =$

$\sum\limits_{m=1}^{+\infty} P(A_m \mid B)$. ■

既然条件概率也是一种概率，故对概率所证明的结果都适用于条件概率.

(二) 有关条件概率的三定理

现在对条件概率来证明三条重要的定理，这就是：概率的乘法定理，全概率公式与贝叶斯(Bayes)公式. 这些定理在概率的计算中起着重要的作用.

定理 2　设 $A_1, A_2, \cdots, A_n$ 为 n 个事件，$n \geqslant 2$，满足 $P(A_1A_2\cdots A_{n-1}) > 0$，则

$$P(A_1A_2\cdots A_n) = P(A_1)P(A_2 \mid A_1)P(A_3 \mid A_1A_2)\cdots P(A_n \mid A_1A_2\cdots A_{n-1}). \tag{5}$$

(5)式称为乘法公式，它的直观意义是：$A_1, A_2, \cdots, A_n$ 同时出现的概率，等于先出现 A_1，在 A_1 出现的条件下出现 A_2，在 A_1, A_2 出现的条件下出现 A_3……各自的概率的乘积.

证　由于 $P(A_1) \geqslant P(A_1A_2) \geqslant \cdots \geqslant P(A_1A_2\cdots A_{n-1}) > 0$，故(5)式右方出现的条件概率都有意义. 由条件概率的定义，(5)式右方等于

$$P(A_1)\frac{P(A_1A_2)}{P(A_1)}\frac{P(A_1A_2A_3)}{P(A_1A_2)}\cdots\frac{P(A_1A_2\cdots A_n)}{P(A_1A_2\cdots A_{n-1})}$$
$$=P(A_1A_2\cdots A_n).\ \blacksquare$$

例 1 设箱内有 $a(a\geqslant 2)$ 个白球 b 个黑球，在其中接连取三次，每次取一球，取后不还原，问三个都是白球的概率是多少？

解 以 A_i 表“第 i 次取得白球”这一事件，$i=1,2,3$，要求的是$P(A_1A_2A_3)$. 因为

$$P(A_1A_2)=\frac{\mathrm{C}_a^2}{\mathrm{C}_{a+b}^2}>0,$$

故可用(5). 显然 $P(A_1)=\frac{a}{a+b}$. 如已知第一次取得白球，箱内只剩下 $a-1$ 个白球 b 个黑球，可见 $P(A_2\mid A_1)=\frac{a-1}{(a-1)+b}$，类似得 $P(A_3\mid A_1A_2)=\frac{a-2}{(a-2)+b}$. 于是由(5)得

$$P(A_1A_2A_3)=\frac{a}{a+b}\cdot\frac{a-1}{a+b-1}\cdot\frac{a-2}{a+b-2}.\qquad\blacksquare$$

* 注：例 1 中的随机试验 $\widetilde{E}$ 是复合的：$\widetilde{E}=E_1\times E_2\times E_3$. Ω_1 共含 $a+b$ 个 ω_1，Ω_2 共含 $a+b-1$ 个 ω_2，Ω_3 共含 $a+b-2$ 个 ω_3，$A_1=$（白球，球，球），$A_2=$（球，白球，球），$A_3=$（球，球，白球），这里“球”不论是白或黑均可. 事件 A_1 对第 1 次试验的结果加了条件，$P(A_1)=\frac{a}{a+b}$. 如果已知 A_1 出现，那么 Ω_2 由 $a-1$ 个白球 b 个黑球构成，故 $P(A_2\mid A_1)=\frac{a-1}{(a-1)+b}$. 若已知前两次都得白球，则 Ω_3 由 $a-2$ 个白球 b 个黑球构成，故 $P(A_3\mid A_1A_2)=\frac{a-2}{a+b-2}$. 注意随机试验 E_2 依赖于 E_1 试验后的结果，E_3 依赖于 E_1 及 E_2 的结果，故 E_1,E_2,E_3 是相依的随机试验.

定理 3 设 $H_1,H_2,\cdots$ 为有穷或可列个互不相容的事件，$P(\bigcup_n H_n)=1$，$P(H_n)>0(n\in\mathbf{N}^*)$，则对任一事件，有

$$P(A)=\sum_n P(H_n)P(A\mid H_n).\tag{6}$$

(6)式称为全概率公式，这里 $\bigcup\limits_{n}=\bigcup\limits_{n=1}^{+\infty}$，$\sum\limits_{n}=\sum\limits_{n=1}^{+\infty}$.

证 由 $P(\bigcup\limits_{n}H_n)=1$ 得 $P(\overline{(\bigcup\limits_{n}H_n)})=0$. 因为 H_n 互不相容，故 AH_n 也互不相容，$n\in\mathbf{N}^*$，于是

$$\begin{aligned}P(A)&=P(A\Omega)=P(A(\bigcup_{n}H_n))+P(A(\overline{\bigcup_{n}H_n}))\\&=P(\bigcup_{n}AH_n)=\sum_{n}P(AH_n).\end{aligned}$$

由(5)，$P(AH_n)=P(H_n)P(A|H_n)$，代入上式即得(6). ■

例 2 设甲箱中有 a 个白球 b 个黑球，$a>0$，$b>0$，乙箱中有 c 个白球 d 个黑球，自甲箱中任意取一球放入乙箱，然后再从乙箱中任意取一球，试求事件 A："从乙箱中取得的球为白球"的概率.

解 以 $H_1(H_2)$表示事件"自甲箱中取出的球为白(黑)球"，显然 $H_1H_2=\varnothing$，$H_1\cup H_2=\Omega$，故 $P(H_1\cup H_2)=1$. 又 $P(H_1)=\frac{a}{a+b}>0$，$P(H_2)=\frac{b}{a+b}>0$，由全概率公式

$$P(A)=\sum_{n=1}^{2}P(H_n)P(A\mid H_n).\tag{7}$$

但如果 H_1 出现，那么乙箱中有 $c+1$ 个白球，d 个黑球，故 $P(A|H_1)=\frac{c+1}{c+d+1}$. 类似得$P(A|H_2)=\frac{c}{c+d+1}$，代入(7)中便得

$$\begin{aligned}P(A)&=\frac{a}{a+b}\times\frac{c+1}{c+d+1}+\frac{b}{a+b}\times\frac{c}{c+d+1}\\&=\frac{ac+bc+a}{(a+b)(c+d+1)}.\end{aligned}$$ ■

定理 4 设 $H_1,H_2,\cdots$为有穷或可列个互不相容的事件，$P(\bigcup\limits_{n}H_n)=1$，$P(H_n)>0(n\in\mathbf{N}^*)$，则对任一事件 A，$P(A)>0$，有

$$P(H_m\mid A)=\frac{P(A\mid H_m)P(H_m)}{\sum\limits_{n}P(A\mid H_n)P(H_n)}.\tag{8}$$

(8)式称为贝叶斯公式.

证 由条件概率的定义及全概率公式得

$$P(H_m \mid A)=\frac{P(AH_m)}{P(A)}=\frac{P(A \mid H_m)P(H_m)}{\sum\limits_{n}P(A \mid H_n)P(H_n)}.\ ■$$

例3 设甲、乙、丙三个箱子中

甲箱内有 a_1 个白球 b_1 个黑球，

乙箱内有 a_2 个白球 b_2 个黑球，

丙箱内有 a_3 个白球 b_3 个黑球($a_1+a_2+a_3>0$)，

今任意取出一箱，再自此箱中任意取出一球，结果发现此球为白球. 试在事件 A“此球为白球”的条件下，求事件 H_1“此球属于甲箱”的条件概率 $P(H_1|A)$.

解 这里 $P(H_1)=P(H_2)=P(H_3)=\frac{1}{3}>0$，$H_1$，$H_2$，$H_3$ 分别表示“此球属于甲箱”“此球属于乙箱”“此球属于丙箱”，这三事件互不相容，$\bigcup\limits_{n=1}^{3}H_n=\Omega$，故 $P(\bigcup\limits_{n=1}^{3}H_n)=1$. 又由全概率公式

$$\begin{aligned}P(A)&=\sum_{n=1}^{3}P(H_n)P(A \mid H_n)\\&=\frac{1}{3}\times\frac{a_1}{a_1+b_1}+\frac{1}{3}\times\frac{a_2}{a_2+b_2}+\frac{1}{3}\times\frac{a_3}{a_3+b_3}>0,\end{aligned}$$

故可用贝叶斯公式得

$$\begin{aligned}P(H_1 \mid A)&=\frac{\frac{1}{3}\times\frac{a_1}{a_1+b_1}}{\frac{1}{3}\times\frac{a_1}{a_1+b_1}+\frac{1}{3}\times\frac{a_2}{a_2+b_2}+\frac{1}{3}\times\frac{a_3}{a_3+b_3}}\\&=\frac{1}{\left[1+\frac{a_2(a_1+b_1)}{a_1(a_2+b_2)}+\frac{a_3(a_1+b_1)}{a_1(a_3+b_3)}\right]}.\quad ■\end{aligned}$$

贝叶斯公式通常用在下列实际问题中：设只可能出现 H_1，H_2，…共有有穷或可列多种不同的情况，而事件 A 只能伴随这些

情况之一发生. 今在 A 已出现的条件下,试求发生了情况 H_m 的条件概率.

例 4　有朋友自远方来访,他乘火车来的概率是 $\frac{3}{10}$,乘船或乘汽车或乘飞机来的概率分别为 $\frac{1}{5}$,$\frac{1}{10}$,$\frac{2}{5}$. 如果他乘火车来,迟到的概率是 $\frac{1}{4}$;如果乘船或乘汽车,那么迟到的概率分别为 $\frac{1}{3}$,$\frac{1}{12}$;如果乘飞机便不会迟到(因而,这时迟到的概率为 0). 如果他迟到了,试问在此条件下,他是乘火车来的概率等于多少.

解　以事件 A 表示"迟到",H_1,H_2,H_3,H_4 分别表示"乘火车""乘船""乘汽车""乘飞机",于是

$$P(H_1 \mid A)$$

$$=\frac{P(H_1)P(A \mid H_1)}{P(H_1)P(A \mid H_1)+P(H_2)P(A \mid H_2)+P(H_3)P(A \mid H_3)+P(H_4)P(A \mid H_4)}$$

$$=\frac{\frac{3}{10}\times\frac{1}{4}}{\frac{3}{10}\times\frac{1}{4}+\frac{1}{5}\times\frac{1}{3}+\frac{1}{10}\times\frac{1}{12}+\frac{2}{5}\times 0}=\frac{1}{2}.$$

注意 $P(H_1|A)=\frac{1}{2}$ 与 $P(H_1)=\frac{3}{10}$ 是不同的. 类似地,如果以 A 的对立事件 $\overline{A}$(不迟到)代替上式中的 A,就得

$$P(H_1 \mid \overline{A})=\frac{\frac{3}{10}\times\frac{3}{4}}{\frac{3}{10}\times\frac{3}{4}+\frac{1}{5}\times\frac{2}{3}+\frac{1}{10}\times\frac{11}{12}+\frac{2}{5}\times 1}=\frac{9}{34}. \blacksquare$$

*(三) 较复杂的例

下列各例可以说明上述定理的联合应用.

例 5　设甲、乙两人自 a 个白球 b 个黑球中任取一球,从甲开始然后轮流取,每次取后不还原,试求甲(或乙)先取得白球的概

率 p_1（或 p_2）.

解 为了使甲先取出一白球，必须也只需或者甲第 1 次就取得白球（简记为“白”），或者甲第 1 次取得黑球，乙第 2 次取得黑球，甲第 3 次取得白球（简记为“黑、黑、白”）……因而，事件“甲先得白球”可表为互不相容的事件“白”“黑、黑、白”“黑、黑、黑、黑、白”……的和，然而事件“白”的概率为$\frac{a}{a+b}$，事件“黑、黑、白”的概率可由(5)式算得出$\frac{b}{a+b}\times\frac{b-1}{a+b-1}\times\frac{a}{a+b-2}$，事件“黑、黑、黑、黑、白”的概率仍由(5)，

$$\frac{b}{a+b}\times\frac{b-1}{a+b-1}\times\frac{b-2}{a+b-2}\times\frac{b-3}{a+b-3}\times\frac{a}{a+b-4},\cdots,$$

所以

$$p_1=\frac{a}{a+b}\left[1+\frac{b(b-1)}{(a+b-1)(a+b-2)}+\frac{b(b-1)(b-2)(b-3)}{(a+b-1)(a+b-2)(a+b-3)(a+b-4)}+\cdots\right]. \tag{9}$$

同样得

$$p_2=\frac{a}{a+b}\left[\frac{b}{a+b-1}+\frac{b(b-1)(b-2)}{(a+b-1)(a+b-2)(a+b-3)}+\cdots\right].\blacksquare \tag{10}$$

注意 由于 b 是有穷数，故上两式右方中自某一项起全为 0. 又因为甲、乙两人中，总有一人先取出白球，故 $p_1+p_2=1$. 以 $p_1 p_2$ 的值代入并简化后，立得等式

$$1+\frac{b}{a+b-1}+\frac{b(b-1)}{(a+b-1)(a+b-2)}+\cdots=\frac{a+b}{a}. \tag{11}$$

于是我们附带地用概率的方法证明了恒等式(11). 用概率的方法来证明一些关系式或解决其他一些数学分析中的问题，是概率论

的重要研究方向之一.

例6 自 a 个白球 b 个黑球中同时任取 n 个球，$a+b\geqslant n$，试求至少取出一白球的概率 p.

解 先求对立事件的概率，事件 B:“取出的全是黑球”的概率是

$$q=\frac{C_b^n}{C_{a+b}^n}[\text{回忆 } C_b^n=0,\text{如 } b<n],$$

故

$$p=1-q=1-\frac{b(b-1)\cdots(b-n+1)}{(a+b)(a+b-1)\cdots(a+b-n+1)}. \tag{12}$$

还可以用另一个方法求出 p:同时取出 n 个球可看成不还原地连取 n 次，每次取一球. 为了使 n 次中至少取出一白球，必须也只需或者第1次就得白球$\left(\text{概率为}\frac{a}{a+b}\right)$，或者第1次得黑球第2次得白球$\left(\text{概率为}\frac{b}{a+b}\ \frac{a}{a+b-1}\right)$……这些事件互不相容，故

$$p=\frac{a}{a+b}+\frac{b}{a+b}\times\frac{a}{a+b-1}+\cdots+\frac{b}{a+b}\times\frac{b-1}{a+b-1}\times\cdots\times\frac{b-n+2}{a+b-n+2}\times\frac{a}{a+b-n+1}. \tag{13}$$

比较(12)(13)，可见它们右方的值相等，于是又得到恒等式：当 $a>0$ 时，

$$1+\frac{b}{a+b-1}+\cdots+\frac{b(b-1)\cdots(b-n+2)}{(a+b-1)(a+b-2)\cdots(a+b-n+1)}=\frac{a+b}{a}\left[1-\frac{b(b-1)\cdots(b-n+1)}{(a+b)(a+b-1)\cdots(a+b-n+1)}\right]. \blacksquare \tag{14}$$

下面的例7是个著名的问题，于1708年为蒙特摩特(Montmort)所解决，后由拉普拉斯(Laplace)等人所推广.

例7(配对问题) 有 n 张信纸，分别标号为 $1,2,\cdots,n$，另有 n

个信封也同样标号，今将每张信纸任意装入一信封，试求“没有 1 个配对”的概率 q_0 及“恰有 r 个配对”的概率 $q_r(r\leqslant n)$，这里所谓“r 个配对”是指有 r 张信纸，分别装入同号码的信封.

解 以 A_i 表示“第 i 号信纸装入第 i 号信封”这一事件，则

$$q_0 = 1 - P\left(\bigcup_{i=1}^{n} A_i\right).$$

为求 $P\left(\bigcup\limits_{i=1}^{n} A_i\right)$，利用一般加法公式（§1.3 系 2），第 i 号信纸可装入 n 个信封，恰好装入第 i 号信封的概率 $P(A_i)=\dfrac{1}{n}$，故

$$s_1 = \sum_{i=1}^{n} P(A_i) = 1.$$

若 A_i 出现，第 j 号信纸共有 $n-1$ 个信封可以选择，则

$$P(A_j \mid A_i) = \frac{1}{n-1}, P(A_iA_j) = P(A_i)P(A_j \mid A_i) = \frac{1}{n}\cdot\frac{1}{n-1},$$

从而

$$s_2 = \sum_{i,j} P(A_iA_j) = \frac{C_n^2}{n(n-1)} = \frac{1}{2!}.$$

类似地一般有

$$s_r = \frac{1}{r!}, r = 1,2,\cdots,n.$$

于是

$$q_0 = 1 - P\left(\bigcup_{i=1}^{n} A_i\right) = 1 - \sum_{k=1}^{n} \frac{(-1)^{k+1}}{k!} = \sum_{k=0}^{n} \frac{(-1)^k}{k!}.$$

注意 q_0 与 n 有关，若记 $q_0=q_0(n)$，则

$$\lim_{n\to+\infty} q_0(n) = e^{-1} = 0.36\cdots.$$

利用 q_0 便不难求出 q_r. 如果指定某 r 张信纸装入对应的信封，这事件的概率为

$$\frac{1}{n(n-1)\cdots(n-r+1)},$$

其余 $n-r$ 张信纸中没有一个配对的概率为

$$q_0(n-r)=\sum_{k=0}^{n-r}\frac{(-1)^k}{k!},$$

由于 r 张配对的信纸共有 C_n^r 种选法，故

$$q_r=\frac{C_n^r}{n(n-1)\cdots(n-r+1)}\cdot\sum_{k=0}^{n-r}\frac{(-1)^k}{k!}=\frac{1}{r!}\sum_{k=0}^{n-r}\frac{(-1)^k}{k!}.$$

注意当 $n\to+\infty$ 时，$q_r=q_r(n)\to\frac{e^{-1}}{r!}$. ■

配对问题具有典型的意义，例如“信纸”可设想为“旅客”或“机床”，“信封”可设想为他们的“箱子”或“零件”等(参看本书第 161 页).

§1.5 独立性

（一）两事件的独立性

设 A,B 为两事件，如果 $P(B)>0$，可以定义 $P(A|B)$. 一般说来，$P(A)\neq P(A|B)$. 直观地，这表示 B 的出现对 A 出现的概率是有影响的，只是当 $P(A)=P(A|B)$ 时，才可以认为这种影响不存在，这时自然会设想 A,B 是彼此独立的. 由 §1.4(5)，如果 $P(A)=P(A|B)$，就有

$$P(AB)=P(A)P(B). \tag{1}$$

这引出下列定义：

定义 1 如果两事件 A,B 满足(1)式，那么称 A,B 是相互独立的.

注意 定义 1 即使在 $P(A)=0$ 或 $P(B)=0$ 的情况下仍然适用.

例 1 分别掷两枚硬币. 事件 A："甲出现正面"与事件 B："乙出现正面"是相互独立的，实际上，这时 $\Omega=(($正,正$),($正,反$),($反,正$),($反,反$))$共含四个基本事件，它们是等可能的，各有概率 $\frac{1}{4}$. 显然：

$$A=((\text{正},\text{正}),(\text{正},\text{反})),B=((\text{正},\text{正}),(\text{反},\text{正})),$$
$$AB=((\text{正},\text{正})),$$

从而

$$P(AB)=\frac{1}{4}=\frac{1}{2}\times\frac{1}{2}=P(A)P(B).\ ■$$

不难看出：如果 $P(B)>0$，那么 A,B 的相互独立性等价于

$$P(A)=P(A\mid B).$$

实际上，上面已证明由上式可得(1)，反之，如(1)成立，由(1)及§1.4 (5)得

$$P(A)P(B) = P(AB) = P(B)P(A \mid B).$$

以 $P(B)(>0)$除此式两边，就得上式. ■

定理 1　如果(A,B)相互独立，那么三对事件$(A,\bar{B})$，$(\bar{A},B)$，$(\bar{A},\bar{B})$分别也是相互独立的.

证　由 $A=(AB)\cup(A\bar{B})$得

$$P(A) = P(AB) + P(A\bar{B}).$$

若 $P(AB)=P(A)P(B)$，则

$$\begin{aligned} P(A\bar{B}) &= P(A) - P(A)P(B) = P(A)[1 - P(B)] \\ &= P(A)P(\bar{B}). \end{aligned}$$

故$(A,\bar{B})$相互独立. 由 A,B 的对称性可见此时$(\bar{A},B)$也相互独立. 以所证得的结果用于$(A,\bar{B})$，可见$(\bar{A},\bar{B})$相互独立. ■

*(二) n 个事件的独立性

定义 2　设 $A_1,A_2,\cdots,A_n$ 是 n 个事件，我们说这些事件是相互独立的，如果对任意 $s(2\leqslant s\leqslant n)$，任意 $1\leqslant i_1<i_2<\cdots<i_s\leqslant n$，有

$$P(A_{i_1}A_{i_2}\cdots A_{i_s}) = P(A_{i_1})P(A_{i_2})\cdots P(A_{i_s}). \tag{2}$$

注意　(2)式共代表 2^n-n-1 个等式，实际上

$$\begin{cases} P(A_{i_1}A_{i_2}) = P(A_{i_1})P(A_{i_2}) \quad (\text{共 } \mathrm{C}_n^2 \text{ 个}), \\ P(A_{i_1}A_{i_2}A_{i_3}) = P(A_{i_1})P(A_{i_2})P(A_{i_3}) \quad (\text{共 } \mathrm{C}_n^3 \text{ 个}), \\ \cdots \\ P(A_1A_2\cdots A_n) = P(A_1)P(A_2)\cdots P(A_n) \quad (\text{共 } \mathrm{C}_n^n \text{ 个}), \end{cases} \tag{3}$$

故总共的个数为

$$\sum_{i=2}^{n}\mathrm{C}_n^i = (1+1)^n - \mathrm{C}_n^1 - \mathrm{C}_n^0 = 2^n - n - 1.$$

由定义 2 立刻看出，如果 $A_1,A_2,\cdots,A_n$ 相互独立，那么其中

任意 $m(m\leqslant n)$ 个事件也相互独立.

*现在来推广定理1.考虑(3)中最后一式

$$P(A_1A_2\cdots A_n)=P(A_1)P(A_2)\cdots P(A_n).$$

如果在 n 个事件中，任取 m 个，$0\leqslant m\leqslant n$，并把这 m 个事件 A_j 换成它的对立事件 $\overline{A}_j$，然后用 $\overline{A}_j$ 代替上述最后一式中的 A_j，于是就得到 2^n 个式子：

$$\begin{cases}P(A_1A_2\cdots A_n)=P(A_1)P(A_2)\cdots P(A_n)(\text{共 } C_n^0 \text{ 个}),\\ P(A_1\cdots\overline{A}_i\cdots A_n)=P(A_1)\cdots P(\overline{A}_i)\cdots P(A_n)(\text{共 } C_n^1 \text{ 个}),\\ P(A_1\cdots\overline{A}_i\cdots\overline{A}_j\cdots A_n)=P(A_1)\cdots P(\overline{A}_i)\cdots P(\overline{A}_j)\cdots P(A_n)(\text{共 } C_n^2 \text{ 个}),\\ \quad\cdots\\ P(\overline{A}_1\overline{A}_2\cdots\overline{A}_n)=P(\overline{A}_1)P(\overline{A}_2)\cdots P(\overline{A}_n)(\text{共 } C_n^n \text{ 个}).\end{cases}\tag{4}$$

* **定理2** [1]为使事件 $A_1,A_2,\cdots,A_n$ 相互独立，充分必要条件是(4)中 2^n 个等式成立.

证　充分性　由(4)得

$$P(A_1A_2\cdots A_{n-1}\overline{A}_n)=P(A_1)P(A_2)\cdots P(A_{n-1})P(\overline{A}_n),$$

将这式与(4)中第一式相加便得

$$P(A_1A_2\cdots A_{n-1})=P(A_1)P(A_2)\cdots P(A_{n-1}),$$

这便得到了(3)中所需要证明的一个等式.(3)中其他等式可同样地证明.

必要性　(3)中最后一式与(4)中第一式重合，试证(4)中第二式.由(3)得

$$P(A_1\cdots A_{i-1}A_{i+1}\cdots A_n\cdot A_i)=P(A_1\cdots A_{i-1}A_{i+1}\cdots A_n)P(A_i),$$

这表示两事件 $A_1\cdots A_{i-1}A_{i+1}\cdots A_n$，$A_i$ 相互独立，由定理1知 $A_1\cdots A_{i-1}A_{i+1}\cdots A_n$ 与 $\overline{A}_i$ 也相互独立，再由(3)便得

$$P(A_1\cdots A_{i-1}A_{i+1}\cdots A_n\cdot\overline{A}_i)=P(A_1\cdots A_{i-1}A_{i+1}\cdots A_n)P(\overline{A}_i)$$

---

① 定理2是§2.7定理1的特殊情形.

$$= P(A_1)\cdots P(\overline{A}_i)\cdots P(A_n).$$

于是(4)中第二式得证,即

$$P(A_1\cdots\overline{A}_i\cdots A_n) = P(A_1)\cdots P(\overline{A}_i)\cdots P(A_n). \tag{5}$$

由(5)及(3),可见 $A_1\cdots\overline{A}_i\cdots A_{j-1}A_{j+1}\cdots A_n$ 与 A_j 相互独立,于是用同样的方法,可证(4)中第三式正确,这样类推下去,便可完全证明(4). ■

*__系 1__　设事件$(A_1,A_2,\cdots,A_n)$相互独立,则事件$(\overline{A}_{i_1},\overline{A}_{i_2},\cdots,\overline{A}_{i_m},A_{i_{m+1}},\cdots,A_{i_n})$也相互独立,其中$\{i_1,i_2,\cdots,i_n\}$是$\{1,2,\cdots,n\}$的任一排列,$1\leqslant m\leqslant n$.

证　由假设及定理 2,对 $A_1,A_2,\cdots,A_n$,(4)式成立,对 $\overline{A}_{i_1},\overline{A}_{i_2},\cdots,\overline{A}_{i_m},A_{i_{m+1}},\cdots,A_{i_n}$ 的(4)式记为(4)′,注意 $\overline{\overline{A}}=A$ 后可见(4)与(4)′重合,故(4)′也成立,再由定理 2 即得所欲证. ■

在独立性概念中,必须注意下列事实:由事件 $A_1,A_2,\cdots,A_n$ 的两两独立性不能推出它们的相互独立性. 所谓两两独立性只是指(3)中第一式(只含 C_n^2 个等式)成立,这由下面例 2 可见.

例 2　设 $\Omega=(\omega_1,\omega_2,\omega_3,\omega_4)$是等可能的,即 $P(\omega_i)=\frac{1}{4}(i=1,2,3,4)$. 令

$$A = (\omega_1,\omega_2),B = (w_1,w_3),C = (\omega_1,\omega_4),$$

则 $P(A)=P(B)=P(C)=\frac{1}{2}$. 由于 $AB=AC=BC=(\omega_1)$,有

$$P(AB) = P(AC) = P(BC) = \frac{1}{4} = \frac{1}{2}\times\frac{1}{2}$$

$$= P(A)P(B) = P(A)P(C) = P(B)P(C),$$

因而三事件 A,B,C 是两两独立的. 然而它们却不相互独立,因为

$$P(ABC) = P(\{\omega_1\}) = \frac{1}{4} \neq \frac{1}{8} = P(A)P(B)P(C),$$

从而(3)中最后一式不成立. ■

例3 设一次射击中的的概率为 $p,0<p<1$，不断地接连射下去，假定各次射击都独立地进行，试求事件 A_k："第 k 次射击中的"，B_k："前 k 次射击里，至少中的一次"，C："迟早至少中的一次"的概率.

解 以1表示"中的"，0表示"不中的". 由于射击不断地进行，故得到可列次重复随机试验 $\widetilde{E}=E^{+\infty}$（一次射击为 E）. $\widetilde{E}$ 的一个基本事件是 $(x_1,x_2,\cdots)$，其中 $x_i=1$ 或 0，因而 $\widetilde{\Omega}$ 是非可列集，实际上 $\widetilde{\Omega}$ 与 $[0,1]$ 是一一对应的.

事件 A_k 由一切如下序列 $(x_1,x_2,\cdots,x_k,\cdots)$ 组成：其中 $x_k=1$，其余的 $x_i(i\neq k)$ 可任意为0或为1，故 A_k 只依赖于第 k 次射击的结果，$P(A_k)=p$.

B_k 只依赖于前 k 次射击，B_k 的对立事件 $\overline{B}_k$ 为："前 k 次射击都不中的"，显然

$$\overline{B}_k=\overline{A}_1\overline{A}_2\cdots\overline{A}_k.$$

由于各次射击是独立进行的，可以假定上式右方各事件独立，故若令 $q=1-p,0<q<1$，则

$$P(\overline{B}_k)=P(\overline{A}_1)P(\overline{A}_2)\cdots P(\overline{A}_k)=(1-p)^k=q^k, \tag{6}$$

于是 $P(B_k)=1-q^k$.

类似地有

$$\overline{C}=\bigcap_{k=1}^{+\infty}\overline{B}_k.$$

因为 $\overline{B}_k\supset\overline{B}_{k+1}$，故由§1.3定理2，

$$P(\overline{C})=\lim_{k\to+\infty}P(\overline{B}_k)=\lim_{k\to+\infty}q^k=0, \tag{7}$$

所以 $P(C)=1-P(\overline{C})=1$. ■

独立事件常伴随独立随机试验列而出现：设 $\{E_i\}(i\in\mathbf{N}^*)$ 是一列随机试验，E_i 的基本事件空间为 Ω_i，设 A_k 是 E_k 中的任一事件，$A_k\subset\Omega_k$，如果 A_k 出现的概率不依赖于其他各次试验 $E_i(i\neq k)$ 的试验结果，就称 $\{E_i\}$ 是独立随机试验列.

例 3 中的重复随机试验列（不断地射击）是独立的，而 §1.4 例 1 中的 $\{E_1, E_2, E_3\}$（不**还原**抽球）不是独立的，便还原抽球（即每次把抽得的球还原后再独立地抽下次），则一般地可以认为是独立随机试验列.

例 4　自 1，2，…，10 共十个数字中任取一个，取后还原，连取 k 次，独立进行，于是得到 k 个随机数字，试求事件 A_m："此 k 个数字中最大者是 m"的概率 $p_m(m\leqslant 10)$.

解　以 B_m 表示事件："此 k 个数字中最大者不大于 m". 为了使 B_m 出现，必须也只需第一次取得的数字不大于 $m\left(\text{概率为}\dfrac{m}{10}\right)$，第二次取得的也不大于 m（概率仍为$\dfrac{m}{10}$），…，这样直到第 k 次. 由于随机试验列是独立的，故

$$P(B_m)=\left(\frac{m}{10}\right)^k. \tag{8}$$

容易看到，$B_m\supset B_{m-1}$，而且

$$A_m=B_m-B_{m-1},$$

故

$$P(A_m)=P(B_m)-P(B_{m-1})=\frac{m^k-(m-1)^k}{10^k}. \blacksquare \tag{9}$$

例 5（小概率事件）　设随机试验 E 中某一事件 A 出现的概率为 $\varepsilon>0$，试证不断独立地重复做试验 E 时，A 迟早会出现的概率为 1，不论 ε 如何小.

证　以 A_k 表事件："A 于第 k 次试验中出现"，$P(A_k)=\varepsilon$. 前 n 次试验中，A 都不出现的概率为

$$P(\overline{A}_1\overline{A}_2\cdots\overline{A}_n)=P(\overline{A}_1)P(\overline{A}_2)\cdots P(\overline{A}_n)=(1-\varepsilon)^n,$$

这里用到独立性. 于是前 n 次试验中，A 至少出现一次的概率为

$$1-P(\overline{A}_1\overline{A}_2\cdots\overline{A}_n)=1-(1-\varepsilon)^n\to 1(n\to+\infty). \blacksquare$$

这例说明绝不能轻视小概率事件，尽管在一次试验中它出现

的概率很小，但只要试验次数很大，而且是独立地进行的，那么它迟早会出现的概率就可以很接近于1.

（三）差分方程法

到现在为止，我们已讲过概率的定义及概率的一些重要性质，并列举了许多例题，后者显示了计算概率方法的多样性. 下面再给出一些例子，通过它们介绍另一种计算概率的方法——差分方程法①.

例6 设质点 M 在整数点集 $(0,1,2,\cdots,a)$ 上作随机徘徊，就是说，每经一单位时间按下列规则改变一次位置：如果它现在在点 $z(0<z<a)$ 上，下一步以概率 $p(0<p<1)$ 转移到 $z+1$，以概率 q 到 $z-1$，$p+q=1$；如果它现在在 0（或 a），它以后就永远停留在 0（或 a）. 试求自 z 出发，终于要到达 0（或 a）的概率 q_z（或 p_z）.

解 质点 M 自 $z(0<z<a)$ 出发，由于 $p+q=1$，它下步来到 $z+1$ 或 $z-1$ 的概率为1，根据全概率公式（见§1.4定理3）得

$$q_z = pq_{z+1} + qq_{z-1} \ (0 < z < a), \tag{10}$$

$$q_0 = 1, q_a = 0, \tag{11}$$

由此可见，$(q_0, q_1, \cdots, q_a)$ 是方程组(10)(11)的解. 下面证明(10)(11)的解唯一，并且具体求出此解. 由唯一性此解自然就是所要求的概率 $(q_0, q_1, \cdots, q_a)$.

首先注意(10)式有两特解为

$$q_z = 1, \ q_z = \left(\frac{q}{p}\right)^z. \tag{12}$$

由(10)的齐次性，可见对任两常数 A，B，

$$q_z = A + B\left(\frac{q}{p}\right)^z \tag{13}$$

也是(10)的一解. 为使边值条件(11)满足，必须也只需

① 在另一些问题中还可用微分方程来求概率，参看§4.3.

$$A+B=1,\quad A+B\left(\frac{q}{p}\right)^{a}=0,$$

由此两方程可以求出 A,B,代入(13)即得

$$q_z=\frac{\left(\frac{q}{p}\right)^{a}-\left(\frac{q}{p}\right)^{2}}{\left(\frac{q}{p}\right)^{a}-1},p\neq q \tag{14}$$

是(10)(11)的解. 为证(14)是(10)(11)的唯一解,只要证(13)是(10)的解的一般形式. 设$\{q_z\}$是(10)的任一解,在(13)中可选 A,B 使 $q_0=q'_0$,$q_1=q'_1$,然而由(10)知 q_{z+1} 被 q_{z-1},q_z 所唯一决定,从而由 $q_0=q'_0$ 及 $q_1=q'_1$ 知 $q_i=q'_i$,$i\in\mathbf{N}$.

如 $p=q$,上述讨论是行不通的,因为这时(12)中两特解重合. 然而此时可求得(10)的另一特解为 $q_z=z$,因此(10)的通解仍可仿上证明为 $q_z=A+Bz$. 要边值条件(11)满足,必须令 $A=1$,$A+Ba=0$,于是求得当 $p=q$ 时有

$$q_z=1-\frac{z}{a}. \tag{15}$$

类似地,为求 p_z,注意它是下面两方程

$$p_z=pp_{z+1}+qp_{z-1},\ 0<z<a, \tag{16}$$

$$p_0=0,p_a=1 \tag{17}$$

的解,用同样的解法,可以求得

$$p_z=1-q_z,\ 0\leqslant z\leqslant a.\ \blacksquare \tag{18}$$

在例 6 中,由于两边点 0,a 都是吸引的,即 M 到达 0(或 a)后,就永远停留在 0(或 a),因此 q_z 可解释为质点 M 自 z 出发,在到达 a 以前先到达 0 的概率,而 p_z 是自 z 出发,在到 0 以前先到达 a 的概率. (18)式还表示,它迟早总要被边点吸引,不可能永远在内部徘徊,因为 $p_z+q_z=1$.

在例 6 中,0,a 都是吸引的. 现在把 a 改为反射的,就是说:例 6 中所述的运动法则,除了当质点 M 自 a 出发时下一步以概

率1“停留在a”改为“转移到$a-1$”外，其余都不改变，试求自z出发，终于要达到0的概率r_z. 这时，r_z仍然满足差分方程(10)，即

$$r_z = pr_{z+1} + qr_{z-1}, 0 < z < a, \tag{19}$$

但边值条件(11)应换为

$$r_0 = 1, r_a = r_{a-1}. \tag{20}$$

用类似的方法解此差分方程组(19)(20)，即得

$$r_z = 1,\ 0 \leqslant z \leqslant a. \tag{21}$$

我们看到了，质点在边界点$0,a$上转移法则的改变对应于边值条件的改变.

有时直观的概率意义可以帮助我们检查所得结果是否正确. 例如，在例6中，容易想象，z越近于a，质点被0吸引的可能性就越小，故q_z应是z的不增函数，(14)(15)正有这个性质. 又如，若$p=q, a=2n, z=n$是$(0,2n)$的中点，易想到$q_z=\frac{1}{2}$，而(15)此时果然如此.

例7 考虑随机试验E中一事件A. $p=P(A)>0$. 将E独立地重复做下去，如果A接连出现至少r次，就说出现“$r-$成功”(例如，$E-$射击，$A-$中的，$r-$成功就是接连中的至少r次)，试求在n次试验中出现$r-$成功的概率y_n $(n\geqslant r)$.

解 在$n+1$次试验中，事件:“出现$r-$成功”可以分解为两个互不相容的事件:第一，在前n次试验中已出现$r-$成功，概率为y_n;第二，只在$n+1$次试验后才出现$r-$成功，为计算第二事件的概率，注意此事件的出现等价于下列三事件a,b,c同时出现:

a:“在前$n-r$次试验中$r-$成功不出现”，$P(a)=1-y_{n-r}$;

b:“在第$n-r+1$次试验中A不出现”，$P(b)=q=1-p$;

c:“A在其余r次试验中都出现”，$P(c)=p^r$.

由于a,b,c是独立事件，故它们同时出现的概率，也就是上述第

二事件的概率，等于$(1-y_{n-r})qp^r$.

于是，得

$$y_{n+1}=y_n+(1-y_{n-r})qp^r, \tag{22}$$

这是一个 $r+1$ 级的线性差分方程，连同显然的开始条件：

$$y_0=y_1=\cdots=y_{r-1}=0, y_r=p^r,$$

可以完全决定 y_n，$n=r+1,r+2,\cdots$. 例如，当 $r\geqslant 2$ 时，

$$y_{r+1}=p^r+qp^r=p^r(1+q),$$

$$y_{r+2}=p^r+2qp^r=p^r(1+2q),\cdots. \blacksquare$$

例 8(传球问题)　r 个人相互传球，每传一次时，传球者等可能地传给其余 $r-1$ 人中之一，试求第 n 次传球时，此球由最初发球者传出的概率 p_n(发球那一次算作第 0 次).

解　以 q_n 表示第 n 次传球时由某甲(非发球者)传出的概率，由等可能性，此概率对其余 $r-1$ 人都是相同的，于是

$$p_n+(r-1)q_n=1. \tag{23}$$

为使第 n 次球由发球者传出，充分必要条件是第 $n-1$ 次球由其余 $r-1$ 人中之一传出(对应的概率为$(r-1)q_{n-1}$)，并传给发球者$\left(\text{对应的概率为}\frac{1}{r-1}\right)$，故

$$p_n=(r-1)q_{n-1}\cdot\frac{1}{r-1}=q_{n-1}(n\geqslant 1). \tag{24}$$

由(23)(24)得 $p_n=\frac{1-p_{n-1}}{r-1}$，亦即

$$p_n-\frac{1}{r}=\frac{1}{1-r}\left(p_{n-1}-\frac{1}{r}\right)$$

$$=\left(\frac{1}{1-r}\right)^n\left(1-\frac{1}{r}\right)\ (\text{注意 } p_0=1),$$

最后得

$$p_n=\frac{1}{r}\left\{1-\left(\frac{1}{1-r}\right)^{n-1}\right\}.$$

由此可见：当 $n \to +\infty$ 时 $p_n \to \frac{1}{r}$，这个结果是可以直观地理解的。但预料不到的是：当 n 为偶数时，p_n 略大于"极限"概率 $\frac{1}{r}$；n 为奇数时，则略小于 $\frac{1}{r}$。不过，当 $r=2$ 时，$p_n=1$ 或 0，视 n 为偶或奇而定，这当然是对的。

注意 由(24)，$\lim\limits_{n\to+\infty} q_n = \lim\limits_{n\to+\infty} p_n = \frac{1}{r}$。这表明第 n 次发球的机会对所有 r 个人都是近似地等可能的，只要 n 充分大，而不管最初发球者是谁。这种不依赖于开始状态的性质在马尔可夫链理论中叫作遍历性，其实本例就是一个简单的马尔可夫链①。■

例 8 的抽象化是：质点在 r 个位置上随机运动，每次位移从一位置到其余 $r-1$ 个位置是等可能的，试求第 n 次运动是由开始位置出发的概率 p_n。

---

① 若利用 § 4.1 中的理论，则本例中的转移概率 $p_{ij}=\frac{1}{r-1}(i\neq j)$；$p_{ii}=0$，以此代入 § 4.1(22)式，即可求出那里的 $p_j=\frac{1}{r}(j=1,2,\cdots,r)$，即极限概率为 $\frac{1}{r}$。

*§1.6　若干补充

(一) 本章小结

(i) 现实中许多随机现象可以用(复合)随机试验来概括. 我们着重地讨论了两种随机试验:古典型的与几何型的. 通过这两种随机试验发现了概率的一些性质(§1.1 定理 1,2),而且发现一般的随机试验的频率也有类似性质(§1.1 定理 3),于是便以这些性质来定义**一般**的概率,从而建立了公理系统(§1.3).

(ii) 我们已经看到计算古典型概率的三种方法:i) 直接用 $P(A)=\frac{k}{n}$,这时必须算好基本事件的个数 n 及 A 所含基本事件个数 k,为此常常用到排列与组合. ii) 利用一些重要的公式或定理(乘法公式,全概率公式,贝叶斯公式,连续性定理等),见§1.3 中的例及§1.5 例 3 等. iii) 差分方程(§1.5).

(iii) 本章有许多重要的例,显示了问题的广泛性与方法的多样性. 读者可把它们总结一下,分成类(例如抽球问题,分房问题,随机数问题,几何型概率问题等),或从方法上分类也可,并记住一些.

(二) 关于几何概率

在§1.1 中我们下了几何概率的定义(见§1.1(6)),在运用这个定义来求具体问题中的概率时,必须注意所谓点的“均匀分布”(它实际上是广泛意义下的等可能性)是相对什么随机试验而言的,否则就可能得出不同的甚至错误的结果. 下面的例清楚地说明了这一点.

例 1[贝特朗(Bertrand)奇论]　在一半径为 r 的圆 C 内“任意”作一弦,试求此弦长度 l 大于圆内接等边三角形的边长 $\sqrt{3}r$ 的

概率 p.

解 1 如图 1-6 作半径为$\frac{r}{2}$的同心圆 C_1，弦的中点 M 是“任意”的. 若 $M\in C_1$，则 $l>\sqrt{3}r$，故由 §1.1(6)，p 等于两圆面积之比，即

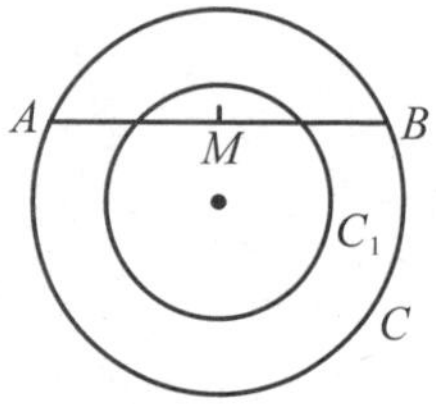

图 1-6

$$p=\frac{\pi\left(\frac{r}{2}\right)^2}{\pi r^2}=\frac{1}{4}.$$

解 2 如图 1-7 由对称性不妨先固定弦的一端 A 于圆周上，于是另一端 B 是“任意”的. 考虑等边三角形 ADE，若 B 落于角 A 所对应的弧$\widehat{DE}$上，则 $l>\sqrt{3}r$. 故

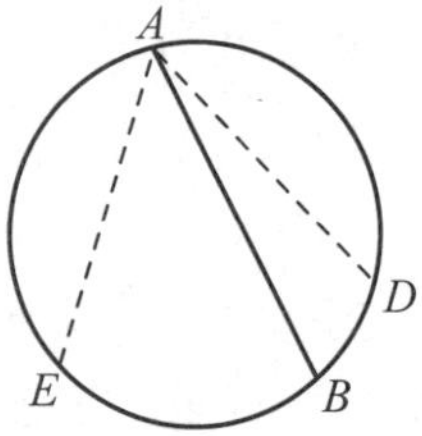

图 1-7

$$p=\frac{\widehat{DE}\text{ 的弧长}}{\text{圆周全长}}=\frac{1}{3}.$$

解 3 不妨先固定弦的方向使它垂直于直径 EF. 如果 AB 的中点 M 落在图 1-8 的 GH 上，那么 $l>\sqrt{3}r$，因此

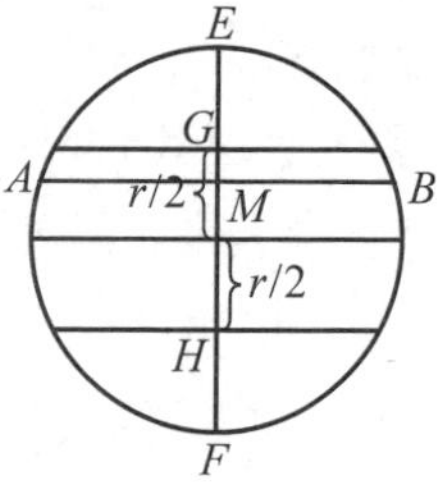

图 1-8

$$p=\frac{GH\text{ 之长}}{EF\text{ 之长}}=\frac{1}{2}.$$

于是我们得到了三个不同的答案，原因何在呢？这是因为三个解法中用了三个不同的随机试验的事件. 第一个是“观察随机点 M 落于圆 C_1 中”（Ω 是二维区域 C）；第二个是“随机点 B 落于圆弧$\widehat{DE}$上”（Ω 是全圆周）；第三个是“随机点 M 落于区间 GH 中”（Ω 是 EF），因此三个解法中的 p 其实是三个不同事件的概率. 这使我们看出，原来例 1 中的问题提得太不确定了，那里的“任意”两字至少可以作如上三种解释. 相对于自己的解释，每种解法都是正确的. ■

例 2(最近星体的距离的分布)　在天体统计中，需要研究下列问题：设 A 为一固定星球，试求与 A 最邻近的星与 A 的距离不超过 x 的概率 $F(x)$.

解　如果不对在 A 周围星的密集程度作任何假定，问题是无法解决的. 根据天文的观察，我们假设：

(i) 以 A 为中心作一球 C，体积为 V，以 N 表示位于 V 中的星数，则

$$\lim_{V\to+\infty}\frac{N}{V}=\lambda(\lambda\ \text{为某常数})；$$

(ii) 星在 V 中相互独立地均匀分布.

以 v 表示中心为 A 半径为 x 的球 S 的体积，由后一假设，C 中星都不在 S 中的概率为 $\left(1-\frac{v}{V}\right)^N$，利用 1)并注意 $v=\frac{4}{3}\pi x^3$，得

$$F(x)=1-\lim_{V\to+\infty}\left(1-\frac{v}{V}\right)^{\lambda V}=1-\mathrm{e}^{-\frac{4}{3}\lambda\pi x^3}.$$

λ 随星球 A 而异. 如 A 为太阳，可取 $\lambda=0.006\ 3$. ■

当 x 在 $[0,+\infty)$ 变化时，$F(x)$ 是最近星的距离 r 的分布函数，后一概念在下章中要详细讨论.

例 3　设二维点 (p,q) 在 $|p|\leqslant 1,|q|\leqslant 1$ 中按均匀分布出现，试求方程 $x^2+px+q=0$ 的两根

(i) 都是实数的概率 P_1；

(ii) 都是正数的概率 P_2.

解　(i) 基本事件空间 Ω 是以原点为中心，边长为 2 的正方形如图 1-9，即

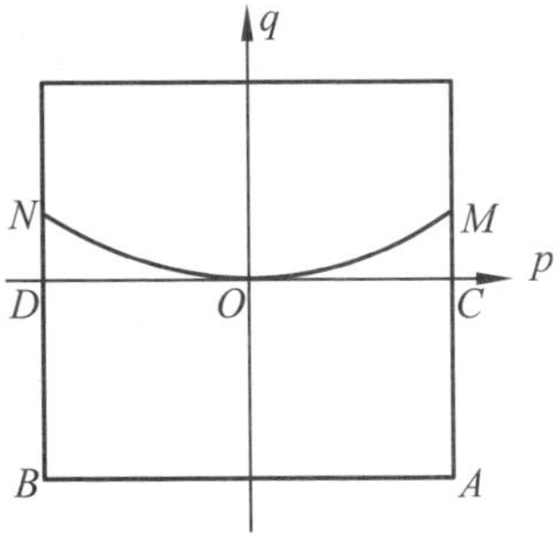

图 1-9

$$\Omega=((p,q):|p|\leqslant 1,|q|\leqslant 1).$$

为使两根为实，(p,q) 必须也只需满足 $p^2\geqslant 4q$，这条件决定区域

$AMNB$,MN 是抛物线段 $p^2=4q$,$|q|\leqslant 1$. 注意 MOC 的面积为 $\int_0^1 \frac{p^2}{4}\mathrm{d}p=\frac{1}{12}$,故

$$P_1=\frac{L(AMNB)}{L(\Omega)}=\frac{2+2\times\frac{1}{12}}{4}=\frac{13}{24}.$$

(ii) 为使两根为正,(p,q)除应满足 $p^2\geqslant 4q$ 外,还要满足

$$p<0, \sqrt{p^2-4q}<-p;$$

亦即还要满足

$$p<0, \quad q>0.$$

这三个条件决定区域 NOD,它的面积为$\frac{1}{12}$,故

$$P_2=\frac{1}{12}\div 4=\frac{1}{48}. \blacksquare$$

习　题　1

1. 设 A,B,C 表示三个随机事件，试将下列事件用 A,B,C 表示出来.

（ⅰ）A 出现，B,C 不出现；

（ⅱ）A,B 都出现，而 C 不出现；

（ⅲ）所有三个事件都出现；

（ⅳ）三个事件中至少一个出现；

（ⅴ）三个事件都不出现；

（ⅵ）不多于一个事件出现；

（ⅶ）不多于两个事件出现；

（ⅷ）三个事件中至少两个出现.

2. 下面两式表示，A,B 之间有什么包含关系？

（ⅰ）$A\cap B=A$；

（ⅱ）$A\cup B=A$.

3. 求证：

$(A\cup B)\cap C=(A\cap C)\cup(B\cap C)$；

$(A\cap B)\cup C=(A\cup C)\cap(B\cup C)$.

4. 证明下列等式：

（ⅰ）$\overline{\overline{A}}=A$；

（ⅱ）$\overline{(A\cup B)}=\overline{A}\cap\overline{B}$；

（ⅲ）$\overline{A\cap B}=\overline{A}\cup\overline{B}$；

（ⅳ）$A-B=A\cap\overline{B}$；

（ⅴ）$\overline{(\overline{A}\cap\overline{B})}=A\cup B$；

（ⅵ）$\overline{(\overline{A}\cup\overline{B})}=A\cap B$.

5. 简化下列各式：

（ⅰ）$(A\cup B)\cap(B\cup C)$；

（ⅱ）$(A\cup B)\cap(A\cup\overline{B})$；

（ⅲ）$(A\cup B)\cap(A\cup\overline{B})\cap(\overline{A}\cup B)$.

6. 设 $A_n, n\in\mathbf{N}^*$，是随机事件，试证：

（ⅰ）$P(A_1\cup A_2\cdots\cup A_n)=1-P(\overline{A}_1\cap\overline{A}_2\cdots\cap\overline{A}_n)$；

（ⅱ）$P(\bigcup_n A_n)=P(A_1)+P(A_2\cap\overline{A}_1)+P(A_3\cap\overline{A}_1\cap\overline{A}_2)+\cdots$.

7. 一部四卷的文集，按任意次序放到书架上，问各卷自左向右或自右向左的卷号顺序恰为 1，2，3，4 的概率是多少？

8. 一口袋中装有 s 个白球，r 个红球，今随机地取出一球，记下它的颜色，再将其放回，然后，再随机地取出一个球，并记下它的颜色……如此下去，直到记录中出现 k 个白球为止，求必需的抽取次数为 T 的概率（所谓“随机地”是指“等可能随机地”）.

9. 设有 n 个房间，分给 n 个不同的人，每个人都以 $\frac{1}{n}$ 的概率进入每一房间，而且每间房里的人数没有限制，试求不出现空房的概率.

10. 将 n 个球投入 N 个匣中，球可辨（就是说，不仅区别每个匣子中的球数，而且还区别是哪几个球），每个球都以 $\frac{1}{N}$ 的概率进入每一个匣内，求指定某匣是空的概率.

11. 在线段 $(0,a)$ 上任意投三个点，试求由 0 到三点的三线段能构成三角形的概率.

12. 在整数（0 至 9）中，任取四个，能排成一个四位偶数的概率是多少？

13. 从数 $1,2,\cdots,N$ 中随机取出 n 个（每次取完以后都放回），问：

（ⅰ）所取的 n 个数全不相同的概率是多少？（$N\geqslant n$）

（ⅱ）若将取出的数从小到大排列，第 m 个数等于 M 的概率是多少?

14. 将 n 个球投入 N 个匣子,若球不可辨(就是说,只记每匣中的球数,而不区别是哪些球),每一种投法都是等概率的,试求:

(ⅰ) 没有空匣的概率(这时假设 $n \geqslant N$);

(ⅱ) 正好有 m 个空匣的概率;

(ⅲ) 指定 m 个匣中正好共有 j 个球的概率.

15. 有 k 个坛子,每一个装有 n 个球,分别编有自 1 至 n 的号码,今从每一个坛子中取出一个球,问 m 是所取的球中的最大编号的概率是多少?

16. 从装有 m 个白球与 n 个黑球的坛子中将球一个一个地取出(每次都放回),一直取到出现白球为止.

(ⅰ) 试写出这一随机试验的基本事件空间,这一随机试验是不是古典型的?

(ⅱ) 求取出的黑球恰好是 k 个的概率.

17. 两船欲靠同一码头. 设两船独立地到达,而且各自到达时间在一昼夜间是等可能的(即均匀分布的). 如果此两船在码头的停留时间分别是 1 h 及 2 h,试求一船要等待空出码头的概率.

18. 两人约好在某一地点会面,在时间 T_1 到 T_2 之间到达. 假定他们在 T_1 至 T_2 之间的任何时刻到达都是等可能的,试求其中一人必须等另外一人的时间不小于 t_0 的概率.

19. $N+1$ 个坛子 $U_0, U_1, \cdots, U_N$, U_i 中含有 i 个白球和 $N-i$ 个黑球,先任选取一个坛子,然后从中取 $n(n<N)$ 个球. 若有 v 个白球,$n-v$ 个黑球,试求:

(ⅰ) 所取的坛子是 U_i 的概率;

(ⅱ) 再在此坛中取一个球是白球的概率.

20. 有四个口袋,内装白球和黑球,数目如下:(1,2),(2,1),(2,

2)，(3，1)．今自每个口袋各取一个球，求恰有两个白球的概率．

21. 波利亚(Polya)口袋问题：有些人把这个问题当作传染病或地震的模型，认为某地越爆发则越容易爆发．这个模型如下(红球代表爆发地震，黑球代表不爆发)：口袋里装有 b 个黑球，r 个红球，任意取出一个，然后放回并再放入 c 个与取出的颜色相同的球，再从袋里取出一球，问

(ⅰ) 最初取出的球是黑的，第 2 次取出的也是黑色的概率；

(ⅱ) 如将上述过程进行 n 次，取出的正好是 n_1 个黑球，n_2 个红球($n_1+n_2=n$)的概率．

22. 问题同上，证明：任何一次取得黑球的概率都是$\frac{b}{b+r}$．

23. 问题同上，试证：

(ⅰ) 第 m 次与第 n 次($m<n$)取出都是黑球的概率是

$$\frac{b(b+c)}{(b+r)(b+r+c)};$$

(ⅱ) 第 m 次第 n 次取出的是(红，黑)的概率是

$$\frac{br}{(b+r)(b+r+c)}.$$

24. 问题同上，设前 n 次抽球中出现 k 个黑球的概率是 $p_k(n)$，证明递推公式

$$p_k(n+1)=p_k(n)\frac{r+(n-k)c}{b+r+nc}+p_{k-1}(n)\frac{b+(k-1)c}{b+r+nc}.$$

25. 今有两名射手轮流对同一目标进行射击，甲射手命中的概率为 P_1，乙射手命中的概率为 P_2．甲先射，谁先命中谁得胜．问甲、乙得胜的概率各为多少？

26. 口袋里装有 a 个白球及 b 个黑球，任意取出 k 个球，不看取出的球，再从剩下的球中取出一个来，试证取出的是白球的概

率为$\frac{a}{a+b}$，与 k 无关(由此可见：第 1 人抽取白球的概率为 $\frac{a}{a+b}$，取后不还原；第 2 人不看第 1 人取出的结果，再取出白球的概率仍为$\frac{a}{a+b}$；…，对于第 k 人概率还是$\frac{a}{a+b}$).

27. 口袋里有 a 个白球 b 个黑球，一个一个地将球取出，不放回，一直取到袋中只剩下相同颜色的球为止. 试求：袋中剩的是白球的概率.

28. 利用概率论的想法证明下列恒等式：设 $A>a$，

$$1+\frac{A-a}{A-1}+\frac{(A-a)(A-a-1)}{(A-1)(A-2)}+\cdots+\frac{(A-a)\cdots 2\cdot 1}{(A-1)\cdots(a+1)a}=\frac{A}{a}.$$

29. 一工人看管 3 台机床，在 1 h 内机床不需要工人照顾的概率对于第 1 台是 0.9，第 2 台是 0.8，第 3 台是 0.85. 在 1 h 的过程中，试求：

(ⅰ) 没有一台机床需要照顾的概率；

(ⅱ) 至少有一台不需要照顾的概率.

30. 在一个罐子里有 n 张带有号码 1 至 n 的票，一张一张地取出来(不放回)，求至少有一次所取的票的号码与次数一致的概率.

31. 坛Ⅰ装有 5 个白球、5 个黑球，从坛Ⅰ中取 5 个球放入空坛Ⅱ中，再从Ⅱ中取 3 个球放入空坛Ⅲ，最后从坛Ⅲ中取出的一个球是白球，试求第一次取出的 5 个球全是白球的概率.

32. 甲和乙比赛射击，每进行一次，胜者得 1 分. 在一次射击中，甲胜的概率是 α，乙是 β，设$\alpha>\beta$，$\alpha+\beta=1$. 射击进行到有一人超过对方 2 分就停止，多得 2 分者为胜. 试分别求甲获胜的概率和乙获胜的概率.

第 2 章　随机变量与它的分布

§ 2.1　随机变量

(一)随机变量的直观背景

在许多实际问题中，常常需要考虑定义在基本事件空间 $\Omega=(\omega)$ 上的函数 $\xi(\omega)$.

例 1　某人自甲地往乙地，可以“乘船”(ω_1)去，也可以“乘车”(ω_2)或“乘飞机”(ω_3)去，如乘船，旅费为 50 元，如果乘车或飞机，旅费分别为 100 元和 200 元. 这里 $\Omega=(\omega_1,\omega_2,\omega_3)$，以 ξ 表所需旅费，那么 ξ 可以看成为定义在 Ω 上的函数. 如果出现 ω_1，就有 $\xi=50$，这可简记为 $\xi(\omega_1)=50$，类似考虑 ω_2,ω_3，这样便得到函数 $\xi(\omega)$：

$$\xi(\omega)=\begin{cases}50, & \omega=\omega_1,\\ 100, & \omega=\omega_2,\\ 200, & \omega=\omega_3.\end{cases} \tag{1}$$

如果已知乘船、乘车、乘飞机的概率分别为 $\frac{1}{2},\frac{1}{3},\frac{1}{6}$，那么旅费为

50 的概率等于$\frac{1}{2}$，即 $$P(\xi=50)=\frac{1}{2}.\tag{2}$$

同样， $$P(\xi=100)=\frac{1}{3},\quad P(\xi=200)=\frac{1}{6}.\ \blacksquare\tag{3}$$

例 2 从某学校任选一人 ω 而登记他的身长 $\xi(\omega)$，那么 $\xi(\omega)$ 随着 ω 而变，故是 ω 的函数. 同样，体重 $\eta(\omega)$ 也是 ω 的函数. ■

这种函数不胜枚举，长江的年流量，某地区的一年的雨量，室内的温度，射击的偏差度等都是.

一般地，设 E 为任一随机试验，它的基本事件空间为 $\Omega=(\omega)$，如果对每个 $\omega\in\Omega$，有一实数 $\xi(\omega)$ 和它对应，我们就得到一个定义在 Ω 上的实值函数 $\xi(\omega)$. 在概率论中，我们不仅关心 $\xi(\omega)$ 取什么数为值，而且还关心它取某些数为值的可能性的大小，也就是说，还关心它以多少概率取某些数为值（参看(2)式）. 例如，我们希望知道 ω—集 $(\omega: \xi(\omega)\leqslant x)$ 的概率，其中 x 是任一实数（以后 $(\omega: \xi(\omega)\leqslant x)$，$(\omega: \xi(\omega)\in A)$ 等恒简记为 $(\xi(\omega)\leqslant x)$，$(\xi(\omega)\in A)$ 等）. 这一要求带来了一定的数学上的困难.

问题在于：为了要求出 $(\xi(\omega)\leqslant x)$ 的概率，先决条件是 $P(\xi(\omega)\leqslant x)$ 必须有意义，但如 §1.3 所述，我们只是对 Ω 的某 σ-代数 $\mathcal{F}$ 中的 ω- 集，即事件，定义了概率 P，因此先决条件化为 $(\xi(\omega)\leqslant x)\in\mathcal{F}$，然而，对任意的函数 $\xi(\omega)$ 这个条件未必满足，于是有必要在定义中引进这一条件.

上面直观的想法引出下列正式的定义：

定义 1 设 $(\Omega,\mathcal{F},P)$ 是一概率空间，$\xi(\omega)$ 是定义在 $\Omega=(\omega)$ 上的单值实函数，如果对任一实数 x，ω- 集 $(\xi(\omega)\leqslant x)$ 是一事件，亦即

$$(\xi(\omega)\leqslant x)\in\mathcal{F},\tag{4}$$

就称 $\xi(\omega)$ 为随机变量.

我们指出，随机变量 $\xi(\omega)$ 并不是自变数，它是满足条件(4)

的 ω 函数，自变数是 ω.

以后没有必要强调 ω 时，常省去 ω，而记 $\xi(\omega)$ 为 ξ，$(\xi(\omega)\leqslant x)$ 为 $(\xi\leqslant x)$ 等.

注意 1 由(4)可见，随机变量的概念是对于已给的 σ- 代数 $\mathcal{F}$ 而言的. 现在考虑一特殊情况：设 $\mathcal{F}$ 由 Ω 中全体子集构成，显然 $\mathcal{F}$ 也是 Ω 中的 σ-代数，这时由于 Ω 的任一子集都是一事件，故任一单值实函数 $\xi(\omega)$ 都满足(4)，从而是一随机变量.

注意 2 特别地，对于只含有穷或可列个点的 Ω，我们以后总设 $\mathcal{F}$ 是由 Ω 中的全体子集所成的 σ-代数，因而可利用注意 1 的结果，这一点以后会常用.

随机变量概念的产生是概率论发展史中的重大事件，它使概率论研究的对象由事件扩大为随机变量. 设 A 为任一事件，因而 $A\in\mathcal{F}$，它对应于一个函数 $\chi_A(\omega)$：

$$\chi_A(\omega)=\begin{cases}1, & \omega\in A,\\ 0, & \omega\in\overline{A}.\end{cases} \tag{5}$$

通常称 $\chi_A(\omega)$ 为 A 的示性函数. 由于

$$(\chi_A(\omega)\leqslant x)=\begin{cases}\Omega\in\mathcal{F}, & x\geqslant 1,\\ \overline{A}\in\mathcal{F}, & 0\leqslant x<1,\\ \varnothing\in\mathcal{F}, & x<0,\end{cases}$$

可见 $\chi_A(\omega)$ 是一随机变量. 等式 $P(A)=P(\chi_A(\omega)=1)$ 表示：求 A 的概率 $P(A)$ 等价于求随机变量 $\chi_A(\omega)$ 等于 1 的概率. 这样一来，事件的研究就可纳入随机变量的研究之中. 从现在起，我们的**研究对象主要集中在随机变量及它的分布上**.

(二) 随机变量的分布函数

设 $\xi(\omega)$ 是随机变量，由(4)，$P(\xi(\omega)\leqslant x)$ 有意义，因而可定义函数

$$F_\xi(x)=P(\xi(\omega)\leqslant x)\ \ (x\in\mathbf{R}=(-\infty,+\infty)), \tag{6}$$

并称 $F_\xi(x)$ 为 ξ 的分布函数. $F_\xi(x)$ 给出了 ξ 取不大于 x 值的概率. 以下会看到, 通过 $F_\xi(x)$ 还可表达许多有关 ξ 的事件的概率, 例如 $P(\xi(\omega)=x)$ 等.

定理 1　函数 $F_\xi(x)(x\in\mathbf{R})$ 具有下列性质:

(i) 单调不减: 若 $b>a$, 则 $F_\xi(b)\geqslant F_\xi(a)$.

(ii) 右连续[①]: $\lim\limits_{b\to a+0}F_\xi(b)=F_\xi(a)$.

(iii) 令 $F_\xi(-\infty)=\lim\limits_{x\to-\infty}F_\xi(x)$, $F_\xi(+\infty)=\lim\limits_{x\to+\infty}F_\xi(x)$, 则

$$F_\xi(-\infty)=0, F_\xi(+\infty)=1. \tag{7}$$

证　(i) 若 $b>a$, 则

$$(\xi(\omega)\leqslant b)=(\xi(\omega)\leqslant a)\cup(a<\xi(\omega)\leqslant b), \tag{8}$$

右方的两个 ω—集不相交, 故

$$\begin{aligned}F_\xi(b)&=P(\xi(\omega)\leqslant b)=P(\xi(\omega)\leqslant a)+P(a<\xi(\omega)\leqslant b)\\&\geqslant P(\xi(\omega)\leqslant a)=F_\xi(a).\end{aligned}$$

(ii) 由于 $F_\xi(x)$ 的单调性, 存在右极限 $F_\xi(a+0)=\lim\limits_{b\to a+0}F_\xi(b)$.

为了证明 $F_\xi(a+0)=F_\xi(a)$, 根据单调性, 只需对某一列 $\{b_n\}$, $b_1>b_2>\cdots$, $b_n\to a$, 有 $\lim\limits_{n\to+\infty}F_\xi(b_n)=F_\xi(a)$ 即可. 令

$$A_n=(a<\xi(\omega)\leqslant b_n),$$

显然 $A_n\supset A_{n+1}$, $\bigcap\limits_{n=1}^{+\infty}A_n=\varnothing$, 于是由(8)及 § 1.3 连续性定理得

$$\begin{aligned}\lim_{n\to+\infty}F_\xi(b_n)-F_\xi(a)&=\lim_{n\to+\infty}[F_\xi(b_n)-F_\xi(a)]\\&=\lim_{n\to+\infty}P(A_n)=P(\varnothing)=0.\end{aligned}$$

(iii) 仍然利用单调性: 为证 $F_\xi(-\infty)=0$, 只要证 $\lim\limits_{n\to+\infty}F_\xi(-n)=0$. 考虑 $A_n=(\xi(\omega)\leqslant -n)$, 则 $A_n\supset A_{n+1}$, $\bigcap\limits_{n=1}^{+\infty}A_n=\varnothing$, 由连续性定理

---

① $b\to a+0$ 表示 $b>a$, 同时 $b\to a$; 类似地, $b\to a-0$ 表示 $b<a$, 同时 $b\to a$.

$$\lim_{n\to+\infty} F_\xi(-n)=\lim_{n\to+\infty} P(A_n)=P(\varnothing)=0.$$

$F_\xi(+\infty)=1$ 的证明类似，只要以 § 1.3 系 3 代替连续性定理. ■

还可以用 $F_\xi(x)$ 来表达一些重要事件的概率：

(i) $P(a<\xi(\omega)\leqslant b)=F_\xi(b)-F_\xi(a).$ (9)

(ii) 令 $F_\xi(b-0)=\lim\limits_{a\uparrow b}F_\xi(a)$，则

$$P(\xi(\omega)=b)=F_\xi(b)-F_\xi(b-0). \tag{10}$$

(iii) $P(\xi(\omega)<b)=F_\xi(b-0).$ (11)

(iv) $P(\xi(\omega)>b)=1-F_\xi(b).$ (12)

(v) $P(\xi(\omega)\geqslant b)=1-F_\xi(b-0).$ (13)

实际上：(9)由(8)推出. 任取一列单调上升而趋于 b 的数列 a_n，有

$$(\xi(\omega)=b)=\bigcap_{n=1}^{+\infty}(a_n<\xi(\omega)\leqslant b). \tag{14}$$

利用连续性定理及(9)得

$$P(\xi(\omega)=b)=\lim_{n\to+\infty}P(a_n<\xi(\omega)\leqslant b)=\lim_{n\to+\infty}[F_\xi(b)-F_\xi(a_n)],$$

由此得证(10). 又因 $(\xi(\omega)=b)\subset(\xi(\omega)\leqslant b)$，

$$(\xi(\omega)<b)=(\xi(\omega)\leqslant b)-(\xi(\omega)=b),$$

由此及(10)得

$$P(\xi(\omega)<b)=F_\xi(b)-[F_\xi(b)-F_\xi(b-0)]=F_\xi(b-0).$$

最后，由 $(\xi(\omega)>b)=\Omega-(\xi(\omega)\leqslant b)$，$(\xi(\omega)\geqslant b)=\Omega-(\xi(\omega)<b)$，并利用 $P(\Omega)=1$ 及(11)，得证(12)(13).

把(6)式改写为 $F_\xi(x)=P(\xi(\omega)\in(-\infty,x])$.

这说明作为点 $x\in\mathbf{R}$ 的函数 $F_\xi(x)$ 可以看成区间 $(-\infty,x]$ 的函数，下面看到，甚至对任一波莱尔(Borel)集(定义见下)A，$(\xi(\omega)\in A)$ 都有定义，这样便产生随机变量 ξ 的分布的概念. 为此需要做一些准备工作.

(三) 预备知识

先引进一些概念和引理.

设 $\Omega=(\omega)$是任意给定的空间，$\mathcal{G}$ 是 Ω 的一个子集系，也就是说，$\mathcal{G}$ 是 Ω 的某些子集所成的集，则必至少存在 Ω 中的一个 σ-代数 $\mathfrak{M}$，使[①] $\mathfrak{M}\supset\mathcal{G}$. 实际上，只要取 $\mathfrak{M}$ 为 Ω 的全体子集所成的 σ-代数(它是最大的 σ-代数)就行了.

以 $\sigma(\mathcal{G})$表一切含 $\mathcal{G}$ 的 σ-代数 $\mathfrak{M}$ 的交[②]，即

$$\sigma(\mathcal{G})=\bigcap_{\mathfrak{M}\supset\mathcal{G}}\mathfrak{M}. \tag{15}$$

引理 1　$\sigma(\mathcal{G})$是 Ω 中的 σ-代数.

证　由于 Ω 属于每一 $\mathfrak{M}$，故 $\Omega\in\sigma(\mathcal{G})$. 设 $A\in\sigma(\mathcal{G})$，则 $A\in\mathfrak{M}$. 既然 $\mathfrak{M}$ 是 σ-代数，故 $\overline{A}\in\mathfrak{M}$，这对一切含 $\mathcal{G}$ 的 $\mathfrak{M}$ 成立，故 $\overline{A}\in\bigcap\limits_{\mathfrak{M}\supset\mathcal{G}}\mathfrak{M}=\sigma(\mathcal{G})$. 最后，若 $A_i\in\sigma(\mathcal{G})$，则 $A_i\in\mathfrak{M}$，$i\in\mathbf{N}^*$，与上同理 $\bigcup\limits_{i=1}^{+\infty}A_i\in\mathfrak{M}$ 对一切含 $\mathcal{G}$ 的 $\mathfrak{M}$ 成立，故 $\bigcup\limits_{i=1}^{+\infty}A_i\in\bigcap\limits_{\mathfrak{M}\supset\mathcal{G}}\mathfrak{M}=\sigma(\mathcal{G})$. ■

如果 σ-代数 $\mathfrak{M}(\mathcal{G})$具有下面两性质，就称它为含 $\mathcal{G}$ 的最小 σ-代数.

(i) $\mathfrak{M}(\mathcal{G})\supset\mathcal{G}$；

(ii) 若 $\mathfrak{M}$ 是任一含 $\mathcal{G}$ 的 σ-代数，则 $\mathfrak{M}\supset\mathfrak{M}(\mathcal{G})$.

引理 2　$\mathfrak{M}(\mathcal{G})=\sigma(\mathcal{G})$，这就是说：含 $\mathcal{G}$ 的最小 σ-代数重合于一切含 $\mathcal{G}$ 的σ-代数的交.

证　由于 $\mathfrak{M}(\mathcal{G})\supset\mathcal{G}$，故由 $\sigma(\mathcal{G})$的定义知 $\mathfrak{M}(\mathcal{G})\supset\sigma(\mathcal{G})$. 反之，由引理 1 知 $\sigma(\mathcal{G})$是 σ-代数，由(15)知 $\sigma(\mathcal{G})\supset\mathcal{G}$，从而由引理 1(ii)知 $\sigma(\mathcal{G})\supset\mathfrak{M}(\mathcal{G})$. 综合两方面即得所欲证. ■

特别地，若 $\mathcal{G}$ 是 σ-代数，则显然 $\mathfrak{M}(\mathcal{G})=\sigma(\mathcal{G})=\mathcal{G}$.

考虑一重要的特殊情形：设 $\Omega=\mathbf{R}^n$，$\mathbf{R}^n$ 表示 n 维空间，这时每一 $\omega=(x_1,x_2,\cdots,x_n)$是 n 维空间中的点，x_i 是实数，$i=1$，

---

① 两集系 G，$\mathcal{G}$有关系 $G\supset\mathcal{G}$ 是说：若集 $A\in\mathcal{G}$，则 $A\in G$.

② 两集系 $\mathfrak{M}_1$，$\mathfrak{M}_2$ 的交定义为全体满足 $A\in\mathfrak{M}_1$ 及 $A\in\mathfrak{M}_2$ 的集 A 所成的集系，记为 $\mathfrak{M}_1\cap\mathfrak{M}_2$. 类似定义任意多个集系的交.

$2,\cdots,n$. 对我们重要的是所谓 n 维波莱尔集，现在来叙述它们的定义，先从一维情况开始.

设 $\Omega=\mathbf{R}$，考虑 $\mathbf{R}$ 中右半闭的无穷区间 $(-\infty,a]$，全体这样的区间构成 $\mathbf{R}$ 中的子集系 $\mathcal{G}$，即

$$\mathcal{G}=\{(-\infty,a],a\in\mathbf{R}\}, \tag{16}$$

称 $\sigma(\mathcal{G})$ 为波莱尔 σ-代数，通常记为 $\mathcal{B}_1$，$\mathcal{B}_1$ 中的集称为波莱尔集①.

设 $f(x)$ 是定义在 $\mathbf{R}$ 上的单值函数，取实数值，如果对任意实数 a，有

$$(f(x)\leqslant a)\in\mathcal{B}_1, \tag{17}$$

那么称 $f(x)$ 为波莱尔可测函数，或 $\mathcal{B}_1$-可测函数②.

今设 $\Omega=\mathbf{R}^n$，n 为任一正整数，$\mathbf{R}^n$ 中的右半闭无穷区间记为 $\prod_{i=1}^{n}(-\infty,a_i]$，它是一 n 维点集，由如下的点 $(x_1,x_2,\cdots,x_n)$ 构成，$-\infty<x_i\leqslant a_i$，$i=1,2,\cdots,n$. 全体这样的区间构成 $\mathbf{R}^n$ 中的子集系 $\mathcal{G}$：

$$\mathcal{G}=\left\{\prod_{i=1}^{n}(-\infty,a_i],a_i\in\mathbf{R},i=1,2,\cdots,n\right\}, \tag{18}$$

称 $\sigma(\mathcal{G})$ 为 n 维波莱尔 σ-代数，通常记为 $\mathcal{B}_n$，$\mathcal{B}_n$ 中的集称为 n 维波莱尔集. 当 $n=1$ 时，常将“一维”两字省去.

设 $f(x_1,x_2,\cdots,x_n)$ 是定义在 $\mathbf{R}^n$ 上的单值函数，取实数值，如果对任意实数 a，有

$$(f(x_1,x_2,\cdots,x_n)\leqslant a)\in\mathcal{B}_n, \tag{19}$$

那么称 $f(x_1,x_2,\cdots,x_n)$ 为 n 元波莱尔可测函数，或 $\mathcal{B}_n$-可测函数.

---

① 不难证明，这里波莱尔集的定义与实变函数论中的定义是一致的. 特别地，一切开集，闭集，以及开集或闭集的可列次和集（或可列次交集）都是波莱尔集.

② 一切连续函数，连续函数列的极限函数都是 $\mathcal{B}_1$－可测函数.

(四) 随机变量的分布

继续考虑定义在$(\Omega,\mathcal{F},P)$上的随机变量$\xi(\omega)$.

引理 3　为使(4)式对任意$x\in\mathbf{R}$成立,充分必要条件是对任意$A\in\mathcal{B}_1$,有

$$(\xi(\omega)\in A)\in\mathcal{F}. \tag{20}$$

证　充分性　设(20)对任一$A\in\mathcal{B}_1$成立,在(20)中取$A=(-\infty,x]$,即得(4).

必要性　令

$$\mathfrak{M}=\{A: A\subset\mathbf{R},(\xi(\omega)\in A)\in\mathcal{F}\}, \tag{21}$$

换句话说,$\mathfrak{M}$是由$\mathbf{R}$中一切使(20)式成立的集A构成的集系,试证$\mathfrak{M}$是$\mathbf{R}$中的σ-代数. 实际上:$(\xi(\omega)\in\mathbf{R})=\Omega\in\mathcal{F}$,故$\mathbf{R}\in\mathfrak{M}$.

其次,若$A\in\mathfrak{M}$,则A满足(21)右方括号中两条件,故$\overline{A}=\mathbf{R}-A\subset\mathbf{R}$. 再注意$\mathcal{F}$是$\sigma$-代数,得$(\xi(\omega)\in\overline{A})=\overline{(\xi(\omega)\in A)}\in\mathcal{F}$,因此$\overline{A}$也满足此两条件,从而$\overline{A}\in\mathfrak{M}$.

第三,设$A_i\in\mathfrak{M}$, $i\in\mathbf{N}^*$,显然$\bigcup\limits_{i=1}^{+\infty}A_i\subset\mathbf{R}$, $(\xi(\omega)\in\bigcup\limits_{i=1}^{+\infty}A_i)=\bigcup\limits_{i=1}^{+\infty}(\xi(\omega)\in A_i)\in\mathcal{F}$,故$\bigcup\limits_{i=1}^{+\infty}A_i\in\mathfrak{M}$.

再证$\mathfrak{M}$包含$\mathbf{R}$中全体区间$(-\infty,x]$:由(4)

$$(\xi(\omega)\in(-\infty,x])=(\xi(\omega)\leqslant x)\in\mathcal{F},$$

故$(-\infty,x]$满足(21)右方两条件,于是$(-\infty,x]\in\mathfrak{M}$.

这样便证明了:$\mathfrak{M}$是包含$\mathcal{G}=\{(-\infty,x],x\in\mathbf{R}\}$的$\sigma$-代数,于是由(15)即知

$$\mathfrak{M}\supset\sigma(\mathcal{G})=\mathcal{B}_1,$$

这就是说,任一$A\in\mathcal{B}_1$必满足(21)右方两条件,从而(20)式对任意$A\in\mathcal{B}_1$成立. ■

引理 3 的证明方法是典型的,值得注意.

今定义集函数

$$F_{\xi}(A)=P(\xi(\omega)\in A),A\in\mathcal{B}_1. \tag{22}$$

由于(20)，$F_{\xi}(A)$对任意 $A\in\mathcal{B}_1$ 有意义，我们称此集函数 $F_{\xi}(A)$ $(A\in\mathcal{B}_1)$为随机变量 ξ 的分布，它有如下性质：

定理 2 集函数 $F_{\xi}(A)$是$\mathcal{B}_1$ 上的概率测度.

证 由(22)显然可见 $0\leqslant F_{\xi}(A)\leqslant 1$,

$$F_{\xi}(\mathbf{R})=P(\xi(\omega)\in\mathbf{R})=P(\Omega)=1.$$

若 $A_i\in\mathcal{B}_1$,$i\in\mathbf{N}^*$,$A_iA_j=\varnothing$,$i\neq j$,则

$$\begin{aligned}F_{\xi}\left(\bigcup_{i=1}^{+\infty}A_i\right)&=P\left(\xi(\omega)\in\bigcup_{i=1}^{+\infty}A_i\right)=P\left(\bigcup_{i=1}^{+\infty}(\xi(\omega)\in A_i)\right)\\&=\sum_{i=1}^{+\infty}P(\xi(\omega)\in A_i)=\sum_{i=1}^{+\infty}F_{\xi}(A_i).\ \blacksquare\end{aligned}$$

§2.2　分布与分布函数

(一) 分布与分布函数的关系

在§2.1中，我们从已给的随机变量$\xi(\omega)$出发，定义了$\xi(\omega)$的分布与$\xi(\omega)$的分布函数，其实“分布”与“分布函数”的概念也可不依赖于$\xi(\omega)$而单独引进.

考虑一维空间$\mathbf{R}$及其中的波莱尔σ-代数$\mathcal{B}_1$，定义在$\mathcal{B}_1$上的概率测度$F(A)(A\in\mathcal{B}_1)$称为一维分布，简称分布. 定义在$\mathbf{R}$上的函数$F(x)$，如果它具有§2.1定理1中三性质(i)～(iii)，即单调不减，右连续而且$F(-\infty)=0, F(+\infty)=1$，就称为一元分布函数或简称为分布函数.

由§2.1定理1,2可见，随机变量$\xi(\omega)$的分布$F_\xi(A)$是一分布，$\xi(\omega)$的分布函数$F_\xi(x)$是一分布函数.

定理1　分布与分布函数是一一对应的.

*证　设已给分布为$F(A), A\in\mathcal{B}_1$，定义函数

$$F(x)=F((-\infty,x])\ (x\in\mathbf{R}), \tag{1}$$

由于$F(A)(A\in\mathcal{B}_1)$是一概率测度，依照§2.1定理1的证明[①]，易见$F(x)$是一分布函数.

反之，设已给一分布函数$F(x)\ (x\in\mathbf{R})$，以$F(A)$表示由$F(x)$所产生的勒贝格-斯蒂尔杰斯(Lebesgue-Stieltjes)测度[②].

---

① 以$(-\infty,b]$，$(a,b]$，$F((-\infty,x])$分别代替那里的$(\xi(\omega)\leqslant b)$，$(a<\xi(\omega)\leqslant b)$，$P(\xi(\omega)\leqslant x)$等.

② 参看[10]第5章§9，关于勒贝格-斯蒂尔杰斯测度(和以后用到的勒贝格-斯蒂尔杰斯积分)的更详细的介绍见[3]. 这个测度定义在包括全体波莱尔集在内的L-S可测(与$F(x)$有关)集合类上.

$F(A)$对任一波莱尔集 A 有定义，于是$F(A)(A\in\mathcal{B}_1)$是$\mathcal{B}_1$上的测度，它满足(1). 由于

$$F(\mathbf{R})=\lim_{x\to+\infty}F((-\infty,x])=\lim_{x\to+\infty}F(x)=1,$$

可见 $F(A)$还是$\mathcal{B}_1$上的概率测度. 最后注意：由勒贝格-斯蒂尔杰斯测度的理论，知对已给的 $F(x)$，满足(1)的概率测度 $F(A)$ $(A\in\mathcal{B}_1)$是唯一的. ■

我们知道，随机变量 $\xi(\omega)$的分布函数 $F_\xi(x)$是分布函数，反之，下面的结论也成立.

* **定理2(存在定理)** 设已给分布函数 $F(x)$ $(x\in\mathbf{R})$，则必存在概率空间$(\Omega,\mathcal{F},P)$及定义于其上的随机变量 $\xi(\omega)$ $(\omega\in\Omega)$使 $\xi(\omega)$的分布函数 $F_\xi(x)$重合于 $F(x)$，即

$$F_\xi(x)=F(x)\quad(一切\ x\in\mathbf{R}).\tag{2}$$

证 首先应造$(\Omega,\mathcal{F},P)$及$\xi(\omega)$. 令 $\Omega=\mathbf{R}$，$\mathcal{F}=\mathcal{B}_1$，$P$ 为由已给的分布函数 $F(x)$所产生的勒贝格-斯蒂尔杰斯测度$F(A)$在$\mathcal{B}_1$上的限制①，即 $P(A)=F(A)(A\in\mathcal{B}_1)$，因而

$$F((-\infty,x])=F(x).\tag{3}$$

由于 $\Omega=\mathbf{R}$，对 Ω 中的点 $\omega\in\mathbf{R}$，定义

$$\xi(\omega)=\omega,\tag{4}$$

我们证明：函数 $\xi(\omega)=\omega$ 是所求的随机变量. 首先注意，对任意 $x\in\mathbf{R}$，

$$(\xi(\omega)\leqslant x)=(\omega\leqslant x)=(-\infty,x]\in\mathcal{B}_1,$$

故 $\xi(\omega)$是一随机变量. 其次，由上式及(3)得

$$F_\xi(x)=P(\xi(\omega)\leqslant x)=P((-\infty,x])=F((-\infty,x])=F(x),$$

故(2)式也成立. ■

---

① $F(A)$的定义域包含$\mathcal{B}_1$，当我们只在$\mathcal{B}_1$上考虑 $F(A)$时，它是$\mathcal{B}_1$上的测度，称此测度为 $F(A)$在$\mathcal{B}_1$上的限制(测度).

考虑分布函数 $F(x)$及任一点 $a\in\mathbf{R}$,令

$$C(a)=F(a)-F(a-0), \tag{5}$$

称此数 $C(a)$为 $F(x)$在点 a 的跃度. 由 $F(x)$的单调不减性, $C(a)\geqslant 0$. 如果$C(A)>0$,则称 a 为 $F(x)$的跳跃点.

* **定理 3**　分布函数 $F(x)$的不连续点所成的集是有限集或可列集.

证　由分布函数的单调不减性,$F(x)$的不连续点集 D 重合于跳跃点集,因为 $0\leqslant F(x)\leqslant 1$,可见跃度不小于$\frac{1}{2^n}$的跳跃点所成的集 D_n 至多只含 2^n 个点,然而 $D=\bigcup\limits_{n=1}^{+\infty}D_n$,可见 D 是有限集或可列集. ■

由(1)看出:可把分布函数看成区间$(-\infty,x]$的函数,当分布 $F(A)$的定义域缩小到形如$(-\infty,x]$的集时,便得到分布函数,故分布的定义域更大,因此,分布是比分布函数更精细的概念. 然而在运算中人们往往更多地用分布函数,原因在于,一般说来点函数比集函数容易掌握.

为了便于理解分布与分布函数两概念的实质,我们给出一个直观的解释:在全直线 $\mathbf{R}=(-\infty,+\infty)$上,用任意一种散布方式布上质量为 1 的物质(例如 1 g 面粉),以 $F(A)$表示分布在波莱尔集 A 中的物质的质量,那么 $F(A)$ $(A\in\mathcal{B}_1)$就成一分布;以 $F(x)$表示$(-\infty,x]$中的质量,$F(x)$ $(x\in\mathbf{R})$是一分布函数. 反之,设已给$\mathcal{B}_1$上一分布 $F(A)$(或 $\mathbf{R}$ 上一分布函数 $F(x)$),将质量为 1 的物质散布在 $\mathbf{R}$ 上,使任一波莱尔集 A(或任一$(-\infty,x]$)所含物质质量恰为$F(A)$(或恰为$F(x)$),这样便决定了一种散布方式. 由此可见:分布(或分布函数)与散布方式是一一对应的,这也正是分布(与分布函数)命名的根据.

(二) 离散型分布

实际中常遇到的两种重要的分布函数(或分布)是离散型的

与连续型的.

先考虑一简单的例：令

$$F(x)=\sum_{0<n\leqslant x}\frac{1}{2^n},$$

其中求和对一切不大于 x 的正整数进行. 显然 $F(x)$ 单调不减，右连续，$F(-\infty)=0$，$F(+\infty)=1$，故它是一分布函数.

一般地，称分布函数 $F(x)(x\in\mathbf{R})$ 为离散型的，如果存在一个(横)行数为 2，(直)列数为有穷或可列的矩阵

$$\begin{pmatrix} a_0 & a_1 & a_2 & \cdots \\ p_0 & p_1 & p_2 & \cdots \end{pmatrix}, \tag{6}$$

其中

$$a_i\in\mathbf{R}, p_i\geqslant 0, \sum_{i=0}^{+\infty}p_i=1, \tag{7}$$

使对任意 $x\in\mathbf{R}$，有

$$F(x)=\sum_{i:a_i\leqslant x}p_i. \tag{8}$$

这里求和对一切满足 $a_i\leqslant x$ 的 i 进行(如果这样的 i 不存在，就令 $F(x)=0$). 例如在上例中，

$$\begin{pmatrix} a_0 & a_1 & a_2 & \cdots \\ p_0 & p_1 & p_2 & \cdots \end{pmatrix}=\begin{pmatrix} 1 & 2 & 3 & \cdots \\ \frac{1}{2} & \frac{1}{2^2} & \frac{1}{2^3} & \cdots \end{pmatrix}.$$

称分布 $F(A)(A\in\mathcal{B}_1)$(或随机变量 ξ)是离散型的，如果它的分布函数是离散型的.

称矩阵(6)为此分布函数(或分布，或随机变量)的密度矩阵，简称密度.

以后用 $\{a\}$ 表示仅由一点 a 构成的单点集，记

$$\Lambda=(a_0,a_1,a_2,\cdots),$$

并以 $F(A)(A\in\mathcal{B}_1)$ 表示 $F(x)(x\in\mathbf{R})$ 对应的分布，由(8)得

$$F(\{a_i\}) = F(a_i) - F(a_i - 0) = p_i, \tag{9}$$

$$F(A) = \sum_{i: a_i \in A} F(\{a_i\}) = \sum_{i: a_i \in A} p_i. \tag{10}$$

(10) 中求和对一切满足 $a_i \in A$ 的 i 进行，特别地，由(10) 及(7)

$$F(\Lambda) = \sum_{i=0}^{+\infty} p_i = 1. \tag{11}$$

(11) 式表示，按此分布散布的质量集中在有穷或可列集 Λ 上.

一般地，对任一分布(不论离散与否)$F(A)(A \in \mathcal{B}_1)$，如存在波莱尔集 B，使 $F(B) = 1$，就说此分布集中在 B 上.

如果(6) 是随机变量 ξ 的密度，由(9) 得

$$P(\xi = a_i) = F(\{a_i\}) = p_i,$$

那么 p_i 是 ξ 取值 a_i 的概率，而由(10) 知 $P(\xi \in A) = \sum_{i: a_i \in A} p_i$.

设 Λ 是有穷集，含点 $a_0, a_1, \cdots, a_n$，不妨设

$$a_0 < a_1 < \cdots < a_n, p_i > 0 \quad (i = 0, 1, 2, \cdots, n)$$

(有必要时，改变(6) 中列的次序并删去使 $p_i = 0$ 的列后，上式满足)，这时密度及分布函数的图见图 2-1，图 2-2.

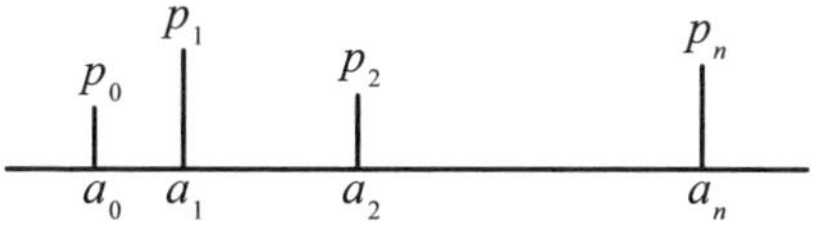

图 2-1

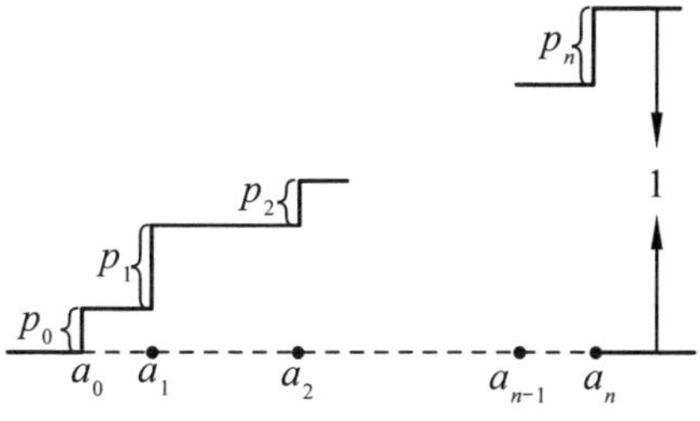

图 2-2

由此可见，此时 $F(x)$是右连续的阶梯函数.

但如果 Λ 为可列集时，那么图形可能很复杂，因为 Λ 可以在 $\mathbf{R}$ 中处处稠密，不过如果在任一半无穷区间$(-\infty,x]$中只含有限多个 a_i 时，那么 $F(x)$仍是右连续的阶梯函数.

为了给出一离散型分布函数，只要给出一满足(7)的矩阵(6)，然后用(8)以定义 $F(x)(x\in\mathbf{R})$.

例 1(单点分布与两点分布) 密度为$\begin{pmatrix} a_0 \\ 1 \end{pmatrix}$的分布叫单点分布，此分布集中在$\{a_0\}$上，分布函数为

$$F(x)=\begin{cases}0, & x<a_0, \\ 1, & x\geqslant a_0.\end{cases} \tag{12}$$

密度为$\begin{pmatrix} a_0 & a_1 \\ p & q \end{pmatrix}$(其中 $p\geqslant 0,q\geqslant 0,p+q=1$)的分布叫两点分布，它集中在两点集 $\Lambda=(a_0,a_1)$上，若 $a_0<a_1$，则分布函数为

$$F(x)=\begin{cases}0, & x<a_0, \\ p, & a_0\leqslant x<a_1, \\ 1, & x\geqslant a_1.\end{cases} \tag{13}$$
■

(三)连续型分布

称分布函数 $F(x)(x\in\mathbf{R})$为连续型的，如果存在非负的函数 $f(x)(x\in\mathbf{R})$，使对任意实数 x，有①

$$F(x)=\int_{-\infty}^{x} f(y)\mathrm{d}y, \tag{14}$$

称分布 $F(A)(A\in\mathcal{B}_1)$(或随机变量 ξ)为连续型的，如果它的分布

---

① 不言而喻，(14)及下面(15)已蕴含 $f(x)$在 $\mathbf{R}$ 上的勒贝格可积性的假定，(14)(15)中为勒贝格积分. 由(14)得：几乎处处(关于勒贝格测度)有 $F'(x)=f(x)$，因而(14)式等价于

$$F(x)=\int_{-\infty}^{x} F'(y)\mathrm{d}y.$$

函数是连续型的. 函数 $f(x)(x\in\mathbf{R})$称为此分布函数(或分布,或随机变量)的密度函数,简称密度. 由此可见,连续型分布函数完全为密度所决定.

反之,已给任一非负函数 $f(x)$,如果

$$\int_{-\infty}^{+\infty} f(x)\mathrm{d}x = 1, \tag{15}$$

那么由(14)定义的 $F(x)(x\in\mathbf{R})$是一连续型的分布函数.

不要把"连续型的分布函数"与"连续的分布函数"相混淆,后者表示此分布函数 $F(x)$对 x 是连续的;前者表示(14)式成立,也就是说 $F(x)$是绝对连续的. 由此可见:连续型的分布函数必定连续,反之不成立.

例 2(均匀分布)　设$-\infty<a<b<+\infty$,令

$$f(x)=\begin{cases}\dfrac{1}{b-a}, & x\in[a,b],\\ 0, & x\overline{\in}[a,b],\end{cases} \tag{16}$$

显然,$f(x)$非负而且满足(15). 以此 $f(x)$为密度的分布 $F(A)$ $(A\in\mathcal{B}_1)$称为均匀分布,由于

$$F([a,b])=\int_a^b \frac{1}{b-a}\mathrm{d}x = 1,$$

故此分布集中在$[a,b]$上,它的分布函数为

$$F(x)=\int_{-\infty}^{x} f(y)\mathrm{d}y=\begin{cases}0, & x<a,\\ \dfrac{x-a}{b-a}, & a\leqslant x\leqslant b,\\ 1, & x>b.\end{cases} \tag{17}$$

均匀分布含两参数 $a,b(a<b)$,当它们确定时,这分布就完全决定了. $f(x)$及 $F(x)$的图见图 2-3,图 2-4. ■

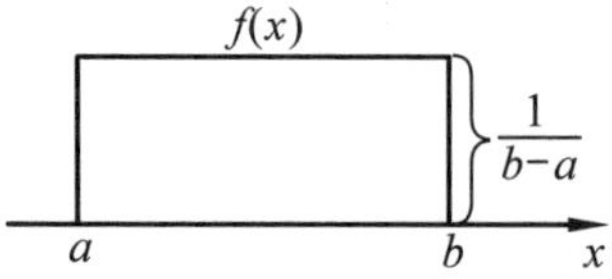

图 2-3

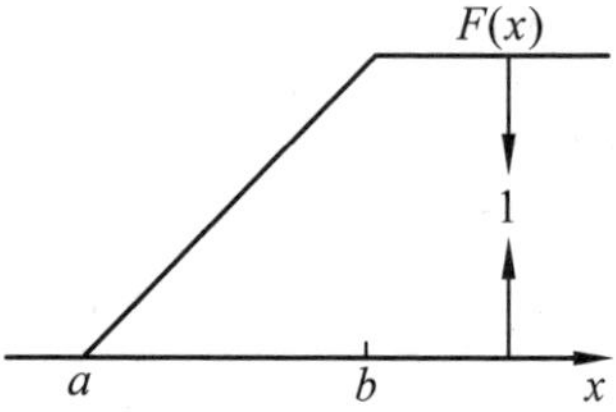

图 2-4

例 3(指数分布) 设 a,b 为两常数，$a>0$，令

$$f(x)=\begin{cases}0, & x\leqslant b,\\ a\mathrm{e}^{-a(x-b)}, & x>b,\end{cases} \tag{18}$$

显然，$f(x)$非负而且满足(15). 以此 $f(x)$为密度的分布称为指数分布，它含两参数 $a,b(a>0)$，它的分布函数为

$$F(x)=\begin{cases}0, & x\leqslant b,\\ 1-\mathrm{e}^{-a(x-b)}, & x>b.\end{cases} \quad ■ \tag{19}$$

离散型与连续型分布虽是两种重要的分布，然而却远未穷尽一切分布，试举一简单的例. 为此先注意下列事实：

设 a_1,a_2 为两常数 $a_1\geqslant0,a_2\geqslant0,a_1+a_2=1$，又设 $F_1(x)$，$F_2(x)$为两分布函数，则

$$F(x)=a_1F_1(x)+a_2F_2(x) \tag{20}$$

是一分布函数.

实际上，由 $F_i(x)(i=1,2)$的右连续性及单调不减性得知 $F(x)$也有此两性质，又

$$\lim_{x\to-\infty}F(x)=a_1\lim_{x\to-\infty}F_1(x)+a_2\lim_{x\to-\infty}F_2(x)=0,$$

$$\lim_{x\to+\infty}F(x)=a_1\lim_{x\to+\infty}F_1(x)+a_2\lim_{x\to+\infty}F_2(x)=a_1+a_2=1,$$

故 $F(x)$是分布函数.

例 4 令 $a_1=a_2=\frac{1}{2}$，又

$$F_1(x)=\begin{cases}0, & x<0,\\ 1, & x\geqslant 0,\end{cases}$$

$$F_2(x)=\begin{cases}0, & x<0,\\ x, & 0\leqslant x\leqslant 1,\\ 1, & x>1\end{cases}$$

(分别在(12)中令 $a_0=0$ 及在(16)中令 $a=0,b=1$ 即得 $F_1(x)$及 $F_2(x)$). 这时由(20)定义得

$$F(x)=\begin{cases}0, & x<0,\\ \dfrac{1+x}{2}, & 0\leqslant x\leqslant 1,\\ 1, & x>1,\end{cases}$$

显然,$F(x)$所对应的分布不集中在一可列集或有穷集上,故$F(x)$不是离散型的. 它也不是连续型的,因为 $F(x)$不是连续函数,见图 2-5. ■

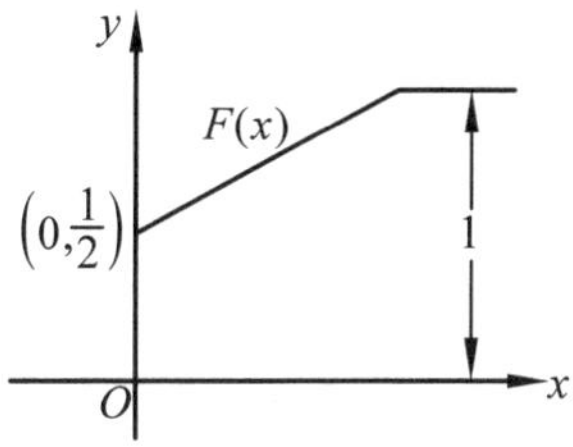

图 2-5

*(四) 奇异型分布

理论上很有价值然而实际问题中很少应用的一种分布函数是所谓奇异型的. 称分布函数 $F(x)(x\in \mathbf{R})$为奇异型的,如果 $F(x)$连续,而且它的导函数①几乎处处(关于勒贝格测度而言)等于 0. 称分布 $F(A)(A\in \mathcal{B}_1)$(或随机变量 ξ)为奇异型的,如果它的分布函数是奇异型的.

著名的奇异型分布函数的例如下:

例 5　作康托尔(Cantor)函数 $F(x)(x\in \mathbf{R})$,它的定义如下

① 我们知道,单调函数几乎处处可导.

$$F(x)=\begin{cases}0, & x<0,\\ 1, & x>1,\\ \frac{1}{2}, & x\in\left(\frac{1}{3},\frac{2}{3}\right),\\ \frac{1}{4}, & x\in\left(\frac{1}{9},\frac{2}{9}\right),\\ \frac{3}{4}, & x\in\left(\frac{7}{9},\frac{8}{9}\right),\\ \frac{1}{8}, & x\in\left(\frac{1}{27},\frac{2}{27}\right),\\ \frac{3}{8}, & x\in\left(\frac{7}{27},\frac{8}{27}\right),\\ \frac{5}{8}, & x\in\left(\frac{19}{27},\frac{20}{27}\right),\\ \frac{7}{8}, & x\in\left(\frac{25}{27},\frac{26}{27}\right),\\ \cdots\end{cases}\tag{21}$$

换句话说，把$(0,1)$分成三个等长的子区间，在中间一个子区间$\left(\frac{1}{3},\frac{2}{3}\right)$上定义$F(x)$为$\frac{1}{2}(1-0)=\frac{1}{2}$；把$\left(0,\frac{1}{3}\right)$，$\left(\frac{2}{3},1\right)$各分成三个等长的子区间，在两个中间子区间$\left(\frac{1}{9},\frac{2}{9}\right)$及$\left(\frac{7}{9},\frac{8}{9}\right)$上分别定义$F(x)$为$\frac{1}{2}\left(\frac{1}{2}-0\right)=\frac{1}{4}$及$\frac{1}{2}+\frac{1}{2}\left(1-\frac{1}{2}\right)=\frac{3}{4}$……依此定义下去，结果只在(21)右方诸区间的和的补集上未定义. 注意这补集是处处不稠密的完全集，它的勒贝格测度为0，通常称此补集为康托尔集，记为C. 在C上按照连续性要求来补定义$F(x)$，于是$F(x)$在$\mathbf{R}$上都有定义，它的不完全的示意图形如图2-6所示.

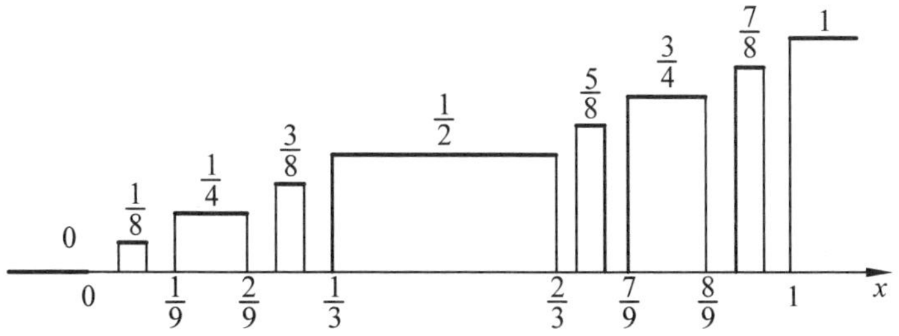

图 2-6

显然，$F(x)$单调不减，连续，$F(-\infty)=0$，$F(+\infty)=1$，故是一分布函数. 由于它在$(-\infty,0)$，$(1,+\infty)$上分别为常数，故$F'(x)$在那里等于 0. 同理在$\left(\frac{1}{3},\frac{2}{3}\right)$，$\left(\frac{1}{9},\frac{2}{9}\right)$，$\left(\frac{7}{9},\frac{8}{9}\right)$等区间上$F'(x)$也等于 0. 由于这些区间的总长为 1，故得证 $F'(x)$几乎处处等于 0，从而 $F(x)$是奇异型分布函数. ■

任一奇异型分布函数 $F(x)$不可能是离散型的，这是因为$F(x)$有连续性. 如果说 $F(x)$是连续型的，即如果可表示为(14)的形状，那么由(14)知几乎处处有

$$f(x)=F'(x)=0.$$

从而$\int_{-\infty}^{+\infty} f(x)\mathrm{d}x=\int_{-\infty}^{+\infty} F'(x)\mathrm{d}x=0$，这与(15)矛盾，故 $F(x)$ 不可能是连续型的. 由此可见，没有一个分布函数能属于上述三种类型之二，故这三类分布函数是互相排斥的(进一步的讨论见§2.13).

§2.3 二项分布与伯努利试验

（一）二项分布

分布函数是一种特殊的单调函数，因而也是函数论研究的对象，那里对单调函数的一般性质有深入的研究．概率论中也研究分布函数，不过着重点不在于讨论它们的一般性质，而在于挑选一部分在实际中有广泛应用的分布与分布函数，阐明这种分布函数与实际的联系，研究它们的特性，然后运用到实际中去．从这种观点出发，自然应该把分布，分布函数和随机变量，随机试验结合起来考虑，才能达到上述的目的．

我们从二项分布开始，下面看到，产生这种分布的重要现实源泉是所谓伯努利(J. Bernoulli)试验．

设已给三常数：正整数 n，两非负数 $p,q,p+q=1$．考虑矩阵

$$\begin{pmatrix} 0 & 1 & \cdots & n \\ p_0 & p_1 & \cdots & p_n \end{pmatrix},\text{其中 } p_k=\mathrm{C}_n^k p^k q^{n-k}, \tag{1}$$

显然 $p_k\geqslant 0,k=0,1,\cdots,n$，而且

$$\sum_{k=0}^{n} p_k = \sum_{k=0}^{n}\mathrm{C}_n^k p^k q^{n-k} = (p+q)^n = 1, \tag{2}$$

因而对此矩阵，§2.2中(7)式满足．

以(1)中矩阵为密度矩阵的分布称为二项分布．

这分布依赖于两个参数：正整数 n 及实数 p，$0\leqslant p\leqslant 1$（注意 $q=1-p$ 由 p 决定），记此分布为 $B(n,p)$．为了强调(1)中 p_k 对 p,n 的依赖性，记 p_k 为 $p_k(n,p)$，因而

$$p_k(n,p)=\mathrm{C}_n^k p^k q^{n-k},\ k=0,1,2,\cdots,n. \tag{3}$$

（二）伯努利试验

它是产生二项分布的重要现实源泉．

设 E 为一随机试验，只有两个基本事件 A 及 $\overline{A}$. 令

$$p=P(A), q=P(\overline{A}), 0<p<1, 0<q<1, p+q=1.$$

将 E 独立地重复 n 次(或可列次)，称 $\widetilde{E}=E^n$(或 $\widetilde{E}=E^{\infty}$)为 n 重(或可列重)伯努利试验，没有必要强调重数时，就简称为伯努利试验. 例如，§1.5 中的不断射击构成一伯努利试验，这时 E 为一次射击，A 表示事件"中的"，$\overline{A}$ 表示"不中的".

E^n 中基本事件空间 $\widetilde{\Omega}=(\tilde{\omega})$共含 2^n 个点 $\tilde{\omega}$. $\tilde{\omega}$ 由若干个 A 和若干个 $\overline{A}$ 构成，它们的总共个数是 n. 例如，E^2 的基本事件空间是

$$\widetilde{\Omega}=(AA, A\overline{A}, \overline{A}A, \overline{A}\,\overline{A}), \tag{4}$$

其中 $A\overline{A}$ 与 $\overline{A}A$ 应看成为两个不同的基本事件，虽然它们有相同的概率为 pq，因为 $A\overline{A}$ 表示先出现 A，后出现 $\overline{A}$，而 $\overline{A}A$ 则相反.

然而 $E^{+\infty}$ 的基本事件空间 $\widetilde{\Omega}$ 却是不可列的，因为 $\widetilde{\Omega}$ 是一切

$$\tilde{\omega}=B_1B_2\cdots B_iB_{i+1}\cdots，其中\ B_i=A\ 或\ \overline{A} \tag{5}$$

的集，因而 $\widetilde{\Omega}$ 与区间[0,1]是一一对应的(参看 §1.5 例 3).

伴随着 E^n，可以定义一个变量 ξ：ξ 表示这 n 次试验中，A 出现的总次数. 例如当 $n=2$ 时，ξ 定义在(4)中的 $\widetilde{\Omega}$ 上：

$$\xi(AA)=2, \xi(A\overline{A})=\xi(\overline{A}A)=1, \xi(\overline{A}\,\overline{A})=0.$$

根据 §2.1 注意 2，知 ξ 是随机变量.

现在来求 ξ 的分布，结果发现，ξ 的分布是二项分布 $B(n,p)$，其中 $p=P(A)$.

注意 $p_k=P(\xi=k)(k=0,1,2,\cdots,n)$是 n 重伯努利试验 $\widetilde{E}=E^n$ 中，恰好出现 k 次 A 的概率. 为了使 A 恰好出现 k 次，共有下列不同的方式：

$$\underbrace{AA\cdots A}_{k个}\underbrace{\overline{A}\cdots\overline{A}}_{n-k个}=\sigma_1,$$

这表示前 k 次试验都出现 A，后 $n-k$ 次都出现 $\overline{A}$；或

$$\overline{A}\,\underbrace{A\cdots A}_{k个}\underbrace{\overline{A}\cdots\overline{A}}_{n-k-1个}=\sigma_2,$$

这表示第1次试验出现 $\overline{A}$，第2次直到第 $k+1$ 次都出现 A，其余 $n-k-1$ 次都出现 $\overline{A}$；如此继续构造 $\sigma_3,\sigma_4,\cdots$，每个 σ_i 是 E^n 的一个基本事件. 由于诸次随机试验的独立性，得

$$P(\sigma_1)=P(AA\cdots A\,\overline{A}\cdots\overline{A})=p\cdot p\cdots p\cdot q\cdots q=p^kq^{n-k}.$$

同理，

$$P(\sigma_i)=p^kq^{n-k},i\in\mathbf{N}^*. \tag{6}$$

注意诸事件 σ_i 互不相交，而且 $(\xi=k)=\bigcup\limits_i\sigma_i$ 故

$$P(\xi=k)=P(\sigma_1)+P(\sigma_2)+\cdots. \tag{7}$$

由(6)(7)可见，为了求 $P(\xi=k)$，只要求出共有多少个这种 σ_i. 注意每个 σ_i 中，共含 n 个“座位”——字母，其中 A 占据 k 个，因此要问共有多少 σ_i，等于问从 n 个座位中任选 k 个，共有多少种选法(因为这些选法与诸 σ_i 是一一对应的). 由组合论(§1.2)知，选法的种数是 $C_n^k=\dfrac{n!}{k!\,(n-k)!}$，于是由(7)(6)得

$$\begin{aligned}P(\xi=k)&=P(\sigma_1)+P(\sigma_2)+\cdots+P(\sigma_{C_n^k})\\&=C_n^kp^kq^{n-k}\quad(k=0,1,2,\cdots,n).\end{aligned} \tag{8}$$

注意 $C_n^kp^kq^{n-k}$ 是多项式 $(q+pz)^n$ 中 z^k 的系数.

例1 (i) 设每部机床在每1 min内需要修理的概率为 p，$0<p<1$，试求 n 部机床在同1 min内有 $k(0\leqslant k\leqslant n)$ 部需要修理的概率 p_k.

(ii) 一工人同时看管 n 部机床，由于在同一时刻只能修理一部，因此自然希望在同1 min内有一部以上的机床需要修理的概率不能太大，譬如不超过1%，试问在这要求下，一工人最多能看

管几部机床?

解　(i) 在 1 min 内观察一部机床是否要修理是一随机试验 E,以 A 表事件"要修理",$P(A)=p$,1 min 内同时观察 n 部相当于把 E 做 n 次,假定这些机床是否要修理是互相独立的,于是得一 n 重伯努利试验 $\widetilde{E}=E^n$. 以 ξ 表示 n 次试验中 A 出现的次数,亦即在同 1 min 内需要修理的机床的部数,由(8)得

$$p_k=P(\xi=k)=\mathrm{C}_n^k p^k q^{n-k},\ k=0,1,2,\cdots,n.$$

(ii) 在 1 min 内有一部以上机床需要修理的概率为

$$P(\xi>1)=1-P(\xi=0)-P(\xi=1)=1-q^n-npq^{n-1}.$$

令 $n_0=\max(n:1-q^n-npq^{n-1}\leqslant 1\%)$,则 n_0 是所求的机床数. ■

例 2[①](还原抽球问题)　设箱内共有 N 个球,其中有 N_1 个白球,$N_2=N-N_1$ 个黑球,每次自箱内等可能地取出一球,取后还原,共取 n 次,试求恰好取得 k 个白球的概率 p_k.

解　把每次抽球看成一随机试验,以 A 表"取得白球",$\overline{A}$ 表"取得黑球",则 $P(A)=\dfrac{N_1}{N}$,$P(\overline{A})=\dfrac{N_2}{N}$. 还原地取 n 次球是一 n 重伯努利试验,故

$$p_k=\mathrm{C}_n^k\left(\frac{N_1}{N}\right)^k\left(\frac{N_2}{N}\right)^{n-k}. \blacksquare \tag{9}$$

例 3(不还原抽球问题)　假设与例 2 相同,只是每次取出的球不还原,试求连取 n 次(这相当于一次同时取 n 个球)中取得 k 个白球的概率 $r_k(n\leqslant N)$.

解　容易看出[②]

---

① 更一般的抽球问题见§2.6 例 4.

② 由(10)定义的超几何分布有数学期望为$\dfrac{nN_1}{N}$,方差为$\dfrac{N_1(N-N_1)n(N-n)}{N^2(N-1)}$.之所以叫作超几何分布是因为 r_k 可看成为所谓超几何级数一般项的系数,正如二项分布可看成二项式$(p+q)^n$ 的一般项一样(见[31]卷一,127 页).

$$r_k=\frac{C_{N_1}^k\ C_{N_2}^{n-k}}{C_N^n},\tag{10}$$

因为取得的白球数不外是 0 或 1 或 2…… 或 n，故 $\sum_{k=0}^{n} r_k=1$，因此

$$\begin{pmatrix}0 & 1 & 2 & \cdots & n\\ r_0 & r_1 & r_2 & \cdots & r_n\end{pmatrix}$$

决定一分布，称为超几何分布，其中 r_k 由(10)式定义. ■

直观地容易想象：如果箱内球数 N 很大，那么还原抽球与不还原抽球应该相差很小，这一思想引导出下列事实：当 $N\to+\infty$ 时，在一定条件下超几何分布趋于二项分布.

精确些说，就是下面的事实：

设 $\lim\limits_{N\to+\infty}\frac{N_1}{N}=p>0$，$\lim\limits_{N\to+\infty}\frac{N_2}{N}=q>0$，$N_1+N_2=N$，

则对任一正整数 n，有

$$\lim_{N\to+\infty}\frac{C_{N_1}^k\ C_{N_2}^{n-k}}{C_N^n}=C_n^k p^k q^{n-k}\ (k=0,1,2,\cdots,n).\tag{11}$$

实际上，

$$\frac{C_{N_1}^k\ C_{N_2}^{n-k}}{C_N^n}=C_n^k\left(\frac{N_1}{N}\right)^k\left(\frac{N_2}{N}\right)^{n-k}\times$$

$$\frac{\left(1-\frac{1}{N_1}\right)\left(1-\frac{2}{N_1}\right)\cdots\left(1-\frac{k-1}{N_1}\right)\left(1-\frac{1}{N_2}\right)\left(1-\frac{2}{N_2}\right)\cdots\left(1-\frac{n-k-1}{N_2}\right)}{\left(1-\frac{1}{N}\right)\left(1-\frac{2}{N}\right)\cdots\left(1-\frac{n-1}{N}\right)}.$$

由条件知：当 $N\to+\infty$ 时，$N_1\to+\infty$，$N_2\to+\infty$，故于上式中令 $N\to+\infty$ 即得证(11).

例 4 考虑可列重伯努利试验 $\widetilde{E}=E^{+\infty}$，以 η 表 A 首次出现的试验次数. 例如，对 $\tilde{\omega}=\overline{A}\,\overline{A}A\,\overline{A}\,\overline{A}\cdots$，则 $\eta(\tilde{\omega})=3$，因为 A 首次出现在第 3 次试验上. 易见

$$P(\eta=k)=q^{k-1}p,\quad k\in\mathbf{N}^*.$$

密度矩阵为

$$\begin{pmatrix} 1 & 2 & \cdots \\ p_1 & p_2 & \cdots \end{pmatrix}, \quad p_k = q^{k-1} p \tag{12}$$

的分布叫作几何分布.■

例 5(广义伯努利试验)　设随机试验 E 只有两个基本事件 $A,\overline{A}$,将 E 独立地重复做 n 次(或可列次),但在第 k 次试验中,A 出现的概率为 p_k,不出现的概率为 q_k,$0<p_k<1$,$p_k+q_k=1$,因而 A 出现的概率与试验的次数 k 有关.这一列试验构成广义伯努利试验,重复的次数称为试验的重数,当 $p_k=p$ 与 k 无关时,化为伯努利试验.用证明(8)式同样的方法,可见在 n 重广义伯努利试验中,A 出现 k 次的概率为多项式

$$\prod_{i=1}^{n}(q_i + p_i z) \tag{13}$$

中 z^k 的系数.■

* **例 6(售货问题)**　某售货员同时出售两包同样的书,每次售书,他等可能地任选一包,从中取出一本,直到他某次发现一包已空为止,问这时另一包中尚余 $r(r\leqslant N)$ 本书的概率 a_r 为多少?这里 N 为每包书满装时的本数(这问题也叫巴拿赫(Banach)问题).

解　每选一包构成一随机试验,共有两基本事件,概率为 $\frac{1}{2}$.到发现一空包时,如另一包尚有 r 本,那么已做了 $2N-r$ 次试验,其中共有 N 次选自现已空的那包.由于这 N 次可自 $2N-r$ 次中任意选出,故

$$a_r = C_{2N-r}^{N}\left(\frac{1}{2}\right)^{N}\left(\frac{1}{2}\right)^{N-r} = C_{2N-r}^{N}\left(\frac{1}{2}\right)^{2N-r}. \blacksquare$$

* (三) 二项分布 $B(n,p)$ 的一些简单性质

考虑(3)中的 $p_k(n,p)$,当 k 从 0 变到 n 时,试问 $p_k(n,p)$ 如何变化?

如果 $q=0$,即 $p=1$,由(3)显然得

$$p_0(n,1)=\cdots=p_{n-1}(n,1)=0, p_n(n,1)=1.$$

以下设 $q>0$. 由 $p_k(n,p)=C_n^k p^k q^{n-k}$，得①

$$\frac{p_{k+1}(n,p)}{p_k(n,p)}=\frac{(n-k)p}{(k+1)q}.$$

当$(n-k)p>(k+1)q$，亦即 $np-q>k$ 时，

$$p_{k+1}(n,p)>p_k(n,p); \tag{14}$$

当 $np-q=k$ 时，

$$p_{k+1}(n,p)=p_k(n,p); \tag{15}$$

当 $np-q<k$ 时，

$$p_{k+1}(n,p)<p_k(n,p), \tag{16}$$

分三种情况来考虑：

(i) 设 $0<np-q<n-1$. 这时 $p_k(n,p)$先是随 k 增大而上升，在 $k_0=[np-q]+1$ 达到极大（$[a]$表不大于 a 的最大整数）. 如果 $np-q=k_0-1$ 是整数，那么由(15)可见在 k_0-1 及 k_0 都达到极大而相等；达到极大后，由(16)知 $p_k(n,p)$就随着 k 的增大而下降. 总之，若 $np-q$ 不是整数，则

$$\begin{aligned}p_0(n,p)<\cdots<p_{k_0-1}(n,p)<p_{k_0}(n,p)\\ >p_{k_0+1}(n,p)>\cdots>p_n(n,p),\end{aligned}$$

若 $np-q$ 是整数，则

$$\begin{aligned}p_0(n,p)<\cdots<p_{k_0-1}(n,p)=p_{k_0}(n,p)\\ >p_{k_0+1}(n,p)>\cdots>p_n(n,p).\end{aligned}$$

(ii) 如果 $np-q\leqslant 0$，由(15)(16)知不可能有上述上升部分，其实有

$$p_0(n,p)>p_1(n,p)>\cdots>p_n(n,p), \text{如 } np-q<0,$$

$$p_0(n,p)=p_1(n,p)>\cdots>p_n(n,p), \text{如 } np-q=0.$$

---

① 下式给出求 $p_k(n,p)$的递推公式：

$$p_{k+1}(n,p)=\frac{(n-k)p}{(k+1)q}p_k(n,p), p_0(n,p)=q^n,$$

对许多其他离散分布，也可求出递推公式. 例如，对泊松分布见 § 2.4(7).

(iii) 如果 $np-q\geqslant n-1$，由(14)(15)知不可能有下降部分，其实有

$$p_0(n,p)<\cdots<p_{n-1}(n,p)<p_n(n,p)，如\ np-q>n-1，$$

$$p_0(n,p)<\cdots<p_{n-1}(n,p)=p_n(n,p)，如\ np-q=n-1.$$

由于任一离散分布被它的密度矩阵所决定，以后为简便计，以密度矩阵来代替此分布. 考虑任一离散分布

$$\begin{pmatrix} a_0 & a_1 & a_2 & \cdots \\ p_0 & p_1 & p_2 & \cdots \end{pmatrix},$$

如果 $\sup(p_0,p_1,\cdots)$ 在某 p_k 达到，即如

$$p_k=\sup(p_0,p_1,\cdots), \tag{17}$$

就称 a_k 为此分布的最可能值，最可能值不一定唯一.

(17)中上确界总存在，因而最可能值至少有一个. 实际上，由于 $p_i\geqslant 0$，$\sum\limits_{i=0}^{+\infty}p_i=1$，故至少有一 j，使 $p_j>0$，对此 p_j，存在正整数 N，使

$$\sum_{i>N}p_i<p_j, \tag{18}$$

于是　　$\sup(p_0,p_1,\cdots)=\max(p_0,p_1,\cdots,p_N)$.

右方有穷集的极大值总可在某 p_k 上达到.

回到二项分布情形，由上述(i)(ii)(iii)可见：这分布的最可能值不多于两个，当且仅当 $np-q$ 是非负整数(包括 0)时恰有两个，图 2-7 说明此两种情况.

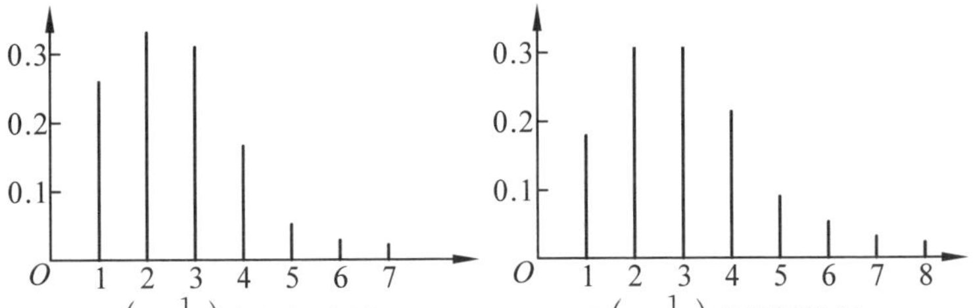

$B\left(7,\frac{1}{3}\right)$ 密度矩阵图，只有一最可能值为 2.

$B\left(8,\frac{1}{3}\right)$ 密度矩阵图，有两最可能值为 2,3.

图 2-7

§2.4 泊松分布与泊松流

(一) 泊松分布

一种分布所以重要，通常是由于两种原因：或者它直接产生于实际问题中，或者它作为某些重要的分布的极限而出现，因而在理论上有重要意义. 我们已看到二项分布是如此，下面即将叙述的泊松(Poisson)分布也是如此.

设已给常数 $\lambda>0$，考虑矩阵

$$\begin{pmatrix} 0 & 1 & 2 & \cdots \\ p_0 & p_1 & p_2 & \cdots \end{pmatrix}, \quad p_k=\mathrm{e}^{-\lambda}\frac{\lambda^k}{k!}, \tag{1}$$

显然 $p_k>0$. 又

$$\sum_{k=0}^{+\infty} p_k = \mathrm{e}^{-\lambda}\sum_{k=0}^{+\infty}\frac{\lambda^k}{k!} = \mathrm{e}^{-\lambda}\mathrm{e}^{\lambda} = 1, \tag{2}$$

故 §2.2(7)式成立.

称密度矩阵为(1)的分布为泊松分布，它含一参数 $\lambda>0$，记此分布为 $P(\lambda)$.

我们来证明，这分布是二项分布列的极限分布. 精确地说，考虑二项分布

$$p_k(n,p)=\mathrm{C}_n^k p^k q^{n-k} \quad (k=0,1,2,\cdots,n).$$

定理 1 设有一列二项分布 $\{B(n,a_n)\}$，其中参数列 $\{a_n\}$ 满足

$$\lim_{n\to+\infty} na_n=\lambda>0, \tag{3}$$

则对任意非负整数 k，有

$$\lim_{n\to+\infty} p_k(n,a_n)=\mathrm{e}^{-\lambda}\frac{\lambda^k}{k!}. \tag{4}$$

证 可把(3)改写为 $na_n=\lambda+o(1)$，因而

$$a_n=\frac{\lambda}{n}+\frac{o(1)}{n},1-a_n=1-\frac{\lambda}{n}-\frac{o(1)}{n}=1-\frac{\lambda}{n}-o\left(\frac{1}{n}\right),$$

于是

$$p_k(n,a_n)=\frac{n!}{k!\ (n-k)!}\left[\frac{\lambda}{n}+\frac{o(1)}{n}\right]^k\left[1-\frac{\lambda}{n}-o\left(\frac{1}{n}\right)\right]^{n-k}$$

$$=\frac{n!}{k!\ (n-k)!}\frac{[\lambda+o(1)]^k}{n^k}\frac{\left[1-\frac{\lambda}{n}-o\left(\frac{1}{n}\right)\right]^n}{\left[1-\frac{\lambda}{n}-o\left(\frac{1}{n}\right)\right]^k}$$

$$=\frac{[\lambda+o(1)]^k}{k!}\left[1-\frac{\lambda}{n}-o\left(\frac{1}{n}\right)\right]^n\frac{n(n-1)\cdots(n-k+1)}{n^k\left[1-\frac{\lambda}{n}-o\left(\frac{1}{n}\right)\right]^k}$$

$$=\frac{[\lambda+o(1)]^k}{k!}\left[1-\frac{\lambda}{n}-o\left(\frac{1}{n}\right)\right]^n\frac{1\left(1-\frac{1}{n}\right)\cdots\left(1-\frac{k-1}{n}\right)}{\left[1-\frac{\lambda}{n}-o\left(\frac{1}{n}\right)\right]^k}. \tag{5}$$

注意 k 是固定的数，故当 $n\to+\infty$ 时，第 1 因子趋于$\frac{\lambda^k}{k!}$，第 3 因子趋于 1，第 2 因子

$$\left[1-\frac{\lambda+o(1)}{n}\right]^n=\left(\left[1-\frac{\lambda+o(1)}{n}\right]^{\frac{n}{\lambda+o(1)}}\right)^{\lambda+o(1)}\to e^{-\lambda}.$$

定理 1 的重要特殊情形是当(3)化为下列等式时：

$$na_n=\lambda>0,\text{因而 } a_n=\frac{\lambda}{n}>0\quad(\text{一切 } n\in\mathbf{N}^*). \tag{6}$$

利用定理 1，既可以用二项分布来逼近泊松分布，也可以用泊松分布来近似具有甚大的 n 的二项分布. 如已给 $P(\lambda)$，只需用 $B\left(n,\frac{\lambda}{n}\right)$去逼近它. 如已给 $B(n,a)$，近似的泊松分布可取为 $P(na)$. 不能低估定理 1 的意义，如果 n 很大，对给定的 p，要精确地算出 $p_k(n,p)$的值是很繁重的，有了定理 1，我们可以取它的近

似值 $e^{-np}\dfrac{(np)^k}{k!}$，而后一个值有表可查. 例如

$$p_3(800,0.005)=C_{800}^3\times 0.005^3\times 0.995^{797}$$

的精确值为 0.194 5，由于这时 $np=800\times 0.005=4$，得近似值为

$$e^{-4}\frac{4^3}{3!}=e^{-4}\times\frac{32}{3}=0.195\ 4.$$

泊松分布常被用来研究稀有事件的频数，这种事件在每次试验中出现的概率 p 很小但试验的次数 n 又很大.

例① 自 1875 年至 1955 年中的某 63 年间，上海夏季(即5～9 月间)共发生暴雨 180 次，每年夏季共有

$$n=31+30+31+31+30=153$$

天，每次暴雨如以 1 天计算，则每天发生暴雨的概率为 $p=\dfrac{180}{63\times 153}$，这值甚小，而 $n=153$ 则较大. 把暴雨看成稀有事件，对它应用泊松分布，试求一个夏季发生 k 次($k\in\mathbf{N}$)暴雨的概率 p_k. 先计算

$$\lambda=np=153\times\frac{180}{63\times 153}=\frac{20}{7}\approx 2.9,$$

故由(1)，$p_0=e^{-\lambda}=e^{-2.9}\approx 0.555$；$p_1=\lambda e^{-\lambda}=\lambda p_0=0.16$；一般，已知 p_k 时，

$$p_{k+1}=\frac{\lambda^{k+1}}{(k+1)!}e^{-\lambda}=\frac{\lambda}{k+1}\left(\frac{\lambda^k}{k!}e^{-\lambda}\right)=\frac{\lambda}{k+1}\cdot p_k,$$

因此，63 年内，按计算应约有 $63\times p_k$ 个夏季，发生 k 次暴雨. 下面是实际观察值与理论计算值的对照表，例如，发生 2 次暴雨的，实际上有 14 个夏天，而按计算则为 14.8. 总起来看，符合情况较好(表 2-1).

---

① 本例中数据取自么枕生. 气候统计. 北京：科学出版社，1963.

表 2-1

暴雨次数	0	1	2	3	4	5	6	7	8
实际年数	4	8	14	19	10	4	2	1	1
理论年数	3.5	10.2	14.8	14.3	10	6	2.9	1.2	0.42

图 2-8 表示 $B\left(10,\frac{3}{20}\right)$ 与 $P\left(\frac{3}{2}\right)$ 的近似误差度.

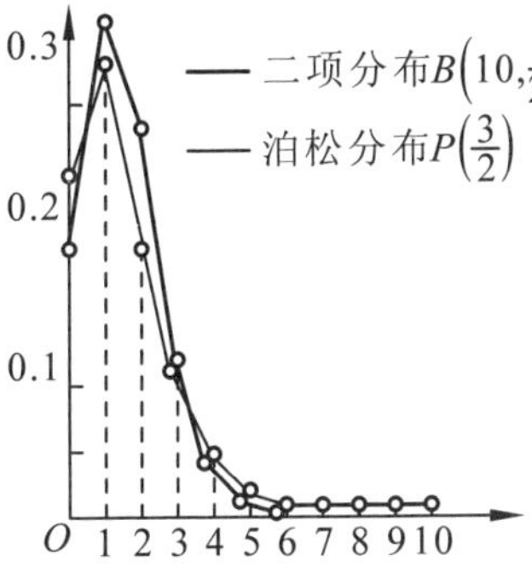

图 2-8

(二) p_k 的变化情况

为了强调(1)中 p_k 对 λ 的依赖性，记 p_k 为 $p_k(\lambda)$，因而

$p_k(\lambda)=e^{-\lambda}\frac{\lambda^k}{k!}$,

$$\frac{p_{k+1}(\lambda)}{p_k(\lambda)}=\frac{\lambda}{k+1}. \tag{7}$$

由此可见，若 $\lambda>k+1$，则 $p_{k+1}(\lambda)>p_k(\lambda)$；若 $\lambda=k+1$，则 $p_{k+1}(\lambda)=p_k(\lambda)$；若 $\lambda<k+1$，则 $p_{k+1}(\lambda)<p_k(\lambda)$. 因此，$p_k(\lambda)$ 起初随着 k 增大而上升，在 $[\lambda]$ 达到极大，如果 $\lambda=[\lambda]$，即 λ 是正整数时，有两个

最可能值 $\lambda-1$ 及 λ，然后随着 k 增大而下降[①]，参看图 2-9.

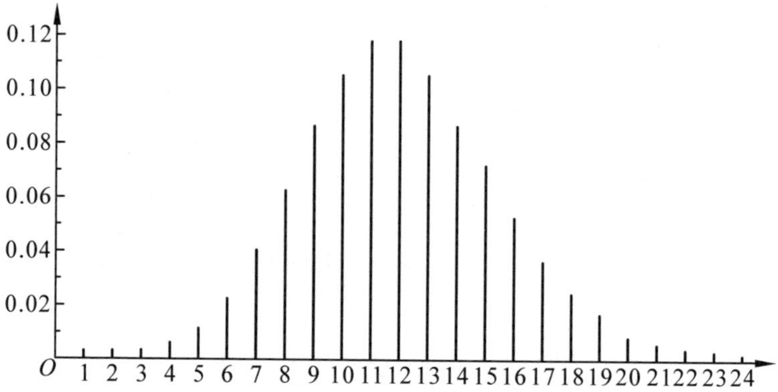

图 2-9　$\lambda=12$ 的泊松分布密度矩阵图

（三）泊松流

正像伯努利试验产生二项分布一样，泊松流是产生泊松分布的现实源泉之一.

源源不断地出现的许多随机的质点构成一个随机质点流，简称为流. 例如，在电话交换台，要求打电话的呼唤（每一呼唤代表一个要打电话的人）鱼贯而来，形成一呼唤流（把呼唤看成质点）；到某商店去的顾客形成一顾客流；到达某飞机场的飞机形成飞机流；经过某块天空的流星形成流星流；纺纱机上的断头形成断头流；放射性物质不断放出的质点形成质点流等. 由此可见：随机质点流所描述的客观现象极为广泛.

---

① 如要计算 $\sum_{k=0}^{m} p_k$ 的值，可利用恒等式：$e^{-\lambda}\sum_{k=0}^{m}\frac{\lambda^k}{k!}=\frac{1}{m!}\int_{\lambda}^{+\infty} z^m e^{-z}dz$. 此式可用归纳法及分部积分证明，而 $\int_{\lambda}^{+\infty} z^m e^{-z}dz=\left(\int_0^{+\infty}-\int_0^{\lambda}\right)z^m e^{-z}dz=m!-\int_0^{\lambda} z^m e^{-z}dz$，故 $\sum_{k=0}^{m} p_k=1-\frac{1}{m!}\int_0^{\lambda} z^m e^{-z}dz$. 最后一积分称为不完全伽马（Gamma）函数，其值有表可查，参看 §8.1 中的注，见本书第 468 页.

以 ξ_t 表在时间区间$(0,t]$内总共出现的质点个数，我们最关心的是 ξ_t 的分布，当流满足一些条件时，这分布可以求出.

称流为泊松流，如果此流满足下列条件：

(i) 在任意 n 个不相交的区间$(a_i,b_i]$中，$i=1,2,\cdots,n$，各自出现的质点的个数$\xi(a_i,b_i]$是独立的，也就是说，对任意 n 个非负整数 k_i，诸事件 $\xi(a_i,b_i]=k_i$，$i=1,2,\cdots,n$ 是独立的.

(ii) 在长为 t 的区间$(a,a+t]$中，出现 k 个质点的概率 $v_k(t)=P(\xi(a,a+t]=k)$与 a 无关，而且 $v_0(t)$不恒等于 1.

(iii) 在有限区间$(a,a+t]$中只出现有穷多个质点，即

$$\sum_{k=0}^{+\infty} v_k(t) = 1.$$

(iv) 在$(a,a+t]$中出现一个以上质点的概率 $\psi(t)(=1-v_0(t)-v_1(t))$关于 t 是高阶无穷小，即

$$\lim_{t\to 0}\frac{\psi(t)}{t}=0.$$

定理 2　对于泊松流，ξ_t 有参数为 λt 的泊松分布，λ 是正常数，即

$$p(\xi_t=k)=\mathrm{e}^{-\lambda t}\frac{(\lambda t)^k}{k!}\quad(k\in\mathbf{N}). \tag{8}$$

证　对 $0\leqslant s<t$，令 $v_k(t-s)=P(\xi_t-\xi_s=k)$. 由(i)(ii)得

$$v_0(1)=\left[v_0\left(\frac{1}{n}\right)\right]^n.$$

设 $v_0(1)=\theta$，则 $v_0\left(\frac{1}{n}\right)=\theta^{\frac{1}{n}}$. 对任意给定的 t，取整数 i，使满足 $\frac{i-1}{n}<t\leqslant\frac{i}{n}$，因而 $i=i(n)$与 n 有关. 令 $n\to+\infty$，由 i 的定义得 $\frac{i}{n}\to t$，$\frac{i-1}{n}\to t$. 根据 $v_0(1)$的概率意义，可见 $v_0(t)$是 t 的不增函数，于是

$$\theta^{\frac{i-1}{n}}=v_0\left(\frac{i-1}{n}\right)\geqslant v_0(t)\geqslant v_0\left(\frac{i}{n}\right)=\theta^{\frac{i}{n}},$$

于此式中令 $n\to+\infty$，得

$$v_0(t)=\theta^t. \tag{9}$$

注意 $0\leqslant\theta=v_0(1)\leqslant1$，$\theta$ 与 t 无关，故(9)对任意 $t\geqslant0$ 成立.

如果说 $\theta=0$，那么 $v_0(t)=0$，由(i)(ii)可推知在任一有限区间中出现无穷多个质点的概率为1，这与(iii)矛盾. 如果说 $\theta=1$，那么 $v_0(t)=1$ 而与(ii)矛盾，从而 $0<\theta<1$. 故必存在常数 $\lambda>0$，使 $\theta=\mathrm{e}^{-\lambda}$. 由(9)得

$$v_0(t)=\mathrm{e}^{-\lambda t}. \tag{10}$$

下面计算 $v_k(t)$，它是在 $(a,a+t]$ 中出现 k 个质点的概率 $(k>0)$. 由(ii)不妨取 $a=0$，将 $(0,t]$ 分成 n 个等长的互不相交的子区间，$n>k$，以 A_1 表示事件“在某 k 个子区间中，各恰好出现一个质点，而且其余 $n-k$ 个子区间内不出现质点”；A_2 表示“至少有一子区间内出现一个以上的质点”；A_3 表示“在 $(0,t]$ 中出现 k 个质点”，则

$$v_k(t)=P(A_1)+P(A_2A_3). \tag{11}$$

令 $\delta=\frac{t}{n}$，有

$$P(A_1)=\mathrm{C}_n^k[v_1(\delta)]^k[v_0(\delta)]^{n-k}.$$

由(10)及(iv)，当 $n\to+\infty$ 因而 $\delta\to0$ 时，

$$[v_0(\delta)]^{n-k}=\mathrm{e}^{-\lambda\delta(n-k)}=\mathrm{e}^{-\lambda t}\mathrm{e}^{k\lambda\delta}=\mathrm{e}^{-\lambda t}[1+o(1)],$$

$$[v_1(\delta)]^k=[1-\mathrm{e}^{-\lambda\delta}-\psi(\delta)]^k=[1-\mathrm{e}^{-\lambda\delta}+o(\delta)]^k$$

$$=(\lambda\delta)^k[1+o(1)]=\frac{(\lambda t)^k}{n^k}[1+o(1)],$$

故

$$P(A_1)=\mathrm{e}^{-\lambda t}\frac{(\lambda t)^k}{k!}\frac{n(n-1)\cdots(n-k+1)}{n^k}[1+o(1)]. \tag{12}$$

令 $n\to+\infty$ 即得

$$P(A_1)=\mathrm{e}^{-\lambda t}\frac{(\lambda t)^k}{k!}. \tag{13}$$

其次,(11)中 $P(A_2A_3)\leqslant P(A_2)$,既然在任一固定的区间出现一个以上质点的概率为 $\psi(\delta)$,由(iv)得

$$P(A_2)\leqslant n\psi(\delta)=t\frac{\psi(\delta)}{\delta}\to 0 \quad (n\to+\infty).$$

由此及(11)(12),立得

$$P(\xi_t=k)=v_k(t)=\mathrm{e}^{-\lambda t}\frac{(\lambda t)^k}{k!}. \blacksquare$$

注 1　以 η 表示泊松流中第一个质点出现的时刻,那么 $(\eta>t)$ 重合于 $(\xi_t=0)$,由(10)得

$$P(\eta>t)=P(\xi_t=0)=v_0(t)=\mathrm{e}^{-\lambda t}. \tag{14}$$

故若 $t>0$,则 $P(\eta\leqslant t)=1-\mathrm{e}^{-\lambda t}$;若 $t\leqslant 0$,则因 η 不可能为负或 0,故 $P(\eta\leqslant t)=0$,这说明 η 有指数分布(参看 §2.2(19),取那里的参数 $b=0,a=\lambda$).

§2.5 正态分布

（一）产生正态分布的实际背景

正态分布在概率论中起着非常重要的作用，在各种分布中，它居于首要的地位. 我们在实际中常常遇到一些变量，它们的分布近似于正态分布. 例如，在同一生产条件下制造的电灯泡，使用时数 ξ 随着每个灯泡而不同，譬如说，第 1 个可用 1 200 h，第 2 个可用 1 280 h 等，因此，ξ 是一个变量. 实践证明，ξ 的分布是近似正态的，俗话说：中间大，两头小，就是正态分布的一个性质. 一般说来，在生产条件不变的前提下，许多产品的某些量度（如青砖的抗压强度，细纱的强力，螺丝的口径等），都近似地有正态分布. 这种情况在许多自然科学中也存在. 例如，热力学中理想气体分子的速度分量，射击时命中位置对目标沿某些坐标轴的偏差，物理学中测量同一物体的测量误差，生物学中同一种生物机体的某一量度（如身长，体重等），某地区一年中的降水量等，都是如此.

上述各种量有一共同特点：它们可以看成为许多微小的，独立的随机因素的总后果. 例如，灯泡的使用时数受着原料，工艺，保管条件等因素的影响，而每种因素，在正常情况下，都不能起压倒一切的主导作用. 以后会看到，具有这种特点的变量一般都可认为有正态分布. 这一结论的准确的数学叙述见 §3.4 中的中心极限定理.

（二）正态分布的定义

设已给两常数 a 及 $\sigma>0$，定义函数

$$\varphi_{a,\sigma}(x)=\frac{1}{\sigma\sqrt{2\pi}}\mathrm{e}^{-\frac{(x-a)^2}{2\sigma^2}}\ (x\in\mathbf{R}), \tag{1}$$

它含两参数 a,σ. 特别地，当 $a=0,\sigma=1$ 时，简记

$$\varphi(x)=\varphi_{0,1}(x)=\frac{1}{\sqrt{2\pi}}\mathrm{e}^{-\frac{x^2}{2}}, \tag{2}$$

显然 $\varphi_{a,\sigma}(x)$取正值. 试证 § 2. 2(15)式成立，即有

$$\int_{-\infty}^{+\infty}\varphi_{a,\sigma}(x)\mathrm{d}x = 1. \tag{3}$$

其实，令 $\frac{x-a}{\sigma}=y$，则 $\displaystyle\int_{-\infty}^{+\infty}\varphi_{a,\sigma}(x)\mathrm{d}x = \int_{-\infty}^{+\infty}\varphi(y)\mathrm{d}y.$ (4)

然而

$$\left(\int_{-\infty}^{+\infty}\varphi(y)\mathrm{d}y\right)^2 = \frac{1}{2\pi}\left(\int_{-\infty}^{+\infty}\mathrm{e}^{-\frac{x^2}{2}}\mathrm{d}x\right)\left(\int_{-\infty}^{+\infty}\mathrm{e}^{-\frac{y^2}{2}}\mathrm{d}y\right)$$
$$= \frac{1}{2\pi}\int_{-\infty}^{+\infty}\int_{-\infty}^{+\infty}\mathrm{e}^{-\frac{x^2+y^2}{2}}\mathrm{d}x\mathrm{d}y.$$

采用极坐标，令 $x=r\cos\theta, y=r\sin\theta$ 并利用

$$\int_0^{+\infty}\mathrm{e}^{-\frac{r^2}{2}}r\mathrm{d}r = -\mathrm{e}^{-\frac{r^2}{2}}\Big|_0^{+\infty} = 1, \tag{5}$$

即得

$$\left(\int_{-\infty}^{+\infty}\varphi(y)\mathrm{d}y\right)^2 = \frac{1}{2\pi}\int_0^{2\pi}\int_0^{+\infty}\mathrm{e}^{-\frac{r^2}{2}}r\mathrm{d}r\mathrm{d}\theta = 1. \tag{6}$$

既然 $\displaystyle\int_{-\infty}^{+\infty}\varphi(y)\mathrm{d}y$ 非负，故由上式及(4) 即得证(3).

称密度函数为 $\varphi_{a,\sigma}(x)$的分布为正态分布，为了标明两参数 $a,\sigma>0$，通常记此分布为 $N(a,\sigma)$，它的分布函数记为 $\Phi_{a,\sigma}(x)$：

$$\Phi_{a,\sigma}(x) = \frac{1}{\sigma\sqrt{2\pi}}\int_{-\infty}^{x}\mathrm{e}^{-\frac{(y-a)^2}{2\sigma^2}}\mathrm{d}y \quad (x\in\mathbf{R}). \tag{7}$$

$\Phi_{0,1}(x)$简记为 $\Phi(x)$(图 2-10)，即

$$\Phi(x) = \frac{1}{\sqrt{2\pi}}\int_{-\infty}^{x}\mathrm{e}^{-\frac{y^2}{2}}\mathrm{d}y. \tag{8}$$

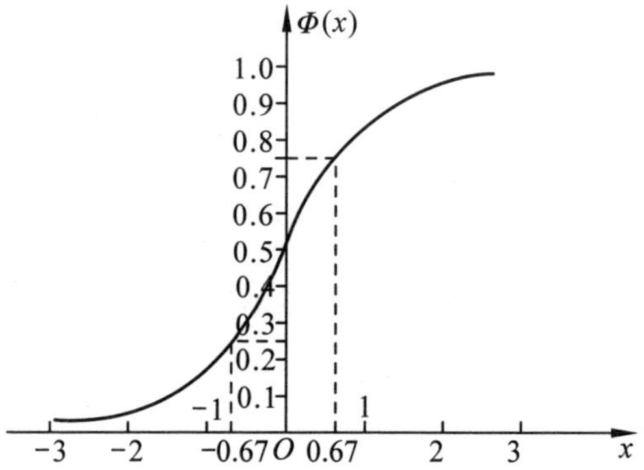

图 2-10　正态分布函数 $\Phi(x)$图

(三) 简单性质

$\varphi_{a,\sigma}(x)$及 $\Phi_{a,\sigma}(x)$具有下列性质：

(i) 它们处处大于 0，而且具有各阶连续的导函数.

(ii) $\varphi_{a,\sigma}(x)$在$(-\infty,a)$中严格上升，在点 a 达到极大值$\dfrac{1}{\sigma\sqrt{2\pi}}$，在$(a,+\infty)$严格下降，当 $x\to+\infty$或 $x\to-\infty$时，$\varphi_{a,\sigma}(x)\to 0$.

(iii) $\varphi_{a,\sigma}(x)$关于点 a 对称，即

$$\varphi_{a,\sigma}(a+x)=\varphi_{a,\sigma}(a-x). \tag{9}$$

(iv) $\Phi_{a,\sigma}(a-x)=1-\Phi_{a,\sigma}(a+x).$ (10)

实际上，(i)～(iii)是明显的，由于 $\varphi_{0,\sigma}(x)=\varphi_{0,\sigma}(-x)$及(3)，得

$$\frac{1}{\sigma\sqrt{2\pi}}\left[\int_{-\infty}^{-x}\mathrm{e}^{-\frac{y^2}{2\sigma^2}}\mathrm{d}y+\int_{-\infty}^{x}\mathrm{e}^{-\frac{y^2}{2\sigma^2}}\mathrm{d}y\right]$$

$$=\frac{1}{\sigma\sqrt{2\pi}}\left[\int_{-\infty}^{-x}\mathrm{e}^{-\frac{y^2}{2\sigma^2}}\mathrm{d}y+\int_{-x}^{+\infty}\mathrm{e}^{-\frac{y^2}{2\sigma^2}}\mathrm{d}y\right]=1.$$

在左边作变数变换 $y=z-a$，得

$$\frac{1}{\sigma\sqrt{2\pi}}\left[\int_{-\infty}^{a-x} e^{-\frac{(z-a)^2}{2\sigma^2}} dz + \int_{-\infty}^{x+a} e^{-\frac{(z-a)^2}{2\sigma^2}} dz\right] = 1,$$

此即(10).

函数 $\varphi_{a,\sigma}(x)$的图可自 $\varphi_{0,\sigma}(x)$的图经坐标平移得到(见图 2-11).当 a 固定而 σ 变小时,$\varphi_{a,\sigma}(x)$的图变得越尖,因而在$[a-h, a+h]$中曲线下面的面积越来越大,这说明分布的质量越来越集中在点 a 的附近,图 2-12 就 $a=0$ 时具体地说明了这种现象.由此可见,参数 a,σ 有着鲜明的概率意义:σ 的大小表示分布的分散程度,σ 越大则分散程度也越大,而 a 则表示分布大部分质量所

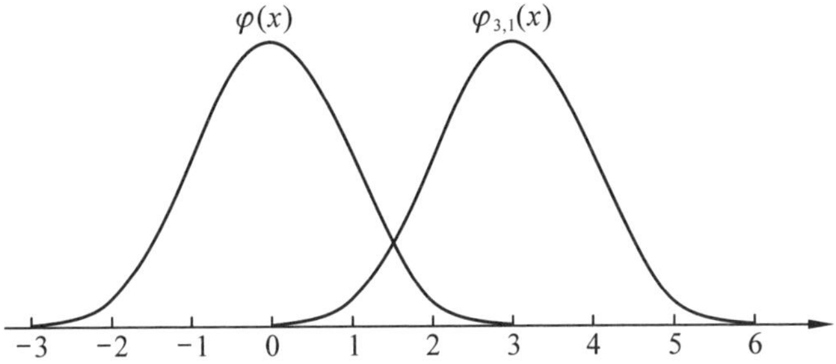

图 2-11

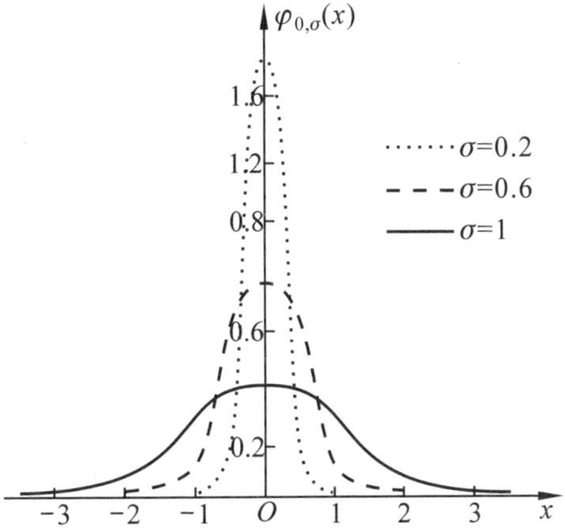

图 2-12

集中的地点，在 a 的周围团聚着大部分质量. 图 2-13 说明，按 $N(0,1)$分布的质量，有 99.7%左右集中在$[-3,3]$中. 因此，尽管全直线每一区间$[a,b]$内都有质量$(\Phi(b)-\Phi(a)>0)$，但只有 0.3%左右在$[-3,3]$外. 换句话说，若 ξ 是以 $N(0,1)$为分布的随机变量，则

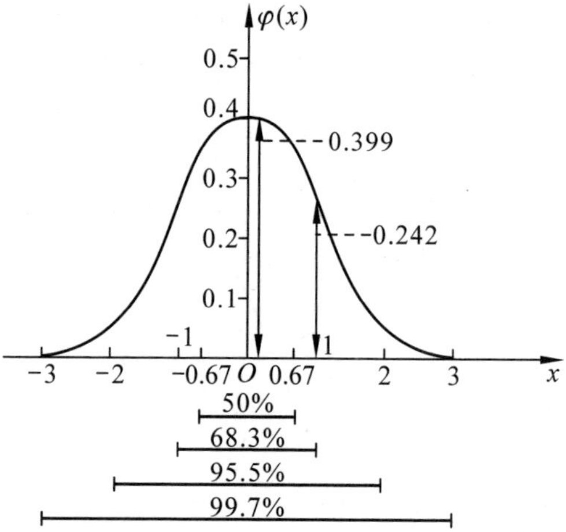

图 2-13　正态密度函数 $\varphi(x)$的图. 最下一横线表示：在$[-3,3]$中曲线下之面积为 99.7%，其他横线意义类似. 注意全面积为 1.

$$P(-3\leqslant\xi\leqslant 3)=\frac{1}{\sqrt{2\pi}}\int_{-3}^{3}\mathrm{e}^{-\frac{x^2}{2}}\mathrm{d}x\approx 99.7\%,\qquad(11)$$

$$P(\xi\overline{\in}[-3,3])\approx 0.3\%.$$

概率论中，除了已介绍过的二项分布、泊松分布与正态分布外，还有许多重要的分布，读者可参看本节末表 2-2 常用分布表. 这表的各项内容会逐渐为读者所理解.

*（四）产生正态分布的实例

上面两节中已经阐明：二项分布主要产生于伯努利试验，泊松分布则联系于泊松流，那么，正态分布的实际源泉又是什么呢？

关于这一点，上面第 1 段中已作了一般的说明，它经常作为极限分布而出现. 这里再举两个例子，说明它还是某些随机变量的精确分布，并叙述推导出正态分布的思想和方法，这是很有启发性的. 从历史上看，正态分布最初由高斯(Gauss)在研究误差理论时发现，因此我们也从这里开始.

例 1(误差的分布)　设对某个量(如溶液的浓度)x 进行 n 次独立的测量，得测量值为 x_i，因而误差为 $\varepsilon_i = x_i - x(i = 1,2,\cdots,n)$. 这里 ε_i 及 x_i 为随机变量，而 x 为未知常数. 设 ε_i 的密度为 $f(x_i - x)$(我们用同一字母 x_i 表示随机变量及 f 的自变量，看上下文即可区别)，则 $\varepsilon_1,\varepsilon_2,\cdots,\varepsilon_n$ 的联合密度为 $L = \prod f(x_i - x)$，这里连乘号 $\prod$ 及以下的 $\sum$ 都对 $i = 1,2,\cdots,n$ 进行. x 的值应使 L 极大，以最有利于 $x_1,x_2,\cdots,x_n$ 的出现，故 x 应满足 $\frac{\mathrm{d}L}{\mathrm{d}x} = 0$(这是最大似然法的思想，详见 §5.3). 由于 $\lg x$ 是 x 的上升函数，所以 L 与 $\lg L$ 在相同的点 x 上达到极大，故 x 也满足 $-\frac{\mathrm{d}\lg L}{\mathrm{d}x} = \sum \frac{f'(x_i - x)}{f(x_i - x)} = \sum g(x_i - x) = 0\left(其中设 g(y) = \frac{f'(y)}{f(y)}\right)$. 由于测量值的平均数 $a = \sum \frac{x_i}{n}$ 最可能接近真值 x，故可设

$$G \equiv \sum g(x_i - a) \equiv \sum g(y_i) = 0\ (其中\ y_i = x_i - a).$$

但因 $\sum y_i = \sum x_i - na = 0$，故这 n 个变量中只有 $n-1$ 个是独立的. 令 $y_n = -(y_1 + y_2 + \cdots + y_{n-1})$，微分上式得

$$\frac{\partial G}{\partial y_i} + \frac{\partial G}{\partial y_n}\frac{\partial y_n}{\partial y_i} = 0,$$

亦即

$$\frac{\partial g}{\partial y_i} = \frac{\partial g}{\partial y_n}\quad (一切\ i),$$

这表示$\frac{\partial g(y_i)}{\partial y_i}=c$(常数),从而 $g(y)=cy+b$(b 为常数),故 $G=c\sum y_i+nb$. 但由上述 $G=0$, $\sum y_i=0$,故 $b=0$,于是$\frac{f'(y)}{f(y)}\equiv g(y)=cy$,所以 $f(y)=k\exp\left(\frac{1}{2}cy^2\right)$($k$ 为常数). 为了使 $f(y)$ 是密度,必须$\int_{-\infty}^{+\infty}f(y)\mathrm{d}y=1$,故 c 必为负数,令 $c=-\frac{1}{\sigma^2}(\sigma>0)$,代入后积分即得 $k=\frac{1}{\sigma\sqrt{2\pi}}$. 由此推知误差 ε_i 应有 $N(0,\sigma)$ 正态分布. ■

例 2(射击偏差的分布) 向平面上的靶进行射击,靶位在原点 O,射击后子弹落在 A 点,它的横坐标与纵坐标 X,Y 代表沿 x 轴及 y 轴的偏差,是两个随机变量(见图2-14). 试在下列假设下,求 X 与 Y 的分布.

(i) X 与 Y 的密度函数 $p(x)$及 $q(y)$都是连续的,而且 $p(0)q(0)>0$;

(ii) X 与 Y 相互独立;

(iii) X 与 Y 的联合密度函数在点(x,y)的值只依赖于此点与原点的距离$r=\sqrt{x^2+y^2}$.

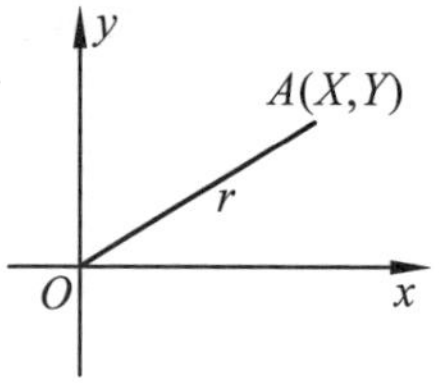

图 2-14

我们来证明:这时

$$p(x)=\frac{1}{\sigma\sqrt{2\pi}}\mathrm{e}^{-\frac{x^2}{2\sigma^2}},\tag{12}$$

即 X 有 $N(0,\sigma)$正态分布,$\sigma>0$ 是某常数. 由于 X,Y 处于平等地

位，故 Y 也有 $N(0,\sigma)$ 分布.

实际上，由(ii)(iii)，X,Y 的联合密度在点 (x,y) 的值为

$$p(x)q(y)=s(r),r=\sqrt{x^2+y^2}. \tag{13}$$

在此式中，先令 $x=0$，得 $p(0)q(y)=s(|y|)$，又令 $y=0$，得 $p(x)q(0)=s(|x|)$. 由此知 $q(y)$，$p(x)$ 都是偶函数，于是

$$q(y)=\frac{s(|y|)}{p(0)}=\frac{p(y)q(0)}{p(0)},$$

以此式及 $s(r)=p(r)q(0)$ 代入(13)，并除以 $p(0)q(0)$，即得

$$\frac{p(x)}{p(0)}\cdot\frac{p(y)}{p(0)}=\frac{p(r)}{p(0)},\quad 如\ r^2=x^2+y^2.$$

令 $f(x)=\lg\dfrac{p(x)}{p(0)}$，改写上式为

$$f(r)=f(x)+f(y),\quad 如\ r^2=x^2+y^2.$$

如果 $x^2=x_1^2+x_2^2$，连用此式两次，得

$$f(r)=f(x)+f(y)=f(x_1)+f(x_2)+f(y),如\ r^2=x_1^2+x_2^2+y^2.$$

故一般的有

$$f(r)=\sum_{i=1}^{k}f(x_i),\quad 如\ r^2=\sum_{i=1}^{k}x_i^2.$$

特别地，选 $k=n^2$，并令 $x=x_1=\cdots=x_k$，有

$$f(nx)=n^2f(x),或\ f(n)=n^2f(1),如\ x=1.$$

又 $x=\dfrac{m}{n}$，m 为整数，有 $n^2f\left(\dfrac{m}{n}\right)=f\left(n\dfrac{m}{n}\right)=f(m)=m^2f(1)$，

即 $f\left(\dfrac{m}{n}\right)=c\left(\dfrac{m}{n}\right)^2$，其中 $c=f(1)$. 这表示：对一切有理数 x，有 $f(x)=cx^2$. 由假设(a)，$f(x)$ 连续，故此式对一切实数都正确. 因之 $p(x)=p(0)e^{cx^2}$.

要使 $p(x)$ 在 $(-\infty,+\infty)$ 上可积，必须 $c<0$，故可令 $c=-\dfrac{1}{2\sigma^2}$，再由 $\int_{-\infty}^{+\infty}p(x)dx=1$，得 $p(0)=\dfrac{1}{\sigma\sqrt{2\pi}}$，于是得证 X 有 $N(0,1)$ 分布. ■

表 2-2　常用分布表

分布名称	分布或密度函数 $f(x)$	$f(x)$的图形
单点分布	$P_c=1$（c 为某常数）	
两点分布	$P_0=q,\ P_1=p,\ \left(\begin{matrix}p\geqslant 0,q\geqslant 0\\ p+q=1\end{matrix}\right)$	
二项分布 $B(n,p)$	$P_k=\mathrm{C}_n^k p^k q^{n-k}$ $p>0,q>0$ 为常数，$p+q=1$ $k=0,1,2,\cdots,n$	
泊松(Poisson)分布 $P(\lambda)$	$P_k=\mathrm{e}^{-\lambda}\dfrac{\lambda^k}{k!}$ $(k\in\mathbf{N},\lambda>0)$	
几何分布	$P_k=pq^{k-1},k\in\mathbf{N}^*$， （$p>0,q>0$ 为常数，$p+q=1$）	
均匀分布	$f(x)=\begin{cases}\dfrac{1}{2h}, & a-h\leqslant x\leqslant a+h;\\ 0, & \text{其他}.\end{cases}$ （a 及 $h>0$ 为常数）	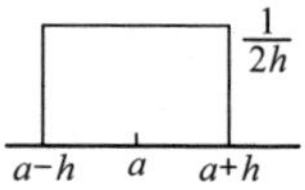
指数分布	$f(x)=\begin{cases}0, & x<0,\\ b\mathrm{e}^{-bx}, & x\geqslant 0.\end{cases}$ （$b>0$ 为常数）	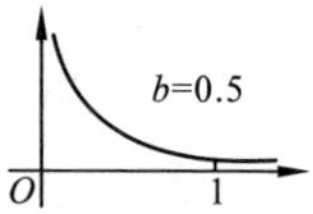
正态分布 $N(a,\sigma)$ $(\sigma>0)$	$f(x)=\dfrac{1}{\sigma\sqrt{2\pi}}\mathrm{e}^{-\frac{(x-a)^2}{2\sigma^2}}$ （a 及 $\sigma>0$ 为常数）	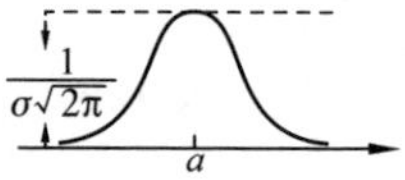
$\chi^2(n)$分布	$f(x)=\begin{cases}0, & x\leqslant 0,\\ \dfrac{1}{2^{\frac{n}{2}}\Gamma\left(\dfrac{n}{2}\right)}x^{\frac{n}{2}-1}\mathrm{e}^{-\frac{x}{2}}, & x>0.\end{cases}$ $(n\in\mathbf{N}^*)$	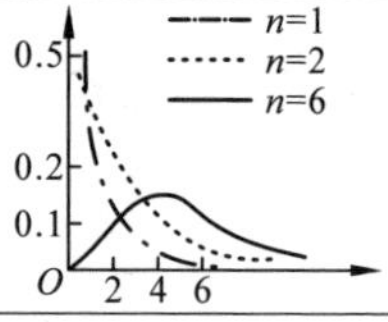

续表

特征函数 $\Phi(t)$	k 阶矩 m_k(m_1 为数学期望)，k 阶中心矩 c_k(c_2 为方差)，	附 注
e^{cti}	$m_k = c^k \quad c_k = 0$	
$pe^{ti}+q$	$m_k = p \quad c_2 = pq$	
$(pe^{ti}+q)^n$	$m_1 = np$ $c_2 = npq$	**1.** 加法定理成立[①]：$B(n,p)*B(m,p)=B(n+m,p)$ **2.** 若 ξ_i 独立，有相同的两点分布，$(i=1,2,\cdots,n)$ 则 $\sum_{i=1}^{n}\xi_i$ 有二项分布
$e^{\lambda(e^{ti}-1)}$	$m_1 = \lambda$ $c_2 = \lambda$	加法定理成立 $P(\lambda_1)*P(\lambda_2)=P(\lambda_1+\lambda_2)$
$pe^{ti}(1-qe^{ti})^{-1}$	$m_1 = p^{-1} \quad c_2 = qp^{-2}$	
$e^{tai}\dfrac{\sin th}{th}$	$m_k = \dfrac{1}{2h}\dfrac{(a+h)^{k+1}-(a-h)^{k+1}}{k+1}$ $(k\in\mathbf{N}^*)$ $c_2 = \dfrac{1}{3}h^2$	若 ξ 的分布函数 $F(x)$ 连续，则 $\eta=F(\xi)$ 在 $[0,1]$ 中均匀分布
$\left(1-\dfrac{ti}{b}\right)^{-1}$	$m_1 = \dfrac{1}{b} \quad c_2 = \dfrac{1}{b^2}$	指数分布是伽马分布的特殊情形
$e^{ati-\frac{\sigma^2t^2}{2}}$	各阶矩存在： $m_1 = a$ $c_{2k+1} = 0$ $c_{2k} = 1\cdot 3\cdot\cdots\cdot(2k-1)\sigma^{2k}$	加法定理成立：若 ξ_i 独立，各有分布为 $N(a_i,\sigma_i)$，d 为常数，则 $\sum_{i=1}^{n}c_i\xi_i+d$ 的分布为 $N\left(\sum_{i=1}^{n}c_ia_i+d,\sqrt{\sum_{i=1}^{n}c_i^2\sigma_i^2}\right)$
$\dfrac{1}{(1-2ti)^{\frac{n}{2}}}$	$m_k = n(n+2)\cdots(n+2k-2)$ $(k\in\mathbf{N}^*)$ $c_2 = 2n$	**1.** 加法定理成立： $\chi^2(n)*\chi^2(m)=\chi^2(n+m)$ **2.** 若 ξ_i 独立同分布为 $N(0,1)$，则 $\sum_{i=1}^{n}\xi_i^2$ 之分布为 $\chi^2(n)$

---

① 设 C 为某类分布(例如正态分布类)，如对任意 $F_1\in C$，$F_2\in C$，它们的卷积 $F_1*F_2\in C$(参看 §2.8(6))，就说对 C 加法定理成立.

续表

分布名称	分布或密度函数 $f(x)$	$f(x)$ 的图形
伽马分布 $\Gamma(b,p)$	$f(x)=\begin{cases}0, & x\leqslant 0,\\ \dfrac{b^p}{\Gamma(p)}x^{p-1}\mathrm{e}^{-bx}, & x>0.\end{cases}$ （$b>0,p>0$ 常数）	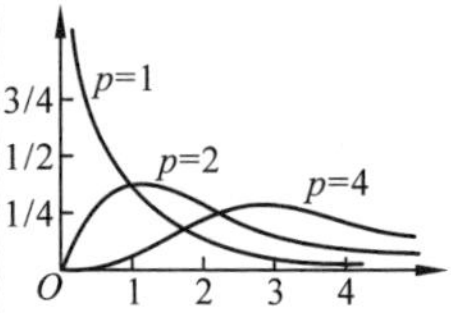
贝塔(Beta)分布	$f(x)=\begin{cases}0, \quad x\leqslant 0 \text{ 或 } x\geqslant 1,\\ \dfrac{\Gamma(p+q)}{\Gamma(p)\Gamma(q)}x^{p-1}(1-x)^{q-1}, 0<x<1\end{cases}$ （$p>0,q>0$ 常数）	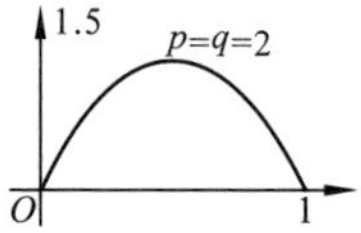
柯西(Cauchy)分布 $c(\lambda,\mu)$	$f(x)=\dfrac{1}{\pi}\dfrac{\lambda}{\lambda^2+(x-\mu)^2}$ （$\lambda>0$ 常数）	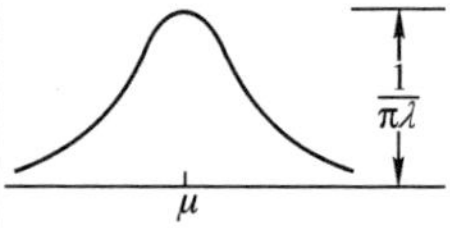
拉普拉斯分布	$f(x)=\dfrac{1}{2\lambda}\mathrm{e}^{-\frac{\lvert x-\mu\rvert}{\lambda}}$ （$\lambda>0$ 常数）	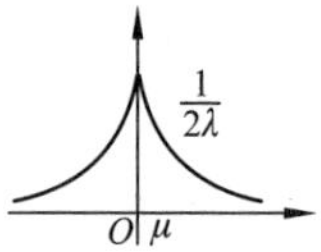
学生(Student)分布（$t(n)$ 分布）	$f(x)=\dfrac{1}{\sqrt{n\pi}}\dfrac{\Gamma\left(\frac{n+1}{2}\right)}{\Gamma\left(\frac{n}{2}\right)}\left(1+\dfrac{x^2}{n}\right)^{-\frac{n+1}{2}}$, 其中 $\Gamma(p)=\int_0^{+\infty}x^{p-1}\mathrm{e}^{-x}\mathrm{d}x\ (p>0)$	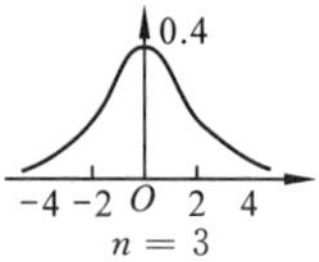

续表

特征函数 $\Phi(t)$	k 阶矩 m_k(m_1 为数学期望)， k 阶中心矩 c_k(c_2 为方差)，	附　注
$\dfrac{1}{\left(1-\dfrac{t\mathrm{i}}{b}\right)^p}$	$m_k=\dfrac{1}{b^k}p(p+1)\cdots(p+k-1)$ $(k\in\mathbf{N}^*)$ $c_2=\dfrac{p}{b^2}$	**1.** 它是 p 个($p\in\mathbf{Z}$ 时)指数分布的卷积；$p=1$ 时化为指数分布 **2.** 加法定理成立：$\Gamma[b,p_1]*\Gamma[b,p_2]=\Gamma[b,p_1+p_2]$ **3.** 当 $p=\dfrac{n}{2}$，$b=\dfrac{1}{2}$ 时化为 $\chi^2(n)$ 分布
	$m_k=$ $\dfrac{p(p+1)\cdots(p+k-1)}{(p+q)(p+q+1)\cdots(p+q+k-1)}$ $(k\in\mathbf{N}^*)$ $c_2=\dfrac{pq}{(p+q)^2(p+q+1)}$	**1.** 若 $\xi_1,\xi_2,\cdots,\xi_{n+m}$ 独立，同分布为 $N(0,\sigma)$，则 $\sum\limits_{i=1}^{m}\xi_i^2\div\sum\limits_{j=1}^{n+m}\xi_j^2$ 有贝塔分布，此时 $p=\dfrac{m}{2}$，$q=\dfrac{n}{2}$ **2.** 当 $p=q=\dfrac{1}{2}$ 时，化为反正弦分布，其密度为 $\dfrac{1}{\pi\sqrt{x(1-x)}}$，$(0<x<1)$，分布函数为 $\dfrac{2}{\pi}\arcsin\sqrt{x}$
$\mathrm{e}^{\mu t\mathrm{i}-\lambda\lvert t\rvert}$	各阶矩都不存在	加法定理成立： $c(\lambda_1,\mu_1)*c(\lambda_2,\mu_2)$ $=c(\lambda_1+\lambda_2,\mu_1+\mu_2)$
$\dfrac{\mathrm{e}^{\mu t\mathrm{i}}}{1+\lambda^2t^2}$	各阶矩有穷	
	$k(<n)$ 阶矩有穷： $m_1=0\quad(1<n)$ $m_{2v}=c_{2v}=$ $=\dfrac{1\cdot3\cdot\cdots\cdot(2v-1)n^v}{(n-2)(n-4)\cdots(n-2v)}$， $(2v<n)$	**1.** 设 $\xi,\xi_1,\xi_2,\cdots,\xi_n$ 独立，同分布为 $N(0,\sigma)$，则 $\dfrac{\xi}{\sqrt{\dfrac{1}{n}\sum\limits_{i=1}^{n}\xi_i^2}}$ 有学生分布 $t(n)$(与 $\sigma>0$ 无关) **2.** $n=1$ 时化为柯西分布 $c(1,1)$

续表

分布名称	分布或密度函数 $f(x)$	$f(x)$ 的图形
F-分布 (F_{k_1,k_2})	$f(x)=\begin{cases}0, & x<0,\\ \dfrac{\Gamma\left(\frac{k_1+k_2}{2}\right)}{\Gamma\left(\frac{k_1}{2}\right)\Gamma\left(\frac{k_2}{2}\right)}k_1^{\frac{k_1}{2}}k_2^{\frac{k_2}{2}}\dfrac{x^{\frac{k_1}{2}-1}}{(k_2+k_1x)^{\frac{k_1+k_2}{2}}}, & x\geqslant 0.\end{cases}$ （k_1,k_2 为正常数）	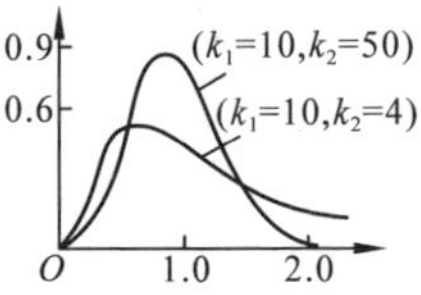
韦布尔 (Weibull) 分布	$f(x)=\begin{cases}0, & x\leqslant 0,\\ \alpha\lambda x^{\alpha-1}e^{-\lambda x^{\alpha}}, & x>0.\end{cases}$ （$\lambda>0,\alpha>0$ 是常数）	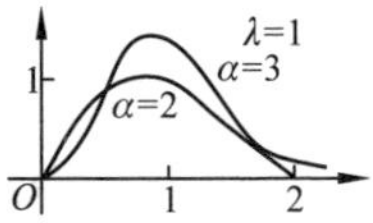
对数正态分布	$f(x)=\begin{cases}0, & x\leqslant 0,\\ \dfrac{1}{x\sigma\sqrt{2\pi}}e^{\frac{-(\lg x-a)^2}{2\sigma^2}}, & x>0\end{cases}$	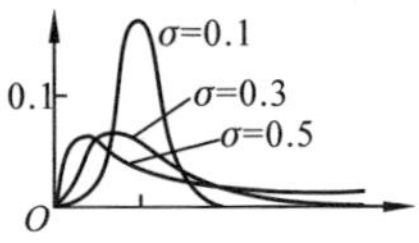

续表

特征函数 $\Phi(t)$	k 阶矩 m_k（m_1 为数学期望）， k 阶中心矩 c_k（c_2 为方差），	附　注
	$m_k=$ $\left(\frac{k_2}{k_1}\right)^k \frac{\Gamma\left(\frac{k_1}{2}+k\right)\Gamma\left(\frac{k_2}{2}-k\right)}{\Gamma\left(\frac{k_1}{2}\right)\Gamma\left(\frac{k_2}{2}\right)}$ 对 $k_1<2k<k_2$ 存在 $c_2=\frac{2k_2^2(k_1+k_2-2)}{k_1(k_2-2)^2(k_2-4)}\ (k_2>4)$	若 ξ,η 独立，分别有 $\chi^2(k_1),\chi^2(k_2)$ 分布，则 $\frac{\frac{\xi}{k_1}}{\frac{\eta}{k_2}}$ 有 F- 分布 F_{k_1,k_2}
	$m_k=\Gamma\left(\frac{k}{a}+1\right)\lambda^{-\frac{k}{a}}$ $c_2=\lambda^{-\frac{2}{a}}\left\{\Gamma\left(\frac{2}{a}+1\right)-\left[\Gamma\left(\frac{1}{a}+1\right)\right]^2\right\}$	当 $a=1$ 化为指数分布
	$m_1=e^{a+\frac{\sigma^2}{2}}$　　$m_2=e^{2(a+\sigma^2)}$ $c_2=e^{2a+\sigma^2}(e^{\sigma^2}-1)$ $m_k=e^{na+\frac{n^2\sigma^2}{2}}$	设 ξ 有 $N(a,\sigma)$ 正态分布，令 $\xi=\lg\eta$，则 η 有对数正态分布

§2.6 n 维随机向量与 n 维分布

（一）随机向量

理论与一维时类似，我们只着重叙述新颖之处.

设 $\xi_1(\omega),\xi_2(\omega),\cdots,\xi_n(\omega)$ 为定义在同一[①]概率空间$(\Omega,\mathcal{F},P)$上的 n 个随机变量，它们共同构成一 n 维随机向量 $\xi(\omega)$：

$$\xi(\omega)=(\xi_1(\omega),\xi_2(\omega),\cdots,\xi_n(\omega)). \tag{1}$$

常把 $\xi(w)$简写为 ξ，但留心不要与上述各节中的随机变量的记号混淆. 当 $\omega_0\in\Omega$ 固定时，$\xi(\omega_0)$是一通常的 n 维向量.

一维随机向量就是随机变数.

对任意 n 个实数 $x_1,x_2,\cdots,x_n$，ω-集

$$(\xi_1(\omega)\leqslant x_1,\xi_2(\omega)\leqslant x_2,\cdots,\xi_n(\omega)\leqslant x_n)=\bigcap_{i=1}^{n}(\xi_i(\omega)\leqslant x_i)\in\mathcal{F}, \tag{2}$$

称 n 元函数

$$F_\xi(x_1,x_2,\cdots,x_n)=P(\xi_1(\omega)\leqslant x_1,\xi_2(x)\leqslant x_2,\cdots,\xi_n(\omega)\leqslant x_n) \tag{3}$$

为 $\xi(\omega)$的分布函数，或称为 $\xi_1(\omega),\xi_2(\omega),\cdots,\xi_n(\omega)$的联合分布函数.

引理 1 设 A 为 n 维波莱尔集，即 $A\in\mathcal{B}_n$，则

$$(\xi(\omega)\in A)\in\mathcal{F}. \tag{4}$$

证 $\mathbf{R}^n$ 中全体使(4)成立的集 A 构成 $\mathbf{R}^n$ 中一σ-代数 $\mathfrak{M}$. 由

---

① 在以后各章节中，当同时考虑多个随机变量时，如无特别声明，总假定它们定义在同一概率空间上.

(2)知 $\mathfrak{M}$ 包含一切如下 n 维区间 $\prod_{i=1}^{n}(-\infty, x_i]$，全体这种区间的集记为$\mathcal{G}$，则 $\mathfrak{M} \supset \mathcal{G}$，于是 $\mathfrak{M} \supset \sigma(\mathcal{G}) = \mathcal{B}_n$（参看 § 2.1），这得证(4). ■

定义

$$P_\xi(A) = P(\xi(\omega) \in A)(A \in \mathcal{B}_n), \tag{5}$$

显然 $P_\xi(A)$是$\mathcal{B}_n$上一概率测度，称 $P_\xi(A)(A \in \mathcal{B}_n)$为 $\xi(\omega)$的分布，或称为$\xi_1(\omega), \xi_2(\omega), \cdots, \xi_n(\omega)$的联合分布.

定理 1　函数 $F_\xi(x_1, x_2, \cdots, x_n)$具有下列性质：

(i) 对任一 x_i 是单调不减的；

(ii) 对任一 x_i 是右连续的；

(iii) 令

$$F_\xi(x_1, \cdots, x_{i-1}, -\infty, x_{i+1}, \cdots, x_n) = \lim_{x_i \to -\infty} F_\xi(x_1, x_2, \cdots, x_n),$$

$$F_\xi(+\infty, \cdots, +\infty) = \lim_{x_i \to +\infty, \cdots, x_n \to +\infty} F_\xi(x_1, x_2, \cdots, x_n),$$

则

$$F_\xi(x_1, \cdots, x_{i-1}, -\infty, x_{i+1}, \cdots, x_n) = 0, F_\xi(+\infty, \cdots, +\infty) = 1; \tag{6}$$

(iv) 设 $x_i \leqslant y_i, i=1,2,\cdots,n$，则

$$F_\xi(y_1, y_2, \cdots, y_n) - \sum_{i=1}^{n} F_i + \sum_{i<j} F_{ij} - \cdots + (-1)^n F(x_1, x_2, \cdots, x_n) \geqslant 0, \tag{7}$$

其中 $F_{ij\cdots k}$ 是当 $z_i = x_i, z_j = x_j, \cdots, z_k = x_k$ 而其余 $z_l = y_l$ 时 $F_\xi(z_1, z_2, \cdots, z_n)$的值.

证　性质(i)～(iii)可仿 § 2.1 定理 1 证明，注意(6)的前式中是一个 $x_i \to -\infty$，而后式中则一切 $x_i \to +\infty$. 下证(iv). 令

$$\begin{aligned} &\Delta_i F_\xi(x_1, x_2, \cdots, x_n) \\ &= F_\xi(x_1, \cdots, x_{i-1}, y_i, x_{i+1}, \cdots, x_n) - F_\xi(x_1, x_2, \cdots, x_n) \end{aligned}$$

$$= P(\xi_j \leqslant x_j, j = 1,2,\cdots,n, j \neq i; x_i < \xi_i(\omega) \leqslant y_i).$$

由归纳法易见①

$$\begin{aligned} &\Delta_1 \Delta_2 \cdots \Delta_n F_{\xi}(x_1, x_2, \cdots, x_n) \\ &= P(x_i < \xi_i \leqslant y_i, i = 1,2,\cdots,n) \geqslant 0. \end{aligned} \tag{8}$$

然而(8)式左方值即(7)左方值，故(7)成立. ■

注意 性质(iv)不能自(i)～(iii)推出，当 $n=2$ 时，(7)中左方值为$P(\xi\in[\text{Ⅰ},\text{Ⅱ},\text{Ⅲ},\text{Ⅳ}])-P(\xi\in[\text{Ⅱ},\text{Ⅳ}])-P(\xi\in[\text{Ⅲ},\text{Ⅳ}])+P(\xi\in[\text{Ⅳ}])=P(\xi\in[\text{Ⅰ}])\geqslant 0$(见图 2-15).

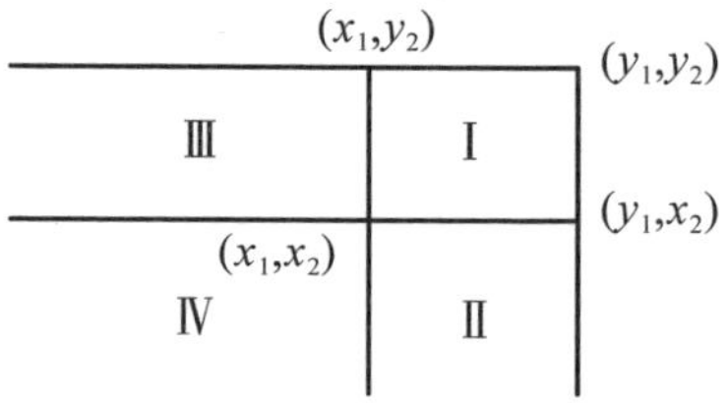

图 2-15

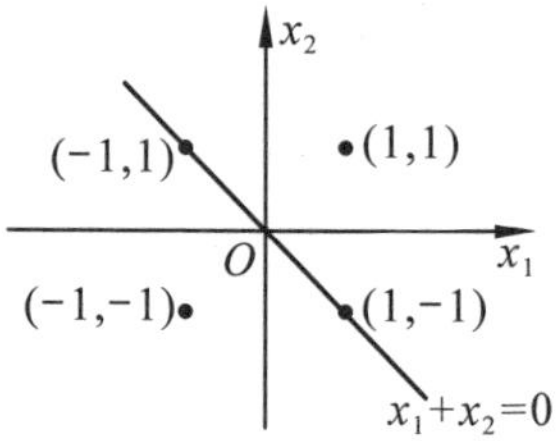

图 2-16

例 1 定义二元函数(见图 2-16)

$$F(x_1, x_2) = \begin{cases} 1, & x_1 + x_2 \geqslant 0, \\ 0, & x_1 + x_2 < 0. \end{cases}$$

此 $F(x_1, x_2)$具有性质(i)～(iii)，但

$$\begin{aligned} &F(1,1) - F(-1,1) - F(1,-1) + F(-1,-1) \\ &= 1 - 1 - 1 + 0 = -1, \end{aligned}$$

故(iv)不成立. ■

(二) n 维分布

现在脱离随机向量，考虑$(\mathbf{R}^n, \mathcal{B}_n)$定义在$\mathcal{B}_n$上的概率测度$F(A)(A\in\mathcal{B}_n)$称为 n 维分布. 定义在 $\mathbf{R}^n$ 上的函数 $F(x)(x=$

---

① 实际上，例如，设 $\Delta_2\Delta_3\cdots\Delta_n F_{\xi}(x_1, x_2, \cdots, x_n) = P(\xi_1 \leqslant x_1, x_i < \xi_i \leqslant y_i, i=2, 3, \cdots, n) = G(x_1)$，则 $\Delta_1\Delta_2\cdots\Delta_n F_{\xi}(x_1, x_2, \cdots, x_n) = \Delta_1 G(x_1) = G(y_1) - G(x_1) = P(x_i < \xi_i \leqslant y_i, i=1,2,\cdots,n)$.

$(x_1,x_2,\cdots,x_n)\in\mathbf{R}^n$),如果具有定理 1 中的四性质(i)～(iv)(以 $F(x)$ 代替那里的 $F_\xi(x)$),就称为 n 元分布函数.

* **定理 2** n 维分布与 n 元分布函数是一一对应的.

证明如 § 2.2 定理 1 之证,只要把那里的 $(-\infty,x]$ 改为 $\prod_{i=1}^{n}(-\infty,x_i]$.

* **定理 3(存在定理)** 设已给 n 元分布函数 $F(x)(x\in\mathbf{R}^n)$,则必存在概率空间 $(\Omega,\mathcal{F},P)$ 及定义于其上的 n 维随机向量 $\xi(\omega)$,使 $\xi(\omega)$ 的分布函数 $F_\xi(x)$ 满足

$$F_\xi(x)=F(x)(一切\ x\in\mathbf{R}^n). \tag{9}$$

证 证明与 § 2.2 定理 2 的相仿,简单重述如下:令 $(\Omega,\mathcal{F},P)=(\mathbf{R}^n,\mathcal{B}_n,F)$,$\mathbf{R}^n$ 是 n 维空间,$\omega=(\omega_1,\omega_2,\cdots,\omega_n)\in\mathbf{R}^n$,$\mathcal{B}_n$ 是 n 维波莱尔 σ-代数,F 为已给的 $F(x)$ 所产生的 n 维勒尔格-斯蒂尔杰斯测度在 $\mathcal{B}_n$ 上的限制,满足

$$F\Big(\prod_{i=1}^{n}(-\infty,x_i]\Big)=F(x_1,x_2,\cdots,x_n). \tag{10}$$

定义 $\xi_i(\omega)$ 为 ω 的第 i 个坐标值,即

$$\xi_i(\omega)=\omega_i(i=1,2,\cdots,n),$$

即得所欲求.实际上,由(10)

$$\begin{aligned}F_\xi(x_1,x_2,\cdots,x_n)&=P(\xi_1\leqslant x_1,\xi_2\leqslant x_2,\cdots,\xi_n\leqslant x_n)\\&=F\Big(\prod_{i=1}^{n}(-\infty,x_i]\Big)\\&=F(x_1,x_2,\cdots,x_n).\ \blacksquare\end{aligned}$$

称分布 $F(A)(A\in\mathcal{B}_n)$ 及其对应的分布函数 $F(x_1,x_2,\cdots,x_n)$ 为离散型的,如果它集中在某个有穷或可列点集 (a_i) 上,以 $\{a\}$ 表只含一个点 a 的单点集,令 $p_i=F(\{a_i\})$,那么有

$$p_i\geqslant 0,\sum_i p_i=1,$$

称 $\begin{pmatrix} a_1 & a_2 & \cdots \\ p_1 & p_2 & \cdots \end{pmatrix}$ 为密度矩阵或密度. 设点 a_i 的 n 个坐标为 $(a_{i1}, a_{i2}, \cdots, a_{in})$，则①

$$F(x_1, x_2, \cdots, x_n) = \sum p_i,$$

其中求和对一切同时满足 $a_{i1} \leqslant x_1, a_{i2} \leqslant x_2, \cdots, a_{in} \leqslant x_n$ 的 i 进行.

称分布函数 $F(x)$ $(x \in \mathbf{R}^n)$ 为连续型的，如存在非负函数 $f(x)$ $(x \in \mathbf{R}^n)$，使

$$F(x) = \int_{-\infty}^{x_1} \cdots \int_{-\infty}^{x_n} f(y_1, y_2, \cdots, y_n) \mathrm{d}y_n \cdots \mathrm{d}y_1 \quad (\text{一切 } x \in \mathbf{R}^n), \tag{11}$$

称 $f(x)$ 为 $F(x)$ 的密度函数或密度. 离散型的分布函数对应的分布也称为离散型的.

完全像一维时一样定义离散型与连续型的 n 维随机向量和它们的密度.

(三) 边沿分布

设 $F(x_1, x_2, \cdots, x_n)$ 是 n 元分布函数，对应的 n 维分布为 $F(A)$ $(A \in \mathcal{B}_n)$. 任意保留 k $(1 \leqslant k < n)$ 个 x_i，例如 $x_1, x_2, \cdots, x_k$，而令其他的 x_j 都趋向 $+\infty$，即

$$F(x_1, x_2, \cdots, x_k, +\infty, \cdots, +\infty) = \lim_{x_{k+1} \to +\infty, \cdots, x_n \to +\infty} F(x_1, x_2, \cdots, x_n). \tag{12}$$

容易看出 $F(x_1, x_2, \cdots, x_k, +\infty, \cdots, +\infty)$ 是一 k 元分布函数，称为 $F(x_1, x_2, \cdots, x_n)$ 的 k 元边沿分布函数，而 $F(x_1, x_2, \cdots, x_k, +\infty, \cdots, +\infty)$ 所对应的 k 维分布则称为 $F(A)$ 的 k 维边沿分布.

---

① 一般地，对任意 $A \in \mathcal{B}_n$，有 $F(A) = \sum_{(i: a_i \in A)} p_i$；对连续型则为

$$F(A) = \int \cdots \int_A f(y_1, y_2, \cdots, y_n) \, \mathrm{d}y_1 \mathrm{d}y_2 \cdots \mathrm{d}y_n.$$

由于自 $x_1,x_2,\cdots,x_n$ 中挑选 k 个 x_i 的方法共有 C_n^k 种，故共有 C_n^k 个 k 维边沿分布函数.

如果 $F(x_1,x_2,\cdots,x_n)$ 是连续型的，有密度为 $f(x_1,x_2,\cdots,x_n)$，那么

$$F(x_1,x_2,\cdots,x_k,+\infty,\cdots,+\infty)$$
$$=\int_{-\infty}^{x_1}\cdots\int_{-\infty}^{x_k}\int_{-\infty}^{+\infty}\cdots\int_{-\infty}^{+\infty}f(y_1,y_2,\cdots,y_n)\mathrm{d}y_n\cdots\mathrm{d}y_k\cdots\mathrm{d}y_2\mathrm{d}y_1. \tag{13}$$

可见 $F(x_1,x_2,\cdots,x_k,+\infty,\cdots,+\infty)$ 也是连续型的，密度为

$$g(x_1,x_2,\cdots,x_k)=\int_{-\infty}^{+\infty}\cdots\int_{-\infty}^{+\infty}f(x_1,x_2,\cdots,x_n)\mathrm{d}x_n\cdots\mathrm{d}x_{k+1}. \tag{14}$$

如果 $F(x_1,x_2,\cdots,x_n)$ 是离散型的，那么 $F(x_1,x_2,\cdots,x_k,+\infty,\cdots,+\infty)$ 也是离散型的，其密度可仿(14)求得，只需把积分号改为求和号. 作为简单的例，设二维密度

$$\begin{pmatrix}(1,1) & (2,1) & (2,2) & (3,4)\\ \dfrac{1}{3} & \dfrac{3}{24} & \dfrac{1}{24} & \dfrac{1}{2}\end{pmatrix}$$

决定分布函数 $F(x_1,x_2)$，其中四个点的横坐标构成集(1,2,3). 仿(14)，可见 $F(x_1,+\infty)$ 的密度为

$$\begin{pmatrix}1 & 2 & 3\\ \dfrac{1}{3} & \dfrac{3}{24}+\dfrac{1}{24} & \dfrac{1}{2}\end{pmatrix}=\begin{pmatrix}1 & 2 & 3\\ \dfrac{1}{3} & \dfrac{1}{6} & \dfrac{1}{2}\end{pmatrix}.$$

类似地，$F(+\infty,x_2)$ 的密度为

$$\begin{pmatrix}1 & 2 & 4\\ \dfrac{11}{24} & \dfrac{1}{24} & \dfrac{1}{2}\end{pmatrix}.$$

如果 n 维随机向量 $(\xi_1,\xi_2,\cdots,\xi_n)$ 的分布函数是 $F(x_1,x_2,\cdots,x_n)$，即如

$$F(x_1,x_2,\cdots,x_n)=P(\xi_1\leqslant x_1,\xi_2\leqslant x_2,\cdots,\xi_n\leqslant x_n),$$

令 $x_i\to+\infty,i=k+1,\cdots,n$，那么

$$F(x_1,x_2,\cdots,x_k,+\infty,\cdots,+\infty)=P(\xi_1\leqslant x_1,\xi_2\leqslant x_2,\cdots,\xi_k\leqslant x_k).$$

因而$(\xi_1,\xi_2,\cdots,\xi_k)$的分布函数为 $F(x_1,x_2,\cdots,x_k,+\infty,\cdots,+\infty)$. 由此可见，如果$(\xi_1,\xi_2,\cdots,\xi_n)$是连续型（离散型）的，那么$(\xi_1,\xi_2,\cdots,\xi_k)$也是连续型（离散型）的. 后者的密度在上面已求出.

以上我们对保留 $x_1,x_2,\cdots,x_k$ 的情况进行了讨论，如保留的是 $x_{i_1},x_{i_2},\cdots,x_{i_k}$，讨论完全类似.

边沿分布函数由分布函数 $F(x_1,x_2,\cdots,x_n)$唯一决定，但反之不然，也就是说，不同的分布函数可以有一切相同的边沿分布函数.

例 2 设有两个二元分布函数为 $F(x,y)$及 $G(x,y)$，分别有密度函数为

$$f(x,y)=\begin{cases}x+y, & 0\leqslant x\leqslant 1,0\leqslant y\leqslant 1,\\ 0, & \text{反之},\end{cases}$$

$$g(x,y)=\begin{cases}\left(\frac{1}{2}+x\right)\left(\frac{1}{2}+y\right), & 0\leqslant x\leqslant 1,0\leqslant y\leqslant 1,\\ 0, & \text{反之}.\end{cases}$$

容易看出，方程

$$\left(\frac{1}{2}+x\right)\left(\frac{1}{2}+y\right)=x+y$$

只有根为 $x=\frac{1}{2},y=\frac{1}{2}$，因而在正方形 $0\leqslant x\leqslant 1,0\leqslant y\leqslant 1$ 中，只是沿两直线 $x=\frac{1}{2}$及 $y=\frac{1}{2}$上，$f(x,y)=g(x,y)$，可见 $F(x,y)$与 $G(x,y)$不恒等. 然而两对边沿分布函数恒等，因为它们的两对密度函数相等的缘故. 实际上，

$$\int_{-\infty}^{+\infty} f(x,y)\mathrm{d}y = \int_0^1 (x+y)\mathrm{d}y = \frac{1}{2} + x$$

$$= \int_0^1 \left(\frac{1}{2}+x\right)\left(\frac{1}{2}+y\right)\mathrm{d}y = \int_{-\infty}^{+\infty} g(x,y)\mathrm{d}y,$$

$$\int_{-\infty}^{+\infty} f(x,y)\mathrm{d}x = \int_0^1 (x+y)\mathrm{d}x = \frac{1}{2} + y$$

$$= \int_0^1 \left(\frac{1}{2}+x\right)\left(\frac{1}{2}+y\right)\mathrm{d}x = \int_{-\infty}^{+\infty} g(x,y)\mathrm{d}x. \blacksquare$$

例 3　设随机试验 E 有 m 个基本事件 $A_1, A_2, \cdots, A_m$，$P(A_i) = p_i > 0$，因而 $\sum_{i=1}^{m} p_i = 1$. 今将 E 独立地重复 n 次而得 $\widetilde{E} = E^n$，以 ξ_i 表示此 n 次试验中 A_i 出现的次数，仿照 § 2.3(8)的证，可见

$$P(\xi_1 = k_1, \xi_2 = k_2, \cdots, \xi_m = k_m) = \frac{n!}{k_1!k_2!\cdots k_m!} p_1^{k_1} p_2^{k_2} \cdots p_m^{k_m}, \tag{15}$$

$k_i \geqslant 0$ 为整数，$\sum_{i=1}^{m} k_i = n$. $m=2$ 时，$\widetilde{E}$ 为 n 重伯努利试验. $\blacksquare$

例 4(一般的抽球问题)　设箱内共有 $N = \sum_{j=1}^{m} N_j$ 个球，其中 N_j 表第 j 种颜色的球的个数. 今自箱内接连地取出 n 个球，试求所取出的球中，恰有第 1 种颜色的球共 k_1 个 …… 第 m 种颜色的球共 k_m 个的概率 $\sum_{j=1}^{m} k_j = n$.

解　在还原情况下，所求概率为

$$\frac{n!}{k_1!k_2!\cdots k_m!} p_1^{k_1} p_2^{k_2} \cdots p_m^{k_m},$$

其中 $p_j = \frac{N_j}{N}$，此式是 § 2.3(9)中右方值的一般化.

在不还原情况下，所求的概率为

$$\frac{\mathrm{C}_{N_1}^{k_1} \mathrm{C}_{N_2}^{k_2} \cdots \mathrm{C}_{N_m}^{k_m}}{\mathrm{C}_N^n},$$

这是§2.3(10)中右方值的一般化.■

现在脱离随机试验，设 $k=(k_1,k_2,\cdots,k_m)$ 是一 m 维点，其中 k_i 为非负整数，而且 $\sum_{i=1}^{m}k_i=n$，n 固定. 全体这样的点 k 构成 $\mathbf{R}^m$ 中一有穷集 Λ，又设已给 m 个非负数 p_i，$\sum_{i=1}^{m}p_i=1$. 由

$$F(\{k\})=\frac{n!}{k_1!k_2!\cdots k_m!}p_1^{k_1}p_2^{k_2}\cdots p_m^{k_m}\quad(k\in\Lambda)\tag{16}$$

定义的离散分布 F 称为 m 项分布，注意

$$\sum_{k\in\Lambda}F(\{k\})=(p_1+p_2+\cdots+p_m)^n=1,$$

当 $m=2$ 时它化为二项分布.

例 5 设 $D\in\mathcal{B}_n$，D 的勒贝格测度 $|D|>0$. 定义函数

$$f(x_1,x_2,\cdots,x_n)=\begin{cases}\dfrac{1}{|D|}, & (x_1,x_2,\cdots,x_n)\in D,\\ 0, & (x_1,x_2,\cdots,x_n)\overline{\in}D,\end{cases}\tag{17}$$

以 $f(x_1,x_2,\cdots,x_n)$ 为密度函数的分布称为在 D 上的 n 维均匀分布，或简称均匀分布，它是§2.2 例 2 的一般化.■

(四) n 维正态分布

这是最重要的多维分布.

例 6 设已给常数 $a,b,\sigma_1>0,\sigma_2>0$ 及 r，$|r|<1$. 定义函数

$$f(x,y)=\frac{1}{2\pi\sigma_1\sigma_2\sqrt{1-r^2}}\exp\left\{-\frac{1}{2(1-r^2)}\times\left[\frac{(x-a)^2}{\sigma_1^2}-\frac{2r(x-a)(y-b)}{\sigma_1\sigma_2}+\frac{(y-b)^2}{\sigma_2^2}\right]\right\},\tag{18}$$

它的切断了的图形见图 2-17. 显然 $f(x,y)>0$，下面证明

$$\int_{-\infty}^{+\infty}\int_{-\infty}^{+\infty}f(x,y)\mathrm{d}x\mathrm{d}y=1,\tag{19}$$

以 $f(x,y)$ 为密度函数的分布 F 称为二维正态分布. 为证(19)，令

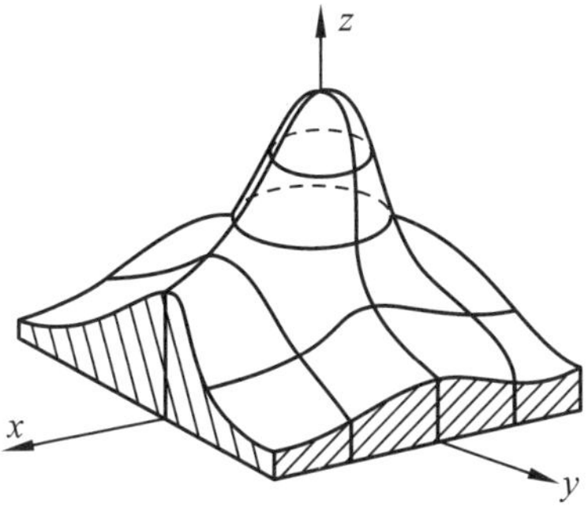

图 2-17

$\frac{x-a}{\sigma_1}=u,\frac{y-b}{\sigma_2}=v$. 先计算

$$
\begin{aligned}
&f_1(x)\\
&=\int_{-\infty}^{+\infty} f(x,y)\mathrm{d}y\\
&=\frac{1}{2\pi\sigma_1\sqrt{1-r^2}}\int_{-\infty}^{+\infty}\exp\left\{-\frac{1}{2(1-r^2)}[u^2-2ruv+v^2]\right\}\mathrm{d}v\\
&=\frac{1}{\sigma_1\sqrt{2\pi}}\int_{-\infty}^{+\infty}\frac{1}{\sqrt{2\pi(1-r^2)}}\exp\left\{-\frac{1}{2(1-r^2)}[(v-ru)^2+(1-r^2)u^2]\right\}\mathrm{d}v\\
&=\frac{1}{\sigma_1\sqrt{2\pi}}\mathrm{e}^{-\frac{u^2}{2}}\int_{-\infty}^{+\infty}\frac{1}{\sqrt{2\pi(1-r^2)}}\exp\left\{-\frac{(v-ru)^2}{2(1-r^2)}\right\}\mathrm{d}v\\
&=\frac{1}{\sigma_1\sqrt{2\pi}}\mathrm{e}^{-\frac{u^2}{2}}\text{(利用 §2.5(3))}\\
&=\frac{1}{\sigma_1\sqrt{2\pi}}\mathrm{e}^{-\frac{(x-a)^2}{2\sigma_1^2}},
\end{aligned}
\tag{20}
$$

于是

$$\int_{-\infty}^{+\infty}\int_{-\infty}^{+\infty} f(x,y)\mathrm{d}x\mathrm{d}y=\int_{-\infty}^{+\infty}\frac{1}{\sigma_1\sqrt{2\pi}}\mathrm{e}^{-\frac{(x-a)^2}{2\sigma_1^2}}\mathrm{d}x=1.$$

由对称性，

$$f_2(y)=\int_{-\infty}^{+\infty} f(x,y)\mathrm{d}x=\frac{1}{\sigma_1\sqrt{2\pi}}\mathrm{e}^{-\frac{(y-b)^2}{2\sigma_2^2}}. \tag{21}$$

然而 $f_1(x)$，$f_2(y)$是两个边沿分布的密度函数，故两边沿分布是一维正态的，即服从 $N(a,\sigma_1)$及 $N(a,\sigma_2)$（但反之不真：两边沿分布都是正态的，联合分布却未必是二维正态的）（参看 227 页，题 62）. ■

* 现在考虑下列问题：取椭圆

$$\frac{(x-a)^2}{\sigma_1^2}-\frac{2r(x-a)(y-b)}{2\sigma_1\sigma_2}+\frac{(y-b)^2}{\sigma_2^2}=c^2, \qquad (22)$$

由(18)可见，当(x,y)在此椭圆上变动时，$f(x,y)$的值不变而恒等于常数

$$\frac{1}{2\pi\sigma_1\sigma_2\sqrt{1-r^2}}\mathrm{e}^{-\frac{c^2}{2(1-r^2)}},$$

因而称椭圆(22)为等概率椭圆. 以 A_c 表示此椭圆围成的区域，试求 $F(A_c)$，F 是以(18)中 $f(x,y)$为密度函数的二维正态分布. 直观地说：设质点 A 按二维正态律分布，则它落在椭圆(22)内的概率为 $F(A_c)$.

引进极坐标 $x-a=\rho\cos\theta, y-b=\rho\sin\theta$，并令

$$s^2=\frac{1}{1-r^2}\left[\frac{\cos^2\theta}{\sigma_1^2}-2r\frac{\cos\theta\sin\theta}{\sigma_1\sigma_2}+\frac{\sin^2\theta}{\sigma_2^2}\right],$$

则

$$\begin{aligned}F(A_c)&=\iint_{A_c}f(x,y)\mathrm{d}x\mathrm{d}y\\&=\frac{1}{2\pi\sigma_1\sigma_2\sqrt{1-r^2}}\int_0^{2\pi}\int_0^{\frac{c}{s\sqrt{1-r^2}}}\mathrm{e}^{-\frac{\rho^2}{2}s^2}\rho\mathrm{d}\rho\mathrm{d}\theta\\&=\frac{1-\mathrm{e}^{-\frac{c^2}{2(1-r^2)}}}{2\pi\sigma_1\sigma_2\sqrt{1-r^2}}\int_0^{2\pi}\frac{\mathrm{d}\theta}{s^2}.\end{aligned} \qquad (23)$$

于上式中令 $c\to+\infty$，得

$$1=\lim_{c\to+\infty}F(A_c)=\frac{1}{2\pi\sigma_1\sigma_2\sqrt{1-r^2}}\int_0^{2\pi}\frac{\mathrm{d}\theta}{s^2}.$$

因而附带求出了积分$\int_0^{2\pi}\frac{\mathrm{d}\theta}{s^2}$的值为 $2\pi\sigma_1\sigma_2\sqrt{1-r^2}$，代入(23)即得

$$F(A_c)=1-\mathrm{e}^{-\frac{c^2}{2(1-r^2)}}. \tag{24}$$

例 7　设已给 n 阶矩阵 $\boldsymbol{B}=(b_{jk})$，满足条件：

(i) 对称性：$b_{jk}=b_{kj}$(一切 $j,k=1,2,\cdots,n$)；

(ii) 正定性：对任意实数 $\eta_1,\eta_2,\cdots,\eta_n$，如果它们不全为 0，那么

$$\sum_{j,k=1}^{n}b_{jk}\eta_j\eta_k>0. \tag{25}$$

称这样的矩阵 $\boldsymbol{B}$ 为 n 阶正定对称矩阵，以 $\boldsymbol{B}^{-1}=(r_{jk})$表示 $\boldsymbol{B}$ 的逆矩阵，以$|\boldsymbol{B}|$表示 $\boldsymbol{B}$ 的行列式的值.

又设已给向量 $\boldsymbol{a}=(a_1,a_2,\cdots,a_n)$，$a_i$ 为任意实数，定义 n 元函数

$$f(x_1,x_2,\cdots,x_n)$$
$$=\frac{1}{(2\pi)^{\frac{n}{2}}\ |\boldsymbol{B}|^{\frac{1}{2}}}\exp\left\{-\frac{1}{2}\sum_{j,k=1}^{n}r_{jk}(x_j-a_j)(x_k-a_k)\right\}. \tag{26}$$

用矩阵记号，令 $\boldsymbol{C}^{\mathrm{T}}$表示矩阵 $\boldsymbol{C}$ 的转置矩阵，则(26)可改写为

$$f(x)=\frac{1}{(2\pi)^{\frac{n}{2}}\ |\boldsymbol{B}|^{\frac{1}{2}}}\exp\left\{-\frac{1}{2}(\boldsymbol{x}-\boldsymbol{a})\boldsymbol{B}^{-1}(\boldsymbol{x}-\boldsymbol{a})^{\mathrm{T}}\right\}(x\in\mathbf{R}^n), \tag{27}$$

显然 $f(x)>0$，下证

$$\int_{\mathbf{R}^n}f(x)\mathrm{d}x=\int_{-\infty}^{+\infty}\int_{-\infty}^{+\infty}\cdots\int_{-\infty}^{+\infty}f(x_1,x_2,\cdots,x_n)\mathrm{d}x_1\mathrm{d}x_2\cdots\mathrm{d}x_n=1. \tag{28}$$

称以(27)中的 $f(x)$为密度函数的连续型分布为 n 维正态分布，特别地，当$\boldsymbol{B}=\begin{pmatrix}\sigma_1^2 & r\sigma_1\sigma_2\\ r\sigma_1\sigma_2 & \sigma_2^2\end{pmatrix}$时，化为例 6 中二维正态分布.

由于 $\boldsymbol{B}$ 的对称性，根据矩阵论知存在正交矩阵 $\boldsymbol{T}$，使

$$\boldsymbol{TBT}^{\mathrm{T}} = \boldsymbol{D} = \begin{pmatrix} d_1 & & & \mathbf{0} \\ & d_2 & & \\ & & \ddots & \\ \mathbf{0} & & & d_n \end{pmatrix}, \tag{29}$$

其中 $\boldsymbol{D}$ 的非对角线元素皆为 0 而 d_i 是 $\boldsymbol{B}$ 的特征值，即方程 $|\boldsymbol{B}-d\boldsymbol{I}|=0$ 的根，$\boldsymbol{I}=\begin{pmatrix} 1 & & \mathbf{0} \\ & \ddots & \\ \mathbf{0} & & 1 \end{pmatrix}$，可能 $d_i=d_j$，由 $\boldsymbol{B}$ 的正定性知 $d_i>0$，$i=1,2,\cdots,n$. 作变换

$$\boldsymbol{y} = (\boldsymbol{x}-\boldsymbol{a})\boldsymbol{T}^{\mathrm{T}}，\text{即 } \boldsymbol{x} = \boldsymbol{a} + \boldsymbol{yT},$$

注意 $\boldsymbol{T}^{-1}=\boldsymbol{T}^{\mathrm{T}}$ 也是正交的，由此推知变换行列式 $\dfrac{\partial(x)}{\partial(y)}$ 之值为 $|\boldsymbol{T}|=\pm 1$，(27)中的

$$|\boldsymbol{B}| = |\boldsymbol{T}^{\mathrm{T}}\boldsymbol{DT}| = |\boldsymbol{T}^{\mathrm{T}}||\boldsymbol{D}||\boldsymbol{T}| = |\boldsymbol{T}^{\mathrm{T}}\boldsymbol{T}||\boldsymbol{D}| = d_1 d_2 \cdots d_n,$$

$$\begin{aligned}(\boldsymbol{x}-\boldsymbol{a})\boldsymbol{B}^{-1}(\boldsymbol{x}-\boldsymbol{a})^{\mathrm{T}} &= \boldsymbol{yTB}^{-1}\boldsymbol{T}^{\mathrm{T}}\boldsymbol{y}^{\mathrm{T}} = \boldsymbol{y}(\boldsymbol{T}^{\mathrm{T}})^{-1}\boldsymbol{B}^{-1}\boldsymbol{T}^{-1}\boldsymbol{y}^{\mathrm{T}} \\ &= \boldsymbol{y}(\boldsymbol{TBT}^{\mathrm{T}})^{-1}\boldsymbol{y}^{\mathrm{T}} = \boldsymbol{yD}^{-1}\boldsymbol{y}^{\mathrm{T}} = \sum_{i=1}^{n}\frac{y_i^2}{d_i},\end{aligned}$$

因此(28)左方为

$$\begin{aligned}&\int_{-\infty}^{+\infty}\int_{-\infty}^{+\infty}\cdots\int_{-\infty}^{+\infty}\frac{1}{(2\pi)^{\frac{n}{2}}(d_1 d_2\cdots d_n)^{\frac{1}{2}}}\mathrm{e}^{-\sum\limits_{i=1}^{n}\frac{y_i^2}{2d_i}}\mathrm{d}y_1\mathrm{d}y_2\cdots\mathrm{d}y_n \\ &= \prod_{i=1}^{n}\frac{1}{\sqrt{2\pi d_i}}\int_{-\infty}^{+\infty}\mathrm{e}^{-\frac{y_i^2}{2d_i}}\mathrm{d}y_i = 1.\end{aligned}$$

由于此分布依赖于 n 维向量 $\boldsymbol{a}=(a_1,a_2,\cdots,a_n)$ 及 n 维正定对称矩阵 $\boldsymbol{B}$，故宜记此分布为 $N(\boldsymbol{a},\boldsymbol{B})$. 关于它的进一步讨论见§2.12(三). ■

§2.7　随机变量的独立性，条件分布

(一) 独立性

设 $\xi_1(\omega),\xi_2(\omega),\cdots,\xi_n(\omega)$ 为定义在概率空间 $(\Omega,\mathcal{F},P)$ 上的 n 个随机变量,称它们为相互独立的或独立的,如果对任意实数 $x_1,x_2,\cdots,x_n$,有

$$F(x_1,x_2,\cdots,x_n)=F_1(x_1)F_2(x_2)\cdots F_n(x_n), \tag{1}$$

其中 F 是 $\xi_1,\xi_2,\cdots,\xi_n$ 的联合分布函数,F_i 是 ξ_i 的一元分布函数.等于(1)可转述为:联合分布函数 $F(x_1,x_2,\cdots,x_n)$ 等于 n 个一维边沿分布函数的积,有时把(1)写成下式更方便:

$$P(\xi_1\leqslant x_1,\xi_2\leqslant x_2,\cdots,\xi_n\leqslant x_n)=\prod_{i=1}^{n}P(\xi_i\leqslant x_i), \tag{1$'$}$$

称定义在 $(\Omega,\mathcal{F},P)$ 上的随机变量列 $\{\xi_k(\omega)\}$ 是独立的,如果其中任意有限多个随机变量是独立的.

先分别考虑两类随机变量.

引理 1　设 ξ_i 是离散型随机变量,它的分布集中在集 Λ_i 上 $(i=1,2,\cdots,n)$,则 $\xi_1,\xi_2,\cdots,\xi_n$ 独立的充分必要条件是

$$P(\xi_1=a_1,\xi_2=a_2,\cdots,\xi_n=a_n)=\prod_{i=1}^{n}P(\xi_i=a_i), \tag{2}$$

对任意 $a_i\in\Lambda_i(i=1,2,\cdots,n)$ 成立.

证　将(2)式两方对一切满足 $a_1\leqslant x_1,a_2\leqslant x_2,\cdots,a_n\leqslant x_n$ 的 $(a_1,a_2,\cdots,a_n)$ 相加即得(1′).反之,设(1)成立,于是有

$$P(\xi_1\leqslant a_1,\cdots,\xi_{n-1}\leqslant a_{n-1},\xi_n\leqslant a_n)=\prod_{i=1}^{n}P(\xi_i\leqslant a_i), \tag{3}$$

$$P(\xi_1\leqslant a_1,\cdots,\xi_{n-1}\leqslant a_{n-1},\xi_n\leqslant x_n)=\prod_{i=1}^{n-1}P(\xi_i\leqslant a_i)P(\xi_n\leqslant x_n).$$

令 $x_n \uparrow a_n$，由后式得

$$P(\xi_1 \leqslant a_1, \cdots, \xi_{n-1} \leqslant a_{n-1}, \xi_n < a_n) = \prod_{i=1}^{n-1} P(\xi_i \leqslant a_i) P(\xi_n < a_n).$$

自(3)式减去此式，即得

$$P(\xi_1 \leqslant a_1, \cdots, \xi_{n-1} \leqslant a_{n-1}, \xi_n = a_n) = \prod_{i=1}^{n-1} P(\xi_i \leqslant a_i) P(\xi_n = a_n). \tag{4}$$

对(4)中 a_{n-1} 作同样讨论，可得

$$\begin{aligned} &P(\xi_1 \leqslant a_1, \cdots, \xi_{n-2} \leqslant a_{n-2}, \xi_{n-1} = a_{n-1}, \xi_n = a_n) \\ &= \prod_{i=1}^{n-2} P(\xi_i \leqslant a_i) P(\xi_{n-1} = a_{n-1}) P(\xi_n = a_n), \end{aligned}$$

如此共重复 $n-1$ 次后即得(2). ■

引理 2 设 $\xi_1, \xi_2, \cdots, \xi_n$ 是连续型的随机变量，则它们独立的充分必要条件是：关于 $\mathbf{R}^n$ 中勒贝格测度几乎处处有

$$f(x_1, x_2, \cdots, x_n) = \prod_{i=1}^{n} f_i(x_i), \tag{5}$$

其中 f 及 f_i 分别是 F 及 F_i 的密度函数. 若 f, f_i 都是连续函数，则充分必要条件是(5)式处处成立.

证　充分性　由(5)得

$$F(x_1, x_2, \cdots, x_n) = \int_{-\infty}^{x_1} \cdots \int_{-\infty}^{x_n} f(y_1, y_2, \cdots, y_n) \mathrm{d}y_n \cdots \mathrm{d}y_1$$

$$= \int_{-\infty}^{x_1} \cdots \int_{-\infty}^{x_n} f_1(y_1), \cdots, f_n(y_n) \mathrm{d}y_n \cdots \mathrm{d}y_1 = \prod_{i=1}^{n} F_i(x_i).$$

必要性　由(1)得

$$\int_{-\infty}^{x_1} \cdots \int_{-\infty}^{x_n} f(y_1, y_2, \cdots, y_n) \mathrm{d}y_n \cdots \mathrm{d}y_1 = F(x_1, x_2, \cdots, x_n)$$

$$= \prod_{i=1}^{n} F_i(x_i) = \int_{-\infty}^{x_1} \cdots \int_{-\infty}^{x_n} f_1(y_1), \cdots, f_n(y_n) \mathrm{d}y_n \cdots \mathrm{d}y_1.$$

这两边对 $x_1, x_2, \cdots, x_n$ 各微分一次，即知(5)式几乎处处成立.

两连续函数若几乎处处相等，则必恒等，此得证第二结论. ■

定理 1　$\xi_1,\xi_2,\cdots,\xi_n$ 独立的充分必要条件是：对任意 n 个一维波莱尔集 $A_1,A_2,\cdots,A_n$，有

$$P(\xi_1\in A_1,\xi_2\in A_2,\cdots,\xi_n\in A_n)=\prod_{i=1}^{n}P(\xi_i\in A_i). \quad (6)$$

*__证__　**充分性**　取 $A_i=(-\infty,x_i]$，由(6)得(1′).

必要性　定义 n 元分布函数 $\widetilde{F}(x_1,x_2,\cdots,x_n)=F_1(x_1)\cdot F_2(x_2)\cdot\cdots\cdot F_n(x_n)$，它产生的 n 维勒贝格-斯蒂尔杰斯测度记为 $\widetilde{F}(A)$，$A\in\mathcal{B}_n$，满足条件：对任意 $A_i\in\mathcal{B}_1$，$i\in\mathbf{N}^*$，有①

$$\widetilde{F}(A_1\times A_2\times\cdots\times A_n)=F_1(A_1)F_2(A_2)\cdots F_n(A_n),$$

其中 $A_1\times A_2\times\cdots\times A_n$ 表卡氏积，即 $\mathbf{R}^n$ 中一切满足 $y_1\in A_1$，$y_2\in A_2$，$\cdots$，$y_n\in A_n$ 的点$(y_1,y_2,\cdots,y_n)$的集，而 $F_i(A)$是$F_i(x)$产生的测度，它是 ξ_i 的分布. 由(1)知 $F(x_1,x_2,\cdots,x_n)=\widetilde{F}(x_1,x_2,\cdots,x_n)$，故它们产生同一测度 $\widetilde{F}(A)$，$A\in\mathcal{B}_n$. 既然 $F(x_1,x_2,\cdots,x_n)$是 $\xi_1,\xi_2,\cdots,\xi_n$ 的分布函数，故 $\widetilde{F}(A)$是它们的联合分布，于是

$$\begin{aligned}&P(\xi_1\in A_1,\xi_2\in A_2,\cdots,\xi_n\in A_n)\\=&\widetilde{F}(A_1\times A_2\times\cdots\times A_n)\\=&F_1(A_1)F_2(A_2)\cdots F_n(A_n)\\=&\prod_{i=1}^{n}P(\xi_i\in A_i).\ ■\end{aligned}$$

系 1　设随机变量 $\xi_1,\xi_2,\cdots,\xi_n$ 独立，又 $f_i(x)$为一元波莱尔可测函数，$i=1,2,\cdots,n$，则 $f_1(\xi_1),f_2(\xi_2),\cdots,f_n(\xi_n)$也是独立的随机变量.

*__证__　因 $f_i(x)$波莱尔可测，故对任意 $a\in\mathbf{R}$，集 $A_i^a=(x:f_i(x)\leqslant a)\in\mathcal{B}_1$，$(f_i(\xi_i)\leqslant a)=(\xi_i\in A_i^a)\in\mathcal{F}$(§2.1 引理 3)，故

① 参看[10]第 3 章§5.

$f_i(\xi_i)$是随机变量.其次

$$P(\omega: f_i(\xi_i(\omega)) \leqslant x_i, i=1,2,\cdots,n)$$
$$= P(\omega: \xi_i(\omega) \in A_i^{x_i}, i=1,2,\cdots,n),$$

由定理 1,后式等于

$$\prod_{i=1}^{n} P(\omega: \xi_i(\omega) \in A_i^{x_i}) = \prod_{i=1}^{n} P(\omega: f_i(\xi_i(\omega)) \leqslant x_i). ■$$

* **定理 2(存在定理)** 设已给 n 个一维分布函数 $F_i(x)$,则必存在概率空间$(\Omega,\mathcal{F},P)$及定义于其上的独立随机变量 ξ_1, $\xi_2,\cdots,\xi_n$,使 ξ_i 的分布函数重合于$F_i(x)$,$i=1,2,\cdots,n$.

证 定义 n 元函数 $F(x_1,x_2,\cdots,x_n)$,

$$F(x_1,x_2,\cdots,x_n) = \prod_{i=1}^{n} F_i(x_i). \tag{7}$$

易见它是一 n 元分布函数,根据 § 2.6 定理 3,知存在概率空间$(\Omega,\mathcal{F},P)=(\mathbf{R}^n,\mathcal{B}_n,F)$,$\omega=(\omega_1,\omega_2,\cdots,\omega_n)\in\mathbf{R}^n$,及坐标函数$\xi_i(\omega)=\omega_i$,$\xi_i(\omega)$是随机变量而且 $\xi_1(\omega),\xi_2(\omega),\cdots,\xi_n(\omega)$的联合分布函数为 $F(x_1,x_2,\cdots,x_n)$.由此及(7)得

$$P(\xi_1 \leqslant x_1,\xi_2 \leqslant x_2,\cdots,\xi_n \leqslant x_n) = F(x_1,x_2,\cdots,x_n) = \prod_{i=1}^{n} F_i(x_i). \tag{8}$$

于(8)中令 $x_i\to+\infty$,一切 $i\neq j$,即得

$$P(\xi_j \leqslant x_j) = F_j(x_j),$$

故知 $F_j(x)$是 ξ_j 的分布函数,根据(7)式即知 $\xi_1,\xi_2,\cdots,\xi_n$ 是独立的. ■

定理 2 的结论对已给的一列分布函数 $F_i(x)$,$i\in\mathbf{N}^*$ 也正确,不过证明中涉及无穷维空间中的测度问题,故从略.

例 1 设(ξ_1,ξ_2)有二维正态分布,密度函数 $f(x,y)$由 § 2.6 (18)定义,即

$$f(x,y)=\frac{1}{2\pi\sigma_1\sigma_2\sqrt{1-r^2}}\exp\left\{-\frac{1}{2(1-r^2)}\times\right.$$
$$\left.\left[\frac{(x-a)^2}{\sigma_1^2}-\frac{2r(x-a)(y-b)}{\sigma_1\sigma_2}+\frac{(y-b)^2}{\sigma_2^2}\right]\right\}. \tag{9}$$

在 § 2.6 中已证明：ξ_1,ξ_2 各有一维正态分布 $N(a,\sigma_1),N(a,\sigma_2)$，密度分别为

$$f_1(x)=\frac{1}{\sigma_1\sqrt{2\pi}}e^{-\frac{(x-a)^2}{2\sigma_1^2}},f_2(y)=\frac{1}{\sigma_2\sqrt{2\pi}}e^{-\frac{(y-b)^2}{2\sigma_2^2}}. \tag{10}$$

由引理 2 立得：为使 ξ_1,ξ_2 独立，充分条件是 $r=0$. ■

以后(§ 2.10)会看到，这条件也是必要的.

例 2　在伯努利试验中，定义 $\xi_i=1$，如 A 在第 i 次试验中出现，否则令 $\xi_i=0$. 由试验的独立性知 $\{\xi_i\}$ 是一列独立的随机变量，这时概率空间应取为乘积空间 $\widetilde{\Omega}=\Omega^{+\infty}$ (参看 § 2.3)，$\Omega=(A,\overline{A})$，ξ_i 只依赖于 $\tilde{\omega}$ 的第 i 个因子. 例如

$$\xi_i(\underbrace{A\cdots A}_{i-1个}A\overline{A}\cdots)=1, \tag{11}$$

$$\xi_i(\underbrace{A\cdots A}_{i-1个}\overline{A}\,\overline{A}\cdots)=0, \tag{12}$$

$$P(\xi_1=k_1,\xi_2=k_2,\cdots,\xi_n=k_n)=\prod_{i=1}^{n}P(\xi_i=k_i)=p^mq^{n-m},$$

其中 $k_i=0$ 或 1，p 为在一次试验中 A 出现的概率，$q=1-p$，m 是等于 1 的 k_i 的个数. ■

(二) 条件分布

先回忆条件概率的定义

$$P(A\mid B)=\frac{P(AB)}{P(B)},\quad P(B)>0. \tag{13}$$

设已给两随机变量 ξ,η，对任意 $C\in\mathcal{B}_1$，如 $P(\xi\in C)>0$，可考虑 $y\in\mathbf{R}$ 的函数

$$P(\eta\leqslant y\mid\xi\in C)=\frac{P(\eta\leqslant y,\xi\in C)}{P(\xi\in C)}.\tag{14}$$

容易看出 $P(\eta\leqslant y|\xi\in C)$ 是一维分布函数，自然地称它为在条件 $\xi\in C$ 下，η 的条件分布函数，它所对应的分布称为在条件 $\xi\in C$ 下，η 的条件分布.

在许多问题中常常要考虑 C 是单点集 $\{x\}$ 的情形. 如果 $P(\xi=x)>0$，那么这没有任何困难，问题发生在当 $P(\xi=x)=0$ 时，应该如何定义 $P(\eta\leqslant y|\xi=x)$ 才合理.

注意 当 ξ 有连续型分布时，一定有 $P(\xi=x)=0$. 实际上，设 $f_\xi(y)$ 是 ξ 的分布密度函数，那么

$$P(\xi=x)=\lim_{n\to+\infty}P\left(x\leqslant\xi<x+\frac{1}{n}\right)=\lim_{n\to+\infty}\int_x^{x+\frac{1}{n}}f_\xi(y)\mathrm{d}y=0.\tag{15}$$

逐步考虑各种类型的随机变量.

(i) 设 ξ,η 是离散型随机变量，其分布函数的密度矩阵分别为

$$\begin{pmatrix}x_0 & x_1 & x_2 & \cdots\\ p_0 & p_1 & p_2 & \cdots\end{pmatrix},\begin{pmatrix}y_0 & y_1 & y_2 & \cdots\\ q_0 & q_1 & q_2 & \cdots\end{pmatrix}.$$

不妨设一切 $p_i>0,q_i>0$，令

$$P(\xi=x_i,\eta=y_j)=p_{ij},\tag{16}$$

于是

$$p_i=\sum_j p_{ij},\quad q_j=\sum_i p_{ij},\tag{17}$$

从而

$$P(\eta=y_j\mid\xi=x_i)=\frac{p_{ij}}{p_i}=\frac{p_{ij}}{\sum_k p_{ik}},\tag{18}$$

$$P(\eta\leqslant y\mid\xi=x_i)=\frac{\sum_{j:y_j\leqslant y}p_{ij}}{\sum_k p_{ik}}.\tag{19}$$

(ii) 设 ξ,η 是连续型的. 以 $f(x,y)$ 表 (ξ,η) 的分布密度, 如果在定点 x,

$$\int_{-\infty}^{+\infty} f(x,y)\mathrm{d}y > 0, \tag{20}$$

由于受(19)(18)的启发, 自然地定义

$$P(\eta \leqslant y \mid \xi = x) = \frac{\int_{-\infty}^{y} f(x,z)\mathrm{d}z}{\int_{-\infty}^{+\infty} f(x,z)\mathrm{d}z}, \tag{21}$$

这定义的好处是避免了 $P(\xi=x)=0$ 的困难. 称 y 的函数 $f(y|x)$,

$$f(y \mid x) = \frac{f(x,y)}{\int_{-\infty}^{+\infty} f(x,z)\mathrm{d}z} \tag{22}$$

为在条件 $\xi=x$ 下 η 的条件分布密度. 注意 $\int_{-\infty}^{+\infty} f(x,z)\mathrm{d}z$ 是 (ξ,η) 的边沿密度, 也就是 ξ 的分布密度(参看本章习题 61). 显然, 可改写(21)为

$$P(\eta \leqslant y \mid \xi = x) = \int_{-\infty}^{y} f(z \mid x)\mathrm{d}x. \tag{23}$$

(iii) 在一般情形下, 设 ξ,η 的联合分布函数为 $F(x,y)$. 我们定义 $P(\eta\leqslant y|\xi=x)$ 为在 $\xi=x$ 下, η 的条件分布函数为

$$P(\eta \leqslant y \mid \xi = x) = \lim_{\alpha,\beta\to 0} \frac{F(x+\beta,y) - F(x-\alpha,y)}{F(x+\beta,+\infty) - F(x-\alpha,+\infty)},$$
$$\alpha > 0, \beta > 0, \tag{24}$$

只要右方极限存在.

注意　上式其实不过是(14)式当 C 逐渐缩小为单点集 $\{x\}$ 时的极限情形. 这个定义与(19)(21)是相容的. 实际上, 若 $F(x,y)$ 有密度为 $f(x,y)$, 则(24)化为

$$P(\eta \leqslant y \mid \xi = x) = \lim_{\alpha,\beta\to 0} \frac{\int_{x-\alpha}^{x+\beta}\int_{-\infty}^{y} f(w,z)\mathrm{d}z\mathrm{d}w}{\int_{x-\alpha}^{x+\beta}\int_{-\infty}^{+\infty} f(w,z)\mathrm{d}z\mathrm{d}w}.$$

以 $\beta+\alpha$ 除右方的分子、分母，取极限即得(21)几乎处处成立.

如果 ξ,η 独立，那么由 $F(x,y)=F_\xi(x)\cdot F_\eta(y)$ 及(24)得

$$P(\eta\leqslant y\mid\xi=x)=\lim_{\alpha,\beta\to0}\frac{F_\xi(x+\beta)F_\eta(y)-F_\xi(x-\alpha)F_\eta(y)}{F_\xi(x+\beta)-F_\xi(x-\alpha)}$$

$$=F_\eta(y). \tag{25}$$

这表示 η 在 $\xi=x$ 下的条件分布函数与 η 的（无条件）分布函数 $F_\eta(y)$一样，因此，在独立情况下，对 ξ 的条件不影响 η 的分布与分布密度. 这个结论很是直观，也很重要.

(iv) 以上定义不难推广到多维情况. 设 $\boldsymbol{\xi}=(\xi_1,\xi_2,\cdots,\xi_n)$，$\boldsymbol{\eta}=(\eta_1,\eta_2,\cdots,\eta_m)$分别为 n 及 m 维随机向量，我们定义

$$P(\eta_1\leqslant y_1,\eta_2\leqslant y_2,\cdots,\eta_m\leqslant y_m\mid\xi_1=x_1,\xi_2=x_2,\cdots,\xi_n=x_n)$$

$$=\lim_{C\to\{x\}}\frac{P(\eta_1\leqslant y_1,\eta_2\leqslant y_2,\cdots,\eta_m\leqslant y_m;\boldsymbol{\xi}\in C)}{P(\boldsymbol{\xi}\in C)}, \tag{26}$$

只要右方极限存在. 这里 $C\in\mathcal{B}_n$，$\{x\}$为含一个点$(x_1,x_2,\cdots,x_n)$的集，“$C\to\{x\}$”表示 $C\supset\{x\}$，而且它的直径 $d=\sup\limits_{\substack{x\in C\\ z\in C}}\|x-z\|\to0$，距离是 n 维欧氏空间的.

特别地，设 ξ,η,ζ 是连续型的随机变量，有密度为 $f(x,y,z)$，则类似于(21)(22)有

$$P(\zeta\leqslant z\mid\xi=x,\eta=y)=\frac{\int_{-\infty}^{z}f(x,y,w)\,\mathrm{d}w}{\int_{-\infty}^{+\infty}f(x,y,w)\,\mathrm{d}w}, \tag{27}$$

$$f(z\mid x,y)=\frac{f(x,y,z)}{\int_{-\infty}^{+\infty}f(x,y,w)\,\mathrm{d}w}, \tag{28}$$

但要求两分母中积分大于 0.

§2.8　随机向量的变换

(一) 问题的一般提法

随机向量经某变换后变为一新随机向量，如何求后者的分布函数？这问题无论在理论上还是实际中都有重大的意义. 在叙述问题的准确提法以前，先看一些例子.

例 1　设随机变量 ξ 的分布函数为 $F_\xi(x)$，作变换

$$\eta = a\xi + b(a \neq 0).$$

以 $F_\eta(y)(y \in \mathbf{R})$ 表随机变量 η 的分布函数，则

$$F_\eta(y) = P(a\xi + b \leqslant y) = P(a\xi \leqslant y - b).$$

如果 $a>0$，那么

$$F_\eta(y) = P\left(\xi \leqslant \frac{y-b}{a}\right) \equiv F_\xi\left(\frac{y-b}{a}\right);$$

如果 $a<0$，那么

$$F_\eta(y) = P\left(\xi \geqslant \frac{y-b}{a}\right) = 1 - P\left(\xi < \frac{y-b}{a}\right) = 1 - F_\xi\left(\frac{y-b}{a} - 0\right).$$

若 $F_\xi(x)$ 有密度函数 $f_\xi(x)$，显然[①] $F_\eta(y)$ 有密度函数为

$$f_\eta(y) = \frac{1}{|a|} f_\xi\left(\frac{y-b}{a}\right). \tag{1}$$

特别地，若 ξ 有 $N(0,1)$ 分布，则 $\eta = \sigma\xi + a$ 有 $N(a,\sigma)$ 分布 $(\sigma>0)$. ■

例 2　设 ξ 在 $[0,\pi]$ 中均匀分布，试求

$$\eta = \sin \xi$$

的分布函数 $F_\eta(y)$.

解　由于 $\xi \in [0,\pi]$，故 η 只能取 $[0,1]$ 中的值. 对任意 $y \in$

---

① 这时 $F_\xi(x)$ 连续，故 $F_\xi(x-0) = F_\xi(x)$.

$[0,1]$，由图 2-18 知

$$F_\eta(y)=P(\eta\leqslant y)$$
$$=P(\sin\xi\leqslant y)$$
$$=P(0\leqslant\xi\leqslant\sin^{-1}y)+P(\pi-\sin^{-1}y\leqslant\xi\leqslant\pi)$$
$$=\frac{1}{\pi}[\sin^{-1}y+\pi-(\pi-\sin^{-1}y)]=\frac{2\sin^{-1}y}{\pi}.$$

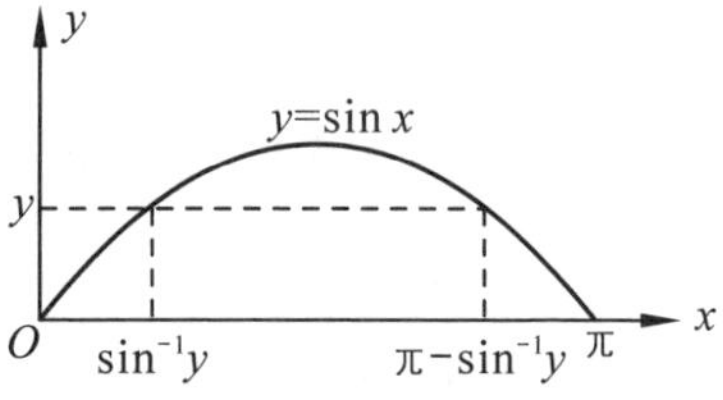

图 2-18

因此，

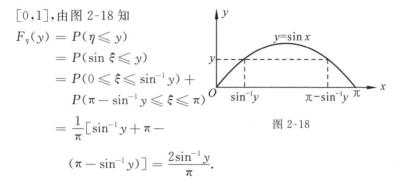

$$F_\eta(y)=\begin{cases}0, & y<0,\\ \dfrac{2\sin^{-1}y}{\pi}, & 0\leqslant y\leqslant 1,\\ 1, & y>1.\end{cases}\qquad(2)$$

它的密度是

$$f(y)=\begin{cases}\dfrac{2}{\pi\sqrt{1-y^2}}, & 0\leqslant y\leqslant 1,\\ 0, & y<0 \text{ 或 } y>1.\ \blacksquare\end{cases}$$

问题的一般提法如下：

设 n 维随机向量 $\boldsymbol{\xi}=(\xi_1,\xi_2,\cdots,\xi_n)$ 的联合分布函数为 $F_\xi(x)$，$\boldsymbol{x}=(x_1,x_2,\cdots,x_n)\in\mathbf{R}^n$，又设已给 m 个 n 元波莱尔可测函数 $u_i(x)$，$i=1,2,\cdots,m$. 易见① $\boldsymbol{\eta}_i=u_i(\xi)=u_i(\xi_1,\xi_2,\cdots,\xi_n)$ 是一随机变量，因而 $\boldsymbol{\eta}=(\eta_1,\eta_2,\cdots,\eta_m)$ 是一个 m 维随机向量，它自

---

① 实际上，对任意 $a\in\mathbf{R}$，点 x 的集 $A=(x:u_i(x)\leqslant a)\in\mathcal{B}_n$，故 ω-集 $(\omega:u_i(\xi_1,\xi_2,\cdots,\xi_n)\leqslant a)=(\omega:(\xi_1,\xi_2,\cdots,\xi_n)\in A)\in\mathcal{F}$. 其次，若只需近似地求出 $F_\eta(y)$，则可用下法. 仍以例 2 来说明. 利用 §6.1，先作出 n 个独立，有相同均匀分布于 $[0,\pi]$ 中的随机变量 ξ_i，并令 $\eta_i=\sin\xi_i$，$i=1,2,\cdots,n$. 以 m 表示满足 $\eta_i\leqslant y$ 的 i 的个数，则由 §3.3 中的强大数定理，当 n 充分大时，$\dfrac{m}{n}$ 近似地等于 $F_\eta(y)$. 对一般的 ε 与 $\eta=u(\varepsilon)$，方法相同. 先利用 §6.2 以作出与 ξ 同分布的 n 个独立的 ξ_i，令 $\eta_i=u(\xi_i)$，又设 m 为满足 $\eta_i\leqslant y$ 的 i 的个数，则 $\dfrac{m}{n}$ 接近于 $F_\eta(y)$.

ξ 经 $u_i(x), i=1,2,\cdots,m$ 变换得来. 我们的目的是求 η 的联合分布函数 $F_\eta(y), \boldsymbol{y}=(y_1,y_2,\cdots,y_m)\in \mathbf{R}^m$.

理论上看,这问题并不困难. 实际上,对任意实数 $y_1,y_2,\cdots,y_m$,考虑 $\mathbf{R}^n$ 中的子集

$$c_i=(x:u_i(x)\leqslant y_i)\in \mathcal{B}_n, C=\bigcap_{i=1}^{m} c_i\in \mathcal{B}_n,$$

则

$$\begin{aligned}F_\eta(y)&=P(\eta_1\leqslant y_1,\eta_2\leqslant y_2,\cdots,\eta_m\leqslant y_m)\\&=P(u_1(\xi)\leqslant y_1,u_2(\xi)\leqslant y_2,\cdots,u_m(\xi)\leqslant y_m)\\&=P(\xi\in c_1,\xi\in c_2,\cdots,\xi\in c_m)\\&=P(\xi\in C)=F_\xi(C),\end{aligned}\tag{3}$$

其中 $F_\xi(A)(A\in\mathcal{B}_n)$ 表示 ξ 的分布.

(3)式表示,$F_\eta(y)$ 等于 ξ 落于(即取值于)集 C 中的概率. 如果 ξ 有联合密度为 $f_\xi(x_1,x_2,\cdots,x_n)$,那么(3)化为

$$F_\eta(y)=\int\cdots\int_C f_\xi(x_1,x_2,\cdots,x_n)\mathrm{d}x_1\mathrm{d}x_2\cdots\mathrm{d}x_n.\tag{4}$$

然而在实际计算 $F_\xi(C)$ 时,却常常不容易,问题决定于两个因素:

(i) 函数 $u_i(x), i=1,2,\cdots,n$ 是简单,还是复杂?

(ii) ξ 的联合分布函数 $F_\xi(x)$ 是简单,还是复杂?

对 $u_i(x)$ 及 $F_\xi(x)$ 作相当强的假定(假设 u_i 是 $x_1,x_2,\cdots,x_n$ 的线性函数,$F_\xi(x)$ 是独立随机变量的联合分布函数等)后,可以得到完满的结果.

(二) 一些重要的变换

(i) 和的分布. 设 $\boldsymbol{\xi}=(\xi_1,\xi_2)$ 是二维随机向量,联合分布函数为 $F_\xi(x_1,x_2)$,为方便计,改写为 $F(y,z)$. 试求随机变量 $Z=\xi_1+\xi_2$ 的分布函数 $G(x)$.

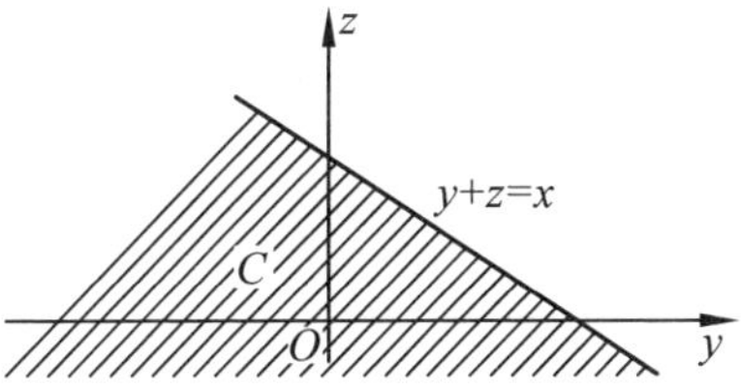

图 2-19

这时 $C=((y,z):y+z\leqslant x)$(图 2-19),由(3)

$$G(x)=F(C)=\iint\limits_{y+z\leqslant x}\mathrm{d}F(y,z).$$

这里及以后关于分布函数的积分都是勒贝格-斯蒂尔杰斯积分，它的定义及性质见参考书[10]或[2]. 若(ξ_1,ξ_2)有联合密度 $f(y,z)$，则 $G(x)=\iint\limits_{y+z\leqslant x}f(y,z)\mathrm{d}y\mathrm{d}z=\int_{-\infty}^{x}\int_{-\infty}^{+\infty}f(y,u-y)\mathrm{d}y\mathrm{d}u$，故知 Z 也有密度为

$$g(x)=G'(x)=\int_{-\infty}^{+\infty}f(y,x-y)\mathrm{d}y.\qquad(4_1)$$

若 ξ_1,ξ_2 独立，分别有分布函数为 $F_1(y),F_2(z)$，则由

$$F(y,z)=F_1(y)F_2(z)$$

得

$$\begin{aligned}G(x)&=\iint\limits_{y+z\leqslant x}\mathrm{d}F_1(y)\mathrm{d}F_2(z)=\int_{-\infty}^{+\infty}\left[F_2(z)\Big|_{-\infty}^{x-y}\right]\mathrm{d}F_1(y)\\&=\int_{-\infty}^{+\infty}F_2(x-y)\mathrm{d}F_1(y)=\int_{-\infty}^{+\infty}\left[F_1(y)\Big|_{-\infty}^{x-z}\right]\mathrm{d}F_2(z)\\&=\int_{-\infty}^{+\infty}F_1(x-y)\mathrm{d}F_2(y).\end{aligned}\qquad(5)$$

一般地，称分布函数（或分布）$G(x)$为两分布函数（或分布）$F_1(x)$及 $F_2(x)$的卷积，如果对任意 $x\in\mathbf{R}$，有

$$G(x)=\int_{-\infty}^{+\infty}F_2(x-y)\mathrm{d}F_1(y)=\int_{-\infty}^{+\infty}F_1(x-y)\mathrm{d}F_2(y).\quad(6)$$

通常记(6)式为

$$G=F_2*F_1=F_1*F_2.$$

若 $F_1(x),F_2(x)$分别有密度为 $f_1(x),f_2(x)$，则卷积 $G(x)$也有密度 $g(x)$为

$$g(x)=\int_{-\infty}^{+\infty}f_2(x-y)f_1(y)\mathrm{d}y=\int_{-\infty}^{+\infty}f_1(x-z)f_2(z)\mathrm{d}z.\qquad(7)$$

由此可见：上述独立随机变量 ξ_1,ξ_2 的和 Z 的分布函数 $G(x)$是

各自的分布函数的卷积，而且如果 ξ_1,ξ_2 是连续型的，那么 Z 也是连续型的，三者的密度间有关系(7).

(7)式称为密度的卷积公式，并称其中的 $g(x)$ 为 $f_1(x)$，$f_2(x)$的卷积.

如果 ξ_1,ξ_2 是离散型的独立随机变量，ξ_1 只能取值 $x_i(i\in\mathbf{N})$，ξ_2 只能取值 $y_j(j\in\mathbf{N})$，那么 Z 只能取值 $x_i+y_j(i,j\in\mathbf{N})$，因而 Z 也是离散型的，而且

$$\begin{aligned}P(Z=x)&=\sum_{i=0}^{+\infty}P(\xi_2=x-x_i)P(\xi_1=x_i)\\&=\sum_{j=0}^{+\infty}P(\xi_1=x-y_j)P(\xi_2=y_j).\end{aligned}\tag{8}$$

这式与(7)式相当.

(ii) 差的分布. 差

$$Z=\xi_1-\xi_2$$

的分布可类似求出，或者利用$(\xi_1-\xi_2)$的联合分布函数为

$$P(\xi_1\leqslant y,-\xi_2\leqslant z)=P(\xi_1\leqslant y,\xi_2\geqslant -z)$$
$$=P(\xi_1\leqslant y)-P(\xi_1\leqslant y,\xi_2<-z)=F_1(y)-F(y,-z-0)$$

及 $\xi_1-\xi_2=\xi_1+(-\xi_2)$而化为(i)，详细的讨论从略.

(iii) 商的分布. 设 $\boldsymbol{\xi}=(\xi_1,\xi_2)$是连续型二维随机向量，密度函数为 $f(y,z)$. 前面已经看到，ξ_i 也是连续型的，密度函数设为 $f_i(y)$，$i=1,2$. 由于 $P(\xi_2=0)=0$(见 §2.7(15))，故可考虑随机变量

$$Z=\frac{\xi_1}{\xi_2},$$

试求 Z 的分布函数$G(x)$.

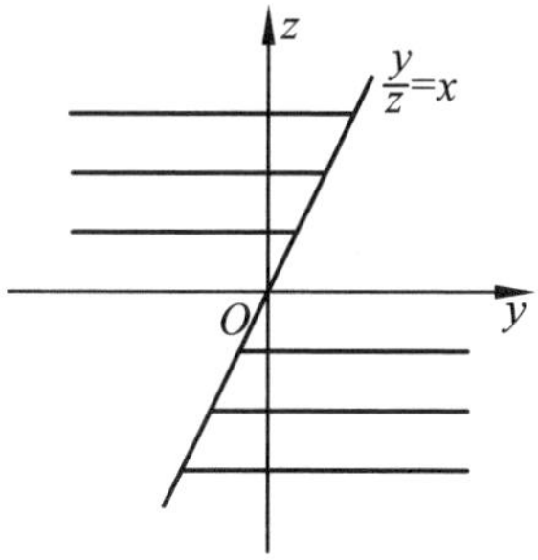

图 2-20

积分区域见图 2-20.

$$G(x)=P\left(\frac{\xi_1}{\xi_2}\leqslant x\right)=\iint\limits_{\frac{y}{z}\leqslant x} f(y,z)\mathrm{d}y\mathrm{d}z$$

$$=\int_0^{+\infty}\int_{-\infty}^{xz} f(y,z)\mathrm{d}y\mathrm{d}z+\int_{-\infty}^0\int_{xz}^{+\infty} f(y,z)\mathrm{d}y\mathrm{d}z. \qquad (9)$$

$G(x)$的密度 $g(x)$为

$$g(x)=\int_0^{+\infty} f(xz,z)z\mathrm{d}z-\int_{-\infty}^0 f(xz,z)z\mathrm{d}z$$

$$=\int_{-\infty}^{+\infty} f(xz,z)\mid z\mid \mathrm{d}z. \qquad (10)$$

如果 ξ_1,ξ_2 独立，那么由§2.7 系 2，(9)(10)分别化为

$$G(x)=\int_0^{+\infty}\int_{-\infty}^{xz} f_1(y)f_2(z)\mathrm{d}y\mathrm{d}z+\int_{-\infty}^0\int_{xz}^{+\infty} f_1(y)f_2(z)\mathrm{d}y\mathrm{d}z$$

$$=\int_0^{+\infty} F_1(xz)f_2(z)\mathrm{d}z+\int_{-\infty}^0 [1-F_1(xz)]f_2(z)\mathrm{d}z, \qquad (11)$$

$$g(x)=\int_{-\infty}^{+\infty} f_1(xz)f_2(z)\mid z\mid \mathrm{d}z. \qquad (12)$$

（三）连续型情况

现在来证明一个非常有用的定理，它适用于连续型的随机向量.

定理 1 设 n 维随机向量 $\boldsymbol{X}=(X_1,X_2,\cdots,X_n)$ 的密度函数为 $f_{\boldsymbol{X}}(x_1,x_2,\cdots,x_n)$，又设 n 元函数 $u_i(x_1,x_2,\cdots,x_n)(i=1,2,\cdots,n)$满足条件

(i) 存在唯一反函数 $x_i(y_1,y_2,\cdots,y_n)$，即存在方程

$$u_i(x_1,x_2,\cdots,x_n)=y_i \qquad (13)$$

的唯一实值解 $x_i(y_1,y_2,\cdots,y_n)\quad(i=1,2,\cdots,n)$；

(ii) $u_i(x_1,x_2,\cdots,x_n)$及 $x_i(y_1,y_2,\cdots,y_n)$都连续；

(iii) 存在连续的偏导数$\dfrac{\partial x_i}{\partial y_j}$，$\dfrac{\partial u_i}{\partial x_j}$. 以 J 表示雅可比行列式

$$J=\begin{vmatrix}\frac{\partial x_1}{\partial y_1} & \frac{\partial x_1}{\partial y_2} & \cdots & \frac{\partial x_1}{\partial y_n}\\ \vdots & \vdots & & \vdots\\ \frac{\partial x_n}{\partial y_1} & \frac{\partial x_n}{\partial y_2} & \cdots & \frac{\partial x_n}{\partial y_n}\end{vmatrix},$$

则 n 维随机向量 $\boldsymbol{Y}=(Y_1,Y_2,\cdots,Y_n)$，其中

$$Y_i=u_i(X_1,X_2,\cdots,X_n)\quad(i=1,2,\cdots,n),$$

有密度函数为

$$f_{\boldsymbol{Y}}(y_1,y_2,\cdots,y_n)$$
$$=\begin{cases}f_{\boldsymbol{X}}(x_1(y_1,y_2,\cdots,y_n),\cdots,x_n(y_1,y_2,\cdots,y_n))\cdot|J|,\\ \qquad\qquad(y_1,y_2,\cdots,y_n)\text{ 使(13)有解},\\ 0,\qquad\qquad\text{反之}.\end{cases}\tag{14}$$

证　由(3)

$$F_{\boldsymbol{Y}}(y_1,y_2,\cdots,y_n)=F_{\boldsymbol{X}}(C)$$
$$=\iint\underset{C}{\cdots}\int f_{\boldsymbol{X}}(x_1,x_2,\cdots,x_n)\mathrm{d}x_1\mathrm{d}x_2\cdots\mathrm{d}x_n.$$

作变换 $x_i=x_i(y_1,y_2,\cdots,y_n)$后，此积分化为

$$\int_{-\infty}^{y_1}\int_{-\infty}^{y_2}\cdots\int_{-\infty}^{y_n}f_{\boldsymbol{X}}(x_1(v_1,v_2,\cdots,v_n),\cdots,x_n(v_1,v_2,\cdots,v_n))$$
$$|J|\,\mathrm{d}v_1\mathrm{d}v_2\cdots\mathrm{d}v_n,$$

这得证(14)中第一结论. 其次，如对某 $y_1,y_2,\cdots,y_n$，(13)无解，这表示 $Y_i=u_i(X_1,X_2,\cdots,X_n)$不能取 y_i 为值，故在此 $y_1,y_2,\cdots,y_n$ 上，$\boldsymbol{Y}$ 的密度应为 0. ■

注 1　若反函数不唯一，即若方程组(13)有多个解 $x_i^{(l)}(y_1,y_2,\cdots,y_n)$，$l\in\mathbf{N}^*$，则这时 y-空间中一个点，对应于 x- 空间中多个点，将 x-空间分成若干部分，使 y-空间与每部分成一一对应，于是 $\boldsymbol{Y}$ 取值于 y-空间某集的概率就等于 $\boldsymbol{X}$ 取值于 x-空间中每部分里对应的集的概率的和. 故应对每一反函数运用(14)，然

后将所得结果相加，这样便求得 $\boldsymbol{Y}$ 的密度为

$$f_{\boldsymbol{Y}}(y_1,y_2,\cdots,y_n)$$
$$=\begin{cases}\sum\limits_{l} f_{\boldsymbol{X}}(x_1^{(l)}(y_1,y_2,\cdots,y_n),\cdots,x_n^{(l)}(y_1,y_2,\cdots,y_n))\mid J^{(l)}\mid, \\ \qquad\qquad (y_1,y_2,\cdots,y_n)\text{ 使(13)有解}, \\ 0, \qquad\qquad \text{反之}. \end{cases} \tag{14_1}$$

下面的几个例子更清楚地说明了这一点.

注 2 如果只给定 $m(<n)$ 个连续函数 $u_i(x_1,x_2,\cdots,x_n)$，$i=1,2,\cdots,m$，那么可补定义

$$u_j(x_1,x_2,\cdots,x_n)=x_j(j=m+1,m+2,\cdots,n),$$

因而仍可利用上定理而得 $Y_n=(u_1(X_1,X_2,\cdots,X_n),\cdots,u_m(X_1,X_2,\cdots,X_n),X_{m+1},\cdots,X_n)$ 的密度 $f_{Y_n}(y_1,y_2,\cdots,y_m,y_{m+1},\cdots,y_n)$. 于是由 §2.6(三)知 $Y_m=(u_1(X_1,X_2,\cdots,X_n),\cdots,u_m(X_1,X_2,\cdots,X_n))$ 的密度为

$$f_{Y_m}(y_1,y_2,\cdots,y_m)$$
$$=\int_{-\infty}^{+\infty}\cdots\int_{-\infty}^{+\infty} f_{Y_n}(y_1,y_2,\cdots,y_m,y_{m+1},\cdots,y_n)\mathrm{d}y_{m+1}\cdots\mathrm{d}y_n.$$

下面的例子对掌握定理 1 很有帮助.

例 3 设星球 A 至最近星球 B 的距离 X 的分布函数为

$$F_X(x)=P(X\leqslant x)=1-\mathrm{e}^{-\frac{4}{3}\pi\lambda x^3},\ x\geqslant 0,$$

(参看 §1.6 例 2)，试求 B 对 A 的引力 Y

$$Y=\frac{k}{X^2},\ k\text{ 为正常数},$$

的密度函数 $f_Y(y)$.

解

$$f_X(x)=F'_X(x)=\begin{cases}0, & x<0,\\ 4\pi\lambda x^2\mathrm{e}^{-\frac{4}{3}\pi\lambda x^3}, & x\geqslant 0.\end{cases}$$

设 $y>0$. 由 $y=\frac{k}{x^2}$ 得 $x=\pm\sqrt{\frac{k}{y}}$,故有两反函数,对它们都有 $|J|=\left|\frac{\mathrm{d}x}{\mathrm{d}y}\right|=\frac{\sqrt{k}}{2}y^{-\frac{3}{2}}$. 由$(14_1)$

$$f_Y(y)=\left[f_X\left(\sqrt{\frac{k}{y}}\right)+f_X\left(-\sqrt{\frac{k}{y}}\right)\right]\frac{\sqrt{k}}{2}y^{-\frac{3}{2}},$$

但 $f_X\left(-\sqrt{\frac{k}{y}}\right)=0$,故

$$\begin{aligned}f_Y(y)&=f_X\left(\sqrt{\frac{k}{y}}\right)\frac{\sqrt{k}}{2}y^{-\frac{3}{2}}\\&=2\pi\lambda k^{\frac{3}{2}}y^{-\frac{5}{2}}\exp\left[-\frac{4}{3}\pi\lambda\left(\frac{k}{y}\right)^{\frac{3}{2}}\right]\quad(y>0).\end{aligned}$$

若 $y\leqslant 0$,则方程 $y=\frac{k}{x^2}$ 无解,故 $f_Y(y)=0$. ■

例 4　设 X 的密度为 $f_X(x)$,试求 $Y=\cos X$ 的密度.

解　(i) 设 $|y|\leqslant 1$,则 $y=\cos x$ 的解为

$$x^{(l)}(y)=2l\pi+\cos^{-1}y \text{ 及 } \bar{x}^{(l)}(y)=2(l+1)\pi-\cos^{-1}y,$$

$l\in\mathbf{Z}$,共有无穷多个($\cos^{-1}y\leqslant\pi$). 反函数的雅可比行列式的绝对值为

$$\left|\frac{\mathrm{d}x^{(l)}(y)}{\mathrm{d}y}\right|=\left|\frac{\mathrm{d}\bar{x}^{(l)}(y)}{\mathrm{d}y}\right|=\frac{1}{\sqrt{1-y^2}}.$$

由(14_1)得

$$\begin{aligned}f_Y(y)=\frac{1}{\sqrt{1-y^2}}\sum_{l=-\infty}^{+\infty}&[f_X(2l\pi+2\pi-\cos^{-1}y)+\\&f_X(2l\pi+\cos^{-1}y)](|y|\leqslant 1),\end{aligned}\qquad(14_2)$$

若 $|y|>1$,则方程 $y=\cos x$ 无解,故 $f_Y(y)=0$.

(ii) 自然,我们也可不用定理 1 而直接计算 Y 的分布函数 $F_Y(y)$. 对 $|y|\leqslant 1$,

$$F_Y(y)=\sum_{l=-\infty}^{+\infty}P(\cos X\leqslant y,\ 2l\pi<X\leqslant 2(l+1)\pi),$$

由图 2-21 看出，$(\cos X\leqslant y,2l\pi<X\leqslant 2(l+1)\pi)$重合于事件$(2l\pi+\cos^{-1}y<X\leqslant 2(l+1)\pi-\cos^{-1}y)$，因此

$$F_Y(y)=\sum_{l=-\infty}^{+\infty}[F_X(2l\pi+2\pi-\cos^{-1}y)-F_X(2l\pi+\cos^{-1}y)].$$

将此式对 y 微分，即得(14_2).

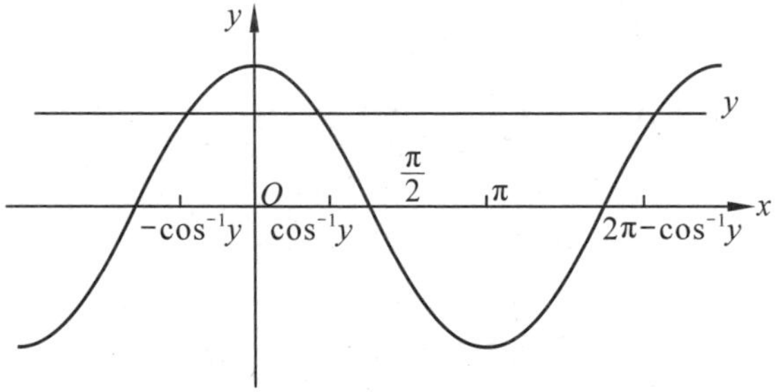

图 2-21

(iii) 至今我们对 $f_X(x)$未作任何假定. 现在考虑一特殊情形，设 X 在$\left[-\dfrac{\pi}{2},\dfrac{\pi}{2}\right]$中均匀分布，即

$$f_X(x)=\begin{cases}\dfrac{1}{\pi}, & |x|\leqslant\dfrac{\pi}{2},\\ 0, & |x|>\dfrac{\pi}{2},\end{cases}$$

即对 $0\leqslant y\leqslant 1$，(14_2)的级数中除剩下两项外，其余都为 0，故此时

$$f_Y(y)=\frac{1}{\sqrt{1-y^2}}[f_X(\cos^{-1}y)+f_X(-\cos^{-1}y)]$$

$$=\frac{2}{\pi\sqrt{1-y^2}}(0\leqslant y\leqslant 1),$$

显然 $Y=\cos X$ 不能取$(-\infty,0)$及$(1,+\infty)$中的值，故当 y 属于此两区间时，$f_Y(y)=0$. ■

例 5　$Y_1=\sqrt{X_1^2+X_2^2}, Y_2=\dfrac{X_1}{X_2}$.

(i) 试求 $Y=(Y_1,Y_2)$ 的密度 $f_Y(y_1,y_2)$，假定 $X=(X_1,X_2)$ 有密度为 $f_X(x_1,x_2)$. 由

$$y_1=\sqrt{x_1^2+x_2^2},\qquad y_2=\frac{x_1}{x_2}$$

解得两反函数

$$x_1^{(1)}=\frac{y_1y_2}{\sqrt{1+y_2^2}},\qquad x_2^{(1)}=\frac{y_1}{\sqrt{1+y_2^2}},$$

$$x_1^{(2)}=-x_1^{(1)},\qquad x_2^{(2)}=-x_2^{(1)}.$$

容易算出

$$|J^{(1)}|=\begin{vmatrix}\dfrac{\partial x_1^{(1)}}{\partial y_1} & \dfrac{\partial x_1^{(1)}}{\partial y_2}\\ \dfrac{\partial x_2^{(1)}}{\partial y_1} & \dfrac{\partial x_2^{(1)}}{\partial y_2}\end{vmatrix}=\frac{|y_1|}{1+y_2^2}.$$

同样，$|J^{(2)}|=\dfrac{|y_1|}{1+y_2^2}$，于是由$(14_1)$

$$f_Y(y_1,y_2)$$

$$=\begin{cases}0, & y_1<0,\\ \dfrac{y_1}{1+y_2^2}\left[f_X\left(\dfrac{y_1y_2}{\sqrt{1+y_2^2}},\dfrac{y_1}{\sqrt{1+y_2^2}}\right)+f_X\left(\dfrac{-y_1y_2}{\sqrt{1+y_2^2}},\dfrac{-y_1}{\sqrt{1+y_2^2}}\right)\right], & y_1\geqslant 0.\end{cases}$$

(ii) 进一步，设

$$f_X(x_1,x_2)=\frac{1}{2\pi\sigma^2}\mathrm{e}^{-\frac{x_1^2+x_2^2}{2\sigma^2}},$$

即设 X_1,X_2 独立，有相同分布 $N(0,\sigma)$，显然 $f_X(x_1,x_2)=f_X(-x_1,-x_2)$. 代入刚才所得结果，得

$$f_Y(y_1,y_2)=\frac{y_1}{1+y_2^2}\frac{1}{\pi\sigma^2}\exp\left[-\frac{\dfrac{y_1^2y_2^2}{1+y_2^2}+\dfrac{y_1^2}{1+y_2^2}}{2\sigma^2}\right]$$

$$=\frac{y_1}{\sigma^2}\mathrm{e}^{-\frac{y_1^2}{2\sigma^2}}\cdot\frac{1}{\pi(1+y_2^2)},y_1\geqslant 0,$$

$$f_Y(y_1,y_2)=0,y_1<0.$$

由此我们还附带得到一个事先不易预见的结论：由于 $f_Y(y_1,y_2)$ 可表示为 y_1 的函数 $\frac{y_1}{\sigma^2}\mathrm{e}^{-\frac{y_1^2}{2\sigma^2}}$ 与 y_2 的函数 $\frac{1}{\pi(1+y_2^2)}$ 的乘积，可见 $Y_1=\sqrt{X_1^2+X_2^2}$ 与 $Y_2=\frac{X_1}{X_2}$ 独立，而且 Y_1 的密度当 $y\geqslant 0$ 时是 $\frac{y}{\sigma^2}\mathrm{e}^{-\frac{y^2}{2\sigma^2}}$，当 $y<0$ 时是 0，Y_2 的密度是 $\frac{1}{\pi(1+y^2)}(-\infty<y<+\infty)$. 这个结果之所以难于预见，是因为 Y_1,Y_2 同是 X_1,X_2 的函数，因此，似乎 Y_1,Y_2 应该相关. 然而上述计算证明，这种表面印象是错误的.[①]■

例 6 积的分布. 设 $\boldsymbol{X}=(\boldsymbol{X}_1,\boldsymbol{X}_2)$ 是连续型随机向量，乘积 $\boldsymbol{X}_1\boldsymbol{X}_2$ 的分布及密度可仿求商的分布那样求出，然而我们仍用定理 1 来求. 依照注 2，令 $\boldsymbol{Y}_1=\boldsymbol{X}_1,\boldsymbol{Y}_2=\boldsymbol{X}_1\boldsymbol{X}_2$，由方程组 $y_1=x_1$，$y_2=x_1x_2$ 解得反函数 $x_1=y_1,x_2=\frac{y_2}{y_1}$. 又

$$J=\begin{vmatrix}1 & 0\\ -\frac{y_2}{y_1^2} & \frac{1}{y_1}\end{vmatrix}=\frac{1}{y_1},\quad |J|=\frac{1}{|y_1|},$$

于是由(14)得

$$f_{\boldsymbol{Y}}(y_1,y_2)=f_{\boldsymbol{X}}\left(y_1,\frac{y_2}{y_1}\right)\frac{1}{|y_1|}.$$

由 § 2.6(三)得 $\boldsymbol{Y}_2=\boldsymbol{X}_1\boldsymbol{X}_2$ 的密度 $g(z)$ 及分布函数 $G(x)$ 分别为

$$g(z)=\int_{-\infty}^{+\infty}f_{\boldsymbol{X}}\left(y,\frac{z}{y}\right)\frac{1}{|y|}\mathrm{d}y,\tag{15}$$

---

① Y_1 的分布是瑞利分布，Y_2 的分布是柯西分布，见本书第 150 页与第 167 页.

$$G(x)=\int_{-\infty}^{x}\int_{-\infty}^{+\infty}f_{\boldsymbol{X}}\left(y,\frac{z}{y}\right)\frac{1}{|y|}\mathrm{d}y\mathrm{d}z. \tag{16}$$

若 $\boldsymbol{X}_1,\boldsymbol{X}_2$ 独立,分别有密度为 $f_1(x),f_2(x)$,则上两式化为

$$g(z)=\int_{-\infty}^{+\infty}f_1(y)f_2\left(\frac{z}{y}\right)\frac{1}{|y|}\mathrm{d}y, \tag{17}$$

$$G(x)=\int_{-\infty}^{x}\int_{-\infty}^{+\infty}f_1(y)f_2\left(\frac{z}{y}\right)\frac{1}{|y|}\mathrm{d}y\mathrm{d}z. \blacksquare \tag{18}$$

例 7　设独立随机变量 $\xi_1,\xi_2,\cdots,\xi_n$ 有相同的分布函数 $F(x)$,它们的极大值是一新的随机变量 η:

$$\eta(\omega)=\max[\xi_1(\omega),\xi_2(\omega),\cdots,\xi_n(\omega)].$$

它在许多实际问题中起重要作用. 例如,设某河流第 i 年的最大径流量为 ξ_i,则 n 年中的最大径流量为 η. 它的分布函数为①

$$F_\eta(y)=P(\eta\leqslant y)=P(\xi_1\leqslant y,\xi_2\leqslant y,\cdots,\xi_n\leqslant y)$$
$$=\prod_{i=1}^{n}P(\xi_i\leqslant y)=[F(y)]^n,$$

若 $F(y)$ 有密度函数为 $f(y)$,则 $F_\eta(y)$ 也有密度为

$$f_\eta(y)=n[F(y)]^{n-1}f(y).$$

类似地,对极小值 ζ:

$$\zeta(\omega)=\min[\xi_1(\omega),\xi_2(\omega),\cdots,\xi_n(\omega)]$$

有

$$P(\zeta>y)=P(\xi_1>y,\xi_2>y,\cdots,\xi_n>y)$$
$$=\prod_{i=1}^{n}P(\xi_i>y)=[1-F(y)]^n,$$

故

$$F_\zeta(y)=1-P(\zeta>y)=1-[1-F(y)]^n. \blacksquare$$

---

① 由此可见:如 $F(y)=y(0\leqslant y\leqslant 1)$ 为均匀分布函数时,$F_\eta(y)=y^n=P(\xi_1\leqslant y^n)=P(\sqrt[n]{\xi_1}\leqslant y)$. 这表示 $\eta=\max(\xi_1,\xi_2,\cdots,\xi_n)$ 与 $\sqrt[n]{\xi_1}$ 同分布. 因而从同分布意义上看,η 与 $\sqrt[n]{\xi_1}$ 是等同的,故可用 η 来模拟 $\sqrt[n]{\xi_1}$(参看第 6 章). 此结论在蒙特卡罗计算方法中有用,因取极大值比开 n 次方易于实现. 极大值分布有许多应用,见[8;41].

（四）三种分布的推导

下列三种分布在数理统计中起着重要的作用.

定理2 设相互独立的随机变量 $\xi_1,\xi_2,\cdots,\xi_n$ 有相同的正态分布 $N(a,\sigma)$，考虑随机变量 χ^2，

$$\chi^2=\sum_{i=1}^{n}\left(\frac{\xi_i-a}{\sigma}\right)^2, \tag{19}$$

则随机变量 ζ

$$\zeta=\frac{\chi}{\sqrt{n}}=\sqrt{\frac{1}{n}\sum_{i=1}^{n}\left(\frac{\xi_i-a}{\sigma}\right)^2} \tag{20}$$

的密度函数为

$$g_n(x)=\begin{cases}0, & x<0,\\ \dfrac{\sqrt{2\pi}}{\Gamma\left(\dfrac{n}{2}\right)}\left(\sqrt{\dfrac{n}{2}}x\right)^{n-1}\mathrm{e}^{-\frac{nx^2}{2}}, & x\geqslant 0.\end{cases} \tag{21}$$

证 令 $G_n(x)=P(\zeta\leqslant x)$，因为 $\zeta\geqslant 0$，故对 $x<0$ 有 $G_n(x)=0$. 下设 $x\geqslant 0$，

由于

$$G_n(x)=P\left[\frac{\chi}{\sqrt{n}}\leqslant x\right]=P(\chi^2\leqslant nx^2), \tag{22}$$

故 $G_n(x)$ 等于随机向量 $\left(\dfrac{\xi_1-a}{\sigma},\dfrac{\xi_2-a}{\sigma},\cdots,\dfrac{\xi_n-a}{\sigma}\right)$ 落于以原点为中心，以 $\sqrt{nx^2}$ 为半径的球

$$\sum_{i=1}^{n}x_i^2\leqslant nx^2 \tag{23}$$

内的概率. 注意，$\dfrac{\xi_i-a}{\sigma}(i=1,2,\cdots,n)$ 独立，有相同分布为 $N(0,1)$，故它们的联合密度为

$$\left(\frac{1}{\sqrt{2\pi}}\right)^n\mathrm{e}^{-\frac{1}{2}\sum\limits_{i=1}^{n}x_i^2},$$

于是

$$G_n(x)=\underset{\sum\limits_{i=1}^{n}x_i^2\leqslant nx^2}{\int\cdots\int}\left(\frac{1}{\sqrt{2\pi}}\right)^n \mathrm{e}^{-\frac{1}{2}\sum\limits_{i=1}^{n}x^2}\mathrm{d}x_1\cdots\mathrm{d}x_n. \tag{24}$$

下面的任务在于计算这 n 重积分. 作坐标变换

$$x_1=\rho\cos\theta_1\cos\theta_2\cdots\cos\theta_{n-1},$$

$$x_2=\rho\cos\theta_1\cos\theta_2\cdots\sin\theta_{n-1},$$

$$\cdots$$

$$x_n=\rho\sin\theta_1,$$

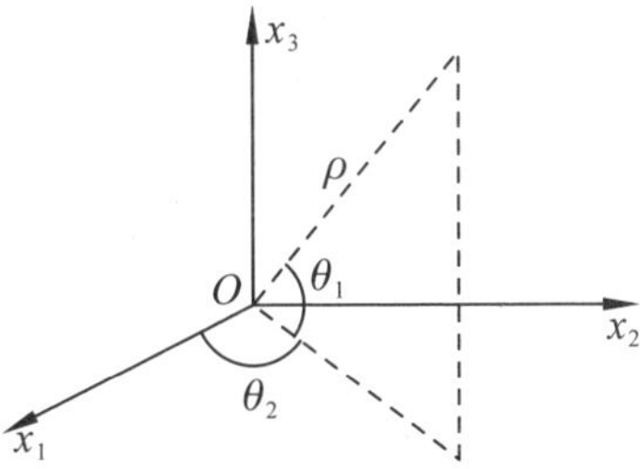

图 2-22

(当 $n=3$ 时, ρ,θ_1,θ_2 的几何意义见图 2-22)

$$\begin{aligned}G_n(x)&=\int_{-\pi}^{\pi}\int_{-\frac{\pi}{2}}^{\frac{\pi}{2}}\cdots\int_{-\frac{\pi}{2}}^{\frac{\pi}{2}}\int_0^{x\sqrt{n}}\left(\frac{1}{\sqrt{2\pi}}\right)^n \mathrm{e}^{-\frac{\rho^2}{2}}\rho^{n-1}\cdot D(\theta_1,\theta_2,\cdots,\theta_{n-1})\mathrm{d}\rho\mathrm{d}\theta_1\cdots\mathrm{d}\theta_{n-1}\\&=c_n\int_0^{x\sqrt{n}}\mathrm{e}^{-\frac{\rho^2}{2}}\rho^{n-1}\mathrm{d}\rho,\end{aligned} \tag{25}$$

其中 $c_n=\int_{-\pi}^{\pi}\int_{-\frac{\pi}{2}}^{\frac{\pi}{2}}\cdots\int_{-\frac{\pi}{2}}^{\frac{\pi}{2}}\left(\frac{1}{\sqrt{2\pi}}\right)^n D(\theta_1,\theta_2,\cdots,\theta_{n-1})\mathrm{d}\theta_1\mathrm{d}\theta_2\cdots\mathrm{d}\theta_{n-1}$, 而

$$D(\theta_1,\theta_2,\cdots,\theta_{n-1})=\frac{1}{\rho^{n-1}}\begin{vmatrix}\frac{\partial x_1}{\partial\rho} & \frac{\partial x_1}{\partial\theta_1} & \cdots & \frac{\partial x_1}{\partial\theta_{n-1}}\\ \frac{\partial x_2}{\partial\rho} & \frac{\partial x_2}{\partial\theta_1} & \cdots & \frac{\partial x_2}{\partial\theta_{n-1}}\\ \vdots & \vdots & & \vdots\\ \frac{\partial x_n}{\partial\rho} & \frac{\partial x_n}{\partial\theta_1} & \cdots & \frac{\partial x_n}{\partial\theta_{n-1}}\end{vmatrix},$$

右方行列式为变换行列式. 为求 c_n, 于(25)中令 $x\to+\infty$, 得

$$1=\lim_{x\to+\infty}G_n(x)=c_n\int_0^{+\infty}\mathrm{e}^{-\frac{\rho^2}{2}}\cdot\rho^{n-1}\mathrm{d}\rho.$$

令 $t=\dfrac{\rho^2}{2},\rho=\sqrt{2t},\mathrm{d}\rho=\dfrac{\mathrm{d}t}{\sqrt{2t}}$, 由上式得 $1=c_n 2^{\frac{n}{2}-1}\int_0^{+\infty}\mathrm{e}^{-t}t^{\frac{n}{2}-1}\mathrm{d}t=$

$c_n 2^{\frac{n}{2}-1}\Gamma\left(\frac{n}{2}\right)$，其中 $\Gamma\left(\frac{n}{2}\right)$ 为伽马函数

$$\Gamma(p)=\int_0^{+\infty} t^{p-1}\mathrm{e}^{-t}\mathrm{d}t,\ p>0. \tag{26}$$

在 $\frac{n}{2}$ 的值，以 $c_n=\frac{1}{2^{\frac{n}{2}-1}\Gamma\left(\frac{n}{2}\right)}$ 代入(25)，即得

$$G_n(x)=\frac{1}{2^{\frac{n}{2}-1}\Gamma\left(\frac{n}{2}\right)}\int_0^{x\sqrt{n}}\mathrm{e}^{-\frac{\rho^2}{2}}\cdot\rho^{n-1}\mathrm{d}\rho,\ x\geqslant 0. \tag{27}$$

微分后，即知密度函数 $g_n(x)$ 由(21)式给出．■

当 $n=1$ 时，①

$$g_1(x)=\begin{cases}0, & x<0,\\ \sqrt{\dfrac{2}{\pi}}\mathrm{e}^{-\frac{x^2}{2}}, & x\geqslant 0.\end{cases} \tag{28}$$

对非负的 x，$g_1(x)$ 等于 $N(0,1)$ 的密度在点 x 的值的 2 倍，通常称它为反射正态分布，因若 ξ 有 $N(0,1)$ 分布，则 $|\xi|$ 的密度为 $g_1(x)$.

又当 $n=2,3$ 时，

$$g_2(x)=\begin{cases}0, & x<0,\\ 2x\mathrm{e}^{-x^2}, & x\geqslant 0,\end{cases}$$

$$g_3(x)=\begin{cases}0, & x<0,\\ \dfrac{3\sqrt{6}}{\sqrt{\pi}}x^2\mathrm{e}^{-\frac{3x^2}{2}}, & x\geqslant 0.\end{cases}$$

通常称密度函数为

---

① 设 ξ 有 $N(0,\sigma)$ 分布，则 $|\xi|$ 有一般的反射正态分布，密度为 $\frac{g_1(x)}{\sigma}$，而且其 k 阶矩

$$E|\xi|^k=\sigma^k 2^{\frac{k}{2}}\frac{\Gamma\left(\frac{k+1}{2}\right)}{\sqrt{\pi}}$$（参看本书第 167 页）.

$$f(x)=\begin{cases}0, & x<0,\\ \dfrac{x}{\sigma^2}\mathrm{e}^{-\frac{x^2}{2\sigma^2}}, & x\geqslant 0,\end{cases}\ (\sigma>0) \tag{29}$$

的分布为瑞利(Rayleigh)分布，$g_2(x)$是它的特殊情形$\left(\sigma=\dfrac{1}{\sqrt{2}}\right)$.

称密度函数为

$$h(x)=\begin{cases}0, & x<0,\\ \dfrac{1}{\sigma^3}\sqrt{\dfrac{2}{\pi}}x^2\mathrm{e}^{-\frac{x^2}{2\sigma^2}}, & x\geqslant 0,\end{cases}\ (\sigma>0) \tag{29_1}$$

的分布为马克斯韦尔分布，它在统计物理中起着重要作用①. 上述$g_3(x)$是它当$\sigma=\dfrac{1}{\sqrt{3}}$的特殊情形.

系 1　(19)中随机变量χ^2的密度函数为

$$f_n(x)=\begin{cases}0, & x<0,\\ \dfrac{1}{2^{\frac{n}{2}}\Gamma\left(\dfrac{n}{2}\right)}x^{\frac{n}{2}-1}\mathrm{e}^{-\frac{x}{2}}, & x\geqslant 0.\end{cases} \tag{30}$$

证

$$F_n(x)\equiv P(\chi^2\leqslant x)=P\left(\frac{\chi}{\sqrt{n}}\leqslant\sqrt{\frac{x}{n}}\right)=G_n\left(\sqrt{\frac{x}{n}}\right)$$

$$=\begin{cases}0, & x<0,\\ \dfrac{1}{2^{\frac{n}{2}-1}\Gamma\left(\dfrac{n}{2}\right)}\displaystyle\int_0^{\sqrt{x}}\mathrm{e}^{-\frac{\rho^2}{2}}\rho^{n-1}\mathrm{d}\rho, & x\geqslant 0.\end{cases} \tag{31}$$

对x微分后即得(30). ■

---

① 瑞利分布的数学期望与方差分别为$\sqrt{\dfrac{\pi}{2}}\sigma$与$\left(2-\dfrac{\pi}{2}\right)\sigma^2$. 马克斯韦尔分布的数学期望与方差分别为$2\sqrt{\dfrac{2}{\pi}}\sigma$与$\left(3-\dfrac{8}{\pi}\right)\sigma^2$. 气体分子的速度(绝对值)服从马克斯韦尔分布，它在统计物理中起重要作用.

称以(30)中 $f_n(x)$ 为密度的分布为具自由度 n 的 χ^2 分布，参数 n 称为自由度.

注意 虽然(19)中的 χ^2 依赖于 a,σ，但它的密度却与 a,σ 无关，对不同的 n，$f_n(x)$ 图形见图 2-23.

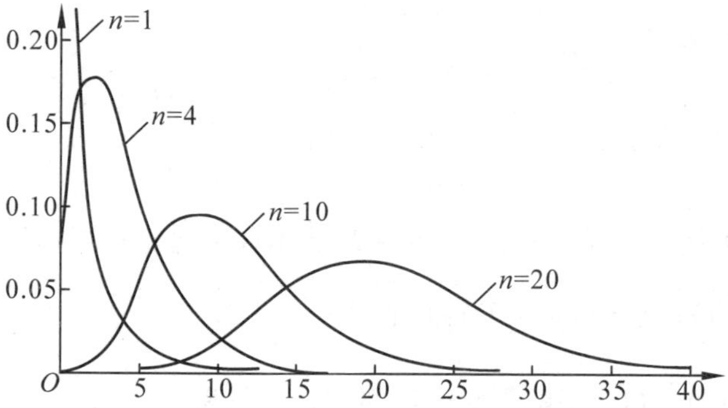

图 2-23 χ^2-分布密度图. $n=1,4,10,20$

定理 3 设 ξ,z 为两独立随机变量，ξ 有 $N(0,1)$ 分布，z 有自由度为 n 的 χ^2 分布，则

$$t=\frac{\xi}{\sqrt{\frac{z}{n}}}=\sqrt{n}\frac{\xi}{\sqrt{z}} \tag{32}$$

的密度为

$$f_n(x)=\frac{\Gamma\left(\frac{n+1}{2}\right)}{\sqrt{n\pi}\,\Gamma\left(\frac{n}{2}\right)}\left(\frac{x^2}{n}+1\right)^{-\frac{n+1}{2}}. \tag{33}$$

证 因 $\sqrt{\frac{z}{n}}$ 与(20)中 $\frac{\chi}{\sqrt{n}}$ 同分布，故它的密度是(21)中的 $g_n(x)$，又 ξ 的密度是 $\frac{1}{\sqrt{2\pi}}\mathrm{e}^{-\frac{x^2}{2}}$，故由(12)得

$$f_n(x)=\int_0^{+\infty}\frac{\sqrt{2n}}{\Gamma\left(\frac{n}{2}\right)}\left(\sqrt{\frac{n}{2}}y\right)^{n-1}\mathrm{e}^{-\frac{ny^2}{2}}\frac{1}{\sqrt{2\pi}}\mathrm{e}^{-\frac{x^2y^2}{2}}y\mathrm{d}y$$

$$= \frac{1}{\sqrt{n\pi}\Gamma\left(\frac{n}{2}\right)}\int_0^{+\infty}\left(\sqrt{\frac{n}{2}}y\right)^{n-1}\mathrm{e}^{-\frac{ny^2}{2}\left(1+\frac{x^2}{n}\right)}ny\,\mathrm{d}y.$$

作变换 $u=\frac{ny^2}{2}\left(\frac{x^2}{n}+1\right)$，得

$$f_n(x)=\frac{\left(\frac{x^2}{n}+1\right)^{-\frac{n+1}{2}}}{\sqrt{n\pi}\Gamma\left(\frac{n}{2}\right)}\int_0^{+\infty}u^{\frac{n-1}{2}}\mathrm{e}^{-u}\mathrm{d}u=\frac{\Gamma\left(\frac{n+1}{2}\right)}{\sqrt{n\pi}\Gamma\left(\frac{n}{2}\right)}\left(\frac{x^2}{n}+1\right)^{-\frac{n+1}{2}}.\ ■$$

称以(33)中的 $f_n(x)$ 为密度的分布为具自由度为 n 的 t 分布(或称学生分布)，$f_n(x)$ 的图见 § 2.5 常用分布表. 图 2-24 则将 $N(0,1)$ 正态分布的密度与 $n=2$，$n=5$ 的 t 分布密度作了比较，当 n 很大时，这两者差别很小，实际上，只要 $n>30$，两者的值就相差无几了. 因此 $t(l)$，$t(m)$ 的密度也非常接近，只要 l，m 充分大，譬如说，都大于 30. 这也可由 t 分布表直接看出.

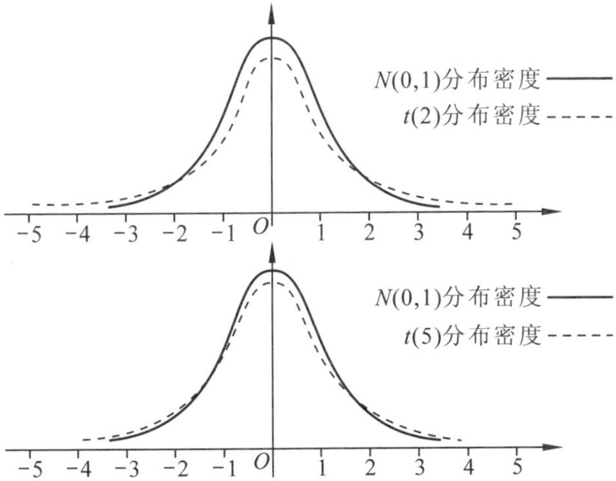

图 2-24　$n=2,5$ 时，t 分布密度与 $N(0,1)$ 正态分布密度的比较图

定理 4　设 χ_m^2，χ_n^2 为独立随机变量，分别具有自由度为 m 及 n 的 χ^2 分布，令

$$\xi=\frac{\chi_m^2}{m},\quad \eta=\frac{\chi_n^2}{n},$$

则 $\zeta=\dfrac{\xi}{\eta}$ 的密度为

$$f(x)=\begin{cases}0, & x\leqslant 0,\\ \dfrac{\Gamma\left(\dfrac{m+n}{2}\right)}{\Gamma\left(\dfrac{m}{2}\right)\Gamma\left(\dfrac{n}{2}\right)}m^{\frac{m}{2}}n^{\frac{n}{2}}\dfrac{x^{\frac{m}{2}-1}}{(mx+n)^{\frac{m+n}{2}}}, & x>0.\end{cases}\tag{34}$$

证 由(30)推知 $\xi=\dfrac{\chi_m^2}{m}$ 的分布密度为

$$f_\xi(y)=\begin{cases}0, & y\leqslant 0,\\ \dfrac{m^{\frac{m}{2}}}{2^{\frac{m}{2}}\Gamma\left(\dfrac{m}{2}\right)}y^{\frac{m}{2}-1}\mathrm{e}^{-\frac{my}{2}}, & y>0.\end{cases}$$

由(12)可见 $\zeta=\dfrac{\xi}{\eta}$ 的密度为

$$\begin{aligned}f(x)&=c\int_0^{+\infty}y(xy)^{\frac{m}{2}-1}\mathrm{e}^{-\frac{mxy}{2}}y^{\frac{n}{2}-1}\mathrm{e}^{-\frac{ny}{2}}\mathrm{d}y\\&=cx^{\frac{m}{2}-1}\int_0^{+\infty}y^{\frac{m+n}{2}-1}\mathrm{e}^{-\frac{1}{2}y(mx+n)}\mathrm{d}y,\end{aligned}$$

其中

$$c=\frac{m^{\frac{m}{2}}n^{\frac{n}{2}}}{2^{\frac{m+n}{2}}\Gamma\left(\frac{m}{2}\right)\Gamma\left(\frac{n}{2}\right)}.\tag{35}$$

令 $z=y(mx+n)$，则

$$\begin{aligned}f(x)&=c\,\frac{x^{\frac{m}{2}-1}}{(mx+n)^{\frac{m+n}{2}}}\int_0^{+\infty}z^{\frac{m+n}{2}-1}\mathrm{e}^{-\frac{z}{2}}\mathrm{d}z\\&=\frac{x^{\frac{m}{2}-1}}{(mx+n)^{\frac{m+n}{2}}}2^{\frac{m+n}{2}}\Gamma\left(\frac{m+n}{2}\right).\end{aligned}$$

由此及(35)即推出(34). ■

称以(34)中 $f(x)$ 为密度的分布为具有两自由度 m 及 n 的 F 分布，记为 $F_{m,n}$，它的图也见§2.5表2-2常用分布表.

§ 2.9　随机变量的数字特征

(一) 引进数字特征的原因

为了要完满的表达随机变量 ξ 的概率性质，自然应该知道 ξ 的分布函数$F(x)$，然而在许多实际问题中，并不需要知道 ξ 的一切概率性质，而只需了解它的某一性质就够了．例如，以 ξ 表示泊松流在时间$(0,1)$中出现的质点数，有时只要知道平均的质点数，即 ξ 的平均数，而平均数是下面要讲的数字特征之一．引进数字特征的另一原因是：有时很难精确地求出 $F(x)$，因之不得不退而求其次．

数字特征一般被 $F(x)$确定，它是对 $F(x)$进行某种运算的结果，因此，我们可以引进任意多个数字特征，只需引进任意多种运算，问题在于哪些数字特征才有实际的或理论上的意义．一般地，重要的是反映随机变量 ξ 下列方面的性质的数字特征：

(i) ξ 的集中位置：注意 $\xi=\xi(\omega)$是 ω 的函数，对应于不同的 ω，$\xi(\omega)$的值可能不同，因而希望知道大多数的 $\xi(\omega)$集中在那里，能够粗略地(未必精确地)满足这一要求的是 ξ 的平均值，也叫 ξ 的数学期望；另一数字特征是中数，它们的严格定义留待以后．

(ii) ξ 的集中程度：除了知道集中的位置外，有时还要知道集中的程度，是高度的集中还是高度的分散？反映这一点的数字特征是方差和内极差等①．

(iii) 两个随机变量的相关程度：设有两个随机变量 ξ 与 η，希望知道它们的概率联系是否紧密，反映相关程序的有相关系数．

---

①　此外，为了克服方差不一定存在的缺点，还有所谓散布度，也是反映分布的集中程度的数字特征，见[18]，§ 11.

当然，还有一些重要的其他的数字特征如矩，半不变量等.

直观的想法大致如此.

（二）数学期望

如上所述，我们希望引进一个数字特征，来反映ξ的值的集中位置.这使我们联想到力学中重心的概念，因为重心是反映力学系统的集中位置的.设有一个一维力学系统S，它由n个质点构成，第i个质点的坐标为a_i，在a_i点上的质量为$p_i(i=1,2,\cdots,n)$，那么力学中定义S的重心的坐标为

$$\frac{\sum_{i=1}^{n}a_i p_i}{\sum_{i=1}^{n}p_i}. \tag{1}$$

受重心定义的启发，对密度矩阵为$\begin{pmatrix} a_0 & a_1 & \cdots \\ p_0 & p_1 & \cdots \end{pmatrix}$的离散型随机变量$\xi$，我们定义$\xi$的数学期望$E\xi$为

$$E\xi = \sum_{i=0}^{+\infty}a_i p_i \tag{2}$$

（注意$\sum_{i=0}^{+\infty}p_i = 1$），只要右方级数绝对收敛.

收敛的绝对性保证$\sum_{i=0}^{\infty}a_i p_i$的值不随级数项排列的次序改变而改变，这是必需的，因为数学期望反映客观实在（ξ的集中位置），它自然不应随排序的主观性而改变.收敛的绝对性还可以使我们充分运用勒贝格积分这一有力工具.

特别地，如果ξ的密度矩阵为$\begin{pmatrix} a_1 & a_2 & \cdots & a_n \\ \frac{1}{n} & \frac{1}{n} & \cdots & \frac{1}{n} \end{pmatrix}$（古典型），那么$E\xi = \frac{1}{n}\sum_{i=1}^{n}a_i$化为$a_1,a_2,\cdots,a_n$的平均值.所以数学期望是

平均值的推广，即“加权”平均值.

与(2)对应，对密度函数为 $f(x)$ 的连续型随机变量 ξ，如果 $\int_{-\infty}^{+\infty}|x|f(x)\mathrm{d}x<+\infty$，我们定义

$$E\xi=\int_{-\infty}^{+\infty}xf(x)\mathrm{d}x, \tag{3}$$

右方是勒贝格积分.

对一般的随机变量 ξ，有分布函数 $F(x)$，如果

$\int_{-\infty}^{+\infty}|x|\mathrm{d}F(x)<+\infty$，我们定义 ξ 的数学期望 $E\xi$ 为

$$E\xi=\int_{-\infty}^{+\infty}x\mathrm{d}F(x), \tag{4}$$

右方是勒贝格-斯蒂尔杰斯积分.

这定义还需要稍许推广. 设 $g(x)$，$x\in\mathbf{R}$ 是一元波莱尔可测函数，在 § 2.7 系 1 中已知 $g(\xi)$ 是一随机变量，仍以 $F(x)$ 表示 ξ 的分布函数. 如果勒贝格-斯蒂尔杰斯积分 $\int_{-\infty}^{+\infty}g(x)\mathrm{d}F(x)$ 绝对收敛，即如果 $\int_{-\infty}^{+\infty}|g(x)|\mathrm{d}F(x)<+\infty$，就定义 $g(\xi)$ 的数学期望(亦称平均值) $Eg(\xi)$ 为

$$Eg(\xi)=\int_{-\infty}^{+\infty}g(x)\mathrm{d}F(x). \tag{5}$$

由于 $|Eg(\xi)|\leqslant\int_{-\infty}^{+\infty}|g(x)|\mathrm{d}F(x)$，可见若 $g(\xi)$ 有数学期望，则 $Eg(\xi)$ 必有穷①. 对连续型的 $F(x)$，若 $F'(x)=f(x)$，则(5)化为

$$Eg(\xi)=\int_{-\infty}^{+\infty}g(x)f(x)\mathrm{d}x; \tag{5_1}$$

对离散型的 $F(x)$，若它的密度矩阵是 $\begin{pmatrix}a_0 & a_1 & \cdots\\ p_0 & p_1 & \cdots\end{pmatrix}$，则(5)化为

---

① 以后“$g(\xi)$ 有数学期望”，“$g(\xi)$ 的数学期望存在”与“$g(\xi)$ 的数学期望有穷”三句话是同一意思.

$$Eg(\xi)=\sum_{i=0}^{+\infty}g(a_i)p_i. \tag{5_2}$$

现在将 $g(x)$特殊化，就得到各种数学特征.

(i) 令 $g(x)=x^k(k\geqslant 0)$，称 $E\xi^k$ 为 ξ 的 k 阶矩，记为 m_k.

(ii) 令 $g(x)=|x|^k(k\geqslant 0)$，称 $E|\xi|^k$ 为 ξ 的 k 阶绝对矩.

(iii) 令 $g(x)=(x-E\xi)^2$，称 $E(\xi-E\xi)^2$ 为 ξ 的方差，记为 $D\xi$，即

$$D\xi=\int_{-\infty}^{+\infty}(x-E\xi)^2\,\mathrm{d}F(x). \tag{6}$$

当 $F(x)$是连续型或离散型时，上式分别化为

$$D\xi=\int_{-\infty}^{+\infty}(x-E\xi)^2 f(x)\,\mathrm{d}x, \tag{6_1}$$

$$D\xi=\sum_{i=0}^{+\infty}(a_i-E\xi)^2 p_i. \tag{6_2}$$

方差是表示 ξ 对它的平均值（即数学期望）$E\xi$ 的分散程度的一个指标. $D\xi$ 越大，某些$(a_i-E\xi)^2p_i$ 也越大，即分散程度大；反之亦然. 特别，若 $D\xi=0$，则 $a_i=E\xi$（一切 i），这表示 ξ 有单点分布 $\begin{pmatrix}E\xi\\1\end{pmatrix}$，这是高度集中的特殊情形. 这里我们用($6_2$)来解释是为了便于说明，其实这一事实对一般的 $F(x)$都正确. (6)中采用平方是为了保证一切离差都起正面的作用，因而都被考虑在 $D\xi$ 中. 否则，如用一次方，正、负离差就有相互抵消的可能. 通常可用下式来计算方差. 由(6)

$$\begin{aligned}D\xi&=\int_{-\infty}^{+\infty}x^2\,\mathrm{d}F(x)-2E\xi\int_{-\infty}^{+\infty}x\,\mathrm{d}F(x)+(E\xi)^2\\&=E\xi^2-(E\xi)^2.\end{aligned} \tag{7}$$

(iv) 令 $g(x)=(x-E\xi)^k(k\geqslant 0)$，称 $E(\xi-E\xi)^k$ 为 ξ 的 k 阶中心矩，记为 c_k.

(v) 令 $g(x)=|x-E\xi|^k(k\geqslant 0)$，称 $E|\xi-E\xi|^k$ 为 ξ 的 k 阶绝

对中心矩.

中心矩可通过矩来表达：对正整数 k，有

$$c_k = E(\xi - E\xi)^k = \sum_{i=0}^{k} C_k^i (-E\xi)^{k-i} \cdot E\xi^i$$

$$= \sum_{i=0}^{k} C_k^i (-m_1)^{k-i} m_i.$$

例如：

$$\begin{cases} c_0 = 1, c_1 = 0, \\ c_2 = m_2 - m_1^2, c_3 = m_3 - 3m_2 m_1 + 2m_1^2, \\ c_4 = m_4 - 4m_3 m_1 + 6m_2 m_1^2 - 3m_1^4, \cdots \end{cases} \tag{8}$$

矩也可通过中心矩来表达

$$m_k = E\xi^k = E[(\xi - m_1) + m_1]^k$$

$$= \sum_{i=0}^{k} C_k^i E(\xi - m_1)^{k-i} m_1^i$$

$$= \sum_{i=0}^{k} C_k^i c_{k-i} m_1^i.$$

现在来考虑多变量情形. 设 $\xi_1(\omega), \xi_2(\omega), \cdots, \xi_n(\omega)$ 是 n 个随机变量，$g(x_1, x_2, \cdots, x_n)$ 是 n 元波莱尔可测函数，$g(\xi_1(\omega), \xi_2(\omega), \cdots, \xi_n(\omega))$ 是随机变量，以 $F(x_1, x_2, \cdots, x_n)$ 表示 $(\xi_1(\omega), \xi_2(\omega), \cdots, \xi_n(\omega))$ 的分布函数，完全类似地，定义 $g(\xi_1(\omega), \xi_2(\omega), \cdots, \xi_n(\omega))$ 的数学期望为

$$Eg(\xi_1, \xi_2, \cdots, \xi_n) = \int_{-\infty}^{+\infty} \cdots \int_{-\infty}^{+\infty} g(x_1, x_2, \cdots, x_n) \mathrm{d}F(x_1, x_2, \cdots, x_n), \tag{9}$$

只要右方的勒贝格-斯蒂尔杰斯积分绝对收敛.

（三）一些数字特征的性质

以下总设 $\xi, \xi_1, \xi_2, \cdots, \xi_n$ 都是随机变量，而且所用到的数字特征存在.

定理 1　数学期望有下列性质：

(i) 若 c 是常数，则 $Ec=c$.

(ii) 线性：对任意常数 $c_i, i=1,2,\cdots,n$，有

$$E\left(\sum_{i=1}^{n} c_i\xi_i\right)=\sum_{i=1}^{n} c_i E\xi_i. \tag{10}$$

(iii) 若 $\xi_1,\xi_2,\cdots,\xi_n$ 独立，则

$$E\xi_1\xi_2\cdots\xi_n=\prod_{i=1}^{n} E\xi_i. \tag{11}$$

(iv) 函数 $f(x)=E(\xi-x)^2$，当 $x=E\xi$ 时取最小值 $D\xi$.

证 常数 c 也是随机变量，这是因为把它看成恒等于 c 的函数时，§2.1(4)式显然满足. 它是离散型的，密度矩阵为 $\begin{pmatrix} c \\ 1 \end{pmatrix}$，由(2)得

$$Ec=c\cdot 1=c.$$

在(9)中取 $g(x_1,x_2,\cdots,x_n)=\sum_{i=1}^{n} c_i x_i$，并以 $F_i(x)$ 表示 ξ_i 的分布函数，得①

$$\begin{aligned}
&E\left(\sum_{i=1}^{n} c_i\xi_i\right)\\
&=\int_{-\infty}^{+\infty}\cdots\int_{-\infty}^{+\infty}(c_1x_1+c_2x_2+\cdots+c_nx_n)\mathrm{d}F(x_1,x_2,\cdots,x_n)\\
&=\sum_{i=1}^{n} c_i\int_{-\infty}^{+\infty}\cdots\int_{-\infty}^{+\infty}x_i\mathrm{d}F(x_1,x_2,\cdots,x_n)
\end{aligned}$$

---

① (12)式中第3个等号的成立可由积分的性质推出. 例如，当 $n=2$ 时，

$$\begin{aligned}
&\int_{-\infty}^{+\infty}\int_{-\infty}^{+\infty}x_1\mathrm{d}F(x_1,x_2)=\lim_{n\to\infty}\sum_{k=-\infty}^{+\infty}\frac{k}{2^n}F\left(\left[\frac{k-1}{2^n}<x_1\leqslant\frac{k}{2^n}\right]\times\mathbf{R}^1\right)\\
&=\lim_{n\to+\infty}\sum_{k=-\infty}^{+\infty}\frac{k}{2^n}\cdot\left[F\left(\frac{k}{2^n},+\infty\right)-F\left(\frac{k-1}{2^n},+\infty\right)\right]\\
&=\lim_{n\to+\infty}\sum_{k=-\infty}^{+\infty}\frac{k}{2^n}F_1\left(\left[\frac{k-1}{2^n}<x_1\leqslant\frac{k}{2^n}\right]\right)=\int_{-\infty}^{+\infty}x_1\mathrm{d}F_1(x_1),
\end{aligned}$$

其中 $\mathbf{R}$ 表示一维空间. 对一般的 n 证明完全类似.

$$= \sum_{i=1}^{n} c_i \int_{-\infty}^{+\infty} x_i \mathrm{d}F_i(x_i) = \sum_{i=1}^{n} c_i E\xi_i. \tag{12}$$

今证(iii)：由 $\xi_1, \xi_2, \cdots, \xi_n$ 的独立性得

$$F(x_1, x_2, \cdots, x_n) = \prod_{i=1}^{n} F_i(x_i).$$

因而由实变函数论中富比尼(Fubini) 定理①得

$$\begin{aligned} E\xi_1\xi_2\cdots\xi_n &= \int_{-\infty}^{+\infty}\cdots\int_{-\infty}^{+\infty} x_1x_2\cdots x_n \mathrm{d}F(x_1, x_2, \cdots, x_n) \\ &= \int_{-\infty}^{+\infty}\cdots\int_{-\infty}^{+\infty} x_1x_2\cdots x_n \mathrm{d}F_1(x_1)\cdots\mathrm{d}F_n(x_n) \\ &= \prod_{i=1}^{n}\int_{-\infty}^{+\infty} x_i \mathrm{d}F_i(x_i) = \prod_{i=1}^{n} E\xi_i. \end{aligned}$$

为证(iv)，注意由(i)(ii) 得

$$f(x) = E\xi^2 - 2xE\xi + x^2, \quad \frac{\mathrm{d}f(x)}{\mathrm{d}x} = 2x - 2E\xi. \tag{13}$$

$\frac{\mathrm{d}f(x)}{\mathrm{d}x} = 0$ 的根为 $E\xi$，既然$\frac{\mathrm{d}^2 f(x)}{\mathrm{d}x^2} = 2 > 0$，故 $f(x)$ 在 $x = E\xi$ 取最小值 $E(\xi - E\xi)^2 = D\xi$. ■

这里的(iv) 是可以把 $E\xi$ 看成 ξ 的集中位置的另一理由.

定理 2　方差具有下列性质：设 c, c_i 为常数，

(i) $Dc = 0$.

---

① 参看[10] 第 5 章 § 9. 作为定理 1 性质(ii) 的一个应用，考虑 § 1.4 中的例 7，即 n 张信纸与信封的配对问题. 设配好对的对数为 ξ，试求 $E\xi$. 采用那里的记号，按定义得 $E\xi = \sum_{r=0}^{n} rq_r = \sum_{r=1}^{n} \frac{r}{r!}\sum_{k=0}^{n-r}\frac{(-1)^k}{k!}$. 但另一方面，也可利用(ii) 来计算：定义 $\xi_k = 1$ 或 0，视第 k 号信纸是或否装入同号码的信封而定，于是，$\xi = \xi_1 + \xi_2 + \cdots + \xi_n$，故 $E\xi = E\xi_1 + E\xi_2 + \cdots + E\xi_n$. 但由 § 1.4 例 7，$E\xi_k = 1 \cdot P(\xi_k = 1) + 0 \cdot P(\xi_k = 0) = P(\xi_k = 1) = \frac{1}{n}$，从而 $E\xi = n \cdot \frac{1}{n} = 1$. 这样一来，我们便用概率的方法证明了下列恒等式 $\sum_{r=1}^{n}\frac{1}{(r-1)!}\sum_{k=0}^{n-r}\frac{(-1)^k}{k!} = 1$.

(ii) $D\left(\sum_{i=1}^{n} c_i\xi_i\right)=\sum_{i=1}^{n}\sum_{j=1}^{n} c_ic_jE(\xi_i-E\xi_i)(\xi_j-E\xi_j)$.

(iii) 若 $\xi_1,\xi_2,\cdots,\xi_n$ 独立，则

$$D\left(\sum_{i=1}^{n} c_i\xi_i\right)=\sum_{i=1}^{n} c_i^2D\xi_i. \tag{14}$$

证　由(7) 得

$$Dc=Ec^2-(Ec)^2=c^2-c^2=0, \tag{15}$$

$$\begin{aligned}D\left(\sum_{i=1}^{n} c_i\xi_i\right)&=E\left[\sum_{i=1}^{n} c_i(\xi_i-E\xi_i)\right]^2\\&=E\left[\sum_{i=1}^{n}\sum_{j=1}^{n} c_ic_j(\xi_i-E\xi_i)(\xi_j-E\xi_j)\right]\\&=\sum_{i=1}^{n}\sum_{j=1}^{n} c_ic_jE(\xi_i-E\xi_i)(\xi_j-E\xi_j).\end{aligned} \tag{16}$$

若 $\xi_1,\xi_2,\cdots,\xi_n$ 独立，则由定理 1

$$E\xi_i\xi_j=E\xi_iE\xi_j\quad(i,j=1,2,\cdots,n,i\neq j), \tag{17}$$

从而 $E(\xi_i-E\xi_i)(\xi_j-E\xi_j)=0$，故(16) 化为

$$D\left(\sum_{i=1}^{n} c_i\xi_i\right)=\sum_{i=1}^{n} c_i^2D\xi_i.\ ■ \tag{18}$$

特别注意下式中的加号，如 ξ_1,ξ_2 独立，由(14) 有

$$D(\xi_1-\xi_2)=D\xi_1+D\xi_2. \tag{19}$$

顺便指出，由上面证明可见，如果(17) 成立，那么除去独立性的假定后，(14) 仍然成立.

现在来研究 k 阶绝对矩 $a_k=E\mid\xi\mid^k,k\in\mathbf{N}$，由于

$$\mid\xi\mid^k\leqslant 1+\mid\xi\mid^{k+1},\quad a_k\leqslant 1+a_{k+1},$$

可见若高阶绝对矩有穷，则低阶绝对矩也有穷，故若高阶矩 m_n 存在，则低阶矩 $m_1,m_2,\cdots,m_{n-1}$ 也存在.

* **定理 3**　若 $a_n<+\infty$，则

$$\sqrt[k]{a_k}\leqslant\sqrt[k+1]{a_{k+1}},k=1,2,\cdots,n-1. \tag{20}$$

证　考虑 u,v 的函数

$$a_{k-1}u^2+2a_kuv+a_{k+1}v^2=\int_{-\infty}^{+\infty}[u\mid x\mid^{\frac{k-1}{2}}+v\mid x\mid^{\frac{k+1}{2}}]^2\mathrm{d}F(x),\tag{21}$$

由右方可见这函数对任意数 u,v 非负，因此必定

$$a_k^2-a_{k-1}a_{k+1}\leqslant 0,\text{即 } a_k^2\leqslant a_{k-1}a_{k+1},$$
$$a_k^{2k}\leqslant a_{k-1}^k a_{k+1}^k.$$

令 $k=1,2,\cdots,n-1$，得

$$a_1^2\leqslant a_0a_2,a_2^4\leqslant a_1^2a_3^2,\cdots,a_{n-1}^{2(n-1)}\leqslant a_{n-2}^{n-1}a_n^{n-1},$$

其中 $a_0=1$. 将这些式中前 k 个的左、右方分别相乘，化简即得 $a_k^{k+1}\leqslant a_{k+1}^k$，开$k(k+1)$ 次方即得(20). ■

如果对 $\xi,E\xi,D\xi$ 都存在，有时考虑

$$\xi^*=\frac{\xi-E\xi}{\sqrt{D\xi}}\quad(D\xi>0)\tag{22}$$

更方便，称 ξ^* 为 ξ 的标准化随机变量，显然

$$E\xi^*=0,\quad D\xi^*=1.\tag{23}$$

(四) 条件数学期望

设事件 B 使 $P(B)>0$，令

$$F(x\mid B)=\frac{P(\xi\leqslant x,B)}{P(B)},$$

它是在事件 B 下 ξ 的条件分布函数. 如果积分$\int_{-\infty}^{+\infty}x\mathrm{d}F(x\mid B)$ 绝对收敛，称此积分为 ξ 在事件 B 下的条件数学期望，并记为 $E(\xi\mid B)$. 显然，$E\xi=E(\xi\mid\Omega)$.

设事件 $B_1,B_2,\cdots,B_n$ 互不相交，$P(B_i)>0(i=1,2,\cdots,n)$，而且 $\bigcup_{i=1}^n B_i=\Omega$，由全概率公式

$$F(x)=P(\xi\leqslant x)=\sum_{i=1}^n P(\xi\leqslant x\mid B_i)P(B_i)$$
$$=\sum_{i=1}^n F(x\mid B_i)P(B_i),$$

故得

$$E\xi=\int_{-\infty}^{+\infty}x\mathrm{d}F(x)=\sum_{i=1}^{n}E(\xi\mid B_i)P(B_i),\qquad(24)$$

此式称为全数学期望公式.

正如全概率公式有利于计算事件的概率一样，(24) 式也有助于计算 $E\xi$.

如果 ξ 与 B 独立，就是说，如果对任意实数 x，有

$$P([\xi\leqslant x]\cap B)=P(\xi\leqslant x)P(B),$$

那么由(24)，显然 $F(x\mid B)=F(x)$，于是

$$E(\xi\mid B)=\int_{-\infty}^{+\infty}x\mathrm{d}F(x\mid B)=\int_{-\infty}^{+\infty}x\mathrm{d}F(x)=E\xi.$$

现在考虑两个随机变量 ξ 与 η 的情形. 在 §2.7(二) 中已定义过在 $\eta=y$ 的条件下，ξ 的条件分布函数 $P(\xi\leqslant x\mid\eta=y)$ 以及条件密度 $f(x\mid y)$，简记 $P(\xi\leqslant x\mid\eta=y)$ 为 $F(x\mid y)$. 利用它们，就可定义：在 $\eta=y$ 下，$g(\xi)$ 的条件数学期望 $E(g(\xi)\mid y)$ 为

$$E(g(\xi)\mid y)=\int_{-\infty}^{+\infty}g(x)\mathrm{d}F(x\mid y),\qquad(25)$$

只要右方积分存在，这里 $g(x)$ 为波莱尔可测函数. 如果条件密度存在，就有

$$E(g(\xi)\mid y)=\int_{-\infty}^{+\infty}g(x)f(x\mid y)\mathrm{d}x.$$

当 y 固定时，$E(g(\xi)\mid y)$ 是一个常数. 现在我们换一个观点，把 y 看成自变量，那么 $E(g(\xi)\mid y)$ 是 y 的函数，而且由 §2.7(22)，一般地它还是 y 的波莱尔可测函数. 以 η 代替 y 后，作为随机变量 η 的函数，$E(g(\xi)\mid\eta)$ 也是一个随机变量，它的数学期望是

$$\begin{aligned}E[E(g(\xi)\mid\eta)]&=\int_{-\infty}^{+\infty}E(g(\xi)\mid y)f_\eta(y)\mathrm{d}y\\&=\int_{-\infty}^{+\infty}\int_{-\infty}^{+\infty}g(x)f(x\mid y)\mathrm{d}xf_\eta(y)\mathrm{d}y\end{aligned}$$

$$= \int_{-\infty}^{+\infty}\int_{-\infty}^{+\infty} g(x)f(x,y)\mathrm{d}x\mathrm{d}y$$

$$= \int_{-\infty}^{+\infty} g(x)f_\xi(x)\mathrm{d}x = Eg(\xi),$$

其中 $f(x,y)$ 是(ξ,η) 的联合密度. 公式

$$Eg(\xi) = E[E(g(\xi) \mid \eta)] \tag{26}$$

是(24) 的类似式,它表明:条件期望的平均值等于(无条件) 平均值.

如果 ξ 与 η 相互独立,那么因 $F(x \mid y) = F_\xi(x)$,由(25)

$$E(g(\xi) \mid y) = \int_{-\infty}^{+\infty} g(x)\mathrm{d}F_\xi(x) = Eg(\xi),$$

故此时条件期望与(无条件) 期望一致.

(五) 例

例 1　设 ξ 有二项分布

$$p_k = P(\xi = k) = \mathrm{C}_n^k p^k q^{n-k},\quad k = 0,1,2,\cdots,n,$$

则有

$$\begin{aligned} E\xi &= \sum_{k=0}^{n} kp_k = \sum_{k=1}^{n} k\frac{n!}{k!(n-k)!}p^k q^{n-k} \\ &= np\sum_{k=1}^{n}\frac{(n-1)!}{(k-1)!(n-k)!}p^{k-1}q^{n-k} \\ &= np\sum_{k=0}^{n-1}\frac{(n-1)!}{k!(n-1-k)!}p^k q^{n-1-k} \\ &= np[p+q]^{n-1} = np, \end{aligned}$$

$$\begin{aligned} D\xi &= E\xi^2 - (E\xi)^2 = \sum_{k=0}^{n} k^2\frac{n!}{k!(n-k)!}p^k q^{n-k} - (np)^2 \\ &= np\sum_{k=1}^{n} k\frac{(n-1)!}{(k-1)!(n-k)!}p^{k-1}q^{n-k} - (np)^2 \\ &= np\left[\sum_{k=0}^{n-1} k\frac{(n-1)!}{k!(n-1-k)!}p^k q^{n-1-k} + (p+q)^{n-1}\right] - (np)^2 \\ &= np[(n-1)p+1] - (np)^2 = np(np+q) - (np)^2 = npq. \blacksquare \end{aligned}$$

由于二项分布被两参数 n,p 所决定，由上可见，这两参数又由 $E\xi,D\xi$ 所决定，故二项分布完全被它的数学期望与方差所决定. 下面的例 2，例 3 表明，这一点对泊松分布及正态分布也正确.

例 2 设 ξ 有泊松分布

$$p_k = P(\xi = k) = \mathrm{e}^{-\lambda}\frac{\lambda^k}{k!}, \quad k \in \mathbf{N},$$

$$E\xi = \sum_{k=0}^{+\infty} kp_k = \sum_{k=0}^{+\infty} k\mathrm{e}^{-\lambda}\frac{\lambda^k}{k!} = \lambda\sum_{k=0}^{+\infty}\mathrm{e}^{-\lambda}\frac{\lambda^k}{k!} = \lambda\mathrm{e}^{-\lambda}\mathrm{e}^{\lambda} = \lambda,$$

$$\begin{aligned} D\xi &= E\xi^2 - (E\xi)^2 = \sum_{k=0}^{+\infty} k^2\mathrm{e}^{-\lambda}\frac{\lambda^k}{k!} - \lambda^2 \\ &= \lambda\sum_{k=1}^{+\infty} k\mathrm{e}^{-\lambda}\frac{\lambda^{k-1}}{(k-1)!} - \lambda^2 \\ &= \lambda\sum_{k=1}^{+\infty}(k-1)\mathrm{e}^{-\lambda}\frac{\lambda^{k-1}}{(k-1)!} + \lambda\sum_{k=1}^{+\infty}\mathrm{e}^{-\lambda}\frac{\lambda^{k-1}}{(k-1)!} - \lambda^2 \\ &= \lambda^2 + \lambda - \lambda^2 = \lambda. \quad \blacksquare \end{aligned}$$

例 3 设 ξ 有正态分布 $N(a,\sigma)$，则

$$\begin{aligned} E\xi &= \int_{-\infty}^{+\infty} x\frac{1}{\sigma\sqrt{2\pi}}\mathrm{e}^{-\frac{(x-a)^2}{2\sigma^2}}\mathrm{d}x \\ &= \frac{1}{\sqrt{2\pi}}\int_{-\infty}^{+\infty}(\sigma z + a)\mathrm{e}^{-\frac{z^2}{2}}\mathrm{d}z \left(z = \frac{x-a}{\sigma}\right) \\ &= \frac{a}{\sqrt{2\pi}}\int_{-\infty}^{+\infty}\mathrm{e}^{-\frac{z^2}{2}}\mathrm{d}z = a, \end{aligned} \tag{27}$$

$$\begin{aligned} D\xi &= E(\xi - a)^2 = \int_{-\infty}^{+\infty}(x-a)^2\frac{1}{\sigma\sqrt{2\pi}}\mathrm{e}^{-\frac{(x-a)^2}{2\sigma^2}}\mathrm{d}x \\ &= \frac{\sigma^2}{\sqrt{2\pi}}\int_{-\infty}^{+\infty} z^2\mathrm{e}^{-\frac{z^2}{2}}\mathrm{d}z \left(z = \frac{x-a}{\sigma}\right) \\ &= \frac{\sigma^2}{\sqrt{2\pi}}\left[-z\,\mathrm{e}^{-\frac{z^2}{2}}\Big|_{-\infty}^{+\infty} + \int_{-\infty}^{+\infty}\mathrm{e}^{-\frac{z^2}{2}}\mathrm{d}z\right] \quad \text{（分部积分）} \\ &= \frac{\sigma^2}{\sqrt{2\pi}}\times\sqrt{2\pi} = \sigma^2. \end{aligned} \tag{28}$$

因此，ξ 的标准化随机变量为 $\xi^* = \dfrac{\xi - a}{\sigma}$.

$$c_k = \frac{1}{\sigma\sqrt{2\pi}}\int_{-\infty}^{+\infty}(x-a)^k \mathrm{e}^{-\frac{(x-a)^2}{2\sigma^2}}\mathrm{d}x = \frac{\sigma^k}{\sqrt{2\pi}}\int_{-\infty}^{+\infty}x^k \mathrm{e}^{-\frac{x^2}{2}}\mathrm{d}x.$$

当 k 为奇数时，被积函数是奇函数，故

$$c_k = 0;$$

当 k 为偶数时，作变换 $x^2 = 2z$ 得

$$c_k = \sqrt{\frac{2}{\pi}}\sigma^k\int_0^{+\infty}x^k \mathrm{e}^{-\frac{x^2}{2}}\mathrm{d}x = \sqrt{\frac{2}{\pi}}\sigma^k 2^{\frac{k-1}{2}}\int_0^{+\infty}z^{\frac{k-1}{2}}\mathrm{e}^{-z}\mathrm{d}z$$

$$= \sqrt{\frac{2}{\pi}}\sigma^k 2^{\frac{k-1}{2}}\Gamma\left(\frac{k+1}{2}\right) = \sigma^k(k-1)(k-3)\cdots 1.$$

试求 k 阶绝对中心矩 $a_k = E\mid \xi - E\xi \mid^k$.

当 k 为偶数时，

$$a_k = c_k;$$

当 k 为奇数时，

$$a_k = \sqrt{\frac{2}{\pi}}\sigma^k\int_0^{+\infty}x^k \mathrm{e}^{-\frac{x^2}{2}}\mathrm{d}x = \sqrt{\frac{2}{\pi}}\sigma^k 2^{\frac{k-1}{2}}\Gamma\left(\frac{k+1}{2}\right)$$

$$= \sqrt{\frac{2}{\pi}}2^{\frac{k-1}{2}}\left(\frac{k-1}{2}\right)!\sigma^k.\ ■$$

例 4　数学期望可能不存在，设 ξ 的密度为①

$$f(x) = \frac{1}{\pi}\cdot\frac{1}{1+x^2}. \tag{29}$$

由于

$$\int_{-\infty}^{+\infty}\mid x\mid f(x)\mathrm{d}x = \frac{1}{\pi}\int_{-\infty}^{+\infty}\frac{\mid x\mid}{1+x^2}\mathrm{d}x = +\infty,$$

故 $E\xi$ 不存在，从而高阶矩及方差也不存在. ■

---

①　设 X_1 与 X_2 为独立，有相同 $N(0,\sigma)$ 分布，则 $\dfrac{X_1}{X_2}$ 有此密度，参看本书第 146 页. 关于柯西分布的另一些性质，见本书第 303 页第 25 题.

(29) 中的密度可如下一般化：取两常数 μ 及 $\lambda>0$，称密度为

$$f_{\lambda,\mu}(x)=\frac{1}{\pi}\times\frac{\lambda}{\lambda^2+(x-\mu)^2} \tag{30}$$

的分布为柯西分布.

设直线 AC 可绕定点 A 旋转，AB 垂直 x 轴，长为 λ，B 的横坐标为 μ；又设角度 $\theta=\angle BAC$ 是随机变量，在 $\left(-\frac{\pi}{2},\frac{\pi}{2}\right)$ 中均匀分布，则 C 点的横坐标 ξ 也是随机变量(见图 2-25). 显然

$$\xi=\mu+\lambda\tan\theta,$$

由 §2.8 定理 1，易见 ξ 的密度由(30) 给出.

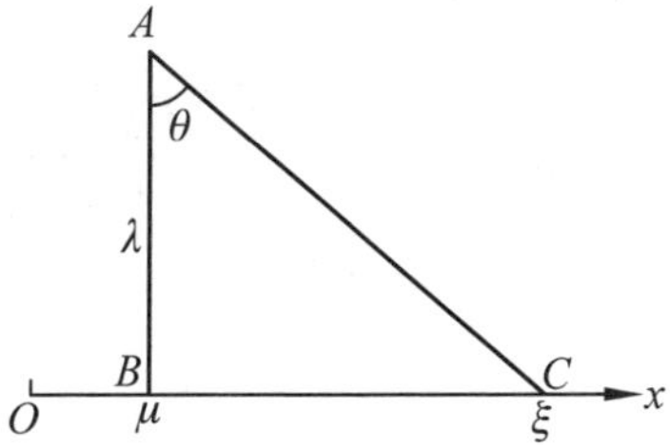

图 2-25

例 5 设 $\widetilde{E}=E^{+\infty}$ 为可列重伯努利试验，事件 A 在每次简单试验 E 中出现的概率为 p，$0<p<1$. 定义

$$\xi_k=\begin{cases}1, & \text{第 } k \text{ 次试验时 } A \text{ 出现,}\\ 0, & \text{反之,}\end{cases} \tag{31}$$

则 $\sum\limits_{k=1}^{n}\xi_k$ 是前 n 次试验中 A 出现的总数，我们记得 $\sum\limits_{k=1}^{n}\xi_k$ 有二项分布 $B(n,p)$，即

$$P\left(\sum_{k=1}^{n}\xi_k=j\right)=C_n^j p^j q^{n-j},\ j=1,2,\cdots,n,\ q=1-p. \tag{32}$$

以后称由(31) 定义的 $\{\xi_k\}$ 为联系于伯努利试验 $\widetilde{E}$ 的随机变量列，注意 $\{\xi_k\}$ 是独立的.

现在设 N 是一具有参数为 $\lambda>0$ 的泊松分布的随机变量，而

且$\{N,\xi_1,\xi_2,\cdots\}$是相互独立的，ξ_k由(31)定义，我们来求复合随机变量

$$\eta=\sum_{k=1}^{N}\xi_k \tag{33}$$

的分布与数学期望.

注意　(33)中的N是随机变量而不是普通的常数，这样的和称为随机和，显然，η只能取非负整数值(如$N=0$，令$\eta=0$).

由全概率公式

$$P(\eta=j)=\sum_{n=0}^{+\infty}P(\eta=j,N=n)P(N=n),\ j\in\mathbf{N}, \tag{34}$$

然而$P(N=n)=\mathrm{e}^{-\lambda}\dfrac{\lambda^n}{n!}$. 又由独立性得

$$P(\eta=j\mid N=n)=\frac{P(\eta=j,N=n)}{P(N=n)}=\frac{P\left(\sum\limits_{k=1}^{n}\xi_k=j,N=n\right)}{P(N=n)}$$

$$=\frac{P\left(\sum\limits_{k=1}^{n}\xi_k=j\right)P(N=n)}{P(N=n)}=\mathrm{C}_n^jp^jq^{n-j}, \tag{35}$$

代入(34)，并注意$\mathrm{C}_n^j=0(j>n)$，即得

$$P(\eta=j)=\sum_{n=0}^{+\infty}\mathrm{e}^{-\lambda}\frac{\lambda^n}{n!}\cdot\mathrm{C}_n^jp^j(1-p)^{n-j}$$

$$=\frac{\mathrm{e}^{-\lambda}p^j}{j!}\sum_{n=j}^{+\infty}\frac{\lambda^n(1-p)^{n-j}}{(n-j)!}=\frac{\mathrm{e}^{-\lambda}p^j\lambda^j}{j!}\sum_{n=j}^{+\infty}\frac{[\lambda(1-p)]^{n-j}}{(n-j)!}$$

$$=\frac{\mathrm{e}^{-\lambda}p^j\lambda^j}{j!}\mathrm{e}^{\lambda(1-p)}=\mathrm{e}^{-\lambda p}\frac{(\lambda p)^j}{j!}. \tag{36}$$

故得知η是具有参数为λp的泊松分布. 由例2，知$E\eta=\lambda p$，$D\eta=\lambda p$. 注意$E\xi_i=p$，$EN=\lambda$，故$E\eta=EN\cdot E\xi_i$，此式具有明显的直观意义. ■

例 6　仍考虑例5中的$\widetilde{E}=E^{+\infty}$，试求第$n$次出现$A$时的试

验次数的数学期望.

解 以 ζ_1 表示第一次出现 A 的试验次数，以 $\zeta_k(k>1)$ 表示第 $k-1$ 次出现 A 的下一次试验起到第 k 次出现 A 时为止所做的试验次数（包括第 k 次出现 A 的那一次），显然，第 n 次出现 A 时的试验次数 ζ 为 $\zeta=\sum\limits_{k=1}^{n}\xi_k$. $\zeta_k(k\in\mathbf{N}^*)$ 有相同的几何分布（见§2.3 例 4），故

$$E\zeta=\sum_{k=1}^{n}E\zeta_k=nE\zeta_1=n\cdot\sum_{k=1}^{+\infty}kq^{k-1}p=n\cdot\frac{p}{(1-q)^2}=\frac{n}{p}. \tag{37}$$

由例 6 可见，若射击独立进行，每次射中的概率为 $p(p>0)$，则到第 n 次射中时，平均射出的子弹数为 $\frac{n}{p}$. 例如，若 $p=\frac{1}{2}$，则 $E\zeta=2n$，这与直观符合. ■

* **例 7(广义布丰问题)** 平面上画有等距离为 a 的一些平行线，向平面任意投一凸形铁丝圈，其长为 s，试求此圈与平行线的交点个数的数学期望.

解 将铁丝圈分成若干小段，其中一段长为 $l_k(<a)$. 当 l_k 充分小时，可把这小段看成一直线段. 根据 §1.1 例 8，可见这小段与某平行线相交的概率为 $\frac{2l_k}{\pi a}$. 定义

$$\xi_k=\begin{cases}1, & \text{第 } k \text{ 小段与某平行线相交,}\\ 0, & \text{第 } k \text{ 小段与任一平行线都不相交,}\end{cases}$$

显然，$\sum\limits_k\xi_k$ 等于铁丝圈与平行线的交点数，于是

$$\begin{aligned}E\left(\sum_k\xi_k\right)&=\sum_k E\xi_k=\sum_k\left[1\cdot\frac{2l_k}{\pi a}+0\cdot\left(1-\frac{2l_k}{\pi a}\right)\right]\\&=\sum_k\frac{2l_k}{\pi a}=\frac{2s}{\pi a}.\end{aligned}$$

利用这个结果，还可解决下列问题：设上述铁丝圈是闭的凸

形圈，而且充分小，试求它与某平行线相交的概率 p. 由于这个圈的交点数不是 2 就是 0（相切时认为交点有两个），故交点数的数学期望为 $2p+0\cdot(1-p)=2p$. 但上面又算出它应等于$\frac{2s}{\pi a}$，比较这两个结果即得 $p=\frac{s}{\pi a}$. 注意此式与 s 的形状无关，现在取铁丝圈为一椭圆，而且它越来越扁，最后趋向一长度为 $l=\frac{s}{2}$ 的针，于是上式化为 $p=2\cdot\frac{s}{2\pi a}=\frac{2l}{\pi a}$，这正是 §1.1(8) 式. ■

***(六) 关于数学期望的定义的补充说明**

设 ξ 的分布函数为 $F_\xi(x)$，又 $\eta=g(\xi)$ 的分布函数为 $F_\eta(x)$，这里 $g(x)(x\in\mathbf{R})$ 为波莱尔可测函数. 如果 η 的数学期望存在，那么 $E\eta=\int_{-\infty}^{+\infty}x\mathrm{d}F_\eta(x)$；另一方面，$Eg(\xi)=\int_{-\infty}^{+\infty}g(x)\mathrm{d}F_\xi(x)$. 既然 $\eta=g(\xi)$，自然应该有

$$\int_{-\infty}^{+\infty}x\mathrm{d}F_\eta(x)=\int_{-\infty}^{+\infty}g(x)\mathrm{d}F_\xi(x). \tag{38}$$

否则，数学期望的定义中就含有内在的矛盾. 的确，可以证明：

定理 4　(38) 中如果有一积分存在，那么另一积分也存在，而且两者相等.

证　由于 x 连续，故

$$\int_{-\infty}^{+\infty}x\mathrm{d}F_\eta(x)=\lim_{n\to+\infty}\sum_i x_i^{(n)}[F_\eta(x_i^{(n)})-F_\eta(x_{i-1}^{(n)})], \tag{39}$$

其中 $\cdots<x_{-1}^{(n)}<x_0^{(n)}<x_1^{(n)}<\cdots$ 是任一列分点，$\lim\limits_{i\to+\infty}x_i^{(n)}=+\infty$，$\lim\limits_{i\to-\infty}x_i^{(n)}=-\infty$，而且 $\lim\limits_{n\to+\infty}\max\limits_i(x_i^{(n)}-x_{i-1}^{(n)})=0$.

注意　(39) 中积分存在的条件是右方级数对任意如上的分点列 $\{x_i^{(n)}\}(n\in\mathbf{N}^*)$ 绝对收敛.

另一方面，根据勒贝格-斯蒂尔杰斯积分的性质，有

$$\int_{-\infty}^{+\infty} g(x)\mathrm{d}F_{\xi}(x) = \lim_{n\to+\infty}\sum_{i} x_i^{(n)} F_{\xi}\{x: x_{i-1}^{(n)} < g(x) \leqslant x_i^{(n)}\}. \tag{40}$$

(40) 中积分存在的充分必要条件是右方级数对任意如上的 $\{x_i^{(n)}\}$ 绝对收敛. 然而

$$\begin{aligned} & F_{\eta}(x_i^{(n)}) - F_{\eta}(x_{i-1}^{(n)}) \\ = & P(x_{i-1}^{(n)} < \eta \leqslant x_i^{(n)}) \\ = & P(x_{i-1}^{(n)} < g(\xi) \leqslant x_i^{(n)}) \\ = & P(\xi \in \{x: x_{i-1}^{(n)} < g(x) \leqslant x_i^{(n)}\}) \\ = & F_{\xi}(x: x_{i-1}^{(n)} < g(x) \leqslant x_i^{(n)}), \end{aligned}$$

由此及(39)(40) 即得证(38). ■

定理 4 可推广到 n 维情形. 设 $\boldsymbol{\xi} = (\xi_1, \xi_2, \cdots, \xi_n)$ 的分布函数为 $F_{\boldsymbol{\xi}}(x_1, x_2, \cdots, x_n)$, $\eta = g(\xi_1, \xi_2, \cdots, \xi_n)$ 的分布函数为 $F_{\eta}(y)$ $(y \in \mathbf{R})$, 这里 $g(x_1, x_2, \cdots, x_n)$ 为 n 元波莱尔可测函数. 我们有

定理 5

$$\int_{-\infty}^{+\infty} y\mathrm{d}F_{\eta}(y) = \int_{-\infty}^{+\infty}\cdots\int_{-\infty}^{+\infty} g(x_1, x_2, \cdots, x_n)\mathrm{d}F_{\boldsymbol{\xi}}(x_1, x_2, \cdots, x_n). \tag{41}$$

它的证明完全与定理 4 一样, 只要把那里的 x 理解为 $\mathbf{R}^n$ 中的点 $x = (x_1, x_2, \cdots, x_n)$, 把 $\boldsymbol{\xi}$ 理解为 n 维随机向量 $\boldsymbol{\xi} = (\xi_1, \xi_2, \cdots, \xi_n)$ 就行了.

* (七) 数学期望的几何性质

我们来证明两个几何性质, 这对计算 $E\xi$ 有时很方便.

设 ξ 的分布函数为 $F(x)$, 数学期望 $E\xi$ 存在, 即

$$\int_{-\infty}^{+\infty} |x| \mathrm{d}F(x) < +\infty, \tag{42}$$

简记 $\bar{\xi} = E\xi$, 则有

性质 1 $\displaystyle\int_{-\infty}^{\bar{\xi}} F(x)\mathrm{d}x = \int_{\bar{\xi}}^{+\infty} [1 - F(x)]\mathrm{d}x.$

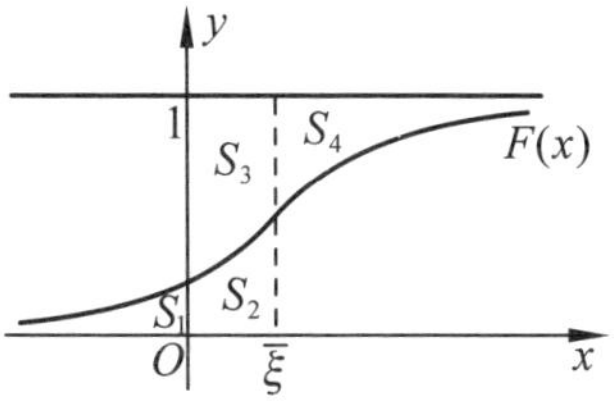

图 2-26

(亦即图 2-26 中诸面积间有等式 $S_1+S_2=S_4$)

性质 2　$\bar{\xi}=\int_0^{+\infty}[1-F(x)]\mathrm{d}x-\int_{-\infty}^0 F(x)\mathrm{d}x.$

(亦即 $\bar{\xi}=S_3+S_4-S_1$)

证性质 1

$$\int_{-\infty}^{\bar{\xi}} F(x)\mathrm{d}x=xF(x)\Big|_{-\infty}^{\bar{\xi}}-\int_{-\infty}^{\bar{\xi}} x\mathrm{d}F(x)$$

$$=\bar{\xi}F(\bar{\xi})-\lim_{x\to-\infty} xF(x)-\int_{-\infty}^{\bar{\xi}} x\mathrm{d}F(x),$$

由(42)得

$$\lim_{x\to-\infty}|xF(x)|=\lim_{x\to-\infty}\left|x\int_{-\infty}^{x}\mathrm{d}F(y)\right|$$

$$\leqslant\lim_{x\to-\infty}\left|\int_{-\infty}^{x} y\mathrm{d}F(y)\right|\leqslant\lim_{x\to-\infty}\int_{-\infty}^{x}|y|\mathrm{d}F(y)=0,$$

故

$$\int_{-\infty}^{\bar{\xi}} F(x)\mathrm{d}x=\bar{\xi}F(\bar{\xi})-\int_{-\infty}^{\bar{\xi}} xF(x)\mathrm{d}x. \tag{43}$$

类似得性质 1 的右式为

$$\int_{\bar{\xi}}^{+\infty}[1-F(x)]\mathrm{d}x$$

$$=\lim_{x\to\infty} x[1-F(x)]-\bar{\xi}[1-F(\bar{\xi})]+\int_{\bar{\xi}}^{+\infty} x\mathrm{d}F(x).$$

但由(42)得

$$0\leqslant\lim_{x\to+\infty} x[1-F(x)]=\lim_{x\to+\infty} x\int_x^{+\infty}\mathrm{d}F(y)<\lim_{x\to+\infty}\int_x^{+\infty} y\mathrm{d}F(y)=0,$$

故

$$\int_{\bar{\xi}}^{+\infty}[1-F(x)]\mathrm{d}x=\left(-\bar{\xi}+\int_{\bar{\xi}}^{+\infty} x\mathrm{d}F(x)\right)+\bar{\xi}F(\bar{\xi})$$

$$=-\int_{-\infty}^{\bar{\xi}} x\mathrm{d}F(x)+\bar{\xi}F(\bar{\xi}).$$

由此及(43) 即得证性质 1.

证性质 2 记 $S_1 = \int_{-\infty}^{0} F(x)\mathrm{d}x$， $S_2 = \int_{0}^{\bar{\xi}} F(x)\mathrm{d}x$，

$$S_3 = \int_{0}^{\bar{\xi}} [1 - F(x)]\mathrm{d}x, \quad S_4 = \int_{\bar{\xi}}^{+\infty} [1 - F(x)]\mathrm{d}x.$$

(见图 2-26) 由性质 1 得 $S_1 + S_2 = S_4$，故

$$\begin{aligned} &\int_{0}^{+\infty} [1 - F(x)]\mathrm{d}x - \int_{-\infty}^{0} F(x)\mathrm{d}x \\ &= S_3 + S_4 - S_1 = S_3 + (S_1 + S_2) - S_1 \\ &= S_2 + S_3 = \bar{\xi} \times 1 = \bar{\xi}. \end{aligned}$$

这里假定了 $\bar{\xi} \geqslant 0$. 对 $\bar{\xi} < 0$ 的情况可类似证明. ■

§ 2.10　随机向量的数字特征

(一) 预备知识

上节中对随机变量引进的一些数字特征可以推广到随机向量.先做些准备工作.

先考虑定义在概率空间$(\Omega,\mathcal{F},P)$上的两随机变量$\xi_1(\omega)$，$\xi_2(\omega)$.说它们相等是指：对一切$\omega\in\Omega$，

$$\xi_1(\omega)=\xi_2(\omega).\tag{1}$$

然而在概率论的绝大多数问题中，只需“$\xi_1(\omega)$，$\xi_2(\omega)$几乎处处相等”就够了，这句话的精确意思是说：

$$P(\omega:\xi_1(\omega)=\xi_2(\omega))=1,\tag{2}$$

关系式(2)通常记为

$$\xi_1=\xi_2\quad \text{a. s.}.\tag{3}$$

现在证明：若(2)成立，则ξ_1与ξ_2有相同的分布函数，因此，任何一个由分布函数确定的性质或由分布函数确定的数字特征，对ξ_1与ξ_2都是相同的.例如，由 § 2.9(4)可见，如果ξ_1的数学期望存在，那么ξ_2的也存在而且两者相同，对方差及其他各阶矩也如此.由(2)得$P(\xi_1\neq\xi_2)=0$，故

$$\begin{aligned}&P(\xi_1\leqslant x)\\&=P([\xi_1\leqslant x]\cap[\xi_1\neq\xi_2])+P([\xi_1\leqslant x]\cap[\xi_1=\xi_2])\\&=P([\xi_1\leqslant x]\cap[\xi_1=\xi_2])\\&=P([\xi_2\leqslant x]\cap[\xi_1=\xi_2])\\&=P(\xi_2\leqslant x).\end{aligned}\tag{4}$$

这得证ξ_1，ξ_2有相同的分布函数.

一般地，设有某性质C，它涉及基本事件ω，我们说，C几乎处

处成立. 或者说, C 以概率 1(记为 a. s.) 成立, 是指使 C 成立的 ω 所构成的集 A_C 的概率为 1, 即 $P(A_C) = 1$.

例如, 在(2) 中, C 表示性质"$\xi_1(\omega) = \xi_2(\omega)$", $A_C = (\omega: \xi_1(\omega) = \xi_2(\omega))$, 又例如 $\xi \geqslant 0$ a. s. 表示 $P(\omega: \xi(\omega) \geqslant 0) = 1$, $\lim\limits_{n \to +\infty} \xi_n(\omega) = \xi(\omega)$ a. s. 表示 $P(\omega: \lim\limits_{n \to +\infty} \xi_n(\omega) = \xi(\omega)) = 1$.

引理 1[**马尔可夫(Марков)不等式**] 设随机变量 ξ 有 r 阶绝对矩, $E|\xi|^r < +\infty (r > 0)$, 则对任意 $\varepsilon > 0$ 有

$$P(|\xi| \geqslant \varepsilon) \leqslant \frac{E|\xi|^r}{\varepsilon^r}. \tag{5}$$

证 设 ξ 的分布为 $F(A)(A \in \mathcal{B}_1)$, 分布函数为 $F(x)(x \in \mathbf{R}^1)$, 则

$$\begin{aligned}
P(|\xi| \geqslant \varepsilon) &= F(|x| \geqslant \varepsilon) = \int_{|x| \geqslant \varepsilon} \mathrm{d}F(x) \\
&\leqslant \int_{|x| \geqslant \varepsilon} \frac{|x|^r}{\varepsilon^r} \mathrm{d}F(x) \\
&\leqslant \frac{1}{\varepsilon^r} \int_{-\infty}^{+\infty} |x|^r \mathrm{d}F(x) = \frac{E|\xi|^r}{\varepsilon^r}. \blacksquare
\end{aligned}$$

(5) 式的特殊情形: 取 $r = 2$, 并以 $\xi - E\xi$ 代替 ξ, 得

$$P(|\xi - E\xi| \geqslant \varepsilon) \leqslant \frac{D\xi}{\varepsilon^2},$$

此式称为切比雪夫(Чебышев)不等式.

引理 2 对随机变量 ξ, $\xi = c$ a. s. 的充分必要条件是 $D\xi = 0$(c 为常数).

证 **必要性** 已在 §2.9 定理 2 (i) 中证明.

反之, 设 $D\xi = 0$, 以 $\xi - E\xi$ 代替(5) 中 ξ, 并令 $r = 2$, 则对任意 $\varepsilon > 0$,

$$P(|\xi - E\xi| \geqslant \varepsilon) \leqslant \frac{D\xi}{\varepsilon^2} = 0.$$

由于事件$\left(|\xi - E\xi| \geqslant \frac{1}{n}\right) \uparrow (|\xi - E\xi| \neq 0)$, 故

$$P(|\xi - E\xi| \neq 0) = \lim_{n\to+\infty} P\left(|\xi - E\xi| \geqslant \frac{1}{n}\right) = 0,$$

$$P(\xi = E\xi) = 1 - P(|\xi - E\xi| \neq 0) = 1. \blacksquare$$

(二) 相关系数

设已给 n 维随机向量

$$\boldsymbol{\xi}(\omega) = (\xi_1(\omega), \xi_2(\omega), \cdots, \xi_n(\omega)).$$

如果 $E\xi_i(i = 1,2,\cdots,n)$ 都存在，称 n 维（常数）向量$(E\xi_1, E\xi_2, \cdots, E\xi_n)$为 ξ 的数学期望，并记为

$$E\xi = (E\xi_1, E\xi_2, \cdots, E\xi_n). \tag{6}$$

如果

$$b_{jk} = E(\xi_j - E\xi_j)(\xi_k - E\xi_k) \tag{7}$$

存在，那么称 b_{jk} 为 ξ_j 与 ξ_k 的二阶混合中心矩，而 n 阶矩阵

$$\boldsymbol{B} = \begin{pmatrix} b_{11} & b_{12} & \cdots & b_{1n} \\ b_{21} & b_{22} & \cdots & b_{2n} \\ \vdots & \vdots & & \vdots \\ b_{n1} & b_{n2} & \cdots & b_{nn} \end{pmatrix}, \tag{8}$$

则称为 ξ 的协方差矩阵，它的行列式记为 $|\boldsymbol{B}|$，注意 $b_{jj} = D\xi_j$.

矩阵 $\boldsymbol{B}$ 具有下列性质：

(i) 对称性：$b_{jk} = b_{kj}$（一切 $j,k = 1,2,\cdots,n$).

(ii) 非负定性：对任意实数 $\eta_1, \eta_2, \cdots, \eta_n$，有

$$\sum_{j,k=1}^{n} b_{jk}\eta_j\eta_k \geqslant 0 \tag{9}$$

（比较 §2.6 例 7).实际上，(i) 由(7) 而明显，又

$$\sum_{j,k=1}^{n} b_{jk}\eta_j\eta_k$$

$$= \int_{-\infty}^{+\infty}\cdots\int_{-\infty}^{+\infty}\left\{\sum_{j=1}^{n}\eta_j(x_j - E\xi_j)\right\}^2 \mathrm{d}F(x_1, x_2, \cdots, x_n) \geqslant 0,$$

由(9) 及二次型的理论知

$$|\boldsymbol{B}| \geqslant 0. \tag{10}$$

现在对任意两个随机变量 ξ_1,ξ_2，来引进一个重要的数字特征. 设 $b_{11}=D\xi_1>0, b_{22}=D\xi_2>0$，称

$$r_{12}=\frac{b_{12}}{\sqrt{b_{11}b_{22}}}=\frac{E(\xi_1-E\xi_1)(\xi_2-E\xi_2)}{\sqrt{E(\xi_1-E\xi_1)^2\cdot E(\xi_2-E\xi_2)^2}} \tag{11}$$

为 ξ_1 与 ξ_2 的相关系数.

以 $F_{12}(x_1,x_2)$ 表示 (ξ_1,ξ_2) 的分布函数，由布尼亚科夫斯基不等式得

$$\begin{aligned}|b_{12}| &= \left|\int_{-\infty}^{+\infty}\int_{-\infty}^{+\infty}(x_1-E\xi_1)(x_2-E\xi_2)\mathrm{d}F_{12}(x_1,x_2)\right| \\ &\leqslant \sqrt{\int_{-\infty}^{+\infty}\int_{-\infty}^{+\infty}(x_1-E\xi_1)^2\mathrm{d}F_{12}(x_1,x_2)}\ \cdot \\ &\quad \sqrt{\int_{-\infty}^{+\infty}\int_{-\infty}^{+\infty}(x_2-E\xi_2)^2\mathrm{d}F_{12}(x_1,x_2)} \\ &= \sqrt{b_{11}b_{22}},\end{aligned} \tag{12}$$

可见当 ξ_1,ξ_2 的方差有穷且不等于0时，r_{12} 有定义而且有穷.

相关系数且有下列性质(i) ~ (iv).

(i) $-1\leqslant r_{12}\leqslant 1$. (13)

这由(11)(12) 直接推出.

(ii) 若 ξ_1,ξ_2 独立，则 $r_{12}=0$. 事实上，由 §2.9 定理1 (iii)

$$\begin{aligned}&E(\xi_1-E\xi_1)(\xi_2-E\xi_2)\\ &=E\xi_1E\xi_2-E\xi_1E\xi_2-E\xi_1E\xi_2+E\xi_1E\xi_2=0.\end{aligned}$$

(iii) $|r_{12}|=1$ 的充分必要条件是：ξ_1 与 ξ_2 以概率1线性相关，换句话说，存在常数 a,b，使

$$\xi_1=a\xi_2+b \quad \text{a.s.}. \tag{14}$$

证　充分性　由(14) 得

$$\begin{aligned}b_{12}&=E(\xi_1-E\xi_1)(\xi_2-E\xi_2)\\ &=E(a\xi_2+b-aE\xi_2-b)(\xi_2-E\xi_2)\end{aligned}$$

$$= aE(\xi_2 - E\xi_2)^2 = ab_{22},$$

$$b_{11} = E(\xi_1 - E\xi_1)^2 = E(a\xi_2 - aE\xi_2)^2 = a^2 b_{22},$$

$$r_{12} = \frac{b_{12}}{\sqrt{b_{11}b_{22}}} = \frac{a}{|a|}.$$

由于已假定 $b_{11} > 0, b_{22} > 0$,故 $a \neq 0$,于是 $|r_{12}| = 1$. 还可看出若 $a > 0$,则$r_{12} = 1$,若 $a < 0$,则 $r_{12} = -1$.

必要性　易见　$D\left(\frac{\xi_1}{\sqrt{b_{11}}} \pm \frac{\xi_2}{\sqrt{b_{22}}}\right) = 2(1 \pm r_{12})$,

由引理 2 知:存在常数 c,使

$$\begin{cases} \text{当 } r_{12} = 1, \dfrac{\xi_1}{\sqrt{b_{11}}} - \dfrac{\xi_2}{\sqrt{b_{22}}} = c \quad \text{a. s.}, \\ \text{当 } r_{12} = -1, \dfrac{\xi_1}{\sqrt{b_{11}}} - \dfrac{\xi_2}{\sqrt{b_{22}}} = c \quad \text{a. s.}. \end{cases} \blacksquare \tag{15}$$

由性质(ii)(iii)可见:当 ξ_1, ξ_2 独立时 $|r_{12}|$ 达到极小值0;ξ_1,ξ_2 线性相关时它达到极大值1,而且后一结论之逆也正确. 这说明 r_{12} 在一定程度上表达了 ξ_1, ξ_2 间的相关程度,所以叫它为相关系数.

如果 $r_{12} = 0$,那么称 ξ_1, ξ_2 不相关.

由(15)看出,若 $r_{12} = 1$,(14)中的 $a > 0$,ξ_2 值变大时,ξ_1 也变大;若 $r_{12} = -1$,同理知 ξ_2 变大时,ξ_1 变小,前一种相关称为正相关而后一种则称为负相关.

注意(ii)之逆不正确:由不相关一般推不出独立性,因而“不相关”与“独立”是两个不同的概念.

例 1　设 ξ_1, ξ_2 的联合密度函数为

$$f(x,y) = \begin{cases} \dfrac{1}{\pi}, & x^2 + y^2 \leqslant 1, \\ 0, & x^2 + y^2 > 1. \end{cases} \tag{16}$$

由 f 的对称性(或由直接计算)可见 ξ_1, ξ_2 的二阶混合中心矩为0,

故其相关系数也为0,但ξ_1,ξ_2不独立.例如$P\left(\xi_1>\frac{1}{\sqrt{2}},\xi_2>\frac{1}{\sqrt{2}}\right)\neq$

$P\left(\xi_1>\frac{1}{\sqrt{2}}\right)P\left(\xi_2>\frac{1}{\sqrt{2}}\right)$.

因为显然右方大于0,而左方由于$\xi_1^2+\xi_2^2>1$而等于0.■

虽然如此,对二维正态分布,(ii) 之逆却是正确的.

例 2 如果ξ_1,ξ_2有二维正态分布,密度函数为

$$f(x,y)=\frac{1}{2\pi\sigma_1\sigma_2\sqrt{1-r^2}}e^{-\frac{1}{2(1-r^2)}\left[\frac{(x-a)^2}{\sigma_1^2}-2r\frac{(x-a)(y-b)}{\sigma_1\sigma_2}+\frac{(y-b)^2}{\sigma_2^2}\right]},\tag{17}$$

那么 $$E\xi_1=a,\quad E\xi_2=b,\quad D\xi_1=\sigma_1^2,\quad D\xi_2=\sigma_2^2,\tag{18}$$

$$r_{12}=r,\tag{19}$$

而且ξ_1,ξ_2的独立性等价于不相关性.

实际上,由 §2.6 例 6 知ξ_1,ξ_2的密度函数分别为

$$f_1(x)=\frac{1}{\sigma_1\sqrt{2\pi}}e^{-\frac{(x-a)^2}{2\sigma_1^2}},\quad f_2(y)=\frac{1}{\sigma_2\sqrt{2\pi}}e^{-\frac{(y-b)^2}{2\sigma_2^2}}.\tag{20}$$

由 §2.9 例 3 知(18) 成立,又

$$b_{12}=b_{21}=\int_{-\infty}^{+\infty}\int_{-\infty}^{+\infty}(x-a)(y-b)f(x,y)\mathrm{d}x\mathrm{d}y$$

$$=\frac{1}{2\pi\sigma_1\sigma_2\sqrt{1-r^2}}\int_{-\infty}^{+\infty}e^{-\frac{(y-b)2}{2\sigma_2^2}}\mathrm{d}y\cdot\int_{-\infty}^{+\infty}(x-a)(y-b)\cdot$$

$$\exp\left\{-\frac{1}{2(1-r^2)}\left(\frac{x-a}{\sigma_1}-r\frac{y-b}{\sigma_2}\right)^2\right\}\mathrm{d}x.$$

作变换$z=\frac{1}{\sqrt{1-r^2}}\left(\frac{x-a}{\sigma_1}-r\frac{y-b}{\sigma_2}\right),\omega=\frac{y-b}{\sigma_2}$,上式化为

$$\frac{1}{2\pi}\int_{-\infty}^{+\infty}\int_{-\infty}^{+\infty}(\sigma_1\sigma_2\sqrt{1-r^2}\omega z+r\sigma_1\sigma_2\omega^2)e^{-\frac{\omega^2}{2}-\frac{z^2}{2}}\mathrm{d}z\mathrm{d}\omega$$

$$=\frac{r\sigma_1\sigma_2}{2\pi}\int_{-\infty}^{+\infty}\omega^2e^{-\frac{\omega^2}{2}}\mathrm{d}\omega\int_{-\infty}^{+\infty}e^{-\frac{z^2}{2}}\mathrm{d}z+$$

$$\frac{\sigma_1\sigma_2\sqrt{1-r^2}}{2\pi}\int_{-\infty}^{+\infty}\omega \mathrm{e}^{-\frac{\omega^2}{2}}\mathrm{d}\omega\int_{-\infty}^{+\infty}z\mathrm{e}^{-\frac{z^2}{2}}\mathrm{d}z,$$

其中第 1,第 2 积分都等于 $\sqrt{2\pi}$,第 3,第 4 积分都等于 0,故 $b_{12}=r\sigma_1\sigma_2$,

于是
$$r_{12}=\frac{b_{12}}{\sqrt{D\xi_1 D\xi_2}}=r. \blacksquare$$

由(ii) 及 §2.7 例 1 立得:ξ_1,ξ_2 独立的充分必要条件是它们的相关系数 $r_{12}=0$. 换句话说:

(iv) 对于有二维正态分布的随机变量 ξ_1,ξ_2,独立性与不相关性是等价的.

(三) 中数,众数

至今看到的数字特征都是 §2.9(5) 式(或(9) 式) 的特殊情形,它们在下章中将起重要作用. 数学期望与方差服从简单的加法运算与乘法运算法则(见 §2.9(10)(14) 与(11)),这是它们的优点;缺点是它们并不是对一切随机变量都有定义,而且即使有定义也未必能轻易地求出其值.

现在来引进一些新的数字特征,后者能避免这些缺点,然而,可惜一般又没有上述的优点.

对任意随机变量 ξ,满足下两式

$$P(\xi\leqslant x)\geqslant\frac{1}{2},\quad P(\xi\geqslant x)\geqslant\frac{1}{2} \tag{21}$$

的 x 称为 ξ 的中数,记为 $x_{\frac{1}{2}}$,它是反映集中位置的一个数字特征. 中数总存在,但可以不唯一.

画出 ξ 的分布函数 $F(x)$ 的图. 如果 $F(x)$ 连续,那么 $x_{\frac{1}{2}}$ 是方程

$$F(x)=\frac{1}{2} \tag{22}$$

的解，如图 2-27. 如果它有跳跃点（见图 2-28），用平行于 y 轴的直线连接后，得一连续曲线，它与直线 $y=\frac{1}{2}$ 的交点横坐标即 $x_{\frac{1}{2}}$，由于交点可以不唯一，故可有许多个 $x_{\frac{1}{2}}$. 如图 2-29 表示密度为 $\begin{pmatrix}0 & 1\\ \frac{1}{2} & \frac{1}{2}\end{pmatrix}$ 的分布函数，$x_{\frac{1}{2}}$ 充满了区间[0,1].

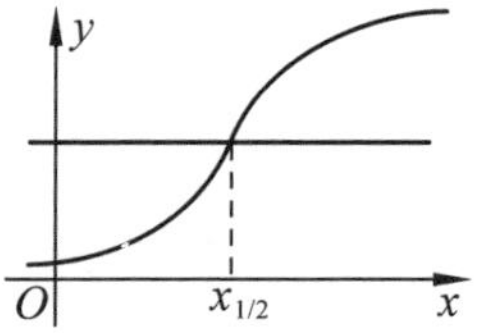

图 2-27

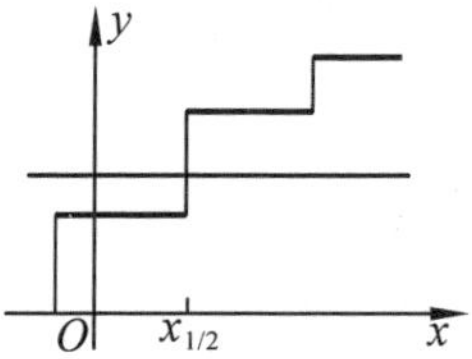

图 2-28

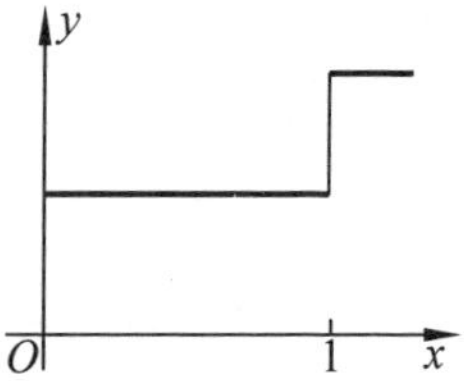

图 2-29

设 $F(x)$ 有密度 $f(x)$，而且 $f(x)$ 的图形关于直线 $x=a$ 对称，即 $f(a+x)=f(a-x)$，那么 $x_{\frac{1}{2}}=a$；如果这时数学期望 m 存在，那么 $m=a=x_{\frac{1}{2}}$. 特别，对于正态分布 $N(a,\sigma)$，$m=a=x_{\frac{1}{2}}$.

一般地，对于任意常数 r，$0<r<1$，满足

$$P(\xi\leqslant x)\geqslant r,\quad P(\xi\geqslant x)\geqslant 1-r \tag{23}$$

的 x 称为 r 位数，记为 x_r，对 x_r 可进行类似的讨论. 称 $x_{\frac{3}{4}}-x_{\frac{1}{4}}$ 为内极差. 如果 ξ 的分布 $F(A)$，$(A\in\mathcal{B}_1)$ 是连续型的，显然，$F([x_{\frac{1}{4}},x_{\frac{3}{4}}])=\frac{1}{2}$，因此，$x_{\frac{3}{4}}-x_{\frac{1}{4}}$ 越小，分布的半质量也越集中，故 $x_{\frac{3}{4}}-x_{\frac{1}{4}}$ 是表示集中程度的数字特征. 类似可定义一般的 $x_{r_2}-x_{r_1}$，$r_2>r_1$.

对于一些特殊的随机变量 ξ，还可定义另一反映集中位置的数字特征：众数. 如果 ξ 是离散型的，称 ξ 的最可能值（见§2.3(17)）为众数，如果 ξ 有连续的密度函数 $f(x)$，称使 $f(x)$ 达

到最大值的点 x 为众数，众数也可不唯一.

对 $N(a,\sigma)$，显然众数，数学期望，中数都重合为 a.

例 3　对具有密度为 $f(x)=\frac{1}{\pi}\times\frac{1}{1+x^2}$ 的柯西分布，有

$$F(x)=\frac{1}{\pi}\int_{-\infty}^{x}\frac{\mathrm{d}\mu}{1+\mu^2}=\frac{1}{2}+\frac{1}{\pi}\arctan x.$$

由于 $F(-1)=\frac{1}{4}$，$F(0)=\frac{1}{2}$，$F(1)=\frac{3}{4}$，故中数为 0，而 $x_{\frac{3}{4}}-x_{\frac{1}{4}}=1-(-1)=2$，又因 $f(x)$ 关于原点对称，连续，在 $x=0$ 取最大值 $\frac{1}{\pi}$，故由此也可看出 $x_{\frac{1}{2}}=0$，而且众数重合于 $x_{\frac{1}{2}}$. ■

§2.11 特征函数

(一) 特征函数的定义和性质

除了一些特殊的分布(如二项分布，泊松分布，正态分布等)被它的数学期望和方差所唯一决定外，在一般情况下，数学期望，方差等只能粗略地反映分布函数的某些性质. 能够完全刻画分布函数的是它的特征函数，后者是本节研究的对象. 特征函数有时比分布函数更便于应用，例如，矩的计算对分布函数是积分而特征函数则是微分；研究独立随机变量和的分布时，用分布函数是求卷积，而用特征函数则化为简单的乘法(见下面性质(iv)(v)). 在极限定理的研究中，特征函数尤其起着重要的工具作用.

设已给分布函数 $F(x)$，$x\in\mathbf{R}$，它的特征函数 $f(t)$ $(t\in\mathbf{R})$ 定义为①

$$f(t)=\int_{-\infty}^{+\infty}\mathrm{e}^{tx\mathrm{i}}\mathrm{d}F(x),\tag{1}$$

由于 $|\mathrm{e}^{tx\mathrm{i}}|=1$，而且 F 有界，故 $f(t)$ 对一切 $t\in\mathbf{R}$ 有定义.

若 F 是离散型的，密度为 $\begin{pmatrix}a_0 & a_1 & \cdots\\ p_0 & p_1 & \cdots\end{pmatrix}$，则

$$f(t)=\sum_j p_j\mathrm{e}^{ta_j\mathrm{i}}.$$

若 F 是连续型的，密度为 $g(x)$，则

$$f(t)=\int_{-\infty}^{+\infty}\mathrm{e}^{tx\mathrm{i}}g(x)\mathrm{d}x.$$

随机变量 ξ 的特征函数 $f(t)$ 定义为它的分布函数 $F(x)$ 的特

① $f(t)=\int_{-\infty}^{+\infty}\cos tx\mathrm{d}F(x)+\mathrm{i}\int_{-\infty}^{+\infty}\sin tx\mathrm{d}F(x)$.

征函数,即

$$f(t)=\int_{-\infty}^{+\infty}\mathrm{e}^{tx\mathrm{i}}\mathrm{d}F(x)=E\mathrm{e}^{t\xi\mathrm{i}}. \tag{2}$$

试述特征函数 $f(t)$ 的性质:

(i) $f(t)$ 在 $\mathbf{R}$ 上均匀连续,而且

$$|f(t)|\leqslant f(0)=1, \tag{3}$$

$$f(-t)=\overline{f(t)}\quad\text{(横线表共轭复数)}. \tag{4}$$

证

$$\begin{aligned}|f(t+h)-f(t)|&=\left|\int_{-\infty}^{+\infty}\mathrm{e}^{tx\mathrm{i}}(\mathrm{e}^{hx\mathrm{i}}-1)\mathrm{d}F(x)\right|\\&\leqslant\int_{-\infty}^{+\infty}|\mathrm{e}^{hx\mathrm{i}}-1|\,\mathrm{d}F(x)\\&\leqslant\int_{-a}^{a}|\mathrm{e}^{hx\mathrm{i}}-1|\,\mathrm{d}F(x)+2\int_{|x|\geqslant a}\mathrm{d}F(x).\end{aligned} \tag{5}$$

对任给 $\varepsilon>0$,取 a 充分大,使

$$\int_{|x|\geqslant a}\mathrm{d}F(x)<\frac{\varepsilon}{4}, \tag{6}$$

再取 $\delta>0$,使 $|h|<\delta$,对一切 $x\in[-a,a]$ 均匀地有

$$|\mathrm{e}^{hx\mathrm{i}}-1|=\left|\mathrm{e}^{\frac{hx}{2}\mathrm{i}}(\mathrm{e}^{\frac{hx}{2}\mathrm{i}}-\mathrm{e}^{-\frac{hx}{2}\mathrm{i}})\right|=2\left|\sin\frac{hx}{2}\right|<\frac{\varepsilon}{2},$$

由此及(5)(6)即得 $|f(t+h)-f(t)|<\varepsilon$,只要 $|h|<\delta$,此得证 $f(t)$ 的均匀连续性.

其次,

$$\begin{aligned}|f(t)|&=\left|\int_{-\infty}^{+\infty}\mathrm{e}^{tx\mathrm{i}}\mathrm{d}F(x)\right|\leqslant\int_{-\infty}^{+\infty}|\mathrm{e}^{tx\mathrm{i}}|\,\mathrm{d}F(x)\\&=\int_{-\infty}^{+\infty}\mathrm{d}F(x)=1=f(0).\end{aligned}$$

$$f(-t)=\int_{-\infty}^{+\infty}\mathrm{e}^{-tx\mathrm{i}}\mathrm{d}F(x)=\overline{\int_{-\infty}^{+\infty}\mathrm{e}^{tx\mathrm{i}}\mathrm{d}F(x)}=\overline{f(t)}.\ ■$$

(ii) $f(t)$ 是非负定的：对任意正整数 n，任意 $t_i \in \mathbf{R}$ 及复数 $\lambda_i, i=1,2,\cdots,n$，有

$$\sum_{i,j=1}^{n} f(t_i - t_j)\lambda_i\bar{\lambda}_j \geqslant 0. \tag{7}$$

证 $$\sum_{i,j=1}^{n} f(t_i - t_j)\lambda_i\bar{\lambda}_j = \int_{-\infty}^{+\infty} \sum_{i,j=1}^{n} (\mathrm{e}^{t_i x \mathrm{i}}\mathrm{e}^{-t_j x \mathrm{i}}\lambda_i\bar{\lambda}_j)\mathrm{d}F(x)$$
$$= \int_{-\infty}^{+\infty} \left|\sum_{i=1}^{n} \lambda_i \mathrm{e}^{t_i x \mathrm{i}}\right|^2 \mathrm{d}F(x) \geqslant 0. \blacksquare$$

设随机变量的分布函数为 $F(x)$，特征函数为 $f(t)$，有必要强调 ξ 时，记为 $F_\xi(x), f_\xi(t)$.

(iii) 设 $\eta = a\xi + b$，a, b 为两常数，则

$$f_\eta(t) = \mathrm{e}^{bt\mathrm{i}} f_\xi(at). \tag{8}$$

证 $f_\eta(t) = E\mathrm{e}^{t\eta\mathrm{i}} = E\mathrm{e}^{t(a\xi+b)\mathrm{i}} = \mathrm{e}^{bt\mathrm{i}}E\mathrm{e}^{at\xi\mathrm{i}} = \mathrm{e}^{bt\mathrm{i}} f_\xi(at)$. $\blacksquare$

(iv) 设 η 是 n 个独立随机变量 $\xi_1, \xi_2, \cdots, \xi_n$ 的和，

$$\eta = \sum_{i=1}^{n} \xi_i, \tag{9}$$

则[①]

$$f_\eta(t) = \prod_{i=1}^{n} f_{\xi_i}(t). \tag{10}$$

证 设 $n=2$，有

$$\begin{aligned} f_\eta(t) &= E\mathrm{e}^{t(\xi_1+\xi_2)\mathrm{i}} = E\mathrm{e}^{t\xi_1\mathrm{i}}\mathrm{e}^{t\xi_2\mathrm{i}} \\ &= E(\cos t\xi_1 + \mathrm{i}\sin t\xi_1)(\cos t\xi_2 + \mathrm{i}\sin t\xi_2) \\ &= E\cos t\xi_1 \cos t\xi_2 + \mathrm{i}E\sin t\xi_1\cos t\xi_2 + \\ &\quad \mathrm{i}E\cos t\xi_1\sin t\xi_2 - E\sin t\xi_1\sin t\xi_2, \end{aligned}$$

由 ξ_1, ξ_2 的独立性及 §2.7 系 1

$$\begin{aligned} f_\eta(t) &= E\cos t\xi_1 E\cos t\xi_2 + \mathrm{i}E\sin t\xi_1 E\cos t\xi_2 + \\ &\quad \mathrm{i}E\cos t\xi_1 E\sin t\xi_2 - E\sin t\xi_1 E\sin t\xi_2 \end{aligned}$$

① 这性质的反面不成立，见例 5.

$$= Ee^{t\xi_1 i}Ee^{t\xi_2 i} = f_{\xi_1}(t)f_{\xi_2}(t). \tag{11}$$

对一般的 n,证明完全类似,或用归纳法证. ■

注意　(iv) 的逆是不真的,见例 5.

(v) 设随机变量 ξ 的 n 阶矩存在,则 $f_\xi(t)$ 可微分 $k(k\leqslant n)$ 次,而且

$$f_\xi^{(k)}(0) = i^k E\xi^k \quad (k\leqslant n). \tag{12}$$

证

$$\left|\frac{d^k}{dt^k}(e^{txi})\right| = |\, i^k x^k e^{txi}\,| \leqslant |\, x\,|^k. \tag{13}$$

根据假定$\int_{-\infty}^{+\infty}|\,x\,|^k dF(x) < +\infty$,故下式中在积分号下微分合法① 而有

$$f_\xi^{(k)}(t) = \frac{d^k}{dt^k}f(t) = \frac{d^k}{dt^k}\left[\int_{-\infty}^{+\infty}e^{txi}dF(x)\right]$$
$$= \int_{-\infty}^{+\infty}\left(\frac{d^k}{dt^k}e^{txi}\right)dF(x) = i^k\int_{-\infty}^{+\infty}x^k e^{txi}dF(x)\ (k\leqslant n), \tag{14}$$

在此式中取 $t=0$ 即得(12). ■

(二) 特征函数与分布函数的一一对应

特征函数显然被分布函数唯一决定. 现在来证明一个重要的定理,它说明分布函数如何通过特征函数来表达,而且被特征函数唯一决定.

定理(逆转公式)　设分布函数 $F(x)$ 的特征函数为 $f(t)$,则对任意$-\infty < x_1 < x_2 < +\infty$,有②

$$\frac{F(x_2+0)+F(x_2-0)}{2} - \frac{F(x_1+0)+F(x_1-0)}{2}$$

---

① 详见[3] § 7. 3.

② 当 $t=0$ 时,按连续性补定义$\dfrac{e^{-tx_1 i}-e^{-tx_2 i}}{ti}$之值为 x_2-x_1.

$$= \frac{1}{2\pi} \lim_{l \to +\infty} \int_{-l}^{l} \frac{e^{-tx_1 i} - e^{-tx_2 i}}{t i} f(t) dt, \tag{15}$$

因此，如果 x_1，x_2 是 $F(x)$ 的连续点，那么

$$F(x_2) - F(x_1) = \frac{1}{2\pi} \lim_{l \to +\infty} \int_{-l}^{l} \frac{e^{-tx_1 i} - e^{-tx_2 i}}{t i} f(t) dt. \tag{16}$$

证　证明的关键在于利用数学分析[①] 中的公式

$$\lim_{l \to +\infty} \frac{1}{\pi} \int_{0}^{l} \frac{\sin \alpha t}{t} dt = \begin{cases} \frac{1}{2} & \alpha > 0, \\ 0 & \alpha = 0, \\ -\frac{1}{2} & \alpha < 0, \end{cases} \tag{17}$$

以及交换几次极限的次序. 由(1) 得

$$\begin{aligned} I_l &= \frac{1}{2\pi} \int_{-l}^{l} \frac{e^{-tx_1 i} - e^{-tx_2 i}}{t i} f(t) dt \\ &= \frac{1}{2\pi} \int_{-l}^{l} \int_{-\infty}^{+\infty} \frac{e^{-tx_1 i} - e^{-tx_2 i}}{t i} e^{txi} dF(x) dt. \end{aligned}$$

利用不等式[②]：对任意实数 α

$$| e^{\alpha i} - 1 | \leqslant | \alpha |,$$

可见被积函数的绝对值不超过 $x_2 - x_1$，由富比尼定理可交换积分次序而得

$$\begin{aligned} I_l &= \frac{1}{2\pi} \int_{-\infty}^{+\infty} \left[\int_{-l}^{l} \frac{e^{t(x-x_1)i} - e^{t(x-x_2)i}}{t i} dt \right] dF(x) \\ &= \frac{1}{2\pi} \int_{-\infty}^{+\infty} \left[\int_{0}^{l} \frac{e^{t(x-x_1)i} - e^{-t(x-x_1)i} - e^{t(x-x_2)i} + e^{-t(x-x_2)i}}{t i} dt \right] dF(x) \\ &= \frac{1}{\pi} \int_{-\infty}^{+\infty} \left[\int_{0}^{l} \left(\frac{\sin t(x - x_1)}{t} - \frac{\sin t(x - x_2)}{t} \right) dt \right] dF(x) \end{aligned}$$

---

① 参看[34].

② 实际上，如 $\alpha \geqslant 0$，有 $| e^{\alpha i} - 1 | = \left| \int_0^\alpha e^{xi} dx \right| \leqslant \int_0^\alpha | e^{xi} | dx = \alpha$，若 $\alpha < 0$，则 $| e^{\alpha i} - 1 | = | e^{\alpha i} (e^{|\alpha| i} - 1) | = | e^{|\alpha| i} - 1 | \leqslant | \alpha |$.

$$= \int_{(-\infty,x_1)} + \int_{\{x_1\}} + \int_{\{x_1,x_2\}} + \int_{\{x_2\}} + \int_{(x_2,+\infty)} g(l,x;x_1,x_2)\mathrm{d}F(x), \tag{18}$$

其中$\{y\}$表只含一点 y 的单点集. 又

$$g(l,x;x_1,x_2) = \frac{1}{\pi}\int_0^l \left[\frac{\sin t(x-x_1)}{t} - \frac{\sin t(x-x_2)}{t}\right]\mathrm{d}t, \tag{19}$$

注意由(17) 可见 $|g(l,x;x_1,x_2)|$ 有界,由勒贝格控制收敛定理,当 $l \to +\infty$ 时,可在(18) 右方积分号下取极限,故

$$\lim_{l\to\infty} I_l = \int_{(-\infty,x_1)} + \int_{\{x_1\}} + \int_{\{x_1,x_2\}} + \int_{\{x_2\}} + \int_{(x_2,+\infty)} \lim_{l\to+\infty} g(l,x;x_1,x_2)\mathrm{d}F(x).$$

但由(17)

$$\lim_{l\to+\infty} g(l,x;x_1,x_2) = \begin{cases} 0, & x \in (-\infty,x_1) \cup (x_2,+\infty), \\ \frac{1}{2}, & x = x_1 \text{ 或 } x = x_2, \\ 1, & x \in (x_1,x_2), \end{cases}$$

代入上式并以 $F(A)(A \in \mathcal{B}_1)$ 表示 $F(x)$ 对应的分布,即得

$$\begin{aligned} \lim_{l\to+\infty} I_l &= 0 + \frac{1}{2}F(\{x_1\}) + F((x_1,x_2)) + \frac{1}{2}F(\{x_2\}) + 0 \\ &= \frac{F(x_1+0)-F(x_1-0)}{2} + F(x_2-0) - \\ &\quad F(x_1+0) + \frac{F(x_2+0)-F(x_2-0)}{2} \\ &= \frac{F(x_2+0)-F(x_2-0)}{2} - \frac{F(x_1+0)-F(x_1-0)}{2}. \end{aligned}$$

于是(15) 式得证. ■

以 x,y 代替(16) 中的 x_2 及 x_1,可见在 $F(x)$ 的每一连续点 x 上,当 y 沿 $F(x)$ 的连续点而趋于 $-\infty$ 时有

$$F(x)=\frac{1}{2\pi}\lim_{y\to+\infty}\lim_{l\to+\infty}\int_{-l}^{l}\frac{e^{-tyi}-e^{-txi}}{ti}f(t)dt. \tag{20}$$

系 1(唯一性定理) 两分布函数 $F_1(x),F_2(x)$ 恒等的充分必要条件是它们各自的特征函数 $f_1(t),f_2(t)$ 恒等.

证 如 $F_1(x)=F_2(x)$，一切 x，由(1) 可见 $f_1(t)=f_2(t)$，一切 t. 反之，设 $f_1(t)=f_2(t)$，一切 t，以 A 表示 $F_1(x)$ 及 $F_2(x)$ 的不连续点的集，A 是可列集，由假设及(20) 可见

$$F_1(x)=F_2(x),\quad x\notin A. \tag{21}$$

今设 $y\in A$，取一列 $x_n\notin A$，$x_n\downarrow y$，由分布函数的右连续性

$$F_1(y)=\lim_{n\to+\infty}F_1(x_n)=\lim_{n\to+\infty}F_2(x_n)=F_2(y)\ (y\in A).$$

由此及(21) 知 $F_1(x)$ 与 $F_2(x)$ 恒等. ■

系 2 设特征函数 $f(t)$ 绝对可积，即$\int_{-\infty}^{+\infty}|f(t)|dt<+\infty$，则对应的分布函数 $F(x)$ 是连续型的，$F'(x)$ 处处存在，有界而且连续，又对一切 x，①

$$F'(x)=\frac{1}{2\pi}\int_{-\infty}^{+\infty}e^{-txi}f(t)dt. \tag{22}$$

证 考虑 $G(x)=\dfrac{F(x+0)+F(x-0)}{2}$，若能证 $G'(x)$ 存在，则 $G(x)$ 在点 x 连续，从而 $F(x)$ 也在点 x 连续，于是 $G(x)=F(x)$. 而 $G'(x)=F'(x)$，故只要对 $G'(x)$ 证明系 2.

由(15) 得知对 $h>0$ 有

$$\frac{G(x+2h)-G(x)}{2h}=\frac{1}{2\pi}\lim_{l\to+\infty}\int_{-l}^{l}\frac{e^{-txi}-e^{-t(x+2h)i}}{2thi}f(t)dt$$

---

① 如果 $f(t)$ 取实数值，利用 $e^{-txi}=\cos tx-i\sin tx$，分别比较(22) 式双方虚实部分，可见(22) 式化为 $F'(x)=\frac{1}{2\pi}\int_{-\infty}^{+\infty}\cos tx f(t)dt$.

注意 $f(t)$ 的绝对可积性并非必要条件，故即使它不成立时，定理结论仍可能正确. 此时，不妨用(22) 试算，以求概率密度，再用(1) 验证.

$$= \frac{1}{2\pi} \lim_{l \to +\infty} \int_{-l}^{l} e^{-t(x+h)i} \frac{e^{thi} - e^{-thi}}{2thi} f(t) dt$$

$$= \frac{1}{2\pi} \lim_{l \to +\infty} \int_{-l}^{l} e^{-t(x+h)i} \frac{\sin th}{th} f(t) dt.$$

由于被积函数的绝对值不超过 $|f(t)|$，按假定 $|f(t)|$ 在 **R** 可积，故被积函数也在 **R** 可积，$\lim\limits_{l \to +\infty} \int_{-l}^{l}$ 可换为 $\int_{-\infty}^{+\infty}$，于是

$$\frac{G(x+2h) - G(x)}{2h} = \frac{1}{2\pi} \int_{-\infty}^{+\infty} e^{-t(x+h)i} \frac{\sin th}{th} f(t) dt. \tag{23}$$

仍然根据上述定理及勒贝格控制收敛定理，当时 $h \to 0+$，可在积分号下取极限，故

$$G^{+}(x) = \lim_{h \to 0+} \frac{G(x+2h) - G(x)}{2h} = \frac{1}{2\pi} \int_{-\infty}^{+\infty} e^{-txi} f(t) dt, \tag{24}$$

$G^{+}(x)$ 表 $G(x)$ 在点 x 的右导数，对 $h < 0$ 考虑 $\dfrac{G(x) - G(x+2h)}{2h}$，同样可得左导数 $G^{-}(x)$ 也存在而且等于(24) 中右方值. 这样便证明了：对一切 $x \in \mathbf{R}$ 有

$$G'(x) = \frac{1}{2\pi} \int_{-\infty}^{+\infty} e^{-txi} f(t) dt. \tag{25}$$

由于 $|e^{-txi} f(x)| = |f(t)|$，根据假定知 $G'(x)$ 有界，再用一次勒贝格控制收敛定理知 $G'(x)$ 连续. 既然 $G'(x) = F'(x)$，一切 $x \in \mathbf{R}$，故(22) 成立，而且

$$F(x) = \int_{-\infty}^{x} F'(x) dx,$$

从而 $F(x)$ 是连续型的. ■

*(三) 半不变量

设随机变量 ξ 的 n 阶矩 m_n 存在，由(12) 可把它的特征函数 $f(t)$ 按泰勒(Taylor) 级数展开而得重要公式

$$f(t) = 1 + \sum_{k=1}^{n} \frac{m_k}{k!} (ti)^k + o(t^n). \tag{26}$$

由 $f(0)=1$ 及 $f(t)$ 的连续性，存在 $\delta>0$，使 $|t|<\delta$ 时，$f(t)\neq 0$，故函数 $\lg f(t)$ 对 $|t|<\delta$ 有意义而且单值（只考虑对数函数的主值）. 由性质(v)，$\lg f(t)$ 的前 n 级导数在 0 点存在，令

$$\chi_k=\frac{1}{\mathrm{i}^k}\left[\frac{\mathrm{d}^k}{\mathrm{d}t^k}\lg f(t)\right]_{t=0}\quad(k\leqslant n),\tag{27}$$

称 χ_k 为随机变量 ξ（或它的分布）的 k 阶半不变量，显然与(26)类似有

$$\lg f(t)=\sum_{k=1}^{n}\frac{\chi_k}{k\,!}(t\mathrm{i})^k+o(t^n).\tag{28}$$

为了求出半不变量与矩之间的关系，形式①地（不考虑矩的存在及级数的收敛性）在(26)(28)中令 $n\to+\infty$ 并利用

$$\lg f(t)=\lg\left(1+\sum_{k=1}^{+\infty}\frac{m_k}{k\,!}(t\mathrm{i})^k\right)=\sum_{k=1}^{+\infty}\frac{\chi_k}{k\,!}(t\mathrm{i})^k,\tag{29}$$

$$f(t)=1+\sum_{k=1}^{+\infty}\frac{m_k}{k\,!}(t\mathrm{i})^k=\mathrm{e}^{\sum\limits_{k=1}^{+\infty}\frac{\chi_k}{k\,!}(t\mathrm{i})^k},$$

比较最后一式中 $(t\mathrm{i})^k$ 的系数，可见 χ_n 是 $m_1,m_2,\cdots,m_n$ 的多项式，m_n 也是 $\chi_1,\chi_2,\cdots,\chi_n$ 的多项式，例如

$$\begin{cases}\chi_1=m_1=E\xi,\\ \chi_2=m_2-(m_1)^2=D\xi,\\ \chi_3=m_3-3m_1m_2+2m_1^3,\\ \chi_4=m_4-3m_2^2-4m_1m_3+12m_1^2m_2-6m_1^4,\\ \cdots\end{cases}\tag{30}$$

反之

① 这样形式地做的原因是：它们之间的关系，如果有的话，一般应与形式地求得一致.

$$\begin{cases} m_1 = \chi_1, \\ m_2 = \chi_2 + \chi_1^2, \\ m_3 = \chi_3 + 3\chi_1\chi_2 + \chi_1^3, \\ m_4 = \chi_4 + 3\chi_2^2 + 4\chi_1\chi_3 + 6\chi_2^2\chi_2 + \chi_1^4, \\ \cdots \end{cases} \tag{31}$$

半不变量具有下列简单性质：

(i) 若随机变量 ξ_1, ξ_2 独立，它们的 k 阶半不变量 $\chi_k^{(1)}, \chi_k^{(2)}$ 存在，则 $\xi = \xi_1 + \xi_2$ 的 k 阶半不变量 χ_k 为

$$\chi_k = \chi_k^{(1)} + \chi_k^{(2)}. \tag{32}$$

证　以 $f(t), f_1(t), f_2(t)$ 分别表示 ξ, ξ_1, ξ_2 的特征函数，由(10) 得

$$\lg f(t) = \lg f_1(t) + \lg f_2(t). \tag{33}$$

由(29) 即得(32). ■

称(32) 为半不变量的可加性，注意，对矩 m_k 没有与(32) 相应的性质，这是它比矩方便之处.

半不变量命名的原因是由于

(ii) 在变换

$$\eta = \xi + b \tag{34}$$

下，半不变量(除一阶外) 不变，b 为常数.

证　由(8)

$$f_\eta(t) = e^{tb\mathrm{i}} f_\xi(t),$$

$$\lg f_\eta(t) = tb\mathrm{i} + \lg f_\xi(t).$$

由(27) 即知 η 及 ξ 的 $k(k > 1)$ 阶半不变量相等，只要它们存在. ■

(四) 例

例 1　对二项分布 $B(n, p)$.

$$f(t)=\sum_{k=0}^{n}\mathrm{C}_n^k p^k q^{n-k}\mathrm{e}^{tk\mathrm{i}}=\sum_{k=0}^{n}\mathrm{C}_n^k(p\mathrm{e}^{t\mathrm{i}})^k q^{n-k}=(p\mathrm{e}^{t\mathrm{i}}+q)^n. \tag{35}$$

设有伯努利实验，A 在每次试验中出现的概率为 p，$q=1-p$，定义随机变量 ξ_j：

$$\xi_j=\begin{cases}1, & \text{第 } j \text{ 次试验中 } A \text{ 出现},\\ 0, & \text{反之},\end{cases}$$

则 ξ_j，$j=1,2,\cdots,n$ 独立同分布，分布为 $\begin{pmatrix}0 & 1\\ q & p\end{pmatrix}$，故

$$f_{\xi_j}(t)=q\mathrm{e}^{t\mathrm{i}\cdot 0}+p\mathrm{e}^{t\mathrm{i}\cdot 1}=q+p\mathrm{e}^{t\mathrm{i}}. \tag{36}$$

令 $\eta_n=\sum_{j=1}^{n}\xi_j$，$\eta_n$ 是前 n 次实验中 A 出现的总次数，由(iv) 得

$$f_{\eta_n}(t)=(p\mathrm{e}^{t\mathrm{i}}+q)^n. \tag{37}$$

回忆 η_n 有二项分布 $B(n,p)$，于是重新得到(35). ■

设 Y，Z 是两独立随机变量，分别有二项分布 $B(n,p)$，$B(m,p)$，于是它们的卷积 $B(n,p)*B(m,p)$ 是 $X=Y+Z$ 的分布. 另一方面，由(iv) 及(35) 知 X 的特征函数是 $(p\mathrm{e}^{t\mathrm{i}}+q)^{m+n}$. 由系 1 知分布函数被它的特征函数唯一决定，亦即不可能有两个不同的分布函数，它们有相同的特征函数. 既然 $B(n+m,p)$ 的特征函数是 $(p\mathrm{e}^{t\mathrm{i}}+q)^{n+m}$，故

$$B(n,p)*B(m,p)=B(n+m,p), \tag{38}$$

这证明参数为 n，p 的二项分布与参数为 m，p 的二项分布的卷积也是二项分布，后者的参数为 $n+m$，p.

从伯努利实验来看，(38) 是明显的，因为 $B(n,p)*B(m,p)$ 是 n 次实验中 A 出现次数与另外 m 次中 A 出现次数的和的分布，也即是 $n+m$ 次中 A 出现次数的分布，故应是 $B(n+m,p)$.

由(12)(37) 可求得

$$E\eta_n=np,\quad D\eta_n=E\eta_n^2-(E\eta_n)^2=npq,$$

这在 §2.9 中已求出. 由(30)，η_n 的前二阶半不变量为

$$\chi_1 = np, \quad \chi_2 = npq, \tag{39}$$

这也可直接从(27)及(37)算得.

例 2　参数为 $\lambda(\lambda > 0)$ 的泊松分布 $P(\lambda)$ 的特征函数为

$$f(t) = \sum_{k=0}^{+\infty} \mathrm{e}^{tk\mathrm{i}} \cdot \mathrm{e}^{-\lambda} \frac{\lambda^k}{k!} = \mathrm{e}^{-\lambda} \sum_{k=0}^{+\infty} \frac{(\lambda \mathrm{e}^{t\mathrm{i}})^k}{k!} = \mathrm{e}^{-\lambda} \cdot \mathrm{e}^{-\lambda \mathrm{e}^{t\mathrm{i}}} = \mathrm{e}^{-\lambda(\mathrm{e}^{t\mathrm{i}}-1)}. \tag{40}$$

由此可见

$$P(\lambda) * P(\mu) = P(\lambda + \mu) \ (\lambda > 0, \mu > 0), \tag{41}$$

为求半不变量. 由(40)得

$$\lg f(t) = \lambda(\mathrm{e}^{t\mathrm{i}} - 1) = \lambda \sum_{k=1}^{+\infty} \frac{(t\mathrm{i})^k}{k!},$$

故根据(29)有

$$\chi_k = \lambda \ (k \in \mathbf{N}^*). \quad ■$$

例 3　正态分布 $N(0,1)$ 的特征函数为

$$f(t) = \frac{1}{\sqrt{2\pi}} \int_{-\infty}^{+\infty} \mathrm{e}^{tx\mathrm{i} - \frac{x^2}{2}} \mathrm{d}x = \mathrm{e}^{-\frac{t^2}{2}} \frac{1}{\sqrt{2\pi}} \int_{-\infty}^{+\infty} \mathrm{e}^{-\frac{(x-t\mathrm{i})^2}{2}} \mathrm{d}x.$$

最后一积分是复变函数 $\mathrm{e}^{-\frac{z^2}{2}}$ 在复平面上沿平行于实轴的直线 $y = -t\mathrm{i}$ 的积分,由闭路积分的理论可见此积分等于同一函数沿实轴的积分①,即为 $\int_{-\infty}^{+\infty} \mathrm{e}^{-\frac{x^2}{2}} \mathrm{d}x = \sqrt{2\pi}$,故

---

① 实际上,考虑闭路

$$c = \{-a \to a \to a - t\mathrm{i} \to -a - t\mathrm{i} \to -a\},$$

它由 Ⅰ,Ⅱ,Ⅲ,Ⅳ 四线段构成(见图 2-30). 由于 $\mathrm{e}^{-\frac{z^2}{2}}$ 在 C 中解析,故 $\int_C \mathrm{e}^{-\frac{z^2}{2}} \mathrm{d}z = 0$. 但当 z 位于线段 Ⅱ,Ⅳ 时,令 $z = x + y\mathrm{i}$,则 $\left|\mathrm{e}^{-\frac{z^2}{2}}\right| = \left|\mathrm{e}^{-\frac{x^2}{2} + \frac{y^2}{2} - xy\mathrm{i}}\right| \leqslant \mathrm{e}^{-\frac{a^2}{2} + \frac{t^2}{2}}$.

故 $\mathrm{e}^{-\frac{z^2}{2}}$ 沿 Ⅱ,Ⅳ 的积分当 $a \to +\infty$ 时趋于 0,从而 $\int_{-\infty}^{+\infty} \mathrm{e}^{-\frac{(x-t\mathrm{i})^2}{2}} \mathrm{d}x = \int_{-\infty}^{+\infty} \mathrm{e}^{-\frac{x^2}{2}} \mathrm{d}x = \sqrt{2\pi}$.

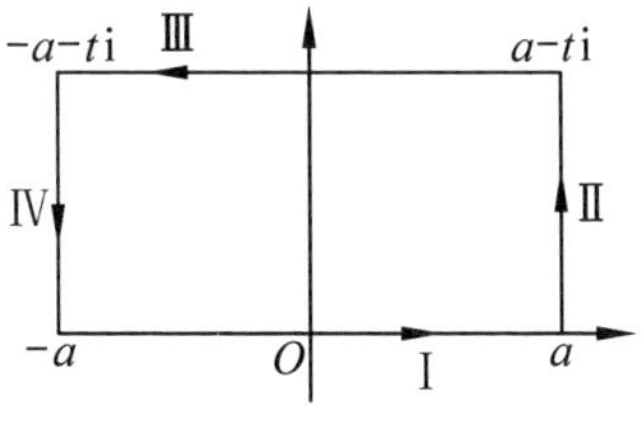

图 2-30

$$f(t)=\mathrm{e}^{-\frac{t^2}{2}}. \tag{42}$$

今考虑正态分布 $N(a,\sigma)$，设它是随机变量 ξ 的分布，那么标准化随机变量 ξ^*

$$\xi^*=\frac{\xi-a}{\sigma}\quad(\sigma>0)$$

的分布是 $N(0,1)$. 根据(8)(42) 知 ξ(或 $N(a,\sigma)$) 的特征函数为

$$f_\xi(t)=\mathrm{e}^{at\mathrm{i}}f_{\xi^*}(\sigma t)=\mathrm{e}^{at\mathrm{i}-\frac{(\sigma t)^2}{2}}. \tag{43}$$

由此知

$$N(a_1,\sigma_1)*N(a_2,\sigma_2)=N(a_1+a_2,\sqrt{\sigma_1^2+\sigma_2^2}).\blacksquare \tag{44}$$

例 4 设随机变量 ξ 在 $[a-h,a+h]$ 上有均匀分布，因而密度为

$$\varphi(x)=\begin{cases}\dfrac{1}{2h}, & x\in[a-h,a+h]\quad(h>0),\\ 0, & x\overline{\in}[a-h,a+h]\end{cases} \tag{45}$$

(参看 §2.2 例 2)，特征函数为

$$\begin{aligned}f(t)&=\frac{1}{2h}\int_{a-h}^{a+h}\mathrm{e}^{tx\mathrm{i}}\mathrm{d}x=\frac{1}{2h}\left[\frac{\mathrm{e}^{tx\mathrm{i}}}{t\mathrm{i}}\right]_{a-h}^{a+h}\\&=\frac{1}{2h}\frac{\mathrm{e}^{t(a+h)\mathrm{i}}-\mathrm{e}^{t(a-h)\mathrm{i}}}{t\mathrm{i}}=\mathrm{e}^{at\mathrm{i}}\frac{\sin th}{th}.\end{aligned} \tag{46}$$

用(12)(46) 固然可求出 k 阶矩 m_k，但这里不如直接计算：

$$m_k=\frac{1}{2h}\int_{a-h}^{a+h}x^k\mathrm{d}x=\frac{1}{2h}\frac{(a+h)^{k+1}-(a-h)^{k+1}}{k+1}, \tag{47}$$

作线性变换 $\eta=\dfrac{\xi-(a-h)}{2h}$，则易见 η 在 $[0,1]$ 上有均匀分布，密度为

$$\varphi_\eta(x)=\begin{cases}1, & x\in[0,1],\\ 0, & x\overline{\in}[0,1].\end{cases} \tag{48}$$

均匀分布的重要性还由于下列事实：设随机变量 α 的分布函

数 $F(x)$ 是 x 的连续函数，则随机变量 $\beta = F(\alpha)$ 在 $[0,1]$ 上有均匀分布.

实际上，对任意实数 $y \in [0,1]$，由 $F(x)$ 的连续性，方程

$$F(x) = y \tag{49}$$

至少有一解，记为 $x = F^{-1}(y)$，于是

$$P(\beta \leqslant y) = P(F(\alpha) \leqslant y)$$

$$= \begin{cases} 0, & y < 0, \\ P(\alpha \leqslant F^{-1}(y)) = F(F^{-1}(y)) = y, & y \in [0,1], \\ 1, & y > 1. \end{cases} \blacksquare$$

* **例 5** 设 (ξ_1, ξ_2) 有联合密度函数为

$$\varphi(x,y) = \begin{cases} \dfrac{1}{4}[1 + xy(x^2 - y^2)], & |x| \leqslant 1, \ |y| \leqslant 1, \\ 0, & \text{反之}. \end{cases} \tag{50}$$

以 $f_i(t)$ 表示 ξ_i 的特征函数，$i = 1,2$，并令

$$\xi = \xi_1 + \xi_2$$

的特征函数为 $f(t)$，我们证明

$$f(t) = f_1(t) f_2(t). \tag{51}$$

然而 ξ_1, ξ_2 不独立，这说明性质(iv) 之逆是不正确的. 实际上，ξ_1，ξ_2 的密度函数 $\varphi_1(x)$，$\varphi_2(y)$ 在 $|x| \leqslant 1$ 及 $|y| \leqslant 1$ 时分别为

$$\begin{cases} \varphi_1(x) = \displaystyle\int_{-1}^{1} \frac{1}{4}[1 + xy(x^2 - y^2)]\mathrm{d}y = \frac{1}{4}\left[y + \frac{x^3 y^2}{2} - \frac{xy^4}{4}\right]_{-1}^{1} = \frac{1}{2}, \\ \varphi_2(y) = \displaystyle\int_{-1}^{1} \frac{1}{4}[1 + xy(x^2 - y^2)]\mathrm{d}y = \frac{1}{4}\left[x + \frac{x^4 y^2}{4} - \frac{x^2 y^3}{2}\right]_{-1}^{1} = \frac{1}{2}, \end{cases}$$

故 ξ_1, ξ_2 都在 $[-1,1]$ 中均匀分布. 既然 $\varphi_1(x)\varphi_2(y) = \dfrac{1}{4} \neq \varphi(x, y)(|x| \leqslant 1, |y| \leqslant 1)$，故 ξ_1, ξ_2 不独立.

下证(51). 由 §2.8(二) 的(4_1) 式，知 ξ 的密度函数 $\varphi(z)$ 为

$$\varphi(z)=\int_{-\infty}^{+\infty}\varphi(x,z-x)\mathrm{d}x. \tag{52}$$

由于 $\varphi(x,y)$ 在矩形 $|x|\leqslant 1,|y|\leqslant 1$ 外为 0，故对每固定的 z，(52) 中的积分只要同时满足下两个不等式

$$|x|\leqslant 1,\quad z-1\leqslant x\leqslant z+1 \tag{53}$$

的 x 进行. 当 $-2\leqslant z\leqslant 0$ 时，满足上两个不等式的 x 的变化范围为 $[-1,z+1]$；当 $0\leqslant z\leqslant 2$ 时，范围为 $[z-1,1]$；当 $|z|>2$ 时，没有 x 能同时满足上两个不等式. 故

$$\varphi(z)=\begin{cases}\displaystyle\int_{-1}^{z+1}\frac{1}{4}(1+3z^2x^2-2zx^3-z^3x)\mathrm{d}x=\frac{1}{4}(2+z), & -2\leqslant z\leqslant 0,\\ \displaystyle\int_{z-1}^{1}\frac{1}{4}(1+3z^2x^2-2zx^3-z^3x)\mathrm{d}x=\frac{1}{4}(2-z), & 0<z\leqslant 2,\\ 0, & |z|>2.\end{cases} \tag{54}$$

$\varphi(z)$ 属于三角分布的密度函数（见图 2-31）. 由上式

$$\begin{aligned}f(t)&=\frac{1}{4}\left[\int_{-2}^{1}(2+z)\mathrm{e}^{tz\mathrm{i}}\mathrm{d}z+\int_{0}^{2}(2-z)\mathrm{e}^{tz\mathrm{i}}\mathrm{d}z\right]\\&=\frac{1}{4}\left[\frac{2-\mathrm{e}^{2t\mathrm{i}}-\mathrm{e}^{-2t\mathrm{i}}}{t^2}\right]=\frac{1}{2t^2}\left(1-\frac{\mathrm{e}^{2t\mathrm{i}}+\mathrm{e}^{-2t\mathrm{i}}}{2}\right)\\&=\frac{1}{2t^2}(1-\cos 2t)=\left(\frac{\sin t}{t}\right)^2,\end{aligned}$$

又同例 4，得

$$f(t)=\frac{\sin t}{t}\times\frac{\sin t}{t}=f_1(t)f_2(t).$$

证明过程中还蕴含下列事实：两个在 $[-1,1]$ 中均匀分布的卷积是一个三角分布，后者的密度函数为(54) 中的 $\varphi(z)$. ■

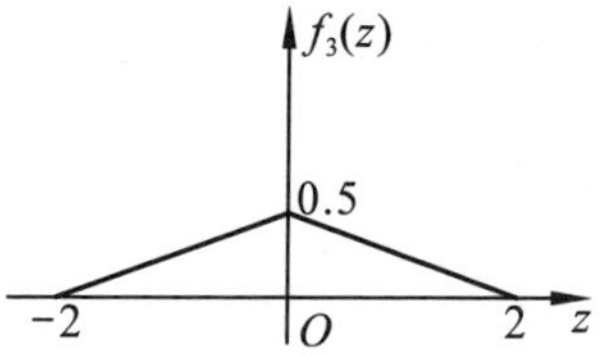

图 2-31

* § 2.12　多元特征函数

(一) 定义与性质

设已给 n 元分布函数 $F(x_1, x_2, \cdots, x_n)$，它的特征函数 $f(t_1, t_2, \cdots, t_n)$，$t_i \in \mathbf{R}^i \quad (i = 1, 2, \cdots, n)$，定义为

$$f(t_1, t_2, \cdots, t_n) = \int_{-\infty}^{+\infty} \cdots \int_{-\infty}^{+\infty} \mathrm{e}^{(t_1 x_1 + t_2 x_2 + \cdots + t_n x_n)\mathrm{i}} \mathrm{d}F(x_1, x_2, \cdots, x_n). \tag{1}$$

记 $\boldsymbol{t} = (t_1, t_2, \cdots, t_n)$，$\boldsymbol{x} = (x_1, x_2, \cdots, x_n)$，$\boldsymbol{t}^{\mathrm{T}} = \begin{pmatrix} t_1 \\ t_2 \\ \vdots \\ t_n \end{pmatrix}$，则上式可简写为

$$f(t) = \int_{\mathbf{R}^n} \mathrm{e}^{xt'\mathrm{i}} \mathrm{d}F(x). \tag{2}$$

n 元特征函数的理论与一元时类似，故叙述从简.

随机向量 $(\xi_1, \xi_2, \cdots, \xi_n)$ 的特征函数 $f(t_1, t_2, \cdots, t_n)$ 定义为它的分布函数 $F(x_1, x_2, \cdots, x_n)$ 的特征函数，即

$$f(t) = \int_{\mathbf{R}^n} \mathrm{e}^{xt'\mathrm{i}} \mathrm{d}F(x) = E\mathrm{e}^{\xi t'\mathrm{i}} = E\mathrm{e}^{(t_1\xi_1 + t_2\xi_2 + \cdots + t_n\xi_n)\mathrm{i}}. \tag{3}$$

(i) 特征函数 $f(t)$ 在 $\mathbf{R}^n$ 中均匀连续，而且

$$|f(t_1, t_2, \cdots, t_n)| \leqslant f(0, 0, \cdots, 0) = 1,$$

$$f(-t_1, -t_2, \cdots, -t_n) = \overline{f(t_1, t_2, \cdots, t_n)}.$$

(ii) 设 $F_{j_1, j_2, \cdots, j_k}(x_{j_1}, x_{j_2}, \cdots, x_{j_n})(k \leqslant n)$ 是 $F(x_1, x_2, \cdots, x_n)$ 对应于 $(j_1, j_2, \cdots, j_k)$ 的边沿分布函数，即

$$F_{j_1, j_2, \cdots, j_k}(x_{j_1}, x_{j_2}, \cdots, x_{j_k}) = F(y_1, y_2, \cdots, y_n) \Big|_{\substack{y_i = x_i, i = j_1, j_2, \cdots, j_k, \\ y_i = +\infty, \text{反之}.}}$$

则 $F_{j_1,j_2,\cdots,j_k}(x_{j_1},x_{j_2},\cdots,x_{j_k})$ 的特征函数为

$$f_{j_1,j_2,\cdots,j_k}(t_{j_1},t_{j_2},\cdots,t_{j_k}) = f(s_1,s_2,\cdots,s_n)\Big|_{\substack{s_i=t_i,i=j_1,j_2,\cdots,j_k,\\ s_i=0,\text{反之}.}}$$

例如，$F_1(x_1) = F(x_1,+\infty,\cdots,+\infty)$ 的特征函数为 $f(t_1,0,\cdots,0)$，由此可见，若 $(\xi_1,\xi_2,\cdots,\xi_n)$ 的特征函数为 $f(t_1,t_2,\cdots,t_n)$，则 $(\xi_{j_1},\xi_{j_2},\cdots,\xi_{j_k})$ 的特征函数为 $f_{j_1,j_2,\cdots,j_k}(t_{j_1},t_{j_2},\cdots,t_{j_k})$，$\xi_1$ 的特征函数为 $f(t_1,0,\cdots,0)$.

(iii) 如果 $(\xi_1,\xi_2,\cdots,\xi_n)$ 独立，由(3)及刚才所述，有

$$f(t_1,t_2,\cdots,t_n) = E\mathrm{e}^{(t_1\xi_1+t_2\xi_2+\cdots+t_n\xi_n)\mathrm{i}} = \prod_{j=1}^{n} E\mathrm{e}^{t_j\xi_j\mathrm{i}} = \prod_{j=1}^{n} f_{\xi_j}(t_j), \tag{4}$$

其中 $f_{\xi_j}(t)$ 表示 ξ_j 的特征函数.

(iv) 矩 $E\xi_1^{k_1}\xi_2^{k_2}\cdots\xi_n^{k_n}$ 与特征函数间有关系

$$E\xi_1^{k_1}\xi_2^{k_2}\cdots\xi_n^{k_n} = (\mathrm{i})^{-\sum_{j=1}^{n}k_j}\left[\frac{\partial^{k_1+k_2+\cdots+k_n}f(t_1,t_2,\cdots,t_n)}{\partial t_1^{k_1}\partial t_2^{k_2}\cdots\partial t_n^{k_n}}\right]_{t_1=t_2=\cdots=t_n=0}. \tag{5}$$

(v) 设 $a_j,b_j(j=1,2,\cdots,n)$ 为常数，则随机向量 $(a_1\xi_1+b_1,a_2\xi_2+b_2,\cdots,a_n\xi_n+b_n)$ 的特征函数为

$$\mathrm{e}^{(\sum_{k=1}^{n}b_kt_k)\mathrm{i}}\cdot f(a_1t_1,a_2t_2,\cdots,a_nt_n). \tag{6}$$

(vi) 设 a_j 为常数，则(一维)随机变量 $\eta=\sum_{j=1}^{n}a_j\xi_j$ 的特征函数 $f_\eta(t)(t\in\mathbf{R})$ 为

$$f_\eta(t) = E\mathrm{e}^{t\eta\mathrm{i}} = E\mathrm{e}^{(\sum_{j=1}^{n}a_jt\xi_j)\mathrm{i}} = f(a_1t,a_2t,\cdots,a_nt)\ (\text{由}(3)). \tag{7}$$

（二）n 元特征函数的逆转公式

证明虽与一元时相似，但由于它的重要性，我们仍给出证明，为此先引进一概念.

设已给 n 元分布函数 $F(x_1,x_2,\cdots,x_n)$，它所决定的 n 维分布记为 $F(A)$，$A\in\mathcal{B}_n$，考虑任一 n 维区间：

$$(a,b]=((x_1,x_2,\cdots,x_n):a_j<x_j\leqslant b_j,j=1,2,\cdots,n),\tag{8}$$

$$[a,b]=((x_1,x_2,\cdots,x_n):a_j\leqslant x_j\leqslant b_j,j=1,2,\cdots,n),$$

$$(a,b)=((x_1,x_2,\cdots,x_n):a_j<x_j<b_j,j=1,2,\cdots,n).$$

称 $(a,b]$ 为分布函数 $F(x_1,x_2,\cdots,x_n)$ 的连续区间，如果 $F([a,b]\setminus(a,b))=0$，也就是说 F 在 $(a,b]$ 的边界 $[a,b]\setminus(a,b)$ 上的值等于 0，显然，如果 $(\xi_1,\xi_2,\cdots,\xi_n)$ 的分布函数为 $F(x_1,x_2,\cdots,x_n)$，而 $(a,b]$ 是后者的连续区间，那么

$$P((\xi_1,\xi_2,\cdots,\xi_n)\in[a,b]\setminus(a,b))=F([a,b]\setminus(a,b))=0.\tag{9}$$

定理 1(逆转公式)　设 n 元分布函数 $F(x_1,x_2,\cdots,x_n)$ 的特征函数为 $f(t_1,t_2,\cdots,t_n)$，对任意由(8)定义的区间 $(a,b]$，如果它是此分布函数的连续区间，那么

$$F([a,b])=\frac{1}{(2\pi)^n}\lim_{\substack{l_j\to+\infty\\ j=1,2,\cdots,n}}\int_{-l_1}^{l_1}\cdots\int_{-l_n}^{l_n}\frac{\mathrm{e}^{-t_1a_1\mathrm{i}}-\mathrm{e}^{-t_1b_1\mathrm{i}}}{t_1\mathrm{i}}\cdots\frac{\mathrm{e}^{-t_na_n\mathrm{i}}-\mathrm{e}^{-t_nb_n\mathrm{i}}}{t_n\mathrm{i}}\times f(t_1,t_2,\cdots,t_n)\mathrm{d}t_1\mathrm{d}t_2\cdots\mathrm{d}t_n.\tag{10}$$

证　以(1)代入(10)中的 $f(t_1,t_2,\cdots,t_n)$，于是(10)右方积分先是对 $x_1,x_2,\cdots,x_n$，再是对 $t_1,t_2,\cdots,t_n$ 的积分. 由于被积函数绝对可积，故由富比尼定理，可改变积分次序，于是右方中的积分化为

$$\int_{-\infty}^{+\infty}\cdots\int_{-\infty}^{+\infty}\left[\prod_{j=1}^{n}\int_{-l_j}^{l_j}\frac{\mathrm{e}^{t_j(x_j-a_j)\mathrm{i}}-\mathrm{e}^{t_j(x_j-b_j)\mathrm{i}}}{t_j\mathrm{i}}\mathrm{d}t_j\right]\mathrm{d}F(x_1,x_2,\cdots,x_n).\tag{11}$$

我们有

$$I_{l_j}(x_j)\equiv\int_{-l_j}^{l_j}\frac{\mathrm{e}^{t_j(x_j-a_j)\mathrm{i}}-\mathrm{e}^{t_j(x_j-b_j)\mathrm{i}}}{t_j\mathrm{i}}\mathrm{d}t_j\tag{12}$$

$$= 2\int_0^{l_j} \frac{\sin t_j(x_j - a_j)}{t_j \mathrm{i}} \mathrm{d}t_j - 2\int_0^{l_j} \frac{\sin t_j(x_j - b_j)}{t_j} \mathrm{d}t_j. \tag{13}$$

利用 §2.11(17) 式得

$$\lim_{l_j \to +\infty} I_{l_j}(x_j) = \begin{cases} 2\pi, & a_j < x_j < b_j, \\ 0, & x_j < a_j \text{ 或 } b_j < x_j. \end{cases}$$

从而

$$\frac{1}{(2\pi)^n} \lim_{\substack{l_j \to +\infty \\ j=1,2,\cdots,n}} I_{l_1}(x_1) I_{l_2}(x_2) \cdots I_{l_n}(x_n) = \begin{cases} 1, & (x_1, x_2, \cdots, x_n) \in (a,b), \\ 0, & (x_1, x_2, \cdots, x_n) \in \overline{[a,b]}, \end{cases} \tag{14}$$

这里$\overline{[a,b]} = \mathbf{R}^n \setminus [a,b]$. 由(11)(10) 右方值为

$$\frac{1}{(2\pi)^n} \lim_{\substack{l_j \to +\infty \\ j=1,2,\cdots,n}} \int_{-\infty}^{+\infty} \cdots \int_{-\infty}^{+\infty} I_{l_1}(x_1) I_{l_2}(x_2) \cdots I_{l_n}(x_n) \mathrm{d}F(x_1, x_2, \cdots, x_n).$$

将 $\mathbf{R}^n$ 分为三个互不相交集的和：$\mathbf{R}^n = (a,b) \cup \overline{[a,b]} \cup ([a,b] \setminus (a,b))$，上值等于

$$\frac{1}{(2\pi)^n} \lim_{\substack{l_j \to +\infty \\ j=1,2,\cdots,n}} \left[\int \cdots \int_{(a,b)} + \int \cdots \int_{\overline{[a,b]}} + \int \cdots \int_{[a,b] \setminus (a,b)} I_{l_1}(x_1) I_{l_2}(x_2) \cdots I_{l_n}(x_n) \mathrm{d}F(x_1, x_2, \cdots, x_n) \right].$$

由(13) 及 §2.11(17) 知 $| I_{l_1(x_1)} I_{l_2}(x_2) \cdots I_{l_n(x_n)} | < k$ 有界，k 为某正常数，由勒贝格控制收敛定理，可在积分号下取极限. 由于(14)知取极限后第 2 积分化为 0，第 3 积分的绝对值不超过 $kF([a,b] \setminus (a,b))$，由$[a,b]$ 是连续区间的假设，它也等于 0，于是只剩下第 1 积分，再用(14) 即知(10) 右方值为 $F([a,b])$. ■

由定理 1 就可仿一元情况而得下定理，我们不一一地去深入它的细节了.

唯一性定理　两个 n 元分布函数 $F_1(x_1, x_2, \cdots, x_n)$，$F_2(x_1,$

$x_2,\cdots,x_n)$ 恒等的充分必要条件是它们各自的特征函数 $f_1(t_1, t_2,\cdots,t_n)$，$f_2(t_1,t_2,\cdots,t_n)$ 恒等.

系　以 $f(t_1,t_2,\cdots,t_n)$，$f_{\xi_j}(t)(t_i,t\in\mathbf{R})$ 分别表示 $(\xi_1,\xi_2,\cdots,\xi_n)$ 及 ξ_j 的特征函数，$j=1,2,\cdots,n$，则随机变量 $\xi_1,\xi_2,\cdots,\xi_n$ 独立的充分必要条件是

$$f(t_1,t_2,\cdots,t_n)=f_{\xi_1}(t_1)f_{\xi_2}(t_2)\cdots f_{\xi_n}(t_n). \tag{15}$$

证　**必要性**见(4). 反之，设(15)成立，$(\xi_1,\xi_2,\cdots,\xi_n)$ 的联合分布函数 $F(x_1,x_2,\cdots,x_n)$ 的特征函数按定义是 $f(t_1,t_2,\cdots,t_n)$，以 $F_{\xi_j}(x)(x\in\mathbf{R})$ 表示 ξ_j 的分布函数，显然

$$G(x_1,x_2,\cdots,x_n)=F_{\xi_1}(x_1)F_{\xi_2}(x_2)\cdots F_{\xi_n}(x_n)$$

也是 n 元分布函数. 然而 $G(x_1,x_2,\cdots,x_n)$ 的特征函数为

$$\int_{-\infty}^{+\infty}\cdots\int_{-\infty}^{+\infty}\mathrm{e}^{(t_1x_1+t_2x_2+\cdots+t_nx_n)\mathrm{i}}\mathrm{d}F_{\xi_1}(x_1)F_{\xi_2}(x_2)\cdots F_{\xi_n}(x_n)$$

$$=\prod_{j=1}^{n}\left[\int_{-\infty}^{+\infty}\mathrm{e}^{t_jx_j\mathrm{i}}\mathrm{d}F_{\xi_j}(x_j)\right]=\prod_{j=1}^{n}f_{\xi_j}(t_j)$$

$$=f(t_1,t_2,\cdots,t_n),\quad(\text{由}(15))$$

于是得证 $F(x_1,x_2,\cdots,x_n)$ 及 $G(x_1,x_2,\cdots,x_n)$ 有相同的特征函数，由唯一性定理此两个函数恒等，故

$$F(x_1,x_2,\cdots,x_n)=F_{\xi_1}(x_1)F_{\xi_2}(x_2)\cdots F_{\xi_n}(x_n), \tag{16}$$

亦即 $\xi_1,\xi_2,\cdots,\xi_n$ 独立. ■

(三) n 维正态分布的性质

作为重要的例子，试研究 n 维正态分布. 设 n 维随机向量 $\boldsymbol{\xi}=(\xi_1,\xi_2,\cdots,\xi_n)$ 有 n 维正态分布 $N(\boldsymbol{a},\boldsymbol{B})$，密度为

$$f_{\xi}(x_1,x_2,\cdots,x_n)=\frac{1}{(2\pi)^{\frac{n}{2}}\ |\boldsymbol{B}|^{\frac{1}{2}}}\mathrm{e}^{-\frac{1}{2}\sum\limits_{j,k=1}^{m}r_{jk}(x_k-a_k)(x_j-a_j)}, \tag{17}$$

其中 $\boldsymbol{B}$ 为 n 阶正定对称矩阵. $|\boldsymbol{B}|$ 表示 $\boldsymbol{B}$ 的行列式的值，$(r_{jk})=\boldsymbol{B}^{-1}$（参看 §2.6 例 7)，因而 $r_{jk}=\dfrac{|\boldsymbol{B}_{jk}|}{|\boldsymbol{B}|}$，$|\boldsymbol{B}_{jk}|$ 表示行列式 $|\boldsymbol{B}|$

中元素 b_{jk} 的代数余子式，记 $\boldsymbol{a}=(a_1,a_2,\cdots,a_n)$.

引理 存在 n 阶正交矩阵 $\boldsymbol{T}$，使随机向量

$$\boldsymbol{\eta}=(\boldsymbol{\xi}-\boldsymbol{a})\boldsymbol{T}^{\mathrm{T}}\quad(\boldsymbol{T}^{\mathrm{T}}\text{为}\ \boldsymbol{T}\ \text{的转置矩阵})\tag{18}$$

中的分量 $\eta_1,\eta_2,\cdots,\eta_n$ 是独立随机变量. η_j 有一维正态分布 $N(0,\sqrt{d_i})$，$d_i>0$.

证 考虑 §2.6 例 7 中的正交矩阵 $\boldsymbol{T}$，使

$$\boldsymbol{TBT}^{\mathrm{T}}=\boldsymbol{D}=\begin{pmatrix}d_1 & & & \boldsymbol{0}\\ & d_2 & & \\ & & \ddots & \\ \boldsymbol{0} & & & d_n\end{pmatrix},\ d_j>0,\ j=1,2,\cdots,n.\tag{19}$$

由于 $\boldsymbol{T}$ 的行列式的绝对值为 1，根据 §2.8 定理 1，知(18) 所定义的 $\boldsymbol{\eta}$ 有密度为①

$$f_{\eta}(y_1,y_2,\cdots,y_n)=\prod_{j=1}^{n}\frac{1}{\sqrt{2\pi d_j}}\mathrm{e}^{-\frac{y_j^2}{2d_j}},\tag{20}$$

由此可推得 η_j 的密度为 $\frac{1}{\sqrt{2\pi d_j}}\mathrm{e}^{-\frac{y^2}{2d_j}}(y\in\mathbf{R})$，故

$$f_{\eta}(y_1,y_2,\cdots,y_n)=\prod_{j=1}^{n}f_{\eta_j}(y_j).$$

从而得证$(\eta_1,\eta_2,\cdots,\eta_n)$ 的独立性. ■

引理 1 说明经过某线性变换后，可把具有分布为 $N(\boldsymbol{a},\boldsymbol{B})$ 的随机向量 $\boldsymbol{\xi}$ 变为独立随机向量 $\boldsymbol{\eta}$，$\boldsymbol{\eta}$ 也是正态的，分布为 $N(\boldsymbol{0},\boldsymbol{D})$.

定理 2 (i) 随机向量 $\boldsymbol{\xi}$ 的特征函数为

$$\varphi_{\xi}(t_1,t_2,\cdots,t_n)=\mathrm{e}^{\mathrm{i}\sum_{j=1}^{n}a_jt_j-\frac{1}{2}\sum_{j,k=1}^{n}b_{jk}t_jt_k}.\tag{21}$$

(ii) $\boldsymbol{\xi}=(\xi_1,\xi_2,\cdots,\xi_n)$ 的任一子向量$(\xi_{k_1},\xi_{k_2},\cdots,\xi_{k_m})(m\leqslant$

① 参看 §2.6 中(28) 式的证明.

n) 也是正态的,分布为 $N(\tilde{\boldsymbol{a}},\widetilde{\boldsymbol{B}})$,其中 $\tilde{\boldsymbol{a}}=(a_{k_1},a_{k_2},\cdots,a_{k_m})$,$\widetilde{\boldsymbol{B}}$ 为保留 $\boldsymbol{B}$ 中第 $k_1,k_2,\cdots,k_m$ 行(与列),而抛去其他行(与列)的 m 阶矩阵.

(iii)

$$E\xi_j=a_j, \tag{22}$$

$$E(\xi_j-a_j)(\xi_k-a_k)=b_{jk}. \tag{23}$$

(iv) $\xi_1,\xi_2,\cdots,\xi_n$ 相互独立的充分必要条件是两两互不相关.

证　(i) 考虑(18) 中的 $\boldsymbol{\eta}$ 与 $\boldsymbol{T}$,注意 $\boldsymbol{T}^{\mathrm{T}}=\boldsymbol{T}^{-1}$($\boldsymbol{T}^{-1}$ 为 $\boldsymbol{T}$ 的逆矩阵). 由引理 1 及 §2.11(43) 式知 $\boldsymbol{\eta}$ 的特征函数为

$$\varphi_\eta(t_1,t_2,\cdots,t_n)=\mathrm{e}^{-\sum\limits_{j=1}^{n}\frac{d_jt_j^2}{2}}. \tag{24}$$

采用矩阵符号,由(18) 得 $\boldsymbol{\xi}=\boldsymbol{a}+\boldsymbol{\eta}\boldsymbol{T}$,故 $\boldsymbol{\xi}$ 的特征函数为

$$\varphi_{\boldsymbol{\xi}}(\boldsymbol{t})=E\mathrm{e}^{(\boldsymbol{a}+\boldsymbol{\eta}\boldsymbol{T})\boldsymbol{t}^{\mathrm{T}}\mathrm{i}}=\mathrm{e}^{\boldsymbol{a}\boldsymbol{t}^{\mathrm{T}}\mathrm{i}}E\mathrm{e}^{\boldsymbol{\eta}(\boldsymbol{T}\boldsymbol{t}^{\mathrm{T}})\mathrm{i}}. \tag{25}$$

作变换

$$\boldsymbol{T}\boldsymbol{t}^{\mathrm{T}}=\boldsymbol{s}^{\mathrm{T}}, \tag{26}$$

由(24) 得

$$E\mathrm{e}^{\boldsymbol{\eta}(\boldsymbol{T}\boldsymbol{t}^{\mathrm{T}})\mathrm{i}}=E\mathrm{e}^{\boldsymbol{\eta}\boldsymbol{s}^{\mathrm{T}}\mathrm{i}}=\varphi_{\boldsymbol{\eta}}(s_1,s_2,\cdots,s_n)=\mathrm{e}^{-\sum\limits_{j=1}^{n}\frac{d_js_j^2}{2}}. \tag{27}$$

另一方面,根据二次型理论知:由于 $\boldsymbol{T}$ 满足(19),故变换(26) 把二次型 $\boldsymbol{t}^{\mathrm{T}}\boldsymbol{B}\boldsymbol{t}=\sum\limits_{j,k=1}^{n}b_{jk}t_jt_k$ 变到 $\sum\limits_{j=1}^{n}\frac{d_js_j^2}{2}$. 既然 $\boldsymbol{T}^{-1}$ 存在,由此及(27) 可见,

$$E\mathrm{e}^{\boldsymbol{\eta}(\boldsymbol{T}\boldsymbol{t}^{\mathrm{T}})\mathrm{i}}=\mathrm{e}^{-\boldsymbol{t}^{\mathrm{T}}\boldsymbol{B}\boldsymbol{t}}.$$

以此代入(25) 得

$$\varphi_{\boldsymbol{\xi}}(\boldsymbol{t})=\mathrm{e}^{\boldsymbol{a}\boldsymbol{t}\mathrm{i}-\boldsymbol{t}^{\mathrm{T}}\boldsymbol{B}\boldsymbol{t}},$$

此即(21).

(ii) 由(一)(ii) 可见($\xi_{k_1},\xi_{k_2},\cdots,\xi_{k_m}$) 的特征函数可自 $\varphi_\xi(t_1,t_2,\cdots,t_n)$ 中令 $t_l=0,l\neq k_1,\cdots,l\neq k_m$,而得,即

$$\mathrm{e}^{\mathrm{i}\sum_{u=1}^{m} a_{k_u} t_{k_u} - \frac{1}{2}\sum_{u,v=1}^{m} b_{k_u k_v} t_{k_u} t_{k_v}}.$$

然而 $N(\tilde{\boldsymbol{a}},\widetilde{\boldsymbol{B}})$ 的特征函数也是此函数，故由唯一性定理即得证(ii).

(iii) 由(一)(ii) 知 ξ_j 有一维正态分布，故 $E\xi_j$ 及 $D\xi_j$ 存在，再由 $E\mid\xi_j - E\xi_j\mid\mid\xi_k - E\xi_k\mid\leqslant\sqrt{D\xi_j}\sqrt{D\xi_k}$，知

$$E(\xi_j - E\xi_j)(\xi_k - E\xi_k) = E\xi_j\xi_k - E\xi_j \cdot E\xi_k$$

存在. 由(5) 及(21) 即得(22)(23).

(iv) **必要性**见 §2.10(二)(ii). 反之，如果 ξ_j,ξ_k 不相关，即 ξ_j 与 ξ_k 的相关系数

$$r_{jk} = \frac{E(\xi_j - E\xi_j)(\xi_k - E\xi_k)}{\sqrt{D\xi_j}\sqrt{D\xi_k}} = 0, \quad j \neq k,$$

那么 $E(\xi_j - E\xi_j)(\xi_k - E\xi_k) = 0$，从而由(22)(23) 知 $b_{jk} = 0$，于是由(21) 得

$$\varphi_{\xi}(t_1,t_2,\cdots,t_n) = \prod_{j=1}^{n} \mathrm{e}^{a_j t_j \mathrm{i} - \frac{1}{2} b_{jj} t_j^2} = \prod_{j=1}^{n} \varphi_{\xi_j}(t_j), \tag{28}$$

其中 $\varphi_{\xi_j}(t)$ 是 ξ_j 的特征函数. 再由系 1 即得所欲证. ■

由定理 2 可见：n 维正态分布 $N(\boldsymbol{a},\boldsymbol{B})$ 中，$\boldsymbol{a}$ 是 $\boldsymbol{\xi}$ 的数学期望：$a_i = E\xi_i$，而 $\boldsymbol{B}$ 是 $\boldsymbol{\xi}$ 的协方差矩阵.

$\boldsymbol{\xi}$ 有 n 维正态分布 $N(\boldsymbol{a},\boldsymbol{B})$，等价于它的特征函数由(21)给出.

称 $\xi_1,\xi_2,\cdots,\xi_n$ 的任一线性组合 $\sum_{j=1}^{n}\lambda_j\xi_j + \lambda_0$ 为非平凡的，如果 $\lambda_1,\lambda_2,\cdots,\lambda_n$ 不全为 0，$\lambda_i \in \mathbf{R}(i = 0,1,2,\cdots,n)$.

定理 3 $(\xi_1,\xi_2,\cdots,\xi_n)$ 有 n 维正态分布的充分必要条件是它的任一非平凡的线性组合 $\eta = \sum_{j=1}\lambda_j\xi_j + \lambda_0$ 有一维正态分布.

证 **充分性** 因 ξ_j 也可看成$(\xi_1,\xi_2,\cdots,\xi_n)$的非平凡线性组合(取 $\lambda_j = 1$，其余 $\lambda_k = 0$)，故由假定 ξ_j 有一维正态分布，从而

$E\xi_j=a_j, D\xi_j=b_{jj}$ 存在(一切 j),于是

$$b_{jk}=E(\xi_j-a_j)(\xi_k-a_k)$$

也存在. 由此立知:对非平凡的线性组合 $\eta=\sum_{j=1}^{n}\lambda_j\xi_j$,有

$$E\eta=\sum_{j=1}^{n}\lambda_j a_j,\quad D^2\eta=\sum_{j,k=1}^{n}b_{jk}\lambda_j\lambda_k.$$

根据假定 η 有一维正态分布,故 η 的分布为 $N\left(\sum_{j=1}^{n}\lambda_j a_j,\right.$ $\left.\sqrt{\sum_{j,k=1}^{n}b_{jk}\lambda_j\lambda_k}\right)$,$\eta$ 的特征函数为

$$Ee^{t\eta i}=\exp\left\{ti\sum_{j=1}^{n}\lambda_j a_j-\frac{t^2}{2}\sum_{j,k=1}^{n}b_{jk}\lambda_j\lambda_k\right\}.$$

令 $t=1$,得

$$Ee^{i}(\lambda_1\xi_1+\lambda_2\xi_2+\cdots+\lambda_n\xi_n)=\exp\left\{i\sum_{j=1}^{n}\lambda_j a_j-\frac{1}{2}\sum_{j,k=1}^{n}b_{jk}\lambda_j\lambda_k\right\}.$$

由于 $\lambda_j\in\mathbf{R}$ 可任意,故把 $(\lambda_1,\lambda_2,\cdots,\lambda_n)$ 看成 $\mathbf{R}^n$ 中的变点后,上式便表明 $(\xi_1,\xi_2,\cdots,\xi_n)$ 有 n 维正态分布.

必要性　设 ξ 的特殊函数由(21)给出,考虑它在任一非平凡线性组合 $\eta=\sum_{j=1}^{n}\lambda_j\xi_j+\lambda_0$,则

$$\begin{aligned}E(e^{t\eta i})&=E(e^{\lambda_0 ti}e^{i\sum_{j=1}^{n}\lambda_j t\xi_j})=e^{\lambda_0 ti}E(e^{i\sum_{j=1}^{n}(\lambda_j t)\xi_j})\\&=e^{\lambda_0 ti}\exp\left\{i\sum_{j=1}^{n}a_j(\lambda_j t)-\frac{1}{2}\sum_{j,k=1}^{n}b_{jk}(\lambda_j t)(\lambda_k t)\right\}\quad(\text{由(21)})\\&=\exp\left\{i\left(\lambda_0+\sum_{j=1}^{n}a_j\lambda_j\right)t-\frac{t^2}{2}\sum_{j,k=1}^{n}b_{jk}\lambda_j\lambda_k\right\},\end{aligned}$$

这说明 η 有 $N\left(\lambda_0+\sum_{j=1}^{n}a_j\lambda_j,\sqrt{\sum_{j,k=1}^{n}b_{jk}\lambda_j\lambda_k}\right)$ 分布. ■

下面的定理表明正态性在线性变换下保持不变.

定理 4　设 $(\xi_1,\xi_2,\cdots,\xi_n)$ 有 n 维正态分布 $N(\boldsymbol{a},\boldsymbol{B})$,令

$$\eta_l = \sum_{j=1}^{n} \lambda_{lj} \xi_j \quad (l = 1,2,\cdots,r,r \leqslant n;\lambda_{lj}\ \text{为常数}). \tag{29}$$

如果 r 阶矩阵(μ_{lh})正定,其中

$$\mu_{lh} = \sum_{j,k=1}^{n} \lambda_{lj} \lambda_{hk} b_{jk},$$

那么随机向量$(\eta_1,\eta_2,\cdots,\eta_r)$有 r 维正态分布.

证

$$\begin{aligned} & E(\eta_l - E\eta_l)(\eta_h - E\eta_h) \\ &= E\Big(\sum_{j=1}^{n} \lambda_{lj} (\xi_j - E\xi_j) \sum_{k=1}^{n} \lambda_{hk} (\xi_k - E\xi_k) \Big) \\ &= \sum_{j,k=1}^{n} \lambda_{lj} \lambda_{hk} E(\xi_j - E\xi_j)(\xi_k - E\xi_k) \\ &= \sum_{j,k=1}^{n} \lambda_{lj} \lambda_{hk} b_{jk} = \mu_{lh}. \end{aligned} \tag{30}$$

以 $\varphi_\eta(t_1,t_2,\cdots,t_r)$表示 $\boldsymbol{\eta}$ 的特征函数,则

$$\begin{aligned} \varphi_\eta(t_1,t_2,\cdots,t_r) &= E\Big[\exp\Big(\mathrm{i} \sum_{l=1}^{r} t_l \eta_l \Big) \Big] \\ &= E\Big[\exp\Big(t_1 \mathrm{i} \sum_{j=1}^{n} \lambda_{1j} \xi_j + \cdots + t_r \mathrm{i} \sum_{j=1}^{n} \lambda_{rj} \xi_j \Big) \Big] \\ &= E\Big[\exp\Big(\mathrm{i} \sum_{j=1}^{n} v_j \xi_j \Big) \Big], \end{aligned}$$

其中 $v_j = t_1\lambda_{1j} + t_2\lambda_{2j} + \cdots + t_r\lambda_{rj} \quad (j=1,2,\cdots,n)$,由(21)得

$$\begin{aligned} \varphi_\eta(t_1,t_2,\cdots,t_r) &= \exp\Big(\mathrm{i} \sum_{j=1}^{n} a_j v_j - \frac{1}{2} \sum_{j,k=1}^{n} b_{jk} v_j v_k \Big) \\ &= \exp\Big(\mathrm{i} \sum_{j=1}^{n} a_j \sum_{l=1}^{r} t_l \lambda_{lj} - \frac{1}{2} \sum_{j,k=1}^{n} b_{jk} \sum_{l,h=1}^{r} t_l t_h \lambda_{lj} \lambda_{hk} \Big) \\ &= \exp\Big[\mathrm{i} \sum_{l=1}^{r} t_l \Big(\sum_{h=1}^{n} a_h \lambda_{lh} \Big) - \frac{1}{2} \sum_{l,h=1}^{r} t_l t_h \sum_{j,k=1}^{n} \lambda_{lj} \lambda_{hk} b_{jk} \Big] \\ &= \exp\Big[\mathrm{i} \sum_{l=1}^{r} t_l c_l - \frac{1}{2} \sum_{l,h=1}^{r} \mu_{lh} t_l t_h \Big], \end{aligned}$$

其中 $c_l = \sum_{h=1}^{n} a_h \lambda_{lh}$. 由(30)知矩阵($\mu_{lh}$)对称，非负定，根据假定它还是正定的，故从上式知($\eta_1, \eta_2, \cdots, \eta_r$)有 r 维正态分布为 $N(\boldsymbol{c}, (\mu_{lh}))$，$\boldsymbol{c} = (c_1, c_2, \cdots, c_r)$. ■

以上我们都假定了 $\boldsymbol{B}$ 是正定的. 如果它是非负定但不是正定因而 $\boldsymbol{B}^{-1}$ 不存在时，我们便得到奇异的正态分布. 例如对一维正态分布 $N(a, \sigma)$，若 $\sigma = 0$，便是一奇异分布，它的质量集中在一个点 a 上. 一般地，设 $\boldsymbol{B}$ 的秩为 $r(< n)$，可以证明，按这个奇异正态分布而分布的质量，以概率 1 集中在某一个 r 维集合上(参看[3]，24.3).

* §2.13 若干补充

(一) 概率论与测度论的关系

到现在为止，我们已叙述完概率论中的基本概念与基本知识. 在第 1 章里，从已给的随机试验出发，对此随机试验作若干假设(例如古典型，几何型等)后，可以计算某些事件的概率，所用的方法基本上是排列组合，差分方程等. 这一章的内容，可以看成为产生概率论的历史背景，也是概率论发展史中古典阶段(19 世纪中叶以前)研究内容的一个缩影.

随机变量的产生是概率论发展过程中的一个飞跃. 由于它的出现，使得概率论研究的对象从个别事件扩大为全面地刻画随机试验的变数，同时，又由于对象的扩大而必须引入其他新的概念与工具如分布，分布函数等，这样便全面地刷新了概率论的内容. 然而为了使事件，随机变量等基本概念获得严格的数学意义，让它们不至于停留在感性的阶段，还有待于公理系统的建立. 目前为大多数人所接受的公理系统由柯尔莫哥洛夫(A. H. Колмогоров)所建成，这在第 1～2 章内已经看到了. 根据这一公理系统，概率论与实变函数论有许多相似之处. 其实概率论的某些部分，可以看成测度论——后者是实变函数论中一部分内容即度量理论的一般化的一个分支，概率论中许多基本概念都能翻译成测度论中的名词. 试给出一张对照表(对不熟悉测度论的读者，可设想右方栏中的 Ω 为[0,1]，$\mathcal{F}$ 为[0,1]中全体波莱尔子集，$P(A)$为 A 的勒贝格测度，$A\in\mathcal{F}$，从而可看出概率论与实变函数论中基本概念的类似性)见表 2-3.

表 2-3

	概率论	测度论
1	概率空间 Ω	(全测度为 1 的)测度空间 Ω
2	基本事件 ω	Ω 中的点 ω
3	事件集 $\mathcal{F}$	σ 代数 $\mathcal{F}$
4	事件 A	$\mathcal{F}$ 中的集 A
5	事件的概率 $P(A)$	A 的测度 $P(A)$
6	随机变量 $\xi(\omega)$	关于 $\mathcal{F}$ 可测的函数
7	数学期望 $E\xi(\omega)$	积分 $\int_\Omega \xi(\omega)P(\mathrm{d}\omega)$

然而不能把测度论完全代替概率论,这不仅因为概率论的历史较久,而且还主要是由于概率论有它自己侧重研究的方面:随机变量(或随机向量)的分布及与分布有关的问题.

伴随着随机变量 ξ 而出现的概念是分布函数 $F_\xi(x)$,它全面刻画了随机变量的概率性质. 至于较粗地刻画 ξ(或 $F_\xi(x)$)的某些性质的则有 $E\xi, D\xi$ 等. 然而在一些问题中,例如求独立随机变量的和的分布时,用分布函数就显得很复杂,于是引进了比较容易运算的特征函数 $f_\xi(t)$,它与 $F_\xi(x)$ 相互唯一决定. 因而理论上 $F_\xi(x)$ 与 $f_\xi(t)$ 处于平等的地位,不过 $f_\xi(t)$ 的概率意义不明显. 关于 ξ 的一些概率问题既可用 $F_\xi(x)$,也可用 $f_\xi(t)$ 来解决,例如求矩问题,求和的分布问题等就是如此. 至于什么时候用 $F_\xi(x)$ 还是用 $f_\xi(t)$ 较方便,那就依赖于问题的性质了.

进一步是讨论某些具体分布的性质,问题不在于造许多分布,而是要挑出一些有理论或实际应用价值的分布,并研究它们的性质. 在 § 2.5 后面附有常用的分布表,以备查用.

(二) 几个有关问题

下面叙述一些与第 2 章的内容有关的问题,我们只限于提出问题或指明结果而不给出证明,因为它们大都超出本书的范围.

(i) 关于分布的研究

i) 一个古典的结果是分布函数 $F(x)(x\in\mathbf{R})$的分解. 在§2.2中已看到三种不同的分布函数:连续型的分布函数 $F_1(x)$,离散型的 $F_2(x)$,奇异型的$F_3(x)$. 容易看出：如果 a_1,a_2,a_3 是三个非负常数,$\sum_{i=1}^{3}a_i=1$,那么

$$F(x)=a_1F_1(x)+a_2F_2(x)+a_3F_3(x) \tag{1}$$

也是一分布函数(证明与§2.2(20)的证同). 有趣的是反面的结论也正确:“任一分布函数可唯一地展为(1)的形式,其中 $F_i(x)$,$a_i(i=1,2,3)$满足上述条件”. 证明可见参考书[1,第9章,§7]或[2,第4章,§11,178页],由此知上述三种分布函数是最基本的,其他的不过是这三种的线性组合.

ii) 现在来看一个著名的问题——矩问题:设已给一列常数$\{a_n\}$,试问在什么条件下存在一分布函数 $F(x)$,使 $F(x)$的 n 阶矩恰为 $a_n,n\in\mathbf{N}^*$？这样的$F(x)$如果有的话,又是否唯一?

关于这些问题的研究已有专门的书(例如[4]). 这里只限于给出唯一性的一个便于应用的结果.

唯一性的问题也可以这样叙述:在什么条件下,分布函数$F(x)$被它的各阶矩 $a_n(n\in\mathbf{N}^*)$所唯一决定.

我们已看到,二项分布,泊松分布,正态分布被它们的一、二阶矩所唯一决定.

然而,这问题的答案一般却是否定的:不难找到两个不同的分布函数,它们有相同的各阶矩. 例如①,设连续型的 $F_1(x)$,$F_2(x)$分别有密度为

① 较简单的例见[31]106页. 又在[15]卷二(1971年版)227页上证明了对数正态分布不被它的各阶矩所唯一决定.

$$f_1(x)=\begin{cases}c\exp[-x^u\cos u\pi], & x>0,\\ 0, & x\leqslant 0,\end{cases}$$

$$f_2(x)=\begin{cases}c[1+\sin(x^u\sin u\pi)]\exp[-x^u\cos u\pi], & x>0,\\ 0, & x\leqslant 0,\end{cases}$$

其中 $0<u<\frac{1}{2}$，$c=\dfrac{u(\cos u\pi)^{\frac{1}{u}}}{\Gamma\left(\frac{1}{u}\right)}$. 可以证明，它们给出不同的分布函数，然而却有相同的各阶矩

$$\int_0^{+\infty}x^n f_1(x)\mathrm{d}x=\frac{\Gamma\left(\frac{n+1}{u}\right)}{\Gamma\left(\frac{1}{u}\right)}(\cos u\pi)^{-\frac{n}{u}}=\int_0^{+\infty}x^n f_2(x)\mathrm{d}x\ (n\in\mathbf{N}) \tag{2}$$

(参看[5，§1.4]).

然而在某些条件下，矩问题的解唯一，我们有结果

i) 设 $a_0=1,a_1,a_2,\cdots$ 是某分布函数 $F(x)$ 的各阶矩，它们都有穷，如果级数 $\sum\limits_{n=0}^{+\infty}\dfrac{a_n}{n!}r^n$ 对某 $r>0$ 绝对收敛，那么此 $F(x)$ 是唯一的以 a_n 为 n 阶矩($n\in\mathbf{N}$)的分布函数(证见[3，§15.4]或[6，§5.5]).

由 i)立刻推出结果

ii) 如果随机变量 ξ 以概率 1 有界，即存在常数 $c>0$ 使 $P(|\xi|<c)=1$，那么 ξ 的分布函数 $F(x)$ 被它的各阶矩 $\{a_n\}$ 唯一决定.

事实上，这时 $F(-c)=0$，$F(c)=1$，故

$$|a_n|\leqslant\int_{-c}^{c}|x|^n F(\mathrm{d}x)\leqslant c^n,$$

$$\sum_{n=0}^{+\infty}\left|\frac{a_n c^n}{n!}\right|\leqslant\sum_{n=0}^{+\infty}\frac{c^{2n}}{n!}=\mathrm{e}^{c^2}<+\infty. \tag{3}$$

iii）近年来关于分布的分解问题有不少研究，在§2.11 例 3 中已经看到，两个具有正态分布的独立随机变量 ξ_1，ξ_2 的和 $\xi_1+\xi_2$ 也有正态分布，或者说，两正态分布的卷积也是正态的.重要的是反面的结论也成立. 1934 年莱维(P. Lévy)预言：如果两个独立随机变量的和有正态分布，那么每个随机变量都有正态分布，这预言为克莱姆(H. Gramer)所证明(见[14，定理 18]，[12，§6，302 页]，[15，169 页]或[13，定理 6.31]). 同样结论对泊松分布也成立，这由拉依科夫(Д. А. Райков)证明(见[13，定理6.61]). 后来林尼克(Линник)在这方面做了不少的工作，他研究了比较一般的分布的分解问题，详细的叙述见他的书[13].

(ii) 关于特征函数研究.

特征函数的研究已积累了大量的文献，许多结果已综合在书[5][13]中，研究的问题很多，例如：函数 $f(t)(t\in\mathbf{R})$是分布函数(或某种分布函数)的特征函数的充分必要条件(其中包括我们以后要叙述的博赫纳-辛钦定理)，一般的特征函数的性质，某类特殊的特征函数的性质，譬如说，解析特征函数、周期特征函数的性质等.

我们不去叙述具体的结果.

特征函数的研究中积累了许多有意义的例子，试举出一些，这对加深对特征函数的理解无疑是有益的.

例 1 这例说明当 n 为奇数时，§2.11 中特征函数的性质(v)的逆是不成立的①：特征函数在 0 点可微分 k 次，但 k 阶矩未必存在.

首先注意一般事实：若密度函数 $\varphi(x)$ 关于原点对称，即若 $\varphi(x)=\varphi(-x)$，则它对应的特征函数

---

① 但对偶数的 n，逆结论成立，见[3，§10，1]或[4，第 4 章，§12，199 页].

$$f(t)=\int_{-\infty}^{+\infty}\mathrm{e}^{tx\mathrm{i}}\varphi(x)\mathrm{d}x=2\int_{-\infty}^{+\infty}\cos tx\varphi(x)\mathrm{d}x,\tag{4}$$

因而 $f(t)$ 取实值，$-1\leqslant f(t)\leqslant 1$.

实际上，利用对称性质及 $\mathrm{e}^{x\mathrm{i}}=\cos x+\mathrm{i}\sin x$，立得

$$\begin{aligned}f(t)&=\int_{-\infty}^{0}\mathrm{e}^{tx\mathrm{i}}\varphi(x)\mathrm{d}x+\int_{0}^{+\infty}\mathrm{e}^{tx\mathrm{i}}\varphi(x)\mathrm{d}x\\&=-\int_{+\infty}^{0}\mathrm{e}^{-tx\mathrm{i}}\varphi(x)\mathrm{d}x+\int_{0}^{+\infty}\mathrm{e}^{tx\mathrm{i}}\varphi(x)\mathrm{d}x\\&=\int_{0}^{+\infty}(\mathrm{e}^{-tx\mathrm{i}}+\mathrm{e}^{tx\mathrm{i}})\varphi(x)\mathrm{d}x=2\int_{0}^{+\infty}\cos tx\varphi(x)\mathrm{d}x.\end{aligned}$$

今取

$$\varphi(x)=\begin{cases}0, & |x|\leqslant 2,\\ \dfrac{c}{x^2\lg|x|}, & |x|>2.\end{cases}\tag{5}$$

其中 c 为常数，由条件 $\int_{-\infty}^{+\infty}\varphi(x)\mathrm{d}x=1$ 决定，于是 $\varphi(x)$ 是关于原点对称的密度函数. 由(4)，特征函数为

$$f(t)=2c\int_{2}^{+\infty}\frac{\cos tx}{x^2\lg x}\mathrm{d}x.\tag{6}$$

由此知 $\dfrac{1-f(t)}{2c}$ 是 t 的非负，实值偶函数. 利用 $0\leqslant 1-\cos x\leqslant\min(2,x^2)$，对 $t<\dfrac{1}{2}$ 得

$$\begin{aligned}0\leqslant\frac{1-f(t)}{2c}&=\int_{2}^{+\infty}\frac{1-\cos tx}{x^2\lg x}\mathrm{d}x\\&=\int_{2}^{\frac{1}{t}}\frac{1-\cos tx}{x^2\lg x}\mathrm{d}x+\int_{\frac{1}{t}}^{+\infty}\frac{1-\cos tx}{x^2\lg x}\mathrm{d}x\\&\leqslant 2t^2\int_{2}^{\frac{1}{t}}\frac{\mathrm{d}x}{\lg x}+2\int_{\frac{1}{t}}^{+\infty}\frac{\mathrm{d}x}{x^2\lg x}\\&=o\left(-\frac{t}{\lg t}\right)=o(t)\ (t\to 0),\end{aligned}$$

注意 $f(0)=1$，故上式说明 $f(t)$ 在 $t=0$ 有导数为 0.

然而由

$$\int_2^a x\varphi(x)\mathrm{d}x=\int_2^a \frac{c\ \mathrm{d}x}{x\ \lg x}=c[\lg\lg a-\lg\lg 2]\to+\infty(a\to+\infty),$$

知一阶矩不存在. ■

例2 称特征函数 $f(t)$ 为无穷可分的,如对任一正整数 n,存在一特征函数 $f_n(t)$,使

$$f(t)=[f_n(t)]^n. \tag{7}$$

无穷可分特征函数所对应的分布叫无穷可分分布,显然,一个分布无穷可分的充分必要条件是:对任意正整数 n,它是某 n 个独立同分布的随机变量的和的分布.

试举一些无穷可分分布的例:

i) 正态分布:

$$f(t)=\exp\left\{at\mathrm{i}-\frac{\sigma^2t^2}{2}\right\},\quad f_n(t)=\exp\left\{\frac{a}{n}t\mathrm{i}-\frac{\sigma^2t^2}{2n}\right\};$$

ii) 泊松分布:

$$f(t)=\exp\{\lambda(\mathrm{e}^{t\mathrm{i}}-1)\},\quad f_n(t)=\exp\left\{\frac{\lambda}{n}(\mathrm{e}^{t\mathrm{i}}-1)\right\};$$

iii) 柯西分布:

$$f(t)=\exp\{ut\mathrm{i}-\lambda\mid t\mid\},\quad f_n(t)=\exp\left\{\frac{u}{n}t\mathrm{i}-\frac{\lambda}{n}\mid t\mid\right\};$$

iv) 伽马分布:

$$f(t)=\left(1-\frac{t\mathrm{i}}{b}\right)^{-p},\quad f_n(t)=\left(1-\frac{t\mathrm{i}}{b}\right)^{-\frac{p}{n}};$$

v) 单点分布:

$$f(t)=\mathrm{e}^{ct\mathrm{i}},\quad f_n(t)=\mathrm{e}^{\frac{c}{n}t\mathrm{i}};$$

等.

无穷可分分布在独立随机变量和的极限理论中起着十分重要的作用,关于这方面的一个初步介绍见[9,第9章],进一步见[11]或[2]. ■

例 3　一特征函数在有限区间内的值不足以唯一决定此特征函数，因而也不足以唯一决定分布函数. 现在来举这样的例子. 令

$$f_1(t)=\begin{cases}1-|t|, & |t|\leqslant 1,\\ 0, & |t|>1.\end{cases} \tag{8}$$

由于 $f_1(t)$在 $\mathbf{R}$ 上绝对可积，故对应的密度函数为

$$\begin{aligned}\varphi_1(x)&=\frac{1}{2\pi}\int_{-\infty}^{+\infty}\mathrm{e}^{-tx\mathrm{i}}f_1(x)\mathrm{d}t\\&=\frac{1}{2\pi}\int_{-1}^{0}(1+t)\mathrm{e}^{-tx\mathrm{i}}\mathrm{d}t+\frac{1}{2\pi}\int_{0}^{1}(1-t)\mathrm{e}^{-tx\mathrm{i}}\mathrm{d}t\\&=\frac{1}{2\pi}\left[-\frac{1}{x\mathrm{i}}-\frac{1}{(x\mathrm{i})^2}(1-\mathrm{e}^{x\mathrm{i}})\right]+\frac{1}{2\pi}\left[\frac{1}{x\mathrm{i}}-\frac{1}{(x\mathrm{i})^2}(\mathrm{e}^{-x\mathrm{i}}-1)\right]\\&=\frac{1}{\pi x^2}\left(1-\frac{\mathrm{e}^{x\mathrm{i}}+\mathrm{e}^{-x\mathrm{i}}}{2}\right)=\frac{1-\cos x}{\pi x^2}.\end{aligned} \tag{9}$$

现在考虑一离散型分布，它的密度矩阵为

$$\begin{pmatrix}0 & (2k-1)\pi\\ \dfrac{1}{2} & \dfrac{2}{(2k-1)^2\pi^2}\end{pmatrix},k\in\mathbf{Z}. \tag{10}$$

这分布的特征函数为

$$\begin{aligned}f_2(t)&=\frac{1}{2}+\sum_{k=-\infty}^{+\infty}\frac{2}{(2k-1)^2\pi^2}\mathrm{e}^{t(2k-1)\pi\mathrm{i}}\\&=\frac{1}{2}+\frac{2}{\pi^2}\sum_{k=-\infty}^{+\infty}\frac{\cos(2k-1)t\pi+\mathrm{i}\sin(2k-1)t\pi}{(2k-1)^2}\\&=\frac{1}{2}+\frac{4}{\pi^2}\sum_{k=1}^{+\infty}\frac{\cos(2k-1)t\pi}{(2k-1)^2}.\end{aligned} \tag{11}$$

今证对$|t|\leqslant 1$，有 $f_1(t)=f_2(t)$. 实际上，在区间$|t|\leqslant 1$ 上把函数 $g(t)=|t|$展成傅里叶(Fourier)级数，

$$g(t)=\frac{a_0}{2}+\sum_{n=1}^{+\infty}a_n\cos n\pi t, \tag{12}$$

其中系数

$$\frac{a_0}{2}=\int_0^1 t\mathrm{d}t=\frac{1}{2},$$

$$a_n=2\int_0^1 t\cos n\pi t\mathrm{d}t=\left[\frac{2t\sin \pi t}{n\pi}\right]_0^1-\frac{2}{n\pi}\int_0^1\sin n\pi t\mathrm{d}t$$

$$=-\frac{2}{n\pi}\left[\frac{-\cos n\pi t}{n\pi}\right]_0^1=2\,\frac{\cos n\pi-1}{n^2\pi^2},$$

因而 $a_{2k}=0(k\neq 0),a_{2k-1}=-\dfrac{4}{(2k-1)^2\pi^2}$，代入(12)得

$$g(t)=|t|=\frac{1}{2}-\frac{4}{\pi^2}\sum_{k=1}^{+\infty}\frac{\cos(2k-1)\pi t}{(2k-1)^2}. \tag{13}$$

代入(8)后，将所得结果与(11)比较，可见

$$f_1(t)=f_2(t),\quad |t|\leqslant 1.$$

然而 $f_1(t),f_2(t)$ 是两个不同分布(一是连续型的，一是离散型的)的特征函数，故由唯一性定理知 $f_1(t)$ 与 $f_2(t)$ 是两个不同的特征函数.

这例由格涅坚科(Гнеденко)造出，我们并附带地看到了一个具有周期为 2 的特征函数 $f_2(t)$. 由周期性 $f_2(t)$ 在 $|t|>1$ 中不会恒等于 0，因而由此及(8)也可看出 $f_1(t)$ 与 $f_2(t)$ 是不同的特征函数. ■

习　题　2

1. 试画出下列随机变量的分布函数

(i) ξ：$\begin{pmatrix} 0 & \frac{\pi}{2} & \pi \\ \frac{1}{4} & \frac{1}{2} & \frac{1}{4} \end{pmatrix}$；

(ii) $\eta=\frac{2}{3}\xi+2$；

(iii) $\rho=\cos\xi$.

2. 设随机变量 ξ 有连续型分布函数 $F(x)=\int_{-\infty}^{x}p(t)\mathrm{d}t$，试求下列随机变量的分布函数和密度

(i) $\eta=\xi^{-1}$；

(ii) $\eta=|\xi|$.

3. 设随机变量 ξ 具有连续的分布函数 $F(x)$，问

(i) $\eta=F(\xi)$是不是随机变量？为什么？

(ii) 如果是的话，它的分布函数是什么？分布是什么？

4. 随机变量的密度是 $f(x)=\begin{cases} a\cos x, & -\frac{\pi}{2}\leqslant x<\frac{\pi}{2}, \\ 0 & x\geqslant\frac{\pi}{2}, x<-\frac{\pi}{2}. \end{cases}$

(i) 求系数 a 的值.

(ii) 作出 $f(x)$以及分布函数的图.

5. 设 ξ_1：$\begin{pmatrix} 0 \\ 1 \end{pmatrix}$，而 ξ_2 是任意的随机变量，试证 ξ_1，ξ_2 独立.

6. 求证任何分布函数具有下列性质：

$$\lim_{x\to+\infty} x\int_x^{+\infty} \frac{1}{z}\mathrm{d}F(z) = 0, \qquad \lim_{x\to+0} x\int_x^{+\infty} \frac{1}{z}\mathrm{d}F(z) = 0,$$

$$\lim_{x\to-\infty} x\int_{-\infty}^{x} \frac{1}{z}\mathrm{d}F(z) = 0, \qquad \lim_{x\to-0} x\int_{-\infty}^{x} \frac{1}{z}\mathrm{d}F(z) = 0.$$

7. 设二维随机变量(x_1,x_2)的联合分布密度是

$$\frac{1}{\Gamma(k_1)\Gamma(k_2)} x_1^{k_1-1}(x_2-x_1)^{k_2-1}\mathrm{e}^{-x_2}, \quad 0<x_1\leqslant x_2<+\infty,$$

$$k_1>0, k_2>0,$$

试求 x_1 和 x_2 的边沿密度.

8. 一本 500 页的书，共有 500 个错字，每个错字等可能地出现在每一页上，试求在给定的一页上至少有 3 个错字的概率.

9. 在半径为 R，中心在坐标原点的圆周上任意抛掷一个点[即所抛点的极角均匀分布在区间$(-\pi,\pi)$内]，试求连接所抛点与$(-R,0)$的弦长的分布密度.

10. 在$(0,a)$线段上任意投掷两个点[即其横坐标均匀分布于线段$(0,a)$内]，试求：两点间距离的分布函数.

11. 在线段$(0,a)$上任意投掷 n 个点，设诸点的布列是任意的[即每点和其他各点独立布列着，并且在$(0,a)$内均匀分布]，试求

(i) 左边第 k 点的横坐标的分布密度；

(ii) 左边第 k 点和第 m 点的横坐标的联合分布密度$(k<m)$.

12. 设 $\xi_1,\xi_2,\cdots,\xi_k$ 是独立随机变量，有同样的分布函数 $F(x)$. 令

$$U=\min(\xi_1,\xi_2,\cdots,\xi_k), \quad V=\max(\xi_1,\xi_2,\cdots,\xi_k).$$

试证(U,V)的联合分布函数是

$$[F(v)]^k-g(u,v)[F(v)-F(u)]^k,$$

其中 $g(u,v)=\begin{cases}1, & u<v,\\ 0, & u\geqslant v.\end{cases}$

13. 设 ξ,η 独立，都服从正态分布 $N(0,1)$，试求其积的分布密度.

14. 设 ξ,η 独立，分布密度是

(i) $p_\xi(x)=p_\eta(x)=\begin{cases}0, & x\leqslant 0,\\ a\mathrm{e}^{-\alpha x}, & x>0 \quad (\alpha>0).\end{cases}$

(ii) $p_\xi(x)=p_\eta(x)=\begin{cases}0, & x\leqslant 0 \text{ 或 } x>a,\\ \dfrac{1}{a}, & 0<x\leqslant a.\end{cases}$

试求 $\zeta=\dfrac{\xi}{\eta}$ 的分布密度.

15. 试求独立随机变量 ξ_1 与 ξ_2 的和的分布密度. 假定

(i) ξ_1,ξ_2 的分布函数是 $F_1(x)=F_2(x)=\dfrac{1}{2}+\dfrac{1}{\pi}\arctan x$；

(ii) ξ_1,ξ_2 分别有$(-5,1)$与$(1,5)$内的均匀分布；

(iii) ξ_1,ξ_2 的分布密度为 $p_1(x)=p_2(x)=\dfrac{1}{2\alpha}\mathrm{e}^{-\frac{|x|}{\alpha}},\alpha>0$.

16. 求证：如果 ξ 与 η 独立，且分别有自由度为 m 和 n 的 χ^2 分布，那么 $\xi+\eta$ 与 $\dfrac{\xi}{\eta}$ 也独立.

17. 求证：如果 ξ 与 η 独立，且都有正态分布 $N(0,1)$，那么 $U=\xi^2+\eta^2$，$V=\dfrac{\xi}{\eta}$ 也独立.

18. 设 ξ,η 独立，且有相同分布密度 $p(x)=(\ln\theta)\theta^{-x}$，$0<x<+\infty$，$1<\theta<+\infty$，问 $\xi+\eta$ 与 η 是否独立？

19. 设独立随机变量 ξ,η 有相同分布密度

$$p(x)=\begin{cases}\mathrm{e}^{-x}, & 0<x<+\infty,\\ 0, & \text{其他},\end{cases}$$

问 $\xi+\eta$ 与 $\dfrac{\xi}{\xi+\eta}$ 是否独立？

20. 对于二项分布，若令 $B(k;n,p)=\sum_{\nu=0}^{k}b(\nu,n,p)$，其中 $b(\nu,n,p)=C_n^\nu p^\nu q^{n-\nu}$. 试证：

$$B(k;n+1,p)=B(k;n,p)-pb(k;n,p),$$

$$B(k+1;n+1,p)=B(k;n,p)+qb(k+1;n,p).$$

21. 求证：对 $0\leqslant p\leqslant 1$，$q=1-p$，有

$$p^n+C_n^1p^{n-1}q+\cdots+C_n^kp^{n-k}q^k=\frac{\int_0^p x^{n-k-1}(1-x)^k\mathrm{d}x}{\int_0^1 x^{n-k-1}(1-x)^k\mathrm{d}x}.$$

22. 设方程 $(x-\alpha)(x-\beta)=x^2+px+q=0$ 的两个根几何型地出现于 $-1\leqslant\alpha\leqslant 1$，$-1\leqslant\beta\leqslant 1$，试求系数 p，q 的分布密度 $f_p(x)$ 及 $f_q(x)$.

23. 设 $P(\xi=k)=\frac{a^k}{(1+a)^{k+1}}$，$a>0$ 常数，$k\in\mathbf{N}$，试求 $E\xi$，$D\xi$.

24. 设 ξ 的分布密度是 $f(x)=cx\mathrm{e}^{-h^2x^2}$，$x\geqslant 0$，试求常数 c 及 $E\xi$，$D\xi$（h 为已知常数）.

25. 设 ξ，(i) 分布在 $\left(-\frac{\pi}{2},\frac{\pi}{2}\right)$ 上，并具有密度 $f(x)=\frac{\pi}{2}\cos^2x$；

(ii) 分布在 $(-1,1)$ 上，并具有密度 $f(x)=c(1-x^2)^\alpha$ $(\alpha>0)$.

试求：$E\xi$，$D\xi$.

26. 试证：对随机变量 ξ，η，

$$E\xi\eta=E\xi\cdot E\eta \text{ 或 } D(\xi+\eta)=D(\xi)+D(\eta)$$

成立的充分必要条件是

$$r_{\xi\eta}=0 \ (r_{\xi\eta} \text{ 是 } \xi \text{ 与 } \eta \text{ 的相关系数}).$$

27. 设 $\xi=(\xi_1,\xi_2,\cdots,\xi_k)$ 具有多项分布

$$P(\xi_1=x_1,\xi_2=x_2,\cdots,\xi_k=x_k)=\frac{n!}{x_1!x_2!\cdots x_{k+1}!}p_1^{x_1}p_2^{x_2}\cdots p_{k+1}^{x_{k+1}},$$

$$x_{k+1}=n-x_1-x_2-\cdots-x_k,$$

$p_{k+1} = 1 - p_1 - p_2 - \cdots - p_k$.

试证：$E\xi_i = np_i, D\xi_i = np_i(1-p_i), b_{ij} = -np_ip_j (i \neq j)$.

28. 设 ξ 的数学期望是 μ，方差是 σ^2. 求证：对任何正常数 λ，有：

$$P(|\xi - \mu| \geqslant \lambda\sigma) \leqslant \frac{1}{\lambda^2}.$$

29. 若中心矩 $c_{2r}, c_{2r+1}, c_{2r+2}$ 存在，试证 $(c_{2r+1})^2 \leqslant c_{2r}c_{2r+2}$.

30. 设 ξ, η 有二维正态分布，$E\xi = a_1, D\xi = 1, E\eta = a_2, D\eta = 1$. 试证 ξ, η 的相关系数 $r = \cos q\pi$，其中

$$q = P((\xi - a_1)(\eta - a_2) < 0).$$

31. 设随机向量 (ξ, η) 服从二维正态分布 $E\xi = E\eta = 0, D\xi = D\eta = 1, r_{\xi\eta} = R$. 试证

$$E\max(\xi, \eta) = \sqrt{\frac{1-R}{\pi}}.$$

32. 设 X, Y 独立有相同分布 $N(0, \sigma)$，令 $\xi = \alpha X + \beta Y, \eta = \alpha X - \beta Y$，求 ξ 与 η 的相关系数 $r_{\xi\eta}$.

33. 设 X_1, X_2 独立有相同分布 $N(a, \sigma)$. 求证

$$E\max(X_1, X_2) = a + \frac{\sigma}{\sqrt{\pi}}.$$

34. 求证：对于随机变量 X 及正值上升函数 $f(x)(x \geqslant 0)$，若 $Ef(|X|) < +\infty$，则

$$P(|X| \geqslant x) \leqslant \frac{E(f(|X|))}{f(x)} \quad (x > 0).$$

35. 求证：若 $E(\mathrm{e}^{aX}) < +\infty \ (a > 0)$，则 $P(X \geqslant x) \leqslant \mathrm{e}^{-ax}E(\mathrm{e}^{aX})$.

36. 设 ξ 的分布函数为 $F(x) = \int_{-\infty}^{x} f(y)\mathrm{d}y$，求

(i) $\eta = \mathrm{e}^{-\xi}$（设 $\xi > 0$）；

(ii) $\eta = \tan\xi$；

(iii) $\eta = \arctan\xi$

的分布函数 $F_\eta(x)$ 及密度 $f_\eta(x)$.

37. 求证：对取值于区间(a,b)内的随机变量ξ，恒成立不等式

$$a \leqslant E\xi \leqslant b, D\xi \leqslant \left(\frac{b-a}{2}\right)^2.$$

38. 设ξ只取非负整数值，$P(\xi = k) = px, k \in \mathbf{N}$. 定义母函数 $P(s) = \sum_{k=0}^{+\infty} p_k s^k$. 试证：

$$E\xi = P'(1), D\xi = P''(1) + P'(1) - [P'(1)]^2,$$

其中$P'(1), P''(1)$为$P(s)$的一阶，二阶导数在$s = 1$的值.

39. 对二项分布及泊松分布分别求出$P(s)$.

40. 设ξ的分布函数是$F(x)$，定义矩母函数$m(t) = \int_{-\infty}^{+\infty} \mathrm{e}^{tx}\,\mathrm{d}F(x) = E(\mathrm{e}^{t\xi})$. 试证：如果$m(t)$存在，那么$E\xi = m'(0), E\xi^2 = m''(0)$.

41. 设$\xi_1, \xi_2, \cdots, \xi_k$是独立同分布随机变量，期望为 0，方差为 1. 试证：对$\lambda > 0$，

$$P\left(\sum_{i=1}^{k} \xi_i^2 \geqslant \lambda_k\right) \leqslant \frac{1}{\lambda}.$$

42. 试证：如果密度函数对称，即如果$f(x) = f(-x)$，又设奇数阶的半不变量存在，那么它们一定是 0.

43. 设分布函数 $F(x) = \begin{cases} 0, & x < a, \\ p, & a \leqslant x < b, \\ 1, & x \geqslant b, \end{cases}$ 求特征函数$f(t)$.

44. 对下列分布函数求特征函数：$F(x) = \begin{cases} 0, & x < -a, \\ \dfrac{x+a}{2a}, & -a \leqslant x < a, \\ 1, & x \geqslant a. \end{cases}$

45. 对下列分布密度求特征函数：$g(x) = \dfrac{a}{2}\mathrm{e}^{-a|x|}, a > 0$.

46. 设ξ服从分布：$P(\xi = k) = q^k p, 0 < p < 1, q = 1 - p, k \in \mathbf{N}$，求$\xi$的特征函数，并求$E\xi, D\xi$.

47. 若特征函数是$\frac{1}{1+t^2}$，试证对应的分布密度是$\frac{1}{2}\mathrm{e}^{-|x|}$，$-\infty<x<+\infty$.

48. 若特征函数是$\frac{\mathrm{e}^{t\mathrm{i}}(1-\mathrm{e}^{nt\mathrm{i}})}{n(1-\mathrm{e}^{t\mathrm{i}})}$，试证对应的随机变量的密度矩阵为$\begin{pmatrix} 1 & 2 & \cdots & n \\ \frac{1}{n} & \frac{1}{n} & \cdots & \frac{1}{n} \end{pmatrix}$.

49. 对下列特征函数，求分布密度或分布函数.

(i) $\frac{1}{1-t\mathrm{i}}$;　　　(ii) $\frac{1}{(1-t\mathrm{i})^n}$.

50. 试证：若特征函数满足 $f(t)=1+o(t^2)$，$t\to 0$，则 $f(t)\equiv 1$.

51. 试证：特征函数 $f(t)$ 是实值的充分必要条件是 $f(t)$ 相应的分布函数 $F(x)$ 是对称的(即 $F(x)$ 满足 $F(x)=1-F(-x-0)$).

52. 若 $f(t)$ 是分布函数 $F(x)$ 的特征函数，则对所有的 T 和 h 有

$$\frac{1}{h}\int_{T+h}^{T+2h}F(x)\mathrm{d}x-\frac{1}{h}\int_{T}^{T+h}F(x)\mathrm{d}x$$
$$=\frac{1}{2\pi h}\int_{-\infty}^{+\infty}\left(\frac{1-\mathrm{e}^{-Th\mathrm{i}}}{t\mathrm{i}}\right)^2\mathrm{e}^{-tT\mathrm{i}}f(t)\mathrm{d}t.$$

53. 若 ξ 有分布密度，则它特征函数当 $t\to+\infty$时趋于 0.

54. 求证：对任何实值特征函数 $f(t)$，以下两个不等式成立：

$$1-f(2t)\leqslant 4(1-f(t)),\qquad 1+f(2t)\geqslant 2(f(t))^2.$$

55. 设 $\xi_1,\xi_2,\cdots,\xi_n$ 独立，有相同的几何分布(见题 46)，试求$\sum\limits_{i=1}^{n}\xi_i$的分布.

56. 设 $F(x)$ 是分布函数，有特征函数为 $f(t)$. 试证 $G(x)=\frac{1}{2h}\int_{x-h}^{x+h}F(y)\mathrm{d}y$ 也是分布函数，而且特征函数为 $g(t)=\frac{\sin ht}{ht}f(t)$，其中 $h>0$ 为常数.

57. 试证满足下列各等式的连续函数 $f(t)$ 是特征函数

$$f(t)=f(-t),\quad f(t+2a)=f(t),\quad f(t)=\frac{a-t}{a},\quad 0\leqslant t\leqslant a.$$

58. 对事件 A_i 定义随机变量 $\chi_{A_i}(\omega)=0$ 或 1，视 $\omega\overline{\in}A$ 或 $\omega\in A$ 而定，试证事件 $A_1,A_2,\cdots,A_n$ 独立的充分必要条件是 $\chi_{A_1}(\omega)$，$\chi_{A_2}(\omega),\cdots,\chi_{A_n}(\omega)$ 独立.

59. 帕斯卡(Pascal)分布：设伯努利试验进行到第 r 次成功出现为止(每次试验中成功的概率为 $p,q=1-p$). 令 X 为试验进行的次数，则事件 $X=k$ 等价于"第 k 次试验时出现成功，且在其前 $k-1$ 次试验中成功 $r-1$ 次". 故

$$P(X=k)=p\mathrm{C}_{k-1}^{r-1}p^{r-1}q^{k-r}=\mathrm{C}_{k-1}^{r-1}p^{r}q^{k-r},k=r,r+1,\cdots.$$

此分布叫帕斯卡分布. 当 $r=1$ 时，化为几何分布. 令 ξ_1 为第 1 次出现成功的试验次数，ξ_2 为第 1 次成功后到第 2 次成功止之间的试验次数，…，则 $\xi_1,\xi_2,\cdots,\xi_r$ 独立，有相同的参数为 p 的几何分布，后者的数学期望为 $\frac{1}{p}$，方差为 $\frac{q}{p^2}$，故由 $X=\xi_1+\xi_2+\cdots+\xi_r$，得

$$E(X)=\frac{r}{p},D(X)=\frac{rq}{p^2}.$$

60. 设 ξ 有指数分布，分布函数为 $F(x)=1-\mathrm{e}^{-\alpha x}(x\geqslant 0)$，$\alpha>0$，则

$$P(\xi>s+t\mid\xi>s)=P(\xi\geqslant t),$$

这叫作无记忆性. 在可靠性问题中，把 ξ 理解为某元件的寿命，则上式表示：在已知寿命超过 s 的条件下，元件再继续工作 t 时以上的条件概率，等于它工作 t 时以上的无条件概率，而不依赖于它已经工作了 s 时以上. 上式极易证明，因为其左方等于 $\frac{\mathrm{e}^{-\alpha(s+t)}}{\mathrm{e}^{-\alpha s}}=\mathrm{e}^{-\alpha t}$. 进一步，还可证明：指数分布是唯一

的具有无记忆性的连续型分布；而几何分布则是唯一的具有无记忆性的集中在正整数上的离散型分布（见费勒（Feller）书[15]，卷 1，340 页；卷二，8 页）. 指数分布所以广泛出现在马尔可夫过程，排队论与可靠性等问题中，无记忆性是重要原因之一.

61. 设(ξ_1,ξ_2)有二维正态分布，密度见 § 2.7 (9). 试证在 $\xi_1=x$ 的条件下，ξ_2 的条件密度为

$$f(y|x)=\frac{1}{\sigma_2\sqrt{2\pi}\sqrt{1-r^2}}\exp\left\{\frac{-1}{2\sigma_2^2(1-r^2)}\left[y-b-\frac{r\sigma_2}{\sigma_1}(x-a)\right]^2\right\}.$$

这是期望为 $b+\left(\frac{r\sigma_2}{\sigma_1}\right)(x-a)$，方差为 $\sigma_2^2(1-r^2)$的一维正态分布的密度，类似求$f(x|y)$.

62. 设 f_1 与 f_2 都是二维正态分布密度，期望皆为 0，方差皆为 1，但有不同的相关系数. 显然$\frac{1}{2}(f_1+f_2)$也是二维概率分布密度，而且两个边沿分布为 $N(0,1)$正态的，但本身却不是二维正态的.

第 3 章　独立随机变量序列的极限定理

§ 3.1　四种收敛性

(一) 几乎处处收敛

在数学分析和实变函数论中，我们已经看到，极限理论中“收敛性”概念极为重要，如果收敛的定义改变，那么全部极限理论都要相应地改变，概率论中也是这样. 因此，在叙述极限定理以前，必须先把收敛的定义弄清楚. 本书中用到的随机变量的收敛性共有四种[①]：几乎处处收敛，依概率收敛，依分布收敛，r 阶收敛.

先做些准备，设$(\Omega, \mathcal{F}, P)$为概率空间，对任意一列事件 A_n，$n \in \mathbf{N}^*$，回忆

$$\bigcup_{n=1}^{+\infty} A_n = (\omega\text{：至少存在一整数 } n \geqslant 1\text{，使 } \omega \in A_n), \qquad (1)$$

① 对于学过实变函数论的读者，这四种收敛中本质上只是依分布收敛，故可扼要阅读本节内容，本章的主要任务是叙述大数定理与中心极限定理，§ 3.1 与 § 3.2 是做准备工作.

$$\bigcap_{n=1}^{+\infty} A_n = (\omega : \omega \in A_n, \text{一切 } n \in \mathbf{N}^*), \tag{2}$$

由此可证

$$\bigcap_{k=1}^{+\infty} \bigcup_{n=k}^{+\infty} A_n = (\omega : \omega \text{ 属于无穷多个 } A_n), \tag{3}$$

$$\bigcup_{k=1}^{+\infty} \bigcap_{n=k}^{+\infty} A_n = (\omega : \omega \text{ 属于几乎一切 } A_n), \tag{4}$$

这里"ω 属于几乎一切 A_n"的详细内容是:"存在一正整数 N,使 $\omega \in A_n$,一切 $n \geqslant N$"(N 一般依赖于 ω). 实际上,"$\omega \in \bigcap_{k=1}^{+\infty} \bigcup_{n=k}^{+\infty} A_n$"是说:"对任何一个正整数 k,必定存在一正整数 $n_k \geqslant k$,使 $\omega \in A_{n_k}$",于是 ω 属于一切 A_{n_k}, $k \in \mathbf{N}^*$,因而 ω 属于无穷多个 A_n,故得证:

$$\bigcap_{k=1}^{+\infty} \bigcup_{n=k}^{+\infty} A_n \subset (\omega : \omega \text{ 属于无穷多个 } A_n). \tag{5}$$

把上面的推理反向而行,即知

$$\bigcap_{k=1}^{+\infty} \bigcup_{n=k}^{+\infty} A_n \supset (\omega : \omega \text{ 属于无穷多个 } A_n). \tag{6}$$

由(5)(6)即得证(3)(4)的证明类似.

作为可列多个事件 A_n 的和或交,$\bigcap_{k=1}^{+\infty} \bigcup_{n=k}^{+\infty} A_n$ 及 $\bigcup_{k=1}^{+\infty} \bigcap_{n=k}^{+\infty} A_n$ 也是事件.

设 $\xi_n(\omega)$, $n \in \mathbf{N}^*$,及 $\xi(\omega)$ 都是定义在$(\Omega, \mathcal{F}, P)$上的随机变量. 当 $\omega \in \Omega$ 固定时,我们采用数学分析中常数序列极限的定义来定义

$$\lim_{n \to +\infty} \xi_n(\omega) = \xi(\omega). \tag{7}$$

如果

$$P(\omega : \lim_{n \to +\infty} \xi_n(\omega) = \xi(\omega)) = 1, \tag{8}$$

就说$\{\xi_n(\omega)\}$几乎处处(或概率 1)收敛到 $\xi(\omega)$,并记为

$$\lim_{n \to +\infty} \xi_n = \xi \quad \text{a. s.}, \tag{9}$$

这种收敛在§2.10 中已初步介绍过.

注意(8)中括号里的 ω 集是一事件，因而(8)的左方是有意义的，实际上

$$\left(\lim_{n\to+\infty}\xi_n(\omega)=\xi(\omega)\right)=\bigcap_{m=1}^{+\infty}\bigcup_{k=1}^{+\infty}\bigcap_{n=k}^{+\infty}\left(\mid \xi_n(\omega)-\xi(\omega)\mid<\frac{1}{m}\right)\in\mathcal{F}. \tag{10}$$

(10)中的等式确实成立，因为 $\omega\in\left(\lim\limits_{n\to+\infty}\xi_n(\omega)=\xi(\omega)\right)$ 的充分必要条件是：对任一正整数 m，存在一正整数 N，使 $|\xi_n(\omega)-\xi(\omega)|<\frac{1}{m}$，对一切 $n\geqslant N$ 成立，换句话说，也就是：对任一正整数 m，ω 属于几乎一切 A_n，这里 $A_n=\left(|\xi_n(\omega)-\xi(\omega)|<\frac{1}{m}\right)$. 根据(4)，这也正是 ω 属于(10)中等号右方集的充分必要条件.

引理 ［波莱尔-坎泰利(Borel-Cantelli)引理］ 设 $\{A_n\}$ 为事件列，$\sum\limits_{n=1}^{+\infty}P(A_n)<+\infty$，则

$$P\left(\bigcap_{k=1}^{+\infty}\bigcup_{n=k}^{+\infty}A_n\right)=0. \tag{11}$$

证 令 $B_k=\bigcup\limits_{n=k}^{+\infty}A_n$，$B_k\supset B_{k+1}$，故

$$P\left(\bigcap_{k=1}^{+\infty}\bigcup_{n=k}^{+\infty}A_n\right)=\lim_{k\to+\infty}P(B_k)\leqslant\lim_{k\to+\infty}\sum_{n=k}^{+\infty}P(A_n)=0. \quad \blacksquare \tag{12}$$

根据(3)，引理可改述为：若 $\sum\limits_{n=1}^{+\infty}P(A_n)<+\infty$，则属于无穷多个 A_n 的 ω 所成的集有概率为0，或者说，只属于有穷多个 A_n 的 ω 所成的集的概率为1. 通常把引理直观地改述为：若 $\sum\limits_{n=1}^{+\infty}P(A_n)<+\infty$，则以概率1只出现有穷多个事件 A_n.

现在介绍一种补集运算：设集 A 可表示为一列集 A_n 经“和”与“交”即“$\bigcup$”与“$\bigcap$”运算得来，那么 $\overline{A}$ 可由 $\overline{A}_n$ 经“$\bigcap$”与“$\bigcup$”得

到. 只要把原来的 A_n 与 $\overline{A}_n$ 对换，把 $\cup$ 与 $\cap$ 对换，把 $\varnothing$ 与 Ω 对换，这叫对偶原则. 例如，设 $A=\bigcap_{k=1}^{+\infty}\bigcup_{n=k}^{+\infty}A_n$，则 $\overline{A}=\bigcup_{k=1}^{+\infty}\bigcap_{n=k}^{+\infty}\overline{A}_n$，注意 $\overline{A}=(\omega:\omega$ 只属于有穷多个 $A_n)$.

(二) 依概率收敛

说随机变量列 $\{\xi_n(\omega)\}$ 依概率收敛于随机变量 $\xi(\omega)$，如果对任意 $\varepsilon>0$，有

$$\lim_{n\to+\infty}P(|\xi_n(\omega)-\xi(\omega)|\geqslant\varepsilon)=0,\tag{13}$$

记此收敛为

$$\xi_n\longrightarrow\xi,(\mathrm{P}),\tag{14}$$

显然，(13)等价于

$$\lim_{n\to+\infty}P(|\xi_n(\omega)-\xi(\omega)|<\varepsilon)=1.\tag{15}$$

定理 1　(i) $\xi_n\to\xi$　a. s.　的充分必要条件是：对任意 $\varepsilon>0$，有

$$\lim_{n\to+\infty}P\Big(\bigcup_{k=n}^{+\infty}(|\xi_k-\xi|\geqslant\varepsilon)\Big)=0;\tag{16}$$

(ii) 若 $\xi_n\to\xi$　a. s.，则 $\xi_n\to\xi,(\mathrm{P})$.

证　(ii)显然由(i)及(13)推出，只要证(i).

必要性　若在定点 ω 上有 $\lim\limits_{n\to+\infty}\xi_n(\omega)=\xi(\omega)$，则对任意 $\varepsilon>0$，不等式 $|\xi_n(\omega)-\xi(\omega)|\geqslant\varepsilon$ 不能对无穷多个 n 成立.

令 $A_n=\left(\omega:\bigcup_{k=n}^{+\infty}(|\xi_k(\omega)-\xi(\omega)|\geqslant\varepsilon)\right)$，则 $A_n\supset A_{n+1}$，故由 §1.3 定理 2 及 $\xi_n\to\xi$　a. s.　得

$$\lim_{n\to+\infty}P\left(\bigcup_{k=n}^{+\infty}(|\xi_k-\xi|\geqslant\varepsilon)\right)=P\left(\bigcap_{n=1}^{+\infty}\bigcup_{k=n}^{+\infty}(|\xi_k-\xi|\geqslant\varepsilon)\right)=0.\tag{17}$$

充分性　由(16)及上式第一等号得

$$P\left(\bigcap_{n=1}^{+\infty}\bigcup_{k=n}^{+\infty}\left(|\xi_k-\xi|\geqslant\frac{1}{m}\right)\right)=0.\tag{18}$$

注意对可列多个概率为 0 的事件 A_n 的和 $A=\bigcup_{n=1}^{+\infty}A_n$，有 $P(A)\leqslant \sum_{n=1}^{+\infty}P(A_n)=0$，即 $P(A)=0$，故

$$P\left(\bigcup_{m=1}^{+\infty}\bigcap_{n=1}^{+\infty}\bigcup_{k=n}^{+\infty}\left(|\xi_k-\xi|\geqslant\frac{1}{m}\right)\right)=0.$$

由对偶原则，即得

$$P\left(\bigcap_{m=1}^{+\infty}\bigcup_{n=1}^{+\infty}\bigcap_{k=n}^{+\infty}\left(|\xi_k-\xi|<\frac{1}{m}\right)\right)=1.$$

由此及(10)推出 $\xi_n\to\xi$ a. s.. ■

(ii) 之逆不真.

例 1 取 $\Omega=(0,1]$，$\mathcal{F}$为$(0,1]$中全体波莱尔子集所成 σ 代数，P 为勒贝格测度. 令

$$\eta_{11}(\omega)=1;\quad \eta_{21}(\omega)=\begin{cases}1, & \omega\in\left(0,\frac{1}{2}\right],\\ 0, & \omega\in\left(\frac{1}{2},1\right];\end{cases}$$

$$\eta_{22}(\omega)=\begin{cases}0, & \omega\in\left(0,\frac{1}{2}\right],\\ 1, & \omega\in\left(\frac{1}{2},1\right].\end{cases}$$

一般地，将$(0,1]$分成 k 个等长区间，而令

$$\eta_{ki}(\omega)=\begin{cases}1, & \omega\in\left(\frac{i-1}{k},\frac{i}{k}\right],\\ 0, & \omega\overline{\in}\left(\frac{i-1}{k},\frac{i}{k}\right],\end{cases}\quad i=1,2,\cdots,k;\quad k\in\mathbf{N}^*.$$

定义

$$\xi_1(\omega)=\eta_{11}(\omega),\quad \xi_2(\omega)=\eta_{21}(\omega),\quad \xi_3(\omega)=\eta_{22}(\omega),$$
$$\xi_4(\omega)=\eta_{31}(\omega),\quad \xi_5(\omega)=\eta_{32}(\omega),\quad \cdots$$

$\{\xi_n(\omega)\}$是一列随机变量. 对任意 $\varepsilon>0$，由于

$$P(|\eta_{ki}(\omega)|\geqslant\varepsilon)\leqslant\frac{1}{k}\,,\tag{19}$$

故 $P(|\xi_n(\omega)|\geqslant\varepsilon)\to 0(n\to+\infty)$，即 $\xi_n\to 0,(\mathrm{P})$. 然而对任一固定 $\omega\in\Omega$，任一正整数 k，恰有一 i，使 $\eta_{ki}(\omega)=1$，而对其余的 j 有 $\eta_{kj}(\omega)=0$. 由此知 $\{\xi_n(\omega)\}$ 中有无穷多个 1 及无穷多个 0，于是 $\{\xi_n(\omega)\}$ 对每一 $\omega\in\Omega$ 都不收敛. ■

（三）弱收敛

称分布函数列 $\{F_n(x)\}$ 为弱收敛的①，如果存在一单调不减函数 $F(x)$，使在 $F(x)$ 的每一连续点 x 上有

$$\lim_{n\to+\infty}F_n(x)=F(x),\tag{20}$$

这时也说 $\{F_n(x)\}$ 弱收敛到 $F(x)$，并记为 $F_n(x)\to F(x),(\mathrm{w})$.

尽管 $\{F_n(x)\}$ 是分布函数列，然而，由下例看出，$F(x)$ 却未必是分布函数，因此"$\{F_n(x)\}$ 弱收敛到分布函数 $F(x)$"和"$\{F_n(x)\}$ 弱收敛到 $F(x)$"两句话有重大的差别，前者不仅要求后者成立，而且还要求 $F(x)$ 是分布函数.

例 2　取

$$F_n(x)=\begin{cases}0, & x<n,\\ 1, & x\geqslant n,\end{cases}\qquad F(x)\equiv 0,\tag{21}$$

显然，$F_n(x)\to F(x),(\mathrm{w})$，但 $F(x)$ 不是分布函数. ■

设随机变量 $\xi_n(\omega),\xi(\omega)$ 的分布函数分别为 $F_n(x),F(x)$，如果 $F_n(x)\to F(x),(\mathrm{w})$，就称 $\{\xi_n(\omega)\}$ 依分布收敛到 $\xi(\omega)$，并记为 $\xi_n\to\xi,(\mathrm{w})$.

注意　我们只要求在 $F(x)$ 的连续点上(20)成立，如果希望(20)对一切 $x\in\mathbf{R}$ 成立，那么要求就会过于苛刻，结果连处处收敛的随机变量列也不能满足这一苛刻条件.

---

①　弱收敛分布函数列 $\{F_n(x)\}$ 的极限函数 $F(x)$ 不唯一，但右连续的极限函数唯一. 参看 §3.2 例 2 后的说明.

例 3 任意取一列常数$\{c_n\}$，使$c_1>c_2>\cdots$，

$$\lim_{n\to+\infty} c_n=c \quad (c>-\infty).$$

令$\xi_n(\omega)=c_n$，$\xi(\omega)=c$(一切ω)，显然，对每一ω有$\lim\limits_{n\to+\infty}\xi_n(\omega)=\xi(\omega)$. 其次，$\xi_n(\omega)$及$\xi(\omega)$的分布函数分别为

$$F_n(x)=\begin{cases}0, & x<c_n,\\ 1, & x\geqslant c_n,\end{cases} \quad F(x)=\begin{cases}0, & x<c,\\ 1, & x\geqslant c.\end{cases}$$

$F_n(x)\to F(x)$，(w)，但在$F(x)$的不连续点c上，

$$F_n(c)=0, \quad F(c)=1,$$

故$\lim\limits_{n\to+\infty}F_n(c)\neq F(c)$. ■

定理 2 设$\xi_n\to\xi$，(P)，则$\xi_n\to\xi$，(w).

证 对任意$x\in\mathbf{R}$，$y\in\mathbf{R}$，有

$$\begin{aligned}(\xi\leqslant y)&=(\xi_n\leqslant x,\xi\leqslant y)\cup(\xi_n>x,\xi\leqslant y)\\ &\subset(\xi_n\leqslant x)\cup(\xi_n>x,\xi\leqslant y),\end{aligned}$$

$$F(y)\leqslant F_n(x)+P(\xi_n>x,\xi\leqslant y),$$

由于$\xi_n\to\xi$，(P)，故对$y<x$得

$$P(\xi_n>x,\xi\leqslant y)\leqslant P(|\xi_n-\xi|\geqslant x-y)\to 0 \quad (n\to\infty).$$

因此

$$F(y)\leqslant \varliminf_{n\to+\infty}F_n(x).$$

类似可证：对$x<z$，有

$$\varlimsup_{n\to+\infty}F_n(x)\leqslant F(z),$$

于是对$y<x<z$，

$$F(y)\leqslant\varliminf_{n\to+\infty}F_n(x)\leqslant\varlimsup_{n\to+\infty}F_n(x)\leqslant F(z).$$

如果x是$F(x)$的连续点，令$y\to x$，$z\to x$，得

$$F(x)=\lim_{n\to+\infty}F_n(x). \quad ■$$

定理2的逆不真.

例 4 设$\xi_1,\xi_2,\cdots$及ξ是相互独立的随机变量，有公共的密

度矩阵为 $\begin{pmatrix} 0 & 1 \\ \frac{1}{2} & \frac{1}{2} \end{pmatrix}$，因而有相同的分布函数，故 $\xi_n \to \xi$, (w)，但对 $1>\varepsilon>0$，

$$\begin{aligned} P(|\xi_n-\xi|>\varepsilon) &= P(\xi_n=1,\xi=0)+P(\xi_n=0,\xi=1) \\ &= P(\xi_n=1)P(\xi=0)+P(\xi_n=0)P(\xi=1) \\ &= \frac{1}{2}\times\frac{1}{2}+\frac{1}{2}\times\frac{1}{2}=\frac{1}{2}, \end{aligned}$$

故 $\{\xi_n\}$ 不依概率收敛于 ξ. ■

定理 3 设分布函数列 $\{F_n(x)\}$ 弱收敛于连续的分布函数 $F(x)$，则这收敛对 $x(\in \mathbf{R})$ 是均匀的.

证 由于 $F(x)$ 有界不下降，$F(-\infty)=0$，$F(+\infty)=1$，故对任意 $\varepsilon>0$，可找到 M，使当 $x\geqslant M$ 时有

$$1-F(x)<\varepsilon, \tag{22}$$

且当 $x\leqslant -M$ 时有

$$F(x)<\varepsilon. \tag{23}$$

由于 $F_n(x)$ 处处收敛于 $F(x)$，故存在一正整数 N_1，使当 $n>N_1$ 时，一方面有

$$|F_n(-M)-F(-M)|<\varepsilon,$$

由(23)得

$$F_n(-M)<2\varepsilon; \tag{24}$$

另一方面又有

$$|F_n(M)-F(M)|<\varepsilon,$$

由(22)得

$$1-F_n(M)<2\varepsilon. \tag{25}$$

因此，对 $x<-M$，若 $n\geqslant N_1$，则由(23) (24)有

$$\begin{aligned} |F_n(x)-F(x)| &\leqslant |F_n(x)|+|F(x)| \\ &\leqslant F_n(-M)+F(-M)<3\varepsilon. \end{aligned} \tag{26}$$

同样，对 $x>M$，若 $n>N_1$，则由(22)(25)有

$$|F_n(x)-F(x)|=|(1-F_n(x))-(1-F(x))|$$
$$\leqslant|1-F_n(x)|+|1-F(x)|\leqslant 1-F_n(M)+1-F(M)<3\varepsilon. \tag{27}$$

在有限闭区间$[-M,M]$上，$F(x)$连续，故也均匀连续，因而在$[-M,M]$上可找到 l 个点 $x_1,x_2,\cdots,x_l$，　$x_1=-M,x_l=M$ 使

$$F(x_{i+1})-F(x_i)<\varepsilon,\ i=1,2,\cdots,l-1, \tag{28}$$

还可找到 $N_2>N_1$，使在此 l 个点中的每一点上，当 $n>N_2$ 时有

$$|F_n(x_i)-F(x_i)|<\varepsilon. \tag{29}$$

于$[-M,M]$中任取一 x，则此 x 必属于某一$[x_i,x_{i+1}]$. 因之当 $n>N_2$ 时，由(29)有

$$F_n(x)\leqslant F_n(x_{i+1})<F(x_{i+1})+\varepsilon, \tag{30}$$

及

$$F_n(x)\geqslant F_n(x_i)>F(x_i)-\varepsilon, \tag{31}$$

由此及(30)(28)得

$$F_n(x)-F(x)<F(x_{i+1})-F(x)+\varepsilon$$
$$\leqslant F(x_{i+1})-F(x_i)+\varepsilon<2\varepsilon. \tag{32}$$

同样由(31)(28)得

$$F_n(x)-F(x)>F(x_i)-F(x)-\varepsilon$$
$$\geqslant F(x_i)-F(x_{i+1})-\varepsilon>-2\varepsilon. \tag{33}$$

故当 $N>N_2$ 时，由(26)(27)(32)(33)，得对任意 $x\in\mathbf{R}$，有

$$|F_n(x)-F(x)|<3\varepsilon.\quad\blacksquare$$

（四）r 阶收敛

设对随机变量 ξ_n 及 ξ 有 $E|\xi_n|^r<+\infty,E|\xi|^r<+\infty$，其中 $r>0$为常数，如果

$$\lim_{n\to+\infty}E|\xi_n-\xi|^r=0, \tag{34}$$

那么称$\{\xi_n\}r$ 阶收敛于 ξ，记为 $\xi_n\to\xi,(r)$.

2 阶收敛亦称均方收敛，是最重要的特殊情形.

定理 4　若 $\xi_n \to \xi, (r)$，则 $\xi_n \to \xi, (P)$.

证　由§2.10 引理 1，对 $\varepsilon > 0$，有

$$P(|\xi_n - \xi| \geqslant \varepsilon) \leqslant \frac{E|\xi_n - \xi|^r}{\varepsilon^r},$$

再利用(34)即可. ■

定理 4 的逆不真.

例 5　$(\Omega, \mathcal{F}, P)$如例 1 所取，令

$$\xi_n(\omega) = \begin{cases} n^{\frac{1}{r}}, & \omega \in \left(0, \frac{1}{n}\right], \\ 0, & \omega \overline{\in} \left(0, \frac{1}{n}\right], \end{cases}$$

$$\xi(\omega) = 0, \text{ 一切 } \omega,$$

显然，$\xi_n(\omega) \to \xi(\omega)$，一切 ω，故

$$\xi_n \to \xi \quad \text{a. s.}, \xi_n \to \xi, (\mathrm{P}).$$

然而 $E|\xi_n - \xi|^r = n \times \frac{1}{n} = 1$ 不趋于 0. ■

现在把四种收敛的关系总结如下：

几乎处处收敛⇒依概率收敛⇒依分布收敛.

r 阶收敛⇒依概率收敛⇒依分布收敛.

这里“⇒”表示“可推出”. 至于几乎处处收敛与 r 阶收敛之间则无蕴含关系，按前者收敛而按后者不收敛的例见例 5，依后者收敛而不依前者收敛的例见例 1(注意那里 $E|\eta_{ki} - 0|^r = \frac{1}{k} \to 0$，$k \to +\infty$)，最后，由 $\xi_n \to \xi, (\mathrm{P})$，虽不能推出 $\xi_n \to \xi$　a. s.，但必存在$\{\xi_n\}$的子列$\{\xi_{k_n}\}$，使 $\xi_{k_n} \to \xi$,　a. s. $(n \to +\infty)$. 这结论以后不用，故证明从略.

§3.2 分布函数列与特征函数列

(一) 弱收敛的充分必要条件

我们来研究分布函数列$\{F_n(x)\}$弱收敛的充分必要条件，由于分布函数与特征函数一一对应，自然希望通过特征函数来表达这一条件.在讨论过程中，我们同时还引进了特征函数列的广义均匀收敛性.以后会看到，研究这两种函数列收敛性间的关系是很重要的.

引理 为了使分布函数列$\{F_n(x)\}$弱收敛于 $F(x)$，只需在某一稠于 $\mathbf{R}$ 的可列集 D 上有

$$\lim_{n\to+\infty} F_n(y) = F(y) \quad (y \in D). \tag{1}$$

证 对任意 $x\in\mathbf{R}$，取 $y\in D, z\in D$，使 $y<x<z$，于是

$$F_n(y)\leqslant F_n(x)\leqslant F_n(z).$$

由(1)得

$$F(y)\leqslant \varliminf_{n\to+\infty} F_n(x)\leqslant \varlimsup_{n\to+\infty} F_n(x)\leqslant F(z).$$

如 x 是 $F(x)$的连续点，于上式中令 $y\to x-, z\to x+$，得

$$F(x)\leqslant \varliminf_{n\to+\infty} F_n(x)\leqslant \varlimsup_{n\to+\infty} F_n(x)\leqslant F(x),$$

故 $F(x)=\lim\limits_{n\to+\infty} F_n(x)$. ■

定理 1［黑利(Helly)第一定理］ 任一分布函数列$\{F_n(x)\}$必定含一弱收敛于某函数 $F(x)$的子列，而且 $F(x)$单调不减，右连续. $0\leqslant F(x)\leqslant 1$.

证 任取一稠于 $\mathbf{R}$ 的可列集 $D=\{y_n\}$，数列$\{F_n(y_1)\}$有界，故必含一收敛于某极限 $G(y_1)$的子列$\{F_{1n}(y_1)\}$. 同样，由于数列$\{F_{1n}(y_1)\}$有界，所以必含一收敛于某极限 $G(y_2)$的子列$\{F_{2n}(y_2)\}$. 既然函数列$\{F_{2n}(x)\}$是$\{F_{1n}(x)\}$的子列，可见同时有

$$\lim_{n\to+\infty} F_{2n}(y_1) = G(y_1), \quad \lim_{n\to+\infty} F_{2n}(y_2) = G(y_2).$$

继续此手续 k 次而得子列 $\{F_{kn}(x)\}$，对此子列，等式

$$\lim_{n\to+\infty} F_{kn}(y_r) = G(y_r)$$

对一切 $r=1,2,\cdots,k$ 都成立.

现在取对角线序列 $\{F_{nn}(x)\}$，由于它是 $\{F_{1n}(x)\}$ 的子列，故 $\lim\limits_{n\to+\infty} F_{nn}(y_1)=G(y_1)$. 又因为 $\{F_{nn}(x)\}(n\geqslant 2)$ 是 $\{F_{2n}(x)\}$ 的子列，所以 $\lim\limits_{n\to+\infty} F_{nn}(y_2)=G(y_2)$. 一般地，因为 $\{F_{nn}(x)\}(n\geqslant k)$ 是 $\{F_{kn}(x)\}$ 的子列，所以 $\lim\limits_{n\to+\infty} F_{nn}(y_k)=G(y_k)$. 总之，我们证明了：$\{F_n(x)\}$ 含一子列 $\{F_{nn}(x)\}$，满足

$$\lim_{n\to+\infty} F_{nn}(y) = G(y), \quad 一切\ y \in D. \tag{2}$$

根据 $F_{nn}(x)$ 的单调不减性及 $0\leqslant F_{nn}(x)\leqslant 1$，知 $G(y)$ 在 D 上也单调不减而且 $0\leqslant G(y)\leqslant 1$.

现在对任一 $x\in \mathbf{R}$，令

$$\bar{G}(x) = \inf_{\binom{y\geqslant x}{y\in D}} G(y), \tag{3}$$

显然，定义在 $\mathbf{R}$ 上的函数 $\bar{G}(x)$ 单调不减，$0\leqslant \bar{G}(x)\leqslant 1$，而且

$$\bar{G}(x) = G(x) \quad (x \in D).$$

由引理知

$$F_{nn}(x) \to \bar{G}(x), (\mathrm{w}).$$

在 $\bar{G}(x)$ 的不连续点的集 A 上，修改 $\bar{G}(x)$ 的值使 $\bar{G}(x)$ 右连续，就是说，定义

$$F(x)=\begin{cases} \bar{G}(x), & x \overline{\in} A, \\ \lim\limits_{y\to x+0} \bar{G}(y), & x\in A, \end{cases} \tag{4}$$

显然 $F(x)$ 右连续，单调不减，$0\leqslant F(x)\leqslant 1$，而且

$$F_{nn}(x) \to F(x), (\mathrm{w}). \quad ■$$

(二) 两个重要的收敛定理

定理 2(正极限定理)　设分布函数列 $\{F_n(x)\}$ 弱收敛于某分

布函数$F(x)$，则相应的特征函数列$\{f_n(t)\}$收敛于相应的特征函数 $f(t)$，而且这收敛在每一有限 t 区间内是均匀的.

证 对任意$\varepsilon>0$，取正数a，使a及$-a$都是$F(x)$的连续点，而且

$$F(-a)<\frac{\varepsilon}{10},\quad 1-F(a)<\frac{\varepsilon}{10}. \tag{5}$$

次取正整数 N_1，使当 $n\geqslant N_1$ 时有

$$|F_n(-a)-F(-a)|<\frac{\varepsilon}{10},\quad |F_n(a)-F(a)|<\frac{\varepsilon}{10}. \tag{6}$$

于是对 $n\geqslant N_1$ 有

$$F_n(-a)<\frac{\varepsilon}{5},\quad 1-F_n(a)<\frac{\varepsilon}{5}. \tag{7}$$

令 $A_1=(-\infty,-a]$，$A_2=(-a,a]$，$A_3=(a,+\infty)$，并记

$$\int_A \mathrm{e}^{tx\mathrm{i}}(\mathrm{d}F_n(x)-\mathrm{d}F(x))=\int_A \mathrm{e}^{tx\mathrm{i}}\mathrm{d}F_n(x)-\int_A \mathrm{e}^{tx\mathrm{i}}\mathrm{d}F(x),$$

则

$$|f_n(t)-f(t)|\leqslant\sum_{j=1}^{3}\left|\int_{A_j}\mathrm{e}^{tx\mathrm{i}}(\mathrm{d}F_n(x)-\mathrm{d}F(x))\right|. \tag{8}$$

由于$|\mathrm{e}^{tx\mathrm{i}}|=1$，

$$\begin{aligned}\left|\int_A \mathrm{e}^{tx\mathrm{i}}(\mathrm{d}F_n(x)-\mathrm{d}F(x))\right| &\leqslant\int_{A_j}\mathrm{d}F_n(x)+\int_{A_j}\mathrm{d}F(x)\\ &=F_n(-a)+F(-a).\end{aligned}$$

当 $n\geqslant N_1$ 时，由(5)(7)得

$$\left|\int_A \mathrm{e}^{tx\mathrm{i}}(\mathrm{d}F_n(x)-\mathrm{d}F(x))\right|\leqslant\frac{3\varepsilon}{10}. \tag{9}$$

同理

$$\left|\int_{A_3}\mathrm{e}^{tx\mathrm{i}}(\mathrm{d}F_n(x)-\mathrm{d}F(x))\right|\leqslant\frac{3\varepsilon}{10}. \tag{10}$$

若能证对任意 $T>0$，存在正整数 N_2，使对一切 $t\in[-T,T]$，有

$$\left|\int_{A_2}\mathrm{e}^{tx\mathrm{i}}(\mathrm{d}F_n(x)-\mathrm{d}F(x))\right|<\frac{2\varepsilon}{5}, \tag{11}$$

则当 $n\geqslant N_1+N_2$ 时，对一切 $t\in[-T,T]$，由(8)～(11)得

$$|f_n(t)-f(t)|<\varepsilon.$$

于是定理得证，故剩下来只要证(11).

取点 x_k：$-a=x_0<x_1<\cdots<x_M=a$，使每一 x_k 都是 $F(x)$ 的连续点，而且

$$l=\max_{1\leqslant k\leqslant M}(x_k-x_{k-1})<\frac{\varepsilon}{10T},\quad T=2a. \tag{12}$$

令 $B_k=(x_{k-1},x_k]$，　$k=1,2,\cdots,M$，则

$$\left|\int_{A_2}\mathrm{e}^{tx\mathrm{i}}(\mathrm{d}F_n(x)-\mathrm{d}F(x))\right|\leqslant\left|\sum_{k=1}^{M}\int_{B_k}\mathrm{e}^{tx_k\mathrm{i}}(\mathrm{d}F_n(x)-\mathrm{d}F(x))\right|+$$
$$\left|\sum_{k=1}^{M}\left[\int_{B_k}(\mathrm{e}^{tx_k\mathrm{i}}-\mathrm{e}^{tx\mathrm{i}})\mathrm{d}F_n(x)-\int_{B_k}(\mathrm{e}^{tx_k\mathrm{i}}-\mathrm{e}^{tx\mathrm{i}})\mathrm{d}F(x)\right]\right|. \tag{13}$$

根据不等式

$$|\mathrm{e}^{t(u+v)\mathrm{i}}-\mathrm{e}^{tu\mathrm{i}}|=|\mathrm{e}^{tv\mathrm{i}}-1|=\left|t\mathrm{i}\int_0^v\mathrm{e}^{ts\mathrm{i}}\mathrm{d}s\right|\leqslant|tv|\ (v\geqslant 0). \tag{14}$$

可见对 $t\in[-T,T]$，有

$$\sum_{k=1}^{M}\left|\int_{B_k}(\mathrm{e}^{tx_k\mathrm{i}}-\mathrm{e}^{tx\mathrm{i}})\mathrm{d}F_n(x)\right|\leqslant\sum_{k=1}^{M}lT\int_{B_k}\mathrm{d}F_n(x)$$
$$<\frac{\varepsilon}{10}\sum_{k=1}^{M}\int_{B_k}\mathrm{d}F_n(x)\leqslant\frac{\varepsilon}{10}.$$

把 $F_n(x)$ 换为 $F(x)$ 后上式也成立，故由(13)得

$$\left|\int_{A_2}\mathrm{e}^{tx\mathrm{i}}(\mathrm{d}F_n(x)-\mathrm{d}F(x))\right|$$
$$\leqslant\sum_{k=1}^{M}\left|\int_{B_k}\mathrm{e}^{tx_k\mathrm{i}}(\mathrm{d}F_n(x)-\mathrm{d}F(x))\right|+\frac{\varepsilon}{5}. \tag{15}$$

然而

$$\left|\int_{B_k}\mathrm{e}^{tx_k\mathrm{i}}(\mathrm{d}F_n(x)-\mathrm{d}F(x))\right|$$

$$= | e^{tx_k i}[F_n(x_k) - F_n(x_{k-1}) - F(x_k) + F(x_{k-1})] |$$
$$\leqslant | F_n(x_k) - F(x_k) | + | F_n(x_{k-1}) - F(x_{k-1}) |. \quad (16)$$

由于每 x_k 都是 $F(x)$ 的连续点，由假定，存在 N_2，当 $n \geqslant N_2$ 时，有

$$| F_n(x_k) - F(x_k) | < \frac{\varepsilon}{10M}, \quad k = 0, 1, 2, \cdots, M,$$

代入(16)得

$$\left| \int_{B_k} e^{tx_k i}(dF_n(x) - dF(x)) \right| < \frac{\varepsilon}{5M}.$$

以此式代入(15)，即知对一切 $n \geqslant N_2$，(11)式成立. ■

定理3(逆极限定理) 设特征函数列 $\{f_n(t)\}$ 收敛于某连续函数 $f(t)$，则相应的分布函数列 $\{F_n(x)\}$ 弱收敛于某一分布函数 $F(x)$，而且 $f(t)$ 是 $F(x)$ 的特征函数.

证 由定理1，存在子列 $\{F_{n_k}(x)\}$ 弱收敛于某右连续，单调不减函数 $F(x)$，$0 \leqslant F(x) \leqslant 1$，试证此 $F(x)$ 是分布函数，即还要证 $F(-\infty)=0$，$F(+\infty)=1$. 显然，

$$0 \leqslant F(-\infty) \leqslant 1, \quad 0 \leqslant F(+\infty) \leqslant 1,$$

故只要证 $F(+\infty)-F(-\infty)=1$.

若说不然，则

$$a = F(+\infty) - F(-\infty) < 1. \quad (17)$$

由于 $f(0)=\lim\limits_{n\to+\infty} f_n(0)=1$，而且 $f(t)$ 连续，故对满足 $0<\varepsilon<1-a$ 的 ε，存在充分小的正数 τ，使

$$\frac{1}{2\tau}\left| \int_{-\tau}^{\tau} f(t) dt \right| > 1 - \frac{\varepsilon}{2} > a + \frac{\varepsilon}{2}. \quad (18)$$

既然 $F_{n_k}(x) \to F(x)$，(w)，由(17)推出，可取 $b > \frac{4}{\varepsilon\tau}$，使 $-b$ 及 b 都是 $F(x)$ 的连续点，还可取正整数 K，使对一切 $k \geqslant K$，有

$$a_k = F_{n_k}(b) - F_{n_k}(-b) < a + \frac{\varepsilon}{4}.$$

由于 $f_{n_k}(t)$ 是 $F_{n_k}(x)$ 的特征函数，故

$$\begin{aligned}\left|\int_{-\tau}^{\tau} f_{n_k}(t)\mathrm{d}t\right| &= \left|\int_{-\infty}^{+\infty}\left[\int_{-\tau}^{\tau}\mathrm{e}^{tx\mathrm{i}}\mathrm{d}t\right]\mathrm{d}F_{n_k}(x)\right| \\ &\leqslant \left|\int_{(-b,b]}\left[\int_{-\tau}^{\tau}\mathrm{e}^{tx\mathrm{i}}\mathrm{d}t\right]\mathrm{d}F_{n_k}(x)\right| + \\ &\quad \left|\int_{\mathbf{R}\setminus(-b,b]}\left[\int_{-\tau}^{\tau}\mathrm{e}^{tx\mathrm{i}}\mathrm{d}t\right]\mathrm{d}F_{n_k}(x)\right|. \qquad (19)\end{aligned}$$

考虑下列两个不等式

$$\left|\int_{-\tau}^{\tau}\mathrm{e}^{tx\mathrm{i}}\mathrm{d}t\right| \leqslant \int_{-\tau}^{\tau}|\mathrm{e}^{tx\mathrm{i}}|\,\mathrm{d}t = 2\tau,$$

$$\begin{aligned}\left|\int_{-\tau}^{\tau}\mathrm{e}^{tx\mathrm{i}}\mathrm{d}t\right| &= \left|\left[\frac{\mathrm{e}^{tx\mathrm{i}}}{x\mathrm{i}}\right]_{-\tau}^{\tau}\right| = \frac{2}{|x|}|\sin \tau x| \\ &\leqslant \frac{2}{|x|} \leqslant \frac{2}{b}\ (|x| \geqslant b),\end{aligned}$$

代入(19)，即得

$$\left|\int_{-\tau}^{\tau} f_{n_k}(t)\mathrm{d}t\right| \leqslant 2\tau a_k + \frac{2}{b},$$

$$\frac{1}{2\tau}\left|\int_{-\tau}^{\tau} f_{n_k}(t)\mathrm{d}t\right| \leqslant a_k + \frac{1}{b\tau} \leqslant a_k + \frac{\varepsilon}{4} < a + \frac{\varepsilon}{4} + \frac{\varepsilon}{4} = a + \frac{\varepsilon}{2}.$$

令 $k \to +\infty$，由积分控制收敛定理得

$$\frac{1}{2\tau}\left|\int_{-\tau}^{\tau} f(t)\mathrm{d}t\right| \leqslant a + \frac{\varepsilon}{2},$$

此与(18)矛盾，因而证明了 $F(x)$ 是一分布函数.

由定理 2 推知 $f(t)$ 是 $F(x)$ 的特征函数.

不仅子列 $F_{n_k}(x) \to F(x)$，(w)，其实 $\{F_n(x)\}$ 也弱收敛到同一分布函数 $F(x)$. 若说不然，必存在一子列 $\{F_{m_k}(x)\}$，它弱收敛于某极限函数 $G(x)$，后者至少在一连续点上不等于 $F(x)$. 但用上面同样的证法知 $G(x)$ 也是分布函数，而且也有特征函数为 $f(t)$，根据唯一性定理(§2.11 系 1)，知 $F(x) = G(x)$，而导出矛盾. ■

注 1　定理 3 中 $f(t)$ 的连续性条件可放宽为“$f(t)$ 在点 $t=0$

连续”，因为这仍可保证(18)成立，从而定理 3 的结论仍成立.

*（三）弱收敛的各种等价条件

称特征函数列$\{f_n(t)\}$为广义均匀收敛的，如果存在一个函数 $f(t)$，使对每一 $t\in\mathbf{R}$，有

$$\lim_{n\to+\infty} f_n(t) = f(t),$$

而且这收敛对每一有限区间$[c,d]$中的 t 是均匀的（即对任意 $\varepsilon>0$，任意有限区间$[c,d]$，存在正整数 $N=N(\varepsilon,c,d)$，使对一切 $t\in[c,d]$，当 $n\geqslant N$ 时，有$|f_n(t)-f(t)|<\varepsilon$），这时也说$\{f_n(t)\}$广义均匀收敛到 $f(t)$.

注 2 由于 $f_n(t)$连续，若$\{f_n(t)\}$广义均匀收敛到 $f(t)$，则 $f(t)$必定是连续函数.

系 设分布函数列$\{F_n(x)\}$对应的特征函数列为$\{f_n(t)\}$，则下列四条件等价：

(i) $\{F_n(x)\}$弱收敛于某分布函数 $F(x)$；

(ii) $\{f_n(t)\}$收敛到某函数 $f(t)$，$f(t)$在点 0 连续；

(iii) $\{f_n(t)\}$收敛到某连续函数 $f(t)$；

(iv) $\{f_n(t)\}$广义均匀收敛到某函数 $f(t)$.

当任一条件满足时，$f(t)$是 $F(x)$的特征函数.

证 由注 2，自(iv)得(iii)；由(iii)显然得(ii)；由注 1，自(ii)得(i)；由定理 2，自(i)得(iv). 于是得证此四条件等价，最后一结论由定理 3 得到. ■

由系可见：“分布函数列弱收敛于分布函数”等价于“特征函数列广义均匀收敛于特征函数”.

由系及 § 2.11 (i)还可见，特征函数列的极限函数 $f(t)$在$t=0$ 的连续性，导致 $f(t)$在全 $\mathbf{R}$ 上的均匀连续性. 但“$f(t)$在 $t=0$ 的连续性”却是不可少的条件.

*（四）例

例 1　设

$$f_n(t)=\frac{\sin nt}{nt}\ (n\in\mathbf{N}^*),$$

$\{f_n(t)\}$是一列特征函数($f_n(0)=1$). 实际上,

$$\frac{\sin nt}{nt}=\frac{1}{2n}\int_{-n}^{n}\mathrm{e}^{tx\mathrm{i}}\mathrm{d}x=\int_{-\infty}^{+\infty}\mathrm{e}^{tx\mathrm{i}}\varphi_n(x)\mathrm{d}x,$$

其中

$$\varphi_n(x)=\begin{cases}\dfrac{1}{2n}, & x\in[-n,n],\\ 0, & x\overline{\in}[-n,n]\end{cases}\tag{20}$$

是分布函数

$$F_n(x)=\begin{cases}0, & x\leqslant -n,\\ \dfrac{x+n}{2n}, & -n<x<n,\\ 1, & x\geqslant n\end{cases}\tag{21}$$

的密度函数. 显然,对每 t, $\lim\limits_{n\to+\infty}f_n(t)=f(t)$,其中

$$f(t)=\begin{cases}1, & t=0,\\ 0, & t\neq 0,\end{cases}$$

$f(x)$在 0 点不连续,也不是特征函数.

附带指出,对(21)中 $F_n(x)$,极限函数

$$F(x)=\lim_{n\to+\infty}F_n(x)=\frac{1}{2}\quad(\text{一切 } x\in\mathbf{R})$$

不是一分布函数(见图 3-1),读者可作出 $\varphi_n(x)$的图. ■

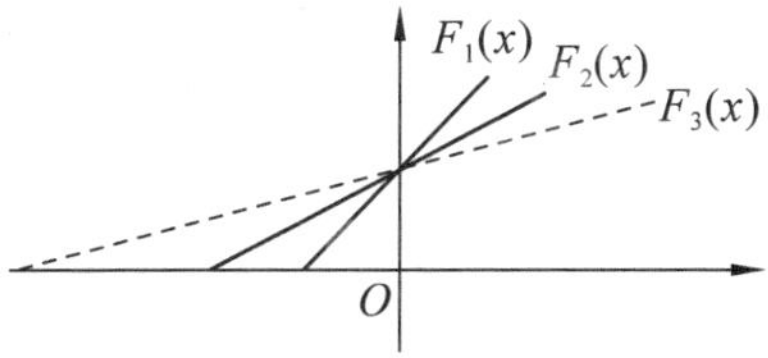

图 3-1

例 2 考虑正态分布函数

$$F_n(x)=\frac{n}{\sqrt{2\pi}}\int_{-\infty}^{x}\mathrm{e}^{-\frac{n^2y^2}{2}}\mathrm{d}y\quad(n\in\mathbf{N}^*),\tag{22}$$

对应的特征函数列为

$$f_n(t)=\mathrm{e}^{-\frac{t^2}{2n^2}}.$$

显然，$F_n(x)\to F(x)$，(w)，

$$F(x)=\begin{cases}0, & x<0,\\ x, & x\geqslant 0.\end{cases}$$

$F(x)$是一分布函数，又

$$f_n(t)\to 1=\int_{-\infty}^{+\infty}\mathrm{e}^{xti}\mathrm{d}F(x).$$

对不同的 n 作出 $F_n(x)$及其密度的图（见图 3-2 与图 3-3），事情的本质就看得更清楚了.

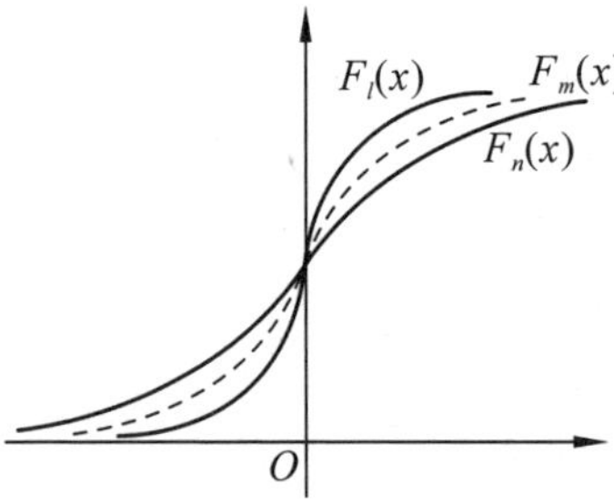

图 3-2 正态分布函数：$l>m>n$

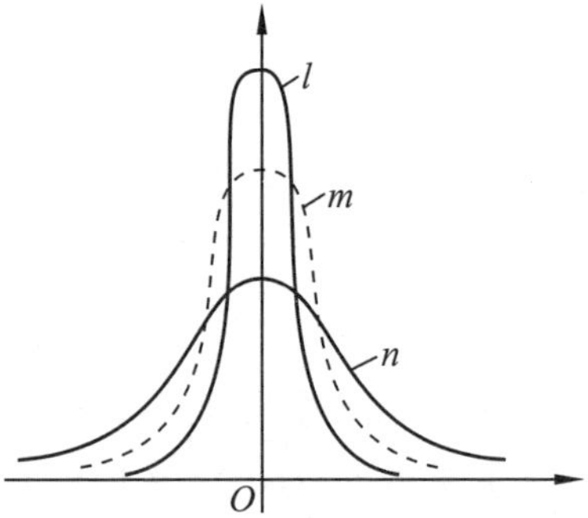

图 3-3 正态分布密度：$l>m>n$

这个例子还说明，$\{F_n(x)\}$可弱收敛于两个不相同的函数，因为(22)中的$\{F_n(x)\}$还弱收敛于 $G(x)$，

$$G(x)=\begin{cases}0, & x<0,\\ \frac{1}{2}, & x=0,\\ 1, & x>0.\end{cases}\qquad\blacksquare$$

不过，如果要求极限函数右连续，那么极限函数必唯一，这由下面的一般结果推出.

设$\{F_n(x)\}$为任一列分布函数，而且$F_n(x)\to G_1(x)$，(w)，$F_n(x)\to G_2(x)$，(w)，又$G_1(x)$与$G_2(x)$都右连续，则$G_1(x)=G_2(x)$，一切$x\in\mathbf{R}$. 实际上，由于$G_1(x)$，$G_2(x)$都单调不减，值在$[0,1]$之中，故两者的不连续点所成的集D可数，从而$\overline{D}$处处稠密. 既然

$$G_1(x)=\lim_{n\to\infty}F_n(x)=G_2(x),\quad x\in\overline{D},$$

对任意$y\in D$，取$x_n\in\overline{D}$，　$x_n>y$，$x_n\to y$，由右连续性，立得

$$G_1(y)=\lim_{n\to+\infty}G_1(x_n)=\lim_{n\to+\infty}G_2(x_n)=G_2(y).$$

例 3　试根据已给的特征函数列$\{f_j(t)\}$，$j\in\mathbf{N}^*$，利用定理 3 构造新的特征函数.

(i) 设$f_j(t)$对应的分布函数为$F_j(x)$，$\{a_j\}$为已给的常数列，$a_j\geqslant 0$，显然，函数

$$f(t)=\sum_{j=1}^{n}a_jf_j(t),\quad 其中\sum_{j=1}^{n}a_j=1,\tag{23}$$

也是一特征函数，其实它是分布函数$\sum\limits_{j=1}^{n}a_jF_j(x)$的特征函数. 由此可见，$n$个特征函数的凸线性组合（即组合系数$a_j\geqslant 0$而且$\sum\limits_{j=1}^{n}a_j=1$的线性组合）是特征函数.

(ii) 今设非负项级数$\sum\limits_{j=1}^{+\infty}a_j=A$，$0<A<+\infty$，于是当$n$充分大后，$\sum\limits_{j=1}^{n}a_j=A_n>0$. 由上述，知

$$\varphi_n(t)=\sum_{j=1}^{n}\frac{a_j}{A_n}f_j(t)$$

是特征函数. 由于$|f_j(t)|\leqslant 1$，$f_j(t)$连续，故当$n\to+\infty$时，$\varphi_n(t)$均匀收敛于某连续函数$\varphi(t)$. 由定理 3 知$\varphi(t)$也是特征函数，而

且它对应的分布函数为

$$\sum_{j=1}^{+\infty} \frac{a_j}{A} F_j(x).$$

(iii) n 个特征函数的积 $\prod_{j=1}^{n} f_j(t)$ 也是一特征函数. 实际上，由 §2.7 定理2，可以造 n 个独立的随机变量 $\xi_j, j=1,2,\cdots,n$，使 ξ_j 的分布函数为 $f_j(t)$ 所对应的分布函数 $F_j(x)$，于是 $\sum_{j=1}^{n} \xi_j$ 的特征函数是 $\prod_{j=1}^{n} f_j(t)$. 特别地，知 $(f_1(t))^n$ 是 n 个独立同分布的随机变量的和的特征函数. 其次，由于 $\overline{f_1(t)} = f_1(-t)$，而由 §2.11(iii)，$f_1(-t)$ 是 $-\xi_1$ 的特征函数，故

$$|f_1(t)|^2 = f_1(t) f_1(-t) \tag{24}$$

是 $\eta_1 - \xi_1$ 的特征函数，η_1 与 ξ_1 独立，有相同的分布函数 $F_1(x)$.

(iv) 取系数不全为0的幂级数 $g(x) = \sum_{j=1}^{+\infty} b_j x^j,\quad b_j \geqslant 0$，设它在 $x=1$ 收敛，于是

$$g(1) = \sum_{j=1}^{+\infty} b_j > 0.$$

任取一特征函数 $f(t)$，由(iii)知 $(f(t))^j$ 是特征函数，由(ii)知

$$\varphi(t) = \frac{1}{g(1)} g(f(t)) = \sum_{j=0}^{+\infty} \frac{b_j}{g(1)} (f(t))^j \tag{25}$$

也是一特征函数(注意，$(f(t))^0 = 1$ 是集中于0点的分布的特征函数).

例如，取 $f(t) = \mathrm{e}^{t\mathrm{i}}$，它对应的分布集中在点1上，又令 $g(x) = \mathrm{e}^{\lambda x},\quad \lambda > 0$，由(25)知

$$\varphi(t) = \frac{1}{\mathrm{e}^{\lambda}} \mathrm{e}^{\lambda \mathrm{e}^{t\mathrm{i}}} = \mathrm{e}^{\lambda(\mathrm{e}^{t\mathrm{i}} - 1)}$$

是特征函数. 其实 $\varphi(t)$ 对应于参数为 λ 的泊松分布(§2.11，例2). ■

例 4(随机端点问题)　长为 l 的直线的一端在原点 O,与 x 轴的交角 α_1 是随机的,然后以另一端为中心改换一次方向,新方向与 x 轴的交角为 α_2,如此继续,共改变 n 次.试求最后一次移动后的端点的横坐标 X_n 的分布(下面绘出 X_7 的图,见图 3-4),并研究当 $n\to+\infty$ 时 X_n 的极限分布.这里假定 $\{\alpha_j\}$ 独立,有相同的均匀分布密度

$$g(\alpha)=\begin{cases}0, & \alpha\overline{\in}[0,2\pi],\\ \dfrac{1}{2\pi}, & \alpha\in[0,2\pi].\end{cases}$$

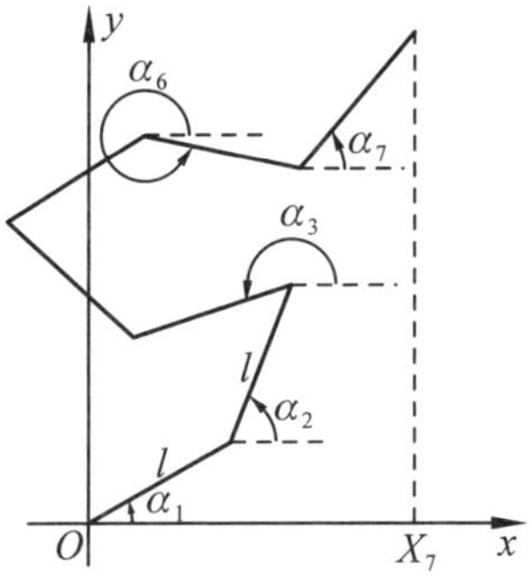

图 3-4

解

$$X_n=\sum_{j=1}^{n}l\cos\alpha_j.$$

因 $l\cos\alpha_j$ 的特征函数为

$$f(t)=\frac{1}{2\pi}\int_0^{2\pi}\mathrm{e}^{\mathrm{i}tl\cos\alpha}\mathrm{d}\alpha=J_0(tl),$$

其中 $J_0(x)$是第一类 0 级贝塞尔(Bessel)函数,它是偶函数. X_n 的特征函数为

$$f_n(t)=[J_0(tl)]^n.$$

由此得知 X_n 的密度为

$$p_n(x) = \frac{1}{2\pi}\int_{-\infty}^{+\infty} e^{-tx\mathrm{i}}[J_0(tl)]^n \mathrm{d}t = \frac{1}{2\pi}\int_{-\infty}^{+\infty}[J_0(tl)]^n \cos(tx)\mathrm{d}t.$$

今设 $n\to+\infty$，同时 $l\to 0$，但两者有关系 $l=\frac{k}{\sqrt{n}}$，k 为正常数，$k=l\sqrt{n}$. 利用 $J_0(x)$ 的级数形式，得

$$\begin{aligned} f_n(t) &= \left[1-\frac{(lt)^2}{2^2}+\frac{(lt)^4}{2^2\cdot 4^2}\cdots\right]^n \\ &= \left[1-\frac{k^2}{2^2\cdot n}t^2+\frac{k^4}{2^2\cdot 4^2\cdot n^2}t^4\cdots\right]^n \\ &\approx \left[1-\frac{k^2}{2^2\cdot n}t^2\right]^n \to e^{-\frac{k^2t^2}{4}} \quad (n\to+\infty). \end{aligned}$$

故极限密度为

$$p(x) = \frac{1}{2\pi}\int_{-\infty}^{+\infty} e^{-\frac{k^2t^2}{4}}\cos tx\,\mathrm{d}t = \frac{1}{k\sqrt{\pi}}e^{-\frac{x^2}{k^2}} = \frac{1}{\lambda\sqrt{2\pi}}e^{-\frac{x^2}{2\lambda^2}},$$

这里 $\lambda=\frac{k}{\sqrt{2}}=l\sqrt{\frac{n}{2}}$. 因此，$X_n$ 渐近地有 $N\left(0,l\sqrt{\frac{n}{2}}\right)$ 正态分布.

这个例子在研究分子链等问题中有用. 参看[46]，33～39 页. ■

§3.3　大数定理与强大数定理

(一) 问题的一般提法

我们知道,概率法则总是在对大量随机现象的考察中才能显现出来.为了研究“大量”的随机现象,常常采用极限的形式,这就引导到极限定理的研究.极限定理的内容很广泛,其中最重要的有两种:大数定理与中心极限定理.我们从前者开始.实际经验告诉我们,掷一个结构正常的硬币,虽然不能准确预言掷出的结果,但如独立地连掷 n 次,当 n 充分大后,出现正面的频率 $\frac{\eta_n}{n}$ 与 $\frac{1}{2}$ 很接近,η_n 表示在此 n 次中出现正面的总次数.这类事实可以如下直观地解释:要从随机现象中去寻求必然的法则,应该研究大量的随机现象,因为大量的随机现象里,各自的偶然性在一定程度上可以相互抵消,相互补偿,因而有可能显示出必然的法则来.

于是现实向我们提出一个理论问题:在一般的伯努利试验中,每次试验时设 A 出现的概率为 p,$0<p<1$,以 η_n 表示前 n 次试验里 A 出现的次数,能否从数学上严格证明

$$\frac{\eta_n}{n} \longrightarrow p? \tag{1}$$

这问题也可改述如下:考虑独立随机变量列 $\{\xi_k\}$,其中

$$\xi_k = \begin{cases} 1, & A \text{ 在第 } k \text{ 次试验时出现}, \\ 0, & \text{反之}. \end{cases} \tag{2}$$

求证

$$\frac{\sum_{k=1}^{n} \xi_k}{n} \longrightarrow p. \text{（注意 } p = E\xi_k\text{）} \tag{3}$$

或者，更广泛些，我们提出下列一般问题：

设已给随机变量列$\{\xi_k\}$及两列常数$\{C_k\}$，$\{D_k\}$，$D_k\neq 0$，$k\in \mathbf{N}^*$，试研究随机变量列$\{\zeta_n\}$的收敛性，这里

$$\zeta_n=\frac{1}{D_n}\sum_{k=1}^{n}(\xi_k-C_k). \tag{4}$$

容易想象，这问题决定于三个因素：

(i) $\{\xi_k\}$有什么性质？

(ii) 什么样的$\{C_k\}$与$\{D_k\}$？

(iii) 用哪种收敛性？

关于(i)，我们以后总设$\{\xi_k\}$是相互独立的（非独立情形至今还研究得不完善）.

当取$C_k=E\xi_k$，$D_k=k$，并且ζ_n几乎处处收敛（或依概率收敛）到0时，我们说，对$\{\xi_k\}$强大数定理（或大数定理）成立，有时也说$\{\xi_k\}$服从强大数定理（或大数定理）.

显然，若强大数定理成立，则大数定理必成立（见§3.1定理1）.

当取$C_k=E\xi_k$，$D_n=\sqrt{\sum_{k=1}^{n}D\xi_k}$，并且$\zeta_n$的分布弱收敛到$N(0,1)$正态分布时，我们就得到中心极限定理，留待下节详述.

（二）大数定理

回忆在§2.10中所证明的切比雪夫不等式：设随机变量ξ的方差有穷[①]，则对任意$\varepsilon>0$，有

$$P(|\xi-E\xi|\geqslant\varepsilon)\leqslant\frac{D\xi}{\varepsilon^2}. \tag{5}$$

---

① 根据§2.9中定义，若数学期望及方差存在，则必有穷，故这里"有穷"两字原可略去，但为了强调有穷性，我们仍把它明确写出.

定理 1 设$\{\xi_k\}$是随机变量列，对任一正整数 n，$D\left(\sum_{k=1}^{n}\xi_k\right)<+\infty$，而且

$$\lim_{n\to+\infty}\frac{1}{n^2}D\left(\sum_{k=1}^{n}\xi_k\right)=0, \tag{6}$$

则$\{\xi_k\}$服从大数定理，亦即对任意 $\varepsilon>0$，有

$$\lim_{n\to+\infty}P\left(\left|\frac{1}{n}\sum_{k=1}^{n}(\xi_k-E\xi_k)\right|\geqslant\varepsilon\right)=0. \tag{7}$$

证 在(5)中取 $\xi=\frac{1}{n}\sum_{k=1}^{n}(\xi_k-E\xi_k)$，因而 $E\xi=0$，得

$$P\left(\left|\frac{1}{n}\sum_{k=1}^{n}(\xi_k-E\xi_k)\right|\geqslant\varepsilon\right)\leqslant\frac{1}{\varepsilon^2 n^2}D\left(\sum_{k=1}^{n}\xi_k\right),$$

由此及(6)即得(7). ■

注意 若$\{\xi_k\}$是独立随机变量列，则(6)化为

$$\lim_{n\to+\infty}\frac{1}{n^2}\sum_{k=1}^{n}D\xi_k=0. \tag{8}$$

系 1(切比雪夫) 设对独立随机变量列$\{\xi_k\}$，有常数 C，使 $D\xi_k\leqslant C$，$k\in\mathbf{N}^*$，则$\{\xi_k\}$服从大数定理.

证 此由

$$\frac{1}{n^2}\sum_{k=1}^{n}D\xi_k\leqslant\frac{nc}{n^2}\to0\ (n\to+\infty), \tag{9}$$

及定理 1 推出. ■

系 2(伯努利) 设伯努利试验中，事件 A 每次出现的概率为 p，$0\leqslant p\leqslant1$，以 η_n表示前 n 次试验中 A 出现的次数，则对任意 $\varepsilon>0$，有

$$\lim_{n\to+\infty}P\left(\left|\frac{\eta_n}{n}-p\right|\geqslant\varepsilon\right)=0. \tag{10}$$

证 考虑(2)中的 ξ_k， $D\xi_k=p(1-p)\leqslant1$，故(10)自系 1 推出. ■

定理 2(辛钦) 设$\{\xi_k\}$是相互独立的随机变量列，有相同的分布，则$\{\xi_k\}$服从大数定理的充分必要条件是 ξ_1 有有穷的数学期望.

证 以 $f(t)$表示 ξ_k 的特征函数，$a=E\xi_k$，根据同分布的假定，它们都不依赖于 k. 由 § 2.11(一)中(iii)～(v)知 $\zeta_n=\frac{1}{n}\sum_{k=1}^{n}\xi_k$ 的特征函数是$\left[f\left(\frac{t}{n}\right)\right]^n$；而且当 $t\to 0$ 时有

$$f(t)=1+at\mathrm{i}+o(t). \tag{11}$$

因此，对任一固定的 t，有

$$\lim_{n\to+\infty}\left[f\left(\frac{t}{n}\right)\right]^n=\lim_{n\to+\infty}\left[1+\frac{at\mathrm{i}}{n}+o\left(\frac{t}{n}\right)\right]^n=\mathrm{e}^{at\mathrm{i}}, \tag{12}$$

但 $\mathrm{e}^{at\mathrm{i}}$是单点分布函数

$$G(x)=\begin{cases}0, & x<a,\\ 1, & x\geqslant a\end{cases} \tag{13}$$

的特征函数，故(12)说明 ζ_n 的分布函数 $G_n(x)$当 $n\to+\infty$时弱收敛于 $G(x)$. 于是对任意 $\varepsilon>0$ 有

$$\begin{aligned}P\left(\left|\frac{1}{n}\sum_{k=1}^{n}\xi_k-a\right|\geqslant\varepsilon\right)&=P(\zeta_n\geqslant a+\varepsilon)+P(\zeta_n\leqslant a-\varepsilon)\\&=1-G_n(a+\varepsilon-0)+G_n(a-\varepsilon)\to 0,\ n\to+\infty.\end{aligned} \tag{14}$$

因而条件的充分性得以证明. 必要性则是大数定理的定义中所要求的. ■

显然，系 2 也可由定理 2 直接推出.

下面的定理 4 说明，把定理 2 中的“大数定理”四字改为“强大数定理”后，结果仍然正确.

(三) 柯尔莫哥洛夫不等式

强大数定理的证明要困难得多. 在这一段里先做些准备.

引理 1 设 $\xi_1,\xi_2,\cdots,\xi_n,\xi_{n+1},\cdots,\xi_{n+m}$是独立随机变量，又 f_1

与 f_2 分别是 n 元及 m 元波莱尔可测函数，则随机变量 $f_1(\xi_1,\xi_2,\cdots,\xi_n)$ 与 $f_2(\xi_{n+1},\xi_{n+2},\cdots,\xi_{n+m})$ 相互独立.

证明完全可仿照 § 2.7 系 1，故从略.

在证明大数定理(定理 1)时，我们用到切比雪夫不等式；为了证明强大数定理，需要一个更深刻的不等式——柯尔莫哥洛夫不等式(即(15)式)，它可以看成切比雪夫不等式的深化与推广，当 $n=1$ 时，前者化为后者.

引理 2　设 $\xi_1,\xi_2,\cdots,\xi_n$ 是独立随机变量，方差有穷，令 $s_n^2=\sum_{k=1}^{n}D\xi_k$，则对任意 $\varepsilon>0$，有

$$P\left(\max_{1\leqslant k\leqslant n}\left|\sum_{j=1}^{k}(\xi_j-E\xi_j)\right|\geqslant\varepsilon\right)\leqslant\frac{s_n^2}{\varepsilon^2}. \tag{15}$$

在证明之前，先作些解释. 若 $s_n^2=0$，则 $D\xi_j=0$，$P(\xi_j=E\xi_j)=1$，因而(15)双方都化为 0，而(15)显然正确；故不妨设 $s_n^2>0$. 改写(15)为

$$P\left(\max_{1\leqslant k\leqslant n}\left|\sum_{j=1}^{k}(\xi_j-E\xi_j)\right|\geqslant\varepsilon s_n\right)\leqslant\frac{1}{\varepsilon^2}, \tag{16}$$

并简记 $A=\left(\max\limits_{1\leqslant k\leqslant n}\left|\sum\limits_{j=1}^{k}(\xi_j-E\xi_j)\right|\geqslant\varepsilon s_n\right)$，我们有

$$A=\bigcup_{k=1}^{n}\left(\left|\sum_{j=1}^{k}(\xi_j-E\xi_j)\right|\geqslant\varepsilon s_n\right). \tag{17}$$

故(16) 式表示：n 个事件 $\left(\left|\sum\limits_{j=1}^{k}(\xi_j-E\xi_j)\right|\geqslant\varepsilon s_n\right)$，$k=1,2,\cdots,n$ 中至少有一个出现的概率不大于 $\frac{1}{\varepsilon^2}$. (17) 式显然已把事件 A 分解为 n 个事件的和，但此 n 个事件未必不相交，为了要得到一个不相交的分解，对整数 v，$1\leqslant v\leqslant n$，令

$$A_v=\left(\left|\sum_{j=1}^{k}(\xi_j-E\xi_j)\right|\geqslant\varepsilon s_n, k=0,1,2,\cdots,v-1;\right.$$

$$\left|\sum_{j=1}^{v}(\xi_j - E\xi_j)\right| \geqslant \varepsilon s_n\Big); \tag{18}$$

换句话说，$\omega \in A_v$ 的充分必要条件是：n 个不等式

$$\left|\sum_{j=1}^{k}(\xi_j - E\xi_j)\right| < \varepsilon s_n \quad (k = 1,2,\cdots,n) \tag{19}$$

中，第一个不成立的是第 v 个，显然

$$A = \bigcup_{v=1}^{n} A_v, \quad A_u A_v = \varnothing (u \neq v). \tag{20}$$

故(16)式化为

$$\sum_{v=1}^{+\infty} P(A_v) \leqslant \frac{1}{\varepsilon^2}. \tag{21}$$

引理 2 之证 只要在 $s_n^2 > 0$ 的假设下证明(21). 定义 n 个随机变量

$$y_v(\omega) = \begin{cases} 1, & \omega \in A_v, \\ 0, & \omega \overline{\in} A_v. \end{cases} \quad (v = 1,2,\cdots,n) \tag{22}$$

由 于 $A_v(v = 1,2,\cdots,n)$(图 3-5，$n = 4$) 互不相交，每个 ω 至多只能属于一个 A_v，故 $\sum_{v=1}^{n} y_v(\omega) = 0$ 或 1，因而

$$\sum_{v=1}^{n} y_v(\omega) \leqslant 1.$$

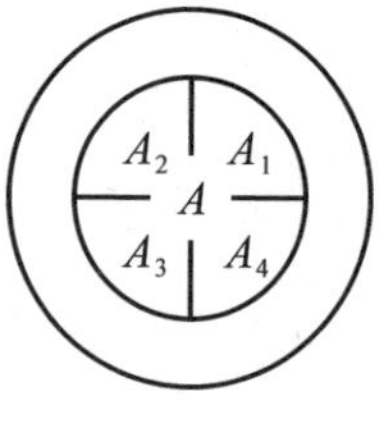

（示意图，n=4）

图 3-5

令 $W_k = \sum_{j=1}^{k}(\xi_j - E\xi_j)$，以 W_n^2 乘上式两边，并取数学期望，得

$$\sum_{v=1}^{n} E(y_v W_n^2) \leqslant s_n^2. \tag{23}$$

为了估计 $E(y_v W_n^2)$，注意

$$E(y_v W_n^2) = E(y_v W_v^2) + 2E[y_v(W_n - W_v)W_v] + E[y_v(W_n - W_v)^2]. \tag{24}$$

但 $W_n - W_v = \sum_{j=v+1}^{n}(\xi_j - E\xi_j)$ 只涉及 $\xi_{v+1},\cdots,\xi_n$；$y_v W_v = y_v \sum_{j=1}^{v}(\xi_j -$

$E\xi_j$）只涉及 $\xi_1,\xi_2,\cdots,\xi_v$，既然 $\xi_1,\xi_2,\cdots,\xi_n$ 独立，故由引理 1，知 W_n-W_v 与 y_vW_v 独立. 考虑到 $E(W_n-W_v)=0$，得

$$E[y_v(W_n-W_v)W_v]=E(y_vW_v)E(W_n-W_v)=0. \tag{25}$$

又由(22)及(18)，得[①]

$$y_vW_v^2\geqslant y_v\varepsilon^2s_n^2. \tag{26}$$

综合(23)～(26)，并注意 $y_v\geqslant 0$，即得

$$s_n^2\geqslant\sum_{v=1}^{n}E(y_vW_n^2)\geqslant\sum_{v=1}^{n}E(y_vW_v^2)\geqslant\sum_{v=1}^{n}E(y_v\varepsilon^2s_n^2)$$

$$=\varepsilon^2s_n^2\sum_{v=1}^{n}Ey_v=\varepsilon^2s_n^2\sum_{v=1}^{n}P(A_v).$$

由假设 $s_n^2>0$，故(21)式得证. ■

下面还要用到数学分析中三个简单事实，其中(ii)是周知的，为完全计，我们把证明都写出来.

(i) 设$\{c_k\}$为常数列，令 $s_n=\sum_{k=1}^{n}c_k,\quad n\in\mathbf{N}^*$，

$$b_m=\sup\{|s_{m+k}-s_m|,\quad k\in\mathbf{N}^*\}, \tag{27}$$

$$b=\inf\{b_m,\quad m\in\mathbf{N}^*\}, \tag{28}$$

则级数 $\sum_{k=1}^{+\infty}c_k$ 收敛的充分必要条件是 $b=0$.

事实上，设 $\sum_{k=1}^{+\infty}c_k$ 收敛，则对任意 $\varepsilon>0$，存在正整数 n_0，使 $|s_{n_0+k}-s_{n_0}|<\varepsilon$，对一切 $k\in\mathbf{N}^*$ 成立，故 $0\leqslant b\leqslant b_{n_0}\leqslant\varepsilon$，从而$b=0$. 反之，由 $b=0$ 知对任意 $\varepsilon>0$，存在正整数 n_1，使 $b_{n_1}<\varepsilon$，因而 $|s_{n_1+k}-s_{n_1}|<\varepsilon$对一切 $k\in\mathbf{N}^*$ 成立，从而推知 $\sum_{k=1}^{+\infty}c_k$ 收敛.

(ii) 设$\{c_k\}$为常数列，若 $\lim\limits_{k\to+\infty}c_k=c$，则

---

① 实际上，对任意 ω，如 $\omega\,\overline{\in}\,A_v$，由(22)知(26)双方在此 ω 上均化为 0，故此时(26)成立；若 $\omega\in A_v$，$y_v(\omega)=1$，再由(18)中最后一不等式即知此时(26)也成立.

$$\lim_{n\to+\infty}\frac{1}{n}\sum_{k=1}^{n}c_k=c.$$

事实上，对 $n>n_0$，有

$$\begin{aligned}\left|\frac{1}{n}\sum_{k=1}^{n}c_k-c\right|&=\left|\frac{1}{n}\sum_{k=1}^{n}(c_k-c)\right|\\&\leqslant\left|\frac{1}{n}\sum_{k=1}^{n_0}(c_k-c)\right|+\left|\frac{1}{n}\sum_{k=n_0+1}^{n}(c_k-c)\right|.\end{aligned}$$

对 $\varepsilon>0$，选 n_0 使 $k>n_0$ 时，有 $|c_k-c|<\frac{\varepsilon}{2}$，于是上式右方第 2 项小于 $\frac{n-n_0}{n}\frac{\varepsilon}{2}<\frac{\varepsilon}{2}$，不论 $n(>n_0)$ 如何，右方第 1 项当 n 充分大后也小于 $\frac{\varepsilon}{2}$.

(iii) 若对实数列 $\{c_k\}$ 有 $\sum_{k=1}^{+\infty}\frac{c_k}{k}$ 收敛，则 $\lim_{n\to+\infty}\frac{1}{n}\sum_{k=1}^{n}c_k=0$.

事实上，令

$$s_0=0,\quad s_n=\sum_{k=1}^{n}\frac{c_k}{k},\quad t_n=\sum_{k=1}^{n}c_k,\quad n\in\mathbf{N}^*,$$

则 $c_k=k(s_k-s_{k-1})$， $k\in\mathbf{N}^*$，故

$$t_{n+1}=\sum_{k=1}^{n+1}ks_k-\sum_{k=1}^{n+1}ks_{k-1}=-\sum_{k=1}^{n}s_k+(n+1)s_{n+1},\quad n\in\mathbf{N}^*,$$

$$\frac{t_{n+1}}{n+1}=-\frac{n}{n+1}\cdot\frac{1}{n}\sum_{k=1}^{n}s_k+s_{n+1}.$$

因 $\{s_n\}$ 收敛于有穷极限，由(ii)，$\left\{\frac{1}{n}\sum_{k=1}^{n}s_k\right\}$ 也收敛于同一极限，故

$$\lim_{n\to+\infty}\frac{1}{n}\sum_{k=1}^{n}c_k=\lim_{n\to+\infty}\frac{t_{n+1}}{n+1}=0.$$

（四）强大数定理

定理 3(柯尔莫哥洛夫) 设 $\{\xi_k\}$，$k\in\mathbf{N}^*$ 是独立随机变量列，且 $\sum_{k=1}^{+\infty}\frac{D\xi_k}{k^2}<+\infty$，则

$$\lim_{n\to+\infty}\frac{1}{n}\sum_{k=1}^{n}(\xi_k - E\xi_k) = 0 \quad \text{a. s.}. \tag{29}$$

证　定义

$\xi'_k = \xi_k - E\xi_k$,

$E\xi'_k = 0$,　$D\xi'_k = D\xi_k$,仿(27)(28),令 $s_n(\omega) = \sum_{k=1}^{n}\frac{\xi'_k(\omega)}{k}$,

$b_m(\omega) = \sup\{|s_{m+k}(\omega) - s_m(\omega)|, k \in \mathbf{N}^*\}$,

$b(\omega) = \inf\{b_m(\omega), m \in \mathbf{N}^*\}$.

对任意实数 x,

$$(b_m(\omega) \leqslant x) = \bigcap_{k=1}^{+\infty}(|s_{m+k}(\omega) - s_m(\omega)| \leqslant x) \in \mathcal{F},$$

故 $b_m(\omega)$是随机变量,类似可知 $b(\omega)$也是随机变量.

对任意 $\varepsilon>0$ 及任两正整数 n,m,由(15)得

$$P(\max_{1\leqslant k\leqslant n}|s_{m+k}(\omega) - s_m(\omega)| \geqslant \varepsilon) \leqslant \frac{1}{\varepsilon^2}\sum_{k=m+1}^{m+n}\frac{D\xi'_k}{k^2} = \frac{1}{\varepsilon^2}\sum_{k=m+1}^{m+n}\frac{D\xi_k}{k^2}.$$

令 $\eta_n(\omega) = \max_{1\leqslant k\leqslant n}|s_{m+k}(\omega) - s_m(\omega)|$,则

$\eta_n(\omega) \uparrow b_m(\omega)$,　$(b_m(\omega) > \varepsilon) \subset \bigcup_n(\eta_n(\omega) \geqslant \varepsilon)$,由 §1.3 系 3 及上式得

$$P(b_m(\omega) > \varepsilon) \leqslant \frac{1}{\varepsilon^2}\sum_{k=m+1}^{+\infty}\frac{D\xi_k}{k^2}.$$

由此及 $b_m(\omega) \geqslant b(\omega)$ 推知

$$P(b(\omega) > \varepsilon) \leqslant P(b_m(\omega) > \varepsilon) \leqslant \frac{1}{\varepsilon^2}\sum_{k=m+1}^{+\infty}\frac{D\xi_k}{k^2}.$$

令 $m\to+\infty$,由于 $\sum_{k=1}^{+\infty}\frac{D\xi_k}{k^2} < +\infty$,得 $P(b(\omega) > \varepsilon) = 0$,从而自

$P(b(\omega) > 0) = \bigcup_{n=1}^{+\infty}\left(b(\omega) > \frac{1}{n}\right)$ 及 §1.3 系 3,我们有

$$P(b(\omega) > 0) = \lim_{n\to+\infty}P\left(b(\omega) > \frac{1}{n}\right) = 0,$$

于是几乎处处 $b(\omega)=0$. 由(i)知 $\sum_{k=1}^{+\infty}\frac{D\xi'_k(\omega)}{k}$ 几乎处处收敛，再由(iii)得

$$\lim_{n\to+\infty}\frac{1}{n}\sum_{k=1}^{n}\xi'_k=0 \quad \text{a. s.}.$$

这就是(29)式. ■

系 3 设对独立随机变量列 $\{\xi_k\}$，有常数 c，使 $D\xi_k\leqslant c,\quad k\in\mathbf{N}^*$，则 $\{\xi_k\}$ 服从强大数定理.

证 由 $\sum_{k=1}^{+\infty}\frac{D\xi_k}{k^2}\leqslant c\sum_{k=1}^{+\infty}\frac{1}{k^2}<+\infty$ 及定理 3 推出. ■

系 4（波莱尔） 设伯努利实验中，事件 A 每次出现的概率为 p，$0<p<1$，以 η_n 表示前 n 次实验中 A 出现的次数，则

$$\lim_{n\to+\infty}\frac{\eta_n}{n}=p \quad \text{a. s.}. \tag{30}$$

证 仿系 2 的证明，可见(30)自系 3 推出. ■

定理 3 有着广泛的应用，但其中条件不是必要的. 在独立同分布情况，可以找到充分必要条件，为此先述一方法.

引理 3（截尾法） 设 $\{\xi_k\}$，$k\in\mathbf{N}^*$ 为具有有穷数学期望的随机变量列，有相同的分布函数 $F(x)$，令

$$\xi_k^*=\begin{cases}\xi_k(\omega), & |\xi_k(\omega)|\leqslant k,\\ 0, & |\xi_k(\omega)|>k.\end{cases} \tag{31}$$

如果

$$\sum_{k=1}^{+\infty}P(\xi_k^*(\omega)\neq\xi_k(\omega))<+\infty, \tag{32}$$

而且 $\{\xi_k^*(\omega)\}$ 服从强大数定理，那么 $\{\xi_k(\omega)\}$ 也服从强大数定理.

证 由(32)及 § 3.1 引理 1 得 $P\left(\bigcap_{k=1}^{+\infty}\bigcup_{n=k}^{+\infty}[\xi_n^*(\omega)\neq\xi_n(\omega)]\right)=0$，换句话说，对几乎一切 ω，

$$\xi_k^*(\omega)\neq\xi_k(\omega)\text{，只对有穷多个 } k \text{ 成立.} \tag{33}$$

考虑

$$\left|\frac{1}{n}\sum_{k=1}^{n}(\xi_k(\omega)-E\xi_k)\right|\leqslant\left|\frac{1}{n}\sum_{k=1}^{n}(\xi_k(\omega)-\xi_k^*(\omega))\right|+$$

$$\left|\frac{1}{n}\sum_{k=1}^{n}(\xi_k^*(\omega)-E\xi_k^*)\right|+\left|\frac{1}{n}\sum_{k=1}^{n}(E\xi_k^*-E\xi_k)\right|. \quad (34)$$

根据(33)，对几乎一切 ω，右方第1项当 $n\to+\infty$ 时趋于0；由假设 $\{\xi_n^*(\omega)\}$ 服从强大数定理，故第 2 项也趋于 $0(n\to+\infty)$；今考虑第 3 项，由假定 $E\xi_1$ 有穷，故 $\int_{-\infty}^{+\infty}|x|\mathrm{d}F(x)<+\infty$，从而若令

$$c_k=\left|\int_{|x|>k}x\mathrm{d}F(x)\right|,$$

则

$$\lim_{k\to+\infty}c_k\leqslant\lim_{k\to+\infty}\int_{|x|>k}|x|\mathrm{d}F(x)=0. \quad (35)$$

令

$$g_k(x)=\begin{cases}x, & |x|\leqslant k,\\ 0, & |x|>k,\end{cases}$$

则 $g_k(x)$ 是波莱尔可测函数，而且 $\xi_k^*=g_k(\xi_k)$. 由于

$$E\xi_k^*=\int_{-\infty}^{+\infty}g_k(x)\mathrm{d}F(x)=\int_{|x|\leqslant k}x\mathrm{d}F(x),$$

故对 $n>N$ 有

$$\left|\frac{1}{n}\sum_{k=1}^{n}(E\xi_k^*-E\xi_k)\right|\leqslant\frac{1}{n}\sum_{k=1}^{n}|E\xi_k^*-E\xi_k|$$

$$=\frac{1}{n}\sum_{k=1}^{n}\left|\int_{|x|>k}x\mathrm{d}F(x)\right|=\frac{1}{n}\sum_{k=1}^{n}c_k.$$

由(35)及上面的事实(ii)，即知(34)中右方第 3 项也趋于 0，从而 $\{\xi_k(\omega)\}$ 服从强大数定理. ■

引理 3 将对 $\{\xi_k\}$ 的研究化为对 $\{\xi_k^*\}$ 的研究，由于每个 ξ_k^* 有界，故带来不少方便.

定理 4　设 $\{\xi_k\}$，$k\in\mathbf{N}^*$ 是独立随机变量列，有相同的分布

函数 $F(x)$，则

$$\lim_{n\to+\infty}\frac{1}{n}\sum_{k=1}^{n}(\xi_k-E\xi_k)=0\quad \text{a. s.}\tag{36}$$

成立的充分必要条件是 ξ_1 有有穷的数学期望.

记 $a=E\xi_1$，由于$\{\xi_k\}$ 同分布，$E\xi_k=a$，故(36) 可写为

$$\lim_{n\to+\infty}\frac{1}{n}\sum_{k=1}^{n}\xi_k=a\quad \text{a. s.}.$$

证　必要性是强大数定理成立的定义所要求的，下证**充分性**. 对定理中的$\{\xi_k\}$ 用(31) 定义$\{\xi_k^*\}$，根据 §2.7 系 1 知$\{\xi_k^*\}$ 也是独立随机变量列. 因 $E\xi_1$ 有穷，故$\int_{-\infty}^{+\infty}|x|\,\mathrm{d}F(x)<+\infty$. 由同分布的假定

$$\begin{aligned}\sum_{k=1}^{+\infty}P(\xi_k^*\neq\xi_k)&=\sum_{k=1}^{+\infty}P(|\xi_k|>k)=\sum_{k=1}^{+\infty}P(|\xi_1|>k)\\&=\sum_{k=1}^{+\infty}\sum_{l=k}^{+\infty}P(l<|\xi_1|\leqslant l+1)=\sum_{l=1}^{+\infty}lP(l<|\xi_1|\leqslant l+1)\\&\leqslant\sum_{l=1}^{+\infty}\int_{l<|x|\leqslant l+1}|x|\,\mathrm{d}F(x)\leqslant\int_{-\infty}^{+\infty}|x|\,\mathrm{d}F(x)<+\infty,\end{aligned}\tag{37}$$

因而根据引理 3，只要证明$\{\xi_k^*\}$ 服从强大数定理. 为此，由定理 3，只需验证$\sum_{k=1}^{+\infty}\frac{D\xi_k^*}{k^2}<+\infty$. 注意①

$$\begin{aligned}D\xi_k^*&\leqslant E(\xi_k^*)^2=\int_{|x|\leqslant k}x^2\,\mathrm{d}F(x)\\&\leqslant\sum_{l=0}^{k}(l+1)^2P(l\leqslant|\xi_1|<l+1),\end{aligned}$$

---

① 但当 $l=0$ 时，$\sum_{k=l}^{+\infty}\frac{1}{k^2}$ 应理解为$\sum_{k=1}^{+\infty}\frac{1}{k^2}$.

$$\sum_{k=1}^{+\infty}\frac{D\xi_k^*}{k^2}\leqslant\sum_{k=1}^{+\infty}\sum_{l=0}^{k}\frac{(l+1)^2}{k^2}P(l\leqslant|\xi|<l+1)$$

$$\leqslant\sum_{l=0}^{+\infty}P(l\leqslant|\xi|<l+1)(l+1)^2\sum_{k=l}^{+\infty}\frac{1}{k^2}. \tag{38}$$

利用$\sum_{k=l}^{+\infty}\frac{1}{(k+1)^2}<\sum_{k=l}^{+\infty}\int_k^{k+1}\frac{\mathrm{d}x}{x^2}=\int_l^{+\infty}\frac{\mathrm{d}x}{x^2}=\frac{1}{l}$,得

$$\sum_{k=l}^{+\infty}\frac{1}{k^2}<\frac{1}{l^2}+\frac{1}{l}<\frac{2}{l},$$

故由(38)及(37)中的推导得$\sum_{k=l}^{+\infty}\frac{D\xi_k^*}{k^2}<+\infty$. ■

(五) 例

下两例说明大数定理的一些应用.

例 1　设 $f(x)(a\leqslant x\leqslant b)$ 是连续函数,试用概率方法来近似计算积分$\int_a^b f(x)\mathrm{d}x$.

设 $|f(x)|$ 的一上界为 $k(>0)$,$f(x)$ 的下确界为 h,则 $0\leqslant\frac{f(x)-h}{2k}\leqslant 1$,故不妨假定 $0\leqslant f(x)\leqslant 1$,引进新变量 z:$x=(b-a)z+a$ 后,可将 x 轴上的区间$[a,b]$变为 z 轴上的$[0,1]$,故不妨设 $a=0,b=1$.

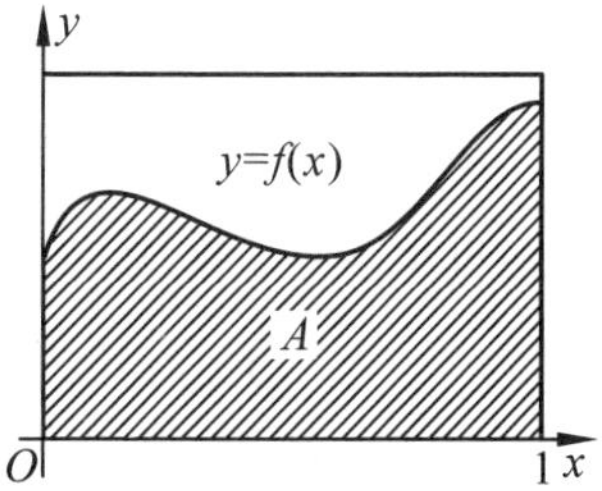

图 3-6

考虑几何型随机试验 E:向矩形 $0\leqslant x\leqslant 1,0\leqslant y\leqslant 1$ 中均匀分布地掷点.将 E 独立地重复作下去,以 A 表此矩形中曲线 $y=f(x)$ 下的区域(见图 3-6),即

$$A=((x,y):0\leqslant y\leqslant f(x),\quad x\in[0,1]),$$

并定义随机变量 ξ_k:

$$\xi_k=\begin{cases}1, & \text{第 } k \text{ 次掷的点落于} A \text{ 中},\\ 0, & \text{反之},\end{cases}$$

则$\{\xi_k\}, k \in \mathbf{N}^*$独立同分布，而且

$$E\xi_k = P(\xi_k = 1) = |A| = \int_0^1 f(x)\mathrm{d}x,$$

$|A|$表示A的面积. 由系 4

$$\lim_{n\to+\infty}\frac{1}{n}\sum_{k=1}^{n}\xi_k = \int_0^1 f(x)\mathrm{d}x \quad \text{a. s.}.$$

这表示当n充分大时，前n次试验中落于A中的点数$\sum_{k=1}^{n}\xi_k$除以n后以任意接近于 1 的概率与$\int_0^1 f(x)\mathrm{d}x$近似.

这种近似计算法也叫蒙特卡罗方法. 进一步的讨论见第 7 章. ■

例 2 在函数逼近论中有著名的**魏尔施特拉斯(Weierstrass)定理**：

设$f(x)$为闭区间$a\leqslant x\leqslant b$中的任一连续函数，则必存在多项式序列$\{Q_n(x)\}$，均匀收敛于$f(x)$，$x\in[a,b]$.

试给出这定理的一简单概率证明. 通过一线性变换（参看上例），可把$[a,b]$变为$[0,1]$，故不妨设$a=0, b=1$，令

$$Q_n(x) = \sum_{m=0}^{n}\mathrm{C}_n^m x^m(1-x)^{n-m}f\left(\frac{m}{n}\right), \tag{39}$$

显然，$Q_n(0)=f(0)$，$Q_n(1)=f(1)$，故只要考虑$(0,1)$中的x. 任取一伯努利实验$\widetilde{E}=E^{+\infty}$，使事件$A$在每次试验$E$中出现的概率恰为$x$，$x$任意固定；并以$\eta_n$表示前$n$次试验中$A$出现的总次数，则由 §2.9(24) 得

$$\begin{aligned}
&f(x)-Q_n(x)\\
&=\sum_{m=0}^{n}\mathrm{C}_n^m x^m(1-x)^{n-m}\left[f(x)-f\left(\frac{m}{n}\right)\right]=E\left[f(x)-f\left(\frac{\eta_n}{n}\right)\right]\\
&=P\left(\left|\frac{\eta_n}{n}-x\right|<\delta\right)E\left[f(x)-f\left(\frac{\eta_n}{n}\right)\middle|\left|\frac{\eta_n}{n}-x\right|<\delta\right]+
\end{aligned}$$

$$P\left(\left|\frac{\eta_n}{n}-x\right|\leqslant\delta\right)E\left[f(x)-f\left(\frac{\eta_n}{n}\right)\right]\left|\left|\frac{\eta_n}{n}-x\right|\geqslant\delta\right), \qquad (40)$$

其中 $\delta>0$ 为如下选定的数：由 $f(x)$ 的连续性，对任意 $\varepsilon>0$，存在 $\delta>0$，使当 $|x-y|<\delta$，　$0\leqslant x,y\leqslant 1$ 时，有

$$|f(x)-f(y)|<\frac{\varepsilon}{2}. \qquad (41)$$

令 $M=\sup\limits_{0\leqslant x\leqslant 1}|f(x)|$，由(40)(41)得

$$|f(x)-Q_n(x)|\leqslant 1\cdot\frac{\varepsilon}{2}+P\left(\left|\frac{\eta_n}{n}-x\right|\geqslant\delta\right)\cdot 2M. \qquad (42)$$

令 $n\to+\infty$，由大数定理，$\lim\limits_{n\to+\infty}P\left(\left|\frac{\eta_n}{n}-x\right|\geqslant\delta\right)=0$，从而得证

$$\lim_{n\to+\infty}Q_n(x)=f(x)\quad(0\leqslant x\leqslant 1).$$

为证上式中收敛的均匀性，利用切比雪夫不等式.

$$P\left(\left|\frac{\eta_n}{n}-x\right|\geqslant\delta\right)\leqslant\frac{D\eta_n}{n^2\delta^2}=\frac{nx(1-x)}{n^2\delta^2}<\frac{1}{n\delta^2}.$$

故当 $n>\frac{4M}{\varepsilon\delta^2}$ 时，由上式及(42)立得

$$\sup_{0\leqslant x\leqslant 1}|f(x)-Q_n(x)|<\varepsilon. \blacksquare$$

§3.4 中心极限定理

（一）问题的直观背景

在实际中，常常需要考虑许多随机因素所产生的总影响.

例1 设炮弹射击的目标位置是原点(0,0)，炮弹的落点设为(X,Y)，它的一个坐标，例如X，也是落点对目标沿x轴的偏差，X(或Y)是随机的，产生偏差的原因有种种：瞄准时有误差ξ_1，炮弹或炮身结构所引起的误差ξ_2，空气阻力产生的误差ξ_3，….因而，X可看成为这些误差的总和：$X=\sum\limits_i \xi_i$. 对我们重要的是研究X的分布.

例2 再看一个熟悉的例. 考虑可列重伯努利试验$\widetilde{E}=E^{+\infty}$，事件在每次试验$E$中出现的概率为$p$，$0<p<1$，不出现的概率为$q=1-p$. 令$\{\xi_k\}$为联系于$\widetilde{E}$的随机变量列，即

$$\xi_k=\begin{cases}1, & A\text{ 在第 }k\text{ 次试验中出现},\\ 0, & \text{反之}.\end{cases} \tag{1}$$

因而$\sum\limits_{k=1}^{n}\xi_k$是前$n$次试验中$A$出现的总次数，我们关心的问题是：当$n\to+\infty$时，$\sum\limits_{k=1}^{n}\xi_k$的分布函数趋于什么？由于$\lim\limits_{n\to+\infty}\sum\limits_{k=1}^{n}\xi_k$可以取$+\infty$为值，故最好不研究$\sum\limits_{k=1}^{n}\xi_k$本身而考虑（譬如说）它的标准化随机变量

$$\zeta_n=\frac{\sum\limits_{k=1}^{n}(\xi_k-E\xi_k)}{\sqrt{D\left(\sum\limits_{k=1}^{n}\xi_k\right)}} \tag{2}$$

的分布函数的极限.

为了求出这个极限分布,我们先作些具体的,直观的分析.设

$$P(\xi_k=1)=\frac{2}{3},\quad P(\xi_k=0)=\frac{1}{3},$$

下面画出 $\sum_{k=1}^{n}\xi_k(n=1,2,4,8,32)$ 的密度图(见图 3-7),由此可见,当 $n\to+\infty$ 时,$\sum_{k=1}^{n}\xi_k$ 的密度趋于正态分布密度.为了防止这些密度的中心(即数学期望)趋向 $+\infty$ 以及方差无限增大,我们不考虑 $\sum_{k=1}^{n}\xi_k$ 而考虑(2)中的 ζ_n.

当 ξ_k 有(0,1)均匀分布时,类似的图请参看 §6.1 图 6-2.

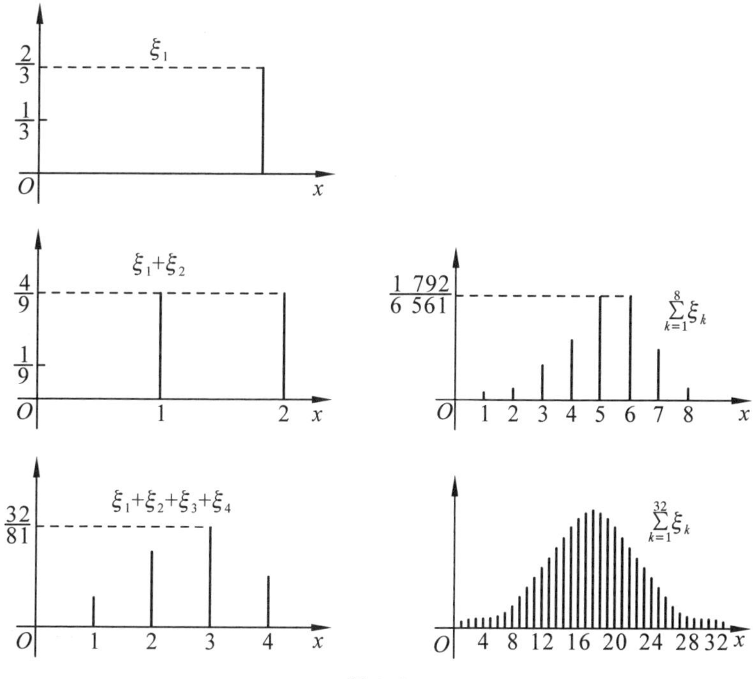

图 3-7

（二）同分布情形

设 $\xi_k(k\in\mathbf{N}^*)$ 的方差 $D\xi_k$ 有穷，大于0，令

$$a_k=E\xi_k,b_k^2=D\xi_k,B_n^2=\sum_{k=1}^{n}b_k^2. \tag{3}$$

我们说，随机变量列 $\{\xi_k\}$ 服从中心极限定理，如果关于 $x\in\mathbf{R}$ 均匀地有

$$\lim_{n\to+\infty}P\left(\frac{1}{B_n}\sum_{k=1}^{n}(\xi_k-a_k)\leqslant x\right)=\frac{1}{\sqrt{2\pi}}\int_{-\infty}^{x}\mathrm{e}^{-\frac{z^2}{2}}\mathrm{d}z. \tag{4}$$

(4) 式表示：随机变量 $\frac{1}{B_n}\sum\limits_{k=1}^{n}(\xi_k-a_k)$ 的分布函数关于 x 均匀地趋于正态分布 $N(0,1)$ 的分布函数. 我们的主要目的是：研究在什么条件下，$\{\xi_k\}$ 服从中心极限定理，一个简单而又常用的结果是

定理1 设独立随机变量列 $\{\xi_k\}$ 有相同的分布，而且 $0<D\xi_k<+\infty$，则(4) 关于 x 均匀成立.

证 由于分布相同，$a_k=a_1,b_k^2=b_1^2$，(4) 式化为

$$\lim_{n\to+\infty}P\left(\frac{1}{b_1\sqrt{n}}\sum_{k=1}^{n}(\xi_k-a_1)\leqslant x\right)=\frac{1}{\sqrt{2\pi}}\int_{-\infty}^{x}\mathrm{e}^{-\frac{z^2}{2}}\mathrm{d}z. \tag{5}$$

以 $f_k(t)$ 表示 ξ_k-a_1 的特征函数，因 $\xi_k-a_1(k\in\mathbf{N}^*)$ 也同分布，故 $f_k(t)=f_1(t)$ 不依赖于 k. 根据 §2.11(8)(10)，可见 $\frac{1}{b_1\sqrt{n}}\sum\limits_{k=1}^{n}(\xi_k-a_1)$ 的特征函数 $\varphi_n(t)$ 为

$$\varphi_n(t)=\left[f\left(\frac{t}{b_1\sqrt{n}}\right)\right]^n. \tag{6}$$

由于 ξ_k-a_1 的前两阶矩为0及 b_1^2，由 §2.11(12)，在 $t=0$ 附近可将 $f(t)$ 按泰勒公式展开为

$$f(t)=1-\frac{1}{2}b_1^2t^2+o(t^2). \tag{7}$$

以$\dfrac{t}{b_1\sqrt{n}}$代t，并利用(6)，得

$$\varphi_n(t)=\left[1-\frac{t^2}{2n}+\frac{o(t^2)}{n}\right]^n\to \mathrm{e}^{-\frac{t^2}{2}},n\to+\infty.$$

注意　$\mathrm{e}^{-\frac{t^2}{2}}$ 是 $N(0,1)$ 分布的特征函数，由上式及 §3.2 定理 3，即得证(5)式对每一个 $x\in(-\infty,+\infty)$ 成立. 根据 §3.1 定理 3，(5) 中的收敛对 x 还是均匀的. ■

系 1［棣莫弗-拉普拉斯(de Moivre-Laplace)］　以 η_n 表示伯努利 n 次试验中事件 A 出现的总次数，每次试验中 A 出现的概率为 p，$0<p<1$，则当 $n\to+\infty$ 时，对 a，$b(a<b)$ 均匀地有

$$\lim_{n\to+\infty}P\left(a<\frac{\eta_n-np}{\sqrt{npq}}\leqslant b\right)=\frac{1}{\sqrt{2\pi}}\int_a^b \mathrm{e}^{-\frac{z^2}{2}}\mathrm{d}z, \tag{8}$$

其中 $q=1-p$.

证　用(1) 定义 ξ_k，$\{\xi_k\}$ 是独立随机变量列，有相同的分布密度矩阵$\begin{pmatrix}0 & 1\\ q & p\end{pmatrix}$，则

$$\eta_n=\sum_{k=1}^n\xi_k, E\xi_k=p, D\xi_k=pq>0, B_n^2=\sum_{k=1}^n D\xi_k=npq,$$

故由定理 1 立得(8). ■

例 3　对系 1 中的伯努利试验，试求 $P(\alpha<\eta_n\leqslant\beta)$ 的值 $(\alpha<\beta)$.

解　由于 η_n 有二项分布 $B(n,p)$，故

$$P(\alpha<\eta_n\leqslant\beta)=\sum_{\alpha<k\leqslant\beta}\mathrm{C}_n^k p^k q^{n-k}. \tag{9}$$

当 n 甚大时，如 §2.4 所指出，上值的计算很繁，利用(8) 可求出 $P(\alpha<\eta_n\leqslant\beta)$ 的近似值

$$P(\alpha<\eta_n\leqslant\beta)=P\left(\frac{\alpha-np}{\sqrt{npq}}<\frac{\eta_n-np}{\sqrt{npq}}\leqslant\frac{\beta-np}{\sqrt{npq}}\right)$$

$$\approx \frac{1}{\sqrt{2\pi}}\int_{\frac{\alpha-np}{\sqrt{npq}}}^{\frac{\beta-np}{\sqrt{npq}}} \mathrm{e}^{-\frac{z^2}{2}}\,\mathrm{d}z = \Phi\left(\frac{\beta-np}{\sqrt{npq}}\right) - \Phi\left(\frac{\alpha-np}{\sqrt{npq}}\right), \tag{10}$$

其中
$$\Phi(x) = \frac{1}{\sqrt{2\pi}}\int_{-\infty}^{x} \mathrm{e}^{-\frac{z^2}{2}}\,\mathrm{d}z. \tag{11}$$

查表即可容易地算出 $\Phi\left(\frac{\beta-np}{\sqrt{npq}}\right)-\Phi\left(\frac{\alpha-np}{\sqrt{npq}}\right)$. 由(9) 可见，此值也是 $\sum\limits_{\alpha<k\leqslant\beta} \mathrm{C}_n^k p^k q^{n-k}$ 的近似值. 因此，可以用正态分布来近似计算二项分布的值. ■

例 4 射击不断地独立进行，设每次射中的概率为 $\frac{1}{10}$.

(i) 试求 500 次射击中，射中的次数在区间(49，55]之中的概率 p_1.

(ii) 问最少要射击多少次，才能使射中的次数超过 50 次的概率大于已给正数 q?

解 以 η_n 表示前 n 次射击总射中的次数①.

(i) $np = 500\times\frac{1}{10} = 50$，$npq = 500\times\frac{1}{10}\times\frac{9}{10} = 45$，$\alpha = 49$，$\beta = 55$.

$$p_1 = P(49 < \eta_{500} \leqslant 55) \approx \Phi\left(\frac{55-50}{\sqrt{45}}\right) - \Phi\left(\frac{49-50}{\sqrt{45}}\right)$$
$$= \Phi\left(\frac{5}{\sqrt{45}}\right) - \Phi\left(\frac{-1}{\sqrt{45}}\right) = 0.323\cdots.$$

(ii) 所需最少射击次数是满足不等式 $P(50 < \eta_n) > q$ 的最小正整数 n，在(10) 中令 $\beta\to+\infty$，得

---

① 若要近似计算 $P(\eta_n = k)$，k 为非负整数，则可利用 $P(\eta_n = k) = P\left(k-\frac{1}{2} < \eta_n \leqslant k+\frac{1}{2}\right)$，然后仿下面的(i) 计算(更详细的讨论见[15]，172 页).

$$P(50<\eta_n)=P\left(\frac{50-n\times\frac{1}{10}}{\sqrt{n\times\frac{1}{10}\times\frac{9}{10}}}<\frac{\eta_n-n\times\frac{1}{10}}{\sqrt{n\times\frac{1}{10}\times\frac{9}{10}}}\right)$$

$$\approx 1-\Phi\left(\frac{500-n}{3\sqrt{n}}\right). \tag{12}$$

故自 $1-\Phi\left(\frac{500-n}{3\sqrt{n}}\right)>q$ 解出最小的正整数 n 即为所求次数的近似值. ■

例 5(钉板实验)　图 3-8 中每一黑点代表钉在板上的一颗钉子,它们间的距离相等,上面一颗恰巧在下面两颗的正中间. 从入口 A 处放进一个小圆球,它的直径略小于两钉间的距离,由于板是倾斜放着的,球每碰到一次钉子,就以概率 $\frac{1}{2}$ 滚向左下边(或右下边),于是又碰到下一个钉子,如此继续,直到滚入板底的一个格子内为止. 把许多小球从 A 放下去,它们在板底所堆成的曲线就近似于 $N(0,\sqrt{n})$ 正态分布的密度曲线,只要球的个数充分地大,这里 n 是钉子的横排排数,这个实验是由高尔顿(Galton) 设计的.

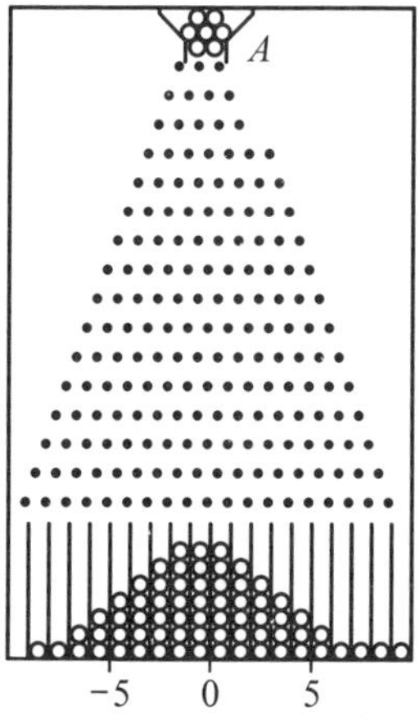

图 3-8

现在用定理 1 来解释这个现象. 定义

$$\xi_k=\begin{cases}1, & \text{第 } k \text{ 次碰钉后小球向右},\\ -1, & \text{第 } k \text{ 次碰钉后小球向左},\end{cases}$$

于是 ξ_k 的密度矩阵为 $\begin{pmatrix}-1 & 1\\ \frac{1}{2} & \frac{1}{2}\end{pmatrix}$，而 $\eta_n=\sum_{k=1}^{n}\xi_k$ 表示第 n 次碰钉后球的位置①.

由于
$$a_k=E\xi_k=0,\quad b_k=D\xi_k=1,$$

根据(5)，得
$$\lim_{n\to+\infty}P\left(\frac{\eta_n}{\sqrt{n}}\leqslant x\right)=\frac{1}{\sqrt{2\pi}}\int_{-\infty}^{x}\mathrm{e}^{-\frac{z^2}{2}}\,\mathrm{d}z.$$

这表示 $\frac{\eta_n}{\sqrt{n}}$ 的分布当 n 充分大时近似于 $N(0,1)$，亦即 η_n 的分布近似于 $N(0,\sqrt{n})$. 由上式得

$$P(-l\leqslant\eta_n\leqslant l)=P\left(\frac{-l}{\sqrt{n}}\leqslant\frac{\eta_n}{\sqrt{n}}\leqslant\frac{l}{\sqrt{n}}\right)\approx\frac{1}{\sqrt{2\pi}}\int_{\frac{-l}{\sqrt{n}}}^{\frac{l}{\sqrt{n}}}\mathrm{e}^{-\frac{z^2}{2}}\,\mathrm{d}z.$$

今设 $n=16$，则
$$P(-l\leqslant\eta_{16}\leqslant l)\approx\frac{1}{\sqrt{2\pi}}\int_{-\frac{l}{4}}^{\frac{l}{4}}\mathrm{e}^{-\frac{z^2}{2}}\,\mathrm{d}z,$$

右方值可由正态表查出. 例如

$$P(-1\leqslant\eta_{16}\leqslant 1)\approx\frac{1}{\sqrt{2\pi}}\int_{-0.25}^{0.25}\mathrm{e}^{-\frac{z^2}{2}}\,\mathrm{d}z=0.197\ 4.$$

现在独立地投掷 60 个小球，则大约有 $60\times 0.197\ 4\approx 12$ 个落在 $[-1,1]$ 两格之中. 见表 3-1.

---

① 容易看出，这问题与下列随机徘徊问题等价：设质点 A 在整数点上运动，如果它于时刻 k 位于点 j，那么下一时刻转移到点 $j+1$ 或 $j-1$，概率分别为 $\frac{1}{2}$，而且与以前的转移独立. 试研究自 0 点出发，经过 n 次转移后，质点所在位置 η_n 的分布. 这是一种所谓的马尔可夫链的特例.

表 3-1

区 间	近似概率	近似球数	区 间	近似概率	近似球数
[-1,1]	0.197 4	12	[-6,6]	0.866 4	52
[-2,2]	0.382 9	23	[-7,7]	0.919 9	55
[-3,3]	0.546 7	33	[-8,8]	0.954 5	57
[-4,4]	0.682 7	41	[-9,9]	0.975 6	59
[-5,5]	0.788 7	47	[-10,10]	0.987 6	60

表中数据说明:一个球在碰过 16 次钉子后落于[-2,2]中的概率为0.382 9.如果将 60 个球做这实验,那么约有 23 个球落在[-2,2]之中.■

(三)一般情形

定理 1 中“$\{\xi_k\}$ 有相同分布”的假定太强,现在来放宽这一假定而引进著名的林德伯格(Lindeberg)条件:对任意 $\tau>0$,有

$$\lim_{n\to+\infty}\frac{1}{B_n^2}\sum_{k=1}^{n}\int_{|x-a_k|>\tau B_n}(x-a_k)^2\mathrm{d}F_k(x)=0, \tag{13}$$

其中 $F_k(x)$ 是 ξ_k 的分布函数,a_k,B_n 由(3)定义.

先看这一条件有什么概率意义.引进事件

$$A_k=(|\xi_k-a_k|>\tau B_n),k=1,2,\cdots,n, \tag{14}$$

我们有

$$\begin{aligned}&P(\max_{1\leqslant k\leqslant n}|\xi_k-a_k|>\tau B_n)\\&=P(\bigcup_{k=1}^{n}A_k)\leqslant\sum_{k=1}^{n}P(A_k)=\sum_{k=1}^{n}\int_{|x-a_k|>\tau B_n}\mathrm{d}F_k(x)\\&\leqslant\frac{1}{(\tau B_n)^2}\sum_{k=1}^{n}\int_{|x-a_k|>\tau B_n}(x-a_k)^2\mathrm{d}F_k(x).\end{aligned}$$

由此可见,林德伯格条件保证:对任意 $\tau>0$,

$$\lim_{n\to+\infty}P\left(\max_{1\leqslant k\leqslant n}\left|\frac{\xi_k-a_k}{B_n}\right|>\tau\right)=0. \tag{15}$$

粗略地说，上式表示：当 n 充分大后，参与构成(5) 中左方总和 $\frac{1}{B_n}\sum_{k=1}^{n}(\xi_k-a_k)$ 的每一被加项 $\frac{\xi_k-a_k}{B_n}$ 要依概率“均匀地小”，因而任一被加项对总和的极限分布不会产生显著的影响.

容易验证，在定理 1 的假定下，林德伯格条件满足. 实际上，由于这时 $F_k(x)=F(x)$，$a_k=a$，$b_k^2=b^2$ 都与 k 无关，又 $B_n^2=nb^2$，故

$$\frac{1}{B_n^2}\sum_{k=1}^{n}\int_{|x-a_k|>\tau B_n}(x-a_k)^2\mathrm{d}F_k(x)$$

$$=\frac{1}{nb^2}\cdot n\int_{|x-a|>\tau b\sqrt{n}}(x-a)^2\mathrm{d}F(x). \tag{16}$$

既然方差 $D\xi_1=\int_{-\infty}^{+\infty}(x-a)^2\mathrm{d}F(x)<+\infty$，我们有

$$\lim_{n\to+\infty}\int_{|x-a|>\tau b\sqrt{n}}(x-a)^2\mathrm{d}F(x)=0,$$

由此及(16) 知(13) 成立.

定理 2(林德伯格)　设独立随机变量列$\{\xi_k\}$，$k\in\mathbf{N}$ 满足林德伯格条件，则(4) 式关于 x 均匀成立.

为证此，先证下列三个不等式：对任意实数 a，有

$$|\mathrm{e}^{a\mathrm{i}}-1|\leqslant|a|, \tag{17}$$

$$|\mathrm{e}^{a\mathrm{i}}-1-a\mathrm{i}|\leqslant\frac{a^2}{2!}, \tag{18}$$

$$\left|\mathrm{e}^{a\mathrm{i}}-1-a\mathrm{i}+\frac{a^2}{2}\right|\leqslant\frac{|a|^3}{3!}. \tag{19}$$

实际上，对 $a=0$ 上三式明显. 设 $a>0$，则

$$|\mathrm{e}^{a\mathrm{i}}-1|=\left|\int_0^a\mathrm{e}^{x\mathrm{i}}\mathrm{d}x\right|\leqslant a,$$

$$|\mathrm{e}^{a\mathrm{i}}-1-a\mathrm{i}|=\left|\int_0^a(\mathrm{e}^{x\mathrm{i}}-1)\mathrm{d}x\right|\leqslant\int_0^a x\mathrm{d}x=\frac{a^2}{2!},$$

$$\left|\mathrm{e}^{a\mathrm{i}}-1-a\mathrm{i}+\frac{a^2}{2}\right|=\left|\int_0^a(\mathrm{e}^{x\mathrm{i}}-1-x\mathrm{i})\mathrm{d}x\right|$$

$$\leqslant \int_0^a |\mathrm{e}^{xi} - 1 - xi| \mathrm{d}x$$

$$\leqslant \int_0^a \frac{x^2}{2!}\mathrm{d}x = \frac{a^3}{3!}. \tag{20}$$

利用 $\mathrm{e}^{ai} = \cos a + \mathrm{i} \sin a$，可见(17) ～ (19) 两边都是 a 的偶函数，故它们对 $a < 0$ 也成立.

定理 2 之证 先把记号简化. 令

$$\xi_{nk} = \frac{\xi_k - a_k}{B_n}, \tag{21}$$

以 $f_{nk}(t)$，$F_{nk}(x)$ 分别表 ξ_{nk} 的特征函数与分布函数，因而

$$F_{nk}(x) = P(\xi_k \leqslant B_n x + a_k) = F_k(B_n x + a_k), \tag{22}$$

$$E\xi_{nk} = \int_{-\infty}^{+\infty} x\mathrm{d}F_{nk}(x) = 0, D\xi_{nk} = \frac{D\xi_k}{B_n^2}, \tag{23}$$

$$\sum_{k=1}^{n} D\xi_{nk} = \sum_{k=1}^{n}\int_{-\infty}^{+\infty} x^2\mathrm{d}F_{nk}(x) = \frac{1}{B_n^2}\sum_{k=1}^{n} D\xi_k = 1. \tag{24}$$

在这些记号下，由(22)

$$\frac{1}{B_n^2}\int_{|x-a_k|>\tau B_n} (x-a_k)^2\mathrm{d}F_k(x) = \int_{\left|\frac{x-a_k}{B_n}\right|>\tau} \left(\frac{x-a_k}{B_n}\right)^2 \mathrm{d}F_k(x)$$

$$= \int_{|y|>\tau} y^2\mathrm{d}F_{nk}(y).$$

故(13) 式化为：对任意 $\tau > 0$，

$$\lim_{n\to+\infty}\sum_{k=1}^{n}\int_{|x|>\tau} x^2\mathrm{d}F_{nk}(x) = 0; \tag{25}$$

而(4) 式化为：对 τ 均匀地有

$$\lim_{n\to+\infty} P\left(\sum_{k=1}^{n}\xi_{nk} \leqslant x\right) = \frac{1}{\sqrt{2\pi}}\int_{-\infty}^{x} \mathrm{e}^{-\frac{z^2}{2}}\mathrm{d}z. \tag{26}$$

如果在条件(25) 下，能够证明 $\sum\limits_{k=1}^{n}\xi_{nk}$ 的特征函数

$$\varphi_n(t) = \prod_{k=1}^{n} f_{nk}(t) \to \mathrm{e}^{-\frac{t^2}{2}}, \quad n \to +\infty$$

（回忆 $e^{-\frac{t^2}{2}}$ 为 $N(0,1)$ 的特征函数），亦即

$$\lg \varphi_n(t) = \sum_{k=1}^{n} \lg f_{nk}(t) \to -\frac{t^2}{2}, \quad n \to +\infty \tag{27}$$

（对数取主值），那么根据 §3.2 定理 3，(26) 式成立；再由 §3.1 定理 3，(26) 中收敛对 $x \in \mathbf{R}$ 还是均匀的，于是定理 2 得以证明.

为了证明(27)，分成两步.

(i) 先证 $\lg \varphi_n(t)$ 可展开为

$$\lg \varphi_n(t) = \sum_{k=1}^{n} (f_{nk}(t) - 1) + R^n(t), \tag{28}$$

其中函数 $R^n(t)$ 在任意有穷 t 区间内均匀趋于 0.

实际上，由(23) 中前一式

$$f_{nk}(t) - 1 = \int_{-\infty}^{+\infty} (e^{tx\mathrm{i}} - 1 - tx\mathrm{i})\mathrm{d}F_{nk}(x). \tag{29}$$

根据(18)

$$\begin{aligned} | f_{nk}(t) - 1 | &\leqslant \frac{t^2}{2}\int_{-\infty}^{+\infty} x^2 \mathrm{d}F_{nk}(x) \\ &= \frac{t^2}{2}\left[\int_{|x|\leqslant\varepsilon} x^2 \mathrm{d}F_{nk}(x) + \int_{|x|>\varepsilon} x^2 \mathrm{d}F_{nk}(x)\right] \\ &\leqslant \frac{t^2}{2}\left[\varepsilon^2 + \int_{|x|>\varepsilon} x^2 \mathrm{d}F_{nk}(x)\right], \end{aligned} \tag{30}$$

其中 $\varepsilon > 0$ 任意. 由(25)，对一切充分大的 n 有 $\int_{|x|>\varepsilon} x^2 \mathrm{d}F_{nk}(x) < \varepsilon^2 (1 \leqslant k \leqslant n)$；从而关于 $k(1 \leqslant k \leqslant n)$ 及任何有限区间 $[-T,T]$ 中的 t，同时有

$$| f_{nk}(t) - 1 | \leqslant \varepsilon^2 T^2, \quad \max_{1\leqslant k\leqslant n} | f_{nk}(t) - 1 | \leqslant \varepsilon^2 T^2.$$

因而对任意 $t \in [-T,T]$，均匀地有

$$\lim_{n\to+\infty} \max_{1\leqslant k\leqslant n} | f_{nk}(t) - 1 | = 0. \tag{31}$$

特别地，当 $t \in [-T,T]$ 时，对一切充分大的 n，下式成立：

$$| f_{nk}(t) - 1 | < \frac{1}{2}. \tag{32}$$

因此,在$[-T,T]$中,有展开式

$$\begin{aligned}\lg \varphi_n(t) &= \sum_{k=1}^{n}\lg f_{nk}(t) = \sum_{k=1}^{n}\lg[1+(f_{nk}(t)-1)]\\&= \sum_{k=1}^{n}(f_{nk}(t)-1)+R^n(t),\end{aligned}\tag{33}$$

其中 $$R^n(t) = \sum_{k=1}^{n}\sum_{s=2}^{+\infty}\frac{(-1)^{s-1}}{s}(f_{nk}(t)-1)^s.$$

由(32)

$$\begin{aligned}|R^n(t)| &\leqslant \sum_{k=1}^{n}\sum_{s=2}^{+\infty}\frac{1}{2}|f_{nk}(t)-1|^s\\&= \frac{1}{2}\sum_{k=1}^{n}\frac{|f_{nk}(t)-1|^2}{1-|f_{nk}(t)-1|}\\&\leqslant \sum_{k=1}^{n}|f_{nk}(t)-1|^2\\&\leqslant \max_{1\leqslant k\leqslant n}|f_{nk}(t)-1|\sum_{k=1}^{n}|f_{nk}(t)-1|;\end{aligned}$$

但由(30)中第一个不等式及(24)

$$\sum_{k=1}^{n}|f_{nk}(t)-1| \leqslant \frac{t^2}{2}\sum_{k=1}^{n}\int_{-\infty}^{+\infty}x^2\,\mathrm{d}F_{nk}(x) = \frac{t^2}{2}.$$

故 $$|R^n(t)| \leqslant \frac{t^2}{2}\max_{1\leqslant k\leqslant n}|f_{nk}(t)-1|.$$

由(31)可见当$n\to+\infty$时,关于任意有穷区间$[-T,T]$中的t均匀地有

$$R^n(t)\to 0.\tag{34}$$

(ii) 令 $$\rho_n(t) = \frac{t^2}{2}+\sum_{k=1}^{n}\int_{-\infty}^{+\infty}(\mathrm{e}^{tx\mathrm{i}}-1-tx\mathrm{i})\,\mathrm{d}F_{nk}(x).$$

由(29)得

$$\sum_{k=1}^{n}(f_{nk}(t)-1) = -\frac{t^2}{2}+\rho_n(t).\tag{35}$$

如果能够证明:对任意有穷区间$[-T,T]$中的t,均匀地有

$$\lim_{n\to+\infty}\rho_n(t)=0,\tag{36}$$

那么以(35)代入(28)并联合(i)中的结论即得证(27)，而且(27)中的收敛对任意有穷区间内的 t 均匀，从而定理得以完全证明.

今证(36). 由(24)得 $\frac{t^2}{2}=-\sum_{k=1}^{n}\int_{-\infty}^{+\infty}\frac{(tx\mathrm{i})^2}{2}\mathrm{d}F_{nk}(x)$.

对任意 $\varepsilon>0$，

$$\rho_n(t)=\sum_{k=1}^{n}\int_{|x|\leqslant\varepsilon}\left[\mathrm{e}^{tx\mathrm{i}}-1-tx\mathrm{i}-\frac{(tx\mathrm{i})^2}{2}\right]\mathrm{d}F_{nk}(x)+$$

$$\sum_{k=1}^{n}\int_{|x|>\varepsilon}\left[\mathrm{e}^{tx\mathrm{i}}-1-tx\mathrm{i}+\frac{t^2x^2}{2}\right]\mathrm{d}F_{nk}(x).$$

由(19)(18)得

$$|\rho_n(t)|\leqslant\frac{|t|^3}{6}\sum_{k=1}^{n}\int_{|x|\leqslant\varepsilon}|x|^3\mathrm{d}F_{nk}(x)+t^2\sum_{k=1}^{n}\int_{|x|>\varepsilon}x^2\mathrm{d}F_{nk}(x)$$

$$\leqslant\frac{|t|^3}{6}\varepsilon\sum_{k=1}^{n}\int_{|x|\leqslant\varepsilon}x^2\mathrm{d}F_{nk}(x)+t^2\sum_{k=1}^{n}\int_{|x|>\varepsilon}x^2\mathrm{d}F_{nk}(x).$$

由(24)可见：对 $|t|\leqslant T$，有

$$|\rho_n(t)|\leqslant\frac{|T|^3}{6}\varepsilon+T^2\sum_{k=1}^{n}\int_{|x|>\varepsilon}x^2\mathrm{d}F_{nk}(x).\tag{37}$$

对任意 $\eta>0$，可选 $\varepsilon>0$ 使 $\frac{|T|^3}{6}\varepsilon<\frac{\eta}{2}$.

又由(25)，存在正整数 $N=N(T,\eta,\varepsilon)$，使对此 ε 及 $n\geqslant N$，有

$$\sum_{k=1}^{n}\int_{|x|>\varepsilon}x^2\mathrm{d}F_{nk}(x)<\frac{\eta}{2T^2}.\tag{38}$$

于是当 $n\geqslant N$ 时，对一切 $t\in[-T,T]$，有

$$|\rho_n(t)|<\eta.\ ■$$

系 2［李亚普诺夫(Ляпунов)］ 若对独立随机变量列 $\{\xi_k\}$，存在常数 $\delta>0$，使当 $n\to+\infty$ 时有

$$\frac{1}{B_n^{2+\delta}}\sum_{k=1}^{n}E|\xi_k-a_k|^{2+\delta}\to 0,\tag{39}$$

则(4) 对 x 均匀地成立.

证　只要验证林德伯格条件满足,由(39)

$$\frac{1}{B_n^2}\sum_{k=1}^{n}\int_{|x-a_k|>\tau B_n}(x-a_k)^2\mathrm{d}F_k(x)$$

$$\leqslant \frac{1}{B_n^2(\tau B_n)^{\delta}}\sum_{k=1}^{n}\int_{|x-a_k|>\tau B_n}|x-a_k|^{2+\delta}\mathrm{d}F_k(x)$$

$$\leqslant \frac{1}{\tau^{\delta}}\frac{1}{B_n^{2+\delta}}\sum_{k=1}^{n}E|\xi_k-a_k|^{2+\delta}\to 0\ (n\to+\infty).\ \blacksquare$$

*(四) 收敛速度

这是一个重要的问题,因为它涉及误差的估计. 在定理 1 的条件下,若再增设 $\beta_3=E|\xi_k-E\xi_k|^3<+\infty$,则有下列著名的

柏利(Berry,1941)-埃森(Essen,1945) 定理:

$$\sup_{-\infty<x<+\infty}\left|P\left(\frac{1}{b_1\sqrt{n}}\sum_{k=1}^{n}(\xi_k-a_k)\leqslant x\right)-\frac{1}{\sqrt{2\pi}}\int_{-\infty}^{x}\mathrm{e}^{-\frac{y^2}{2}}\mathrm{d}y\right|\leqslant\frac{c}{\sqrt{n}}\frac{\beta_3}{b_1^3},$$

其中 c 为某常数,自然希望求出使上式成立的最小的 c,许多人作过努力. 目前最好的结果是 $\frac{1}{\sqrt{2\pi}}\leqslant c<0.8$;又 c 的最佳估计为 0.797 5[万•贝克(van Beck,1972)]. 证见[79][65];[49]有更多的研究. 注意上式右方只依赖 b_1 及 β_3,而不依赖于 ξ_k 的其他性质. $\sqrt{n}$ 的出现则表明误差如何随 n 的增大而减小.

上式为关于 x 的一致误差,若只考虑单点 x,则有

$$\left|P\left(\frac{1}{b_1\sqrt{n}}\sum_{k=1}^{n}(\xi_k-a_k)\leqslant x\right)-\frac{1}{\sqrt{2\pi}}\int_{-\infty}^{x}\mathrm{e}^{-\frac{y^2}{2}}\mathrm{d}y\right|$$

$$\leqslant\frac{c_1}{\sqrt{n}}\frac{\beta_3}{b_1^3}\frac{1}{(1+|x|^3)},$$

其中 c_1 为某常数.

对非同分布的 $\{\xi_k\}$ 也有类似的结果[65][49].

（五）若干注释

简单叙述中心极限定理的发展是有益的，从这里可以看出前人的辛勤劳动. 这一重要定理的研究开始于18世纪，首先是棣莫弗(1667－1754) 对伯努利试验发现此定理(见系1)，拉普拉斯(1748－1827) 用了将近20年的时间来研究$\zeta_n=\frac{1}{B_n}\sum_{k=1}^{n}(\xi_k-a_k)$的极限分布，他就伯努利试验情形改进了棣莫弗的证明，并对相当一般的情形指出了极限分布是正态分布，然而他的证明以近代的眼光来看是不够严格的. 拉普拉斯的结果，首先由李亚普诺夫于1901年给出严格证明(见系2). “中心极限定理”的名称由卜里耶于1920年提出. 自1901年起，许多人在这问题上做过工作，主要目标是研究使中心极限定理成立的最广泛的条件，直到1922年才有了显然的进展——林德伯格提出了他的著名的条件. 人们真正认识到这条件的重要性是由于费勒，他于1935年发现：在独立随机变量列情况，这条件不仅是中心极限定理成立的充分条件，甚至在一定条件下还是必要的(见下节系1).

林德伯格条件的价值在于它的广泛性，但应用时却不容易，一是计算复杂，二是在许多实际问题中，$F_k(x)$往往事先未给出，因而，上面几个系起着重要的作用.

定理2的一个直观(然而不严格) 的解释如下：一个现实的量如果是由大量独立的而且均匀小的变量相加而成，那么它的分布近似于正态分布，这揭示了正态分布的重要性. 因为现实中许多变量都具有上述性质，例如，成年人身体的高度是受许多因素(先天的，后天的) 影响的总结果，因而一般认为身高是有近似正态分布的随机变量. 同样道理，人体的质量，砖的抗压强度等也如此.

大数定理与中心极限定理的关系如何？当$\{\xi_k\}$独立，同分布，

方差有穷且大于 0 时，容易讨论，因为这时两定理都成立. 大数定理断定：对任意 $\varepsilon > 0$，

$$\lim_{n\to+\infty} P\left(\left|\frac{\sum_{k=1}^{n}(\xi_k - E\xi_k)}{n}\right| \leqslant \varepsilon\right) = 1.$$

然而括号中事件的概率有多大？此定理未回答，但中心极限定理却给出一近似解答：

$$P\left(\left|\frac{\sum_{k=1}^{n}(\xi_k - E\xi_k)}{n}\right| \leqslant \varepsilon\right) = P\left(\left|\frac{\sum_{k=1}^{n}(\xi_k - E\xi_k)}{\sigma\sqrt{n}}\right| \leqslant \frac{\varepsilon\sqrt{n}}{\sigma}\right)$$

$$\approx \frac{1}{\sqrt{2\pi}}\int_{|x|\leqslant\frac{\varepsilon\sqrt{n}}{\sigma}} \mathrm{e}^{-\frac{x^2}{2}}\,\mathrm{d}x,$$

其中 $\sigma^2 = D\xi_k$. 因而在所假定的条件下，中心极限定理比大数定理更精确.

*§3.5　中心极限定理(续)

(一) 林德伯格条件的必要性

设$\{\xi_k\}$为独立随机变量列，ξ_k的数学期望与方差为

$$a_k = E\xi_k,\quad 0 < b_k^2 = D\xi_k < +\infty\quad (k \in \mathbf{N}^*),\tag{1}$$

令$B_n^2 = \sum\limits_{k=1}^{n} b_k^2$，上节中已看到，为了使中心极限定理成立，即为了对$x \in \mathbf{R}$均匀地有

$$\lim_{n\to+\infty} P\left(\frac{1}{B_n}\sum_{k=1}^{n}(\xi_k - a_k) \leqslant x\right) = \frac{1}{\sqrt{2\pi}}\int_{-\infty}^{x} \mathrm{e}^{-\frac{z^2}{2}}\,\mathrm{d}z.\tag{2}$$

充分条件是林德伯格条件：对任意$\tau > 0$，

$$\lim_{n\to+\infty} \frac{1}{B_n^2}\sum_{k=1}^{n}\int_{|x-a_k|>\tau B_n}(x-a_k)^2\,\mathrm{d}F_k(x) = 0.\tag{3}$$

现在来研究这条件的必要性，从而使中心极限定理取完善的形式.

引理1　如林德伯格条件满足，则

$$\lim_{n\to+\infty} B_n = +\infty,\tag{4}$$

$$\lim_{n\to+\infty} \frac{b_n}{B_n} = 0.\tag{5}$$

证　若(4)不成立，则必有常数B，使$B_n \leqslant B$. 因为$b_1^2 = \int_{-\infty}^{+\infty}(x-a_1)^2\,\mathrm{d}F_1(x)$，故存在$\varepsilon > 0$，使

$$\int_{|x-a_1|>\tau B}(x-a_1)^2\,\mathrm{d}F_1(x) > \frac{b_1^2}{2}.$$

从而

$$\begin{aligned}&\frac{1}{B_n}\sum_{k=1}^{n}\int_{|x-a_k|>\tau B_n}(x-a_k)^2\,\mathrm{d}F_k(x)\\ \geqslant{}& \frac{1}{B}\int_{|x-a_1|>\tau B}(x-a_1)^2\,\mathrm{d}F_1(x) > \frac{b_1^2}{2B} > 0,\end{aligned}$$

这与(3) 矛盾而得证(4).

其次,任取 τ,使 $\frac{1}{2} > \tau > 0$,当 n 充分大时,由(3) 得

$$\int_{|x-a_n|>\tau B_n} (x-a_n)^2 \mathrm{d}F_n(x) \leqslant \frac{\tau}{2} B_n^2.$$

故

$$b_n^2 = \int_{-\infty}^{+\infty} (x-a_n)^2 \mathrm{d}F_n(x) = \int_{|x-a_n|\leqslant \tau B_n} (x-a_n)^2 \mathrm{d}F_n(x) + \int_{|x-a_n|>\tau B_n} (x-a_n)^2 \mathrm{d}F_n(x) \leqslant \tau^2 B_n^2 + \frac{\tau}{2} B_n^2 < \tau B_n^2. \quad (6)$$

于是 $\frac{b_n^2}{B_n^2} < \tau$. ■

引理 2 (4)(5) 两式成立的充分必要条件是

$$\lim_{n\to+\infty} \max_{k\leqslant n} \frac{b_k}{B_n} = 0. \quad (7)$$

证 设(7) 成立,由 $\frac{b_n}{B_n} \leqslant \max\limits_{k\leqslant n} \frac{b_k}{B_n}$ 得(5);若说 $B_n \to B(<+\infty)$,则因 $\max\limits_{k\leqslant n} \frac{b_k}{B_n} \geqslant \frac{b_1}{B_n}$ 而与(7) 矛盾.

设(4)(5) 成立. 对任意 $\varepsilon > 0$,取正整数 M,使 $\frac{b_n}{B_n} < \varepsilon$ 对一切 $n \geqslant M$ 成立. 由(4) 可取正整数 $N \geqslant M$,使 $\max\limits_{k\leqslant M} \frac{b_k}{B_N} < \varepsilon$,于是对一切 $n \geqslant N$ 有

$$\max_{k\leqslant M} \frac{b_k}{B_n} \leqslant \max_{k\leqslant M} \frac{b_k}{B_N} < \varepsilon,$$

并且对 k:$M < k \leqslant n$ 有 $\quad \frac{b_k}{B_n} \leqslant \frac{b_k}{B_k} < \varepsilon$. ■

定理(林德伯格-费勒) 对独立随机变量列 $\{\xi_k\}$,中心极限定理及(4)(5) 成立的充分必要条件是林德伯格条件满足.

证 **充分性** 由上节定理 2 及本节引理 1 推出. 下证**必要性**.

仍以 $f_{nk}(t)$ 及 $F_{nk}(x)$ 分别表示 $\xi_{nk}=\dfrac{\xi_k-a_k}{B_n}$ 的特征函数与分布函数，因中心极限定理成立，故

$$\prod_{k=1}^{n} f_{nk}(t)\to \mathrm{e}^{-\frac{t^2}{2}},\quad n\to+\infty. \tag{8}$$

以 θ 表示某复常数，$|\theta|\leqslant 1$，它的精确值在每次出现时可不同，但不必明确指出. 我们有

$$f_{nk}(t)=\int_{-\infty}^{+\infty}\left(1+tx\mathrm{i}+\frac{1}{2}\theta t^2x^2\right)\mathrm{d}F_{nk}(x)=1+\frac{1}{2}\theta t^2\,\frac{b_k^2}{B_n^2}. \tag{9}$$

由引理2得

$$\max_{k\leqslant n}|f_{nk}(t)-1|\to 0,\quad n\to+\infty. \tag{10}$$

由此及(9)知

$$\begin{aligned}\sum_{k\leqslant n}|f_{nk}(t)-1|^2&\leqslant \max_{k\leqslant n}|f_{nk}(t)-1|\sum_{k=1}^{n}|f_{nk}(t)-1|\\&=\max_{k\leqslant n}|f_{nk}(t)-1|\cdot\frac{1}{2}\cdot|\theta|t^2\to 0,\ n\to+\infty.\end{aligned} \tag{11}$$

故当 n 充分大时，$\lg f_{nk}(t)$ 存在，而(8)化为

$$\sum_{k=1}^{n}\lg f_{nk}(t)\to-\frac{t^2}{2},\quad n\to+\infty. \tag{12}$$

利用 $\lg z=z-1+\theta|z-1|^2$，得

$$\lg f_{nk}(t)=f_{nk}(t)-1+\theta|f_{nk}(t)-1|^2.$$

代入(12)并注意(11)，可见对任意 $t\in\mathbf{R}$，

$$\left|\frac{t^2}{2}-\sum_{k=1}^{n}\{1-f_{nk}(t)\}\right|\to 0,\quad n\to+\infty.$$

取此式的实部，对任意 $\tau>0$，有

$$\begin{aligned}&\frac{t^2}{2}-\sum_{k=1}^{n}\int_{|x|\leqslant\tau}(1-\cos tx)\mathrm{d}F_{nk}(x)\\&=\sum_{k=1}^{n}\int_{|x|>\tau}(1-\cos tx)\mathrm{d}F_{nk}(x)+o(1).\end{aligned} \tag{13}$$

由于 $1-\cos y \leqslant \frac{y^2}{2}$ $(y \in \mathbf{R})$ 及上节(24)(13) 中左边积分

$$\sum_{k=1}^{n} \int_{|x| \leqslant \tau} (1-\cos tx) \mathrm{d}F_{nk}(x) \leqslant \frac{t^2}{2} \sum_{k=1}^{n} \int_{|x| \leqslant \tau} x^2 \mathrm{d}F_{nk}(x)$$

$$= \frac{t^2}{2}\left[1-\sum_{k=1}^{n} \int_{|x|>\tau} x^2 \mathrm{d}F_{nk}(x)\right].$$

(13) 中右边积分

$$\sum_{k=1}^{n} \int_{|x|>\tau} (1-\cos tx) \mathrm{d}F_{nk}(x) \leqslant 2 \sum_{k=1}^{n} \int_{|x|>\tau} \mathrm{d}F_{nk}(x)$$

$$\leqslant \frac{2}{\tau^2} \sum_{k=1}^{n} \int_{|x|>\tau} x^2 \mathrm{d}F_{nk}(x) \leqslant \frac{2}{\tau^2}.$$

故由(13) 得 $\frac{t^2}{2} \sum_{k=1}^{n} \int_{|x|>\tau} x^2 \mathrm{d}F_{nk}(x) \leqslant \frac{2}{\tau^2}+o(1)$,

或 $$0 \leqslant \sum_{k=1}^{n} \int_{|x|>\tau} x^2 \mathrm{d}F_{nk}(x) \leqslant \frac{2}{t^2}\left[\frac{2}{\tau^2}+o(1)\right].$$

先令 $n \rightarrow +\infty$,再令 $t \rightarrow +\infty$,即得上节(25),亦即得证林德伯格条件满足. ■

系　对独立随机变量列$\{\xi_k\}$,如(4)(5) 满足,则中心极限定理成立的充分必要条件是林德伯格条件满足.

由定理 1 直接推出. ■

(二) 例

例 1　设$\{\xi_k\}$为独立随机变量列,ξ_k 有密度矩阵为

$$\begin{pmatrix} -k^{\alpha} & 0 & k^{\alpha} \\ \frac{1}{2k^{2\alpha}} & 1-\frac{1}{k^{2\alpha}} & \frac{1}{2k^{2\alpha}} \end{pmatrix}. \tag{14}$$

因而$E\xi_k=0, D\xi_k=1, B_n^2=\sum_{k=1}^{n} D\xi_k=n$,由此可见条件(4)(5) 满足,由系 1,这时中心极限定理成立的充分必要条件是:对任意$\tau>0$,

$$\lim_{n\to+\infty}\frac{1}{n}\sum_{\substack{1\leqslant k\leqslant n\\ k^{\alpha}>\tau\sqrt{n}}} I(k)=0, \tag{15}$$

其中 $I(k)\equiv 1$，而求和对一切同时满足 $1\leqslant k\leqslant n, k^{\alpha}>\tau\sqrt{n}$ 的 k 进行. 容易看出，条件(15) 当 $\alpha<\frac{1}{2}$ 时满足，而当 $\alpha\geqslant\frac{1}{2}$ 时不满足.

如不考虑 $\alpha=\frac{1}{2}$，还可以用另一方法证明 $\alpha>\frac{1}{2}$ 时中心极限定理不成立. 由(14) 可见 $P\left(\sum_{k=2}^{n}\xi_k=0\right)>\prod_{k=2}^{+\infty}\left(1-\frac{1}{k^{2\alpha}}\right)>0$，

故
$$\lim_{n\to+\infty}P\left(\frac{\sum_{k=1}^{n}\xi_k}{\sqrt{n}}=0\right)=\lim_{n\to+\infty}P\left(\frac{\sum_{k=2}^{n}\xi_k}{\sqrt{n}}=0\right)$$
$$=\lim_{n\to+\infty}P\left(\sum_{k=2}^{n}\xi_k=0\right)>0.$$

如说中心极限定理成立，左方极限应等于 0 而与上式矛盾. ■

例 2 林德伯格条件不满足，中心极限定理仍可成立. 设 $\{\xi_k\}$ 为独立随机变量列，ξ_k 有正态分布为 $N(0,b_k)$，$b_k^2>0$，$\sum_{k=1}^{+\infty}b_k^2<+\infty$. 这时(4) 不成立，因而由引理 1 林德伯格条件不满足，但根据 $N(a_1,b_1)\times N(a_2,b_2)=N(a_1+a_2,\sqrt{b_1^2+b_2^2})$，知 $\frac{\sum_{k=1}^{n}\xi_k}{B_n}$ 有正态分布 $N(0,1)$，

故
$$P\left(\frac{\sum_{k=1}^{n}\xi_k}{B_n}\leqslant x\right)=\frac{1}{\sqrt{2\pi}}\int_{-\infty}^{x}\mathrm{e}^{-\frac{z^2}{2}}\mathrm{d}z.$$

有趣的是反面的结果也正确：设 $\{\xi_k\}$ 为独立随机变量列，$\sum_{n=1}^{+\infty}D\xi_n<+\infty$，如果中心极限定理成立，那么每 ξ_n 有正态分布(参看[12] 第 7 章 §4 或[14] 第 6 章，3 段). ■

* §3.6　格子点分布与局部极限定理

(一) 问题的提出

在 §3.4 系 1 中，我们已经看到，如果$\{\xi_k\}$是一列独立同分布的随机变量，ξ_k 的分布有密度为 $\begin{pmatrix} 0 & 1 \\ q & p \end{pmatrix}$，$0 < p < 1$，令 $\eta_n = \sum_{k=1}^{n} \xi_k$，那么对 $a, b(a < b)$ 均匀地有

$$\lim_{n \to +\infty} P\left(a < \frac{\eta_n - np}{\sqrt{npq}} \leqslant b\right) = \frac{1}{\sqrt{2\pi}} \int_a^b e^{-\frac{z^2}{2}} dz. \qquad (1)$$

若记 $P_n(k) = P(\eta_n = k)$，则上式化为

$$\lim_{n \to +\infty} \sum_{np + a\sqrt{npq} < k \leqslant np + b\sqrt{npq}} P_n(k) = \frac{1}{\sqrt{2\pi}} \int_a^b e^{-\frac{z^2}{2}} dz. \qquad (2)$$

现在希望对固定的一个 k，近似地计算 $P_n(k)$. 为此，在(2) 中形式地令

$$a = \frac{k - 1 - np}{\sqrt{npq}}, \quad b = \frac{k - np}{\sqrt{npq}}, \qquad (3)$$

并用中值定理，得

$$P_n(k) = \frac{1}{\sqrt{2\pi}} \int_{\frac{k-1-np}{\sqrt{npq}}}^{\frac{k-np}{\sqrt{npq}}} e^{-\frac{z^2}{2}} dz \approx \frac{1}{\sqrt{npq}} \frac{1}{\sqrt{2\pi}} e^{-\frac{(z_{nk})^2}{2}}, \qquad (4)$$

其中 $z_{nk} = \dfrac{k - np}{\sqrt{npq}}$，“$\approx$” 表“近似”.

上述推导启发我们，(4) 式也许真是 $P_n(k)$ 的近似式，但要注意，不能认为(4) 式已经严格证明了.

虽然如此，下面会严格证明(4) 式的确成立.

回忆在 §2.4 中，我们用泊松分布也给出了 $P_n(k)$ 的一个近

似式.

为了证明以(4) 为特例的一般结果，先引进格子点分布的概念.

(二) 格子点分布

称离散型分布 $F(A)(A \in \mathcal{B}_1)$ 为格子点分布，如果它的密度矩阵可表为

$$\begin{pmatrix} a + kh \\ p_k \end{pmatrix}, \quad k \in \mathbf{Z}, \tag{5}$$

其中 a 及 $h > 0$ 为常数，k 可以取任意整数为值，并称 h 为分布的步长.

二项分布、泊松分布、几何分布等都是格子点分布.

试用特征函数来表达分布的格子点性质

引理 1 分布 $F(A)(A \in \mathcal{B}_1)$ 为格子点分布的充分必要条件是：它的特征函数的绝对值在某 $t \neq 0$ 上等于 1.

证 此分布的特征函数为

$$f(t) = \sum_{-\infty}^{+\infty} p_k \mathrm{e}^{t(a+kh)\mathrm{i}} = \mathrm{e}^{at\mathrm{i}} \sum_{k=-\infty}^{+\infty} p_k \mathrm{e}^{tkh\mathrm{i}}, \tag{6}$$

$$\left| f\left(\frac{2\pi}{h}\right) \right| = \left| \mathrm{e}^{2\pi\frac{a}{h}\mathrm{i}} \sum_{-\infty}^{+\infty} p_k \mathrm{e}^{2\pi k\mathrm{i}} \right| = \left| \mathrm{e}^{2\pi\frac{a}{h}\mathrm{i}} \right| = 1. \tag{7}$$

反之，设分布 $F(A)(A \in \mathcal{B}_1)$ 的分布函数为 $F(x)$，特征函数 $f(t)$ 在某 $t_1 \neq 0$ 上有 $|f(t_1)| = 1$，于是

$$\int_{-\infty}^{+\infty} \mathrm{e}^{t_1 x\mathrm{i}} \mathrm{d}F(x) = f(t_1) = \mathrm{e}^{\theta\mathrm{i}},$$

θ 为某常数，由上式得

$$\int_{-\infty}^{+\infty} \mathrm{e}^{(t_1 x - \theta)\mathrm{i}} \mathrm{d}F(x) = 1, \tag{8}$$

从而

$$\int_{-\infty}^{+\infty} [1 - \cos(t_1 x - \theta)] \mathrm{d}F(x) = 0.$$

由于 $1-\cos(t_1x-\theta)$ 连续而且非负，为使上式成立，分布 $F(A)(A\in\mathcal{B}_1)$ 必须集中在集 $D=(x:\cos(t_1x-\theta)=1)$ 上，亦即集中在形如 $x_k=\dfrac{\theta}{t_1}+k\dfrac{2\pi}{t_1}$ 的点的集 $\{x_k\}$ 上，k 为整数，故此分布是格子点分布. ■

称步长 h 为最大的，如果对任意实数 b 及 $h_1>h$，此分布所集中的可列点集 Λ 不能表示为 $\{b+kh_1\}$ 的形式. 以 B 表示 Λ 中任意两点的差的集，那么 h 为最大步长的充分必要条件是 B 中元除以 h 以后的最大公因子为 1.

例如，设分布集中在集 $\Lambda=\{4k\}$ 上，即 4 的倍数的点集上，那么，1，2，4 都是步长，而 4 是最大步长.

引理 2　设 h 是最大步长，则对任意 $\varepsilon>0$，存在 $c>0$，使

$$|f(t)|\leqslant e^{-c},\quad 若\ \varepsilon\leqslant|t|\leqslant\frac{2\pi}{h}-\varepsilon.\tag{9}$$

先证

$$|f(t)|<1,若\ 0<|t|<\frac{2\pi}{h}.\tag{10}$$

设若不然，存在 t_1，$0<|t_1|<\dfrac{2\pi}{h}$，使 $|f(t_1)|=1$，由引理 1 的证明可见 $\dfrac{2\pi}{|t_1|}$ 是步长；然而 $\dfrac{2\pi}{|t_1|}>h$，这与 h 是最大步长矛盾. 根据 $f(x)$ 的连续性，(9) 式自 (7) 及 (10) 推出. ■

(三) 局部极限定理

设 $\{\xi_k\}$ 为独立随机变量列，有相同的格子点分布，其密度为 (5). 考虑部分和

$$\eta_n=\sum_{k=1}^{n}\xi_k,$$

显然，η_n 的可能值（即以正概率能取的值）可表示为 $na+kh$ 的形式. 令

$$P_n(k) = P(\eta_n = na + kh), \tag{11}$$

$$z_{n,k} = \frac{an + kh - A_n}{B_n}, \tag{12}$$

其中 $A_n = E\eta_n = nE\xi_1 = nm, B_n^2 = D\eta_n = nD\xi_1 = n\sigma^2 > 0$ $(E\xi_1 = m, D\xi_1 = \sigma^2)$.

定理(格涅坚科) 设$\{\xi_k\}$为独立随机变量列，有相同的格子点分布及有穷的数学期望与方差，为使对k $(-\infty < k < +\infty)$均匀地有

$$\lim_{n\to+\infty}\left(\frac{B_n}{h}P_n(k) - \frac{1}{\sqrt{2\pi}}e^{-\frac{z_{nk}^2}{2}}\right) = 0, \tag{13}$$

充分必要条件是步长为最大的.

证　充分性　由(6)及独立同分布性知 η_n的特征函数为

$$f^n(t) = \left[e^{ati}\sum_{k=-\infty}^{+\infty} p_k e^{tkhi}\right]^n = e^{anti}\sum_{k=-\infty}^{+\infty} P_n(k)e^{tkhi}.$$

以 $e^{-anti-tkhi}$ 乘两边并自 $-\frac{\pi}{h}$ 积分到$\frac{\pi}{h}$，得

$$\frac{2\pi}{h}P_n(k) = \int_{-\frac{\pi}{h}}^{\frac{\pi}{h}} f^n(t)e^{-anti-tkhi}dt.$$

简记(12) 中的 $z_{n,k}$ 为 z，得

$$hk = B_n z + A_n - an,$$

$$\frac{2\pi}{h}P_n(k) = \int_{-\frac{\pi}{h}}^{\frac{\pi}{h}} g^n(t)e^{-tzB_n i}dt,$$

其中 $g(t) = e^{-\frac{kA_n i}{n}}f(t)$，再令 $x = tB_n$，有

$$\frac{2\pi B_n}{h}P_n(k) = \int_{-\frac{\pi B_n}{h}}^{\frac{\pi B_n}{h}} e^{-zxi}g^n\left(\frac{x}{B_n}\right)dx. \tag{14}$$

现在来估计

$$R^n = 2\pi\left[\frac{B_n}{h}P_n(k) - \frac{1}{\sqrt{2\pi}}e^{-\frac{z^2}{2}}\right]. \tag{15}$$

为此，以(14)及 $\mathrm{e}^{-\frac{z^2}{2}}=\frac{1}{\sqrt{2\pi}}\int_{-\infty}^{+\infty}\mathrm{e}^{-zx\mathrm{i}-\frac{x^2}{2}}\mathrm{d}x$（见 §2.11 例 3）代入上式，并把 R^n 拆为

$$R^n=\sum_{j=1}^{4}I_j, \tag{16}$$

其中

$$I_1=\int_{-A}^{A}\mathrm{e}^{-zx\mathrm{i}}\left[g^n\left(\frac{x}{B_n}\right)-\mathrm{e}^{-\frac{x^2}{2}}\right]\mathrm{d}x,\quad I_2=-\int_{|x|>A}\mathrm{e}^{-zx\mathrm{i}-\frac{x^2}{2}}\mathrm{d}x,$$

$$I_3=\int_{\varepsilon B_n\leqslant|x|\leqslant\frac{\pi B_n}{h}}\mathrm{e}^{-zx\mathrm{i}}g^n\left(\frac{x}{B_n}\right)\mathrm{d}x,\quad I_4=\int_{A\leqslant|x|<\varepsilon B_n}\mathrm{e}^{-zx\mathrm{i}}g^n\left(\frac{x}{B_n}\right)\mathrm{d}x,$$

这里 $A>0,\varepsilon>0$ 是常数，它们留待下面选定. 现在来分别估计 I_j 的值，由 §3.4 定理 1，对任意有穷区间内的 t，均匀地有 $\lim\limits_{n\to+\infty}g^n\left(\frac{t}{B_n}\right)=\mathrm{e}^{-\frac{t^2}{2}}$，从而不论 $A>0$ 如何，有

$$\lim_{n\to+\infty}I_1=0. \tag{17}$$

选 A 充分大后，可使 $|I_2|$ 充分小，这是因为

$$|I_2|\leqslant\int_{|x|>A}\mathrm{e}^{-\frac{x^2}{2}}\mathrm{d}x\leqslant\frac{2}{A}\int_{A}^{+\infty}x\mathrm{e}^{-\frac{x^2}{2}}\mathrm{d}x=\frac{2}{A}\mathrm{e}^{-\frac{A^2}{2}}. \tag{18}$$

由(9)得

$$|I_3|\leqslant\int_{\varepsilon B_n\leqslant|x|\leqslant\frac{\pi B_n}{h}}\left|g\left(\frac{x}{B_n}\right)\right|^n\mathrm{d}x\leqslant 2\mathrm{e}^{-nc}B_n\left(\frac{\pi}{h}-\varepsilon\right). \tag{19}$$

最后，由方差有穷的假定知 $g(t)$ 有二阶导数，由 §2.11，在 $t=0$ 附近有展式

$$g(t)=1-\frac{\sigma^2t^2}{2}+o(t^2).$$

当 $\varepsilon>0$ 充分小时，对 t 有

$$|g(t)|<1-\frac{\sigma^2t^2}{4}<\mathrm{e}^{-\frac{\sigma^2t^2}{4}},\ |t|<\varepsilon,$$

$$\left|g\left(\frac{x}{B_n}\right)\right|^n<\mathrm{e}^{-\frac{n\sigma^2t^2}{4B_n^2}}=\mathrm{e}^{-\frac{t^2}{4}},\ |x|<\varepsilon B_n,$$

故

$$|I_4| \leqslant 2\int_A^{\varepsilon B_n} \mathrm{e}^{-\frac{t^2}{4}}\mathrm{d}t < 2\int_A^{+\infty} \mathrm{e}^{-\frac{t^2}{4}}\mathrm{d}t. \tag{20}$$

因而当 A 充分大时，$|I_4|$ 可充分小.

必要性 设 h 是步长但非最大的，则 B 中元除以 h 以后的最大公因子 $d>1$，而且 η_n 的可能值可表示为 $na+kdh$ 之形，k 为整数，如果能选整数 $l=l(n)$，使 $ld+1$ 满足条件

$$z_{n,ld+1} = \frac{an+(ld+1)h-A_n}{B_n} \to 0, n \to +\infty, \tag{21}$$

那么，一方面由于数 $na+(ld+1)h$，不呈 $na+kdh$ 之形，故 $P_n(ld+1)=0$；另一方面，由(21) 又有

$$\lim_{n\to+\infty} \mathrm{e}^{-\frac{z_{n,ld+1}^2}{2}} = 1.$$

于是(13) 不成立而必要性得以证明.

现在来选 l，首先注意(5) 中的 a 不是唯一的，例如可以用 $a+h$ 代替 a，故不妨设 $a\neq m=E\xi_1$，回忆 $A_n=nm$，$B_n^2=n\sigma^2$，可见选

$$l = \left[\frac{(m-a)^n}{dh}\right] \tag{22}$$

就可使(21) 成立，这里$[b]$ 表示不大于 b 的最小整数. ■

由于二项分布的最大步长为 1，故由定理 1 直接得

系(棣莫弗－拉普拉斯) 设$\{\xi_k\}$为独立同分布的随机变量列，ξ_k 的分布密度为$\begin{pmatrix}0 & 1\\ q & p\end{pmatrix}$，$0<p<1$，令 $P_n(k)=P\left(\sum_{j=1}^n \xi_j = k\right)$，则关于非负整数 k 均匀地有

$$\lim_{n\to+\infty}\left(\sqrt{npq}\cdot P_n(k) - \frac{1}{\sqrt{2\pi}}\mathrm{e}^{-\frac{z_{nk}^2}{2}}\right) = 0, \tag{23}$$

其中 $z_{nk} = \dfrac{k-np}{\sqrt{npq}}$.

关于局部极限定理的更多的研究见[11].

* § 3.7　若干补充

(一) 特征函数的充分必要条件

函数 $f(t)(t \in \mathbf{R})$ 是特征函数的充分必要条件是什么?前面已看到,一些简单的必要条件是:$f(x)$ 均匀连续,$|f(t)| \leqslant f(0) = 1$,$f(-t) = \overline{f(t)}$,非负定等.

关于充分条件与充分必要条件方面也有不少结果①,我们只叙述其中重要的一个.

博赫纳 - 辛钦(Bochner-Хинчин) 定理　函数 $f(t)(t \in \mathbf{R})$ 是特征函数的充分必要条件是:$f(t)$ 非负定,连续而且 $f(0) = 1$.

在证明的过程中,附带可以证明一个与上定理类似的赫格洛茨(Herglotz) 定理. 称复数列$\{c_n\} n \in \mathbf{Z}$ 为非负定的,如果

$$\sum_{k=1}^{n} \sum_{j=1}^{n} c_{k-j} \xi_k \bar{\xi}_j \geqslant 0,$$

对任意正整数 n 及任意复数 $\xi_1, \xi_2, \cdots, \xi_n$ 成立.

赫格洛茨定理　数列$\{c_n\}$ 可表示为

$$c_n = \int_{-\pi}^{\pi} \mathrm{e}^{nx\mathrm{i}} \mathrm{d}G(x),\ n \in \mathbf{Z}$$

的充分必要条件是它为非负定的,这里 $G(x)$ 是$[-\pi,\pi]$ 上有界,单调不减,右连续函数.

这定理的必要性部分证明完全与 § 2.11(7) 的证明类似.

博赫纳 - 辛钦定理之证　由上述只要证充分性.

任取正整数 N,对$\dfrac{k}{n}$ 及 $\mathrm{e}^{-kx\mathrm{i}}(k = 0,1,2,\cdots,N-1)$,由非负

① 参看[5].

定性有

$$\mathcal{F}_N^{(n)}(x)=\frac{1}{N}\sum_{k=0}^{N-1}\sum_{j=0}^{N-1}f\left(\frac{k-j}{n}\right)\mathrm{e}^{-(k-j)x\mathrm{i}}\geqslant 0.$$

不难算得，在这和中使 $k-j=r$ 的项共有 $N-|r|$ 个，r 可自 $-N+1$ 变到 $N-1$. 因此

$$\mathcal{F}_N^{(n)}(x)=\sum_{r=-N}^{N}\left(1-\frac{|r|}{N}\right)f\left(\frac{r}{n}\right)\mathrm{e}^{-rx\mathrm{i}},$$

$$\int_{-\pi}^{\pi}\mathrm{e}^{sx\mathrm{i}}\,\mathcal{F}_N^{(n)}(x)\mathrm{d}x=\sum_{r=-N}^{N}\left(1-\frac{|r|}{N}\right)f\left(\frac{r}{n}\right)\int_{-\pi}^{\pi}\mathrm{e}^{(s-r)x\mathrm{i}}\mathrm{d}x.$$

得用 $\int_{-\pi}^{\pi}\mathrm{e}^{ux\mathrm{i}}\mathrm{d}x=0$ 或 2π，视 $u\neq 0$ 或 $u=0$ 而定，得

$$\left(1-\frac{|s|}{N}\right)f\left(\frac{s}{n}\right)=\frac{1}{2\pi}\int_{-\pi}^{\pi}\mathrm{e}^{sx\mathrm{i}}\,\mathcal{F}_N^{(n)}(x)\mathrm{d}x=\int_{-\pi}^{\pi}\mathrm{e}^{sx\mathrm{i}}\mathrm{d}F_N^{(n)}(x),\tag{1}$$

其中 $F_N^{(n)}(x)=\frac{1}{2\pi}\int_{-\pi}^{x}\mathcal{F}_N^{(n)}(t)\mathrm{d}t$ 是 $[-\pi,\pi]$ 上有界单调不减函数，全变差为

$$F_N^{(n)}(\pi)=\frac{1}{2\pi}\int_{-\pi}^{\pi}\mathcal{F}_N^{(n)}(t)\mathrm{d}t=f(0)=1.$$

补定义 $F_N^{(n)}(x)=0, x<-\pi$；$F_N^{(n)}(x)=1, x>\pi$，则 $F_N^{(n)}(x)$ 是一分布函数.

由黑利第一定理（§3.2），存在序列 $N_k, N_k\to+\infty(k\to+\infty)$，使 $\{F_N^{(n)}(x)\}$ 弱收敛于某单调不减，右连续函数 $F^{(n)}(x)$. 又因对任意 N 及 $\varepsilon>0$ 有

$$F_N^{(n)}(-\pi-\varepsilon)=0, F_N^{(n)}(\pi+\varepsilon)=1,$$

故 $F^{(n)}(-\pi-\varepsilon)=0, F^{(n)}(\pi+\varepsilon)=1$，而 $F^{(n)}(x)$ 还是一个分布函数.

由 §3.2 定理 2.

$$\lim_{k\to+\infty}\int_{-\pi}^{\pi}\mathrm{e}^{sx\mathrm{i}}\mathrm{d}F_{N_k}^{(n)}(x)=\int_{-\pi}^{\pi}\mathrm{e}^{sx\mathrm{i}}\mathrm{d}F^{(n)}(x),$$

因而根据(1) 并注意$\frac{|s|}{N_k} \to 0(k \to +\infty)$,得

$$f\left(\frac{s}{n}\right)=\int_{-\pi}^{\pi} \mathrm{e}^{sx\mathrm{i}} \mathrm{d}F^{(n)}(x) \tag{2}$$

(至此已证完赫格洛茨定理).

考虑分布函数 $F_n(x)=F^{(n)}\left(\frac{x}{n}\right)$及特征函数

$$f_n(t)=\int_{-n\pi}^{n\pi} \mathrm{e}^{tx\mathrm{i}} \mathrm{d}F^{(n)}(x),$$

显见对任一整数 k,有

$$f_n\left(\frac{k}{n}\right)=f\left(\frac{k}{n}\right). \tag{3}$$

对任意 $t \in \mathbf{R}$,总可取整数 k(k 依赖于 n,t),使

$$0 \leqslant t-\frac{k}{n}<\frac{1}{n}.$$

由于 $f(t)$ 连续,故

$$f(t)=\lim_{n \to+\infty} f\left(\frac{k}{n}\right)=\lim_{n \to+\infty} f_n\left(\frac{k}{n}\right). \tag{4}$$

若能证明对一切 $t \in \mathbf{R}$,有

$$f(t)=\lim_{n \to+\infty} f_n(t), \tag{5}$$

则由 §3.2 定理 3 即知 $f(t)$ 是特征函数.

为证(5),由(3)(4) 得

$$\begin{aligned}\lim_{n \to+\infty} f_n(t) &=\lim_{n \to+\infty}\left\{\left[f_n(t)-f_n\left(\frac{k}{n}\right)\right]+f_n\left(\frac{k}{n}\right)\right\} \\ &=f(t)+\lim_{n \to+\infty}\left[f_n(t)-f_n\left(\frac{k}{n}\right)\right].\end{aligned} \tag{6}$$

令 $\theta=t-\frac{k}{n}$,则 $0 \leqslant \theta<\frac{1}{n}$. 根据 $f_n(t)$ 的定义,得

$$\left|f_n(t)-f_n\left(\frac{k}{n}\right)\right|=\left|\int_{-n\pi}^{n\pi} \mathrm{e}^{\frac{k}{n}x\mathrm{i}}\left(\mathrm{e}^{\theta x\mathrm{i}}-1\right) \mathrm{d}F_n(x)\right|$$

$$\leqslant \int_{-n\pi}^{n\pi} | e^{\theta x i} - 1 | dF_n(x). \tag{7}$$

由布尼亚科夫斯基(Буняковский) 不等式

$$\int_{-n\pi}^{n\pi} | e^{\theta x i} - 1 | dF_n(x) \leqslant \left[\int_{-n\pi}^{n\pi} | e^{\theta x i} - 1 |^2 dF_n(x)\right]^{\frac{1}{2}}$$

$$= \left[\int_{-n\pi}^{n\pi} 2(1 - \cos \theta x) dF_n(x)\right]^{\frac{1}{2}}$$

$$= [2(1 - \mathrm{Re} f_n(\theta))]^{\frac{1}{2}}, \tag{8}$$

这里 $\mathrm{Re} f_n(\theta)$ 为 $f_n(\theta)$ 的实数部分，因为对 $0 \leqslant \alpha < 1$ 及 $-\pi \leqslant z \leqslant \pi$ 有 $\cos z \leqslant \cos \alpha z$，故

$$1 - \mathrm{Re} f_n(\theta)$$

$$= \int_{-n\pi}^{n\pi} (1 - \cos \theta x) dF_n(x) = \int_{-\pi}^{\pi} (1 - \cos \theta n z) dF_n(nz)$$

$$\leqslant \int_{-\pi}^{\pi} (1 - \cos z) dF_n(nz) = \int_{-\pi}^{\pi} (1 - \cos z) dF^{(n)}(z)$$

$$= 1 - \mathrm{Re} \int_{-\pi}^{\pi} e^{zi} dF^{(n)}(z).$$

由(2)(取 $s = 1$) 得

$$1 - \mathrm{Re} f_n(\theta) \leqslant 1 - \mathrm{Re} f\left(\frac{1}{n}\right). \tag{9}$$

合并(7)(8)(9)，即得

$$\left| f_n(t) - f_n\left(\frac{k}{n}\right) \right| \leqslant \left[2\left(1 - \mathrm{Re} f\left(\frac{1}{n}\right)\right)\right]^{\frac{1}{2}}.$$

注意 $f(t)$ 连续而且 $f(0) = 1$，可见 $\lim\limits_{n \to +\infty} \left| f_n(t) - f_n\left(\frac{k}{n}\right) \right| = 0$. 于是由(6) 知(5) 成立. ■

(二) 黑利第二定理

关于分布函数列的弱收敛，还有下列定理.

定理 分布函数列 $\{F_n(x)\}$ 弱收敛于分布函数 $F(x)$ 的充分必要条件是：对任一有界连续函数 $f(x)$，有

$$\lim_{n\to+\infty}\int_{-\infty}^{+\infty} f(x)\mathrm{d}F_n(x) = \int_{-\infty}^{+\infty} f(x)\mathrm{d}F(x). \tag{10}$$

证　必要性　设 $F_n(x)\to F(x)$,(w),为了证明(10),只需重复 §3.2 定理 2 的证明,作一些形式上的修改即可[①].

充分性　设(10)成立,任取 $F(x)$ 的连续点 b,对任意 $\varepsilon>0$,存在 $\delta>0$,使

$$0\leqslant F(b+\delta)-F(b)<\varepsilon, \tag{11}$$

$$0\leqslant F(b)-F(b-\delta)<\varepsilon, \tag{12}$$

考虑有界连续函数 $f(x)$:当 $x\leqslant b$ 时,$f(x)=1$;当 $x\geqslant b+\delta$ 时,$f(x)=0$;当 $x\in(b,b+\delta)$ 时,$f(x)$ 的值在$[0,1]$之中(例如,图 3-9 中的 $f(x)$).

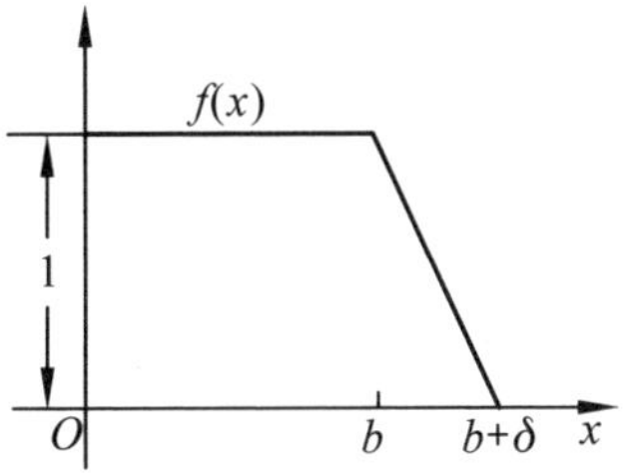

图 3-9

由(10)(11)得

$$\begin{aligned}\overline{\lim_{n\to+\infty}} F_n(b) &\leqslant \overline{\lim_{n\to+\infty}}\int_{-\infty}^{+\infty} f(x)\mathrm{d}F_n(x)\\ &= \int_{-\infty}^{+\infty} f(x)\mathrm{d}F(x)\leqslant F(b+\delta)\\ &\leqslant F(b)+\varepsilon.\end{aligned} \tag{13}$$

类似地,考虑有界连续函数 $g(x)$:它在$(-\infty,b-\delta]$及$[b,+\infty)$中分别取值 1 及 0,在$(b-\delta,b)$中取 0 与 1 之间的值,则

① 参看[8]§17 或[9]§36.

$$\varliminf_{n\to+\infty} F_n(b) \geqslant \varliminf_{n\to+\infty}\int_{-\infty}^{+\infty} g(x)\mathrm{d}F_n(x) = \int_{-\infty}^{+\infty} g(x)\mathrm{d}F(x)$$

$$\geqslant F(b-\delta) > F(b)-\varepsilon. \tag{14}$$

综合(13)(14)得

$$F(b)-\varepsilon < \varliminf_{n\to+\infty} F_n(b) \leqslant \varlimsup_{n\to+\infty} F_n(b) < F(b)+\varepsilon,$$

既然 $\varepsilon > 0$ 任意，故得证

$$\lim_{n\to+\infty} F_n(b) = F(b). \blacksquare$$

定理1的必要部分通常称为黑利第二定理.

（三）重对数定理

在极限定理中，除了中心极限定理与（强）大数定理外，还有一个著名的极限定理：重对数定理，这定理最初由辛钦于1926年对伯努利型试验证明，后来被柯尔莫哥洛夫等人推广.

我们只就伯努利型试验来说明此定理的实质.

以 η_n 表示前 n 次试验中 A 出现的次数. $0 < p = P(A) < 1$，强大数定理断定

$$\lim_{n\to+\infty} \frac{\eta_n}{n} = p \quad \text{a. s.}.$$

由此可见，以概率1，对任意 $\varepsilon > 0$，

$$\left|\frac{\eta_n}{n} - p\right| < \varepsilon,$$

对一切充分大的 n 都成立. 如果用 y 轴来表 $\eta_n - np$，上式表示：以概率1，$\eta_n - np$ 界于两直线 $y = \varepsilon n$ 及 $y = -\varepsilon n$ 之中，除对有穷多个 n 以外；就是说，以概率1，$\eta_n - np$ 只能走出此两直线以外有穷次（见图3-10）. 然而我们进一步问：这样的界线是否太宽？能否指出最可能精确的界线？

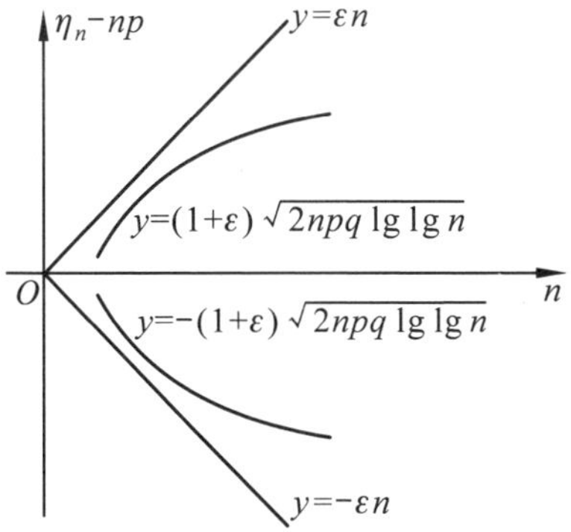

图 3-10

结果发现:可以把这两条线改为

$$y=(1+\varepsilon)\sqrt{2npq\ \lg\lg n},\quad y=-(1+\varepsilon)\sqrt{2npq\ \lg\lg n},$$

这里 $q=1-p$ 而 $\varepsilon>0$ 任意. 对于这两条新线所围成区域,以概率 1,η_n-np 也至多只能走出有穷次;而且还证明了:以概率 1,η_n-np 会走出下两线

$$y=(1-\varepsilon)\sqrt{2npq\ \lg\lg n},\quad y=-(1-\varepsilon)\sqrt{2npq\ \lg\lg n},$$

无穷多次.

这就是下定理的基本含义.

重对数定理(辛钦)　对伯努利试验 $\widetilde{E}=E^{+\infty}$,以 η_n 表示 A 在前 n 次试验中出现次数,A 在每次试验中出现的概率为 p,$0<p<1$,$q=1-p$,则

$$\varlimsup_{n\to+\infty}\frac{\eta_n-np}{\sqrt{2npq\ \lg\lg n}}=1\quad \text{a. s.},$$

$$\varliminf_{n\to+\infty}\frac{\eta_n-np}{\sqrt{2npq\ \lg\lg n}}=-1\quad \text{a. s.}.$$

证明从略(见[15]Ⅷ,5,192 页,此定理的推广见[2]260 页).

习　题　3

1. 设$\{A_n\}$是独立事件列(就是说,$\{A_n\}$中任意有限多个事件都相互独立),而且$\sum_{n=1}^{+\infty} P(A_n)=+\infty$,试证

$$P\left(\bigcap_{k=1}^{+\infty}\bigcup_{n=k}^{+\infty} A_n\right)=1.$$

(注:本题连同 §3.1 引理 1 称为波莱尔 - 坎泰利引理)

2. 设 $f(x)$ 是$(0,+\infty)$上的连续,严格单调上升函数,$f(0)=0$,$\sup_{x\geqslant 0} f(x)<+\infty$.

证明:$\xi_n\to 0$,(P) 的充分必要条件是 $\lim_{n\to+\infty} E[f(|\xi_n|)]=0$.

3. 求证:设 $\varphi(t)$ 是特征函数,如果 $\psi(t)$ 满足:对于某一序列$\{h_n\}(h_n\to+\infty)$,$\varphi(t)\psi(h_n t)=f_n(t)$也是特征函数,那么$\psi(t)$也是特征函数.

4. 求证:如果 $f(t)$ 是特征函数,那么 $\varphi(t)=\mathrm{e}^{f(t)-1}$ 也是特征函数.

5. 设 ξ_n 的分布是参数为 n 的泊松分布,求证:当 $n\to+\infty$ 时,$\dfrac{\xi_n-n}{\sqrt{n}}$的分布弱收敛于$N(0,1)$.

6. 将n个球投入N个匣子,球不可辨,匣可辨.设某个指定的匣子中恰有 k 个球的概率是 q_k,求证:当 $n\to+\infty$,$N\to+\infty$,$\dfrac{n}{N}\to\lambda$ 时,

$$q_k\to\frac{\lambda^k}{(1+\lambda)^{k+1}}.$$

[提示:利用斯特林(Stirling) 公式 $n!=\sqrt{2\pi n}\,n^n\mathrm{e}^{-n}(1+o(1))$]

7. 将 n 个带有号码 1 至 n 的球投入 n 个编有号码 1 至 n 的匣子,

并限制每一个匣子只能进一个球. 设球与匣子的号码一致的个数是 s_n，试证：$\frac{s_n - Es_n}{n} \to 0$，(P).

8. 试证 $\{\xi_n\}$ 服从大数定理的充分必要条件是

$$\lim_{n \to +\infty} E \frac{\left(\sum_{k=1}^{n} (\xi_k - E\xi_k)\right)^2}{n^2 + \left(\sum_{k=1}^{n} (\xi_k - E\xi_k)\right)^2} = 0,$$

并由此推出马尔可夫大数定理.

9. 设 $\{\xi_n\}$ 为独立随机变量列，ξ_n 有分布密度为

$$f_n(x) = \frac{1}{\sqrt[4]{n} \cdot \sqrt{\pi}} \exp\left[-\frac{(x - \theta^n)^2}{\sqrt{n}}\right],$$

其中 $0 < \theta < 1$，问 $\{\xi_n\}$ 是否服从强大数定理？

10. 设独立随机变量列 $\xi_1 : \begin{pmatrix} -1 & 1 \\ \frac{1}{2} & \frac{1}{2} \end{pmatrix}$，$\xi_n : \begin{pmatrix} -\sqrt{n} & 0 & \sqrt{n} \\ \frac{1}{n} & 1 - \frac{2}{n} & \frac{1}{n} \end{pmatrix}$，

$n > 1$. 试证 $\{\xi_n\}$ 服从强大数定理.

11. 设 X_n 独立同分布 $P\{X_n = 2^{k - 2\lg k}\} = 2^{-k} (k \in \mathbf{N}^*)$，则大数定理成立.

12. 设 $\{X_n\}$ 是独立随机变量列，$DX_n = \frac{n+1}{\lg(n+1)}$. 试问马尔可夫大数定理条件和柯尔莫哥洛夫定理条件是否满足？

（注意下列事实：若 $y_{n+1} > y_n$，$n \in \mathbf{N}^*$，$\lim_{n \to +\infty} y_n = +\infty$，

$$\lim_{n \to +\infty} \frac{x_{n+1} - x_n}{y_{n+1} - y_n} \text{存在，则} \lim_{n \to +\infty} \frac{x_n}{y_n} = \lim_{n \to +\infty} \frac{x_{n+1} - x_n}{y_{n+1} - y_n}.\text{）}$$

13. 设 $\{X_n\}$ 是相互独立且具有有限方差的随机变量列，若 $\sum_{n=1}^{+\infty} \frac{DX_n}{n^2} < +\infty$，则必有

$$\lim_{n \to +\infty} \frac{1}{n^2} \sum_{k=1}^{n} DX_k = 0.$$

14. 求证：如果对于独立随机变量列 ξ_n，当 $A\to+\infty$ 时有

$$\sup_{1\leqslant k<+\infty}\int_{|x|\geqslant A}|x|\,\mathrm{d}F_k(x)\to 0,$$

那么$\{\xi_n\}$服从大数定理.

15. 利用上题的结果证明，如果对独立随机变量列 ξ_n，存在 $\alpha>1$ 及 $\beta>0$，使 $E|\xi_n|^\alpha\leqslant\beta$，那么$\{\xi_n\}$服从大数定理.

16. 设随机变量列 X_n 独立，X_n 在$[-n,n]$上有均匀分布，问对 X_n 能否用中心极限定理.

17. 试问对下列独立随机变量列，李亚普诺夫定理是否成立.

(i) $X_k:\begin{pmatrix}-\sqrt{k} & \sqrt{k}\\ \dfrac{1}{2} & \dfrac{1}{2}\end{pmatrix}$；

(ii) $X_k:\begin{pmatrix}-k^\alpha & 0 & k^\alpha\\ \dfrac{1}{3} & \dfrac{1}{3} & \dfrac{1}{3}\end{pmatrix}$，$\alpha>0$.

18. 利用强大数定理证明：对任意 $q>p>0$，

$$\lim_{n\to+\infty}\int_0^1\int_0^1\cdots\int_0^1\frac{x_1^q+x_2^q+\cdots+x_n^q}{x_1^p+x_2^p+\cdots+x_n^p}\mathrm{d}x_1\mathrm{d}x_2\cdots\mathrm{d}x_n=\frac{p+1}{q+1}.$$

19. 求证：当 $n\to+\infty$ 时，$\mathrm{e}^{-n}\sum_{k=0}^{n}\dfrac{n^k}{k!}\to\dfrac{1}{2}$.

20. 求证：当 $n\to+\infty$ 时，

$$\frac{1}{\Gamma\left(\frac{n}{2}\right)}\sqrt{\left(\frac{n}{2}\right)^n}\int_0^{1+t\sqrt{\frac{2}{n}}}z^{\frac{n}{2}-1}\mathrm{e}^{-\frac{nz}{2}}\mathrm{d}z\to\frac{1}{\sqrt{2\pi}}\int_{-\infty}^{t}\mathrm{e}^{-\frac{z^2}{2}}\mathrm{d}z.$$

21. 作 n 次广义伯努利试验，第 i 次成功概率是 p_i，且 $\sum_{i=1}^{+\infty}p_iq_i=+\infty$. 设到 n 次试验为止，成功的次数是 s_n，求证：

$$y_n = \frac{s_n - \sum\limits_{1}^{n} p_i}{\sqrt{\sum\limits_{1}^{n} p_i q_i}}$$

依分布趋于 $N(0,1)$.

22. 利用公式 $C_n^k p_n^k q_n^{n-k} \approx \frac{\lambda^k}{k!}e^{-\lambda}, \lambda = \lim\limits_{n\to+\infty} np_n, q_n = 1-p_n$,计算

(i) 自一工厂的产品中任取 200 件,检查结果发现其中有 4 件废品,问我们能否相信此工厂出废品的概率 $\leqslant 0.005$.

(ii) 已知一工厂出废品的概率为 0.005,任意取1 000 件,试求最小的 x,使其中废品件数不超过 x 的概率 $\geqslant 0.999$.

(iii) 已知某种产品的废品率为 0.06,问应取多少件产品,才能保证其中好产品的件数不少于 100 的概率 $\geqslant 0.92$.

23. 从装有 3 个白球与 1 个黑球的箱子中,还原地取 n 个球,设 m 是白球出现的次数,问 n 需要多大才能使得

$$P\left(\left|\frac{m}{n} - p\right| \leqslant 0.001\right) = 0.996\ 4,$$

其中 p 是每一次取到白球的概率.

24. 设 $\xi_1, \xi_2, \cdots$ 为独立随机变量列,而且一致有界,即存在常数 L,使 $P(|\xi_k| \geqslant L) = 0$,一切 k,则当 $B_n^2 = \sum\limits_{k=1}^{n} D\xi_k \to +\infty (n \to +\infty)$ 时,中心极限定理成立.

[提示:此时 ξ_k 的分布集中在 $[-L, L]$ 中,取 $B_n > \frac{2L}{\tau}$,则 §3.4(13) 中的积分域落于此区间之外,故每一积分都为 0 而林德伯格条件成立.]

25. 关于柯西分布:设 $\{\xi_k\}$ 独立,有相同的柯西分布密度 $f(x) = \frac{1}{\pi(1+x^2)}$,因而特征函数为 $\varphi(t) = e^{-|t|}$. 由 §2.11(8) 与

(10)，知$\frac{1}{n}\sum_{k=1}^{n}\xi_k$ 的特征函数也为 $e^{-|t|}$，即与 ξ_k 同分布，故当 $n\to+\infty$ 时，$\frac{1}{n}\sum_{k=1}^{n}\xi_k$ 不趋于0，因而相当于大数定理的结果不成立. 它也不服从中心极限定理，这不太奇怪，因为对柯西分布各阶矩都不存在，但甚至有更强的结果：对任一列正实数$\{d_n\}$，可求出$\frac{1}{d_n}\sum_{k=1}^{n}\xi_k$ 的特征函数为 $e^{-\frac{n|t|}{d_n}}$，由 §2.5 中的常用分布表可见它对应的密度是$\dfrac{d_n}{n\pi\left[1+\left(\dfrac{d_n x}{n}\right)^2\right]}$，不趋于 $\frac{1}{\sqrt{2\pi}}e^{-\frac{x^2}{2}}$.

第 4 章　随机过程引论

§4.1　马尔可夫链

(一) 转移概率

设$\{E_i\}(i \in \mathbf{N})$为一列随机试验，它们的一切可能出现的试验结果$\omega_i$构成集$\Omega = (\omega_0, \omega_1, \omega_2, \cdots)$，于是每次试验后必出现$\Omega$中某$\omega_j$. 本节中我们假定$\Omega$是有穷集或可列集. 到现在为止，我们所考虑过的随机试验列几乎都是独立的：第k次试验的结果不依赖于前些次试验的结果. 精确地说，就是：对任意两正整数m,k，任意整数$0 \leqslant j_1 < j_2 < \cdots < j_l < m$，有[①]

$$P(\omega'_{m+k} \mid \omega'_m \omega'_{j_l} \cdots \omega'_{j_2} \omega'_{j_1}) = P(\omega'_{m+k}), \tag{1}$$

其中ω'_j表示事件："第j次试验出现ω'_j"$(\omega'_j \in \Omega)$. 我们记得，伯努利试验就是由一列独立的随机试验组成的.

然而，实际中有许多随机试验列都不是独立的，因而有研究

① 这里及以后永远假定所用到的条件概率有意义，即构成条件的事件的概率大于 0.

相依的(即非独立的) 随机试验列的必要，其中最简单的一种由马尔可夫(A. A. Марков) 首先研究.

称随机试验列$\{E_i\}(i\in\mathbf{N})$为马尔可夫链(简称马氏链)，如果对任意两正整数m,k，任意整数$0\leqslant j_1<j_2<\cdots<j_l<m$，有

$$P(\omega'_{m+k}\mid\omega'_m\omega'_{j_l}\cdots\omega'_{j_2}\omega'_{j_1})=P(\omega'_{m+k}\mid\omega'_m).\tag{2}$$

(2) 式的直观意义是：如果已知现在(第m次) 试验的结果(ω'_m)，那么将来(第$m+k$次) 的结果(ω'_{m+k})不依赖于过去第j_k次$(k=1,2,\cdots,l)$的结果$(\omega'_{j_l}\cdots\omega'_{j_2}\omega'_{j_1})$；或者，简单些，如已知“现在”，则“将来”不依赖于“过去”.

以$p_{ij}(m,m+k)$表示“在第m次试验出现ω_i的条件下，第$m+k$次试验出现ω_j”的条件概率，即①

$$p_{ij}(m,m+k)=P(\omega'_{m+k}=\omega_j\mid\omega'_m=\omega_i),\tag{3}$$

称$p_{ij}(m,m+k)$为转移概率. 一般说来，$p_{ij}(m,m+k)$不仅依赖于i,j,k，而且还依赖于m；如果它们与m无关，就称此马氏链为齐次的. 以后我们只讨论齐次马氏链，并将齐次两字省去. 特别重要的是一步转移概率

$$p_{ij}=p_{ij}(m,m+1),\tag{4}$$

它们构成一步转移概率矩阵(简称转移概率矩阵)

$$\mathbf{P}=(p_{ij}),\ i,j\in\mathbf{N}.\tag{5}$$

这矩阵具有下列两性质

$$0\leqslant p_{ij}\leqslant 1,\tag{6}$$

$$\sum_j p_{ij}=1.\tag{7}$$

实际上，由定义$p_{ij}=P(\omega'_{m+1}=\omega_j\mid\omega'_m=\omega_i)$是条件概率，故(6) 式是显然的；而(7) 式则由于

---

① 下式中“$\omega'_m=\omega_i$”表示事件“第m次试验出现的状态ω'_m为ω_i”，也就是说，“第m次试验出现ω_i”，以下同.

$$\sum_j p_{ij} = \sum_j P(\omega'_{m+1} = \omega_j \mid \omega'_m = \omega_i) = P(\Omega \mid \omega'_m = \omega_i) = 1.$$

我们称任一具有性质(6)(7)的矩阵为随机矩阵. 类似地可见,n 步转移概率

$$p_{ij}(n) = p_{ij}(m, m+n) \tag{8}$$

的矩阵

$$\boldsymbol{P}(n) = (p_{ij}(n)) \tag{9}$$

也是随机矩阵.

引理　对任两正整数 l, n,有

$$p_{ij}(l+n) = \sum_k p_{ik}(l) p_{kj}(n), \tag{10}$$

亦即

$$\boldsymbol{P}(l+n) = \boldsymbol{P}(l)\boldsymbol{P}(n). \tag{11}$$

证

$$\begin{aligned} p_{ij}(l+n) &= P(\omega'_{m+l+n} = \omega_j \mid \omega'_m = \omega_i) \\ &= \frac{P(\omega'_m = \omega_i, \omega'_{m+l+n} = \omega_j)}{P(\omega'_m = \omega_i)} \\ &= \sum_k \frac{P(\omega'_m = \omega_i, \omega'_{m+l+n} = \omega_j, \omega'_{m+l} = \omega_k)}{P(\omega'_m = \omega_i, \omega'_{m+l} = \omega_k)} \cdot \\ &\quad \frac{P(\omega'_m = \omega_i, \omega'_{m+l} = \omega_k)}{P(\omega'_m = \omega_i)} \\ &= \sum_k P(\omega'_{m+l+n} = \omega_j \mid \omega'_m = \omega_i, \omega'_{m+l} = \omega_k) \\ &\quad P(\omega'_{m+l} = \omega_k \mid \omega'_m = \omega_i), \end{aligned} \tag{12}$$

利用马氏性(2)与齐次性,$\sum_k$ 号下第 1 因子等于

$$P(\omega'_{m+l+n} = \omega_j \mid \omega'_{m+l} = \omega_k) = p_{kj}(n),$$

第 2 因子等于 $p_{ik}(l)$,故　$p_{ij}(l+n) = \sum_k p_{ik}(l) p_{kj}(n)$. ■

公式(10)称为切普曼－柯尔莫哥洛夫(Chapman-Колмогоров)方程. 利用此式,可以用一步的转移概率来表示多步的转移概率. 实际上 $p_{ij}(2) = \sum_k p_{ik} p_{kj}$.

一般地 $p_{ij}(n+1)=\sum_{k}p_{ik}(n)p_{kj}=\sum_{k}p_{ik}p_{kj}(n).$ (13)

由此可见，转移概率矩阵(p_{ij})决定了随机试验列$\{E_i\}$**转移**过程的概率法则，就是说，如果已知$\omega'_m=\omega_i$，那么$\omega'_{m+n}=\omega_j$的概率就可自(p_{ij})求出. 然而，(p_{ij})没有决定开始分布，亦即第 0 次（即最初次）试验中$\omega'_0=\omega_i$的概率不能由(p_{ij})表达，因而有必要引进

$$q_i=P(\omega'_0=\omega_i), \tag{14}$$

并称$\{q_i\}=(q_0,q_1,q_2,\cdots)$为开始分布，显然

$$q_i\geqslant 0,\sum_{i}q_i=1. \tag{15}$$

这种情况，正如微分方程决定运动的演变过程，而开始条件描绘运动的开始状态一样.

于是，一马氏链的概率法则完全由$\{q_i\}$及$\{p_{ij}\}$所决定.

伴随着每一马氏链$\{E_i\}$，可以定义一列随机变量$\xi_0,\xi_1,\xi_2,\cdots$，如下：对每固定的i，令

$$\xi_i=j,\text{如 }\omega'_i=\omega_j, \tag{16}$$

就是说，如第i次试验出现ω_j，就定义ξ_i为j，即第i次试验的结果的足标. 因而每ξ_i只能取非负整数值，$\{\xi_i\}$记录了这一列试验的结果，称$\{\xi_i\}$为马氏链$\{E_i\}$的伴随随机变量列，通常也称$\{\xi_i\}$为马氏链，并把$\{\xi_i\}$的值域$(0,1,2,\cdots)$称为此链的状态空间. 利用$\{\xi_i\}$，可把(2)式更详细地改写为

$$\begin{aligned}&P(\xi_{m+k}=i_{m+k}\mid \xi_m=i_m,\xi_{j_l}=i_{j_l},\cdots,\xi_{j_2}=i_{j_2},\xi_{j_1}=i_{j_1})\\&\quad=P(\xi_{m+k}=i_{m+k}\mid \xi_m=i_m),\end{aligned} \tag{17}$$

其中$i_{m+k},i_m,i_{j_l},\cdots,i_{j_2},i_{j_1}$为任意非负整数.

(二) 例

例 1 设$\{E_i\}$，$i\in\mathbf{N}$为独立随机试验列，有相同的基本事件空间$\Omega=(\omega_0,\omega_1,\omega_2,\cdots)$，而且第$i$次试验中$E_i$出现$\omega_j$的概率$p_j$

与 i 无关，则 $\{E_i\}$ 是一马氏链. 实际上，由(1)可见(2)两方的值都等于 $P(\omega'_{m+k})$，而且

$$p_{ij}=P(\omega'_{m+1}=\omega_j\mid\omega'_m=\omega_i)=P(\omega'_{m+1}=\omega_j)=p_j,$$

与 m 无关. 这链的转移概率矩阵为

$$\boldsymbol{P}=(p_{ij})=\begin{pmatrix}p_0 & p_1 & p_2 & \cdots\\ p_0 & p_1 & p_2 & \cdots\\ p_0 & p_1 & p_2 & \cdots\\ \vdots & \vdots & \vdots & \end{pmatrix}.$$

特别地，伯努利试验是一马氏链. ■

例 2　考虑 §1.5 例 6. 设质点 M 在整数点集 $(0,1,2,\cdots,a)$ 上作随机徘徊. 每经一单位时间按下列概率规则改变一次位置. 如果它现在位于点 $j(0<j<a)$ 上，那么下一步以概率 $p(0<p<1)$ 转移到 $j+1$，以概率 q 到 $j-1$，$q=1-p$；如果它现在在 0(或 a)，它以后就永远停留在 0(或 a). 我们把每次位移看成一随机试验 E_i，把 j 看成 ω_j，那么 $\{E_j\}$ 构成一马氏链，因为质点下一步转到某点 k 上的概率只依赖于它现在的位置而不依赖于过去的位置. 这时

$$\boldsymbol{P}=\begin{pmatrix}1 & 0 & 0 & 0 & \cdots & 0 & 0 & 0\\ q & 0 & p & 0 & \cdots & 0 & 0 & 0\\ 0 & q & 0 & p & \cdots & 0 & 0 & 0\\ \vdots & \vdots & \vdots & \vdots & & \vdots & \vdots & \vdots\\ 0 & 0 & 0 & 0 & \cdots & q & 0 & p\\ 0 & 0 & 0 & 0 & \cdots & 0 & 0 & 1\end{pmatrix},$$

$\boldsymbol{P}$ 是 $a+1$ 阶矩阵. 我们称 0 与 a 为吸引状态.

如果把 0 改为反射状态，就是说，质点如果现在在 0，下一步以概率 1 来到 1，那么只需把 P 中第一横行改为 $(0,1,0,\cdots,0)$. ■

例 3　例 2 可如下一般化：设质点 M 在 $(\omega_0,\omega_1,\omega_2,\cdots)$ 上做

随机运动，每经一单位时间改变一次位置，如果它现在在 ω_i，那么它下一步转移到 ω_j 的概率为 p_{ij}，这概率依赖于现在所在的位置 ω_i 而与过去无关，把每次位移看成一随机试验，于是 M 的一列位移构成一马氏链 $P=(p_{ij})$. ■

例 4 利用马氏链，可以求出某些偏微分方程的近似解. 考虑拉普拉斯方程

$$\frac{\partial^2 u}{\partial x^2}+\frac{\partial^2 u}{\partial y^2}=0 \tag{18}$$

及平面上某区域 G，要寻求函数 $u(a)(a=(x,y))$，使 $u(a)$ 在 G 内满足(18)，而在 G 的边界 Γ 上满足

$$u(a)=f(a)(a\in\Gamma), \tag{18_1}$$

这里 f 是已知函数.

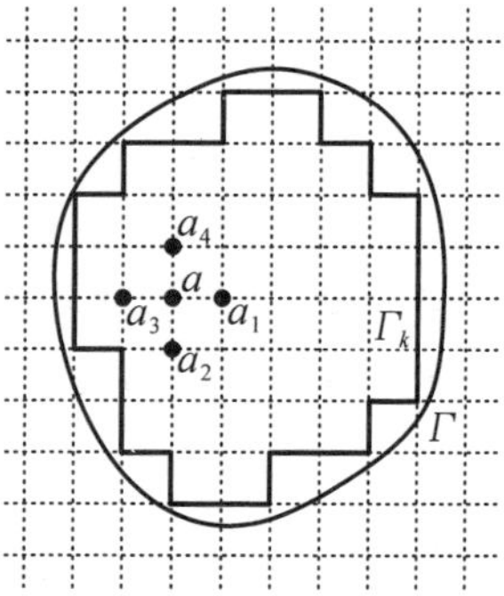

图 4-1

解微分方程的一种重要方法是所谓网络法，它使解微分方程变成解对应的差分方程，然而对差分方程的解取极限（当网络边长 → 0 时）即得微分方程的解.

在 G 上作长宽各为 h 的网络，它的交点称为结点，最接近 Γ 的结点构成集 Γ_h，G 中其余结点的集记为 G_h（图 4-1）. 由微分方程的理论知对应于(18) 的差分方程为

$$\begin{cases}u(a)=\dfrac{1}{4}[u(a_1)+u(a_2)+u(a_3)+u(a_4)], & a\in G_h,\\ u(a)=f(a), & a\in\Gamma_h,\end{cases} \tag{19}$$

其中 a_1,a_2,a_3,a_4 是 a 的四个相邻结点.

为解(19)，考虑自 $a\in G_h$ 出发的随机运动的质点 M，它下一步到达四邻点的概率各为 $\frac{1}{4}$，再下一步又同样以 $\frac{1}{4}$ 的概率到达四邻点之一，如是继续，直至首次到达 Γ_h 时，便被吸引而停止运

动. 以 $\xi(\in \Gamma_h)$ 表示 M 首次到达时 Γ_h 所遇到的点，由于运动是随机的，ξ 是随机点，于是得到随机变量 $f(\xi)$. 以 $v(a)$ 表示 $f(\xi)$ 的数学期望，我们假定它存在，可以证明，$v(a)$ 是差分方程(19)的解.

实际上，以 $p(a,b)$ 表示自 a 出发的质点被吸引于 $b\in\Gamma_h$ 的概率，若 $a\in G_h$，则

$$p(a,b)=\frac{1}{4}\sum_{j=1}^{4}p(a_j,b),$$

$$v(a)=\sum_{b\in\Gamma_h}p(a,b)f(b)=\frac{1}{4}\sum_{j=1}^{4}\sum_{b\in\Gamma_h}p(a_j,b)f(b)=\frac{1}{4}\sum_{j=1}^{4}v(a_j),$$

故 $v(a)$ 在 G_h 内满足(19) 中前一式. 若 $a\in\Gamma_h$，则

$$p(a,b)=\begin{cases}1, & a=b,\\ 0, & a\neq b,\end{cases}$$

故
$$v(a)=\sum_{b\in\Gamma_h}p(a,b)f(b)=f(a),$$

因而(19) 中后一式也满足.

注意　(19) 的解 $v(a)$ 其实依赖于 h，当 h 充分小时，由微分方程知 $v(a)$ 近似于(18)(18_1) 的解.

为了要造上述随机运动，可以利用计算机(参看 §6.3) 或者简单地如下做：掷两枚硬币，以(正、正)、(正、反)、(反、正)、(反、反) 分别表示东、南、西、北，每掷一次，就令 M 按掷出的方向移动一步. 自 a 出发，每到达一次 Γ_h，就得一个数 $f=f(a)$；重复 n 次后，得到 n 个数 $f_1,f_2,\cdots,f_n$. 根据强大数定理，当 n 充分大时，$\frac{1}{n}\sum_{j=1}^{n}f_j$ 近似于 $v(a)$，因而也近似于(18)(18_1) 的解 $v(a)$. 这样，微分方程的近似解问题就化为作复合随机试验. 这种方法也是一种 Monte-Carlo 方法，关于这方面更详细的叙述见第 6、第 7 章. ■

(三) 遍历性

马氏链理论中一个重要的问题是：何时此链具有遍历性？称

马氏链有遍历性，如果对一切 i,j，存在不依赖于 i 的极限

$$\lim_{n\to+\infty} p_{ij}(n) = p_j, \tag{20}$$

这里 $p_{ij}(n)$ 是此链的 n 步转移概率.

(20) 式的直观意义是：不论质点自哪一个状态 ω_i 出发，当转移步数 n 充分大后，来到 ω_j 的概率都接近于 p_j，因而反过来可以用 p_j 作为 $p_{ij}(n)$ 的近似值，只要 n 相当大.

这问题虽然已彻底解决，但要完全叙述却很冗长，下面的定理1给出了一个简单的充分条件以及求 p_j 的方法，我们只考虑有穷链（即 Ω 只含有穷多个元，例如 k 个元的马氏链）的情形.

定理 对有穷马氏链，若存在正整数 s，使

$$p_{ij}(s) > 0, 一切\ i,j = 1,2,\cdots,k, \tag{21}$$

则此链是遍历的；而且(20) 中的 $\{p_1, p_2, \cdots, p_k\}$ 是方程组

$$p_j = \sum_{i=1}^{k} p_i p_{ij}, j = 1,2,\cdots,k \tag{22}$$

的满足条件

$$p_j > 0, \sum_{j=1}^{k} p_j = 1 \tag{23}$$

的唯一解.

证 分成三步：(i) 先证(20) 成立. 由(10)，对 $n>1$ 有

$$\begin{aligned} p_{ij}(n) &= \sum_{l=1}^{k} p_{il} p_{lj}(n-1) \geqslant \min_{1\leqslant l\leqslant k} p_{lj}(n-1) \sum_{l=1}^{k} p_{il} \\ &= \min_{1\leqslant l\leqslant k} p_{lj}(n-1). \end{aligned} \tag{24}$$

此式对一切 i 成立，故

$$\min_{1\leqslant i\leqslant k} p_{ij}(n) \geqslant \min_{1\leqslant i\leqslant k} p_{ij}(n-1), \tag{25}$$

从而存在极限

$$\lim_{n\to+\infty} \min_{1\leqslant i\leqslant k} p_{ij}(n) \geqslant \bar{p}_j \geqslant 0. \tag{26}$$

类似地证明

$$\max_{1\leqslant i\leqslant k} p_{ij}(n) \leqslant \max_{1\leqslant i\leqslant k} p_{ij}(n-1). \tag{27}$$

$$\lim_{n\to+\infty} \max_{1\leqslant i\leqslant k} p_{ij}(n) = \overline{p}_j \geqslant 0. \tag{28}$$

若能证

$$\lim_{n\to+\infty} \max_{1\leqslant i,l\leqslant k} |p_{ij}(n) - p_{lj}(n)| = 0, \tag{29}$$

则 $\overline{p}_j = \overline{p}_j$，从而(20) 成立，并且 $\overline{p}_i = \overline{p}_j = \overline{p}_j$.

为证(29)，取 $n > s$，由(10) 得

$$p_{ij}(n) = \sum_{r=1}^{k} p_{ir}(s) p_{rj}(n-s);$$

$$\begin{aligned} p_{ij}(n) - p_{lj}(n) &= \sum_{r=1}^{k} p_{ir}(s) p_{rj}(n-s) - \sum_{r=1}^{k} p_{lr}(s) p_{rj}(n-s) \\ &= \sum_{r=1}^{k} [p_{ir}(s) - p_{lr}(s)] p_{rj}(n-s). \end{aligned} \tag{30}$$

若 $p_{ir}(s) - p_{lr}(s) > 0$，定义 $\alpha_{il}^{(r)} = p_{ir}(s) - p_{lr}(s)$；

若 $p_{ir}(s) - p_{lr}(s) \leqslant 0$，定义 $\beta_{il}^{(r)} = p_{lr}(s) - p_{ir}(s)$.

由于
$$\sum_{r=1}^{k} p_{ir}(s) = \sum_{r=1}^{k} p_{lr}(s) = 1,$$

可见

$$\sum_{r=1}^{k} [p_{ir}(s) - p_{lr}(s)] = \sum_{(r)} \alpha_{il}^{(r)} - \sum_{(r)} \beta_{il}^{(r)} = 0, \tag{31}$$

这里第一个 $\sum\limits_{(r)}$ 表示对一切使 $\alpha_{il}^{(r)}$ 有定义的 r 求和，第二个 $\sum\limits_{(r)}$ 也有同样意义，于是

$$h_{il} = \sum_{(r)} \alpha_{il}^{(r)} = \sum_{(r)} \beta_{il}^{(r)}.$$

根据假定(21)，对一切 l, r，有 $p_{lr}(s) > 0$，故

$$\sum_{(r)} \alpha_{il}^{(r)} < \sum_{l=1}^{k} p_{il}(s) = 1,$$

从而 $0 \leqslant h_{il} < 1$；又因链是有穷的，如

$$0 \leqslant h = \max_{1\leqslant i,l\leqslant k} h_{il} < 1. \tag{32}$$

由(30) 得

$$\begin{aligned}|p_{ij}(n)-p_{lj}(n)| &= \left|\sum_{(r)}\alpha_{il}^{(r)}p_{rj}(n-s)-\sum_{(r)}\beta_{il}^{(r)}p_{rj}(n-s)\right| \\ &\leqslant \left|\max_{1\leqslant r\leqslant k}p_{rj}(n-s)\sum_{(r)}\alpha_{il}^{(r)}-\min_{1\leqslant r\leqslant k}p_{rj}(n-s)\sum_{(r)}\beta_{il}^{(r)}\right| \\ &\leqslant h\left|\max_{1\leqslant r\leqslant k}p_{rj}(n-s)-\min_{1\leqslant r\leqslant k}p_{rj}(n-s)\right| \\ &\leqslant h\max_{1\leqslant i,l\leqslant k}|p_{ij}(n-s)-p_{lj}(n-s)|,\end{aligned}$$

这式对一切 i,l 成立，故

$$\begin{aligned}&\max_{1\leqslant i,l\leqslant k}|p_{ij}(n)-p_{lj}(n)| \\ &\leqslant h\max_{1\leqslant i,l\leqslant k}|p_{ij}(n-s)-p_{lj}(n-s)|.\end{aligned}$$

利用此式$\left[\frac{n}{s}\right]$次得

$$\begin{aligned}&\max_{1\leqslant i,l\leqslant k}|p_{ij}(n)-p_{lj}(n)| \\ &\leqslant h^{\left[\frac{n}{s}\right]}\max_{1\leqslant i,l\leqslant k}\left|p_{ij}\left(n-\left[\frac{n}{s}\right]s\right)-p_{lj}\left(n-\left[\frac{n}{s}\right]s\right)\right|\leqslant h^{\left[\frac{n}{s}\right]}.\end{aligned} \tag{33}$$

当 $n\to+\infty$，从而$\left[\frac{n}{s}\right]\to+\infty$ 时，由(33) 得证(29) 成立.

(ii) 次证$\{p_1,p_2,\cdots,p_k\}$ 满足(22) 与(23). 由(10) 得

$$p_{lj}(n+1)=\sum_{i=1}^{k}p_{li}(n)p_{ij} \tag{34}$$

对任意 l 成立，令 $n\to+\infty$，得知$\{p_1,p_2,\cdots,p_k\}$ 满足(22). 再在 $\sum_{j=1}^{k}p_{lj}(n)=1$ 中，令$n\to+\infty$，即得

$$\sum_{j=1}^{k}p_j=1. \tag{35}$$

我们证明：对任一组满足(22) 的 $p_1,p_2,\cdots,p_k$，任意正整数 n，有

$$p_j=\sum_{i=1}^{k}p_ip_{ij}(n),\ j=1,2,\cdots,k. \tag{36}$$

实际上，当 $n=1$ 时化为(22)；设(36) 对 $n=m$ 成立，以 p_{jl} 乘(36) 两边并对 j 求和，再利用(22) 即得

$$p_l = \sum_{j=1}^{k} p_j p_{jl} = \sum_{j=1}^{k} \sum_{i=1}^{k} p_i p_{ij}(m) p_{jl}$$
$$= \sum_{i=1}^{k} p_i p_{il}(m+1),\ l = 1,2,\cdots,k,$$

故(36) 对 $n = m+1$ 也成立.

显然,由(20) 知 $p_j \geqslant 0$;如果说有某 j 使 $p_j = 0$,在(36) 中取 $n = s$,得

$$0 = \sum_{i=1}^{k} p_i p_{ij}(s).$$

但由(21),一切 $p_{ij}(s) > 0$,故为使上式成立,必须一切 $p_i = 0$ $(i = 1,2,\cdots,k)$,而这与(35) 矛盾,于是(23) 成立.

(iii) 最后证(20) 中极限是(22)(23) 的唯一解. 设有某一组数$\{v_1, v_2, \cdots, v_k\}$ 也满足(22)(23). 由(36) 得

$$v_j = \sum_{i=1}^{k} v_i p_{ij}(n) \quad (i = 1,2,\cdots,n).$$

令 $n \to +\infty$,并注意(23) 对$\{v_1, v_2, \cdots, v_k\}$ 成立,得

$$v_j = \sum_{i=1}^{k} v_i p_j = p_j \sum_{i=1}^{k} v_i = p_j. \blacksquare$$

例 5　设马氏链只有三个状态,它的转移概率矩阵为

$$\boldsymbol{P} = \begin{pmatrix} q & p & 0 \\ q & 0 & p \\ 0 & q & p \end{pmatrix},$$

其中 $0 < p < 1, q = 1 - p$. 这矩阵给出如下的在(0,1,2) 上的随机徘徊:自 0 出发,下一步停留在 0 的概率为 q,来到 1 的概率为 p;自 1 出发,到 0 及 2 的概率分别为 q 与 p;自 2 出发,停留在 2 及到 1 的概率各为 p 与 q. 对 $s = 1$,条件(21) 虽不满足,但因

$$(p_{ij}^{(2)}) = \boldsymbol{P}^2 = \begin{pmatrix} q^2 + pq & pq & p^2 \\ q^2 & 2pq & p^2 \\ q^2 & pq & pq + p^2 \end{pmatrix}$$

的元都大于 0，故(21) 对 $s=2$ 满足，从而此马氏链具有遍历性

$$\lim_{n\to+\infty} p_{ij}^{(n)} = p_j(i,j=1,2,3).$$

为求 $p_j, j=1,2,3$，列出方程(22)：

$$p_1 = p_1 q + p_2 q,$$
$$p_2 = p_1 p + p_3 q,$$
$$p_3 = p_2 p + p_3 p.$$

由此解得 $p_2 = \frac{p}{q}p_1, p_3 = \left(\frac{p}{q}\right)^2 p_1$. 由(23) $\sum_{j=1}^{3} p_j = 1$ 得

$$p_1\left[1+\frac{p}{q}+\left(\frac{p}{q}\right)^2\right]=1,$$

若 $p=q=\frac{1}{2}$，解得 $p_1=p_2=p_3=\frac{1}{3}$，这表明在极限情形三状态是等可能的；若 $p\neq q$，则得

$$p_j = \frac{1-\frac{p}{q}}{1-\left(\frac{p}{q}\right)^3}\left(\frac{p}{q}\right)^{j-1}, j=1,2,3. \blacksquare$$

例 6 作为遍历性不成立的平凡的例，考虑转移概率矩阵为 $\boldsymbol{P}=\begin{pmatrix}1 & 0\\ 0 & 1\end{pmatrix}$ 的马氏链. 由于 $\boldsymbol{P}^n=\boldsymbol{P}$，可见

$$p_{11}(n)=p_{22}(n)=1, \quad p_{12}(n)=p_{21}(n)=0.$$

由于 $\lim_{n\to+\infty} p_{11}(n) \neq \lim_{n\to+\infty} p_{21}(n)$，故遍历性不成立. $\blacksquare$

§4.2　随机过程论中的基本概念

(一) 直观的例

在实际许多问题中，我们不仅需要对随机现象作**一次**观察，而且要作多次，甚至要接连不断地观察它的演变过程，这种需要促进了随机过程论的诞生. 直观地说，随机过程论研究的对象正是随机现象演变过程的概率规律性. 先来看一些实际的例子：

例 1　医院不断地登记新生婴儿的性别，以 0 表示"男"，以 1 表示"女"，并以 ξ_n 表示第 n 次登记的数字，ξ_n 是一变量，取值 1 或 0，不断登记下去时，便得到一列，$\xi_1, \xi_2, \cdots$，记为 $\{\xi_n, n \in \mathbf{N}^*\}$. ■

例 2　以 ξ_t 表示在时间 $(0,t]$ 内所见流星的个数，ξ_t 可取非负整数值，不断观察便得 $\{\xi_t, t \in [0, +\infty)\}$. ■

例 3　1827 年布朗(Brown) 发现水中花粉(或其他液体中某微粒) 在不停地运动，后来称为布朗运动. 起因是由于花粉受到了水中分子的碰撞，每秒所受碰撞次数多到 10^{21} 次，这些随机的微小的碰撞力的总和使得花粉做随机运动. 以 ξ_t 表示花粉在 t 时所在位置的一个坐标，ξ_t 可取一切实数值. 不断观察便得到 $\{\xi_t, t \in [0, +\infty)\}$. ■

例 4　考虑纺织机所纺出的某一根棉纱，以 ξ_t 表示 t 时纺出的横截面的直径，由于工作条件随 t 变化而起伏不同，ξ_t 一般也随 t 而变(图 4-2)，于是得到 $\{\xi_t, t \in [0, +\infty)\}$. ■

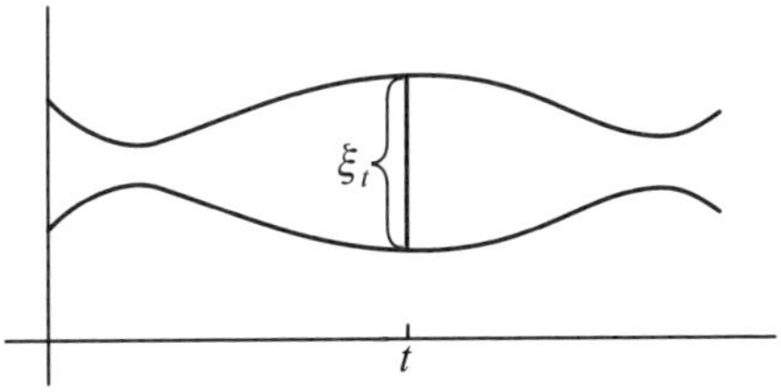

图 4-2

根据上面的实例，我们来下随机过程的严格数学定义：

设已给概率空间$(\Omega,\mathcal{F},P)$及参数集$T\subset(-\infty,+\infty)$，如对每一$t\in T$，有一定义在此空间上的随机变量$\xi_t(\omega)(\omega\in\Omega)$，就称$\{\xi_t(\omega),t\in T\}$（简记为$\{\xi_t,t\in T\}$）为随机过程（有时简称为过程）.

例如：n维随机向量$\{\xi_1,\xi_2,\cdots,\xi_n\}$是一随机过程，这里$T=(1,2,\cdots,n)$；随机变量列$\{\xi_1,\xi_2,\cdots,\}$也是一随机过程，$T=(1,2,\cdots)$.

由此可见，随机过程是n维随机向量、随机变量列的一般化，它是随机变量ξ_t的集，$t\in T$. 回顾一下概率论研究对象的逐步扩大是有益的：从随机事件到随机变量到n维随机向量进而随机变量列（它可看成为可列维随机向量），以至随机过程.

正像每个随机变量有一分布函数一样，对每个随机过程$\{\xi_t,t\in T\}$，任取正整数n及$t_i\in T,i=1,2,\cdots,n$，令
$$F_{t_1,t_2,\cdots,t_n}(x_1,x_2,\cdots,x_n)=P(\xi_{t_1}\leqslant x_1,\xi_{t_2}\leqslant x_2,\cdots,\xi_{t_n}\leqslant x_n),$$
则$F_{t_1,t_2,\cdots,t_n}(x_1,x_2,\cdots,x_n)$是一$n$元分布函数，当$n$在正整数集中任意变动，$t_1,t_2,\cdots,t_n$在$T$中变动时，便得到许多$F_{t_1,t_2,\cdots,t_n}(x_1,x_2,\cdots,x_n)$，全体这种函数的集
$$\{F_{t_1,t_2,\cdots,t_n}(x_1,x_2,\cdots,x_n)\}$$
称为$\{\xi_t,t\in T\}$的有穷维分布函数族.

（二）分类

可以把随机过程如下分类，对$\{\xi_t,t\in T\}$，以Ξ表示$\xi_t(t\in T)$的值域，$\Xi\subset\mathbf{R}$. 随着T,Ξ是离散（即有穷或可列）集或非离散集而分成四类：

(i) 参数集T离散、值域集Ξ离散的随机过程；

(ii) 参数集T离散、值域集Ξ非离散的随机过程；

(iii) 参数集T非离散、值域集Ξ离散的随机过程；

(iv) 参数集T非离散、值域集Ξ非离散的随机过程.

i) 如果对任一正整数n，任意n个不同的$t_i\in T$，随机变量

$\xi_{t_1}, \xi_{t_2}, \cdots, \xi_{t_n}$ 是独立的，那么称$\{\xi_t, t \in T\}$ 为具独立随机变量的随机过程.

当 $T \in \mathbf{N}^*$ 时，这类过程已在第 3 章中研究过，例 1 中的过程属于这种类型.

ii) 如果对任一正整数 n，任意 $t_i \in T, t_1 < t_2 < \cdots < t_n$，随机变量

$$\xi_{t_2} - \xi_{t_1}, \xi_{t_3} - \xi_{t_2}, \cdots, \xi_{t_n} - \xi_{t_{n-1}}$$

是独立的，那么称$\{\xi_t, t \in T\}$ 为独立增量随机过程.

iii) 马尔可夫随机过程（定义见后）.

iv) 平稳随机过程（定义见后）.

一般是把上面两种分类法结合起来，例如，马尔可夫过程中分为"T 离散、Ξ 离散""T 离散、Ξ 非离散"等四种.

在过程论里流行着形象的语言，设想有一做随机运动的质点 M，以 ξ_t 表示 M 在 t 时的位置，于是$\{\xi_t, t \in T\}$ 描绘了 M 所做的随机运动的演变过程，因而通常称值域集 Ξ 为状态空间，Ξ 中的每一点 x 称为一**状态**，把 T 看作时间 t 的集，并把 $\xi_t = x$ 形象地说成"在 t 时运动质点 M 位于状态 x"等.

随机过程 $\xi_t(\omega)$ 可以看成为二元 $t \in T, \omega \in \Omega$ 的函数，当 $t \in T$ 固定时，$\xi_t(\omega)$ 是一随机变量；当 $\omega \in \Omega$ 固定时，作为 $t \in T$ 的函数 $\xi_t(\omega)$ 是一定义在 T 上的普通的函数，称为对应于基本事件 ω 的样本函数，或者，用运动的语言来说，它是可能的（对应于 ω 的）一种**轨道**. 当 ω 在 Ω 中变动时，便得到一切可能的轨道的集合. 图 4-3 中给出了$\{\xi_t(\omega), t \in [0, +\infty)\}$ 的三个轨道，它们在 s 时都经过点 x：$\xi_s = x$.

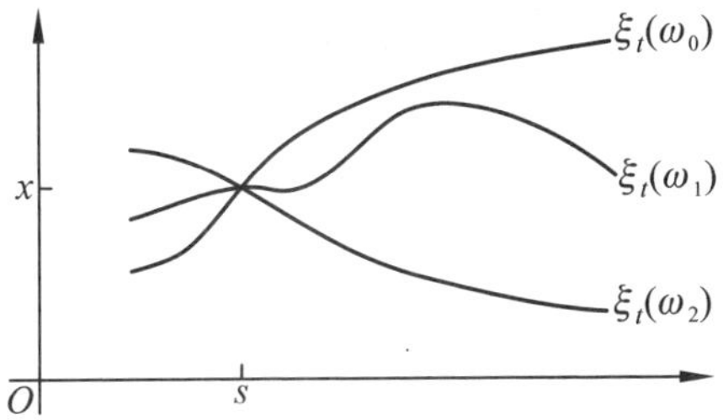

图 4-3

(三) 例

考虑两个重要的具体过程，它们分别是例 2 与例 3 中实际中的随机现象演变过程的抽象数学模型.

例 5 称随机过程$\{\xi_t, t \in [0, +\infty)\}$为泊松过程，如果它是取非负整数值的独立增量过程，而且增量$\xi_t - \xi_s (0 \leqslant s < t)$有泊松分布：

$$P(\xi_t - \xi_s = k) = e^{-\lambda(t-s)} \frac{[\lambda(t-s)]^k}{k!}, k \in \mathbf{N}, \qquad (1)$$

其中$\lambda > 0$为常数.

如果假定例 2 中的流星流是一泊松流，即满足 §2.4(三) 中条件(i)～(iv)，那么由 §2.4 知例 2 中的$\{\xi_t, t \in [0, +\infty)\}$是泊松过程.

它的样本函数是跃度为一的不减的阶梯函数($\xi_0(\omega) = 0$时，见图 4-4)，τ_i表示第i个流星出现的时间.

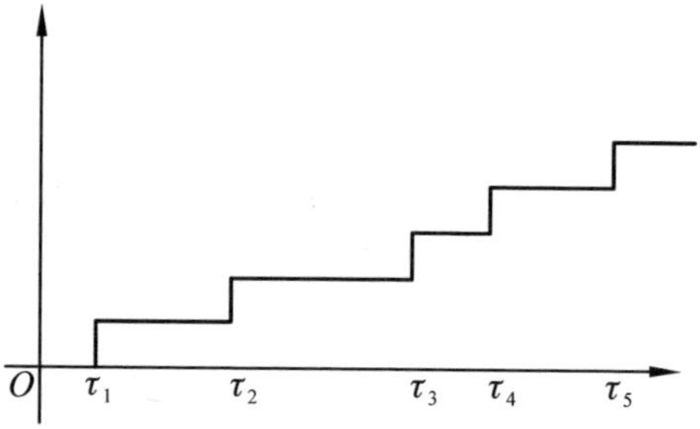

图 4-4

例 6 称随机过程$\{\xi_t, t \in [0, +\infty)\}$为维纳(Wiener)过程，或布朗运动(Brownian motion)，如果它是独立增量过程，而且增量$\xi_t - \xi_s (0 \leqslant s < t)$有正态分布$N(0, \sigma\sqrt{t-s})$，其中$\sigma > 0$为常数.

通常用维纳过程来模拟布朗运动，原因在于：设液体的质量是均匀的，由于微粒的运动是由许多分子碰撞所产生的许多小随机位移的和，自然可设想自时刻 s 到 t 的位移 $\xi_t - \xi_s$ 是许多几乎独立的小位移的和，故由中心极限定理，可假定 $\xi_t - \xi_s$ 有正态分布. 由液体的均匀性，还可设 $E(\xi_t - \xi_s) = 0$，而且方差只依赖于时间区间长度 $t-s$，$D(\xi_t - \xi_s) = \sigma^2(t-s)$，其中 σ 是依赖于液体本身的扩散常数（不同的液体一般应有不同的 σ）. 最后，由于 $\xi_{t_2} - \xi_{t_1}$，$\xi_{t_3} - \xi_{t_2}$，…，$\xi_{t_n} - \xi_{t_{n-1}}$ 是对应于**不相交**区间的增量，它们分别为许多几乎独立的小位移的和，故可假定为独立的. 稍加条件后，可以证明维纳过程的样本函数以概率 1 是连续的，然而在任一固定 t 上以概率 1 不可微分. 图 4-5 给出了一个样本函数的示意图，真实图形非常复杂，不能画出.

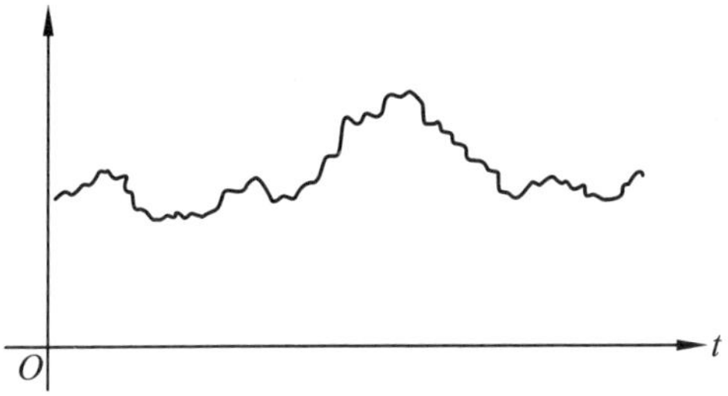

图 4-5

§ 4.3 马尔可夫过程

(一) 马尔可夫性

一类重要的过程是马尔可夫过程，它是马氏链的一般化. 考虑随机过程$\{\xi_t, t \in T\}$，状态空间记为Ξ，设$\Xi \in \mathcal{B}_1$，即设Ξ是一维波莱尔集. 对 T 中任意有穷多个点 s_i，s，及 t，$s_1 \leqslant s_2 \leqslant \cdots \leqslant s_n \leqslant s < t$，任意$\Xi$中的点 x_i，x，以

$$F(s_1, x_1, \cdots, s_n, x_n, s, x; t, A) \tag{1}$$

表示在已知$\xi_{s_1} = x_1, \cdots, \xi_{s_n} = x_n, \xi_s = x$的条件下，事件$(\xi_t \in A)$的条件概率，其中$A \in \mathcal{B}_1$，如果对于这一过程，(1) 中函数$F$不依赖于 $s_1, x_1, \cdots, s_n, x_n$，即如

$$F(s_1, x_1, \cdots, s_n, x_n, s, x; t, A) = F(s, x; t, A), \tag{2}$$

就称此过程为马尔可夫过程，简称马氏过程. (2) 式所表达的性质称为马尔可夫性(简称马氏性).

也可解释(2) 式为：若已知“现在：$\xi_s = x$”，则“将来：$\xi_t \in A$”不依赖于“过去：$\xi_{s_i} = x_i, i = 1, 2, \cdots, n$”；或者说，过程是无后效的(没有后果的).

由 4.1(17) 可见，§ 4.1(16) 中定义的马氏链(ξ_i)是 T 及Ξ都离散的马氏 过程.

为方便起见，以下总设 $T = [0, +\infty)$，$\Xi = \mathbf{R}$.

马氏过程的重要数字特征是(2) 中的$F(s, x; t, A)$，它是一个四元函数，其中自变元为 $s \in T, x \in \Xi, t \in T, A \in \mathcal{B}_1, s < t$.

显然，仿照 § 2.1 定理 2 的证明，可见

(i) 当s, x, t固定时，$F(s, x; t, A)$作为集A的函数，是$(\mathbf{R}, \mathcal{B}_1)$上的概率测度. 因而，特别地，四元函数

$$F(s,x;t,y)=F(s,x;t,(-\infty,y]).\tag{3}$$

当 s,x,t 固定时，作为 $y\in\mathbf{R}$ 的函数是一分布函数；即对 y 单调不减、右连续，而且

$$\lim_{y\to-\infty}F(s,x;t,y)=0,\quad \lim_{y\to+\infty}F(s,x;t,y)=1.\tag{4}$$

以后我们还假定 $F(s,x;t,A)$ 具有下列两性质：

(ii) 当 s,t,A 固定时，$F(s,x;t,A)$ 是 x 的波莱尔可测函数.

(iii) $F(s,x;t,A)$ 满足切普曼 - 柯尔莫哥洛夫方程：对任意固定的 $0\leqslant s<\tau<t$ 及 x,A，有

$$F(s,x;t,A)=\int_{-\infty}^{+\infty}F(\tau,z;t,A)\,\mathrm{d}_zF(s,x;\tau,z).\tag{5}$$

函数 $F(s,x;t,A)$ 只对 $s<t$ 有定义，当 $s=t$ 时，补定义

(iv) $$F(s,x;s,A)=\delta(x,A)\equiv\begin{cases}0, & x\,\overline{\in}\,A,\\ 1, & x\in A.\end{cases}$$

当 $F(s,x;t,A)$ 具备性质(i) ～ (iv) 时，就称它为此马氏过程的转移概率，而由(3) 定义的 $F(s,x;t,y)$ 称为过程转移分布函数.

注　我们来解释一下这些假定的意义，以后会看到，(5) 式起着极其重要的作用. 在马氏链情况，(5) 式化为 §4.1(10)(积分号化为求和号 $\sum$)，故这时(iii) 中的假设总是成立的. 为了保证(5) 中积分有意义，应当假定被积函数 $F(\tau,z;t,A)$ 对 z 的可测性，这就是要引进假设(ii) 的原因. 为了说明假设(iii) 的直观意义，当 $F(\tau,z;t,A)$ 是 z 的连续函数时，可以这样想：质点在 s 时自 x 出发，要于 t 时转移到 A 中，可分成两步走(见图 4-6)：

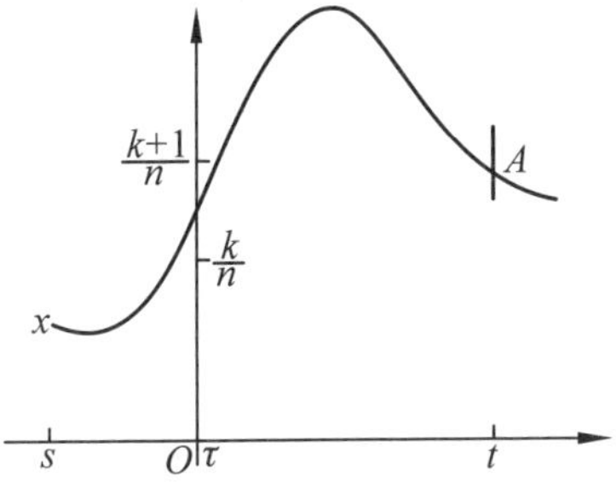

图 4-6

(i) 在 τ 时通过某一区间 $\left(\frac{k}{n},\frac{k+1}{n}\right]$，概率为

$$F\left(s,x;\tau,\frac{k+1}{n}\right)-F\left(s,x;\tau,\frac{k}{n}\right);$$

(ii) 在 τ 时自 $\left(\frac{k}{n},\frac{k+1}{n}\right]$ 中某一点 z_{nk} 出发，于 t 时转移到 A 中，概率为 $F(s,x,\tau,z_{nk};t,A)$. 当 n 充分大因而区间 $\left(\frac{k}{n},\frac{k+1}{n}\right]$ 的长度充分小时，可以指望

$$F(s,x;t,A)$$
$$\approx \sum_{k=-\infty}^{+\infty} F(s,x,\tau,z_{nk};t,A)\left[F\left(s,x;\tau,\frac{k+1}{n}\right)-F\left(s,x;\tau,\frac{k}{n}\right)\right],$$

利用马氏性(2)及上面假定的 $F(\tau,z;t,A)$ 对 z 的连续性，即得

$$F(s,x;t,A)$$
$$\approx \sum_{k=-\infty}^{+\infty} F(\tau,z_{nk};t,A)\left[F\left(s,x;\tau,\frac{k+1}{n}\right)-F\left(s,x;\tau,\frac{k}{n}\right)\right]$$
$$\approx \int_{-\infty}^{+\infty} F(\tau,z;t,A)\mathrm{d}_z F(s,x;\tau,z).$$

至于(iv)，它的概率意义是显然的：在同一时刻 s，质点尚未离开 x.

如果马氏过程的转移概率 $F(s,x;t,A)$ 对 s,t 的依赖性只体现在对 $t-s$ 的依赖上，即如 $F(s,x;t,A)$ 只是 $t-s$，x 及 A 的函数时，就称此马氏过程是齐次的.

转移概率是马氏过程的重要特征，它在很大程度上决定此过程的运动进程，因此，在实际问题中，如果可以判断某过程是马氏过程，那么如何求出 $F(s,x;t,A)$ 就成为重要的问题了. 本节以下的内容就是围绕这一重要问题来叙述的.

对 $F(s,x;t,A)$ 进一步作种种不同的假定后，就得到种种不同的马氏过程，我们只讨论其中最重要的两种：跳跃型过程与扩散过程.

(二) 跳跃型马氏过程

设已给二函数 $q(t,x)$ 及 $\Pi(t,x,A)$，自变元为 $t\geqslant 0, x\in\mathbf{R}$，$A\in\mathcal{B}_1$，满足下列条件：

(i) 对每固定的 x，$q(t,x)$ 是 t 的连续函数，对每固定的 t，是 x 的 $\mathcal{B}_1$ 可测函数；$q(t,x)$ 是 (t,x) 的非负有界函数.

(ii) 对每固定的 x 及 A，$\Pi(t,x,A)$ 对 t 连续；对固定的 t,x，它关于 A 是 $\mathcal{B}_1$ 上的概率测度；对固定的 t,A，是 x 的 $\mathcal{B}_1$ 可测函数，$\Pi(t,x,\{x\})=0$.

称马氏过程 $\{\xi_t,t\geqslant 0\}$ 为跳跃型的，若存在如上的两函数 $q(t,x)$，$\Pi(t,x,A)$，使它的转移概率 $F(s,x;t,A)$，当 $t-s>0$ 充分小时可表示为

$$F(s,x;t,A)=\{1-q(s,x)(t-s)\}\delta(x,A)+q(s,x)(t-s)\cdot\Pi(s,x,A)+o(t-s), \tag{6}$$

$$F(s,x;t,A)=\{1-q(t,x)(t-s)\}\delta(x,A)+q(t,x)(t-s)\cdot\Pi(t,x,A)+o(t-s), \tag{7}$$

而且
$$\lim_{s\uparrow t}F(s,x;t,A)=\lim_{s\downarrow t}F(s,x;t,A)=\delta(x,A). \tag{8}$$

(6)(7) 式表达了“跳跃型”的直观意义：(6) 式表示，当 $t-s$ 充分小时，在 (s,t) 中 ξ_t 以概率 $\{1-q(s,x)(t-s)\}+o(t-s)$ 保持不变而等于 x，另一可能是以概率 $q(s,x)(t-s)\Pi(s,x,A)+o(t-s)$ 转移到 A 中. (7) 式也同样解释.

例 1　设 $\{\xi_t,t\geqslant 0\}$ 为泊松过程，$\xi_0\equiv 0$. 由增量的独立性，若已知 $\xi_s=i$，则 $\xi_t-\xi_s=\xi_t-i\,(t>s)$ 与一切 $\xi_u=\xi_u-\xi_0$ 独立 $(0\leqslant u\leqslant s)$，因而在 $\xi_s=i$ 的条件下，ξ_t 与 ξ_u 独立 $(t>s, 0\leqslant u\leqslant s)$. 因此知此过程是马氏过程：转移概率为

$$F(s,i;t,\{j\})=\mathrm{e}^{-\lambda(t-s)}\frac{[\lambda(t-s)]^{j-i}}{(j-i)!}\quad(j\geqslant i), \tag{9}$$

注意　$\sum\limits_{j\geqslant i}F(s,i;t,\{j\})=1$，故 $F(s,i;t,\{k\})=0\,(k<i)$.

又因 $F(s,i;t,\{j\})$ 只依赖于 $t-s$，可见它还是齐次马氏过程. 由(9) 得

$$F(s,i;t,\{j\}) = \{1-\lambda\cdot(t-s)\}\delta(i,\{j\}) + \lambda(t-s)\delta(i+1,\{j\}) + o(t-s), \quad (10)$$

故过程是跳跃型的，$q(s,i)\equiv\lambda$. 又 $\Pi(s,i,\{j\})=1$ 或 0，视 $i+1=j$ 或 $i+1\neq j$ 而定.

以 $\Pi(t,x,y)$ 表示 $\Pi(t,x,A)$ 的分布函数，即

$$\Pi(t,x,y) = \Pi(t,x,(-\infty,y]).$$

定理 1 跳跃型过程的转移概率 $F(s,x;,t,A)$ 满足下面两个微积分过程

$$\frac{\partial F(s,x;t,A)}{\partial s} = q(s,x)\left[F(s,x;t,A) - \int_{-\infty}^{+\infty} F(s,y;t,A)\mathrm{d}_y\Pi(s,x,y)\right], \quad (11)$$

$$\frac{\partial F(s,x;t,A)}{\partial t} = -\int_A q(t,y)\mathrm{d}_yF(s,x;t,y) + \int_{-\infty}^{+\infty} q(t,y)\Pi(t,y,A)\mathrm{d}_yF(s,x;t,y). \quad (12)$$

方程(11) 中左方是对后一参数 s 求导数，故称为向后方程(当时 $s=0$，理解 $\dfrac{\partial F(s,x;t,A)}{\partial s}$ 为右导数)；而(12) 称为向前方程. 这两方程都由柯尔莫哥洛夫得到.

证 对 $\Delta s>0, s<s+\Delta s<t$，由(5) 得

$$F(s,x;t,A) = \int_{-\infty}^{+\infty} F(s+\Delta s,y;t,A)\mathrm{d}_yF(s,x;s+\Delta s,y). \quad (13)$$

按(6) 展开 $F(s,x;s+\Delta s,y)$，代入上式得

$$F(s,x;t,A) = \int_{-\infty}^{+\infty} F(s+\Delta s,y;t,A)\mathrm{d}_y[1-q(s,x)\Delta s+o(\Delta s)]\delta(x,y) +$$

$$\int_{-\infty}^{+\infty} F(s+\Delta s,y;t,A)\mathrm{d}_y[q(s,x)\Delta s+o(\Delta s)]\Pi(s,x,y),$$

这里 $\delta(x,y)=0$ 或 1，视 $y<x$ 或 $y\geqslant x$ 而定，它是 $\delta(x,A)$ 的分布函数. 由于分布 $\delta(x,A)$ 集中在一点 x 上，故

$$\int_{-\infty}^{+\infty} F(s+\Delta s,y;t,A)\mathrm{d}_y\delta(x,y)=F(s+\Delta s,x;t,A),$$

从而

$$\begin{aligned}&F(s,x;t,A)\\&=[1-q(s,x)\Delta s]F(s+\Delta s,x;t,A)+\\&\quad\Delta s q(s,x)\int_{-\infty}^{+\infty} F(s+\Delta s,y;t,A)\mathrm{d}_y\Pi(s,x,y)+o(\Delta s),\end{aligned}$$

于是

$$\begin{aligned}&\frac{F(s+\Delta s,x;t,A)-F(s,x;t,A)}{\Delta s}\\&=q(s,x)F(s+\Delta s,x;t,A)-\\&\quad q(s,x)\int_{-\infty}^{+\infty} F(s+\Delta s,y;t,A)\mathrm{d}_y\Pi(s,x,y)+o(1).\end{aligned}$$

令 $\Delta s\to 0$，并注意 $\Delta s>0$，就得

$$\begin{aligned}\frac{\partial^+ F(s,x;t,A)}{\partial s}&=q(s,x)\Big[F(s,x;t,A)-\\&\quad\int_{-\infty}^{+\infty} F(s,y;t,A)\mathrm{d}_y\Pi(s,x,y)\Big],\end{aligned}\tag{14}$$

这里 $\frac{\partial^+}{\partial s}$ 表示右导数. 如果我们用

$$F(s-\Delta s,x;t,A)=\int F(s,y;t,A)\mathrm{d}_yF(s-\Delta s,x;s,y)$$

代替(13)，以(7)代替(6)，类似地可证(14)的 $\frac{\partial^+ F(s,x;t,A)}{\partial s}$ 换为左导数 $\frac{\partial^- F(s,x;t,A)}{\partial s}$ 后也成立，这便证明了(11).

为了证明(12)，仍由(5)，对 $\Delta t>0$，有

$$F(s,x;t+\Delta t,A)=\int_{-\infty}^{+\infty} F(t,y;t+\Delta t,A)\mathrm{d}_yF(s,x;t,y).\tag{15}$$

由于

$$F(s,x;t,A)=\int_{-\infty}^{+\infty}\delta(y,A)\mathrm{d}_yF(s,x;t,y),$$

可改写(15)为

$$\frac{1}{\Delta t}[F(s,x;t+\Delta t,A)-F(s,x;t,A)]$$

$$=\int_{-\infty}^{+\infty}\frac{F(t,y;t+\Delta t,A)-\delta(y,A)}{\Delta t}\mathrm{d}_yF(s,x;t,y).$$

令 $\Delta t\to 0$，并利用(6)及积分有界收敛定理(这里本质上用到 $q(t,y)$ 的有界性)，得知(12)成立，但其中 $\frac{\partial}{\partial t}$ 应理解为右导数 $\frac{\partial^+}{\partial t}$；类似地可证对 $\frac{\partial^-}{\partial t}$ 也成立，故(12)得证. ■

例 2 设 $\{\xi_t,t\geqslant 0\}$ 为跳跃型马氏过程，但只有可列(或有穷)多个状态 0,1,2,…. 这时习惯上用 $i,j,k,\cdots$ 来表示状态，并把 $F(s,i;t,\{k\})$ 及 $q(s,i)$ 分别记成 $p_{ik}(s,t)$ 与 $q_i(s)$，把 $q(s,i)\times\Pi(s,i,\{k\})$ 记为 $q_{ik}(s)$. 注意由(ii)，$q_{ii}(s)=0$. 方程(11)(12)化为两个偏微分方程组

$$\frac{\partial p_{ik}(s,t)}{\partial s}=q_i(s)p_{ik}(s,t)-\sum_{j\neq i}q_{ij}(s)p_{jk}(s,t),\ i,k\in\mathbf{N},\tag{16}$$

$$\frac{\partial p_{ik}(s,t)}{\partial t}=-p_{ik}(s,t)q_k(t)+\sum_{j\neq k}p_{ij}(s,t)q_{jk}(t),\ i,k\in\mathbf{N}.\tag{17}$$

特别地，如过程是齐次的，即如 $p_{ik}(s,t)=p_{ik}(t-s)$ 只依赖于差 $t-s$ 时，应设 $q_i(s)=q_i$，$q_{ij}(s)=q_{ij}$ 不依赖于时间 s. 令 $u=t-s$，注意

$$\frac{\partial p_{ik}(s,t)}{\partial s}=\frac{\partial p_{ik}(t-s)}{\partial s}=-\frac{\partial p_{ik}(t-s)}{\partial(t-s)}=-p'_{ik}(u),$$

可见(16)(17) 分别化为常微分方程组[①]

$$p'_{ik}(u)=-q_i p_{ik}(u)+\sum_{j\neq i}q_{ij}p_{jk}(u),\ i,k\in\mathbf{N},\tag{18}$$

$$p'_{ik}(u)=-p_{ik}(u)q_k+\sum_{j\neq k}p_{ij}(u)q_{jk},\ i,k\in\mathbf{N}.\tag{19}$$

开始条件为

$$p_{ij}(0)=\begin{cases}1, & i=j,\\ 0, & i\neq j.\end{cases}$$

对于例 1 中泊松过程,(18)(19) 化为

$$p'_{ik}(u)=-\lambda p_{ik}(u)+\lambda p_{i+1\,k}(u),\tag{20}$$

$$p'_{ik}(u)=-\lambda p_{ik}(u)+\lambda p_{i\,k-1}(u).\ \blacksquare\tag{21}$$

在许多具体问题中,实践的经验会告诉我们某随机现象的演变过程可看成一跳跃型的马氏过程,而且(6) 中的 $q(s,x)$ 及 $\Pi(s,x,A)$ 可以由观察得到. 这时为了寻求转移概率 $F(s,x;t,A)$,由定理 1,只要解方程(11)(或(12)). 当然,我们应该寻求这样的解 $F(s,x;t,A)$,它对固定的 s,x,t,关于 A 是 $\mathcal{B}_1$ 上的概率测度. 于是发生两个重要的理论问题:

i) 这样的解是否存在?

ii) 如果存在,又是否唯一?

费勒(W. Feller) 证明了:在条件(i)(ii) 下,这样的解是唯一存在的(如果除去(i) 中的 $q(t,x)$ 有界性条件,那么解不是唯一的);并且找到了此解的表达式. 于是此解就是所要求的转移概率.

---

① 若令 $q_{ii}=-q_i$,则(18)(19) 及开始条件分别化为

$$\boldsymbol{P}^{\mathrm{T}}(u)=\boldsymbol{QP}(u),\boldsymbol{P}^{\mathrm{T}}(u)=\boldsymbol{P}(u)\boldsymbol{Q},\boldsymbol{P}(0)=\boldsymbol{I}(\text{单位矩阵}),$$

其中 $\boldsymbol{Q}=(q_{ij}),\boldsymbol{P}(u)=(p_{ij}(u)),\boldsymbol{P}^{\mathrm{T}}(u)=(\boldsymbol{p}_{ij}^{\mathrm{T}}(u))$ 为矩阵. 由此知状态个数有穷时解为 $\boldsymbol{P}(u)=\mathrm{e}^{\boldsymbol{Q}u}=\sum_{n=0}^{+\infty}\frac{\boldsymbol{Q}^n u^n}{n!}$. 又对泊松过程,(20) 或(21) 在此开始条件下之解为

$$p_{ik}(u)=\mathrm{e}^{-\lambda u}\frac{(\lambda u)^{k-i}}{(k-i)!}\ (k\geqslant i);$$
$$=0\ (k\leqslant i).$$

（三）扩散过程

另一类重要的马氏过程是扩散过程.这类过程起源于物理学中对微粒的随机扩散运动(例如布朗运动)的研究.它不同于跳跃型过程,跳跃型过程有下列特点:在任一很短的时间内,质点以很大的概率**不发生**位移,但若一旦发生,则位移**很大**(出现跳跃),所以可以想象运动的轨道以概率1是不连续的,轨道是阶梯函数;扩散过程则相反:在任一很短时间内,质点都可能**发生**位移,然而位移**很小**,因而可以想象在一定条件下扩散过程的轨道以概率1是连续函数.

设$\{\xi_t, t \geqslant 0\}$为马氏过程,以$F(s,x;t,y)$表它的转移分布函数.称此过程为扩散过程,如果$F(s,x;t,y)$满足下列三条件(i)(ii)(iii):

对任意$\delta > 0, \Delta t > 0$,有

(i)
$$\lim_{\Delta t \to 0} \frac{1}{\Delta t} \int_{|y-x| \geqslant \delta} \mathrm{d}_y F(t, x; t+\Delta t, y) = \lim_{\Delta t \to 0} \frac{1}{\Delta t} \int_{|y-x| \geqslant \delta} \mathrm{d}_y F(t-\Delta t, x; t, y) = 0; \tag{22}$$

(ii)
$$\lim_{\Delta t \to 0} \frac{1}{\Delta t} \int_{|y-x| < \delta} (y-x) \mathrm{d}_y F(t, x; t+\Delta t, y) = \lim_{\Delta t \to 0} \frac{1}{\Delta t} \int_{|y-x| < \delta} (y-x) \mathrm{d}_y F(t-\Delta t, x; t, y) = a(t, x); \tag{23}$$

(iii)
$$\lim_{\Delta t \to 0} \frac{1}{\Delta t} \int_{|y-x| < \delta} (y-x)^2 \mathrm{d}_y F(t, x; t+\Delta t, y) = \lim_{\Delta t \to 0} \frac{1}{\Delta t} \int_{|y-x| < \delta} (y-x)^2 \mathrm{d}_y F(t-\Delta t, x; t, y) = b(t, x). \tag{24}$$

我们先对这些条件作些解释:

i) 条件(i)前式表示:于t时自x出发的质点,经Δt后跑出x

的邻域$(x-\delta,x+\delta)$的概率是比Δt更高阶的无穷小，不论区间的半径$\delta>0$如何，这反映质点在很短时间内不能得到很大的位移.

ii) 在条件(i)下，条件(ii)中第1,2项中极限不依赖于$\delta(\delta>0)$，所以$a(t,x)$与δ无关；(iii)中极限也如此. 实际上，简记$\frac{1}{\Delta t}\int_{|y-x|<\delta}(y-x)\mathrm{d}_yF(t,x;t+\Delta t,y)$为$\frac{1}{\Delta t}\int_{|y-x|<\delta}(y-x)$，则如$0<\delta_1<\delta_2$，由(i)有

$$\left|\frac{1}{\Delta t}\int_{|y-x|<\delta_1}(y-x)-\frac{1}{\Delta t}\int_{|y-x|<\delta_2}(y-x)\right|$$

$$=\left|\frac{1}{\Delta t}\int_{\delta_1\leqslant|y-x|<\delta_2}(y-x)\right|$$

$$\leqslant\frac{\delta_2}{\Delta t}\int_{|y-x|\geqslant\delta_1}\mathrm{d}_yF(t,x;t+\Delta t,y)\to 0,\Delta t\to 0. \tag{25}$$

对(23)(24)中其他三极限也可类似证明.

iii) 为了说明(ii)(iii)中$a(t,x),b(t,x)$的概率意义，我们把条件(i)加强为

(i′) 对任意$\delta>0,\Delta t>0$，有

$$\lim_{\Delta t\to 0}\frac{1}{\Delta t}\int_{|y-x|\geqslant\delta}(y-x)^2\mathrm{d}_yF(t,x;t+\Delta t,y)$$

$$=\lim_{\Delta t\to 0}\frac{1}{\Delta t}\int_{|y-x|\geqslant\delta}(y-x)^2\mathrm{d}_yF(t-\Delta t,x;t,y)=0, \tag{26}$$

则由(23)(24)得①

$$\lim_{\Delta t\to 0}\frac{1}{\Delta t}\int_{-\infty}^{+\infty}(y-x)\mathrm{d}_yF(t,x;t+\Delta t,y)=a(t,x), \tag{27}$$

$$\lim_{\Delta t\to 0}\frac{1}{\Delta t}\int_{-\infty}^{+\infty}(y-x)^2\mathrm{d}_yF(t,x;t+\Delta t,y)=b(t,x). \tag{28}$$

注意当$\xi_t=x$时，

---

① 根据布尼亚科夫斯基不等式，知(26)中的$(y-x)^2$换为$(y-x)$后仍成立.

$$\int_{-\infty}^{+\infty}(y-x)\mathrm{d}_yF(t,x;t+\Delta t,y)=E[\xi_{t+\Delta t}-\xi_t],$$

$$\int_{-\infty}^{+\infty}(y-x)^2\mathrm{d}_yF(t,x;t+\Delta t,y)=E[\xi_{t+\Delta t}-\xi_t]^2,$$

故(27)(28) 式表示 $a(t,x)$ 为在 t 时自 x 出发的质点的瞬时平均速度，而 $b(t,x)$ 则与瞬时平均动能成比例.

例3 设$\{\xi_t,t\geqslant 0\}$为维纳过程，$\xi_0\equiv 0$，像例1中证明一样，可知它是马氏过程，又

$$F(s,x;t,y)=\frac{1}{\sigma\sqrt{2\pi(t-s)}}\int_{-\infty}^{y}\mathrm{e}^{-\frac{(z-x)^2}{2\sigma^2(t-s)}\mathrm{d}z},\tag{29}$$

条件(i) ~ (iii) 都满足，这时

$$a(t,x)\equiv 0,b(t,x)\equiv\sigma^2,\tag{30}$$

所以它是扩散过程. ■

现在来推导向后与向前方程.

定理2 设$F(s,x;t,y)$为扩散过程的转移分布函数，如果偏导数

$$\frac{\partial F(s,x;,t,y)}{\partial x},\frac{\partial^2 F(s,x;t,y)}{\partial x^2}$$

存在而且对 s,x,y 及 $t(>s)$ 连续，那么 $F(s,x;t,y)$ 满足向后方程

$$\frac{\partial F(s,x;t,y)}{\partial s}$$

$$=-a(s,x)\frac{\partial F(s,x;t,y)}{\partial x}-\frac{b(s,x)}{2}\frac{\partial^2 F(s,x;t,y)}{\partial x^2}.\tag{31}$$

证 由(15) 得对 $\Delta s>0$，有

$$\frac{F(s,x;t,y)-F(s-\Delta s,x;t,y)}{-\Delta s}$$

$$=\frac{1}{\Delta s}\int_{-\infty}^{+\infty}[F(s,z;t,y)-F(s,x;t,y)]\mathrm{d}_zF(s-\Delta s,x;s,z)$$

$$=\frac{1}{\Delta s}\int_{|z-x|\geqslant\delta}[F(s,z;t,y)-F(s,x;t,y)]\mathrm{d}_zF(s-\Delta s,x;s,z)+$$

$$\frac{1}{\Delta s}\int_{|z-x|<\delta}[F(s,z;t,y)-F(s,x;t,y)]\mathrm{d}_z F(s-\Delta s,x;s,z). \tag{32}$$

由(i),右方第1项当 $\Delta s\to 0$ 时趋于0;而第2项根据假设及泰勒展开式化为

$$\frac{\partial F(s,x;t,y)}{\partial x}\frac{1}{\Delta s}\int_{|z-x|<\delta}(z-x)\mathrm{d}_z F(s-\Delta s,x;s,z)+$$

$$\frac{1}{2}\cdot\frac{\partial^2 F(s,x;t,y)}{\partial x^2}\cdot\frac{1}{\Delta s}\int_{|z-x|<\delta}\{(z-x)^2+$$

$$o[(z-x)^2]\}\mathrm{d}_z F(s-\Delta s,x;s,z),$$

当 $\Delta s\to 0$ 时,由(ii)(iii) 上式趋于

$$a(s,x)\frac{\partial F(s,x;t,y)}{\partial x}+\frac{b(s,x)}{2}\frac{\partial^2 F(s,x;t,y)}{\partial x^2}.$$

因而得证(31) 中以 $\frac{\partial^-}{\partial s}$ 换 $\frac{\partial}{\partial s}$ 后成立;利用定理1证明中理由,类似知对 $\frac{\partial^+}{\partial s}$ 也成立,从而(31) 得证. ■

以下设转移密度　$f(s,x;t,y)=\frac{\partial F(s,x;t,y)}{\partial y}$

存在,由(31) 得

$$\frac{\partial f(s,x;t,y)}{\partial s}$$

$$=-a(s,x)\frac{\partial f(s,x;t,y)}{\partial x}-\frac{b(s,x)}{2}\frac{\partial^2 f(s,x;t,y)}{\partial x^2}. \tag{33}$$

定理 3　设扩散过程的转移分布密度 $f(s,x;,t,y)$ 存在,下列偏导数

$$\frac{\partial f(s,x;t,y)}{\partial t},\quad \frac{\partial}{\partial y}[a(t,y)f(s,x;t,y)],\quad \frac{\partial^2}{\partial y^2}[b(t,y)f(s,x;t,y)]$$

也存在而且连续,又设(23)(24) 中收敛对 x 是均匀的,则 $f(s,x;t,y)$ 满足向前方程

$$\frac{\partial f(s,x;t,y)}{\partial t}=-\frac{\partial}{\partial y}[a(t,y)f(s,x;t,y)]+\frac{1}{2}\frac{\partial^2}{\partial y^2}[b(t,y)f(s,x;t,y)]. \tag{34}$$

证 任取两数 $a,b(a<b)$，及非负连续函数 $R(y)$，它有二阶连续导数，并且

$$R(y)=0,\text{如 } y<a \text{ 或 } y>b.$$

由连续性得

$$R(a)=R(b)=R'(a)=R'(b)=R''(a)=R''(b)=0. \tag{35}$$

注意

$$\int_a^b \frac{\partial f(s,x;t,y)}{\partial t}R(y)\mathrm{d}y=\lim_{\Delta t\to 0}\int_{-\infty}^{+\infty}\frac{f(s,x;t+\Delta t,y)-f(s,x;t,y)}{\Delta t}R(y)\mathrm{d}y. \tag{36}$$

由(5)有

$$f(s,x;t+\Delta t,y)=\int_{-\infty}^{+\infty}f(s,x;t,z)f(t,z;t+\Delta t,y)\mathrm{d}z,$$

代入(36)，改变积分次序，然后把 y,z 对调：

$$\begin{aligned}
&\int_a^b \frac{\partial f(s,x;t,y)}{\partial t}R(y)\mathrm{d}y\\
&=\lim_{\Delta t\to 0}\frac{1}{\Delta t}\left[\int_{-\infty}^{+\infty}\int_{-\infty}^{+\infty}f(s,x;t,z)f(t,z;t+\Delta t,y)R(y)\mathrm{d}z\mathrm{d}y-\int_{-\infty}^{+\infty}f(s,x;t,y)R(y)\mathrm{d}y\right]\\
&=\lim_{\Delta t\to 0}\frac{1}{\Delta t}\left[\int_{-\infty}^{+\infty}f(s,x;t,z)\int_{-\infty}^{+\infty}f(t,z;t+\Delta t,y)R(y)\mathrm{d}y\mathrm{d}z-\int_{-\infty}^{+\infty}f(s,x;t,y)R(y)\mathrm{d}y\right]\\
&=\lim_{\Delta t\to 0}\frac{1}{\Delta t}\int_{-\infty}^{+\infty}f(s,x;t,y)\left[\int_{-\infty}^{+\infty}f(t,y;t+\Delta t,z)R(z)\mathrm{d}z-R(y)\right]\mathrm{d}y.
\end{aligned}$$

根据泰勒展开式

$$R(z)=R(y)+(z-y)R'(y)+\frac{(z-y)^2}{2}R''(y)+o[(z-y)^2],$$

由于 $R(z)$ 有界及(i)

$$\int_{|y-z|\geqslant\delta}f(t,y;t+\Delta t,z)R(z)\mathrm{d}z=o(\Delta t),$$

$$\int_{|y-z|<\delta}f(t,y;t+\Delta t,z)\mathrm{d}z=1+o(\Delta t),$$

故

$$\int_{-\infty}^{+\infty}f(t,y;t+\Delta t,z)R(z)\mathrm{d}z-R(y)$$

$$=\int_{-\infty}^{+\infty}[R(z)-R(y)]f(t,y;t+\Delta t,z)\mathrm{d}z$$

$$=R'(y)\int_{|y-z|<\delta}(z-y)f(t,y;t+\Delta t,z)\mathrm{d}z+$$

$$\frac{1}{2}R''(y)\int_{|y-z|<\delta}[(z-y)^2+o(z-y)^2]f(t,y;t+\Delta t,z)\mathrm{d}z+$$

$$o(\Delta t).$$

于是

$$\int_a^b\frac{\partial f(s,x;t,y)}{\partial t}R(y)\mathrm{d}y$$

$$=\lim_{\Delta t\to 0}\int_{-\infty}^{+\infty}f(s,x;t,y)\left\{R'(y)\int_{|y-z|<\delta}(z-y)f(t,y;t+\right.$$

$$\Delta t,z)\mathrm{d}z+\frac{1}{2}R''(y)\int_{|y-z|<\delta}[(z-y)^2+$$

$$\left.o(z-y)^2]f(t,y;t+\Delta t,z)\mathrm{d}z+o(\Delta t)\right\}\mathrm{d}y.$$

令 $\Delta t\to 0$，根据(23)(24)中收敛的均匀性，上式右方化为

$$\int_{-\infty}^{+\infty}f(s,x;t,y)\left[a(t,y)R'(y)+\frac{1}{2}b(t,y)R''(y)\right]\mathrm{d}y.$$

又因 $R'(y)=R''(y)=0(y\leqslant a,$或 $y\geqslant b)$，故

$$\int_a^b \frac{\partial f(s,x;t,y)}{\partial t}R(y)\mathrm{d}y$$

$$=\int_a^b f(s,x;t,y)\left[a(t,y)R'(y)+\frac{1}{2}b(t,y)R''(y)\right]\mathrm{d}y. \tag{37}$$

由分部积分

$$\int_a^b f(s,x;t,y)a(t,y)R'(y)\mathrm{d}y=-\int_a^b R(y)\frac{\partial}{\partial y}[a(t,y)f(s,x;t,y)]\mathrm{d}y,$$

$$\int_a^b f(s,x;t,y)b(t,y)R''(y)\mathrm{d}y=\int_a^b R(y)\frac{\partial^2}{\partial y^2}[b(t,y)f(s,x;t,y)]\mathrm{d}y,$$

代入(37)，移项后即得

$$\int_a^b\left\{\frac{\partial f(s,x;t,y)}{\partial t}+\frac{\partial}{\partial y}[a(t,y)f(s,x;t,y)]-\right.$$

$$\left.\frac{1}{2}\frac{\partial^2}{\partial y^2}[b(t,y)f(s,x;t,y)]\right\}R(y)\mathrm{d}y=0. \tag{38}$$

由此及 $R(y)$ 的任意性即可推出(34). 实际上，设(34) 不成立，因而(38) 式积分号下大括号中表达式在某定点$(s_0,x_0;t_0,y_0)$ 上不为 0. 由假定这式中诸项连续，故存在α,β,使 $y_0\in(\alpha,\beta)$ 而且此式在(α,β) 中不变号，由 a,b 的任意性可设$a<\alpha,\beta<b$. 今取一如上的 $R(y)$，并使它在(α,β) 中大于 0 而在(α,β) 外等于 0. 对这样选定的 $R(y)$，(38) 左方积分不为 0，于是发生矛盾，故(34) 成立. ■

像(二) 中一样，在实际问题中并不是要验证 $F(s,x;t,y)$ 或 $f(s,x;t,y)$ 是否满足向后或向前方程，而是根据比较容易找到的 $a(t,x)$ 及 $b(t,x)$ 来求 $F(s,x;t,y)$ 或 $f(s,x;t,y)$，于是需要研究向后及向前方程解的存在性与唯一性问题. 在对 $a(t,x)$,$b(t,x)$ 加一些条件后，费勒曾证明满足(i)(ii)(iii) 的转移密度唯一存在.

例 4 设 $a(t,x)\equiv 0$,$b(t,x)=\sigma^2>0$,(31)(34) 分别化为

$$\frac{\partial F(s,x;t,y)}{\partial s}=\frac{-\sigma^2}{2}\frac{\partial^2 F(s,x;t,y)}{\partial x^2},$$

$$\frac{\partial F(s,x;t,y)}{\partial t}=\frac{\sigma^2}{2}\frac{\partial^2 f(s,x;t,y)}{\partial y^2}.$$

不难直接验证，下列函数是它们的解

$$F(s,x;t,y)=\frac{1}{\sigma\sqrt{2\pi(t-s)}}\int_{-\infty}^{y}\exp\left\{-\frac{(u-x)^2}{2\sigma^2(t-s)}\right\}\mathrm{d}u,$$

$$f(s,x;t,y)=\frac{1}{\sigma\sqrt{2\pi(t-s)}}\exp\left\{-\frac{(y-x)^2}{2\sigma^2(t-s)}\right\},$$

于是得到维纳过程的转移分布函数与转移密度. ■

* § 4.4 独立增量过程

（一）定义

称$\{\xi_t, t \geqslant 0\}$为独立增量过程，如果对任意正整数 n，任意 $0 \leqslant t_1 < t_2 < \cdots < t_n$ 增量

$$\xi_{t_2} - \xi_{t_1}, \xi_{t_3} - \xi_{t_2}, \cdots, \xi_{t_n} - \xi_{t_{n-1}} \tag{1}$$

是相互独立的随机变量. 称独立增量过程为齐次的，如果对任意 $s \geqslant 0, \tau > 0$，增量 $\xi_{s+\tau} - \xi_s$ 的分布函数只依赖于 τ 而不依赖 s.

泊松过程与维纳过程都是齐次独立增量过程.

例 1 设$\{\eta_n\}, n \in \mathbf{N}$ 是一列独立随机变量，定义

$$\xi_n = \sum_{k=0}^{n} \eta_k, \tag{2}$$

则$\{\xi_n\}$是一以 $T = \mathbf{N}$ 为参数集的独立增量过程，当且仅当$\{\eta_n\}$有相同分布时，$\{\xi_n\}$是齐次的.

反之，设$\{\xi_n\}, n \in \mathbf{N}$ 是独立增量过程，$\xi_0 = 0$，定义

$$\eta_n = \xi_n - \xi_{n-1} \quad (n > 0), \tag{3}$$

显然，$\{\eta_n\}$是独立随机变量列；当且仅当$\{\xi_n\}$为齐次时，$\{\eta_n\}$有相同的分布. ■

由此可见：对离散的参数集 T，任一满足 $\xi_0 = 0$ 的（齐次）独立增量过程可表为独立（同分布）随机变量列的部分和.

在独立增量过程的研究中，一个重要的问题是求出增量 $\xi_{s+\tau} - \xi_s$ 的分布函数的普遍形式. 我们已经知道，对于泊松过程，$\xi_{s+\tau} - \xi_s$ 有泊松分布 $P(\lambda\tau)$；而对维纳过程，则有正态分布 $N(0, \sigma\sqrt{\tau})$.

这问题已经圆满地解决，为了叙述简单起见，我们以后永远假定$\{\xi_t, t \geqslant 0\}$满足下列条件：

(i) 它是齐次的；

(ii) $m_2(t)=E(\xi_{s+t}-\xi_s)^2<+\infty$，一切 $t\geqslant 0$；

(iii) $m_1(t)=E(\xi_{s+t}-\xi_s)=0$，一切 $t\geqslant 0$.

并称满足条件(i) ~ (iii) 的独立增量过程为标准独立增量过程.

我们指出，条件(iii) 不是本质的，因为若(iii) 不满足，我们可以考虑过程$\{\xi_t-E\xi_t, t\in[0,+\infty)\}$.

(二) 基本定理

以 $F(x,\tau)$ 及 $f(t,\tau)$ 分别表示 $\xi_{s+\tau}-\xi_s$ 的分布函数与特征函数，我们来证明下列基本定理.

定理 1　设$\{\xi_t,t\geqslant 0\}$ 为标准独立增量过程，则①

$$\lg f(t,\tau)=-\frac{1}{2}\sigma_0^2\tau t^2+\tau\int_{-\infty}^{+\infty}\frac{e^{txi}-1-txi}{x^2}dG(x), \tag{4}$$

其中 $\sigma_0^2\geqslant 0$ 为常数，$G(x)$ 是有界、右连续单调不减函数，而且在点 $x=0$ 连续；其次，若有另一对如此的 $\tilde{\sigma}_0^2$ 及 $\widetilde{G}(x)$ 满足(4)，则

$$\sigma_0^2=\tilde{\sigma}_0^2,\quad G(x)-\widetilde{G}(x)\equiv b(\text{常数}).$$

在证明以前，先来看一些特殊情形.

(i) 设 $\sigma_0^2>0$，$G(x)\equiv a$(常数)，则(4) 化为

$$\lg f(t,\tau)=-\frac{1}{2}\sigma_0^2\tau t^2. \tag{5}$$

这表示 $\xi_{s+\tau}-\xi_s$ 有正态分布 $N(0,\sigma_0\sqrt{\tau})$，从而$\{\xi_t,t\geqslant 0\}$ 是维纳过程.

(ii) 设 $\sigma_0=0$，$G(x)=\lambda c^2\varepsilon(x-c)$(图 4-7)，其中 $\varepsilon(x-c)=0$ 或 1，视 $x<c$ 或 $x\geqslant c$ 而定，又 $\lambda>0$，$c\neq 0$ 为两常数，这时(4) 化为 $\lg f(t,\tau)=\lambda\tau(e^{cti}-1-cti)$.

这表明 $\xi_{s+\tau}-\xi_s+\lambda c\tau$ 的特征函数为

$$\exp[\lambda\tau(e^{cti}-1)]. \tag{6}$$

---

① (4) 中被积函数$\frac{e^{txi}-1-txi}{x^2}$在 $x=0$ 按连续性补定义为 $-\frac{t^2}{2}$，$\lg f$ 取主值.

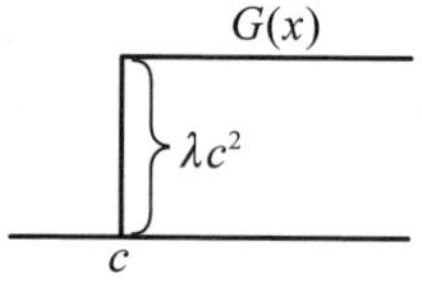

图 4-7　$\lambda c^2\varepsilon(x-c)$ 的图

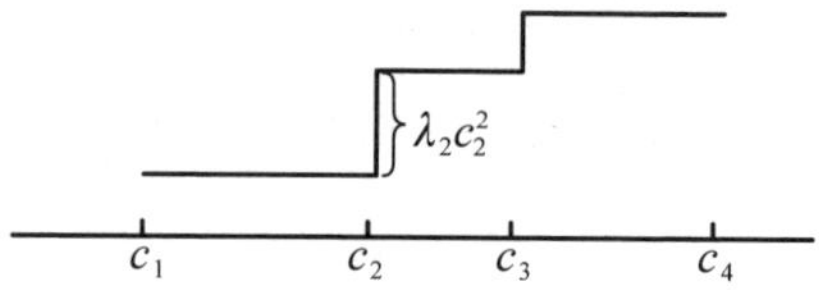

图 4-8　$\sum_{k=1}^{n}\lambda_k c_k^2\varepsilon(x-c_k)$ 的图

它是下列离散分布

$$\begin{pmatrix} 0 & c & 2c & \cdots \\ p_0 & p_1 & p_2 & \cdots \end{pmatrix};\quad p_k=\mathrm{e}^{-\lambda\tau}\frac{(\lambda\tau)^k}{k!} \tag{7}$$

的特征函数(证仿 §2.11 例 2). 称此分布为广泊松分布,并记为 $P(\lambda,c)$;当 $c=1$ 时化为泊松分布.

(iii) 设 $\sigma_0^2>0$, $G(x)=\sum_{k=1}^{n}\lambda_k c_k^2\varepsilon(x-c_k)$(图 4-8),其中 $c_1<c_2<\cdots<c_n, c_k\neq 0, \lambda_k>0$ 都为常数. 这时(4) 化为

$$\lg f(t,\tau)=-\frac{1}{2}\sigma_0^2\tau t^2+\tau\cdot\sum_{k=1}^{n}\lambda_k(\mathrm{e}^{c_k t\mathrm{i}}-1-c_k t\mathrm{i}), \tag{8}$$

这说明 $\xi_{s+\tau}-\xi_s+\tau\sum_{k=1}^{n}\lambda_k c_k$ 的分布是正态分布 $N(0,\sigma_0\sqrt{\tau})$ 与 n 个广泊松分布 $P(\lambda_k,c_k)(k=1,2,\cdots,n)$ 的卷积.

定理 1 之证　分四步:

(i) 由增量的独立性及

$$\xi_{s+\tau_1+\tau_2}-\xi_s=(\xi_{s+\tau_1}-\xi_s)+(\xi_{s+\tau_1+\tau_2}-\xi_{s+\tau_1}), \tag{9}$$

知 $\xi_{s+\tau_1+\tau_2}-\xi_s$ 是两独立随机变量的和,故前者的分布函数是后两者的分布函数的卷积. 由齐次性得

$$F(x,\tau_1+\tau_2)=F(x,\tau_1)*F(x,\tau_2); \tag{10}$$

$$f(t,\tau_1+\tau_2)=f(t,\tau_1)f(t,\tau_2). \tag{11}$$

由(11) 得

$$f(t,1)=\left[f\left(t,\frac{1}{n}\right)\right]^n,\quad f\left(t,\frac{1}{n}\right)=[f(t,1)]^{\frac{1}{n}},$$

$$f\left(t,\frac{m}{n}\right)=f\left(t,\frac{1}{n}\right)^{m}=[f(t,1)]^{\frac{m}{n}},$$

由此及特征函数的连续性，像 §2.4(9) 的证明一样，可知对任意 $\tau>0$，有

$$f(t,\tau)=[f(t,1)]^{\tau}. \tag{12}$$

试证 $f(t,\tau)\neq 0$，因而 $\lg f(t,\tau)$ 有意义. 实际上，再由(11) 得 $f(t,\tau)=\left[f\left(t,\frac{\tau}{n}\right)\right]^{n}$，故$[f(t,\tau)]^{\frac{1}{n}}$ 是一特征函数. 令

$$g(t,\tau)=\lim_{n\to+\infty}[f(t,\tau)]^{\frac{1}{n}}.$$

由于 $f(0,\tau)=1$ 及特征函数 $f(t,\tau)$ 的连续性，存在 $a>0$，使 $f(t,\tau)\neq 0$，$|t|<a$，于是 $g(t,\tau)=1$，$|t|<a$. 这说明特征函数列$\{[f(t,\tau)]^{\frac{1}{n}}\}$的极限 $g(t,\tau)$ 在 $|t|<a$ 连续，由 §3.2 知 $g(t,\tau)$ 也是特征函数，从而它对 $t\in\mathbf{R}$ 连续. 但由定义 $g(t,\tau)$ 只能取值 0 或 1，故 $g(t,\tau)\equiv 1$(一切 $t\in\mathbf{R}$)；$f(t,\tau)\neq 0$，一切$t\in\mathbf{R}$，$\tau>0$.

根据等式
$$\lg a=\lim_{\delta\to+\infty}\frac{a^{\delta}-1}{\delta}$$

及(12) 得

$$\lg f(t,\tau)=\tau\lg f(t,1)=\tau\lim_{\Delta\tau\to 0}\frac{f(t,1)^{\Delta\tau}-1}{\Delta\tau}$$
$$=\tau\lim_{\Delta\tau\to 0}\frac{f(t,\Delta\tau)-1}{\Delta\tau}. \tag{13}$$

下面的证明路线是想以 $F(x,\Delta\tau)$ 来代替 $f(t,\Delta\tau)$，然后令 $\Delta\tau\to 0$ 而取极限以得(4). 为此先做些准备.

(ii) 由假定标准独立增量过程的条件(ii) 及 §2.11(一)(v)，可对 t 微分(12) 两次而得

$$f''(t,\tau)=\tau(\tau-1)f^{\tau-2}(t,1)f'^{2}(t,1)+\tau f^{\tau-1}(t,1)f''(t,1).$$

取 $t=0$ 并注意由假定(c)

$$f'(0,\tau)=\mathrm{i}E(\xi_{s+\tau}-\xi_{s})=0. \tag{14}$$

可见 $\xi_{s+\tau}-\xi_s$ 的方差 $D(\tau)$ 为

$$D(\tau)=\tau D(1)=\tau\sigma^2, \tag{15}$$

其中常数 $\sigma^2=D(1)\geqslant 0$. 如果 $\sigma^2=0$，那么(4) 对 $\sigma_0=0$，$G(x)\equiv b$(b 为任意常数) 显然成立，故以下设 $\sigma^2>0$.

(iii) 由定义 $f(t,\Delta\tau)=E\mathrm{e}^{t(\xi_{s+\Delta\tau}-\xi_s)\mathrm{i}}=\int_{-\infty}^{+\infty}\mathrm{e}^{tx\mathrm{i}}\mathrm{d}F(x,\Delta\tau)$.

由(14)，$\int_{-\infty}^{+\infty}x\mathrm{d}F(x,\Delta\tau)=0$，故

$$\frac{1}{\Delta\tau}[f(t,\Delta\tau)-1]=\frac{1}{\Delta\tau}\int_{-\infty}^{+\infty}(\mathrm{e}^{tx\mathrm{i}}-1-tx\mathrm{i})\mathrm{d}F(x,\Delta\tau). \tag{16}$$

由假定标准独立增量过程的条件(ii) 可引进辅助函数

$$H(x,\Delta\tau)=\frac{1}{\Delta\tau}\int_{-\infty}^{x}\xi^2\mathrm{d}F(\xi,\Delta\tau), \tag{17}$$

显然 $H(x,\Delta\tau)$ 对 x 单调不减，右连续而且由(15)

$$\lim_{x\to-\infty}H(x,\Delta\tau)=0,\quad \lim_{x\to+\infty}H(x,\Delta\tau)=\sigma^2. \tag{18}$$

由(13)(16)(17) 得

$$\lg f(t,\tau)=\tau\lim_{\Delta\tau\to 0}\int_{-\infty}^{+\infty}\frac{(\mathrm{e}^{tx\mathrm{i}}-1-tx\mathrm{i})}{x^2}\mathrm{d}H(x,\Delta\tau).$$

取一列 $\Delta_n\tau\to 0$，运用黑利第一定理于 $H(x,\Delta_n\tau)$ 后，可见存在单调不减右连续函数 $H(x)$ 使某子列 $H(x,\Delta_{n_v}\tau)$ 在 $H(x)$ 的连续点上收敛于 $H(x)(v\to+\infty)$，再由黑利第二定理(§3.7)，知

$$\lg f(t,\tau)=\tau\int_{-\infty}^{+\infty}\frac{(\mathrm{e}^{tx\mathrm{i}}-1-tx\mathrm{i})}{x^2}\mathrm{d}H(x), \tag{19}$$

显然 $H(-\infty)\equiv\lim\limits_{x\to-\infty}H(x)\geqslant 0$；　$H(+\infty)\equiv\lim\limits_{x\to+\infty}H(x)\leqslant\sigma^2$.
我们证明，上两式中等号成立. 实际上，由(19)，当 t 充分小时

$$\lg f(t,\tau)=-\frac{1}{2}\tau t^2\{H(+\infty)-H(-\infty)\}+o(t^2).$$

另一方面，把 $f(t,\tau)$ 在 $\tau=0$ 按泰勒展开，并利用(14)(15)，得

$$f(t,\tau)=1-\frac{1}{2}\theta\sigma^2t^2\tau\quad(|\theta|\leqslant 1),$$

于是 $$\lg f(t,\tau)=-\frac{1}{2}\sigma^2t^2\tau+o(t^2).$$

与上面的结果比较,即得

$$H(-\infty)=0,\quad H(+\infty)=\sigma^2. \tag{20}$$

今定义 σ_0^2 及 $G(x)$:

$$0\leqslant\sigma_0^2=H(0)-H(0-)\leqslant\sigma^2, \tag{21}$$

$$G(x)=H(x)-\sigma_0^2\cdot\varepsilon(x),$$

则 $G(x)$ 有界右连续、单调不减,而且在 $x=0$ 连续

$$G(-\infty)=0,\quad G(+\infty)=\sigma_1^2=\sigma^2-\sigma_0^2. \tag{22}$$

利用此 σ_0^2 及 $G(x)$,可改写(19) 式为(4).

(iv) 下证(4) 中 $G(x)$ 及 σ_0^2 的唯一性. 由假定标准独立增量过程的条件(ii),可把(19) 对 t 微分两次而得

$$\int_{-\infty}^{+\infty}\mathrm{e}^{tx\mathrm{i}}\mathrm{d}H(x)=-\frac{1}{\tau}\frac{\partial^2}{\partial t^2}\lg f(t,\tau).$$

但 $\dfrac{H(x)}{\sigma^2}$ 是一分布函数,它应由自己的特征函数决定,故 $H(x)$,因而 $G(x)$,除差一常数被加项外,被 $f(t,\tau)$ 唯一决定[从而附带证明了上述子列 $\{H(x,\Delta_{n_v}\tau)\}$ 的极限 $H(x)$(它还满足(20))不依赖于 $\{n_v\}$ 的选择,即 $\lim\limits_{\Delta\tau\to0}H(x,\Delta\tau)=H(x)$,只要 x 是 H 的连续点]. 再由(21) 即得 σ_0^2 的唯一性. ■

我们对定理 1 中的 $G(x)$ 作些解释:由(17)(19),对 $x<0$,当 $\Delta\tau\to0$ 时,由黑利第二定理,有

$$\frac{F(x,\Delta\tau)}{\Delta\tau}=\int_{-\infty}^{x}\frac{\mathrm{d}H(\xi,\Delta\tau)}{\xi^2}\to\int_{-\infty}^{x}\frac{\mathrm{d}G(\xi)}{\xi^2}=\varphi_1(x), \tag{23}$$

对 $x>0$,

$$\frac{1-F(x,\tau)}{\Delta\tau}=\int_{x}^{+\infty}\frac{\mathrm{d}H(\xi,\Delta\tau)}{\xi^2}\to\int_{x}^{+\infty}\frac{\mathrm{d}G(\xi)}{\xi^2}=\varphi_2(x), \tag{24}$$

只要 x 是 $G(x)$ 的连续点. 改写上两式为

$$F(x,\Delta\tau)=\varphi_1(x)\Delta\tau+o(\Delta\tau),\ x<0,$$

$$1-F(x,\Delta\tau)=\varphi_2(x)\Delta\tau+o(\Delta\tau),\ x>0.$$

亦即在充分小的长为 $\Delta\tau$ 的区间中，对增量 $\xi_{s+\Delta\tau}-\xi_s$，有

$$P(\xi_{s+\Delta\tau}-\xi_s\leqslant x)=\varphi_1(x)\Delta\tau+o(\Delta\tau),\ x<0,$$

$$P(\xi_{s+\Delta\tau}-\xi_s>x)=\varphi_2(x)\Delta\tau+o(\Delta\tau),\ x>0.$$

这两式说明了 $\varphi_1(x)$ 及 $\varphi_2(x)$ 的概率意义：增量不超过 $x(x<0)$ 的概率约为 $\varphi_1(x)\Delta\tau$，大于 $x(x>0)$ 的概率约为 $\varphi_2(x)\Delta\tau$，误差为一比 $\Delta\tau$ 高阶的小量.

从例 1 自然想到，标准独立增量过程也许可看成独立同分布的随机变量的部分和，不过参数集 T 要从离散集 $\mathbf{N}$ 过渡到全体非负实数集，因而“求和”要理解为“积分”. 这样便自然猜想：标准独立增量过程也应具有独立、同分布、方差有穷的随机变量的和的性质. 作为中心极限定理的类似结果，我们来证明下面的定理 2. 为简单起见，不妨设

$$\xi_0\equiv 0 \tag{25}$$

（否则考虑过程 $\{\xi_t-\xi_0,t\geqslant 0\}$）. 像 § 4.3 中证明泊松过程是马氏过程一样，可见满足(25)的独立增量过程是马氏过程. 由于 $\xi_\tau=\xi_\tau-\xi_0$，知 ξ_τ 的分布函数与特征函数分别为 $F(x,\tau)$，$f(t,\tau)$，方差为 $\tau\sigma^2$，期望为 0，与 § 3.4(2) 中标准化部分和相当的是随机变量

$$\frac{\xi_\tau}{\sqrt{D(\tau)}}=\frac{\xi_\tau}{\sigma\sqrt{\tau}}.$$

以下总设 $\sigma>0$.

定理 2 标准独立增量过程 $\{\xi_t,t\geqslant 0\}$ 若满足条件(25)，又 $E\xi_t^2=D(t)>0\quad(t>0)$，则关于 x 均匀地有

$$\lim_{\tau\to+\infty}P\left(\frac{\xi_\tau}{\sigma\sqrt{\tau}}\leqslant x\right)=\frac{1}{\sqrt{2\pi}}\int_{-\infty}^{x}\mathrm{e}^{-\frac{y^2}{2}}\mathrm{d}y. \tag{26}$$

证 记 $\dfrac{\xi_\tau}{\sigma\sqrt{\tau}}$ 的特征函数为 $\bar{f}(t,\tau)$，则

$$\bar{f}(t,\tau) = f\left(\frac{t}{\sigma\sqrt{\tau}},\tau\right).$$

以$\frac{t}{\sigma\sqrt{\tau}}$代入(4)中的 t,得

$$\lg \bar{f}(t,\tau) = -\frac{\sigma_0^2}{2\sigma^2}t^2 + \tau\int_{-\infty}^{+\infty}\frac{1}{x^2}\left[e^{\frac{tx\mathrm{i}}{\sigma\sqrt{\tau}}} - 1 - \frac{tx\mathrm{i}}{\sigma\sqrt{\tau}}\right]\mathrm{d}G(x)$$

$$= -\frac{t^2}{2} + \frac{\sigma^2-\sigma_0^2}{2\sigma^2}t^2 + \tau\int_{-\infty}^{+\infty}\frac{1}{x^2}\left[e^{\frac{tx\mathrm{i}}{\sigma\sqrt{\tau}}} - 1 - \frac{tx\mathrm{i}}{\sigma\sqrt{\tau}}\right]\mathrm{d}G(x).$$

由(22),$\sigma^2 - \sigma_0^2 = \int_{-\infty}^{+\infty}\mathrm{d}G(x)$,代入上式得

$$\lg \bar{f}(t,\tau) = -\frac{t^2}{2} + \tau\int_{-\infty}^{+\infty}\frac{1}{x^2}\left[e^{\frac{tx\mathrm{i}}{\sigma\sqrt{\tau}}} - 1 - \frac{tx\mathrm{i}}{\sigma\sqrt{\tau}} - \frac{1}{2}\left(\frac{tx\mathrm{i}}{\sigma\sqrt{\tau}}\right)^2\right]\mathrm{d}G(x).$$

因为被积号下方括号中的表达式当 $\tau\to+\infty$ 时与 $\tau^{-\frac{3}{2}}$ 同级,所以

$$\lim_{\tau\to+\infty}\lg \bar{f}(t,\tau) = -\frac{t^2}{2};$$

$$\lim_{\tau\to+\infty}\bar{f}(t,\tau) = e^{-\frac{t^2}{2}}.\ \blacksquare$$

§4.5 平稳过程

（一）平衡性

另一类重要的过程是平稳过程，这类过程在无线电技术和自动控制等方面有着广泛的应用. 先来考察 §4.2 中例 4，随着时间的演变，工作条件不断发生变化（原料的质量、机器的性能、人的工作态度、自然条件如温度等的改变等），纺出纱的横截面直径自然会有波动. 但若**工作条件基本上稳定**，没有剧烈的变化，则当我们同时观察 n 根纱 $\omega_1, \omega_2, \cdots, \omega_n$，并以 $\xi_t(\omega_i)$ 表示纱 ω_i 在 t 时的横截面的直径时，如果用 $G_t(x)$ 来记在 t 时横截面直径不超过定数 x 的纱的根数与 n 的比，即

$$G_t(x) = \frac{\text{满足“}\xi_t(\omega_i) \leqslant x\text{”的 } i \text{ 的个数}}{n}, \tag{1}$$

那么，对充分大的 n，就会发现①：对任意实数 τ， $G_t(x) \approx G_{t+\tau}(x)$. 就是说，这个比值在不同的时间基本上是不变的（或者说，稳定的）. 更一般地，有

$$G_{t_1, t_2, \cdots, t_n}(x_1, x_2, \cdots, x_n) \approx G_{t_1+\tau, \cdots, t_n+\tau}(x_1, x_2, \cdots, x_n), \tag{2}$$

其中

$$G_{s_1, s_2, \cdots, s_n}(x_1, x_2, \cdots, x_n)$$
$$= \frac{\text{满足“}\xi_{s_1}(\omega_i) \leqslant x_1, \cdots, \xi_{s_n}(w_i) \leqslant x_n\text{”的 } i \text{ 的个数}}{n}. \tag{3}$$

这种思想引导到一般的定义：

设 $\{\xi_t(\omega), t \in \mathbf{R}\}$ 是概率空间 $(\Omega, \mathcal{F}, P)$ 上的随机过程. 如果对任意正整数 n，任意实数 $t_i, x_i (i = 1, 2, \cdots, n)$ 及 τ，有

---

① 下面的记号“≈”表示“近似”.

$$P(\omega:\xi_{t_1}(\omega)\leqslant x_1,\cdots,\xi_{t_n}(\omega)\leqslant x_n)$$
$$=P(\omega:\xi_{t_1+\tau}(\omega)\leqslant x_1,\cdots,\xi_{t_n+\tau}(\omega)\leqslant x_n),\qquad(4)$$

就称它为平稳过程.

全体函数

$$F_{t_1,t_2,\cdots,t_n}(x_1,x_2,\cdots,x_n)=P(\xi_{t_1}\leqslant x_1,\xi_{t_2}\leqslant x_2,\cdots,\xi_{t_n}\leqslant x_n)\qquad(5)$$

构成此过程的有穷维分布函数族(§4.2),所以上面的定义也可以转述为:如果随机过程的一切有穷维分布函数不随时间的推移而改变,那么就称此过程是平稳过程.

对任一随机过程,可以像对随机变量一样来定义它的各阶矩(如果存在的话).

$$E\xi_{t_1}^{m_1}\xi_{t_2}^{m_2}\cdots\xi_{t_n}^{m_n}=$$
$$\int_{-\infty}^{+\infty}\cdots\int_{-\infty}^{+\infty}x_1^{m_1}x_2^{m_2}\cdots x_n^{m_n}\,\mathrm{d}_{x_1,x_2,\cdots,x_n}F_{t_1,t_2,\cdots,t_n}(x_1,x_2,\cdots,x_n),\qquad(6)$$

特别地，$$E\xi_{t+\tau}\xi_t=\int_{-\infty}^{+\infty}\int_{-\infty}^{+\infty}x_1x_2\,\mathrm{d}_{x_1,x_2}F_{t,t+\tau}(x_1,x_2).\qquad(7)$$

对于平稳过程$\{\xi_t,t\in\mathbf{R}\}$,由于

$$F_{t_1,t_2,\cdots,t_n}(x_1,x_2,\cdots,x_n)=F_{t_1+\tau,t_2+\tau,\cdots,t_n+\tau}(x_1,x_2,\cdots,x_n),\qquad(8)$$

所以如果假定 $E\xi_{t+\tau}\xi_t$ 存在,那么由(7)(8) 可见

$$B(\tau)\equiv E\xi_{t+\tau}\xi_t=E\xi_\tau\xi_0\qquad(9)$$

与 t 无关,而只依赖于 τ. 换句话说,二阶矩不随时间推移而变,其实这对各阶矩都正确,只要它们存在.

二阶矩 $E\xi_{t+\tau}\xi_t(t\in\mathbf{R},\tau\in\mathbf{R})$ 只能粗浅地刻画过程的性质,远远不能决定有穷维分布函数族;正如我们所知的,随机变量的各阶矩一般都不能决定分布函数一样. 虽然如此,在许多实际问题中,往往只需要过程的二阶矩性质(即能通过二阶矩来表达的性质),也往往因为二阶矩远比有穷维分布函数族容易观察到,所以二阶矩有时能起到重要的作用,这样就产生了弱平稳过程的概念.

对随机过程$\{\xi_t,t\in\mathbf{R}\}$, 如果(9) 式成立, 即如果 $B(\tau)=$

$E\xi_{t+\tau}\xi_t$ 不依赖于 t，就称该过程为弱平稳过程.

我们指出，平稳过程未必是弱平稳的，因为它的 $B(\tau)$ 不一定存在；弱平稳过程更未必是平稳的，因为由(9) 一般不能推出(8).

弱平稳的概念可以推广到复随机过程. 称定义在概率空间 $(\Omega,\mathcal{F},P)$ 上的复值函数

$$\xi(\omega) = \eta(\omega) + \mathrm{i}\zeta(\omega)$$

为复随机变量，如果它的实、虚部分 $\eta(\omega)$，$\zeta(\omega)$ 是两个(实值) 随机变量. $\xi(\omega)$ 的数学期望 $E\xi$ 定义为

$$E\xi = E\eta + \mathrm{i}E\zeta,$$

只要 $E\eta$，$E\zeta$ 存在.

今如对每一 $t \in T(\subset \mathbf{R})$，存在一复随机变量 $\xi_t(\omega)$，就称 $\{\xi_t(\omega), t \in T\}$ 为一复随机过程.

以后用 $\bar{a}$ 表示 $a = b + c\mathrm{i}$ 的共轭数，即 $\bar{a} = b - c\mathrm{i}$.

设$\{\xi_t(\omega), t \in \mathbf{R}\}$ 为复随机过程，如果对一切 $t,\tau \in \mathbf{R}$ 等式

$$B(\tau) \equiv E\xi_{t+\tau}\bar{\xi}_t = E\xi_\tau\bar{\xi}_0 \tag{10}$$

成立(这里自然蕴含着一切 $E\xi_{t+\tau}\bar{\xi}_t$ 都存在的假定)，就称此过程为弱平稳过程；并称 $B(\tau)(\tau \in \mathbf{R})$ 为它的相关函数，$B(\tau)$ 一般取复值.

相关函数 $B(\tau)$ 是弱平稳过程的重要特征，它决定了过程的二阶矩性质. 本节以下的内容就围绕 $B(\tau)$ 来叙述.

以上我们只讨论了过程的参数集 $T = \mathbf{R}$ 的情形，对其他的 T 可类似地下定义，特别当 $T = N \equiv \mathbf{Z}$ 时，我们得到了弱平稳**序列** $\{\xi_n, n \in \mathbf{N}\}$.

(二) 例

例 1 设$\{\xi_n, n \in \mathbf{N}\}$ 为复随机变量列，满足条件

$$E\xi_{n+\tau}\xi_n = \begin{cases} 1, & \tau = 0, \\ 0, & \tau \neq 0, \end{cases} \tag{11}$$

这时，$B(\tau) = E\xi_{n+\tau}\bar{\xi}_n$ 与 n 无关，故是一弱平稳序列.

特别地，若 $\{\xi_n, n \in \mathbf{N}\}$ 取实值，相互独立，而且

$$E\xi_n = 0, D\xi_n = 1, \tag{12}$$

则(11) 满足. 物理上称此 $\{\xi_n, n \in \mathbf{N}\}$ 为"白噪声"，它是一种随机干扰的数学模型，这种干扰普遍存在于电流的波动、通信设备各部分的波动、电子发射的波动等各种波动现象中. ■

例 2　设 $\{z_n, n \geqslant 1\}$ 为一列复随机变量，使

$$Ez_{n+\tau}\bar{z}_n = \begin{cases} b_n, & \tau = 0, \\ 0, & \tau \neq 0, \end{cases}$$

其中 $\sum\limits_{n=1}^{+\infty} b_n < +\infty$（注意 $b_n = E|z_n|^2$ 为实数），任取一列实数 $\{\lambda_k, k \geqslant 1\}$ 而定义

$$\xi_t = \sum_{k=1}^{+\infty} z_k e^{\lambda_k t i}, \ t \in \mathbf{R}, \tag{13}$$

这级数的收敛性用均方收敛（§3.1）. 我们证明，$\{\xi_t, t \in \mathbf{R}\}$ 是弱平稳过程.

先证(13) 中级数的确是均方收敛的. 为此，只要验证柯西的收敛判别准则（它对均方收敛仍有效）满足. 当 $n > m$ 而 $m \to +\infty$ 时，

$$E\left|\sum_{k=m}^{n} z_k e^{\lambda_k t i}\right|^2 = \sum_{k=m}^{n} E|z_k|^2 = \sum_{k=m}^{n} b_k \to 0.$$

为了验证弱平稳性，需要下列有用的事实：

$$E(\underset{n\to+\infty}{\mathrm{l.i.m}}\ \eta_n) = \lim_{n\to+\infty} E\eta_n, \tag{14}$$

这里 l. i. m 表示均方收敛. 实际上，设 $\eta = \underset{n\to+\infty}{\mathrm{l.i.m}}\ \eta_n$，由柯西 - 布尼亚科夫斯基不等式

$$|E\eta - E\eta_n| = |E(\eta - \eta_n)| \leqslant \sqrt{E|\eta - \eta_n|^2} \to 0 (n \to +\infty).$$

再来验证弱平稳性：由(13) 得

$$E\xi_{t+\tau}\bar{\xi}_t = E\left[\left(\sum_{k=1}^{+\infty} z_k e^{\lambda_k (t+\tau) i}\right)\left(\sum_{j=1}^{+\infty} \bar{z}_j e^{-\lambda_j t i}\right)\right]$$

$$= \sum_{k=1}^{+\infty} E \mid z_k \mid^2 \mathrm{e}^{\lambda_k \tau \mathrm{i}} = \sum_{k=1}^{+\infty} b_k \mathrm{e}^{\lambda_k \tau \mathrm{i}}, \tag{15}$$

故 $E\xi_{t+\tau}\bar{\xi}_t$ 与 t 无关. 对照(13)(15) 是有益的. ■

例 3 考虑一个具有参数为 λ 的泊松流（§2.4），以 τ_j 表示此流中第 j ($j \geqslant 1$) 个质点出现的时刻，因而以概率 1 有

$$0 \equiv \tau_0 < \tau_1 < \tau_2 < \cdots.$$

今定义

$$\xi_t = \begin{cases} h, & t \in [\tau_{2j}, \tau_{2j+1}), \\ -h, & t \in [\tau_{2j+1}, \tau_{2j+2}),\ j \in \mathbf{N}, \end{cases} \tag{16}$$

则 $\{\xi_t, t \geqslant 0\}$ 是一弱平稳过程.

实际上，由(16)，$\xi_{t+\tau}\xi_t$ 的值是 h^2 或 $-h^2$，随区间 $(t, t+\tau]$，$\tau > 0$（或 $(t+\tau, t]$，$\tau < 0$）中包含偶数个或奇数个 τ_j 而定，这里 0 算偶数. 由 §2.4，知长为 $|\tau|$ 的区间 $(t, t+\tau]$ 或 $(t+\tau, t]$ 内含 k 个 τ_j 的概率为

$$p_k = \mathrm{e}^{-\lambda|\tau|} \cdot \frac{\lambda^k |\tau|^k}{k!}, \tag{17}$$

故

$$E\xi_{t+\tau}\xi_t = \sum_{k=0}^{+\infty} h^2 p_{2k} - \sum_{k=0}^{+\infty} h^2 p_{2k+1} = h^2 \mathrm{e}^{-\lambda|\tau|} \sum_{k=0}^{+\infty} \frac{(-\lambda|\tau|)^k}{k!}$$
$$= h^2 \mathrm{e}^{-2\lambda|\tau|},$$

与 t 无关，故 $\{\xi_t, t \geqslant 0\}$ 是弱平稳过程.

这例在电报信号中有用，信号由异号的电流符号发送，有一定的持续时间，电流值只取 h 或 $-h$，我们假定此值改号的时刻 $\{\tau_j\}$ 构成一泊松流（如图 4-9）. ■

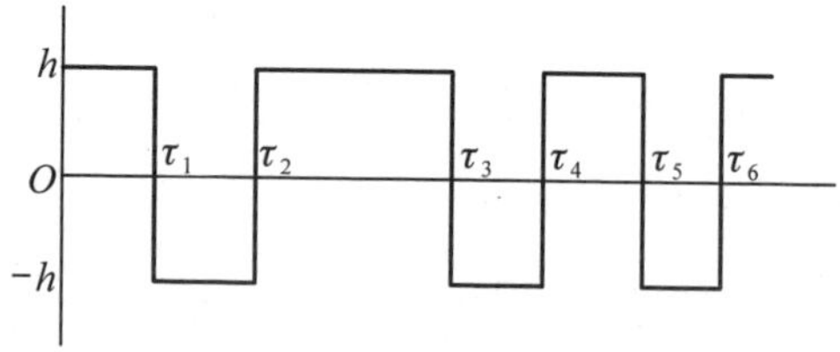

图 4-9

例 4　实值随机过程$\{\xi_t, t\in\mathbf{R}\}$称为正态的(或高斯的)，如果其中任意有穷多个$\xi_{t_1},\xi_{t_2},\cdots,\xi_{t_n}$的联合分布是正态的. 设$\xi_{t_1}$，$\xi_{t_2},\cdots,\xi_{t_n}$的联合密度函数为

$$f_{\xi_{t_1},\xi_{t_2},\cdots,\xi_{t_n}}(x_1,x_2,\cdots,x_n)$$
$$=\frac{1}{(2\pi)^{\frac{n}{2}}\mid \boldsymbol{B}\mid^{\frac{1}{2}}}\exp\left\{-\frac{1}{2}\sum_{j,k=1}^{n} r_{jk}(x_j-a_j)(x_k-a_k)\right\},\qquad(18)$$

其中$\boldsymbol{B}$为对称正定n阶矩阵，$(r_{jk})=\boldsymbol{B}^{-1}$. 由 §2.12 定理 2，知此过程的二阶矩存在，而且

$$\begin{cases}E\xi_{t_j}=a_j,\\ E(\xi_{t_j}-a_j)(\xi_{t_k}-a_k)=b_{jk}.\end{cases}\qquad(19)$$

今设
$$E\xi_t\equiv a(\text{常数}),\qquad(20)$$

我们证明，对满足(20)的正态过程，平稳性与弱平稳性等价. 实际上，由正态性，$E\xi_{t+\tau}\xi_t$存在，据平稳性知它与t无关，故得弱平稳性. 反之，由正态性知$\xi_{t_1},\xi_{t_2},\cdots,\xi_{t_n}$的密度为(18)，又$\xi_{t_1+\tau}$，$\xi_{t_2+\tau},\cdots,\xi_{t_n+\tau}$的密度为

$$f_{\xi_{t_1+\tau},\xi_{t_2+\tau},\cdots,\xi_{t_n+\tau}}(x_1,x_2,\cdots,x_n)$$
$$=\frac{1}{(2\pi)^{\frac{n}{2}}\mid \widetilde{\boldsymbol{B}}\mid^{\frac{1}{2}}}\exp\left\{-\frac{1}{2}\sum_{j,k=1}^{n}\widetilde{r}_{jk}(x_j-\widetilde{a}_j)(x_k-\widetilde{a}_k)\right\},$$

由(20)及(19)及弱平稳性知

$$a_j=E\xi_{t_j}=a=E\xi_{t_j+\tau}=\widetilde{a}_j,$$
$$b_{jk}=E(\xi_{t_j}-a)(\xi_{t_k}-a)=E\xi_{t_j}\xi_{t_k}-a^2$$
$$=E\xi_{t_j+\tau}\xi_{t_k+\tau}-a^2=E(\xi_{t_j+\tau}-a)(\xi_{t_k+\tau}-a)=\widetilde{b}_{jk}.$$

于是　$f_{\xi_{t_1},\xi_{t_2},\cdots,\xi_{t_n}}(x_1,x_2,\cdots,x_n)=f_{\xi_{t_1+\tau},\xi_{t_2+\tau},\cdots,\xi_{t_n+\tau}}(x_1,x_2,\cdots,x_n)$，

故过程是平稳的. ■

(三) 相关函数

设$B(\tau)(\tau\in\mathbf{R})$是弱平稳过程$\{\xi_t,t\in\mathbf{R}\}$的相关函数，它必定具有下列性质：

(i) $B(0) \geqslant 0$；

(ii) $|B(\tau)| \leqslant B(0)$；

(iii) $B(-\tau) = B(\tau)$；

(iv) 非负定性. 对任意正整数 n，任意实数 t_i，任意复数 a_i，$i = 1, 2, \cdots, n$，有

$$\sum_{j,k=1}^{n} B(t_j - t_k) a_j \bar{a}_k \geqslant 0.$$

实际上，$B(0) = E|\xi_t|^2 \geqslant 0$；又

$$|B(\tau)|^2 = |E\xi_{t+\tau}\bar{\xi}_t|^2 \leqslant E|\xi_{t+\tau}|^2 \cdot E|\xi_t|^2 = [B(0)]^2,$$

$$B(-\tau) = E\bar{\xi}_{t+\tau}\xi_t = E\overline{\xi_{t+\tau}\bar{\xi}_t} = \overline{B(\tau)}.$$

最后
$$\begin{aligned}\sum_{j,k=1}^{n} B(t_j - t_k) a_j \bar{a}_k &= E\Big[\sum_{j,k=1}^{n} \xi_{t_j}\bar{\xi}_{t_k} a_j \bar{a}_k\Big] \\ &= E\Big[\Big(\sum_{j=1}^{n} \xi_{t_j} a_j\Big)\overline{\Big(\sum_{k=1}^{n} \xi_{t_k} a_k\Big)}\Big] \\ &= E\Big|\sum_{j=1}^{n} \xi_{t_j} a_j\Big|^2 \geqslant 0.\end{aligned}$$

重要的一类弱平稳过程是均方连续的弱平稳过程，称弱平稳过程$\{\xi_t, t \in \mathbf{R}\}$ 为均方连续的，如果对任意的 $t \in \mathbf{R}$，有

$$\lim_{h \to +\infty} E|\xi_{t+h} - \xi_t|^2 = 0.$$

我们所以考虑**均方**收敛下的连续性是因为均方收敛是二阶矩性质.

引理　弱平稳过程$\{\xi_t, t \in \mathbf{R}\}$ 均方连续的充分必要条件是它的相关函数 $B(\tau)$ 在 $\mathbf{R}$ 上连续.

证　由等式

$$\begin{aligned}E|\xi_{t+\tau} - \xi_t|^2 &= E[\xi_{t+\tau} - \xi_t]\overline{[\xi_{t+\tau} - \xi_t]} \\ &= 2B(0) - B(\tau) - \overline{B(\tau)}.\end{aligned} \tag{21}$$

得证**充分性**. **必要性**则由下式得到：

$$|B(t+\tau) - B(t)| = |E\xi_{t+\tau}\bar{\xi}_0 - E\xi_t\bar{\xi}_0|$$

$$= | E(\xi_{t+\tau} - \xi_t)\bar{\xi}_0 | \leqslant \{E | \xi_{t+\tau} - \xi_t |^2 \cdot E | \xi_0 |^2\}^{\frac{1}{2}}$$

$$= \{E | \xi_{t+\tau} - \xi_t |^2 \cdot B(0)\}^{\frac{1}{2}}. \blacksquare$$

由此得到下列重要的相关函数的谱分解定理：

定理(辛钦)　若 $B(\tau)$ 是均方连续弱平稳过程的相关函数，则

$$B(\tau) = \int_{-\infty}^{+\infty} e^{\tau x i} dF(x), \tag{22}$$

其中 $F(x)$ 是 $\mathbf{R}$ 上的单调不减，右连续函数，而且

$$\lim_{x \to -\infty} F(x) = 0, \lim_{x \to +\infty} F(x) = B(0). \tag{23}$$

证　设 $B(0) > 0$，根据引理及性质 4)，知 $\frac{B(\tau)}{B(0)}$ 是连续的非负定函数，由 §2.13 博赫纳-辛钦定理，知存在分布函数 $G(x)$，满足

$$\frac{B(\tau)}{B(0)} = \int_{-\infty}^{+\infty} e^{\tau x i} dG(x).$$

令 $F(x) = B(0)G(x)$，即知(22)(23) 成立.

若 $B(0) = 0$，由性质(ii)，$B(\tau) \equiv 0$，取 $F(x) \equiv 0$ 即可. $\blacksquare$

由定理及博赫纳-辛钦定理可见，均方连续弱平稳过程的相关函数 $B(\tau)$ 若不恒等于 0，则除一常数因子外，重合于一特征函数.

(22) 式为相关函数的谱展式，其中的 $F(x)$ 称为过程的谱函数. 如果存在非负函数 $f(x)$ $(x \in \mathbf{R})$，使对任意 $x \in \mathbf{R}$ 有

$$F(x) = \int_{-\infty}^{x} f(y) dy, \tag{24}$$

那么称 $f(x)$ 为过程的谱密度，这时由(22) 得

$$B(\tau) = \int_{-\infty}^{+\infty} e^{\tau x i} f(x) dx. \tag{25}$$

当 $\int_{-\infty}^{+\infty} | B(\tau) | d\tau < +\infty$ 时，根据 §2.11 系 2，有

$$f(x)=\frac{1}{2\pi}\int_{-\infty}^{+\infty}\mathrm{e}^{-x\tau\mathrm{i}}B(\tau)\mathrm{d}\tau. \tag{26}$$

当$B(\tau)$取实值时，由性质(ii)，$B(\tau)=B(-\tau)$，又因$\mathrm{e}^{-x\tau\mathrm{i}}=\cos x\tau-\mathrm{i}\sin x\tau$，而且$f(x)$取实值，故得

$$f(x)=\frac{1}{\pi}\int_{0}^{+\infty}B(\tau)\cos\tau x\,\mathrm{d}\tau. \tag{27}$$

类似地，对任意弱平稳序列$\{\xi_n,n\in\mathbf{N}\}$的相关函数$B(n)$ $(n\in\mathbf{N})$，利用 § 3.7 赫格洛兹定理，得 $B(n)=\int_{-\pi}^{\pi}\mathrm{e}^{nx\mathrm{i}}\mathrm{d}F(x)$，其中$F(x)$是$[-\pi,\pi]$上的单调不减右连续函数，满足

$$F(-\pi)=0,\quad F(\pi)=B(0). \tag{28}$$

例 2′ 继续讨论例 2，已知(13)中过程的相关函数为

$$B(\tau)=\sum_{k=1}^{+\infty}b_k\mathrm{e}^{\lambda_k\tau\mathrm{i}}\quad(\tau\in\mathbf{R}). \tag{29}$$

因为$|b_k\mathrm{e}^{\lambda_k\tau\mathrm{i}}|\leqslant b_k$，$\sum_{k=0}^{+\infty}b_k<+\infty$，故$\sum_{k=1}^{+\infty}b_k\mathrm{e}^{\lambda_k\tau\mathrm{i}}$关于$\tau$均匀收敛，从而可在求和号下取极限而得

$$\lim_{s\to\tau}B(s)=B(\tau),$$

这说明$B(\tau)$连续. 由引理知过程均方连续. 定义

$$F(x)=\sum_{k:\lambda_k\leqslant x}b_k, \tag{30}$$

其中求和号对一切满足$\lambda_k\leqslant x$的k进行，则可把(29)改写为

$$B(\tau)=\int_{-\infty}^{+\infty}\mathrm{e}^{\tau x\mathrm{i}}\mathrm{d}F(x).$$

这就是相关函数的谱展式，(30)中的$F(x)$为谱函数. ■

例 3′ 由例 3 知(16)中过程的相关函数为$B(\tau)=h^2\mathrm{e}^{-2\lambda|\tau|}$，这是一连续函数，故过程均方连续. 由于

$$\int_{-\infty}^{+\infty}|B(\tau)|\,\mathrm{d}\tau=h^2\int_{-\infty}^{+\infty}\mathrm{e}^{-2\lambda|\tau|}\mathrm{d}\tau=2h^2\int_{0}^{+\infty}\mathrm{e}^{-2\lambda\tau}\mathrm{d}\tau<+\infty,$$

由(27)得谱密度为$f(x)=\frac{1}{\pi}\int_{0}^{+\infty}h^2\mathrm{e}^{-2\lambda\tau}\cos\tau x\,\mathrm{d}\tau=\frac{2}{\pi}\cdot\frac{h^2\lambda}{x^2+4\lambda^2}$. ■

若干相关函数与谱密度见表 4-1.

表 4-1　若干相关函数与谱密度对应表

相关函数　$B(\tau)$	谱密度　$f(x)$
1. $\sigma^2 e^{-\alpha\|\tau\|}\ (\alpha>0)$	**1.** $\dfrac{\sigma^2\alpha}{\pi(\alpha^2+x^2)}$
2. $\sigma^2 e^{-\alpha\tau^2}\ (\alpha>0)$	**2.** $\dfrac{\sigma^2}{2\sqrt{\pi\alpha}}\exp\left(-\dfrac{x^2}{4\alpha}\right)$
3. $\sigma^2 e^{-\alpha\tau^2}\cos\beta\tau(\alpha>0)$	**3.** $\dfrac{\sigma^2}{4\sqrt{\pi\alpha}}\left\{\exp\left[-\dfrac{(x+\beta)^2}{4\alpha}\right]+\exp\left[-\dfrac{(x-\beta)^2}{4\alpha}\right]\right\}$
4. $\sigma^2 e^{-\alpha\|\tau\|}\cos\beta\tau(\alpha>0)$	**4.** $\dfrac{\sigma^2\alpha}{2\pi}\left[\dfrac{1}{(x-\beta)^2+\alpha^2}+\dfrac{1}{(x+\beta)^2+\alpha^2}\right]$
5. $\sigma^2 e^{-\alpha\|\tau\|}\left(\cos\beta\tau+\dfrac{\alpha}{\beta}\sin\beta\|\tau\|\right)$ $(\alpha>0,\beta>0)$	**5.** $\dfrac{2\sigma^2}{\pi}\ \dfrac{\alpha(\alpha^2+\beta^2)}{(x^2+\alpha^2-\beta^2)^2+4\alpha^2\beta^2}$
6. $2a\dfrac{\sin b\tau}{\tau}$	**6.** $f(x)=\begin{cases}a, & \|x\|\leqslant b,\\ 0, & \|x\|>b\end{cases}$
7. $2a^2(2\cos b\tau-1)\dfrac{\sin b\tau}{\tau}$	**7.** $f(x)=\begin{cases}0, & \|x\|<b,\\ a^2, & b\leqslant\|x\|\leqslant 2b,\\ 0, & 2b<\|x\|\end{cases}$
8. $Ae^{-\alpha\|\tau\|}(1+\alpha\|\tau\|)$	**8.** $\dfrac{2A\alpha^3}{\pi(x^2+\alpha^2)^2}$
9. $B(\tau)=\begin{cases}\sigma^2(1-\|\tau\|), & \|\tau\|\leqslant 1,\\ 0, & \|\tau\|>1\end{cases}$	**9.** $\dfrac{\sigma^2}{2\pi}\left(\dfrac{\sin\dfrac{x}{2}}{\dfrac{x}{2}}\right)^2$
10. $Ae^{-\alpha\|\tau\|}\left(1+\alpha\|\tau\|+\dfrac{1}{3}\alpha^2\tau^2\right)$	**10.** $\dfrac{8A\alpha^5}{3\pi(x^2+\alpha^2)^3}$
11. $Ae^{-\alpha\|\tau\|}\left(\cos\beta\tau-\dfrac{\alpha}{\beta}\sin\beta\|\tau\|\right)$	**11.** $\dfrac{2A\alpha x^2}{\pi[(x^2+\alpha^2+\beta^2)^2-4\beta^2x^2]}$

作为随机过程论的初步介绍就到此为止；附带补充几句话.

随机过程论是概率论的一个重要分支，这些年来，这门数学学科有了蓬勃的发展，积累了非常多的资料.我们在本章内，对它只是作了一个初步的介绍.读者如有志于此，可以看专门的书：关于过程论的较全面的叙述见参考书[2][16][17][18]，侧重于应用的书见[19][20][21]；关于平稳过程的专著见[22][23][24][25]；关于马尔可夫过程的专著见[26][27][28][21]；有关马尔可夫链的深入论述见[29]；关于这两类过程的基本理论见[35].

习　题　4

1. 设齐次马氏链的转移概率矩阵为

$$P=\begin{pmatrix}\frac{1}{2} & \frac{1}{3} & \frac{1}{6}\\ \frac{1}{3} & \frac{1}{3} & \frac{1}{3}\\ \frac{1}{3} & \frac{1}{2} & \frac{1}{6}\end{pmatrix},$$

问此链共有几个状态?求两步转移矩阵. $\lim\limits_{n\to+\infty} p_{jk}^{(n)}$ 是否存在?并求之.此链是否遍历?

2. 从 1,2,3,4,5,6 六个数中,等可能地取出一数,取后还原,不断独立地连取下去,如果在前 n 次中所取得的最大数是 j,就说质点在第 n 步时位置在状态 j. 这质点的运动构成一齐次马氏链,试写出状态空间及转移概率矩阵.

3. 设$\{\xi_t, t\in[0,+\infty)\}$ 是泊松过程,$\xi_0\equiv 0$,试求它的有穷维分布函数族.

4. 设$\{\xi_t, t\in[0,+\infty)\}$ 是维纳过程,$\xi_0\equiv 0$,试求它的有穷维分布函数族.(设$\sigma=1$)

5. 设$\{\xi_t, t\in\mathbf{R}\}$ 是均方连续弱平稳过程,具有相关函数 $B_\xi(\tau)$ 及谱函数 $F_\xi(x)$,取复常数 a_k 及实常数 s_k,$k=1,2,\cdots,n$,并定义

$$\eta_t=\sum_{k=1}^{n} a_k\xi_{t+s_k}\ (t\in\mathbf{R}),$$

试证$\{\eta_t, t\in\mathbf{R}\}$ 也是均方连续弱平稳过程,并求此过程的相关函数 $B_\eta(\tau)$ 及谱函数 $F_\eta(x)$.

第 5 章　数理统计初步

§ 5.1　基本概念

(一) 引言

到现在为止，我们总是从已给的随机变量 ξ 出发，来讨论 ξ 的种种性质，这时 ξ 的分布函数 $F(x)$ 都已事先给定. 然而在实际问题中，$F(x)$ 常常是未知的.

我们来考虑一个具体的例子.

某砖厂生产青砖，由于原料和生产过程的种种随机因素，各块砖的抗压强度一般是不同的. 以 ω 来记一块砖，$\xi(\omega)$ 表这块砖的抗压强度，当 ω 变动时，我们便得到一随机变量. 试问如何求出(或近似地求出) ξ 的分布函数

$$F(x) = p(\xi \leqslant x)?$$

基于长期的生产经验，人们提出假设：这分布是 $N(a,\sigma)$ 正态的. 试问如何来判断这假设的正确性？在某些实际问题里，有时我们并不需要完全确定 $F(x)$，而只需要知道砖的平均抗压强度 $E\xi$ 或 ξ 的其他数字特征，试问如何来估计 $E\xi$？

关于最后一个问题，通常会这样想：由于全部青砖所成的母体的块数太多，不可能一一计算，我们只好从其中随机地取出几块而观察它们的抗压强度$\xi_1,\xi_2,\cdots,\xi_n$，这n块砖构成一容量为n的子样，然后以这子样的平均值$\frac{1}{n}\sum_{i=1}^{n}\xi_i$作为母体的数学期望.

应该从两种观点来考虑子样$(\xi_1,\xi_2,\cdots,\xi_n)$的函数

$$g(\xi_1,\xi_2,\cdots,\xi_n)=\frac{1}{n}\sum_{i=1}^{n}\xi_i. \tag{1}$$

一方面，在抽样以前，每个ξ_i的值可以是ξ所能取的值中的任一个，我们不能准确地预言它的值，因而生产条件不变时，每个ξ_i可看成为与ξ有相同分布的随机变量；如果每次取样是还原地独立进行的，还可假定$\xi_1,\xi_2,\cdots,\xi_n$相互独立；这时，作为随机变量$(\xi_1,\xi_2,\cdots,\xi_n)$的函数，$g(\xi_1,\xi_2,\cdots,\xi_n)$也是一随机变量. 另一方面，在抽样以后，$\xi_i$的值已完全确定是一常数，此常数是对$\xi_i$的一次观察值，不过我们仍记它为$\xi_i$，因而$g(\xi_1,\xi_2,\cdots,\xi_n)$也是一常数①.

本章中，我们只考虑数理统计中一些基本问题，设已给代表母体的随机变量ξ，要研究的是：

(i) 未知分布函数的估计：试根据对ξ的n个独立的观察$\xi_1,\xi_2,\cdots,\xi_n$来估计ξ的分布函数，有时也称$(\xi_1,\xi_2,\cdots,\xi_n)$为容量为$n$的子样.

(ii) 未知参数的估计：设a为ξ的某数字特征（例如数学期望、方差等），试根据子样$\xi_1,\xi_2,\cdots,\xi_n$来估计a的值.

如果取一个函数$g(\xi_1,\xi_2,\cdots,\xi_n)$来作为$a$的估值，那么称$g(\xi_1,\xi_2,\cdots,\xi_n)$为$a$的点估值. 如果取两个函数$g_1=g_1(\xi_1,\xi_2,\cdots,\xi_n)$及

---

① 数学上严格地说，不固定ω时，$g(\xi_1(\omega),\xi_2(\omega),\cdots,\xi_n(\omega))$是一随机变量；但固定$\omega$时，$g(\xi_1(\omega),\xi_2(\omega),\cdots,\xi_n(\omega))$是一常数. 每抽完$n$个样，相当于固定一次$\omega$，$\omega=(\omega_1,\omega_2,\cdots,\omega_n)$是复合随机试验$\tilde{E}=E^n$的一个基本事件，$E$表示抽样一次的试验.

$g_2 = g_2(\xi_1, \xi_2, \cdots, \xi_n)$，使以充分大的概率，不等式

$$g_1 < a < g_2$$

成立，亦即区间(g_1, g_2)包含常数 a，那么便称这种估值方法为区间估值.

(iii) 统计假设的检验：根据子样 $\xi_1, \xi_2, \cdots, \xi_n$，及预先给定的概率，来肯定或否定某一假设 H. H 可以是，譬如说：

H：未知分布是某分布(假如，是正态分布，泊松分布等).

H：未知的参数取某定值或属于某集合.

我们注意，以上问题远未穷尽数理统计中的全部基本问题.

(二) 未知分布函数的估计

设 ξ 为随机变量，它的分布函数 $F(x)$ 未知，对 ξ 进行 n 次独立的观察而得

$$\xi_1, \xi_2, \cdots, \xi_n, \tag{2}$$

把它们按大小排列为

$$\xi_1^* \leqslant \xi_2^* \leqslant \cdots \leqslant \xi_n^*. \tag{3}$$

这种按单调不减排列后的序列很是重要. 定义函数 $F_n(x)$：

$$F_n(x) = \begin{cases} 0, & x < \xi_1^*, \\ \dfrac{k}{n}, & \xi_k^* \leqslant x < \xi_{k+1}^*, \\ 1, & x \geqslant \xi_n^*. \end{cases}$$

如图 5-1. 当 $\xi_1^*, \xi_2^*, \cdots, \xi_n^*$ 的值固定时，$F_n(x)$ 是一分布函数，只能在 ξ_k^* $(k=1,2,\cdots,n)$ 处有断点，跃度是$\dfrac{1}{n}$的倍数(若有 l 个元相重，$\xi_{k-1}^* < \xi_k^* = \xi_{k+1}^* = \cdots = \xi_{k+l-1}^* < \xi_{k+l}^*$，则在断点 ξ_k^* 上的跃度为$\dfrac{l}{n}$).

称 $F_n(x)$ 为 ξ 的经验分布函数.

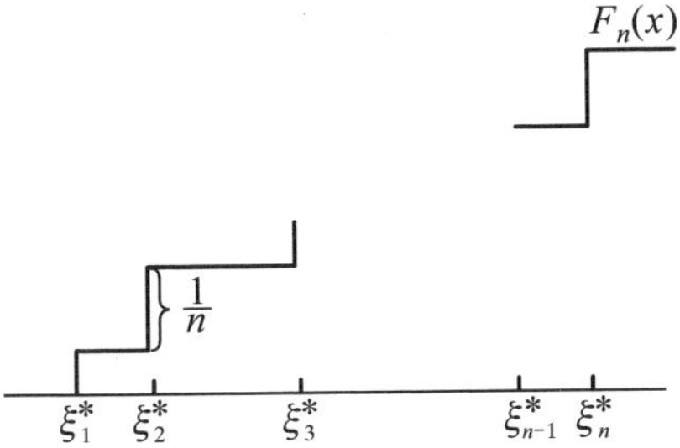

图 5-1

现在采用另一观点来考虑 $F_n(x)$，**这是下面一切讨论的基本观点.** 如前所述，(2) 中的 $\xi_1,\xi_2,\cdots,\xi_n$ 可看成是 n 个独立的具有相同分布函数 $F(x)$ 的随机变量，因而对每个固定的 $x\in\mathbf{R}$，作为 $\xi_1,\xi_2,\cdots,\xi_n$ 的函数，$F_n(x)$ 也是一随机变量. 实际上

$$P\left(F_n(x)=\frac{k}{n}\right)=P(\text{恰有 } k \text{ 个 } \xi_i:\xi_i\leqslant x).\tag{4}$$

为了计算右方值，注意 n 次独立观察可看成 n 重伯努利试验 $\widetilde{E}=E^n$，其中 E 为一次观察. 以 A 表示事件"观察值落于 $(-\infty,x]$ 中"，则上式右方概率等于 $\widetilde{E}$ 中 A 出现 k 次的概率，因为 ξ_i 与 ξ 有相同的分布函数，所以每次试验中 A 出现的概率为 $F(x)$，从而

$$P\left(F_n(x)=\frac{k}{n}\right)=\mathrm{C}_n^k[F(x)]^k[1-F(x)]^{n-k}.\tag{5}$$

下面的格里文科(Гливенко) 定理指出，当 $n\to+\infty$ 时，以概率 1，$\{F_n(x)\}$ 关于 x 均匀地趋于 $F(x)$. 作为准备，先述

引理 1　设 $\{A_k\}$，$k\in\mathbf{N}^*$ 是一事件列，如果

$$P(A_k)=1,\quad k\in\mathbf{N}^*,\tag{6}$$

则

$$P\left(\bigcap_{k=1}^{+\infty}A_k\right)=1.$$

证　由 §1.3(7′)及 §1.3(11)得

$$P\left(\overline{\bigcap_{k=1}^{+\infty}A_k}\right)=P\left(\bigcup_{k=1}^{+\infty}\bar{A}_k\right)=\lim_{n\to+\infty}P\left(\bigcap_{k=1}^{n}\bar{A}_k\right)$$

$$\leqslant\lim_{n\to+\infty}\sum_{k=1}^{n}P(\bar{A}_k)=0.\quad\blacksquare$$

定理(格里文科) 设 $F(x)$ 是随机变量 ξ 的分布函数，$F_n(x)$ 是 ξ 的经验分布函数，则当 $n\to+\infty$ 时有

$$P\Big(\lim_{n\to+\infty}\sup_{-\infty<x<+\infty}|F_n(x)-F(x)|=0\Big)=1. \tag{7}$$

* **证** 简记 $D_n=\sup\limits_{-\infty<x<+\infty}|F_n(x)-F(x)|$. 由 $F_n(x)$，$F(x)$ 的右连续性，得 $D_n=\sup\limits_{x\in M}|F_n(x)-F(x)|$，其中 M 是全体有理数集，故 M 可列. 对 $a\in\mathbf{R}$，

$$(D_n\leqslant a)=\bigcap_{x\in M}(|F_n(x)-F(x)|\leqslant a),$$

作为可列多个事件的交，$(D_n\leqslant a)$ 也是一事件，因而 D_n 是随机变量. 根据 §3.1(10) 式，知 $(\lim\limits_{n\to+\infty}D_n=0)$ 是一事件而(7) 中左方 $P(\lim\limits_{n\to+\infty}D_n=0)$ 有意义.

对任意整数 r，令

$$x_{r,k}=\inf\Big(x:F(x-0)\leqslant\frac{k}{r}\leqslant F(x)=F(x+0)\Big),$$
$$k=1,2,\cdots,r.$$

以 A 表示事件"$\xi<x_{r,k}$"，显然 $P(A)=F(x_{r,k}-0)$. 因为在 n 次独立观察中，事件 A 出现的频率为 $F_n(x_{r,k}-0)$，故由强大数定理(§3.3 系 4) 得

$$P\Big(\lim_{n\to+\infty}F_n(x_{r,k}-0)=F(x_{r,k}-0)\Big)=1. \tag{8}$$

类似地，考虑事件"$\xi\leqslant x_{r,k}$"后，可得

$$P\Big(\lim_{n\to+\infty}F_n(x_{r,k})=F(x_{r,k})\Big)=1. \tag{9}$$

定义事件

$$B_k^r=\Big(\lim_{n\to+\infty}F_n(x_{r,k}-0)$$
$$=F(x_{r,k}-0)\Big)\cap\Big(\lim_{n\to+\infty}F_n(x_{r,k})=F(x_{r,k})\Big),$$
$$B^r=\bigcap_{k=1}^{r}B_k^r.$$

由(8)(9) 及引理 1，得 $P(B_k^r)=1$，$P(B^r)=1$. 易见

$$B^r = \left(\lim_{n\to+\infty}\max_{1\leqslant k\leqslant r}|F_n(x_{r,k}-0)-F(x_{r,k}-0)|=0\right)\cap$$
$$\left(\lim_{n\to+\infty}\max_{1\leqslant k\leqslant r}|F_n(x_{r,k})-F(x_{r,k})|=0\right). \tag{10}$$

再令 $B=\bigcap_{r=1}^{+\infty}B^r$，仍由引理 1，有 $P(B)=1$.

对任意 $x\in[x_{r,k},x_{r,k+1})$，有

$$F_n(x_{r,k})\leqslant F_n(x)\leqslant F_n(x_{r,k+1}-0),$$
$$F(x_{r,k})\leqslant F(x)\leqslant F(x_{r,k+1}-0),$$

从而

$$F_n(x_{r,k})-F(x_{r,k+1}-0)\leqslant F_n(x)-F(x)$$
$$\leqslant F_n(x_{r,k+1}-0)-F(x_{r,k}). \tag{11}$$

根据

$$0\leqslant F(x_{r,k+1}-0)-F(x_{r,k})\leqslant\frac{1}{r}, \tag{12}$$

可以证明

$$\sup_{x_{r,1}\leqslant x\leqslant x_{r,r}}|F_n(x)-F(x)|\leqslant\max_{1\leqslant k\leqslant r}|F_n(x_{r,k})-F(x_{r,k})|+$$
$$\max_{1\leqslant k\leqslant r}|F_n(x_{r,k}-0)-F(x_{r,k}-0)|+\frac{1}{r}. \tag{13}$$

实际上，如果 $F_n(x)-F(x)\geqslant 0$，由(11)(12) 得

$$F_n(x)-F(x)\leqslant|F_n(x_{r,k+1}-0)-F(x_{r,k+1}-0)|+$$
$$|F(x_{r,k+1}-0)-F(x_{r,k})|$$
$$\leqslant\max_{1\leqslant k\leqslant r}|F_n(x_{r,k}-0)-F(x_{r,k}-0)|+\frac{1}{r}; \tag{14}$$

如果 $F_n(x)-F(x)\leqslant 0$，类似有

$$|F_n(x)-F(x)|\leqslant|F(x_{r,k+1}-0)-F(x_{r,k})|+$$
$$|F(x_{r,k})-F_n(x_{r,k})|$$
$$\leqslant\max_{1\leqslant k\leqslant r}|F_n(x_{r,k})-F(x_{r,k})|+\frac{1}{r}. \tag{15}$$

由于(14)(15) 对任意 $x\in[x_{r,k},x_{r,k+1})$ 正确，故(13) 得证.

由(13) 及(10) 可见

$$B^r \subset \left(\lim_{n\to+\infty} \sup_{x_{r,1}\leqslant x\leqslant x_{r,r}} \mid F_n(x) - F(x) \mid \leqslant \frac{1}{r}\right). \tag{16}$$

注意 $x_{r,r}$ 是一不依赖于 r 的常数，记为 b，而 $x_{r,1}$ 是 r 的不增函数，故 $x_{r,1}\downarrow a$，$-\infty\leqslant a<b\leqslant+\infty$，当 a 或 b 有穷时，若 $x<a$，则 $F_n(x)=F(x)=0$；若 $x\geqslant b$，则 $F_n(x)=F(x)=1$，因而由(16) 得

$$B\subset\left(\lim_{n\to+\infty} D_n\leqslant\frac{1}{k}\right),$$

其中 k 为任一正整数，由 k 的任意性，

$$B\subset\left(\lim_{n\to+\infty} D_n=0\right).$$

既然 $P\left(\lim\limits_{n\to+\infty} D_n=0\right)$有意义，我们得到

$$P\left(\lim_{n\to+\infty} D_n=0\right)\geqslant P(B)=1.$$

于是(7) 式获证. ■

注意 如果(7) 中的 sup 去掉，那么，对每个固定的 $x\in\mathbf{R}$ 有

$$\lim_{n\to+\infty} \mid F_n(x)-F(x)\mid=0 \quad \text{a. s.}.$$

由强大数定理，这是显然成立的①，所以格里文科定理的主要点正在于此 sup，即上式中收敛对 x 的均匀性.

（三）子样的数字特征

经验分布函数 $F_n(x)$ 是离散型的，此分布函数的密度矩阵是

$$\begin{pmatrix} \xi_1 & \xi_2 & \cdots & \xi_n \\ \frac{1}{n} & \frac{1}{n} & \cdots & \frac{1}{n}\end{pmatrix}. \tag{17}$$

当观察值 $\xi_1,\xi_2,\cdots,\xi_n$ 固定时，它是一普通的分布函数，它的数字特征容易求出. 例如

$$\text{平均值 } \bar{\xi}=\frac{1}{n}\sum_{j=1}^{n}\xi_j, \tag{18}$$

① 实际上，令 $\zeta_i=1$，若 $\xi_i\leqslant x$，$\zeta_i=0$；若 $\xi_i>x$，则 $P(\zeta_i=1)=F(x)$，而且 $F_n(x)=\frac{1}{n}\sum\limits_{i=1}^{n}\zeta_i\to F(x)$ a. s..

$$方差\ s^2 = \frac{1}{n}\sum_{j=1}^{n}(\xi_j - \bar{\xi})^2, \tag{19}$$

等，我们分别称 $\bar{\xi}, s^2$ 为子样平均值及子样方差. 类似地可以定义子样的任一数字特征为 $F_n(x)$ 的对应的数字特征，其中特别重要的是子样的 k 阶矩(或中心矩)，中位数及众数等.

值得注意的是：当子样变动时，$\xi_1, \xi_2, \cdots, \xi_n$ 是随机变量. 既然子样的数字特征由随机变量 $\xi_1, \xi_2, \cdots, \xi_n$ 决定，故这些数字特征本身也是随机变量.

由于经验分布函数 $F_n(x)$ 以概率 1 均匀趋向于 ξ 的分布函数 $F(x)$，自然地想到：是否可以用子样的数字特征来作为 ξ 的对应的数字特征的估值？ 例如，当 n 甚大时，是否可用(18) 中的 $\bar{\xi}$ 来近似地估计 $E\xi$？ 此问题决定于我们对估值的要求，留待以后详细讨论.

(四) 直方图

关于分布函数 $F(x)$ 的近似求法已由格里文科定理解决，现在来讨论分布密度的近似计算问题，并介绍实际中常用的直方图.

先设 ξ 是离散型的，密度矩阵为

$$\begin{pmatrix} a_1 & a_2 & \cdots \\ p_1 & p_2 & \cdots \end{pmatrix}, \tag{20}$$

其中 $p_i, i \in \mathbf{N}^*$ 未知. 对 ξ 作 n 次独立的观察而得 $\xi_1, \xi_2, \cdots, \xi_n$，令 f_i(依赖于 n) 为满足 $\xi_j = a_i$ 的 j 的个数，亦即事件"$\xi = a_i$"在此 n 次独立观察中的出现次数，则由强大数定理

$$\lim_{n\to+\infty} \frac{f_i}{n} = p_i (i \in \mathbf{N}^*) \quad \text{a. s.}. \tag{21}$$

由此可见，当 n 充分大后，下面的图 5-2 与图 5-3 应很相似(其中 ξ 只取 4 个值，$\sum_{i=1}^{4} p_i = 1$).

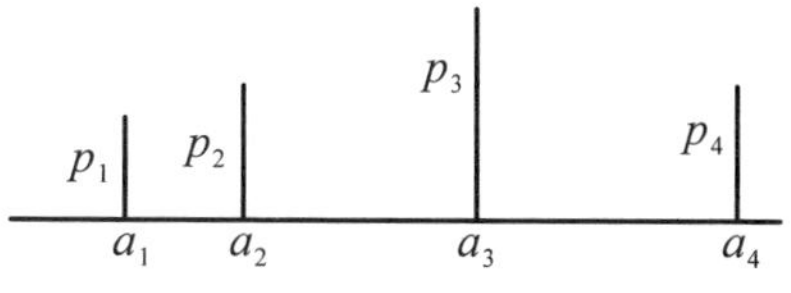

图 5-2

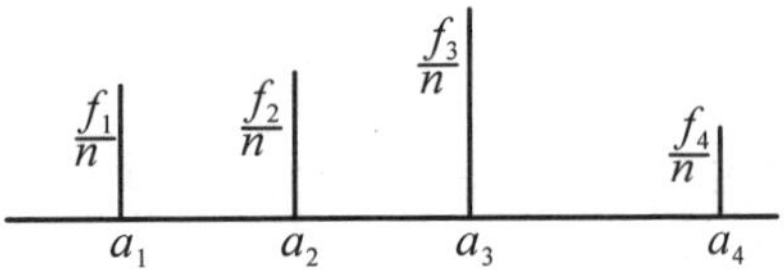

图 5-3

次设ξ是连续的，密度函数 $f(x)$ 未知. 对任一有限区间$(a,b]$，用下列分点分成 m 个子区间($m<n$)，其长度不一定要相等

$$a=x_0<x_1<\cdots<x_{m-1}<x_m=b.$$

对 ξ 的 n 次独立观察 $\xi_1,\xi_2,\cdots,\xi_n$ 中，落于$(x_i,x_{i+1}]$ 中的设为 f_i 个，因而事件“$x_i<\xi\leqslant x_{i+1}$”的频率为$\frac{f_i}{n}$. 由强大数定理

$$\lim_{n\to+\infty}\frac{f_i}{n}=P(x_i<\xi\leqslant x_{i+1})=\int_{x_i}^{x_{i+1}}f(x)\mathrm{d}x \quad \text{a. s.},$$

因而，若 $f(x)$ 连续，则当 n 充分大时，有

$$\frac{f_i}{n}\approx\Delta x_i f(x_i),\ \Delta x_i=x_{i+1}-x_i,$$

亦即

$$\frac{f_i}{n}\cdot\frac{1}{\Delta x_i}\approx f(x_i).$$

今定义函数

$$\varphi_n(x)=\frac{f_i}{n}\cdot\frac{1}{\Delta x_i},$$

当 $x_i<x\leqslant x_{i+1}$，称 $\varphi_n(x)$，$x\in(a,b]$ 的图形为$(a,b]$ 上的直方图. 当 n 及 m 充分大时，在$(a,b]$ 上，此图近似于 $f(x)$ 的图(如图 5-4).

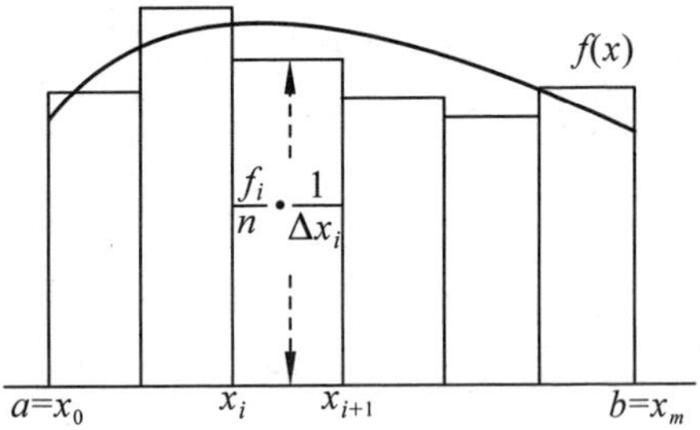

图 5-4

§ 5.2　子样数字特征的分布

(一) 子样的平均值与方差

设随机变量 ξ 的分布函数为 $F(x)$，对 ξ 进行 n 次独立的观察而得一容量为 n 的子样

$$(\xi_1,\xi_2,\cdots,\xi_n). \tag{1}$$

前面已经讲过，可以假定 $\xi_1,\xi_2,\cdots,\xi_n$ 为独立同分布的随机变量，有相同的分布函数为 $F(x)$.

考虑子样的一个数字特征

$$G=g(\xi_1,\xi_2,\cdots,\xi_n), \tag{2}$$

其中 $g(x_1,x_2,\cdots,x_n)$ $(x_i\in\mathbf{R})$ 是某一 n 元波莱尔可测函数，因而 G 也是一随机变量（§ 2.8(一)）. 在数理统计的许多问题中，重要的是

(i) 求出 G 的分布. 关于求此分布的一般方法已在 § 2.8 中讨论过.

(ii) 求出 G 的数字特征，如平均值，方差等.

(iii) 当 $g(\xi_1,\xi_2,\cdots,\xi_n)$ 的精确分布难以求出时，试求当 $n\to+\infty$ 时，$g(\xi_1,\xi_2,\cdots,\xi_n)$ 的极限分布.

现在来举一些例子，以下假定

$$E\xi=a,D\xi=\sigma^2.$$

例 1　考虑子样平均值

$$\bar{\xi}=\frac{1}{n}\sum_{j=1}^{n}\xi_j. \tag{3}$$

注意 $\bar{\xi}$ 依赖于 n，由于 ξ_j 与 ξ 有相同分布，故

$$E\bar{\xi}=\frac{1}{n}\sum_{j=1}^{n}E\xi_j=a, \tag{4}$$

$$E\bar{\xi}=\frac{1}{n^2}\sum_{j=1}^{n}D\xi_j=\frac{\sigma^2}{n},\tag{5}$$

这里出现了一重要事实：虽然 $E\bar{\xi}=E\xi$ 与 n 无关，但 $\bar{\xi}$ 的方差却只是 $D\xi$ 的 $\frac{1}{n}$. ■

设 ξ 有正态分布 $N(a,\sigma)$，由 $\xi_1,\xi_2,\cdots,\xi_n$ 的独立性及正态分布的性质（§2.11,(44)），可见 $\bar{\xi}$ 也有正态分布为 $N\left(a,\frac{\sigma}{\sqrt{n}}\right)$.

如果 ξ 不一定有正态分布，但方差非0而且有穷，根据中心极限定理（§3.4，定理1），得

$$P\left(\frac{\sum_{j=1}^{n}\xi_j-na}{\sigma\sqrt{n}}\leqslant x\right)\to\frac{1}{\sqrt{2\pi}}\int_{-\infty}^{x}\mathrm{e}^{-\frac{z^2}{2}}\mathrm{d}z,\tag{6}$$

亦即

$$P\left(\frac{\bar{\xi}-a}{\frac{\sigma}{\sqrt{n}}}\leqslant x\right)\to\frac{1}{\sqrt{2\pi}}\int_{-\infty}^{x}\mathrm{e}^{-\frac{z^2}{2}}\mathrm{d}z,\ n\to+\infty.\tag{7}$$

为了方便，我们引进一定义：设对随机变量列 $\{Y_n\}$ 存在两列常数，$\{a_n\}$ 及 $\{\sigma_n\}$，$\sigma_n\neq 0$ 使 $\frac{Y_n-a_n}{\sigma_n}$ 的分布函数 $F_n(x)$，当 $n\to+\infty$ 时趋于某分布函数 $F(x)$，就说 Y_n 为 (a_n,σ_n) 渐近 $F(x)$ 的，特别地，如果 $F(x)=\frac{1}{\sqrt{2\pi}}\int_{-\infty}^{x}\mathrm{e}^{-\frac{z^2}{2}}\mathrm{d}z$，就说 Y_n 为 (a_n,σ_n) 渐近正态的.

(7) 式表示，$\bar{\xi}$ 为 $\left(a,\frac{\sigma}{\sqrt{n}}\right)$ 渐近正态的.

例 2 考虑子样的方差

$$s^2=\frac{1}{n}\sum_{j=1}^{n}(\xi_j-\bar{\xi})^2=\frac{1}{n}\sum_{j=1}^{n}(\xi_j-a)^2-(\bar{\xi}-a)^2.\tag{8}$$

由于 $E(\xi_j-a)^2=\sigma^2, E(\bar{\xi}-a)^2=D\bar{\xi}=\dfrac{\sigma^2}{n}$,故

$$Es^2=\sigma^2-\frac{\sigma^2}{n}=\frac{n-1}{n}\sigma^2. \tag{9}$$

与(4)式不同,这里子样方差的平均值 Es^2 不等于 ξ 的方差 σ^2,尽管当 n 甚大时,Es^2 与 σ^2 相差甚微.对固定的 n,有时考虑**修正**子样方差

$$s^{*2}=\frac{n}{n-1}s^2=\frac{1}{n-1}\sum_{j=1}^{n}(\xi_j-\bar{\xi})^2, \tag{10}$$

更方便,因为由(9)

$$Es^{*2}=\frac{n}{n-1}\frac{n-1}{n}\sigma^2=\sigma^2. ■ \tag{11}$$

(二)正态母体情况

当 ξ 的分布一般时,$g(\xi_1,\xi_2,\cdots,\xi_n)$ 的精确分布很难求得.但在正态分布情形下,有些重要的结果,现在就来叙述.

定理 1 设 ξ 有正态分布 $N(a,\sigma)$,则容量为 n 的子样 $(\xi_1,\xi_2,\cdots,\xi_n)$ 的平均值 $\bar{\xi}$ 及方差 s^2 相互独立,而且 $\bar{\xi}$ 有 $N\left(a,\dfrac{\sigma}{\sqrt{n}}\right)$ 分布,$\dfrac{ns^2}{\sigma^2}$ 有自由度为 $n-1$ 的 χ^2 分布.

注 1 以后记自由度为 k 的 χ^2 分布为 $\chi^2(k)$.

证 先在 $a=0$ 的假定下证明所需结论.引进新的随机变量 $y_1,y_2,\cdots,y_n$;

$$\begin{cases} y_1=\dfrac{1}{\sqrt{1\times 2}}(\xi_1-\xi_2), \\ y_2=\dfrac{1}{\sqrt{2\times 3}}(\xi_1+\xi_2-2\xi_3), \\ \cdots \\ y_{n-1}=\dfrac{1}{\sqrt{(n-1)n}}[\xi_1+\xi_2+\cdots+\xi_{n-1}-(n-1)\xi_n], \\ y_n=\dfrac{1}{\sqrt{n}}(\xi_1+\xi_2+\cdots+\xi_{n-1}+\xi_n). \end{cases} \tag{12}$$

我们来证明：$y_1,y_2,\cdots,y_n$ 独立，有相同分布为 $N(0,\sigma)$.

实际上，以 a_{ij} 表示(12)中第 i 个方程内 ξ_i 的系数，易见

$$\begin{cases}\sum_{k=1}^{n} a_{ik}a_{jk} = \delta_{ij}, \\ \sum_{k=1}^{n} a_{ki}a_{kj} = \delta_{ij},\end{cases} \tag{13}$$

其中 $\delta_{ij}=1$ 或 0，视 $i=j$ 或 $i\neq j$ 而定，因而 $(y_1,y_2,\cdots,y_n)$ 是自 $(\xi_1,\xi_2,\cdots,\xi_n)$ 经正交变换而来，既然正交变换保留长度不变，故

$$\sum_{i=1}^{n} y_i^2 = \sum_{i=1}^{n} \xi_i^2,$$

而且(12)中变换行列式的值为1.

注意 $(\xi_1,\xi_2,\cdots,\xi_n)$ 独立，有相同分布 $N(0,\sigma)$，故它们的联合分布是 n 维正态的，密度函数为

$$\left(\frac{1}{\sigma\sqrt{2\pi}}\right)^n \prod_{i=1}^{n} \mathrm{e}^{-\frac{x_i^2}{2\sigma^2}}.$$

经过此正交变换后，$y_1,y_2,\cdots,y_n$ 的联合分布也是 n 维正态的(见§2.12(三)).

由(12)(13)易见

$$Ey_i=0,\ Ey_i^2=\sigma^2,\ Ey_iy_j=0,\ i\neq j. \tag{14}$$

由不相关性立得 $y_1,y_2,\cdots,y_n$ 的独立性(见§2.12). 既然正态分布的边沿分布也是正态的，故由(14)还可见 y_i 有 $N(0,\sigma)$ 分布.

(12)最后一式表示 $y_n=\bar{\xi}\sqrt{n}$，由此得

$$ns^2=\sum_{i=1}^{n}(\xi_i-\bar{\xi})^2=\sum_{i=1}^{n}\xi_i^2-n\bar{\xi}^2=\sum_{i=1}^{n}y_i^2-y_n^2=\sum_{i=1}^{n-1}y_i^2, \tag{15}$$

$$\frac{ns^2}{\sigma^2}=\sum_{i=1}^{n-1}\left(\frac{y_i}{\sigma}\right)^2, \tag{16}$$

因为 $\frac{ns^2}{\sigma^2}$ 是 $n-1$ 个独立的具有相同分布 $N(0,1)$ 的随机变量 $\frac{y_i}{\sigma}$ 的

平方的和，故由 §2.8 定理 2 知 $\frac{ns^2}{\sigma^2}$ 有 $\chi^2(n-1)$ 分布.

最后，由于 $y_1, y_2, \cdots, y_{n-1}, y_n$ 独立，由 §3.3 引理 1，知 $s^2 = \frac{\sigma^2}{n}\sum_{i=1}^{n-1}\left(\frac{y_i}{\sigma}\right)^2$ 与 $\bar{\xi} = \frac{y_n}{\sqrt{n}}$ 独立，于是定理在 $a=0$ 的假定下求证.

今除去此假定，考虑

$$\zeta = \xi - a, \zeta_i = \xi_i - a,$$

显然 ζ 有 $N(0,\sigma)$ 分布，故可将所得结果用于 $\zeta_1, \zeta_2, \cdots, \zeta_n$. 然而

$$\bar{\zeta} = \bar{\xi} - a, \frac{1}{n}\sum_{i=1}^{n}(\zeta_i - \bar{\zeta})^2 = \frac{1}{n}\sum_{i=1}^{n}(\xi_i - \bar{\xi})^2 = s^2,$$

由 $\bar{\zeta}, s^2$ 的独立性立得 $\bar{\xi}, s^2$ 的独立性，既然 $\bar{\zeta}$ 有 $N(0,\sigma)$ 分布，可见 $\bar{\xi}$ 有 $N(a,\sigma)$ 分布. ■

注 2　一眼看来，$\bar{\xi}$ 与 s^2 的相互独立性使人惊异，因为 $s^2 = \frac{1}{n}\sum_{i=1}^{n}(\xi_i - \bar{\xi})^2$ 是 $\bar{\xi}$ 的函数. 然而这 n 个平方项**不是**独立的，这是由于，它们之间有关系式 $\sum_{i=1}^{n}(\xi_i - \bar{\xi}) = 0$. 引进 y_i 后，(15) 把 ns^2 化为 $n-1$ 个**独立**随机变量的平方和，由此可见 $\frac{ns^2}{\sigma^2}$ 的 χ^2 分布自由度为 $n-1$，这不是偶然的.

系　设 ξ 有正态分布 $N(a,\sigma)$，则随机变量

$$t = \sqrt{n-1}\,\frac{\bar{\xi} - a}{s} \tag{17}$$

有自由度为 $n-1$ 的学生分布.

注 3　以后记自由度为 k 的学生分布为 $t(k)$.

证　由定理 1 知下列两随机变量

$$X = \sqrt{n}\,\frac{\bar{\xi} - a}{\sigma}, \quad Y = \frac{ns^2}{\sigma^2}$$

独立，而且 X 有 $N(0,1)$ 分布，Y 有自由度为 $n-1$ 的 χ^2 分布，于

是由 §2.8 定理 3 知

$$t=\sqrt{n-1}\,\frac{X}{\sqrt{Y}}=\sqrt{n-1}\,\frac{\bar{\xi}-a}{s}$$

的分布是 $t(n-1)$ 分布. ■

注意(17) 中的 t 及其分布都与 σ 无关，而 $\bar{\xi}$ 的分布则依赖于 a 及 σ，这使我们有可能在未知 σ 时来检验关于 a 的假定，见 §5.5.

考虑伽马函数

$$\Gamma(p)=\int_0^{+\infty} x^{p-1}\mathrm{e}^{-x}\mathrm{d}x \quad (p>0). \tag{18}$$

在数学分析中已看到

$$\Gamma(p+1)=p\Gamma(p), \tag{19}$$

特别地，当 p 等于正整数 n 时，得

$$\Gamma(n+1)=n!, \tag{20}$$

在(18) 中，作变换 $y=\dfrac{x}{c}\quad(c>0)$，得

$$\frac{\Gamma(p)}{c^p}=\int_0^{+\infty} y^{p-1}\mathrm{e}^{-cy}\mathrm{d}y. \tag{21}$$

如果 $c=\alpha+\beta\mathrm{i}$ 为复数，但 $\alpha>0$，由复变函数积分论中的柯西定理，(21) 仍成立.

考虑函数

$$\varphi(x)=\begin{cases}0, & x\leqslant 0,\\ \dfrac{b^p}{\Gamma(p)}x^{p-1}\mathrm{e}^{-bx}, & x>0,\end{cases} \tag{22}$$

其中 $b>0, p>0$ 为两常数. 因为 $\varphi(x)\geqslant 0$，而且由(21) 得

$$\int_{-\infty}^{+\infty}\varphi(x)\mathrm{d}x=\int_0^{+\infty}\frac{b^p}{\Gamma(p)}x^{p-1}\mathrm{e}^{-bx}\mathrm{d}x=1,$$

故 $\varphi(x)$ 是密度函数，以 $\varphi(x)$ 为密度函数的分布称为伽马分布或 Γ 分布，它含两参数 $b>0, p>0$，记此分布为 $\Gamma[b,p]$.

由(21) 易得 Γ 分布的特征函数为

$$f(t)=\int_{-\infty}^{+\infty}\mathrm{e}^{tx\mathrm{i}}\varphi(x)\mathrm{d}x=\frac{b^p}{\Gamma(p)}\int_0^{+\infty}x^{p-1}\mathrm{e}^{-(b-t\mathrm{i})x}\mathrm{d}x$$

$$=\frac{b^p}{\Gamma(p)}\cdot\frac{\Gamma(p)}{(b-t\mathrm{i})^p}=\left(1-\frac{t\mathrm{i}}{b}\right)^{-p}. \tag{23}$$

由(23)知:对 Γ 分布,下面的加法定理成立:

$$\Gamma[b,p_1]*[b,p_2]=\Gamma[b,p_1+p_2]. \tag{24}$$

Γ 分布的两个重要特殊情况是

(i) $p=1$ 时化为指数分布

$$\varphi(x)=\begin{cases}0, & x\leqslant 0,\\ b\mathrm{e}^{-bx}, & x>0.\end{cases} \tag{25}$$

(ii) $p=\frac{n}{2},b=\frac{1}{2}$ 时,化为具自由度 n 的 χ^2 分布

$$\varphi(x)=\begin{cases}0, & x\leqslant 0,\\ \dfrac{1}{2^{\frac{n}{2}}\Gamma\left(\frac{n}{2}\right)}x^{\frac{n}{2}-1}\mathrm{e}^{-\frac{x}{2}}, & x>0.\end{cases} \tag{26}$$

回到原来的问题,设 ξ,η 分别有正态分布为 $N(a_1,\sigma)$,及 $N(a_2,\sigma)$,它们的方差相同. 对 ξ 进行 n_1 次独立的观察而得 $\xi_1,\xi_2,\cdots,\xi_{n_1}$,作

$$\bar{\xi}=\frac{1}{n_1}\sum_{i=1}^{n_1}\xi_i,\quad s_1^2=\frac{1}{n_1}\sum_{i=1}^{n_1}(\xi_i-\bar{\xi})^2;$$

对 η 进行 n_2 次独立的观察而得 $\eta_1,\eta_2,\cdots,\eta_{n_2}$,作

$$\bar{\eta}=\frac{1}{n_2}\sum_{i=1}^{n_2}\eta_i,\quad s_2^2=\frac{1}{n_2}\sum_{i=1}^{n_2}(\eta_i-\bar{\eta})^2.$$

定理 2 设 $\xi_1,\xi_2,\cdots,\xi_{n_1},\eta_1,\eta_2,\cdots,\eta_{n_2}$ 相互独立,则随机变量

$$T=\sqrt{\frac{n_1n_2(n_1+n_2-2)}{n_1+n_2}}\cdot\frac{\bar{\xi}-\bar{\eta}-(a_1-a_2)}{\sqrt{n_1s_1^2+n_2s_2^2}} \tag{27}$$

有 $t(n_1+n_2-2)$ 分布.

证 由定理 1，$\frac{n_1 s_1^2}{\sigma^2}$，$\frac{n_2 s_2^2}{\sigma^2}$ 分别有 $\chi^2(n_1-1)$ 及 $\chi^2(n_2-1)$ 分布，由(24) 知

$$Y=\frac{n_1 s_1^2+n_2 s_2^2}{\sigma^2}$$

有 $\chi^2(n_1+n_2-2)$ 分布.其次，$\bar{\xi}-\bar{\eta}-(a_1-a_2)$ 有 $N\left(0,\sigma\sqrt{\frac{1}{n_1}+\frac{1}{n_2}}\right)$ 分布，故

$$X=\frac{\bar{\xi}-\bar{\eta}-(a_1-a_2)}{\sigma\sqrt{\frac{1}{n_1}+\frac{1}{n_2}}}=\sqrt{\frac{n_1 n_2}{n_1+n_2}}\cdot\frac{\bar{\xi}-\bar{\eta}-(a_1-a_2)}{\sigma}$$

有 $N(0,1)$ 分布，于是

$$T=\sqrt{n_1+n_2-2}\,\frac{X}{\sqrt{Y}} \tag{28}$$

有 $t(n_1+n_2-2)$ 分布. ■

定理 2 可用来检查两平均值 a_1，a_2 是否相等(见 §5.5).

§5.3　点估值

(一) 估值好坏的标准

设随机变量 ξ 的数学期望 $a = E\xi$ 未知,试问如何根据对 ξ 的 n 次独立观察 $\xi_1,\xi_2,\cdots,\xi_n$ 以估计 a 的值?

由于 $a = E\xi$,自然想到,应该用

$$\hat{a}(\xi_1,\xi_2,\cdots,\xi_n) = \frac{1}{n}\sum_{i=1}^{n}\xi_i \tag{1}$$

作为 a 的估值,然而,$\frac{1}{n}\sum_{i=1}^{n}\xi_i$ 是否 a 的**最佳**估值? 所谓"佳"的标准又是什么?

问题的一般提法如下:设 ξ 的分布函数为 $F(x,\theta_1,\theta_2,\cdots,\theta_k)$,其中 $\theta_1,\theta_2,\cdots,\theta_k$ 是未知参数;试根据对 ξ 的 n 次独立观察 ξ_1,$\xi_2,\cdots,\xi_n$,求出 θ_i 的最佳估值 $\hat{\theta}_i(\xi_1,\xi_2,\cdots,\xi_n)$,这里 $\hat{\theta}_i(x_1,x_2,\cdots,x_n)$ $(x_j \in \mathbf{R})$ 是待求的某波莱尔可测函数.

由问题的提法可见,首先要树立估值好坏的标准. 总的想法是:希望未知参数 θ 与它的估值 $\hat{\theta}_i(\xi_1,\xi_2,\cdots,\xi_n)$ 在某种意义下最为接近,具体来说有

(i) **无偏性**　称估值 $\hat{\theta} = \hat{\theta}_i(\xi_1,\xi_2,\cdots,\xi_n)$ 是无偏的,如果①

$$E\hat{\theta} = \theta. \tag{2}$$

例如,由 §5.2(4) 可见 $\bar{\xi} = \frac{1}{n}\sum_{i=1}^{n}\xi_i$ 是数学期望 $a = E\xi$ 的无

① $E\hat{\theta} = \int_{-\infty}^{+\infty}\int_{-\infty}^{+\infty}\cdots\int_{-\infty}^{+\infty}\hat{\theta}(x_1,x_2,\cdots,x_n)\mathrm{d}F(x_1,\theta)\mathrm{d}F(x_2,\theta)\cdots\mathrm{d}F(x_n,\theta).$

偏估值. 非无偏的估值可举方差 $\sigma^2 = D\xi$ 的估值 $s^2 = \frac{1}{n}\sum_{i=1}^{n}(\xi_i - \bar{\xi})$ 为例，因为由 §5.2(9)，$Es^2 = \frac{n-1}{n}\sigma^2 \neq \sigma^2$. 然而修改 s^2 使成 $s^{*2} = \frac{n}{n-1}s^2$ 后，则 s^{*2} 是无偏的.

无偏性远不能唯一决定估值. 例如 $\hat{a}' = \xi_1$ 显然也是 a 的一个无偏估值.

在许多无偏的估计中，自然应以对 θ 的平均偏差较小的为好，故可引入

(ii) **有效性** 设 $\hat{\theta}$ 及 $\hat{\theta}'$ 都是 θ 的无偏估值，如果

$$D\hat{\theta} \leqslant D\hat{\theta}', \tag{3}$$

就说 $\hat{\theta}$ 较 $\hat{\theta}'$ 有效；如果对固定的 n，$D\hat{\theta}$ 的值达到极小，那么称 $\hat{\theta}'$ 为 θ 的有效估值.

例如，考虑 $a = E\xi$ 的两个无偏估值 $\bar{\xi} = \frac{1}{n}\sum_{i=1}^{n}\xi_i$ 及 $\hat{a}' = \xi_1$，由 §5.2 (5) 得

$$D\bar{\xi} = \frac{\sigma^2}{n} \leqslant \sigma^2 = D\hat{a}',$$

故 $\bar{\xi}$ 较 ξ_1 有效.

甚至任取 n 个非负数 c_i，使 $\sum_{i=1}^{n}c_i = 1$，显然

$$\hat{a} = \sum_{i=1}^{n}c_i\xi_i$$

也是 a 的一个无偏估值，利用不等式

$$\left(\sum_{i=1}^{n}c_i\right)^2 \leqslant n\sum_{i=1}^{n}c_i^2,$$

立得

$$D\bar{\xi} = \frac{\sigma^2}{n} = \frac{\sigma^2}{n}\left(\sum_{i=1}^{n}c_i\right)^2 \leqslant \sigma^2\left(\sum_{i=1}^{n}c_i^2\right) = D\hat{a},$$

可见 $\bar{\xi}$ 较一切 $\sum_{i=1}^{n} c_i \xi_i$ 有效. 由于这种种原因，我们乐意用 $\frac{1}{n}\sum_{i=1}^{n}\xi_i$ 作为 $E\xi$ 的估值.

注意　$\hat{\theta} = \hat{\theta}(\xi_1, \xi_2, \cdots, \xi_n)$ 仍赖于子样的容量 n，有必要强调 n 时，宜记 $\hat{\theta}$ 为 $\hat{\theta}_n$，无偏性与有效性适用于任一固定的 n.

自然希望，当子样的容量 n 越大时，对 θ 的估值越精确，因而引进下面的"一致性"定义，它适应于当 n 充分大的子样.

(iii) **一致性**　称估值 $\hat{\theta}_n$ 为一致的，如对任意 $\varepsilon > 0$，有

$$\lim_{n \to +\infty} P(|\hat{\theta}_n - \theta| > \varepsilon) = 0. \tag{4}$$

为了使 $\hat{\theta}_n$ 是 θ 的一致估值，只需

$$\lim_{n \to +\infty} E|\hat{\theta}_n - \theta|^r = 0 \tag{5}$$

对某 $r > 0$ 成立. 实际上由马尔可夫不等式

$$P(|\hat{\theta}_n - \theta| > \varepsilon) \leqslant \frac{E|\hat{\theta}_n - \theta|^r}{\varepsilon^r} \to 0,\ n \to +\infty. \tag{6}$$

举几个简单的例：

由大数定理

$$P\left(\left|\frac{1}{n}\sum_{i=1}^{n}\xi_i - E\xi\right| > \varepsilon\right) \to 0,\ n \to +\infty, \tag{7}$$

故 $\bar{\xi}_n = \frac{1}{n}\sum_{i=1}^{n}\xi_i$ 是 $E\xi$ 的一致估值.

其次，由于 $s_n^2 = \frac{1}{n}\sum_{i=1}^{n}\xi_i^2 - \bar{\xi}_n^2$，故若 $D\xi = \sigma^2$ 有穷，在(7)中以 ξ_i^2 代 ξ_i 后，知 $\frac{1}{n}\sum_{i=1}^{n}\xi_i^2$ 依概率收敛于 $E\xi^2$，而 $\bar{\xi}_n^2$ 依概率收敛于

$(E\xi)^2$，从而 $s_n^2 \to \sigma^2$，(P)①，这表示 s_n^2 是 σ^2 的一致估值. 因为 $\frac{n}{n-1} \to 1$，故 $s_n^{*2} = \frac{n}{n-1} s_n^2$ 也是 σ^2 的一致估值.

类似地可以证明 $\frac{1}{n}\sum_{i=1}^{n} \xi_i^r$ 是 $E\xi^r$ 的无偏一致估值，$r \geqslant 1$.

上述无偏性，有效性，一致性是对估值的基本要求，除了这些以外，还有种种标准，不去深究了.

（二）求估值的方法

至今已看到：$\bar{\xi}, s^{*2}, \frac{1}{n}\sum_{i=1}^{n} \xi_i^r \quad (r \geqslant 1)$ 分别是 $E\xi, D\xi$ 及 $E\xi^r$ 的无偏、一致估值，而 s^2 是 $D\xi$ 的一致估值，因而对这些数字特征的点估值是简单的.

例如，正态分布 $N(a,\sigma)$ 中的 a（数学期望），σ^2（方差）；泊松分布中的 λ（数学期望）；二项分布 $B(n,p)$ 中的 np（数学期望）等的估值都可由上求出.

一事件 A 出现的概率 $P(A)$ 可用频率 $\frac{f_n}{n}$ 来做估值，实际上，令 $\xi = \chi_A$，其中 $\chi_A(\omega) = 1$ 或 0，视 $\omega \in A$ 或 $\omega \overline{\in} A$ 而定，则 $P(A) = E\xi$，而 $\frac{f_n}{n} = \frac{1}{n}\sum_{i=1}^{n} \xi_i$.

至于一般的参数 θ 应如何求它的估值呢？常用的有两种方法：矩法与最大似然法.

(i) **矩法**

矩法的本质在于以子样的 r 阶矩作为 $E\xi^r$ 的估值.

设 ξ 的分布函数的形状 $F(x,\theta_1,\theta_2,\cdots,\theta_k)$ 已知，但参数 θ_1，$\theta_2,\cdots,\theta_k$ 未知，我们假定 ξ 的 k 阶矩 m_k 存在，因而 ξ 的 r 阶矩

① 如用强大数定理，甚至有 $\bar{\xi} \to E\xi$ a. s.，$s_n^2 \to \sigma^2$ a. s..

$$\begin{aligned} m_r &= m_r(\theta_1, \theta_2, \cdots, \theta_k) \\ &= \int_{-\infty}^{+\infty} x^r \mathrm{d}F(x, \theta_1, \theta_2, \cdots, \theta_k), \quad r = 1, 2, \cdots, k, \end{aligned}$$

是 $\theta_1, \theta_2, \cdots, \theta_k$ 的函数. 考虑对 ξ 的 n 次独立观察 $\xi_1, \xi_2, \cdots, \xi_n$，作此子样的 r 阶矩

$$\hat{m}_r = \frac{1}{n}\sum_{i=1}^{n}\xi_i^r.$$

在 k 个方程

$$m_r(\theta_1, \theta_2, \cdots, \theta_k) = \hat{m}_r, \quad r = 1, 2, \cdots, k \tag{8}$$

中，视 $\hat{m}_r$ 为已知，视 $\theta_1, \theta_2, \cdots, \theta_k$ 为未知，一般可解得 $\hat{\theta}_1 = \hat{\theta}_1(\xi_1, \xi_2, \cdots, \xi_n), \cdots, \hat{\theta}_k = \hat{\theta}_k(\xi_1, \xi_2, \cdots, \xi_n)$，我们就以 $\hat{\theta}_j$ 作为 θ_j 的估值，$j = 1, 2, \cdots, k$.

例 1　设 ξ 有均匀分布，密度为

$$\varphi(x) = \begin{cases} \dfrac{1}{\theta_2}, & x \in [\theta_1, \theta_1 + \theta_2], \\ 0, & x \overline{\in} [\theta_1, \theta_1 + \theta_2], \end{cases} \tag{9}$$

其中 θ_1, θ_2 为未知参数，由于

$$m_1 = E\xi = \theta_1 + \frac{\theta_2}{2},$$

$$m_2 = E\xi^2 = \theta_1^2 + \theta_1\theta_2 + \frac{\theta_2^2}{3},$$

自(8) 得两方程

$$\begin{aligned} &\theta_1 + \frac{\theta_2}{2} = \bar{\xi}, \\ &\theta_1^2 + \theta_1\theta_2 + \frac{\theta_2^2}{3} = \frac{1}{n}\sum_{i=1}^{n}\xi_i^2. \end{aligned} \tag{10}$$

解(10) 即得 θ_2, θ_1 的估值分别为

$$\hat{\theta}_2 = 2\sqrt{3}\left\{\frac{1}{n}\sum_{i=1}^{n}\xi_i^2 - (\bar{\xi})^2\right\}^{\frac{1}{2}} = 2\sqrt{3}s_n,$$

$$\hat{\theta}_1 = \bar{\xi} - \frac{\hat{\theta}_2}{2}.$$

而且 $\hat{\theta}_1$ 及 $\hat{\theta}_2$ 都是一致估值，附带指出，$D\xi=\frac{\theta_2^2}{12}$. ■

(ii) **最大似然法**

设 ξ 的分布是连续型的，密度函数 $f(x,\theta_1,\theta_2,\cdots,\theta_k)$ 的形状已知，但含 k 个未知参数 $\theta_1,\theta_2,\cdots,\theta_k$，以 $\xi_1,\xi_2,\cdots,\xi_n$ 分别代入其中的 x，将所得 n 个函数相乘而得函数

$$L(\xi_1,\xi_2,\cdots,\xi_n;\theta_1,\theta_2,\cdots,\theta_k)=\prod_{i=1}^{n}f(\xi_i,\theta_1,\theta_2,\cdots,\theta_k),\qquad(11)$$

称函数 L 为似然函数. 当子样 $\xi_1,\xi_2,\cdots,\xi_n$ 固定时，L 是 $\theta_1,\theta_2,\cdots,\theta_k$ 的函数. 最大似然法的本质在于：即使 L 达到最大值的 $\hat{\theta}_1,\hat{\theta}_2,\cdots,\hat{\theta}_k$ 作为 $\theta_1,\theta_2,\cdots,\theta_k$ 的估值. 注意 $\hat{\theta}_i$ 是 $\xi_1,\xi_2,\cdots,\xi_n$ 的函数.

为求使(11) 达到最大的 $\hat{\theta}_1,\hat{\theta}_2,\cdots,\hat{\theta}_k$，考虑

$$\lg L=\sum_{i=1}^{n}\lg f(\xi_i,\theta_1,\theta_2,\cdots,\theta_k).$$

取对数后把乘法化为加法；由于 $\lg x$ 是 x 的上升函数，故 L 与 $\lg L$ 在相同的点上达到最大值，因此只要解方程组

$$\frac{\partial \lg L}{\partial\theta_j}=0,\ 1\leqslant j\leqslant k.\qquad(12)$$

最大似然法的直观想法是：一试验如有若干个结果 $A,B,C,\cdots$，如果 A 已出现，那么一般说来当时试验的条件应更有利于 A 的出现①，故应如此选 $\theta_1,\theta_2,\cdots,\theta_k$ 的值，使 $\prod_{i=1}^{n}f(\xi_i,\theta_1,\theta_2,\cdots,\theta_k)$ 达到最大，因为这样选定的 $\theta_1,\theta_2,\cdots,\theta_k$ 最有利于 $\xi_1,\xi_2,\cdots,\xi_n$ 的出现.

注意　我们这里没有讨论(11) 的最大值能否达到，(11) 的偏导数是否有意义等理论问题，因为这牵涉到似然函数的性质.

---

① 举一个简单的例子：设甲箱有 99 个白球 1 个黑球，乙箱有 1 个白球 99 个黑球，今随机取出一箱，再从中随机取出一球，结果取得白球. 我们自然更多地相信这球是自甲箱内取出的，因为甲箱取得白球的概率为$\frac{99}{100}$，远大于自乙箱取得白球的概率$\frac{1}{100}$.

对于一个具体的 L,此问题是易于讨论的.

现在来讨论离散型的 ξ,这时应取(11) 中的 f 为①

$$f(\xi_i, \theta_i, \cdots, \theta_k) = P(\xi = \xi_i).$$

然后同样地取使(11) 中 $L(\xi_1, \xi_2, \cdots, \xi_n; \theta_1, \theta_2, \cdots, \theta_k)$ 达到最大值的 $\hat{\theta}_1, \hat{\theta}_2, \cdots, \hat{\theta}_k$,作为$\theta_1, \theta_2, \cdots, \theta_k$ 的估值.

一般地,用最大似然法所得的估值的性质比用矩法所得的更好,故通常多用最大似然法.

例 2 设 ξ 有正态分布 $N(a, \sigma)$,其中 a, σ 均未知,对子样 $\xi_1, \xi_2, \cdots, \xi_n$,似然函数为

$$L = \prod_{i=1}^{n} \left[\frac{1}{\sigma \sqrt{2\pi}} e^{\frac{-(\xi_i - a)^2}{2\sigma^2}} \right].$$

方程组(12) 化为

$$\frac{\partial \lg L}{\partial a} = \sum_{i=1}^{n} \frac{\xi_i - a}{\sigma^2} = 0,$$

$$\frac{\partial \lg L}{\partial \sigma} = \frac{1}{\sigma^3} \sum_{i=1}^{n} (\xi_i - a)^2 - \frac{n}{\sigma} = 0.$$

由此两方程解得

$$a = \bar{\xi}, \quad \sigma^2 = s^2.$$

这说明由最大似然法所求得的 a 及 σ^2 的估值为 $\bar{\xi}$ 及 s^2. ■

例 3 设 ξ 有泊松分布,试用最大似然法估计分布中的参数 λ. 取子样 $\xi_1, \xi_2, \cdots, \xi_n$,为方便起见,令 $r = \max(\xi_1, \xi_2, \cdots, \xi_n)$,又以 f_i 表示等于 i 的 ξ_j 的个数,则 $f_0 + f_1 + \cdots + f_r = n$. 因为 $P(\xi = i) = e^{-\lambda} \cdot \frac{\lambda^i}{i!}$,故似然函数为

$$L = \prod_{i=0}^{r} \left(e^{-\lambda} \frac{\lambda^i}{i!} \right)^{f_i}.$$

① $P(\xi = \xi_i)$ 与 $\theta_1, \theta_2, \cdots, \theta_k$ 有关.

方程(12) 化为

$$\frac{\partial \lg L}{\partial \lambda}=\sum_{i=0}^{r} f_i\left(\frac{i}{\lambda}-1\right)=0.$$

由 $\sum\limits_{i=0}^{n} i f_i=\sum\limits_{i=1}^{n} \xi_i$ 得 λ 的估值为

$$\frac{\sum\limits_{i=0}^{r} i f_i}{\sum\limits_{i=0}^{r} f_i}=\frac{1}{n} \sum_{i=1}^{n} \xi_i=\bar{\xi}. \blacksquare$$

例 4(钓鱼问题) 为了估计湖中的鱼数 N,同时自湖中钓出 r 条,做上记号后放回池中;然后再自湖中同时钓出 s 条,结果发现这 s 条中有 ξ_1 条标有记号.这里 N 是未知常数, r,s 是已知常数,试问应如何估计 N 的值?第 2 次钓出的有记号的鱼数 ξ 是随机变量,ξ 有超几何分布

$$P(\xi=\xi_1)=\frac{C_r^{\xi_1} C_{N-r}^{s-\xi_1}}{C_N^s} \tag{13}$$

ξ_1 为整数,$\max(0,s-N+r) \leqslant \xi_1 \leqslant \min(r,s)$.

以 $L(\xi_1,N)$ 表示(13) 右方值,应取使 $L(\xi_1,N)$ 达到最大值的 $\hat{N}$ 作为 N 的最大似然估值.为此,用对 N 求导数的方法相当困难,我们改用下法,考虑比值

$$R(\xi_1,N)=\frac{L(\xi_1,N)}{L(\xi_1,N-1)},$$

以(13) 右方值代入 L 中后,可以看出:当且仅当 $N<\frac{rs}{\xi_1}$ 时 $R(\xi_1,N)>1$,即 $L(\xi_1,N)>L(\xi_1,N-1)$;当且仅当 $N>\frac{rs}{\xi_1}$ 时,$R(\xi_1,N)<1$,即 $L(\xi_1,N)<L(\xi_1,N-1)$.故 $L(\xi_1,N)$ 在 $\frac{rs}{\xi_1}$ 附近取最大值,于是

$$\hat{N}=\left[\frac{rs}{\xi_1}\right]. \blacksquare$$

§ 5.4　区间估值

(一) 置信区间

在上节中,我们用子样的函数 $\hat{\theta} = \hat{\theta}(\xi_1,\xi_2,\cdots,\xi_n)$ 来做未知参数 θ 的估值,当 $\xi_1,\xi_2,\cdots,\xi_n$ 固定时,$\hat{\theta}$ 是一个数(或点). 对点估值,即使它是无偏及一致的,也没有回答下列问题:某随机区间(即端点为随机变量的区间) 包含 θ 的概率是多少?

这一节的目的是:对于未知参数 θ,试找出两个子样函数 $\hat{\theta}_1 = \hat{\theta}_1(\xi_1,\xi_2,\cdots,\xi_n)$, $\hat{\theta}_2 = \hat{\theta}_2(\xi_1,\xi_2,\cdots,\xi_n)$,使随机区间 $(\hat{\theta}_1, \hat{\theta}_2)$ 含 θ 的概率为已给值 $1-\varepsilon$:

$$P(\hat{\theta}_1 < \theta < \hat{\theta}_2) = 1-\varepsilon, \tag{1}$$

称 $(\hat{\theta}_1, \hat{\theta}_2)$ 为 θ 的置信区间,$1-\varepsilon$ 为此区间的置信系数.

(二) 正态分布母体情形

设 ξ 有**正态**分布 $N(a,\sigma)$,在这假定下容易解决求 a 及 σ 的置信区间问题.

(i) **估计 $a = E\xi$**

在 § 5.2 中已知:随机变量

$$t = \sqrt{n-1}\,\frac{\bar{\xi}-a}{s} \tag{2}$$

有 $t(n-1)$ 分布. 对已给的正数 p(这里及以后类似的 p,都应满足 $0 \leqslant \frac{p}{100} \leqslant 1$),由于此分布是连续型的,可以找到正数 t_p,使

$$P\left(-t_p < \sqrt{n-1}\,\frac{\bar{\xi}-a}{s} < t_p\right) = 1-\frac{p}{100}, \tag{3}$$

此 t_p 的值可以从 t 分布(如图 5-5) 的表查出,改写(3) 为

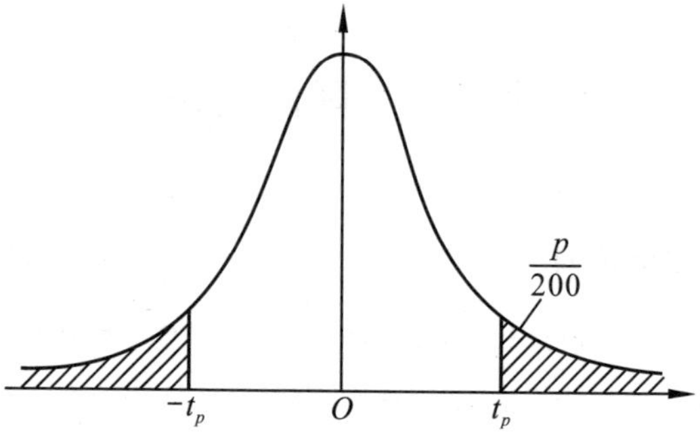

图 5-5　学生分布密度函数

$$P\left(\bar{\xi}-t_p\frac{s}{\sqrt{n-1}}<a<\bar{\xi}+t_p\frac{s}{\sqrt{n-1}}\right)=1-\frac{p}{100},\quad(4)$$

即得 a 的置信区间为 $\left(\bar{\xi}-t_p\frac{s}{\sqrt{n-1}},\bar{\xi}+t_p\frac{s}{\sqrt{n-1}}\right)$，它的置信系数为 $1-\frac{p}{100}$. 通常取 $p=5$，或 1，或 0.1，随问题所要求的精确程度而定.

(4) 的实际意义如下：对 m 个子样

$$\xi^{(i)}=(\xi_1^{(i)},\xi_2^{(i)},\cdots,\xi_n^{(i)}),\quad i=1,2,\cdots,m,$$

可得 m 个区间

$$I^{(i)}=\left(\overline{\xi^{(i)}}-t_p\frac{s(\xi_1^{(i)},\xi_2^{(i)},\cdots,\xi_n^{(i)})}{\sqrt{n-1}},\overline{\xi^{(i)}}+t_p\frac{s(\xi_1^{(i)},\xi_2^{(i)},\cdots,\xi_n^{(i)})}{\sqrt{n-1}}\right)$$

$(i=1,2,\cdots,m)$. 由强大数定理，当 m 充分大后，大约有 $\left(1-\frac{p}{100}\right)m$ 个这种区间包含 a，例如当 $p=1,m=1\ 000$ 时，大约有 990 个包含 a，不包含 a 的只有 10 个.

注意　对于已给的 p，置信区间不是唯一的，例如，以 $t_{n-1}(x)$ 表示 $t(n-1)$ 分布的密度函数，只要选两数 $\alpha<\beta$，使满足

$$P\left(\alpha<\sqrt{n-1}\frac{\bar{\xi}-a}{s}<\beta\right)=\int_\alpha^\beta t_{n-1}(x)\mathrm{d}x=1-\frac{p}{100},\quad(5)$$

那么$\left(\bar{\xi}-\beta\frac{s}{\sqrt{n-1}},\bar{\xi}-\alpha\frac{s}{\sqrt{n-1}}\right)$就是一置信区间. 在许多具有同样置信系数的置信区间中,我们自然愿意挑选长度最短的.

对固定的n,当p变小时,t_p变大,故置信区间的长度也越大.

例 1　在稳定生产的情况下,某工厂出品的电灯泡的使用时数ξ一般可假定有正态分布$N(a,\sigma)$,其中a,σ未知,观察$n=20$个灯泡后得 20 个使用时数$\xi_1,\xi_2,\cdots,\xi_{20}$,由此子样算得$\bar{\xi}=1\ 832$,$s=497$,试求电灯泡的平均使用时数$a$的置信区间①.

解　这里自由度为$n-1=19$,查$t(19)$分布表后得表 5-1.

表 5-1

$p(\%)$	t_p	$\left(\bar{\xi}-t_p\frac{s}{\sqrt{n-1}},\ \bar{\xi}+t_p\frac{s}{\sqrt{n-1}}\right)$
5	2.093	(1 953, 2 071)
1	2.861	(1 506, 2 158)
0.1	3.883	(1 389, 2 275)

注　如果σ已知,可以用较简单的方法来估计a,实际上,考虑随机变量$\sqrt{n}\frac{\bar{\xi}-a}{\sigma}$,由于它是$\xi_1,\xi_2,\cdots,\xi_n$的线性组合,故由 §2.11(44) 知它有正态分布;根据 §5.2 例 1,还知它有$N(0,1)$分布. 因此,对已给正数p,$0<\frac{p}{100}<1$,由正态分布表,存在$\lambda_p>0$,使

$$P\left(-\lambda_p<\sqrt{n}\frac{\bar{\xi}-a}{\sigma}<\lambda_p\right)=1-\frac{p}{100},$$

亦即

$$P\left(\bar{\xi}-\lambda_p\frac{\sigma}{\sqrt{n}}<a<\bar{\xi}+\lambda_p\frac{\sigma}{\sqrt{n}}\right)=1-\frac{p}{100}.\ ■$$

(ii) **估计 $\sigma^2=D\xi$**

方法与(i)完全一样,回顾上段可见估计$a=E\xi$方法的本质在

① 此例及以下一些例中的数据录自[50].

于能找到一个含未知参数 a 及子样的随机变量 $t=\sqrt{n-1}\,\frac{\bar{\xi}-a}{s}$，使 t 的分布完全确定，而且不依赖于 a. 为了估计 σ^2，我们考虑随机变量 $\frac{ns^2}{\sigma^2}$ 以代替 $\sqrt{n-1}\,\frac{\bar{\xi}-a}{s}$，注意，由 §5.2 知："$\frac{ns^2}{\sigma^2}$ 有 $\chi^2(n-1)$ 分布". 对已给的 $\frac{p}{100}$，利用 χ^2 分布（如图 5-6）表，可找到两数 $\chi^2_{p'}$ 及 $\chi^2_{p''}$，使

$$P\left(\chi^2_{p'}<\frac{ns^2}{\sigma^2}\chi^2_{p''}\right)=1-\frac{p}{100}, \tag{6}$$

满足这条件的 $\chi^2_{p'}$，$\chi^2_{p''}$，有无穷多个，一般用下两式选取 $\chi^2_{p'}$ 及 $\chi^2_{p''}$，以使置信区间的长度较短：

$$P\left(\frac{ns^2}{\sigma^2}>\chi^2_{p'}\right)=1-\frac{p}{200},$$

$$P\left(\frac{ns^2}{\sigma^2}\geqslant\chi^2_{p''}\right)=\frac{p}{200}.$$

注意这样选取的 $\chi^2_{p'}$，$\chi^2_{p''}$ 唯一.

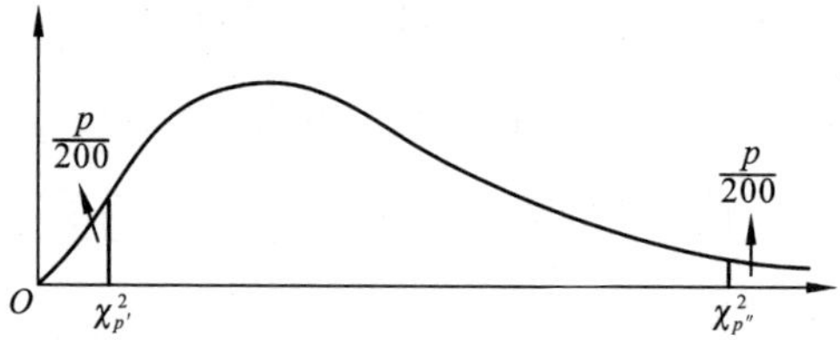

图 5-6　自由度大于 2 的 χ^2 分布密度函数

由(6) 立得

$$P\left(\frac{ns^2}{\chi^2_{p''}}<\sigma^2<\frac{ns^2}{\chi^2_{p'}}\right)=1-\frac{p}{100}, \tag{7}$$

$$P\left(\frac{\sqrt{n}s^2}{\chi_{p''}}<\sigma<\frac{\sqrt{n}s}{\chi_{p'}}\right)=1-\frac{p}{100}. \tag{8}$$

(iii) **估计两平均值的差**

设 ξ,η 为两随机变量，各有正态分布为 $N(a_1,\sigma)$，$N(a_2,\sigma)$，

方差相等. 试根据对 ξ 的 n_1 次独立观察 $(\xi_1,\xi_2,\cdots,\xi_{n_1})$，及对 η 的 n_2 次独立观察 $(\eta_1,\eta_2,\cdots,\eta_{n_2})$ 以估计 a_1-a_2，我们假定 $(\xi_1,\xi_2,\cdots,\xi_{n_1},\eta_1,\eta_2,\cdots,\eta_{n_2})$ 也独立. 令

$$s_1^2=\frac{1}{n_1}\sum_{i=1}^{n_1}(\xi_i-\bar{\xi})^2,\quad s_2^2=\frac{1}{n_2}\sum_{i=1}^{n_2}(\eta_i-\bar{\eta})^2,$$

$$\bar{\xi}=\frac{1}{n_1}\sum_{i=1}^{n_1}\xi_i,\quad \bar{\eta}=\frac{1}{n_2}\sum_{i=1}^{n_2}\eta_i,$$

由 §5.2 知

$$T=\sqrt{\frac{n_1n_2(n_1+n_2-2)}{n_1+n_2}}\cdot\frac{(\bar{\xi}-\bar{\eta})-(a_1-a_2)}{\sqrt{n_1s_1^2+n_2s_2^2}}\tag{9}$$

有 $t(n_1+n_2-2)$ 分布. 于是用同样方法，对已给 $p>0$，取 t_p 使

$$P(|T|<t_p)=1-\frac{p}{100}\tag{10}$$

后，以(9) 中 T 代入上式，经改写后即得

$$P\left(\bar{\xi}-\bar{\eta}-t_p\sqrt{\frac{(n_1+n_2)(n_1s_1^2+n_2s_2^2)}{n_1n_2(n_1+n_2-2)}}<a_1-a_2\right.$$
$$\left.<\bar{\xi}-\bar{\eta}+t_p\sqrt{\frac{(n_1+n_2)(n_1s_1^2+n_2s_2^2)}{n_1n_2(n_1+n_2-2)}}\right)=1-\frac{p}{100}.\tag{11}$$

(三) 一般母体情形

上段中的结果不论对大子样或小子样都适用，原因在于 (2)(9) 中的 t，T 及 $\frac{ns^2}{\sigma^2}$ 的精确分布已知，而这又来自 ξ 有**正态**分布的假定. 如果除去这一假定，通常精确分布很难找到而只好乞援于当 $n\to+\infty$ 时的极限分布，这样就需要相当大的子样. 故这一段中的结果主要适用于大子样，我们只限于讨论 $a=E\xi$ 的区间估计问题以例示一般.

设随机变量 ξ 有非零而有穷的方差 $D\xi$，由 §5.2 例 1 知 $\bar{\xi}$ 为

$\left(a,\frac{\sigma}{\sqrt{n}}\right)$渐近正态的，即

$$\lim_{n\to+\infty}P\left(\frac{\bar{\xi}_n-a}{\frac{\sigma}{\sqrt{n}}}\leqslant x\right)=\frac{1}{\sqrt{2\pi}}\int_{-\infty}^{x}\mathrm{e}^{-\frac{z^2}{2}}\mathrm{d}z,\tag{12}$$

其中 $\bar{\xi}_n=\frac{1}{n}\sum_{i=1}^{n}\xi_i$ 为子样$(\xi_1,\xi_2,\cdots,\xi_n)$的平均值. 因而当 n 充分大时，可认为随机变量

$$u_n=\frac{\bar{\xi}_n-a}{\frac{\sigma}{\sqrt{n}}}\tag{13}$$

的分布**接近**于(但未必重合于)$N(0,1)$分布，对已给的数 p，由正态分布表可找到正数 λ_p，使满足

$$P\left(-\lambda_p<\frac{\bar{\xi}_n-a}{\frac{\sigma}{\sqrt{n}}}<\lambda_p\right)\approx\frac{1}{\sqrt{2\pi}}\int_{-\lambda_p}^{\lambda_p}\mathrm{e}^{-\frac{z^2}{2}}\mathrm{d}z=1-\frac{p}{100},\tag{14}$$

故

$$P\left(\bar{\xi}_n-\lambda_p\frac{\sigma}{\sqrt{n}}<a<\bar{\xi}_n+\lambda_p\frac{\sigma}{\sqrt{n}}\right)\approx1-\frac{p}{100}.\tag{15}$$

上式表示，当 σ 已知而且子样的容量 n 充分大时，可近似地取

$$\left(\bar{\xi}_n-\lambda_p\frac{\sigma}{\sqrt{n}},\bar{\xi}_n+\lambda_p\frac{\sigma}{\sqrt{n}}\right)\tag{16}$$

为 a 的置信区间，它的置信系数约为 $1-\frac{p}{100}$.

如果 σ 未知，由于 $s_n^2=\frac{1}{n}\sum_{i=1}^{n}(\xi_i-\bar{\xi})^2$ 是 σ^2 的一致性估值，那么通常仍用(16)做 a 的置信区间，不过把其中的 σ 换为 s_n，这样一来，置信系数又因此而再产生一次误差，只能说大致为 $1-\frac{p}{100}$ 罢了.

上述结果可一般化. 分析上面的论证，可见关键在于“ξ 为

$\left(a,\dfrac{\sigma}{\sqrt{n}}\right)$渐近正态的”，因此，若 ξ 的某数字特征 b 需要估计，我们作子样的对应的数字特征 $\beta_n=\beta(\xi_1,\xi_2,\cdots,\xi_n)$，如果 β_n 是$(b,c(\beta_n))$渐近正态的，其中 $c(\beta_n)$ 是某与 b 无关的值（可依赖于子样或其他未知参数 $d,e,\cdots$），那么我们就可用同样的方法来近似地求 b 的置信区间，这时若 d 等已知，则只有一次误差（由于以正态代替了**渐近**正态）；如果 d 等未知，它们是 ξ 的某些数字特征（如 ξ 的方差 $\cdots$），那么就可以用子样的同样的数字特征（如子样的方差 $\cdots$）来代替 d 等，因而出现了两次误差.

§5.5 假设检验

(一) 基本思想

现在来研究 §5.1(一) 中提出的第 3 个问题：根据对随机变量 ξ 的 n 次独立观察 $\xi_1,\xi_2,\cdots,\xi_n$ 试用统计方法，来检验关于 ξ 的某假设 H 是否正确. 我们主要只限于讨论如下的几种假设：

(i) 已知 ξ 有正态分布 $N(a,\sigma)$，其中 a,σ 未知，要检验假设 H：a 等于某常数 a_0 或 σ 等于某常数 σ_0，这时 H 可简写为 $a=a_0$ 或 $\sigma=\sigma_0$.

(ii) ξ 的分布函数 $F(x)$ 未知，要检验 H：$F(x)$ 重合于某分布函数 $F_0(x)$，亦即 H 为 $F(x)=F_0(x)$.

假设检验基本思想的根据是：小概率事件（即概率很小的事件）在一次试验中几乎是不可能出现的. 详细解释一下：设有某 H 需要检验，我们先假定 H 是正确的，在此假定下，某事件 A 的概率很小，例如 $P(A)=\frac{1}{100}$. 经过一次试验后，如果 A 出现，那么便出现了一个小概率事件 A. 但如上所说，小概率事件在一次试验中几乎是不可能出现的，而现在居然出现了，这就不能不使人怀疑 H 的正确性，因而自然要否定 H. 反之，如果 A 不出现，一般就肯定 H，或保留 H，留待经过几次试验后再作结论.

举一个例子：箱中有白球或黑球，总数为 100，假设 H：其中 99 个是白的，现在用上面的想法来检验 H 的正确性. 暂设 H 正确，那么从箱中任取一球，“得黑球”的概率为 $\frac{1}{100}$，故是一小概率事件. 今如居然抽得一黑球，那么自然使人要否定 H，就是说，白球的个数不是 99.

采用上述方法时，可能犯两类错误：第一，H 本来是正确的，但我们却错误地否定了它，这种“弃真”的错误称为第一类错误.

由于我们只是在 A 出现时才否定 H，故犯第一类错误的概率 α 等于 $P(A \mid H)$，即在 H 成立的条件下 A 的条件概率. 第二，H 本来不正确，但我们却肯定了它，于是犯了“取伪”的错误，称为第二类错误，犯第二类错误的概率记为 β. 在上例中，$\alpha = \frac{1}{100}$.

如果只有两种假设 H 及 H' 是可能的，就是说，H，H' 中必有一正确，但不能肯定到底是哪一个，这时易见犯第二类错误（即本来正确 H'，但错误地接受 H）的概率 $\beta = P(\overline{A} \mid H')$.

自然希望，α，β 越小越好.

注意　上面的检验法完全取决于小概率事件 A 的选择，由于 A 的选法一般是多种的，故检验法也是多种的. 根据上面所说的，应该取使得 α，β 都最小的 A. 通常，要 α，β 都最小是困难的，于是固定其一，例如固定 $\alpha = \alpha_0$，α_0 是给定的常数，然后在一切满足 $P(A \mid H) \leqslant \alpha_0$ 的 A 中，选取一个使 β 取极小的 A_0. A_0 所决定的检验法，比其他满足 $P(A \mid H) \leqslant \alpha_0$ 的 A 所决定的要好，这样便产生了检验法好坏的标准.

称给定的 α_0 为信度. 以后我们否定 H，**总是相对于已给信度而言的**，这时弃真的概率即 α_0. 信度到底应该给得多大？应随具体问题的要求而定，如果我们宁愿弃真的概率小些，那么便应取较小的 α_0.

由上面的讨论可见，构造一个检验法的关键在于选定一小概率事件 A，然而 A 的选法又是怎样的呢？一般选法如下：选定一个 n 元波莱尔可测函数 $g(x_1, x_2, \cdots, x_n)$，对已给信度 α_0，取一个二维波莱尔可测集 B，使在 H 正确的条件下，

$$P(g(\xi_1, \xi_2, \cdots, \xi_n) \in B) \leqslant \alpha_0.$$

因而事件 $A = (g(\xi_1, \xi_2, \cdots, \xi_n) \in B)$ 的概率不大于 α_0，当 α_0 甚小时，A 就是小概率事件. 这样一来，问题就主要归结为函数 g 的选择. 函数 g 至少要具备的条件是：$g(\xi_1, \xi_2, \cdots, \xi_n)$ 的分布（或当 $n \to +\infty$ 时的极限分布）已知，这样才有可能算出（或近似地算出）上式右方的概率 $P(g(\xi_1, \xi_2, \cdots, \xi_n) \in B)$. 函数 g 的选择是比

较困难的问题，以后会看到一些如何选取的例子.

称随机变量 $g(\xi_1, \xi_2, \cdots, \xi_n)$ 为统计量.

（二）对参数的假设检验

假设 ξ 有正态分布 $N(a, \sigma)$，现在来检验关于未知参数 a, σ 的一些假定 H.

(i) $H: a = a_0$

设 H 正确而考虑统计量

$$t = \frac{\bar{\xi} - a_0}{\frac{s}{\sqrt{n-1}}}. \tag{1}$$

由 §5.4(二)(i)，知 t 有 $t(n-1)$ 分布，故对 $p > 0$，由 §5.4(3)

$$P\left(-t_p < \frac{\bar{\xi} - a_0}{\frac{s}{\sqrt{n-1}}} < t_p\right) = 1 - \frac{p}{100}. \tag{2}$$

因而当 p 相当小时，例如 $p = 5$ 或 $p = 1$，则

$$A = \left(\left|\frac{\bar{\xi} - a_0}{\frac{s}{\sqrt{n-1}}}\right| \geqslant t_p\right) \tag{3}$$

是一小概率事件，概率为 $\frac{p}{100}$. 以子样值 $\xi_1, \xi_2, \cdots, \xi_n$ 代入

$$\bar{\xi} = \frac{1}{n}\sum_{i=1}^{n}\xi_i, \quad s = \sqrt{\frac{1}{n}\sum_{i=1}^{n}(\xi_i - \bar{\xi})^2},$$

如果(3)中右方不等式成立，那么出现了小概率事件 A 而否定 H；否则可接受[①] H.

例1 继续考虑 §5.4 例1，试检验假定 H："电灯泡的平均使用时数为 $a = 2\ 000$ h". 在那里已设 $\bar{\xi} = 1\ 832$，$s = 497$，$n = 20$，代入

① 或暂不作结论，留待进一步检验. 附带指出：若 σ 已知，要检验 $H: a = a_0$，可以采用较简单的统计量 $\frac{\bar{\xi} - a_0}{\frac{\sigma}{\sqrt{n}}}$，参看 §5.4 例1下的注.

(1) 后得 $t=-1.473$，由于 $|t|<2.093=t_5$（参看表 5-1），(3) 中小概率事件不出现，故相对于信度 $\frac{5}{100}$ 而言，应接受 H. 注意信度 $\frac{p}{100}$ 越小，则 t_p 越大．例如，$t_1=2.861$，$t_{0.1}=3.383$. ■

(ii) $H:\sigma=\sigma_0$

理论与(i) 全同，只要利用 §5.4(二)(ii)，考虑统计量 $\frac{ns^2}{\sigma^2}$ 由 §5.4(6) 得

$$P\left(\chi_{p'}^2<\frac{ns^2}{\sigma^2}<\chi_{p''}^2\right)=1-\frac{p}{100},\tag{4}$$

故事件 A

$$A=\left(\frac{ns^2}{\sigma^2}\leqslant\chi_{p'}^2\right)\cup\left(\frac{ns^2}{\sigma^2}\geqslant\chi_{p''}^2\right)\tag{5}$$

有概率 $\frac{p}{100}$.

(iii) 设 ξ 有正态分布 $N(a_1,\sigma)$，η 有正态分布 $N(a_2,\sigma)$，试检验假定 $H:a_1=a_2$.

注意　我们已假定了 ξ_1,ξ_2 有相同的方差.

为此，利用 §5.4(二)(iii)，以 §5.4(9) 中的 T 作为统计量，若 H 正确，则 T 化为

$$T=\sqrt{\frac{n_1n_2(n_1+n_2-2)}{n_1+n_2}}\cdot\frac{\bar{\xi}-\bar{\eta}}{\sqrt{n_1s_1^2+n_2s_2^2}},\tag{6}$$

而且 T 应有 $t(n_1+n_2-2)$ 分布. 对 $p>0$，可得 t_p 使

$$P(|T|<t_p)=1-\frac{p}{100}.\tag{7}$$

因而，以子样 $(\xi_1,\xi_2,\cdots,\xi_{n_1})$，$(\eta_1,\eta_2,\cdots,\eta_{n_2})$ 的值代入 T 后，若 $|T|\geqslant t_p$，则相对于信度 $\frac{p}{100}$ 而言，应否定 H；若 $|T|<t_p$，则应接受 H.

例 2 从一批电灯泡中取出 20 个，它们的平均使用时数为 $\bar{\xi}=1\,832, s_1=497$. 再从另一批电灯泡中取出 30 个，得平均使用时间为 $\bar{\eta}=1\,261, s_2=501$. 两批电灯泡的母体方差相等，试检验假定 H：两母体的平均使用时数 a_1, a_2 相等，信度为 $\frac{1}{1\,000}$.

解 这里 $n_1=20, n_2=30$，由(6)算得 $T=3.881$. 今已给 $p=\frac{1}{1\,000}$，从自由度为 $20+30-2=48$ 的分布表查得 $t_{0.1}=3.515$，既然 $3.881>3.515$，故相对于信度 $\frac{1}{1\,000}$ 而言，应否定 H. ■

例 3 设有甲、乙两种安眠药，今欲比较它们的治疗效果，以 ξ 表示失眠病者服甲药后睡眠时间延长时数，以 η 表示服乙药后的延长时数. 今独立观察 20 个患者，其中 10 人服甲药后的延长睡眠时数为 $\xi_1, \xi_2, \cdots, \xi_{10}$；服乙药的 10 人的相应时数为 $\eta_1, \eta_2, \cdots, \eta_{10}$，得表 5-2. 医学上可设 ξ, η 分别有 $N(a_1, \sigma), N(a_2, \sigma)$ 分布，于是问题化为检验 $H: a_1=a_2$，信度设为 $\frac{5}{100}$.

解 由表算得 $\bar{\xi}=2.33$，$\bar{\eta}=0.75$，

$$10s_1^2=\sum_{i=1}^{10}(\xi_i-\bar{\xi})^2=36.1,\quad 10s_2^2=\sum_{i=1}^{10}(\eta_i-\bar{\eta})^2=28.9,$$

$$T=\sqrt{\frac{100\times 18}{20}}\times\frac{2.33-0.75}{\sqrt{36.1+28.9}}\approx 1.86.$$

由 $t(18)$ 分布表查得 $t_5=2.101>1.86$，故可接受 H. ■

表 5-2

ξ_1	1.9	ξ_6	4.4	η_1	0.7	η_6	3.4
ξ_2	0.8	ξ_7	5.5	η_2	−1.6	η_7	3.7
ξ_3	1.1	ξ_8	1.6	η_3	−0.2	η_8	0.8
ξ_4	0.1	ξ_9	4.6	η_4	−1.2	η_9	0.0
ξ_5	−0.1	ξ_{10}	3.4	η_5	−0.1	η_{10}	2.0

(iv) 设 ξ,η 各有正态分布 $N(a_1,\sigma_1)$，$N(a_2,\sigma_2)$，试根据观察值 $\xi_1,\xi_2,\cdots,\xi_{n_1}$；$\eta_1,\eta_2,\cdots,\eta_{n_2}$ 以检验假设 $H:\sigma_1=\sigma_2$. 我们设这 n_1+n_2 个随机变量是独立的.

考虑 $s_1^{*2}=\dfrac{1}{n_1-1}\sum\limits_{i=1}^{n_1}(\xi_i-\bar{\xi})^2$，$\quad s_2^{*2}=\dfrac{1}{n_2-1}\sum\limits_{i=1}^{n_2}(\eta_i-\bar{\eta})^2$，

注意 $\quad\dfrac{n_1-1}{\sigma_1^2}s_1^{*2}=\dfrac{n_1s_1^2}{\sigma_1^2}$，故由 §5.2 定理 1，$\dfrac{n_1-1}{\sigma_1^2}s_1^{*2}$ 有 $\chi^2(n_1-1)$ 分布；同理$\dfrac{n_2-1}{\sigma_2^2}s_2^{*2}$ 有 $\chi^2(n_2-1)$ 分布.

今设 H 正确，以 σ^2 表示 σ_1^2 与 σ_2^2 的公共值，则由 §2.8统计量

$$F=\frac{s_1^{*2}}{s_2^{*2}}=\frac{\dfrac{(n_1-1)s_1^{*2}}{\sigma^2}(n_2-1)}{\dfrac{(n_2-1)s_2^{*2}}{\sigma^2}(n_1-1)} \tag{8}$$

有参数为 n_1-1 及 n_2-1 的 F 分布(如图 5-7) 的随机变量，对已给的 $p>0$，由 F 分布表可找到两个数 $F_{p'}$ 及 $F_{p''}$，使 $P(F>F_{p'})=1-\dfrac{p}{200}$，$P(F\geqslant F_{p''})=\dfrac{p}{200}$；而

$$P(F_{p'}<F<F_{p''})=1-\frac{p}{100}. \tag{9}$$

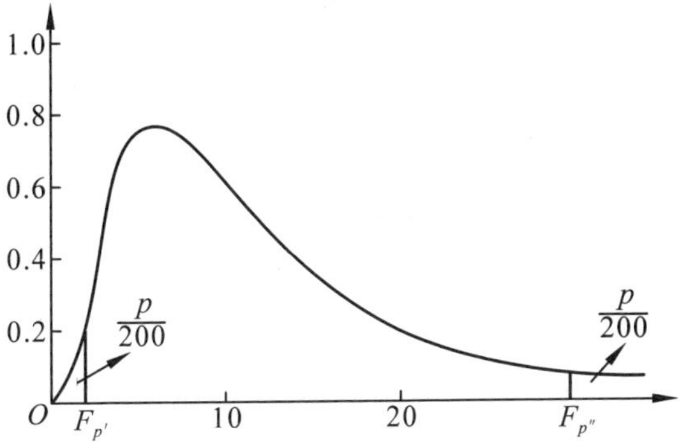

图 5-7 F 分布密度图

以上检验法都是在“ξ有正态分布”的前提下得到的.如除去此前提，可以用 §5.4(13) 中的 $\mu_n = \dfrac{\bar{\xi}_n - a}{\dfrac{\sigma}{\sqrt{n}}}$ 作为统计量，并用 §5.4(15) 来检验 $H:E\xi = a$，a为某常数，但此时n应充分大才比较有效.

(三) χ^2 检验

现在来检验假设 $H:\xi$ 的分布函数 $F(x)$ 为 $F_0(x)$，$F_0(x)$ 为某已知分布函数.这里不必对 $F(x)$ 作假定，例如，不必假定已知 $F(x)$ 的形状而只要估计或检验几个参数.因此，下面介绍的方法属于所谓非参数方法.

对ξ进行 N 次独立的观察而得 $\xi_1,\xi_2,\cdots,\xi_N$.将 $\mathbf{R}=(-\infty,+\infty)$ 分为 m 个子区间$(x_{i-1},x_i]$，其中 $-\infty = x_0 < x_1 < \cdots < x_m = +\infty$(当然，$(x_{m-1},+\infty]$ 理解为$(x_{m-1},+\infty)$)，以 v_i 表示 $\xi_1,\xi_2,\cdots,\xi_N$ 中落于$(x_{i-1},x_i]$中的个数，即满足 $\xi_k \in (x_{i-1},x_i]$ 的 $k(\leqslant N)$ 的个数，显然，$\sum\limits_{i=1}^{m} v_i = N$.

今设 H:“$F(x)\equiv F_0(x)$”正确，令 $p_i = F_0(x_i) - F_0(x_{i-1}) > 0$.考虑统计量

$$\eta = \sum_{j=1}^{m} \frac{(v_j - Np_j)^2}{Np_j} = \sum_{j=1}^{m} \frac{v_j^2}{Np_j} - N, \tag{10}$$

η依赖于N及m，以下总固定m，注意若H正确，则由强大数定理 $\dfrac{v_i}{N} \to p_i$ a. s.，故当N甚大时，$v_i \approx Np_i$.

定理1［皮尔逊(Pearson)］ 若H正确，则

$$\lim_{N\to+\infty} P\left(\sum_{j=1}^{m} \frac{(v_j - Np_j)^2}{Np_j} \leqslant x\right) = \int_0^x K_{m-1}(y)\mathrm{d}y,\ x > 0, \tag{11}$$

其中
$$K_{m-1}(y) = \frac{1}{2^{\frac{m-1}{2}}\Gamma\left(\dfrac{m-1}{2}\right)} y^{\frac{m-3}{2}} \mathrm{e}^{-\frac{y}{2}},\ y > 0 \tag{12}$$

是 $\chi^2(m-1)$ 分布的密度函数.

先对皮尔逊定理作一些解释:由中心极限定理知

$$u_j=\frac{v_j-Np_j}{\sqrt{Np_j}},\ j=1,2,\cdots,m, \tag{13}$$

当 $N\to+\infty$ 时有平均值为 0 的渐近 $N(0,1)$ 正态分布,由 §2.8 定理 2 容易想象 $\eta=\sum_{j=1}^{m}u_j^2$ 有渐近 χ^2 分布. 注意 $u_1,u_2,\cdots,u_m$ 不是独立的,因为它们之间有关系式

$$\sum_{j=1}^{m}u_j\sqrt{p_j}=0.$$

皮尔逊定理断定,η 有 $\chi^2(m-1)$ 分布. 我们回忆 §5.2 定理 1 中的

$$\frac{ns^2}{\sigma^2}=\sum_{j=1}^{n}\left(\frac{\xi_i-\bar{\xi}}{\sigma}\right)^2$$

也有 $\chi^2(n-1)$ 分布,情况与这里的类似,参看 §5.2 注 2.

证　若 ξ 的分布函数为 $F_0(x)$,则 $(v_1,v_2,\cdots,v_m)$ 有 m 项分布为

$$P(v_1=k_1,v_2=k_2,\cdots,v_m=k_m)=\frac{N!}{k_1!k_2!\cdots k_m!}p_1^{k_1}p_2^{k_2}\cdots p_m^{k_m},$$

其中 k_i 为非负整数,$\sum_{i=1}^{m}k_i=N$(参看 §2.6 例 4);特征函数为

$$\sum_{k_1,k_2,\cdots,k_m}\mathrm{e}^{(t_1k_1+t_2k_2+\cdots+t_mk_m)\mathrm{i}}\frac{N!}{k_1!k_2!\cdots k_m!}p_1^{k_1}p_2^{k_2}\cdots p_m^{k_m}$$
$$=(p_1\mathrm{e}^{t_1\mathrm{i}}+p_2\mathrm{e}^{t_2\mathrm{i}}+\cdots+p_m\mathrm{e}^{t_m\mathrm{i}})^N,$$

其中 $\sum$ 对一切满足 $k_1+k_2+\cdots+k_m=N$ 的非负整数列$(k_1,k_2,\cdots,k_m)$ 进行. 由 §2.12 知(13) 中的$(u_1,u_2,\cdots,u_m)$ 的特征函数为

$$\varphi_N(t_1,t_2,\cdots,t_m)=\mathrm{e}^{-\mathrm{i}\sqrt{N}\sum_{j=1}^{m}t_j\sqrt{p_j}}\left(p_1\mathrm{e}^{\frac{t_1\mathrm{i}}{\sqrt{Np_1}}}+p_2\mathrm{e}^{\frac{t_2\mathrm{i}}{\sqrt{Np_2}}}+\cdots+p_m\mathrm{e}^{\frac{t_m\mathrm{i}}{\sqrt{Np_m}}}\right)^N. \tag{14}$$

利用泰勒(Taylor) 展开式

$$e^{\frac{t_j i}{\sqrt{Np_j}}}-1=\frac{t_j}{\sqrt{Np_j}}i-\frac{1}{2}\frac{t_j^2}{Np_j}+o\left(\frac{1}{N}\right),$$

得

$$\begin{aligned}
&\lg\varphi_N(t_1,t_2,\cdots,t_m)\\
&=\lg e^{-i\sqrt{N}\sum_{j=1}^m t_j\sqrt{p_j}}+N\lg\left[1+\sum_{j=1}^m p_j\left(e^{\frac{t_j}{\sqrt{Np_j}}i}-1\right)\right]\\
&=-i\sqrt{N}\sum_{j=1}^m t_j\sqrt{p_j}+N\left[\sum_{j=1}^m p_j\left(e^{\frac{t_j}{\sqrt{Np_j}}i}-1\right)\right]-\\
&\quad\frac{N}{2}\left[\sum_{j=1}^m p_j\left(e^{\frac{t_j}{\sqrt{Np_j}}i}-1\right)\right]^2+o(1)\\
&=-i\sqrt{N}\sum_{j=1}^m t_j\sqrt{p_j}+N\sum_{j=1}^m p_j\left(\frac{t_j}{\sqrt{Np_j}}i-\frac{t_j^2}{2Np_j}\right)-\\
&\quad\frac{N}{2}\left[\sum_{j=1}^m p_j\frac{t_j i}{\sqrt{Np_j}}\right]^2+o(1)\\
&=-\frac{1}{2}\sum_{j=1}^m t_j^2+\frac{1}{2}\left(\sum_{j=1}^m t_j\sqrt{p_j}\right)^2+o(1).
\end{aligned}$$

从而 $$\lim_{N\to+\infty}\varphi_N(t_1,t_2,\cdots,t_m)=e^{-\frac{1}{2}\left[\sum_{j=1}^m t_j-\left(\sum_{j=1}^m t_j\sqrt{p_j}\right)^2\right]}.\tag{15}$$

作正交变换 $$\begin{cases}s_l=\sum_{j=1}^m c_{lj}t_j,\ l=1,2,\cdots,m-1,\\ s_m=\sum_{j=1}^m t_j\sqrt{p_j},\end{cases}\tag{16}$$

由正交性 $\sum_{j=1}^m t_j^2=\sum_{j=1}^m s_j^2$，代入(15) 得

$$\lim_{N\to+\infty}\varphi_N(s_1,s_2,\cdots,s_m)=e^{-\frac{1}{2}\left[\sum_{j=1}^m s_j^2-s_m^2\right]}=e^{-\frac{1}{2}\sum_{j=1}^{m-1}s_j^2}.$$

右方是 $m-1$ 维正态分布的特征函数，而且有此分布的 $m-1$ 个随机变量互不相关，所以相互独立. 由特征函数的逆极限定理，当

$N \to +\infty$ 时，$(u_1, u_2, \cdots, u_m)$ 的极限分布是此 $m-1$ 维正态分布（逆极限定理对多维分布也成立），从而推知当 $N \to +\infty$ 时，$\eta = \sum_{j=1}^{m} u_j^2$ 的极限 是 $\chi^2(m-1)$ 分布. ■

由定理 1，当 N 充分大时，可认为 $\eta = \sum_{i=1}^{m} \frac{(v_i - Np_i)^2}{Np_i}$ 有 $\chi^2(m-1)$ 分布，对已给 $p > 0$，由 χ^2 分布表可求得常数 η_p，使

$$P(\eta > \eta_p) = \frac{p}{100}.$$

以子样值代入 η 后，若 $\eta > \eta_p$，则相对信度 $\frac{p}{100}$ 而言，应否定 H. 在实际中用定理 1 时，通常取 m 于 7 到 14 之间.

例 4　箱中盛有 10 种球，自其中还原地随机取出 200 个后，第 i 种球共取得 v_i 个，得表 5-3，试检验 H：箱内各种球的个数相同，已给信度为 0.5%.

表 5-3

种　别	v_i	Np_i	$v_i - Np_i$	$\frac{(v_i - Np_i)^2}{Np_i}$
1	35	20	15	11.25
2	16	20	−4	0.80
3	15	20	−5	1.25
4	17	20	−3	0.45
5	17	20	−3	0.45
6	19	20	−1	0.05
7	11	20	−9	4.05
8	16	20	−4	0.80
9	30	20	10	5.00
10	24	20	4	0.80
$\sum$	200	200	0	24.90

解 这里 $N=200, m=10, x_0=-\infty, x_i=i\ (i=1,2,\cdots,10), x_{11}=+\infty$. 若 H 正确，则每次抽得第 i 种球的概率 $p_i=\frac{1}{10}$. 这时由附表知 $\eta=24.9$. 其次，由 $\chi^2(9)$ 分布表得 $\eta_{0.005}=23.6$，既然 $24.9>23.6$，故应否定 H. 从表上看，也可见第1种与第9种球取得过多. ■

例5 观察 $N=2\ 880$ 个婴儿出生时刻，得表5-4：

表 5-4

小时	0	1	2	3	4	5	6	7	8	9	10	11	12
人数	127	139	143	138	134	115	127	113	126	122	121	119	130
小时	13	14	15	16	17	18	19	20	21	22	23	总计	
人数	125	112	97	115	94	99	97	100	119	127	139	2 880	

这例说明，在0时内出生共127人，在1时内139人等. 一眼看来，出生人数更多地集中在夜间，试问这种倾向是否显著. 精确一些，试问假定 H："出生时刻是在0时到24时内均匀分布"是否正确?取 $p=5$ 及 $p=1$.

解 设 H 正确，则婴儿在每小时内出生的概率都是 $p_i=\frac{1}{24}$，这里 $N=2\ 880$，故 $Np_i=\frac{2\ 880}{24}=120$，由(10)算得 $\eta=40.467$，$m-1=23$. 查 $\chi^2(23)$ 分布表得

$$\eta_5=35.2<40.467<41.6=\eta_1,$$

故相对于信度 $\frac{5}{100}$ 而言，应否定 H；对信度 $\frac{1}{100}$ 而言，应肯定 H. ■

（四）*K* 检验

除 χ^2 检验法外，再介绍一种重要的检验法，设随机变量 ξ 的分布函数为 $F(x)$，而且假定 $F(x)$ 是 x 的连续函数，对 ξ 进行 n 次

独立观察得 $\xi_1,\xi_2,\cdots,\xi_n$，根据此子样作经验分布函数 $F_n(x)$. 在§5.1 中，格里文科定理断定

$$P\left(\lim_{n\to+\infty}\sup_{-\infty<x<+\infty}|F_n(x)-F(x)|=0\right)=1.$$

此定理表示随机变量 $D_n=\sup\limits_{-\infty<x<+\infty}|F_n(x)-F(x)|$ 以概率1是无穷小（$n\to+\infty$ 时）. 下面的定理进一步说明：以概率 1，D_n 是与 $\frac{1}{\sqrt{n}}$ 同阶的无穷小.

定理 2（柯尔莫哥洛夫）　若 $F(x)$ 是 x 的连续函数，则

$$\lim_{n\to+\infty}P\{\sqrt{n}\sup_{-\infty<x<+\infty}|F_n(x)-F(x)|<y\}$$
$$=K(y)=\begin{cases}0 & y\leqslant 0,\\ \sum\limits_{l=-\infty}^{+\infty}(-1)^l\mathrm{e}^{-2l^2y^2} & y>0.\end{cases}\tag{17}$$

此定理的证明过于复杂，故从略（[9] 第 1 版或[7] 中载有证明）.

$K(y)$ 的值有表可查. 采用统计量 $\sqrt{n}D_n$ 后，可以像利用皮尔逊定理一样地，利用柯尔莫哥洛夫定理来检验假定 H：ξ 的分布函数为某 $F(x)$，注意这里要求 $F(x)$ 已知为连续函数. 为此，只要对已给信度 $\frac{p}{100}$，由 $K(y)=1-\frac{p}{100}$ 解出 $y=y_p$；然后根据(17)，当 n 充分大时，可认为

$$P\{\sqrt{n}D_n<y\}\approx K(y).\tag{18}$$

以子样 $(\xi_1,\xi_2,\cdots,\xi_n)$ 代入 $\sqrt{n}D_n$ 后，若 $\sqrt{n}D_n<y_p$，则相对信度 $\frac{p}{100}$ 而言，可接受 H；若 $\sqrt{n}D_n\geqslant y_p$，则否定 H.

例 6　某工厂生产长度为 2 cm 的铁钉，由于生产条件不同，各钉的真实长度 ξ 也不同. 今对已给信度 $\frac{1}{100}$，欲检验 H：ξ 有 $N\left(2,\frac{1}{50}\right)$ 分布. 取出 $n=80$，钉子作为子样，其长度排成 $\xi_1^*\leqslant$

$\xi_2^* \leqslant \cdots \leqslant \xi_{80}^*$，从而得经验分布函数 $F_{80}(x)$. 由于正态分布函数 $F(x)$ 连续，故可用定理 2. 设由此子样算得

$$\sqrt{80} \cdot D_n = \sqrt{80} \times 0.21 = 1.88,$$

查分布表得 $y_1 = 1.63$，既然 $1.88 > 1.63$，故应否定 H. ■

(17) 式除可用做检验法外，还可用来估计未知分布函数 $F(x)$. 实际上，对已给信度 $\frac{p}{100}$，仿上取定 y_p. 由(18) 得知：当 n 充分大时，以近于 $1-\frac{p}{100}$ 的概率，有 $\sqrt{n}D_n < y_p$；亦即对一切 $x \in \mathbf{R}$ 有

$$F_n(x) - \frac{y_p}{\sqrt{n}} < F(x) < F_n(x) + \frac{y_p}{\sqrt{n}}. \tag{19}$$

这说明，当 n 充分大时，以 $1-\frac{p}{100}$ 左右的概率，$F(x)$ 的图，完全被包含在 $F_n(x) - \frac{y_p}{\sqrt{n}}$ 与 $F_n(x) + \frac{y_p}{\sqrt{n}}$ 所围成的区域内. 此区域构成 $F(x)$ 的置信区域，置信系数约为 $1-\frac{p}{100}$（如图 5-8).

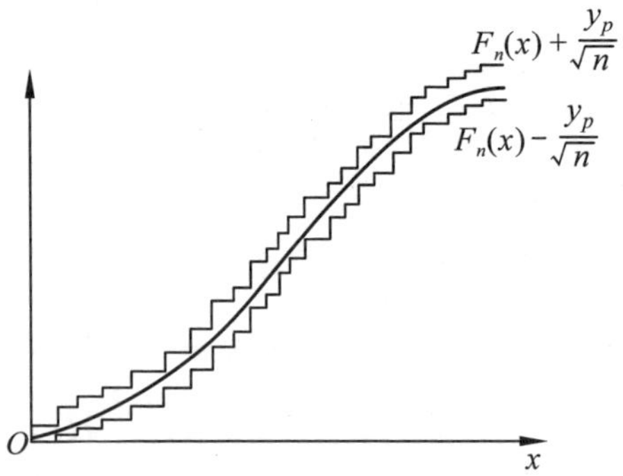

图 5-8 $F(x)$ 的置信区域图

*§5.6　最佳检验

(一) 检验法与临界域

在 §5.5(一) 中,我们提出了判别检验法好坏的标准问题. 在本节中,我们来对它作一个初步的研究.

设 H 是关于随机变量 ξ 的某一假设,根据 ξ 的子样 $\xi_1,\xi_2,\cdots,\xi_n$,信度 α,需要判断 H 是否正确. 在 §5.5(一) 中已指出,为了要达到这一目的,构造一个如下形状的、联系于子样的事件 A,

$$A=(g(\xi_1,\xi_2,\cdots,\xi_n)\in B), \tag{1}$$

其中 $g(x_1,x_2,\cdots,x_n)$ 是某 n 元波莱尔可测函数,而 B 是某个一维波莱尔集,使在 H 正确的条件下,有

$$P(A)\leqslant\alpha; \tag{2}$$

因而当 H 正确时,A 是一小概率事件,如果 α 充分小的话. 于是当 A 出现时,应该否定 H;否则就接受 H,这时犯第一类错误(弃真)的概率不大于 α.

由此可见:每一个形如(1) 而且满足(2) 的事件 A 决定一种检验法. 一般地,这样的 A 有无穷多个,因为(1) 中的 g 及 B 可以有无穷多种取法.

例 1　设 ξ 有 $N(a,\sigma)$ 正态分布,a 及 σ 都未知,现在要检验假设 H:$a=0$. 信度 $\alpha=\dfrac{p}{100}$　$(p>0)$. 在 §5.5 中已知, (1) 中的 A 可取为

$$A=\left(\left|\sqrt{n-1}\,\frac{\bar{\xi}}{s}\right|>t_p\right) \tag{3}$$

(参看 §5.5(3) 式),因而(1) 中的

$$B=(-\infty,-t_p)\cup(t_p,+\infty). \tag{4}$$

注意 当 H 正确时，$\sqrt{n-1}\,\dfrac{\bar{\xi}}{s}$ 有分布 $t(n-1)$；故 $P(A)$ 等于图 5-9 中曲线在 $(-\infty,-t_p)\cup(t_p,+\infty)$ 上的面积，亦即等于$\dfrac{p}{100}$. (3) 中的 A 决定一检验法，今如果另选一常数 $\delta>0$，使此曲线与$(-\delta,\delta)$ 围成的面积也等于$\dfrac{p}{100}$，那么

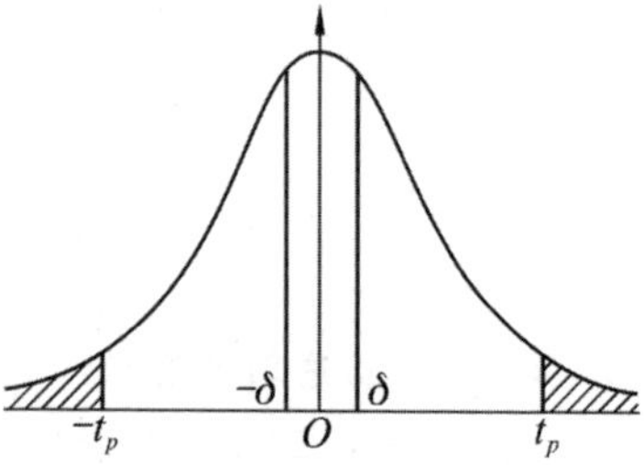

图 5-9 其中曲线是 $t(n-1)$ 分布的密度函数的图形

$$A_\delta=\left(\left|\sqrt{n-1}\,\frac{\bar{\xi}}{s}\right|<\delta\right) \tag{5}$$

也满足(1)(2)，从而也决定一检验法. 一般地，在 x 轴上任取波莱尔集 C，使图 5-9 中曲线与 C 围成的面积不大于$\dfrac{p}{100}$，则 C 就产生一检验法. 由此可见，我们甚至只用了一个 $g(\xi_1,\xi_2,\cdots,\xi_n)=\sqrt{n-1}\,\dfrac{\bar{\xi}}{s}$，就造出了无穷多种检验法. ■

把(1) 中的事件 A 改写为

$$A=((\xi_1,\xi_2,\cdots,\xi_n)\in D), \tag{6}$$

其中 $D(\subset\mathbf{R}^n)$ 是一 n 维波莱尔集：

$$D=((x_1,x_2,\cdots,x_n):g(x_1,x_2,\cdots,x_n)\in B), \tag{7}$$

称 D 为临界域，并称由 A 决定的检验法为 D - 检验. D 的作用是：当子样$(\xi_1,\xi_2,\cdots,\xi_n)\in D$ 时，应否定 H，否则肯定 H，信度是 α.

反之，设 D 是任一 n 维波莱尔集，如果在 H 正确的条件下，由此 D 及(6) 定义的事件 A 的概率不大于 α，那么 A 决定一个检验法，信度是 α，临界域是 D.

由此可见，为了要给出一检验法，只要给出它的临界域就够了.

(二) 检验法好坏的标准

既然检验法一般不唯一，我们自然希望选用一种最好的检验法，那么所谓"好"的标准是什么？

比较原则　设甲，乙是假设 H 的两种检验法，它们犯第一类错误的概率相等，同为 α，如果甲犯第二类错误(取伪)的概率不大于乙犯第二类错误的概率，我们就说甲比乙好；如果甲比任何一种其他如此的检验法都好，就说甲是具有水平为 α 的最佳检验.

进一步的问题是：最佳检验是否存在？如何找到最佳检验？这依赖于所需要检验的 H 是否复杂. 在一种简单情形，下面的定理 1 完满地解决了这两个问题.

设 ξ 是一连续型随机变量，密度函数 $f(x;a)$ 的形状已知，但含一未知参数 a，现在有两个假设 H_0，H_1：

$$H_0 : a = a_0 ; H_1 : a = a_1 . \tag{8}$$

这里 a_0，a_1 是两个不同的常数. 如果肯定 H_0 就否定 H_1；如果否定 H_0，就肯定 H_1. 所以表面上要考虑两个假设，实际上只要检验 H_0 就够了. 称 H_0 为原假设，而 H_1 为备选假设.

取 ξ 的一个子样 $\xi_1,\xi_2,\cdots,\xi_n$，它们是 n 个相互独立的随机变量，有联合密度为

$$g(x_1,x_2,\cdots,x_n;a) = \prod_{i=1}^{n} f(x_i;a). \tag{9}$$

以下用 $P_0(B)$ 表示在 H_0 正确的条件下，亦即在 $a = a_0$ 的条件下，事件 B 的概率：$P_0(B) = P(B \mid H_0)$. 同样 $P_1(B) = P(B \mid H_1)$，又为简单起见，记

$$y = (x_1,x_2,\cdots,x_n), \boldsymbol{\eta} = (\xi_1,\xi_2,\cdots,\xi_n), \tag{10}$$

y 是一 n 维点，$\boldsymbol{\eta}$ 是 n 维随机向量. 于是(9)中的 $g(x_1,x_2,\cdots,x_n;a)$ 可简记为 $g(y;a)$.

对任一非负常数 $c \geqslant 0$，定义 n 维点集 A_c，

$$A_c = (y : g(y;a_1) \geqslant cg(y;a_0)); \tag{11}$$

并称商$\dfrac{g(y;a_1)}{g(y;a_0)}$为似然比.此外,令

$$\psi(c) = P_0(\boldsymbol{\eta} \in A_c) \equiv P_0\left(\frac{g(\eta;a_1)}{g(\eta;a_0)} \geqslant c\right). \tag{12}$$

引理 $\psi(c)$ 是 $c \geqslant 0$ 的左连续、单调不增函数,而且

$$0 \leqslant \psi(c) \leqslant \frac{1}{c} \quad (c > 0), \tag{13}$$

$$\psi(0) = 1, \lim_{c \to +\infty} \psi(c) = 0. \tag{14}$$

证 由(12)知 $\psi(c) \geqslant 0$.因 $g(y;a_i) \geqslant 0$,故 $A_0 = \mathbf{R}^n$,而 $\psi(0) = P_0(\boldsymbol{\eta} \in \mathbf{R}^n) = 1$.又对 $c > 0$ 有

$$\psi(c) = P_0(\boldsymbol{\eta} \in A_c) = \int_{A_c} g(y;a_0)\mathrm{d}y$$
$$\leqslant \frac{1}{c}\int_{A_c} g(y;a_1)\mathrm{d}y \leqslant \frac{1}{c}$$

(注意这里的积分是 n 重的),这得证(13).(14)中后式自(13)推出.根据 $\psi(c)$ 的定义,并仿照 §2.1 定理1的证明,可见 $\psi(c)$ 左连续而且单调不增.■

定理[诺曼-皮尔逊(Neyman-Pearson)] 设随机变量 ξ 有密度函数 $f(x;a)$,其中 a 为未知参数,又(8)式给出原假设 H_0 及备选假设 H_1,则对任一常数 α, $0 < \alpha < 1$,必存在水平为 α 的最佳 D 检验.

证 (i) 先设存在常数 c_α,满足

$$\psi(c_\alpha) = \alpha. \tag{15}$$

在这条件下,我们来证明本定理,然后再解除此条件.简记

$$P_i(\eta \in A) = F_i(A) \quad (i = 0,1); A_{c_\alpha} = D. \tag{16}$$

下证(16)中的 D 决定最佳 D 检验.实际上,由(12)(15)

$$F_0(D) = \psi(c_\alpha) = \alpha. \tag{17}$$

考虑任一 E 检验,它的临界域是 E,犯第一类错误的概率等于 α,

因而

$$F_0(E)=\alpha. \tag{18}$$

如果能够证明

$$F_1(D)\geqslant F_1(E), \tag{19}$$

那么因犯第二类错误的概率对 D 检验是 $F_1(\overline{D})=1-F_1(D)$，$\overline{D}$ 表示 $\mathbf{R}\backslash D$，对 E 检验是 $F_1(\overline{E})=1-F_1(E)$，于是由(19)得 $F_1(\overline{D})\leqslant F_1(\overline{E})$ 而定理结论得以证明.

由(17)(18)得

$$F_0(D-ED)=\alpha-F_0(ED)=F_0(E-ED).$$

由 $D=A_{c_\alpha}$ 及 A_{c_α} 的定义，可见若 $y\overline{\in}D$，则 $c_\alpha g(y;a_0)>g(y;a_1)$，故

$$F_1(D-ED)\geqslant c_\alpha F_0(D-ED)=c_\alpha F_0(E-ED)\geqslant F_1(E-ED).$$

在此式两边加上 $F_1(ED)$ 后就得(19).

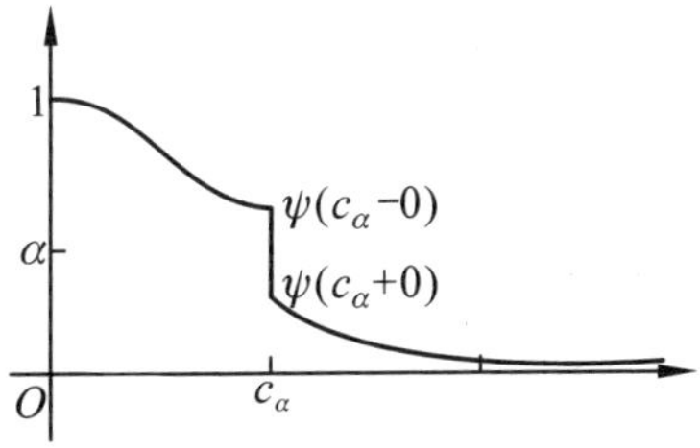

图 5-10

(ii) 任取一满足 $\psi(c_\alpha-0)\geqslant\alpha$；$\psi(c_\alpha+0)\leqslant\alpha$ 的 c_α，由引理它必存在（图 5-10）. 令 $G=(y:g(y;a_1)=c_\alpha g(y;a_0))$，则

$$\psi(c_\alpha-0)-\psi(c_\alpha+0)=F_0(G)=\int_G g(y;a_0)\,\mathrm{d}y.$$

如果 $\psi(c_\alpha-0)-\psi(c_\alpha+0)=0$，那么(15)成立而定理已证明. 故可设 $\psi(c_\alpha-0)-\psi(c_\alpha+0)>0$，不妨设 $\psi(c_\alpha-0)-\alpha>0$[①] 注意 $\psi(c_\alpha-0)-\alpha\leqslant\psi(c_\alpha-0)-\psi(c_\alpha+0)$，由于分布 F_0 是连续型的，

① 如果 $\psi(c_\alpha-0)-\alpha=0$，那么由引理中的左连续性，$\psi(c_\alpha)=\alpha$ 而化为(i)中情形.

必存在 G 的子集 B，使①

$$\int_B g(y;a_0)\mathrm{d}y = \psi(c_\alpha - 0) - \alpha. \tag{20}$$

取 $D=(y: g(y;a_1)\geqslant c_\alpha g(y;a_0))-B$，则由 ψ 的左连续性，

$$F_0(D)=\psi(c_\alpha)-\int_B g(y;a_0)\mathrm{d}y$$
$$=\psi(c_\alpha)-\psi(c_\alpha-0)+\alpha=\alpha,$$

于是重新得到(17) 式，然后逐字重复(17) 以下的证明，即知由此 D 决定的 D 检验法是最佳的. ■

由(11) 可见，当原假设 H_0 中的 a_0 及 c 固定时，A_c 一般依赖于备选假设 H_1 中的 a_1，因而最佳检验的临界域 D 一般地也依赖于 a_1. 如果当 a_1 在某参数集 Q 中任意变动时，D 与 a_1 无关，我们就说在一切水平为 α 的检验法中，关于 Q 来说，D 检验是一致的最佳检验. 换句话说，这时不论备选假设 $H_1: a=a_1$ 如何在 Q 中变动，同一临界域都给出最佳检验.

例 2 设 ξ 有 $N(a,\sigma)$ 分布，σ 已知而 a 未知. H_0 为 $a=0$，H_1 为 $a=a_1$. 对已给水平 α，$0<\alpha<1$，我们来求最佳检验的临界域 D. 这时(11) 右方化为

$$\frac{g(y;a_1)}{g(y;0)}=\mathrm{e}^{-\frac{1}{2\sigma^2}\sum\limits_{i=1}^{n}[(x_i-a_1)^2-x_i^2]}=\mathrm{e}^{Hz-\frac{1}{2}H^2}\geqslant c, \tag{21}$$

其中 $H=\sqrt{n}\dfrac{a_1}{\sigma}$ 是常数，$z=\sqrt{n}\dfrac{\overline{x}}{\sigma}\left(\overline{x}=\dfrac{1}{n}\sum\limits_{i=1}^{n}x_i\right)$，因此，

$$\psi(c)=P_0(\mathrm{e}^{H\cdot\sqrt{n}\frac{\bar{\xi}}{\sigma}-\frac{1}{2}H^2}\geqslant c). \tag{22}$$

① 实际上，令 $G_r=G\cap(-\infty,r]$，$(-\infty,r]$ 表示 n 维区间，$r=(r_1,r_2,\cdots,r_n)$，r_i 为有理数. 再令 $s=\sup(r: F_0(G_r)\leqslant\psi(c_\alpha-0)-\alpha)$，则可取 $B=G\cap[-\infty,s]$，因此

$$\int_B g(y;a_0)\mathrm{d}y=\lim_{r\uparrow s}\int_{G_r}g(y;a_0)\mathrm{d}y=\lim_{r\uparrow s}F_0(G_r)=\psi(c_\alpha-0)-\alpha.$$

后一等号是由于连续函数在闭区间内必能取到上确界.

先设 $a_1>0$，从而 $H>0$. 取 b 使 $\frac{1}{\sqrt{2\pi}}\int_b^{+\infty}\mathrm{e}^{-\frac{x^2}{2}}\mathrm{d}x=\alpha$，我们证明

$$c_\alpha=\mathrm{e}^{Hb-\frac{1}{2}H^2}\tag{23}$$

满足(15). 实际上，因 $\bar{\xi}=\frac{1}{n}\sum_{i=1}^{n}\xi_i$ 的分布在 H_0 正确的条件下为 $N\left(0,\frac{\sigma}{\sqrt{n}}\right)$，故由(22)得

$$\psi(\mathrm{e}^{Hb-\frac{1}{2}H^2})=P_0\left(\sqrt{n}\,\frac{\bar{\xi}}{\sigma}\geqslant b\right)=\frac{1}{\sqrt{2\pi}}\int_b^{+\infty}\mathrm{e}^{-\frac{x^2}{2}}\mathrm{d}x=\alpha.$$

现在以(23)中的 c_α 代入(21)中的 c，可见所求的临界域为

$$D=\left(y:\sqrt{n}\,\frac{\bar{x}}{\sigma}\geqslant b\right).\tag{24}$$

由于 D 与 a_1 无关，故关于 $Q=(0,+\infty)$ 而言，它还决定水平为 α 的一致最佳检验.

次设 $a_1<0$，同样求得关于 $Q'=(-\infty,0)$ 的水平为 α 的一致最佳检验的临界域为 D'：

$$D'=\left(y:\sqrt{n}\,\frac{\bar{x}}{\sigma}\leqslant -b\right).\ \blacksquare\tag{25}$$

*§5.7　若干应用

数理统计在工业、农业、医药卫生等许多实际部门有着广泛的应用，在本书中，我们不可能作详细的叙述，只好作一简单的介绍，目的是想说明本章的理论，可以用来解决那些实际问题以及解题的基本思想. 至于详细的情形，请看书末所引的参考书[3][31][32][33][36].

（一）方差分析

方差分析是一种统计分析的方法，首先由 R. A. Fisher 所引进，它有许多应用，例如，可用以比较各种植物品种，动物品种，各种原料或各种实验方法的优缺点等.

考虑下列问题：设有 r 个独立，正态分布的随机变量 ξ_1，$\xi_2,\cdots,\xi_n$，它们有相同的未知方差 σ^2，但未知的数学期望 a_1，$a_2,\cdots,a_r$ 可能不同. 现在对每个随机变量 ξ_i 作一组独立的观察而得子样

$$\xi_{i1},\xi_{i2},\cdots,\xi_{in_i},\ i=1,2,\cdots,r,$$

试根据这 r 组观察来检查假设 H

$$H:a_1=a_2=\cdots=a_r.$$

例如，$\xi_1,\xi_2,\cdots,\xi_r$ 可以是 r 种不同品种的小麦的亩产量，或者是用 r 种不同方法所生产的电灯泡的使用时数等. 如果 H 不正确，这说明 r 种小麦的平均亩产量不相同，也就是说这些品种是有差异的，于是进一步我们可挑选优良的品种来提高产量.

当 $r=2$ 时，此问题已在 §5.5(二)(iii) 中研究过，一般情况的解法如下. 令

$$\bar{\xi}_i=\frac{1}{n_i}\sum_{j=1}^{n_i}\xi_{ij},\quad n=\sum_{i=1}^{r}n_i,\tag{1}$$

$$\bar{\xi}=\frac{1}{n}\sum_{i=1}^{r}\sum_{j=1}^{n_i}\xi_{ij}=\frac{1}{n}\sum_{i=1}^{r}n_i\bar{\xi}_i,\tag{2}$$

因而 $\bar{\xi}_i$ 及 $\bar{\xi}$ 分别是第 i 组子样及全体子样的平均值. 容易证明恒等式

$$\sum_{i=1}^{r}\sum_{j=1}^{n_i}(\xi_{ij}-\bar{\xi})^2=\sum_{i=1}^{r}n_i(\bar{\xi}_i-\bar{\xi})^2+\sum_{i=1}^{r}\sum_{j=1}^{n_i}(\xi_{ij}-\bar{\xi}_i)^2;\tag{3}$$

简记(3) 为

$$Q=Q_1+Q_2,\tag{4}$$

Q 是 ξ_{ij} 对全体子样总平均值 $\bar{\xi}$ 的离差平方和,Q_1 是第 i 组子样的平均值对总平均值的离差平方和,而 Q_2 是每组子样 ξ_{ij} 对本组平均值的离差平方和的和. (4) 式把 Q 拆成两部分. 注意 $\frac{Q}{n}$ 是全体子样的方差.

设 H 正确,由 §5.2 定理 1,$\frac{Q}{\sigma^2}$ 有 $\chi^2(n-1)$ 分布,与 §5.2 定理 1 的证明相似,可证明:$\frac{Q_1}{\sigma^2}$ 及 $\frac{Q_2}{\sigma^2}$ 分别有 $\chi^2(r-1)$ 及 $\chi^2(n-r)$ 分布,而且相互独立. 根据 §2.8 定理 4,可见随机变量

$$\zeta=\frac{\dfrac{Q_1}{r-1}}{\dfrac{Q_2}{n-r}}\tag{5}$$

具有自由度为 $r-1$ 及 $n-r$ 的 F 分布. 然后利用以前多次用过的方法,对已给信度 $p\%$,$0<p<100$,可找到常数 f_p,使

$$P(\zeta>f_p)=p\%.$$

于是判别 H 的准则是:对信度 $p\%$ 而言,如果 $\zeta\leqslant f_p$,那么接受 H;否则拒绝 H.

如果检验结果发现 H 不正确, 我们进一步还可利用 §5.4(二)(iii) 中的方法来估计差 $a_i-a_j(1\leqslant i,j\leqslant r)$.

以上所考虑的差异是由于一种原因（例如在影响小麦亩产量的问题中只考虑品种一个因素）引起的，所以叫作一元方差分析．自然还可考虑多种因素（例如，除品种外，还有肥料、土质、水分、阳光等因素），这便产生多元方差分析．解题的基本思想与一元时类似，关键在于把(4)式扩充，例如考虑两个因素时，应扩充为

$$Q = Q_1 + Q_2 + Q_3.$$

（二）回归分析

我们仍旧考虑上面的实例．小麦的亩产量 ξ 与所施肥料量 z 有关．在一定范围内，如果施肥较多，即 z 较大时，亩产量 ξ 也较大，因而 ξ 依赖于 z，我们希望知道 ξ 是怎样依赖于 z 的．首先注意，当 z 固定时，通常可假定 ξ 有正态分布 $N(a,\sigma)$（根据中心极限定理及长期的实践经验），方差 σ^2 与 z 无关，但平均值

$$a = a(z) \tag{6}$$

是 z 的函数，于是问题化为要研究 $a(z)$：或者根据历年的经验对 $a(z)$ 作某假设 H（譬如，H：$a(z)$ 是 z 的线性函数，即 $a = u + vz$，u,v 是两常数），并检验 H 是否正确，或者估计 $a(z)$.

于是我们来做一些实验，分别给 z 以 n 个不同的值 z_i，相应地得到 n 个观察值 ξ_i；换句话说，施肥量为 z_i 时，得亩产量为 ξ_i，从而得一组观察值（子样）为

$$(z_1,\xi_1),(z_2,\xi_2),\cdots,(z_n,\xi_n),$$

这就是我们进行回归分析的数据.

有了这个实例，容易理解下列回归问题的一般提法：设 ξ 是有正态分布 $N(a,\sigma)$ 的随机变量，其中

$$a = a(z^{(1)},z^{(2)},\cdots,z^{(k)}) \tag{7}$$

是非随机的变量 $z^{(1)},z^{(2)},\cdots,z^{(k)}$ 的函数，σ 虽未知，但与这些变量无关；试根据一系列的观察

$$(z_1^{(1)}, z_1^{(2)}, \cdots, z_1^{(k)}, \xi_1), \cdots, (z_n^{(1)}, z_n^{(2)}, \cdots, z_n^{(k)}, \xi_n),$$

其中 $\xi_1, \xi_2, \cdots, \xi_n$ 是独立的随机变量,来对 a 作统计检验或估计.

为了说明解法的基本思想,我们只考虑一个变量 z 而且 H 为

$$a = \alpha' + \beta z$$

的简单情形, 这里 α', β 是未知常数, 引进 $\alpha = \alpha' + \beta \bar{z}, \bar{z} = \frac{1}{n}\sum_{i=1}^{n} z_i$,为了研究 α', β,只要研究 α, β 就够了. 改写上式为

$$a = \alpha + \beta(z - \bar{z}). \tag{8}$$

先求 α, β 及 σ 的估值,用最大似然法(比较 §5.3 例 2). 注意 $\xi_1, \xi_2, \cdots, \xi_n$ 的联合密度是

$$f(x_1, x_2, \cdots, x_n) = \frac{1}{(2\pi\sigma^2)^{\frac{n}{2}}} \exp\left\{-\frac{1}{2\sigma^2}\sum_{i=1}^{n}[x_i - \alpha - \beta(z_i - \bar{z})]^2\right\}.$$

用最大似然法求得 α, β, σ 的估值分别为

$$\alpha^* = \bar{\xi},\ \beta^* = \frac{\sum_{i=1}^{n}(z_i - \bar{z})(\xi_i - \bar{\xi})}{\sum_{i=1}^{n}(z_i - \bar{z})^2} = \frac{m_{11}}{s_1^2}, \tag{9}$$

$$\sigma^{*2} = \frac{1}{n}\sum_{i=1}^{n}[\xi_i - \alpha^* - \beta^*(z_i - \bar{z})]^2 = s_2^2(1 - r^2), \tag{10}$$

其中 $s_1^2 = \frac{1}{n}\sum_{i=1}^{n}(z_i - \bar{z})^2, s_2^2 = \frac{1}{n}\sum_{i=1}^{n}(\xi_i - \bar{\xi})^2$,其余的 m_{11} 及 r^2 容易算出.

其次求 α^*, β^* 及 σ^{*2} 的分布. 由(9)知 α^*, β^* 都是 ξ_i 的线性函数,故它们都有正态分布,于是只要求出它们平均值与方差就够了:

$$E\alpha^* = \alpha, \quad D\alpha^* = \frac{\sigma^2}{n}, \tag{11}$$

$$E\beta^* = \beta, \quad D\beta^* = \frac{\sigma^2}{ns_1^2}. \tag{12}$$

我们有恒等式

$$\sum_{i=1}^{n}[\xi_i-\alpha^*-\beta^*(z_i-\bar{z})]^2$$
$$=\sum_{i=1}^{n}[\xi_i-\alpha-\beta(z_i-\bar{z})]^2-n(\alpha^*-\alpha)^2-ns_1^2(\beta^*-\beta)^2. \tag{13}$$

引进随机变量 $\eta_1,\eta_2,\cdots,\eta_n$：

$$\eta_i=\xi_i-\alpha-\beta(z_i-\bar{z}),$$

显然它们相互独立，各有 $N(0,\sigma)$ 分布. 下面两线性型

$$\begin{cases}\zeta_1=\sqrt{n}(\alpha^*-\alpha)=\dfrac{1}{\sqrt{n}}\sum\limits_{i=1}^{n}\eta_i,\\ \zeta_2=\sqrt{n}s_1(\beta^*-\beta)=\dfrac{1}{\sqrt{n}\,s_1}\sum\limits_{i=1}^{n}(z_i-\bar{z})\eta_i\end{cases} \tag{14}$$

满足正交条件

$$\begin{cases}\left(\dfrac{1}{\sqrt{n}}\right)^2+\left(\dfrac{1}{\sqrt{n}}\right)^2+\cdots+\left(\dfrac{1}{\sqrt{n}}\right)^2=1,\\ \dfrac{1}{ns_1^2}\sum\limits_{i=1}^{n}(z_i-\bar{z})^2=1,\\ \sum\limits_{i=1}^{n}\dfrac{1}{\sqrt{n}}\dfrac{1}{\sqrt{n}\,s_1}(z_i-\bar{z})=0.\end{cases} \tag{15}$$

由于(15)，可以找到正交矩阵(c_{ij})，$i,j=1,2,\cdots,n$，使

$$\zeta_i=\sum_{j=1}^{n}c_{ij}\eta_j,\ i=1,2,\cdots,n, \tag{16}$$

而且(16) 中当 $i=1,2$ 时的两个式子与(14) 一致；因而经过正交变换(c_{ij})，我们把$(\eta_1,\eta_2,\cdots,\eta_n)$ 变到$(\zeta_1,\zeta_2,\cdots,\zeta_n)$. 由于

$$E\zeta_i\zeta_j=\sigma^2\sum_{k=1}^{n}c_{ik}c_{kj}=\begin{cases}\sigma^2, & i=j,\\ 0, & i\neq j,\end{cases}$$

可见 $\zeta_1,\zeta_2,\cdots,\zeta_n$ 是相互独立的随机变量，各有正态分布 $N(0,$

σ). 由(10)(13) 及 η_i的定义得

$$
\begin{aligned}
n\sigma^{*2} &= \sum_{i=1}^{n} \eta_i^2 - \zeta_1^2 - \zeta_2^2 \\
&= \sum_{i=1}^{n} \zeta_i^2 - \zeta_1^2 - \zeta_2^2 = \sum_{i=3}^{n} \zeta_i^2,
\end{aligned}
$$

故由 §2.8 定理 2 知$\dfrac{n\sigma^{*2}}{\sigma^2}$有 $\chi^2(n-2)$ 分布.

再次,既然 $\alpha^*,\beta^*,\sigma^{*2}$ 的分布已知,关于 α,β,σ^2 的区间估值和假设检验的问题就迎刃而解. 关于 σ^2 只要仿照 §5.4(二)(ii) 及 §5.5(二)(ii),统计量改用$\dfrac{n\sigma^{*2}}{\sigma^2}$. 由 §2.8 定理 3 及上面的结果,可见两随机变量

$$
\sqrt{n-2}\,\frac{\alpha^*-\alpha}{\sigma^*} \text{ 及 } s_1\sqrt{n-2}\,\frac{\beta^*-\beta}{\sigma^*}
$$

各有 $t(n-2)$ 分布. 注意 s_1 已知,故关于 α 及 β 的区间估值和假设检验问题完全可仿照 §5.4(二)(i) 及 §5.5(二)(i) 来解决.

最后来叙述预测问题,它在实际中很有用. 设已给定 z 的值,试求 a 的置信区间,置信系数为 $1-\dfrac{p}{100}$　$(0<p<100)$. 用上面的实例来解释一下:我们打算施肥 z(kg),试预测今年的平均产量 a;或者,更精确些,试找到一个(随机) 区间$(\hat{a}_1,\hat{a}_2)$,使

$$
P(\hat{a}_1 < a < \hat{a}_2) = 1-\frac{p}{100}.
$$

为此,由(11)(12) 并注意 ζ_1,ζ_2(从而 α^*,β^*) 的独立性,知

$$
X = \frac{\alpha^* + \beta^*(z-\bar{z}) - a}{\sqrt{\dfrac{\sigma^2}{n} + \dfrac{\sigma^2}{n^2 s_1^2}(z-\bar{z})^2}}
$$

有 $N(0,1)$ 分布,既然$\dfrac{n\sigma^{*2}}{\sigma^2}$有 $\chi^2(n-2)$ 分布,故由 §2.8定理3,可见

$$t=\frac{X}{\sqrt{\frac{n\sigma^{*2}}{(n-2)\sigma^2}}}=\frac{\sqrt{n-2}}{\sqrt{1+\left(\frac{z-\bar{z}}{s_1}\right)^2}}\cdot\frac{\alpha^*+\beta^*(z-\bar{z})-a}{\sigma^*} \tag{17}$$

有 $t(n-2)$ 分布，故置信区间的两个端点 $\hat{a}_1$，$\hat{a}_2$ 为

$$\alpha^*+\beta^*(z-\bar{z})\pm t_p\frac{\sigma^*}{\sqrt{n-2}}\sqrt{1+\left(\frac{z-\bar{z}}{s_1}\right)^2}, \tag{18}$$

其中常数 t_p 可由 $t(n-2)$ 分布表找到.

（三）质量控制

在生产过程中常常采用统计方法，以检查和控制产品的质量. 这种方法既可用于生产过程中的产品，也可用于已制成的产品（成品）. 我们先从前一情形讲起.

(i) 生产过程一般是稳定的，就是说，如果影响质量的主要因素如原料、工序、机器、人力等无显著变化时，那么产品质量也不会发生重大差异. 譬如说，生产出的钢条的直径，不会有重大改变，虽然如此，即使生产过程是稳定的，影响质量的主要因素还是会有随机的波动，不过波动较小罢了. 现在假定希望制造直径是 a 厘米的钢条，由于这些波动，制成的钢条的直径 ξ 是一随机变量. 在假设 H:"生产过程稳定" 的条件下，可以近似地假定（根据中心极限定理）: ξ 有 $N(a,\sigma)$ 正态分布.

运用统计的方法，可以在废品尚未出现以前，就能预告生产稳定性即将破坏，事故即将出现，并且能在一定程度上指出毛病所在，以便生产者及时采取行动，防止废品的出现. 这种质量控制是积极性的，我们称它为预告检查.

预告检查的基本思想如下：在假设 H:"生产过程稳定" 的条件下，某产品的一个主要数字特征 ξ（例如钢条的直径）可以认为有 $N(a,\sigma)$ 分布（或近似 $N(a,\sigma)$ 分布），对已给信度 α，$0<\alpha<1$，由正态分布表，存在常数 n_α，使

$$P(-n_\alpha\sigma < \xi - a < n_\alpha\sigma) = 1-\alpha; \tag{19}$$

因而

$$|\xi - a| \geqslant n_\alpha\sigma \tag{20}$$

是一小概率(概率为 α) 事件,现在对一列产品进行观察,得子样

$$\xi_1, \xi_2, \cdots, \xi_n, \tag{21}$$

以 ξ_1 代替(20) 中的 ξ 后,如果(20) 不成立,这说明在制成第一个抽样产品时 H 正确,即生产稳定(信度为 α),于是同样考虑 $\xi_2, \cdots$,如果对某 ξ_k,(20) 成立,那么在制成第 k 个抽样产品时应否定 H,就是说,这时生产的稳定性已被破坏(信度 α),于是应采取修理行动.

一般地,常数 a 是预定的,σ^2 可根据工厂以往的记录找到,或以 $s^2 = \dfrac{1}{n}\sum\limits_{i=1}^{n}(\xi_i - \bar{\xi})^2$ 作为它的估值.

通常取 $1-\alpha = 95.5\%$ 或 99.7%,这时 $n_\alpha = 2$ 或 3.

更直观地,可以制一控制图(图 5-11):设 $1-\alpha = 99.7\%$,以 $y = a$ 为中心线,再作四直线

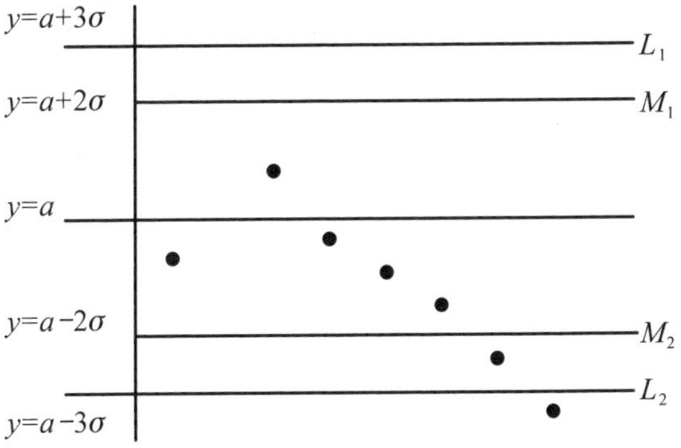

图 5-11

L_1:　$y = a + 3\sigma$,

L_2:　$y = a - 3\sigma$,

M_1:　$y = a + 2\sigma$,

$$M_2: \quad y = a - 2\sigma,$$

称 L_1（或 L_2）为上（或下）废品线. 称 M_1（或 M_2）为上（或下）控制线，当 ξ_k 跑出 L_1 与 L_2 所围成的地带时，生产已不稳定；当 ξ_k 跑到 M_1 之上或 M_2 之下时，警告着生产稳定有破坏的危险，因而 M_1，M_2 起着警告作用. 图 5-11 在 $k=6$ 时提出警告，在 $k=7$ 时出现废品.

利用控制图，不必等到点落在控制区外，往往就能看出问题. 例如，第一，若点总是落在中心线以上（或以下），可能是机器安装得不适当，或机件已受损耗，或零件安装太紧（太松）等；第二，点在控制区内波动很大，一下靠近上控制线，一下又靠近下控制线，这可能是某一因素（如原料）有较大波动，或发动机有毛病；第三，如果控制图中的点的连线有某规律（如周期现象），那么可能是机器有系统的故障（或周期性的故障）；最后，若点有单调下降（如图 5-11）或上升，可能是工具磨损或触媒劣化等原因.

有时候，若 ξ 的分布不很接近正态分布，则上法的效果要降低，这时可改用

$$g(\xi_1, \xi_2, \cdots, \xi_n) = \frac{1}{n}\sum_{i=1}^{n}\xi_i \tag{22}$$

来代替 ξ，我们知道，由 §3.4 定理 1，$\bar{\xi} = \frac{1}{n}\sum_{i=1}^{n}\xi_i$ 的分布近似于 $N\left(a, \frac{\sigma}{\sqrt{n}}\right)$. 在采用 $\bar{\xi}$ 进行控制时，应观察一列子样

$$\xi_{i1}, \xi_{i2}, \cdots, \xi_{in}, \ i \in \mathbf{N}^*.$$

除了 $\bar{\xi}$ 外，有时还采用子样的散度

$$R = \max(\xi_1, \xi_2, \cdots, \xi_n) - \min(\xi_1, \xi_2, \cdots, \xi_n)$$

来控制，类似地可以作控制图. 如果要求严格，可以用 $\bar{\xi}$ 与 R 作两张控制图，联合控制.

控制图是生产过程的简单摄影，对生产是很有用的.

(ii) 现在来叙述成品的质量控制，设有 N 个产品(如手表)，验收人员需要检查每个产品是合格(成品)还是不合格(废品)．如果 N 很大，要逐一检查是很难做到的，于是只好从中随机地抽取含 $n(<N)$ 个个体的子样，希望以这 n 个的逐一检查，来代替含 N 个个体的母体的全面检查．这种检查方法叫抽样检查．它的优点是，需要检查的个体少了；然而，它是否真能反映母体的质量呢？容易想象，如果 n 越大，就越能保证质量；但另一方面，检查的劳动量及费用也就越增加，矛盾的焦点就在于此．从而可见，如何合理地选取 n 是一个重要的问题．

母体质理好坏的标志是

$$\text{废品率 } p = \frac{1}{N} \times \text{母体中废品个数}.$$

根据国家对质量的要求，常常可以定出两个数 $p_1, p_2, 0 < p_1 < p_2 < 1$，当 $p \leqslant p_1$ 时，我们说母体合格；当 $p \geqslant p_2$ 时，便认为母体不合格．

验收人员采用下列简单的验收方案：从母体中抽取容量为 n 的子样，子样中的废品数 d 若不大于 r，他接收母体；若 $d > r$，便拒收母体，验收人员自然希望，接收合格母体的概率不小于 $1-\varepsilon_1$(充分大)接收不合格母体的概率不大于 ε_2(充分小)，$0 < \varepsilon_1, \varepsilon_2 < 1$．本着这种要求，试问如何定出 n 及 r？一旦决定了 n 与 r，验收方案便完全订妥，因此可称它为 (n,r) 方案．

以 $g(p)$ 表示废品率为 p 时接收母体的概率，令 $q = 1-p$，则

$$g(p) = \sum_{i=0}^{r} \frac{C_{N_p}^{i} C_{N_q}^{n-i}}{C_N^n}, \tag{23}$$

如果相对于 n 来说 N 充分大，根据 §2.3(11)，$g(p)$ 近似于 $f(p)$：

$$f(p) = \sum_{i=0}^{r} C_n^i p^i q^{n-i}.$$

当 p 自 0 上升到 1 时，$f(p)$ 不增，连续．

$$f(0)=1, f(1)=0.$$

（图 5-12）．

根据上述验收人员的要求，得到两方程

$$f(p_1)=1-\varepsilon_1, \quad (24)$$

$$f(p_2)=\varepsilon_2. \quad (25)$$

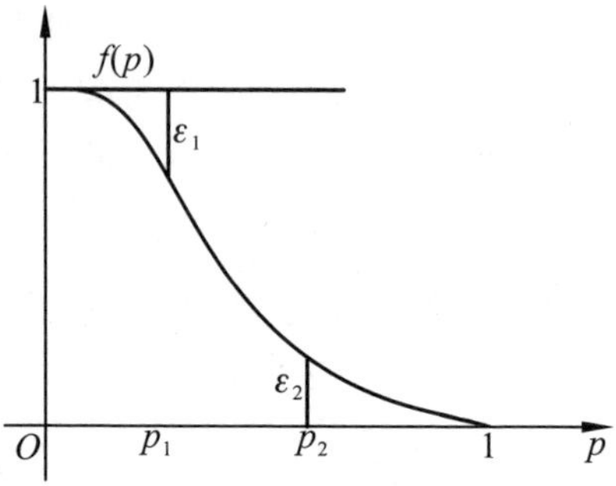

图 5-12

由此两方程可解出 n 及 r，于是方案订妥．执行这一方案，可以保证接受合格母体的概率不小于 $1-\varepsilon_1$，接受不合格母体的概率不大于 ε_2．

我们看到，从验收人员的要求（他自然应该反映国家的要求）出发可以确定 n, r；如果换成另外的要求，自然也可以另订方案，不过我们不去深入叙述了．

一种更完善的检验方法是瓦尔德（A. Wald）所建立的序贯分析，关于这方面的详细叙述可参看他的著作[36]．

习　题　5

1. 设 X 在 $[\theta-a,\theta+a]$ 上均匀分布，$(x_1,x_2,\cdots,x_n)$ 是一组样本，试证：$\overline{x}$ 与 $\frac{1}{2}(\max\limits_{1\leqslant i\leqslant n} x_i+\min\limits_{1\leqslant i\leqslant n} x_i)$ 都是 θ 的无偏估值，两者谁较有效？

2. 设 x_1,x_2,x_3 是 X 的三个样本，X 的分布密度是

$$f(x,\theta)=\begin{cases}\dfrac{1}{\theta}, & 0<x<\theta,\quad 0<\theta<+\infty,\\ 0, & \text{其他},\end{cases}$$

试证 $\frac{4}{3}\max\limits_{1\leqslant i\leqslant 3} x_i$，$4\min\limits_{1\leqslant i\leqslant 3} x_i$ 都是 θ 的无偏估值，并比较它们谁有效？

3. 设 $\hat{\theta}_1(x_1,x_2,\cdots,x_n)$ 和 $\hat{\theta}_2(x_1,x_2,\cdots,x_n)$ 是参数 θ 的两个独立的无偏估计，并且 θ_1 的方差是 θ_2 方差的两倍，试找出常数 K_1,K_2 使得 $K_1\hat{\theta}_1+K_2\hat{\theta}_2$ 是 θ 的无偏估值，并且在所有这样的线性估值中方差最小.

4. 设 $x_1,x_2,\cdots,x_n$ 是一带有参数 θ 的总体的 n 个样本，$t_n(x_1,x_2,\cdots,x_n)$ 是 θ 的一个估值，若 $E\,t_n=\theta+k_n$，$Dt_n=\sigma_n^2$，且

$$\lim_{n\to+\infty} k_n=\lim_{n\to+\infty}\sigma_n^2=0,$$

则 t_n 是 θ 的一致性估值.

5. 设 X 具有分布密度

$$f(x,\theta)=\begin{cases}1, & \theta-\dfrac{1}{2}\leqslant x\leqslant\theta+\dfrac{1}{2},\quad -\infty<\theta<+\infty,\\ 0, & \text{其他},\end{cases}$$

$x_1,x_2,\cdots,x_n$ 是 X 的 n 个样本，试求 θ 的最大似然估值.

6. 设 X 的分布密度是

$$f(x,\theta)=\begin{cases}\dfrac{1}{\theta}, & 0<x\leqslant\theta,\quad 0<\theta<+\infty,\\ 0, & \text{其他},\end{cases}$$

$x_1,x_2,\cdots,x_n$ 是 X 的 n 个样本,试求 θ 的最大似然估值.

7. 设 $x_1,x_2,\cdots,x_n$ 是下列分布密度的 n 个样本,试求 θ 的最大似然估值.

(i) $$f(x,\theta)=\begin{cases}\dfrac{\theta^x\mathrm{e}^{-\theta}}{x\,!}, & x\in\mathbf{N},\quad 0\leqslant\theta<+\infty,\\ 0, & \text{其他};\end{cases}$$

(ii) $$f(x,\theta)=\begin{cases}\theta x^{\theta-1}, & 0<x<1,\quad 0<\theta<+\infty,\\ 0, & \text{其他};\end{cases}$$

(iii) $$f(x,\theta)=\begin{cases}\dfrac{1}{\theta}\mathrm{e}^{\frac{-x}{\theta}}, & 0<x<+\infty,\quad 0<\theta<+\infty,\\ 0, & \text{其他};\end{cases}$$

(iv) $$f(x,\theta)=\frac{1}{2}\mathrm{e}^{-|x-\theta|},-\infty<x<+\infty,-\infty<\theta<+\infty;$$

(v) $$f(x,\theta)=\begin{cases}\mathrm{e}^{-(x-\theta)}, & \theta\leqslant x<+\infty,\ -\infty\leqslant\theta<+\infty,\\ 0, & \text{其他}.\end{cases}$$

8. 设 $x_1,x_2,\cdots,x_n$ 是下列分布密度的 n 个样本,试求对参数 θ_1 和 θ_2 的最大似然估值.

$$f(x,\theta_1,\theta_2)=\frac{1}{\theta_2}\mathrm{e}^{-\frac{x-\theta_1}{\theta_2}},\quad \theta_1<x<+\infty,$$

$$-\infty<\theta_1<+\infty,\quad 0<\theta_2<+\infty.$$

9. 从甲、乙两店各买同样质量的豆,在甲店买了 13 次,在乙店买了 10 次,每次买得的豆的颗数分别为$(x_1,x_2,\cdots,x_{13})$,$(y_1,y_2,\cdots,y_{10})$. 设豆的颗数是服从正态分布,若 $\overline{x}=118$,$\overline{y}=116.1$,$\sum(x_i-\overline{x})^2=2\ 825$,$\sum(y_i-\overline{y})^2=1\ 442$,取信度为 1%,问是否可以认为甲、乙两店的豆是同一种类的(即同样质

量的豆颗数应该一样).

10. 从某种试验物中取来 24 个样品($x_1, x_2, \cdots, x_{24}$) 测量其发热量,发热量看作是正态分布,若量得 $\overline{x} = 11\ 958, S_n = 323$,问以 5% 的信度是否可认为发热量的期望值是 12 100.

11. 由 10 块地试种甲、乙两品种作物,所得产量为($x_1, x_2, \cdots, x_{10}$),($y_1, y_2, \cdots, y_{10}$),假设作物产量服从正态分布,并计算得 $\overline{x} = 30.97, \overline{y} = 21.79, s_x^2 = 26.7, s_y^2 = 12.1$.若取信度为 1%,问是否可以认为这两种品种的产量没有显著性差别.

12. 两台机床加工同一零件,分别取 6 个和 9 个零件,量得其口径为($x_1, x_2, \cdots, x_6$),($y_1, y_2, \cdots, y_9$),又 $\overline{x} = 34.1, \overline{y} = 41.15$, $s_x^2 = 0.345, s_y^2 = 0.357$.若取信度为 5%,假定零件口径服从正态分布,问是否可以认为两台机床所加工的零件口径的方差无差异.

13. 在某公路上,50 min 之间,观测每 15 s 过路的汽车的辆数,得到的次数分布见表 5-5.

表 5-5

过路的辆数 x	0	1	2	3	4	5
次　数　n_x	92	68	28	11	1	0

问这个分布能否看成是泊松分布?(信度取 10%)

*第 6 章　随机过程的模拟

§ 6.1　在电子计算机上模拟均匀分布随机变量的方法

(一) 问题的提出

在 § 2.8 中，我们讨论了随机向量的变换问题，那里是先给定了一个变换，要求的是经过变换后的随机向量的分布. 本章中所要讨论的问题可以在一定意义上看成那里的逆，即我们希望变换后的随机向量具有事先指定的分布，试问如何找到所需的变换?此外，还要求变换比较简单，以便能在电子计算机上较快地实现.

这个问题具有重要的实际意义. 第一，在许多工程、通信等技术问题中，所研究的控制过程往往不可避免地伴有随机因素，要使理论符合实际情况，必须把这些因素考虑在内，这样就自然地会产生随机过程的模拟问题. 其次，不久前发展起来了一种有效的计算方法 —— 统计试验计算法(或名蒙特卡罗法)，这种方法的基本思想是人为地造出一种概率模型，使它的某些参数恰好就是所考虑的问题的解.例如,在 §1.1 中的布丰问题里,所要计算的 π 恰好出现在投针试验的概率中.因此,要利用这种计算方法,先决条件是要把所需的概率模型模拟出来.在下章里,我们要比较详细地讨论蒙特卡罗方法.

实际中的问题多种多样,所要模拟的过程是非常广泛的,我们在这里只能介绍一些最基本的结果.读者有进一步的需要时可以参阅文献[37].

(二) 均匀分布随机变量的产生

先从最简单的问题开始.设已给一单调上升的连续分布函数 $F(x)$,试作一随机变量,使它的分布函数重合于 $F(x)$.这个问题有多种解法(参看 §2.2 定理 2),为了便于在计算机上实现,这里采用下面的方法.任取一在 $(0,1)$ 中均匀分布的随机变量 ξ,显然它的分布函数 $G(x)$ 为

$$G(x)=\begin{cases}0, & x\leqslant 0,\\ x, & x\in(0,1),\\ 1, & x\geqslant 1.\end{cases}$$

容易证明,$F^{-1}(\xi)$ 即所求的随机变量:这里 $F^{-1}(x)$ 表示 $F(x)$ 的反函数,即 $F(F^{-1}(x))=x$.事实上 $P(F^{-1}(\xi)\leqslant x)=P(\xi\leqslant F(x))=G(F(x))=F(x)$,这证明 $F^{-1}(\xi)$ 的分布函数是 $F(x)$(参看 §2.11 例 4).

注意 $F^{-1}(\xi)$ 是含未知数 y 的方程

$$F(y)=\xi \tag{1}$$

的解;如果 $F(x)$ 有密度为 $f(x)$,那么(1) 化为

$$\int_{-\infty}^{y} f(x)\mathrm{d}x=\xi, \tag{2}$$

因而 $F^{-1}(\xi)$ 满足 $\int_{-\infty}^{F^{-1}(\xi)} f(x)\mathrm{d}x=\xi$.于是得

定理　设已给单调上升的连续分布函数 $F(x)$(或已给分布

密度 $f(x)$）及在(0,1) 中均匀分布的随机变量 ξ，则方程(1)（或(2)）的解 $y=F^{-1}(\xi)$ 是以 $F(x)$ 为分布函数的随机变量（见图 6-1）.

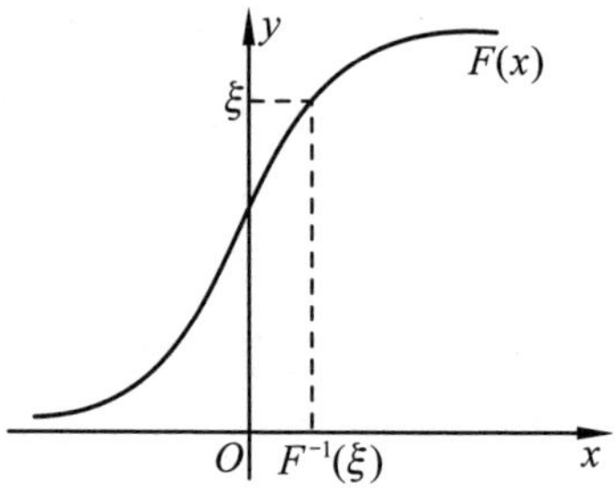

图 6-1

例 设已给指数分布函数为 $F(x)=1-\mathrm{e}^{-\lambda x}\ (x>0)$，$\lambda$ 为正常数. (1) 化为 $1-\mathrm{e}^{-\lambda y}=\xi$，

解得①
$$y=-\frac{1}{\lambda}\ln(1-\xi).\ ■$$

由定理 1 可见，要造出以上述 $F(x)$ 为分布函数的随机变量，只要会造出(0,1) 上均匀分布的随机变量就够了. 为方便计，以下简称后者为均匀变量.

为了造出均匀变量，采用二进位记数法. (0,1) 中的任一数可表为

$$\xi=0.\eta_1\eta_2\eta_3\cdots\equiv\frac{\eta_1}{2}+\frac{\eta_2}{2^2}+\frac{\eta_3}{2^3}+\cdots, \tag{3}$$

其中 η_i 或者等于 0，或者等于 1.

反之，任取一列相互独立的随机变量 $\eta_1,\eta_2,\cdots$，它们有相同的分布密度矩阵 $\begin{pmatrix}0 & 1\\ \frac{1}{2} & \frac{1}{2}\end{pmatrix}$，即 η_i 等可能地取及 0 及 1 为值，则由

---

① 由于 $1-\xi$ 也在(0,1) 上均匀分布，故还有 $y=-\frac{1}{\lambda}\ln\xi$，其次，由此还可推知：$\gamma=-\frac{1}{\lambda}\ln(\xi_1\xi_2\cdots\xi_n)$ 有参数为 n,λ 的伽马分布，这是由于，此分布是几个指数分布的卷积（见本书第 467 页），因而是 $\sum_{i=1}^{n}\frac{-1}{\lambda}\ln\xi_i=-\frac{1}{\lambda}\ln(\xi_1\xi_2\cdots\xi_n)$ 的分布，这里 $\xi_1,\xi_2,\cdots,\xi_n$ 是独立的均匀分布的随机变量.

(3) 造出的 ξ 在 $(0,1)$ 中均匀分布. 为了证明这个结论, 任取一区间 (a,b), $0 \leqslant a < b \leqslant 1$, 要证的是 $P(a < \xi < b) = b - a$, 由于 a(或 b) 可由有限小数(即(3)中除有限多个 η_i 外, 其余 η_j 全为 0 的数) 所任意逼近, 因此只需考虑 a, b 为有限小数的情形, 为了突出问题的本质并避免符号上的烦琐, 设 $(a,b) = \left(\frac{1}{4}, \frac{3}{4}\right)$. 注意 $\left(\frac{1}{4}, \frac{3}{4}\right) = \left(\frac{1}{4}, \frac{1}{2}\right) \cup \left[\frac{1}{2}, \frac{3}{4}\right)$, 采用二进制, 后面两区间可写成 $(0.01, 0.011\,11\cdots) \cup [0.10, 0.101\,1\cdots)$, 由此可见: 要使 ξ 取值于前(或后)一区间, 充分必要条件是 $\eta_1 = 0, \eta_2 = 1$(或 $\eta_1 = 1, \eta_2 = 0$). 因此

$$P\left(\frac{1}{4} < \xi < \frac{3}{4}\right) = P(\eta_1 = 0, \eta_2 = 1) + P(\eta_1 = 1, \eta_2 = 0)$$

$$= \frac{1}{4} + \frac{1}{4} = \frac{1}{2} = \frac{3}{4} - \frac{1}{4}.$$

对一般的 (a,b) 可类似证明.

这样一来, 造均匀变量的问题化为造一列独立的 $\{\eta_i\}$ 的问题, 而 $\{\eta_i\}$ 的造法多种多样. 譬如说, 连续不断地独立地掷硬币而记录其正面为 1, 反面为 0. 或者在一段确定的时间 Δt 内观察一泊松流, 例如观察一放射性物质, 如果在 Δt 中放射的粒子数是奇数就记为 1, 是偶数就记为 0, 这样连续不断地记录下去就得到 $\{\eta_i\}$, η_i 是第 i 个时间内区间观察的记录. 实际上, 由 §2.4 定理 2 得

$$P(\eta_i = 0) = \sum_{k=0}^{+\infty} \mathrm{e}^{-\lambda\Delta t} \frac{(\lambda\Delta t)^{2k}}{(2k)!} = \frac{1 + \mathrm{e}^{-2\lambda\Delta t}}{2}.$$

若 $\lambda\Delta t$ 充分大, 这概率接近 $\frac{1}{2}$. 另一种方法是利用前人已造好的随机数表, 这是从 $0, 1, 2, \cdots, 9$ 共十个数字中等可能地独立地取出的数字组成的表. 从这表中任取出一数, 如是奇数, 就记为 1, 是偶数就记为 0, 继续下去就得出一列 $\{\eta_i\}$.

以上方法有共同的缺点：一是我们绝不可能观察无数多次以得到无数多个 η_i；二是记录速度太慢，不能满足计算机的快速要求. 即使计算机上有随机数发生器的设备，也不能避免这些困难；因此便产生了研究伪随机数的问题.

（三）伪随机数

所谓伪随机数，是指按照一定的计算方法而产生的数，它们具有类似于自均匀变数独立抽样值的性质. 这些数既然是依照决定性的算法而产生的，便不可能是真正的随机数；虽然如此，如果计算方法选得恰当，它们便近似于相互独立和近似于均匀分布，这就是说，它们能通过数理统计中的独立性检验和均匀分布检验. 由于这些原因，人们便称它们为伪随机数. 为了保证产生的速度，计算方法应该相当简便，以便于在计算机上迅速实现.

一般说来，伪随机数常借助于递推公式来产生：如已知前面 k 个伪随机数，下一个便是这 k 个的函数：$x_n = f(x_{n-1}, x_{n-2}, \cdots, x_{n-k})$，$k$ 称为此递推式的级数.

产生的方法很多，我们先来叙述其中最常用的一种 —— 余数法. 令

$$y_{n+1} \equiv \lambda y_n (\mathrm{mod}\ M), \quad y_0 = a, \tag{4}$$

$$x_n = \frac{y_n}{M}, \tag{5}$$

其中 a, λ, M 为任意三个正常数，a 为奇数.

这就是说，令 y_0 等于 a，y_n 已选定，以 M 除 λy_n 后的余数记为 y_{n+1}，$\frac{y_n}{M}$ 就是所需的 x_n. 由构造方法可见：$0 \leqslant y_n \leqslant M$，$0 \leqslant x_n \leqslant 1$. 因此，不同的 y_i（因之 x_i）至多只有 M 个. 这表示序列 $\{x_n\}$ 是有周期 L 的，$L \leqslant M$，每隔 L 个不同的 x_i 后循环一次. 既然如此，$\{x_n\}$ 就不可能是真正的随机序列. 不过如果 L 充分大，在同一个周期内的数却可能通过统计中的独立性与均匀性检验，这就

完全依赖于参数 a,λ,M 的选择，有一些参数可以使它们通过而大多数则不能．至于如何选择参数，目前主要依靠在计算机上做实验．从一些已公开发表的报道得知下列参数组较为适用：

$$a=1,\quad \lambda=5^{17},\quad M=2^{42}(L=2^{40}\approx 10^{12});$$

$$a=1,\quad \lambda=5^{13},\quad M=2^{36}(L=2^{34}\approx 2\cdot 10^{10});$$

$$a=1,\quad \lambda=7,\quad M=10^{10}(L=5\cdot 10^{7}).$$

每选定一组参数因而获得一列 $\{x_n\}$，我们必须对它进行统计检验，目的是看它是否具有较好的独立性（即随机性）和均匀分布性．为了后一目的可利用 §5.5 的 χ^2 检验或 K 检验；至于检验独立性的方法可参看[33]第 6 章第 5 节，或徐钟济．随机性检验，电子计算机动态，1962 年，第 6,7,8 期．我们这里再介绍一个同时检验这两种性质的方法，它的根据是下列事实：

设 ξ_1,ξ_2 是独立的随机变量，都在 $(0,1)$ 中均匀分布，则和 $\xi=\xi_1+\xi_2$ 在 $(0,2)$ 中有三角分布，它的密度是

$$f(x)=\begin{cases}x, & 0<x<1,\\ 2-x, & 1\leqslant x<2.\end{cases} \tag{6}$$

实际上，令

$$g(x)=\begin{cases}1, & x\in(0,1),\\ 0, & x\overline{\in}(0,1),\end{cases} \tag{7}$$

则 $g(x)$ 是 ξ_1（或 ξ_2）的密度．由 §2.8(7)

$$\begin{aligned}f(x)&=\int_{-\infty}^{+\infty}g(x-z)g(z)\mathrm{d}z\\ &=\int_0^1 g(x-z)\mathrm{d}z=G(x)-G(x-1)\\ &=\begin{cases}x, & 0<x<1,\\ 2-x, & 1\leqslant x<2.\end{cases}\end{aligned}$$

类似可证 $(0,1)$ 中均匀分布的 n 重卷积密度是 $n-1$ 次多项式；特别，三重卷积密度 $h(x)$（如图 6-2）为

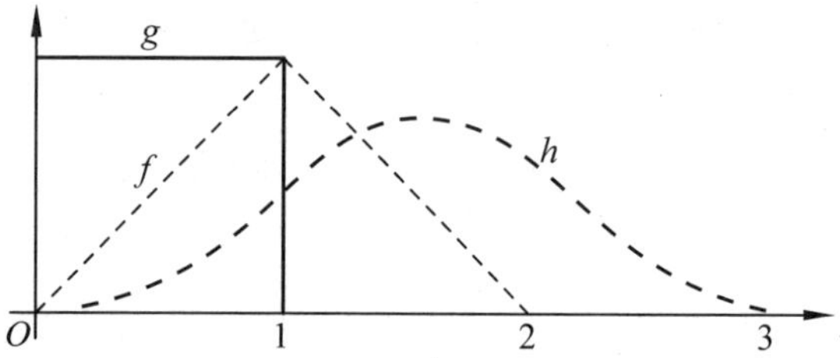

图 6-2

$$h(x)=\begin{cases}\dfrac{x^2}{2}, & 0<x<1,\\ \dfrac{x^2-3(x-1)^2}{2}, & 1\leqslant x<2,\\ \dfrac{x^2-3(x-1)^2+3(x-2)^2}{2}, & 2\leqslant x<3.\end{cases}$$

这就是所需要证明的事实.

现在设有一列由(4)(5)产生的数$\{x_n\}$(为了使它有较好的性质,最好扔掉前面一些项而自某x_k取起,仍简记x_k为x_1),将它们两两相加得

$$\xi^{(1)}=x_1+x_2,\xi^{(2)}=x_3+x_4,\cdots,\xi^{(n)}=x_{2n-1}+x_{2n}.$$

然后用χ^2(或K)检验,看$\xi^{(1)},\xi^{(2)},\cdots,\xi^{(n)}$是否符合三角分布.如果符合得好,那么可相信$\{x_n\}$具有独立性和均匀分布性;否则就不能相信.进一步,我们还可以三个相加或k个相加来进行检验,至于k个独立均匀变量的和的分布,见[15]卷二,第 27 页.

我们知道,统计检验不能十分肯定或否定某一假设;因此,只有让$\{x_n\}$多通过几次检验才有较大的把握.

除(4)(5)而外,还有许多产生伪随机数的方法.例如,(4)式可换为

$$y_{n+1}\equiv\lambda y_n+b(\mathrm{mod}\ M),\quad y_0=a,\tag{4_1}$$

这里多加了一个常数$b>0$.

又如取

$$y_{n+2} \equiv (y_{n+1} + y_n)(\mathrm{mod}\, M), \quad y_0 = 0, \quad y_1 = 1;$$

$$x_n = \frac{y_n}{M}.$$

若取 $M = 2^{44}$,则性质较好,此时周期约为 2.5×10^{13}.

再介绍一种方法:在(0,1)中任取两数 x_1, x_2,将它们展为二进位数,设各有 $2n$ 项.作乘积 $x_1 x_2$,它有 $4n$ 项,取中间 $2n$ 项(即自第 $n+1$ 项取起至第 $3n$ 项止)作为 x_3,然后同样利用 x_2, x_3 作 x_4,如此继续下去.这里参数是 x_1, x_2.

不管用哪种方法,都应该多作几次统计检验,以便尽可能最佳地选取参数,来保证伪随机数列具有较好的随机性质.(参看徐钟济.伪随机数之产生及随机性检验.电子计算机动态,1962,第5,第6,第7,第8期.)

§6.2 任意随机向量的模拟

（一）反函数方法

这一节的目的是要构造出具有事先给定的分布函数 $F(x)$ 的随机数，这种数称为 $F(x)$ 随机数. 如果 $F(x)$ 有密度 $f(x)$，那么也称它们为 $f(x)$ 随机数. 因此，上节所造的随机数是 $(0,1)$ 均匀分布随机数，习惯上就简称为均匀随机数. 设随机变量 ξ 的分布函数是 $F(x)$，所谓对 ξ 的模拟就是要构造若干个与 ξ 同分布的 $F(x)$ 随机数；这种造法应该比较简单，以便能在计算机上实现. 以下会看到，一般地，$F(x)$ 随机数都可自均匀随机数经过一些变换得到. 由此可见，均匀随机数是模拟的基石.

如果 $F(x)$ 是 n 元分布函数 $F(x_1,x_2,\cdots,x_n)$，类似地可定义 $F(x_1,x_2,\cdots,x_n)$ 随机向量；并可同样地考虑对 $\xi=(\xi_1,\xi_2,\cdots,\xi_n)$ 的模拟.

容易看出：如果 ξ 是 $(0,1)$ 均匀分布随机数，那么

$$\eta = a+\xi(b-a), \quad b>a,$$

是 (a,b) 均匀分布随机数.

设已给分布函数 $F(x)$. 如果 $F(x)$ 连续，单调上升，那么在 §6.1 中已提供了一个造 $F(x)$ 随机数的方法：先取均匀随机数 x_i，方程

$$F(y) = x_i \tag{1}$$

的解 $y_i = F^{-1}(x_i)$ 就是一个 $F(x)$ 随机数. 如果 $x_1,x_2,\cdots,x_n$ 是独立的，那么 $y_1,y_2,\cdots,y_n$ 也独立.

这个方法在理论上虽然明确，但常常由于 $F(y)$ 的表达式较复杂而难于求解，因而不得不另觅途径. 下面我们叙述几种常用的方法，它们都不需要求(1) 的解.

(二) 舍选法(诺曼)

这个方法的实质是从许多均匀分布的随机数中选出一部分，使后者成为 $F(x)$ 随机数.

引理　设 ξ,η 是两个独立的随机变量，ξ 在 (a,b) 中均匀分布，而 η 在 $(0,1)$ 中均匀分布；又设 $f(x)$ 是集中在 (a,b) 中的密度函数(即是满足 $\int_a^b f(x)\mathrm{d}x=1$ 的密度函数)；任取正常数 α，使 $\alpha f(x)<1$ 对一切 $x\in(a,b)$ 成立，则有

$$P(\xi\leqslant d\mid \alpha f(\xi)\geqslant\eta)=\int_a^b f(x)\mathrm{d}x,\ a<d<b,\tag{2}$$

这就是说，在事件 $\alpha f(\xi)\geqslant\eta$ 下，ξ 的条件密度为 $f(x)$.

证　由假设，(ξ,η) 的密度函数为

$$g(x,y)=\frac{1}{b-a},\quad x\in(a,b),\quad y\in(0,1),$$

故

$$\begin{aligned}&P(\xi\leqslant d\mid \alpha f(\xi)\geqslant\eta)\\&=\iint\limits_{\substack{\alpha f(x)\geqslant y\\a<x\leqslant d}}\frac{\mathrm{d}x\mathrm{d}y}{b-a}\div\iint\limits_{\alpha f(x)\geqslant y}\frac{\mathrm{d}x\mathrm{d}y}{b-a}\\&=\int_a^d\int_0^{\alpha f(x)}\mathrm{d}y\mathrm{d}x\div\int_a^b\int_0^{\alpha f(x)}\mathrm{d}y\mathrm{d}x\\&=\int_a^d\alpha f(x)\mathrm{d}x\div\int_a^b\alpha f(x)\mathrm{d}x=\int_a^d f(x)\mathrm{d}x.\ \blacksquare\end{aligned}$$

引理启示我们造 $f(x)$ 随机数的方法：先取一列 (a,b) 中均匀分布的随机数 $\xi_1,\xi_2,\cdots,\xi_n$，再取一列均匀分布的随机数 $\eta_1,\eta_2,\cdots,\eta_n$. 如果 $\alpha f(\xi_1)\geqslant\eta_1$，就取 ξ_1 作为第一个 $f(x)$ 随机数；如果此式不成立，就舍弃 ξ_1,η_1 而同样考查 ξ_2,η_2，如此继续.

引理 1 中假定了 (a,b) 是有限区间. 如它不是有限的，我们总可选有限区间 (a,b)，使

$$\int_a^b f(x)\mathrm{d}x\geqslant 1-\varepsilon,\tag{3}$$

其中 ε 是充分小的正数. 然后在 (a,b) 中运用上述方法，这时会出现小误差.

当 $f(x)$ 的变化不激烈时，此法较为有效；但如果 $f(x)$ 在小区间内振幅很大，以致稍微改变 ξ_1 的值就会影响不等式 $\alpha f(\xi_1) \geqslant \eta_1$ 的成立时，这个方法就很不稳定. 其次，如果 $f(x)$ 的表达式复杂，那么计算 $f(\xi_1)$ 也是繁重的工作.

（三）离散逼近法

设密度 $f(x)$ 集中在 (a,b) 中，将 (a,b) 分成 n 等份，分点为 $a_0 = a < a_1 < a_2 < \cdots a_n = b$. 令

$$p_i = \int_{a_{i-1}}^{a_i} f(x)\mathrm{d}x \quad \Big(\sum_{i=1}^{n} p_i = 1\Big),$$

将 $(0,1)$ 也分成 n 份，第 i 个区间的端点为 c_{i-1}, c_i，而且 $c_i - c_{i-1} = p_i$. 现在任取均匀随机数 η，若 $c_{i-1} < \eta \leqslant c_i$，则令

$$\xi = a_{i-1} + (a_i - a_{i-1})\frac{\eta - c_{i-1}}{c_i - c_{i-1}}.$$

如果 n 充分大，可以近似地认为 ξ 是 $f(x)$ 随机数. 事实上

$$\begin{aligned} P(a_{i-1} < \xi \leqslant a_i) &= P(c_{i-1} < \eta \leqslant c_i) \\ &= c_i - c_{i-1} = p_i = \int_{a_{i-1}}^{a_i} f(x)\mathrm{d}x. \end{aligned}$$

如果 $f(x)$ 不是集中在有限区间内，可以采用(3)中的截尾方法.

（四）正态分布 $N(0,1)$ 随机变量的模拟

除了可用离散逼近法外，还可以利用中心极限定理. 设 $\eta_1, \eta_2, \cdots, \eta_n$ 为 n 个独立的均匀变量，由于 $E\eta_i = \frac{1}{2}, D\eta_i = \frac{1}{12}$，根据中心极限定理，当 k 相当大时，$\xi_k = \dfrac{\sum_{i=1}^{k}\eta_i - \frac{k}{2}}{\sqrt{\frac{k}{12}}}$ 的分布渐近于 $N(0,1)$，故可把 ξ_k 近似地取为 $N(0,1)$ 随机数，通常可取 $k = 8$，

9,…,12,尤以 ξ_{12} 为最简便.

另一方法如下:取两个独立的均匀变量 η_1,η_2 作变换

$$\xi_1 = (-2\ln \eta_1)^{\frac{1}{2}}\cos 2\pi\eta_2,$$

$$\xi_2 = (-2\ln \eta_1)^{\frac{1}{2}}\sin 2\pi\eta_2,$$

则 ξ_1,ξ_2 是两个独立的 $N(0,1)$ 随机变量①.

(五) 离散型随机变量的模拟

设有一列事件 $A_0,A_1,A_2,\cdots$,满足完备性条件,即满足

$$A_iA_j = \varnothing(i\neq j),\ P(\bigcup_{i=0}^{+\infty} A_i) = 1.$$

我们来模拟这些事件. 令 $p_i = P(A_i)$,则 $\sum_{i=0}^{+\infty} p_i = 1$. 又令 $l_k = \sum_{i=0}^{k} p_i$,于是 $\{l_k\}$ 将 $(0,1)$ 分成可列多个小区间. 现在任意取一均匀随机数 η,如果 η 落在第 k 个小区间内,即如

$$l_{k-1} < \eta \leqslant l_k,\text{就说出现事件 } A_k. \tag{4}$$

这种模拟是合理的,因为

$$P(A_k) = P(l_{k-1} < \eta \leqslant l_k) = l_k - l_{k-1} = p_k.$$

由此可见,对一列完备事件的试验,化为对均匀变量的试验. 我们称(4) 为事件模拟法则,它有较多的应用.

---

① 证:设 ξ_1,ξ_2 独立,同 $N(0,1)$ 分布,则 $Q=(\xi_1,\xi_2)$ 的密度为 $p_Q(x,y) = \frac{1}{2\pi}\exp\left(-\frac{x^2+y^2}{2}\right) = \frac{1}{2\pi}\exp\left(-\frac{r^2}{2}\right)$,作变换 $x = r\cos\varphi, y = r\sin\varphi$. 变换行列式等于 r,故 $p_Q(x,y) = p_Q(r,\varphi) = r\exp\left(-\frac{r^2}{2}\right)\cdot\frac{1}{2\pi}$. 这表示 Q 的极坐标 R,Φ 独立,分别有密度为 $r\exp\left(-\frac{r^2}{2}\right)$ 及 $\frac{1}{2\pi}$. 取两独立均匀变量 η_1,η_2 对 R 及 Φ 用反函数法,由 $\int_0^R r\exp\left(-\frac{r^2}{2}\right)\mathrm{d}r = 1-\eta_1$(后者也是均匀变量)及 $\int_0^{\Phi}\frac{\mathrm{d}\varphi}{2\pi} = \eta_2$,解得 $R = \sqrt{-2\ln\eta_1}$,$\Phi = 2\pi\eta_2$. 于是 $\xi_1 = R\cos\Phi = (-2\ln\eta_1)^{\frac{1}{2}}\cos 2\pi\eta_2$;类似讨论 ξ_2.

现在来模拟离散型随机变量 ξ，它有密度矩阵为 $\begin{pmatrix} x_0 & x_1 & x_2 & \cdots \\ p_0 & p_1 & p_2 & \cdots \end{pmatrix}$，显然事件 $A_i=(\xi=x_i)$，$i\in\mathbf{N}$ 满足完备性条件，于是可运用上述法则来模拟 ξ，即如果 $\sum_{i=0}^{k-1}p_i<\eta\leqslant\sum_{i=0}^{k}p_i$，就取对应于 ξ 的随机数为 x_k.（令 $\sum_{i=0}^{-1}p_i=0$.）①

（六）随机向量的模拟

现在来模拟 n 维随机向量 $\boldsymbol{\xi}=(\xi_1,\xi_2,\cdots,\xi_n)$，它的概率密度为 $f(x_1,x_2,\cdots,x_n)$. 我们先回忆 §1.4 定理 2 中的乘法公式：设 $A_1,A_2,\cdots,A_n$ 为 n 个事件，$P(A_1A_2\cdots A_n)>0$，则有

$$P(A_1A_2\cdots A_n)=P(A_1)P(A_2\mid A_1)P(A_3\mid A_1A_2)\cdots P(A_n\mid A_1A_2\cdots A_{n-1}). \tag{5}$$

与此类似，对多维密度函数也有公式

$$f(x_1,x_2,\cdots,x_n)=f_1(x_1)f(x_2\mid x_1)f(x_3\mid x_1,x_2)\cdots f(x_n\mid x_1,x_2,\cdots,x_{n-1}), \tag{6}$$

其中 $f_1(x_1)$ 是 ξ 的边沿分布密度，而 $f(x_k\mid x_1,x_2,\cdots,x_{k-1})$ 是在 $\xi_1=x_1,\xi_2=x_2,\cdots,\xi_{k-1}=x_{k-1}$ 的条件下，ξ_k 的条件分布密度，它们都是一维密度函数. 为了证(6)，令

$$\begin{cases} f_{n-1}(x_1,x_2,\cdots,x_{n-1})=\int f(x_1,x_2,\cdots,x_n)\mathrm{d}x_n, \\ f_{n-2}(x_1,x_2,\cdots,x_{n-2})=\int f_{n-1}(x_1,x_2,\cdots,x_{n-1})\mathrm{d}x_{n-1}, \\ f_{n-3}(x_1,x_2,\cdots,x_{n-3})=\int f_{n-2}(x_1,x_2,\cdots,x_{n-2})\mathrm{d}x_{n-2}, \\ \cdots \\ f_1(x_1)=\int f_2(x_1,x_2)\mathrm{d}x_2, \end{cases} \tag{7}$$

---

① 如 ξ 有二项分布 $B(n,p)$，还可用下法模拟：取 n 个均匀随机数 $\eta_1,\eta_2,\cdots,\eta_n$，若其中恰有 k 个不大于 p，就令 $\xi=k$，易见 $P(\xi=k)=\mathrm{C}_n^kp^k(1-p)^{n-k}$.

其中积分域是$(-\infty,+\infty)$. 由 §2.6(三) 知 $f_k(x_1,x_2,\cdots,x_k)$ 是$(\xi_1,\xi_2,\cdots,\xi_k)$ 的 k 维联合分布密度. 由 §2.7(二),

$$f(x_k \mid x_1,x_2,\cdots,x_{k-1}) = \frac{f_k(x_1,x_2,\cdots,x_k)}{f_{k-1}(x_1,x_2,\cdots,x_{k-1})}, \tag{8}$$

以(8) 代入(6) 式右方,即得证(6) 式成立.

(6) 式启示我们模拟ξ的方法:利用(一) 至(四) 中的方法,先造出 $f_1(x_1)$ 随机数 y_1;以 y_1 代入 $f(x_2 \mid x_1)$ 中的 x_1 得到一个确定的一维密度 $f(x_2 \mid y_1)$,再造出 $f(x_2 \mid y_1)$ 随机数 y_2;若$(y_1,y_2,\cdots,y_{k-1})$ 已确定,再造出 $f(x_k \mid y_1,y_2,\cdots,y_{k-1})$ 随机数 y_k. 所得的 n 维向量$(y_1,y_2,\cdots,y_n)$ 就是$(\xi_1,\xi_2,\cdots,\xi_n)$ 的模拟.

对离散型随机向量的模拟可类似作出.

这个方法的实质是化多维的模拟为一维模拟,其优点是它的普遍性,缺点是要计算(7) 中 $n-1$ 个积分,这对复杂的函数难以实现.

如果容许一定的误差,我们也可以仿用(三) 中的离散逼近法,这时可以避免积分的计算,只要 $f(x_1,x_2,\cdots,x_n)$ 的变化比较缓慢,因为 ξ 落在 n 维空间一小区域 ΔV 内的概率可以用 $f(x_1^0,x_2^0,\cdots,x_n^0)\,|\,\Delta V\,|$ 来代替,这里$(x_1^0,x_2^0,\cdots,x_n^0) \in \Delta V$,而 $|\,\Delta V\,|$ 是 ΔV 体积.

(七) n 维正态分布随机向量的模拟

对这种随机向量的模拟有下列简便方法. 设 $\boldsymbol{\xi} = (\xi_1,\xi_2,\cdots,\xi_n)$ 的密度为(参看 §2.6 例 7)

$$f(x_1,x_2,\cdots,x_n) = \frac{1}{(2\pi)^{\frac{n}{2}}\,|\,\boldsymbol{B}\,|^{\frac{1}{2}}}\mathrm{e}^{-\frac{1}{2}\boldsymbol{X}\boldsymbol{B}^{-1}\boldsymbol{X}'},$$

其中 $\boldsymbol{X} = (x_1,x_2,\cdots,x_n)$ 为 n 维向量,$\boldsymbol{B} = (b_{jk})$ 为 n 级正定对称矩阵. 由 §2.12 定理 2 知

$$E\xi_j = 0, \quad E\xi_j\xi_k = b_{jk}. \tag{9}$$

现在任取 n 个相互独立的一维 $N(0,1)$ 正态分布随机变量 ζ_1,

$\zeta_2,\cdots,\zeta_n$，并作三角形变换

$$\begin{aligned}&\xi'_1=a_{11}\zeta_1,\\&\xi'_2=a_{21}\zeta_1+a_{22}\zeta_2,\\&\cdots\\&\xi'_n=a_{n1}\zeta_1+a_{n2}\zeta_2+\cdots+a_{nn}\zeta_n,\end{aligned}\tag{10}$$

由于 $\boldsymbol{\xi}'=(\xi'_1,\xi'_2,\cdots,\xi'_n)$ 由正态随机向量 $(\zeta_1,\zeta_2,\cdots,\zeta_n)$ 经线性变换得来，故 $\boldsymbol{\xi}'$ 也是正态分布向量. 如果我们能适当选取变换系数 $a_{11},a_{21},a_{22},\cdots,a_{nn}$ 使 ξ' 的二阶矩矩阵也是 $\boldsymbol{B}$，亦即使

$$E\xi'_j=0,\quad E\xi'_j\xi'_k=b_{jk},\tag{11}$$

那么因正态分布由前二阶矩唯一决定，故由(9)(11) 知 $\boldsymbol{\xi}$ 与 $\boldsymbol{\xi}'$ 有相同的分布，因而由(10) 造出的 $\boldsymbol{\xi}'$ 是 $\boldsymbol{\xi}$ 的模拟，而 $\zeta_1,\zeta_2,\cdots,\zeta_n$ 的产生方法是我们已知的.

以下求 a_{ij}. 由 $\{\zeta_i\}$ 的独立性及 $E\zeta_j=0$，

$$E\zeta_j\zeta_k=\begin{cases}0, & j\neq k,\\1, & j=k.\end{cases}$$

由(11) 及(10) 得

$$\begin{aligned}b_{jk}&=E\Big(\sum_{l=1}^{j}a_{jl}\zeta_l\Big)\Big(\sum_{m=1}^{k}a_{km}\zeta_m\Big)\\&=\sum_{l=1}^{s}a_{jl}a_{kl}\quad(s=\min(j,k)).\end{aligned}\tag{12}$$

特别

$$\begin{aligned}&b_{11}=a_{11}^2,\text{故 }a_{11}=\sqrt{b_{11}},\\&b_{12}=a_{11}a_{21},\text{故 }a_{21}=\frac{b_{12}}{\sqrt{b_{11}}},\\&b_{22}=a_{21}^2+a_{22}^2,\text{故 }a_{22}=\sqrt{\frac{b_{11}b_{22}-b_{12}^2}{b_{11}}}.\end{aligned}\tag{13}$$

一般，若已求出 $a_{11},a_{21},\cdots,a_{k1},a_{k2},\cdots,a_{kk}$，则可由(12) 求出 $a_{k+1\,1},a_{k+1\,2},\cdots,a_{k+1\,k+1}$，于是(10) 中系数完全决定.

现在来考虑一个特例：设

$$b_{jk}=\sigma^2 \mathrm{e}^{-d|j-k|}\quad(\sigma>0,d>0\text{ 为常数}).\tag{14}$$

为简便计先设 $\sigma=1$，此时由(13) 得

$$a_{j1}=\mathrm{e}^{-(j-1)d},a_{jl}=\mathrm{e}^{-(j-l)d}\cdot\sqrt{1-\mathrm{e}^{-2d}},\ 2\leqslant l\leqslant j.$$

代入(10)，得

$$\begin{aligned}\xi'_1&=\zeta_1,\\ \xi'_2&=\mathrm{e}^{-d}\zeta_1+\sqrt{1-\mathrm{e}^{-2d}}\cdot\zeta_2=\mathrm{e}^{-d}\xi'_1+\sqrt{1-\mathrm{e}^{-2d}}\cdot\zeta_2,\\ \xi'_3&=\mathrm{e}^{-d}(\mathrm{e}^{-d}\zeta_1+\sqrt{1-\mathrm{e}^{-2d}}\cdot\zeta_2)+\sqrt{1-\mathrm{e}^{-2d}}\cdot\zeta_3\\ &=\mathrm{e}^{-d}\xi'_2+\sqrt{1-\mathrm{e}^{-2d}}\cdot\zeta_3.\end{aligned}$$

一般有

$$\xi'_j=\mathrm{e}^{-d}\xi'_{j-1}+\sqrt{1-\mathrm{e}^{-2d}}\cdot\zeta_j.$$

以上假定了 $\sigma=1$. 对一般的 $\sigma>0$，易见

$$\begin{cases}\xi'_1=\sigma\zeta_1,\\ \xi'_j=\mathrm{e}^{-d}\xi'_{j-1}+\sigma\sqrt{1-\mathrm{e}^{-2d}}\cdot\zeta_j,\ 1<j\leqslant n.\end{cases}\tag{15}$$

这是一个递推公式，对电子计算机特别合适. 当已算得 ξ'_{j-1} 后，只要再抽取一个 $N(0,1)$ 随机数 ζ_j，作 ξ'_{j-1} 与 ζ_j 的线性组合就得 ξ'_j.

可惜，对一般的 (b_{jk})，未必能经常得到类似的递推式. 进一步的研究请参看论文：

[1] Срагович В Г. Моделирование некоторых классов случа-йных порцессов. Журнал Вычислительной Математики и Математической Физики. 1963, 3(3): 586-593.

[2] Franklin J N. Numerical simulation of stationary and nonstationary Gaussian random processes. SIAM Review, 1965, 7(1): 68-80.

§6.3　随机过程的模拟

(一) 马尔可夫链的模拟

设已给随机矩阵

$$\boldsymbol{P}=(p_{ij})\quad (i,j\in\mathbf{N}),$$

我们来模拟一个马尔可夫链，它的状态空间是 $E\in\mathbf{N}$，一步转移概率矩阵是 $\boldsymbol{P}$，而且具有开始分布为 $q=(q_0,q_1,q_2,\cdots)$. 为此，采用 §6.2 中的事件模拟法则，如下定义一列随机变量 $\xi_0,\xi_1,\xi_2,\cdots$：

(i) 任取一均匀随机数 η_0，如果 $\sum\limits_{i=0}^{k_0-1}q_i<\eta_0\leqslant\sum\limits_{i=0}^{k_0}q_i$，那么定义 $\xi_0=k_0$；

(ii) 再取一均匀随机数 η_1，如果 $\sum\limits_{i=0}^{k_1-1}p_{k_0i}<\eta_1\leqslant\sum\limits_{i=0}^{k_1}p_{k_0i}$，那么定义 $\xi_1=k_1$；

(iii) 一般地，设 $\xi_j=k_j$ 已确定，再取一均匀随机数 η_{j+1}，如果 $\sum\limits_{i=0}^{k_{j+1}-1}p_{k_ji}<\eta_{j+1}\leqslant\sum\limits_{i=0}^{k_{j+1}}p_{k_ji}$，那么定义 $\xi_{j+1}=k_{j+1}$.

这样造出的 $\{\xi_j\}$ 就是所需的马尔可夫链（示意图可见图 6-3）. 这个方法还可以用来模拟非齐次的、具可列多个状态的马尔可夫链.

下面考虑时间参数连续的情况，一类重要的马氏过程的运动法则由两种随机因素决定：一是状态间的转移，它像离散参数的马尔可夫链一样，由一个随机矩阵 $\boldsymbol{P}=(p_{ij})(i,j\in\mathbf{N})$ 所描述，不过这时总有 $p_{ii}=0$（不能立刻回到自己）；二是停留时间的分布，它总是指数型的，即

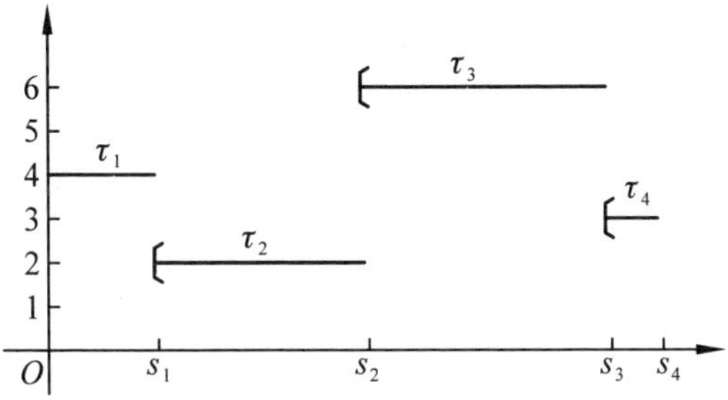

图 6-3　马尔可夫链的一个样本函数图,记号[— 表示右连续

$$P_i(\tau \leqslant t) = 1 - e^{-\lambda_i t},\ t \geqslant 0. \tag{1}$$

左方记号的意义是:在开始位于状态 i 的条件下,停留时间 τ 不超过 t 的条件概率.

这种过程可如下模拟:

i) 如上(i),定义

$$\xi_0 = k_0,$$

任取一个具有参数为 λ_{k_0} 的指数分布随机数 τ_1(参看 §6.1 例 1);

ii) 如上(ii),定义 $\xi_1 = k_1$,任取一个参数为 λ_{k_1} 的指数分布随机数 τ_2;

iii) 如上(iii),定义 $\xi_{j+1} = k_{j+1}$,任取一参数为 $\lambda_{k_{j+1}}$ 的指数分布随机数 τ_{j+2};

iv) 如非负数 $t \in \left[\sum_{i=0}^{l} \tau_i, \sum_{i=0}^{l+1} \tau_i\right]$(补令 $\tau_0 = 0$),定义 $X_t = k_l$.

这样造出的 $\{X_t, t \geqslant 0\}$ 就是所需的过程. 上述造法的直观意义是:质点自 k_0 出发,停留一段时间 τ_1,转移到 k_1,又停留一段时间 τ_2,转移到 k_2,…. 特别地,如果 $\boldsymbol{P}$ 满足 $p_{i\,i+1} = 1, p_{ij} = 0\quad (j \neq i+1, i \in \mathbf{N})$,那么所得 $\{X(t),\quad t \geqslant 0\}$ 是泊松过程(参看 §2.4 及 §4.2 例 5).

(二) 弱平稳过程的模拟

我们来模拟一个具有已给相关函数为 $B(\tau)$ $(\tau \in \mathbf{R})$ 的弱平稳过程 $\{X(t), t \in \mathbf{R}\}$,而且 $EX(t) \equiv 0$. 自然,在计算机上只能造

出过程在有限多个等距离的点 $t_1,t_2,\cdots,t_n$ 上的值，$t_{i+1}-t_i=h$（常数）. 把 $X(t_i)$ 表示为

$$\begin{cases}X(t_1)=c_1\eta_1+c_2\eta_2+\cdots+c_n\eta_n,\\X(t_2)=c_1\eta_2+c_2\eta_3+\cdots+c_n\eta_{n+1},\\\cdots\\X(t_k)=c_1\eta_k+c_2\eta_{k+1}+\cdots+c_n\eta_{n+k-1},\\\cdots\\X(t_n)=c_1\eta_n+c_2\eta_{n+1}+\cdots+c_n\eta_{2n-1},\end{cases}\tag{2}$$

其中 $\{\eta_i\}$ 为任意满足 $E\eta_i=0$，方差 $D\eta_i=B(0)$，$E\eta_i\eta_j=0\quad(i\neq j)$ 的随机变量，它们可按 §6.2 中方法产生，$\{c_i\}$ 为待定常数. 因为

$$EX(t_k)X(t_1)=E\Big(\sum_{i=1}^{n}c_i\eta_{i+k-1}\Big)\Big(\sum_{i=1}^{n}c_i\eta_i\Big)=B(0)\cdot\sum_{i=1}^{n-k+1}c_ic_{i+k-1},$$

而且要求 $B(\tau)=EX(t+\tau)X(t)$，故应从下列 n 个方程

$$B(t_k-t_1)=B(0)\cdot(c_1c_k+c_2c_{k+1}+\cdots+c_{n-k+1}c_n),$$
$$k=1,2,\cdots,n,\tag{3}$$

解出 $c_1,c_2,\cdots,c_n$ 代入(2) 即得 $X(t_1),X(t_2),\cdots,X(t_n)$. 易见 $\{X(t_i)\}$ 是弱平稳的. 实际上，我们有

$$\begin{aligned}&EX(t_{k+i})X(t_i)\\&=E(c_1\eta_{k+i}+c_2\eta_{k+i+1}+\cdots+c_n\eta_{n+k+i-1})(c_1\eta_i+c_2\eta_{i+1}+\cdots+c_n\eta_{n+i-1})\\&=B(0)\cdot(c_1c_{k+1}+c_2c_{k+2}+\cdots+c_{n-k}c_n)=B(t_{k+1}-t_1)=B(kh)\\&=B(t_{k+i}-t_i).\end{aligned}$$

后者只信赖于 t_i,t_{k+i} 间的距离 $t_{k+i}-t_i$.

这里所需的 $\{\eta_i\}$ 可取为独立的在 $(-h,h)$ 中均匀分布的随机数，其方差为 $\frac{h^2}{3}=B(0)$，(所以 $h=\sqrt{3\cdot B(0)}$) 或取为独立的 $N(0,\sqrt{B(0)})$ 正态随机数.

本方法的缺点在于解(3) 时计算量大；注意(3) 是二次方程组，一般只能求出近似解.

(三) 平稳正态马尔可夫过程的模拟

现在来模拟在实际中很有用处而且重要的过程$\{X(t),t\geqslant 0\}$,它是实值弱平稳相关函数为

$$B(\tau)=\sigma^2\mathrm{e}^{-\beta|\tau|}(\sigma>1,\beta>0\text{ 常数})\tag{4}$$

的正态过程. 在§4.5例4中已谈到,所谓$\{X(t)\}$是正态过程,是指对任意n个$t_1<t_2<\cdots<t_n$,$X(t_1),X(t_2),\cdots,X(t_n)$的联合分布是$n$维正态分布. 为简单起见,我们设$EX(t)\equiv 0$,于是这个$n$维正态分布只由协方差矩阵$\boldsymbol{B}=(b_{jk})$决定. 由(4)

$$b_{jk}=EX(t_j)X(t_k)=B(t_j-t_k)=\sigma^2\mathrm{e}^{-\beta|t_j-t_k|}.\tag{5}$$

根据 §4.5 例 3′,我们知道(4) 所对应的谱密度为

$$f(x)=\frac{\sigma^2}{\pi}\cdot\frac{\beta}{x^2+\beta^2}.\tag{6}$$

由 §4.5 例 4,我们还知道这过程是平稳过程. 其实它还是马尔可夫过程,不过我们不在这里证明这一结论(参看[35] §9.3).

由(5) 看出,当$\beta\to+\infty$时,$EX(t_j)X(t_k)=0$,意即$X(t_j)$与$X(t_k)$不相关,既然过程是正态的,$X(t_j)$与$X(t_k)$独立;而且由(6),谱密度近似于一个常数$\dfrac{\sigma^2}{\pi\beta}$. 在工程书中称相互独立而且谱密度等于正常数的过程为白噪声,常被用来模拟噪声或干扰. 从数学观点看来,白噪声不是弱平稳过程,因为后者的谱密度可积分(参看 §4.5(24)),而白噪声的谱密度是一个正常数,其积分等于$+\infty$.

模拟$\{X(t),t\geqslant 0\}$,实际上只能模拟有穷或可列多个随机变量$X_n=X(n\cdot\Delta t)$,$n\in\mathbf{N}^*$,步长$\Delta t>0$为一常数. 为此,采取下列步骤:

(i) 产生在(0,1) 中均匀分布的伪随机数$\{u_n\}$:

$$y_{n+1}\equiv\lambda y_n(\mathrm{mod}\ M),\quad y_0=a;\quad u_n=y_n\cdot M^{-1}\tag{7}$$

(见 §6.1(三)).

(ii) 利用$\{u_n\}$造一列 $N(0,1)$ 正态分布随机数$\{w_n\}$，这可用§6.2(四) 中的方法来造. 例如，一种方法是令

$$\omega_{2n-1}=(-2\ln u_{2n-1})^{\frac{1}{2}}\cos 2\pi u_{2n},$$

$$\omega_{2n}=(-2\ln u_{2n-1})^{\frac{1}{2}}\sin 2\pi u_{2n},$$

于是一对 u_n 产生一对 ω_n.

(iii) 根据 §6.2(15)，由$\{\omega_n\}$产生$\{X_n\}$：

$$\begin{cases}X_1=\sigma\omega_1,\\ X_n=\mathrm{e}^{-\beta\Delta t}X_{n-1}+\sigma\sqrt{1-\mathrm{e}^{-2\beta\Delta t}}\cdot\omega_n.\end{cases}\tag{8}$$

由 §6.2 中推导此式的根据与程序，可知这样的$\{X_n\}$满足上述要求.

问题在于：作为出发点的$\{u_n\}$，并不是真正的$(0,1)$均匀分布随机数，而是按决定性公式(7) 所产生的伪随机数，它们是否具有较好的独立性与均匀分布性，还需要进行统计检验；对$\{\omega_n\}$也有独立性与正态性的检验问题；至于$\{X_n\}$，则需要检验它是弱平稳、相关函数为

$$EX_{n+\tau}X_n=\sigma^2\mathrm{e}^{-\beta|\tau|\Delta t}\tag{9}$$

的序列.

对$\{u_n\}$的检验法已在 §6.1 中提过. 对$\{\omega_n\}$，可用 §5.5 中χ^2(或 K) 检验法来研究它的正态性，至于检验独立性，再补充一个方法.

记 $y_i=\omega_{2i-1}, z_i=\omega_{2i}, i=1,2,\cdots,n$，令

$$\bar{y}=\frac{1}{n}\sum_{i=1}^{n}y_i,\ \bar{z}=\frac{1}{n}\sum_{i=1}^{n}z_i,$$

子样的相关系数为

$$r=\frac{\frac{1}{n}\sum(y_i-\bar{y})(z_i-\bar{z})}{\sqrt{\frac{1}{n}\sum(y_i-\bar{y})^2}\sqrt{\frac{1}{n}\sum(z_i-\bar{z})^2}}$$

$$
= \frac{\frac{1}{n}\sum y_i z_i - \bar{y}\ \bar{z}}{\sqrt{\frac{1}{n}\sum y_i^2 - \bar{y}^2}\ \sqrt{\frac{1}{n}\sum z_i^2 - \bar{z}^2}},
$$

其中 $\sum$ 代表 $\sum_{i=1}^{n}$. 如果 $\{\omega_i\}$ 独立,那么有

$$
P(\sqrt{(1.96)^2 + n - 2} \cdot |r| > 1.96) \approx 5\%, \ n > 120.
$$

若以 2.04 换 1.96,则只需 $n > 30$. 因此,如 $\{\omega_i\}$ 使上式左方括号中不等式成立,就应否定“独立性”假设. 我们不可能给出检验法的证明,因为每种检验法都以某定理为后盾,为证明该定理则需要大量的篇幅,并且会使我们远离正题. 我们只指明定理的出处,从那里可以找到证明. 上述检验法见[3], § 29.7.

对 $\{X_n\}$ 的检验,可以举出很多,这里只介绍四种:若 $\{X_n\}$ 是弱平稳、正态而且满足(9),则下述结果正确:

(i)
$$
\lim_{n\to+\infty}\frac{1}{n}\sum_{i=1}^{n}X_iX_{i+\tau} = \lim_{n\to+\infty}\frac{1}{n}\sum_{i=1}^{n-\tau}X_iX_{i+\tau} = \sigma^2 e^{-\beta|\tau|\Delta t},
$$

$$
\lim_{n\to+\infty}\frac{\frac{1}{n}\sum_{i=1}^{n}X_iX_{i+\tau} - \bar{X}_0\ \bar{X}_\tau}{s_0 \cdot s_\tau} = \sigma^2 e^{-\beta|\tau|\Delta t} \quad \text{a. s.},
$$

这里

$$
\bar{X}_\tau = \frac{1}{n}\sum_{i=1}^{n}X_{i+\tau},
$$

$$
s_\tau^2 = \frac{1}{n}\sum_{i=1}^{n}X_{i+\tau}^2 - \bar{X}_\tau^2
$$

(见[16]第 10 章 § 7). 此外,作为 $e^{-\beta|\tau|\Delta t}$ 的最大似然估值可取

$$
\frac{\sum_{i=1}^{n}X_iX_{i+1}}{\sum_{i=1}^{n}X_i^2}.
$$
(见[20] § 8.3)

(ii) $$P\left(\frac{\left|\sum_{i=1}^{n}(X_i-\mathrm{e}^{-\beta\Delta t}X_{i-1})X_{i-1}\right|}{\sigma^2\cdot\sqrt{(1-\mathrm{e}^{-2\beta\Delta t})n}}\leqslant 1.96\right)\approx 95\%.$$

（见[20]§8.3）

(iii) 令 $z_n=\frac{1}{\sigma}\max(X_1,X_2,\cdots,X_n)$，则有①

$$\lim_{n\to+\infty}P\left(\frac{z_n-b_n}{a_n}\leqslant x\right)=\mathrm{e}^{-\mathrm{e}^{-x}},$$

故

$$P\left(-1.25<\frac{z_n-b_n}{a_n}<3.5\right)\approx 94\%$$

（令 $F(x)=\mathrm{e}^{-\mathrm{e}^{-x}}$，则 $F(3.51)\approx 97\%$，$F(-1.26)\approx 3\%$）. 这里 $a_n=(2\ln n)^{\frac{1}{2}}$，$b_n=(2\ln n)^{\frac{1}{2}}-\frac{1}{2}(2\ln n)^{-\frac{1}{2}}(\ln\ln n+\ln 4\pi)$. （见 Annals of Mathematical Statistics，1964，第 508 页及[3]§28.6）

(iv) $$\lim_{n\to+\infty}P\left(\frac{\sum_{i=1}^{n+1}X_i}{\left[E\left(\sum_{i=1}^{n+1}X_i\right)^2\right]^{\frac{1}{2}}}\leqslant y\right)=\frac{1}{\sqrt{2\pi}}\int_{-\infty}^{y}\mathrm{e}^{-\frac{x^2}{2}}\mathrm{d}x,$$

其中

$$\begin{aligned}E\left(\sum_{i=1}^{n+1}X_i\right)^2&=E\left(\sum_{i=1}^{n+1}X_i^2\right)+2E\left(\sum_{i=1}^{n}\sum_{j>i}^{n+1}X_iX_j\right)\\&=(n+1)\sigma^2+2\sigma^2\left[\sum_{k=1}^{n}\mathrm{e}^{-k\beta\Delta t}+\sum_{k=1}^{n-1}\mathrm{e}^{-k\beta\Delta t}+\cdots+\mathrm{e}^{-\beta\Delta t}\right]\\&=(n+1)\sigma^2+\frac{2\sigma^2\mathrm{e}^{-\beta\Delta t}}{1-\mathrm{e}^{-\beta\Delta t}}\left[n-\frac{\mathrm{e}^{-\beta\Delta t}(1-\mathrm{e}^{-n\beta\Delta t})}{1-\mathrm{e}^{-\beta\Delta t}}\right].\end{aligned}$$

---

① 称 $F(x)=\exp(-\alpha\mathrm{e}^{-\beta x})$ 为重指数分布函数，参数 $\alpha>0,\beta>0$. 它是极大值的一种极限分布，在洪水、地震预报及可靠性问题中有用，见[8,41]. 不难证明：若 $\eta,\xi_1,\xi_2,\cdots$ 独立，η 有参数为 α 的泊松分布，各 ξ_i 有相同的指数分布，参数为 β，则 $\sum_{i=1}^{n}\xi_i$ 有重指数分布. 证明可仿 §2.9 例 5.

(见 Теория Вероятностей и её Применения，1959，4(1):186-207；[38]391 页及 459 页)

(四) 维纳过程(布朗运动) 的模拟

这类过程$\{X(t), t \geqslant 0\}$已在§4.2 例 6 中介绍过. 设取样步长为$\Delta t > 0$，令$X_n = X(n \cdot \Delta t)$. 受(8) 式的启发，可以想到，$\{X_n\}$可由下列递推式产生：

$$\begin{cases} X_1 = \sigma \cdot \sqrt{\Delta t} \cdot \omega_1, \\ X_n = X_{n-1} + \sigma \cdot \sqrt{\Delta t} \cdot \omega_n \quad (\sigma > 0) \end{cases} \tag{10}$$

(设$X_0 = 0$)，其中$\{\omega_n\}$为相互独立的$N(0,1)$随机数. 实际上，由(10) 中第二式

$$\begin{aligned} X_n &= X_{n-2} + \sigma \cdot \sqrt{\Delta t} \cdot \omega_{n-1} + \sigma \cdot \sqrt{\Delta t} \cdot \omega_n \\ &= X_{n-2} + \sigma \cdot \sqrt{\Delta t}(\omega_{n-1} + \omega_n) \\ &= \cdots = X_{n-k} + \sigma \cdot \sqrt{\Delta t}(\omega_{n-k+1} + \omega_{n-k+2} + \cdots + \omega_n), \end{aligned} \tag{11}$$

故增量$X_n - X_{n-k}$只依赖于对应于$(n-k, n]$的k个变量$(\omega_{n-k+1}, \cdots, \omega_n)$，$k < n$. 既然由假定$\{\omega_n\}$相互独立，可见对$n_1 < n_2 < \cdots < n_l$诸增量

$$X_{n_2} - X_{n_1}, X_{n_3} - X_{n_2}, \cdots, X_{n_l} - X_{n_{l-1}}$$

相互独立. 其次，由(11) 及ω_i有$N(0,1)$分布的假定，知$X_n - X_{n-k}$有$N(0, \sigma \cdot \sqrt{k\Delta t})$分布. 这便证明了$\{X_n\}$是维纳过程在点列$n\Delta t$上的抽样.

*第 7 章　概率论在计算方法中的一些应用

§7.1　定积分的计算

(一) 掷点算法

在本章中,我们对概率计算方法作些初步的介绍,以作为基本理论的一种应用.由于电子计算机的出现,近年来发展了用概率模型来做近似计算的方法,通常称为蒙特卡罗方法.这种方法的基本思想是:为了要计算某些量,先造出概率模型(如随机向量、随机过程等),使后者的若干数字特征(例如数学期望),恰好重合于所需计算的量;而这些数字特征,又可以通过实验,用统计方法求出它们的估值;于是人们便把这些估值作为要求的量的近似值.

这里自然地发生三个问题:第一,如何造概率模型?这需要具体问题具体解决.这些模型应该充分简单,以便能在手头上或计算机上实现.第 6 章的内容,便是解决这个问题的基础.第二,既然是近似计算,便有误差的估计问题.由于我们是以统计估值作为近似值,自然希望估值的方差越小越好.第三是计算的速度问题,运算的次数和时间越少越好.

设 $g(x)$ 是有限区间$[a,b]$上的连续函数,需要计算定积分

$$G=\int_a^b g(x)\mathrm{d}x \tag{1}$$

的值.在§3.3例1中已提出了一种算法,它的直观想法是:经过简单的线性变换,不妨设$[a,b]=[0,1]$,$0\leqslant g(x)\leqslant 1$,于是$G$等于图7-1中的面积$A$.现在向矩形$0\leqslant x\leqslant 1$,$0\leqslant y\leqslant 1$中均匀分布地掷点$P_i=(\xi_i,\eta_i)$,$i=1,2,\cdots,n$,落于$A$中的点数设为$k=(k(n))$,则由于每次成功(即落于$A$中)的概率为$G$,故由强大数定理,有

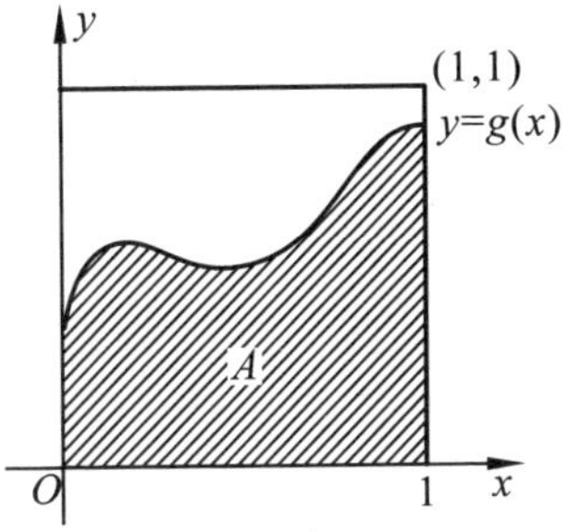

图 7-1

$$\lim_{n\to+\infty}\frac{k}{n}=G.$$

所谓均匀分布地掷点应理解为$\xi_1,\eta_1,\xi_2,\eta_2,\cdots$是独立的均匀随机数,而第$i$次获得成功则等价于

$$g(\xi_i)\geqslant\eta_i. \tag{2}$$

既然k是n次伯努利试验(即掷点试验)中成功的总次数,故k有二项分布$B(n,G)$,方差为$D(k)=nG(1-G)$,因此

$$D\left(\frac{k}{n}\right)=\frac{1}{n^2}D(k)=\frac{G(1-G)}{n}. \tag{3}$$

而数学期望为

$$E\left(\frac{k}{n}\right)=\frac{1}{n}E(k)=G.$$

关于精确度和运算次数,我们提出下列问题:应取多大的n,才能使$\left|\frac{k}{n}-G\right|<\varepsilon$的概率不小于$A$?这里$\varepsilon$为充分小而$A$为接

近于 1 的正数. 根据中心极限定理(见 §3.4 系 1)，$\frac{k-nG}{\sqrt{nG(1-G)}}$ 渐近地有 $N(0,1)$ 正态分布，因此

$$P\left(\left|\frac{k}{n}-G\right|<\varepsilon\right)$$

$$=P\left(\left|\frac{k-nG}{\sqrt{nG(1-G)}}\right|<\varepsilon\cdot\sqrt{\frac{n}{G(1-G)}}\right)$$

$$\approx\Phi\left(\varepsilon\cdot\sqrt{\frac{n}{G(1-G)}}\right)-\Phi\left(-\varepsilon\cdot\sqrt{\frac{n}{G(1-G)}}\right)\geqslant A,\qquad(4)$$

其中 $\Phi(x)=\frac{1}{\sqrt{2\pi}}\int_{-\infty}^{x}\mathrm{e}^{-\frac{y^2}{2}}\mathrm{d}y$，$\Phi(x)$ 之值有正态分布表可查. 把 ε，G，A 看成已知数，即可解出满足(4) 的最小的 n；实际上，查表，对任何 A，$0<A<1$，可找到 $t_A>0$，使

$$\Phi(t_A)-\Phi(-t_A)\approx A.$$

例如：当 $A=99.7\%$，95.5%，68.3% 时，t_A 分别为 3，2，1(参看 §2.5 图 2-13)，于是(4) 之解化为解

$$\varepsilon\cdot\sqrt{\frac{n}{G(1-G)}}=t_A.$$

由此得

$$n\approx\frac{t_A^2G(1-G)}{\varepsilon^2}.\qquad(5)$$

特别，当 $A=99.7\%$ 时，$n\approx\frac{9G(1-G)}{\varepsilon^2}$.

但这里出现了矛盾，G 是待求的数，是未知的，怎样由此算出 n 呢?我们可以先试算若干次，以求出 G 的一个粗略估值 $\hat{G}$，然后以此 $\hat{G}$ 代入上式中的 G 来估计 n.

例 计算积分

$$G=\int_0^1\frac{\mathrm{e}^x}{4}\mathrm{d}x.\qquad(6)$$

由直接积分可得

$$G=\frac{1}{4}(\mathrm{e}-1)=0.429\ 57\cdots\approx 0.43.$$

现在用掷点方法来算，以$\frac{k}{n}$作为G的近似值，这里k是n次掷点试验中，使不等式

$$\frac{1}{4}\mathrm{e}^{\xi_i}\geqslant\eta_i \tag{7}$$

成立的i的个数. 由(3)得

$$D\left(\frac{k}{n}\right)\approx\frac{1}{n}(0.43\times 0.57)=\frac{0.245\ 1}{n}. \tag{8}$$

如果要求以99.7%的概率，保证以$\frac{k}{n}$作为G的近似值时，准确到小数点后第3位，即保证

$$\left|\frac{k}{n}-G\right|<0.001,$$

试问n应多大？由(5)得

$$n\geqslant\frac{9\times 0.43\times 0.57}{(0.001)^2}=2.205\ 9\times 10^6. \tag{9}$$

这说明试验次数相当大，亦即收敛速度较慢，这是一个缺点. ■

(二) 平均值方法

现在用另一方法来计算(1)中的积分，不过不必假设$[a,b]=[0,1]$，也不必$0\leqslant g(x)\leqslant 1$，只要求$g(x)$在有限区间$[a,b]$中可积就行了. 任取一列相互独立、同分布的随机变量$\{\xi_i\}$，ξ_i在$[a,b]$中均匀分布，则$\{g(\xi_i)\}$也是一列相互独立、同分布的随机变量，而且

$$Eg(\xi_i)=\frac{1}{b-a}\int_a^b g(x)\mathrm{d}x=\frac{G}{b-a}. \tag{10}$$

由强大数定理

$$\lim_{n\to+\infty}(b-a)\frac{\sum_{i=1}^{n}g(\xi_i)}{n}=G\quad(\text{a. s.}).$$

因此，自然取

$$G_n=(b-a)\frac{\sum_{i=1}^{n}g(\xi_i)}{n}\tag{11}$$

作为G的点估值，它是无偏的，即$EG_n=G$. 如果$g(x)$在$[a,b]$中平方可积，那么方差

$$\begin{aligned}DG_n&=\frac{(b-a)^2}{n}Dg(\xi_i)=\frac{(b-a)^2}{n}\{Eg^2(\xi_i)-[Eg(\xi_i)]^2\}\\&=\frac{1}{n}\left[(b-a)\int_a^b g^2(x)\mathrm{d}x-\left(\int_a^b g(x)\mathrm{d}x\right)^2\right].\end{aligned}\tag{12}$$

由此即可仿上段那样讨论精确度和计算次数的问题. 利用 §3.4 定理 1，即得与(5) 类似的公式

$$n\approx\frac{1}{\varepsilon^2}t_A^2\cdot(b-a)^2\cdot Dg(\xi_i).\tag{13}$$

试用此法来计算上例中的积分(6). 由(11)(12) 得

$$G_n=\frac{1}{4n}\sum_{i=1}^{n}\mathrm{e}^{\xi_i},\tag{14}$$

$$\begin{aligned}DG_n&=\frac{1}{n}\left[\frac{1}{16}\int_0^1\mathrm{e}^{2x}\mathrm{d}x-\left(\frac{1}{4}\int_0^1\mathrm{e}^{x}\mathrm{d}x\right)^2\right]\\&=\frac{1}{n}\left[\frac{\mathrm{e}^2-1}{32}-\frac{(\mathrm{e}-1)^2}{16}\right]=\frac{0.015\ 1}{n}.\end{aligned}\tag{15}$$

如果要求的精确度与上面一样，那么由(13) 得

$$n\approx\frac{9\times0.015\ 1}{(0.001)^2}=0.135\ 9\times10^6.\tag{16}$$

将(8) 与(15)，(9) 与(16) 分别比较，可见平均值法的估值方差小、计算次数少，因此它比掷点法好.

(12) 式还告诉我们一个降低方差的方法：如果以$\frac{g(x)}{k}$代替

(12) 中的 $g(x)$，方差就降低 k^2 倍($k>1$). 从直观上看，$\frac{g(x)}{k}$ 的图形比 $g(x)$ 的振幅小 k 倍，因之方差必然降低. 所以要计算 $\int_a^b g(x)\mathrm{d}x$，不如先算出 $\int_a^b \frac{g(x)}{k}\mathrm{d}x$ 再乘 k；不过如果计算后一积分有误差，那么这误差也会扩大 k 倍，故 k 也不能过分地大.

(三) 降低方差

方差小则精确度高，并可能使运算次数减少，计算速度加快，因此，降低方差是一个重要问题.

如果被积函数 $g(x)$ 可正可负，那么可把它分成为正、负两部分分别处理，故不妨设 $g(x)\geqslant 0$. 任取一密度函数 $p(x)$，满足

$$p(x)>0,\ x\in[a,b],\quad \int_a^b p(x)\mathrm{d}x=1, \tag{17}$$

则

$$G=\int_a^b g(x)\mathrm{d}x=\int_a^b \frac{g(x)}{p(x)}p(x)\mathrm{d}x=E\,\frac{g(\xi)}{p(\xi)},$$

其中 ξ 是以 $p(x)$ 为密度的随机变量. 这样，就把 $g(x)$ 的通常积分变为被积函数为 $\frac{g(x)}{p(x)}$ 的对密度 $p(x)$ 的积分. 设 $\{\xi_i\}$ 是一列独立的 $p(x)$ 随机数，由上知

$$\hat{G}_n=\frac{1}{n}\sum_{i=1}^{n}\frac{g(\xi_i)}{p(\xi_i)} \tag{18}$$

是 G 的无偏估值，有方差

$$\hat{D}_n=\frac{1}{n}D\,\frac{g(\xi)}{p(\xi)}=\frac{1}{n}\left[\int_a^b \frac{g^2(\xi_i)}{p(\xi_i)}\mathrm{d}x-G^2\right]. \tag{19}$$

特别地，当 $p(x)=\frac{1}{b-a}$ 为 $[a,b]$ 中均匀分布时，(18)(19) 分别化归(11)(12).

现在看应如何选 $p(x)$ 使 $D\hat{G}_n$ 最小. 如取

$$p(x)=\frac{g(x)}{\int_a^b g(x)\mathrm{d}x},\tag{20}$$

直接代入(19)后得 $D\hat{G}_n=0$. 然而实际上这是做不到的；因为(20)中出现了未知的 $\int_a^b g(x)\mathrm{d}x$，它正是待求的. 不过如果我们事先对 $\int_a^b g(x)\mathrm{d}x$ 有一极粗的估计，例如 $\int_a^b g(x)\mathrm{d}x\approx c$（常数），那么只要取

$$p(x)\approx\frac{g(x)}{c},\tag{21}$$

就能使方差降低.

试看(21)的概率意义：它表示 $g(x)$ 与 $p(x)$ 的图形成比例（图 7-2），$g(x)$ 大（或小）的地方如 $[c,d]$（或如 $[c',d']$），$p(x)$ 的值也大（或小），既然 $p(x)$ 是 ξ_i 的密度，ξ_i 出现在 $[c,d]$ 中的概率，就大于出现于 $[c',d']$ 中的概率. 因而(21)意味着：在 $g(x)$ 取大值的区间要多取一些代表点 ξ_i.

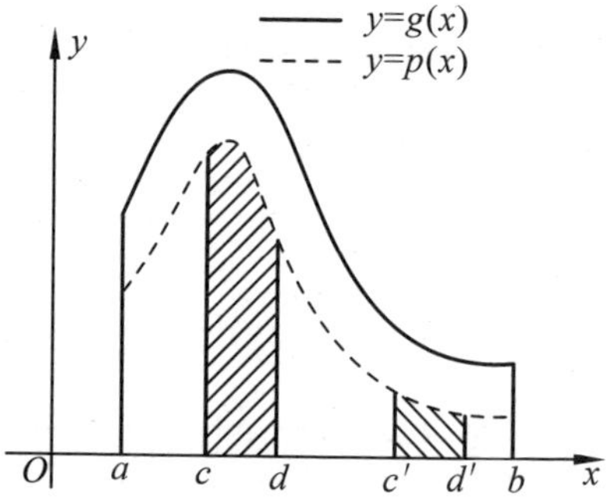

图 7-2

这方法还可改进：把 $[a,b]$ 分成若干子区间 $[a_j,a_{j+1})$，$j=1,2,\cdots,k$，使 $g(x)$ 在每 $[a_j,a_{j+1})$ 中变化缓慢，然后对每 $[a_j,a_{j+1})$ 施行上法. 选 $p_j(x)$ 使

$$p_j(x)\approx\frac{g(x)}{c_j}\quad\left(a_j\leqslant x<a_{j+1},c_j\approx\int_{a_j}^{a_{j+1}}g(x)\mathrm{d}x\right),$$

由于 $g(x)$ 在子区间变化缓慢，$p_j(x)$ 往往可以取为简单的函数（如线性函数等）. 取出 n_j 个 $p_j(x)$ 随机数 ξ_{ji} $(i=1,2,\cdots,n_j)$ 后，

即得 G 的估值为

$$\overline{G}_n = \sum_{j=1}^{k} \frac{1}{n_j} \sum_{i=1}^{n_j} \frac{g(\xi_{ji})}{p_j(\xi_{ji})}, \tag{22}$$

方差为

$$D\overline{G}_n = \sum_{j=1}^{k} \frac{1}{n_j} \left[\int_{a_j}^{a_{j+1}} \frac{g^2(x)}{p_j(x)} \mathrm{d}x - \left(\int_{a_j}^{a_{j+1}} g(x) \mathrm{d}x \right)^2 \right]. \tag{23}$$

当 $k = 1$ 时,(22)(23) 分别化为(18)(19).

以上讨论了有限积分区间 $[a,b]$ 的情形,如果是无限区间例如 $(-\infty, +\infty)$,由于假定 $\int_{-\infty}^{+\infty} |g(x)| \mathrm{d}x < +\infty$,那么对任何 $\varepsilon > 0$,总存在有限区间 $[a,b]$,使

$$\left| \int_{-\infty}^{+\infty} g(x) \mathrm{d}x - \int_a^b g(x) \mathrm{d}x \right| < \varepsilon,$$

故只要取 $[a,b]$ 充分大,即可以它代替 $(-\infty, +\infty)$,误差小于 ε.

(四) 重积分

上述两种算法也适用于多重积分,不会发生原则性困难,这正是蒙特卡罗方法的优点. 我们只简单地叙述一下平均值方法. 简记 $x = (x_1, x_2, \cdots, x_m)$ 为 m 维空间 $\mathbf{R}^m$ 中的点,$g(x)$ 为 m 元函数,它在 $\mathbf{R}^m$ 中有限闭域 D 内可积. 今要计算

$$G \equiv \int_D g(x) \mathrm{d}x \equiv \underset{D}{\int\int\cdots\int} g(x_1, x_2, \cdots, x_m) \mathrm{d}x_1 \mathrm{d}x_2 \cdots \mathrm{d}x_m. \tag{24}$$

取一维区间 $[a,b]$,$b - a$ 充分大,使

$$D \subset [a,b] \times [a,b] \times \cdots \times [a,b] \equiv [a,b]^m.$$

取 m 个独立、在 $[a,b]$ 中均匀分布的随机变量 $\xi_1, \xi_2, \cdots, \xi_m$,令 $\boldsymbol{\eta} = (\xi_1, \xi_2, \cdots, \xi_m)$. 我们证明:在 $\boldsymbol{\eta} \in D$ 的条件下,$\boldsymbol{\eta}$ 在 D 中均匀分布. 换句话说,有

$$P(\boldsymbol{\eta} \in V \mid \boldsymbol{\eta} \in D) = \frac{|V|}{|D|}, \tag{25}$$

其中子域 $V \subset D$，$|V|$ 表示 V 的 m 维体积（如图 7-3 所示）.

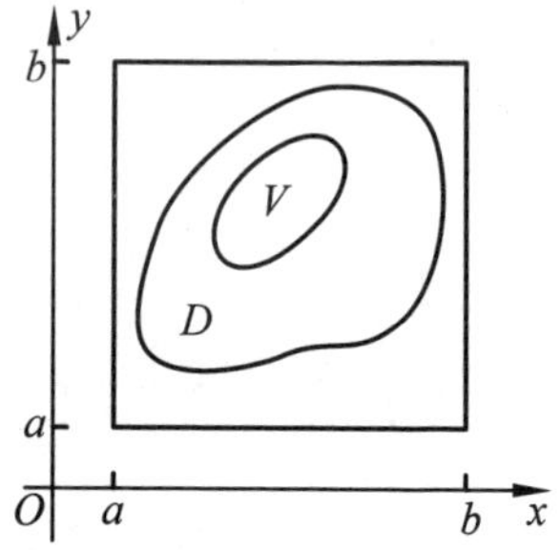

图 7-3

实际上，

$$\begin{aligned}&P(\boldsymbol{\eta} \in V \mid \boldsymbol{\eta} \in D)\\ =&\frac{P(\boldsymbol{\eta} \in V)}{P(\boldsymbol{\eta} \in D)}\\ =&\frac{\dfrac{|V|}{(b-a)^m}}{\dfrac{|D|}{(b-a)^m}}=\frac{|V|}{|D|}.\end{aligned}$$

由此还推知

$$\begin{aligned}&E(g(\boldsymbol{\eta}) \mid \boldsymbol{\eta} \in D)\\ =&\frac{1}{|D|}\int_D g(x)\mathrm{d}x=\frac{G}{|D|}.\end{aligned}$$

根据此式，我们提出下列计算方法：像造 $\boldsymbol{\eta}$ 一样，造一列独立的 m 维随机向量 $\{\boldsymbol{\eta}_i\}$，$\boldsymbol{\eta}_i=(\xi_1^{(i)},\xi_2^{(i)},\cdots,\xi_m^{(i)})$，$\boldsymbol{\eta}_i$ 在 m 维立方体 $[a,b]^m$ 中有均匀分布. 如果 $\boldsymbol{\eta}_1 \in D$，就选取 $\boldsymbol{\eta}_1$，如果 $\boldsymbol{\eta}_1 \overline{\in} D$，就舍弃 $\boldsymbol{\eta}_1$，如此共选出 n 个 $\boldsymbol{\eta}_i$；记它们为 $\boldsymbol{\eta}_1^0,\boldsymbol{\eta}_2^0,\cdots,\boldsymbol{\eta}_n^0$，由上式得

$$|D| \lim_{n\to+\infty}\frac{1}{n}\sum_{i=1}^{n} g(\boldsymbol{\eta}_i^0)=G \quad \text{a. s.},$$

于是就取

$$G_n \equiv |D| \frac{1}{n}\sum_{i=1}^{n} g(\boldsymbol{\eta}_i^0) \tag{26}$$

作为 G 的无偏估值.

关于降低方差，可以采用（三）中类似的方法. 这里还补充一点，最好采用决定性计算与随机计算相结合的方法. 在(24)中，可能对某些变量如 x_1，可用数学分析方法直接算出来，这样以尽量降低积分的重数，直到剩下的变量无法直接计算时，再用平均值法，这样所得的方差，一般会比完全用平均值法的低.

§7.2　线性方程组的解法

(一) 线性代数方程组

设方程组为

$$\begin{pmatrix} x_1 \\ x_2 \\ \vdots \\ x_n \end{pmatrix} = \begin{pmatrix} h_{11} & h_{12} & \cdots & h_{1n} \\ h_{21} & h_{22} & \cdots & h_{2n} \\ \vdots & \vdots & & \vdots \\ h_{n1} & h_{n2} & \cdots & h_{nn} \end{pmatrix} \begin{pmatrix} x_1 \\ x_2 \\ \vdots \\ x_n \end{pmatrix} + \begin{pmatrix} a_1 \\ a_2 \\ \vdots \\ a_n \end{pmatrix},$$

或简写为向量形式

$$\boldsymbol{X} = \boldsymbol{H}\boldsymbol{X} + \boldsymbol{A}, \tag{1}$$

其中 $\boldsymbol{H},\boldsymbol{A}$ 已知，待求的未知向量为 $\boldsymbol{X}$. 令

$$\| \boldsymbol{H} \| = \max_i \left(\sum_j | h_{ij} | \right).$$

我们假定(参看[40]，第 316 页)

$$\| \boldsymbol{H} \| < 1;$$

试在此条件下，用概率方法解(1). 改写(1) 为

$$(\boldsymbol{I} - \boldsymbol{H})\boldsymbol{X} = \boldsymbol{A},$$

由 $\| \boldsymbol{H} \| < 1$ 得

$$\boldsymbol{X} = (\boldsymbol{I} - \boldsymbol{H})^{-1}\boldsymbol{A} = (\boldsymbol{I} + \boldsymbol{H} + \boldsymbol{H}^2 + \cdots)\boldsymbol{A}, \tag{2}$$

于是 $\boldsymbol{X}$ 的第 i 个分量 x_i 等于

$$\begin{aligned} x_i &= a_i + (\boldsymbol{H}\boldsymbol{A})_i + (\boldsymbol{H}^2\boldsymbol{A})_i + \cdots \\ &= a_i + \sum_{i_1} h_{ii_1} a_{i_1} + \sum_{i_1} \sum_{i_2} h_{ii_1} h_{i_1 i_2} a_{i_2} + \cdots \\ &= a_i + \sum_{k=1}^{+\infty} \sum_{i_1} \sum_{i_2} \cdots \sum_{i_k} h_{ii_1} h_{i_1 i_2} \cdots h_{i_{k-1} i_k} a_{i_k}, \end{aligned} \tag{3}$$

这里 $\sum_i$ 表示 $\sum_{i=1}^n$. 现在我们来定义一个马尔可夫链，使它的某一

数字特征恰好等于 x_i. 任取一矩阵 $\boldsymbol{P}=(p_{ij})$, $i,j=1,2,\cdots,n$, 满足条件

$$p_{ij}\geqslant 0,\quad \sum_j p_{ij}<1, \tag{4}$$

$$p_{ij}>0,\quad h_{ij}\neq 0. \tag{5}$$

令

$$p_i=1-\sum_j p_{ij}\text{（若 } a_i\neq 0\text{，则还应取 } p_i>0\text{）}. \tag{6}$$

考虑一马尔可夫链：如果它从 i 出发，那么它下一步转移到 j 的概率为 p_{ij}，而永远停止运动的概率为 p_i，今设它从 i 出发，经 k 步后停止运动，则运动轨道 J 可记为

$$J: i\to i_1\to i_2\to\cdots\to i_k\quad (k\geqslant 0, i_0=i), \tag{7}$$

其中 $i_1,i_2,\cdots,i_k$ 为顺次经过的状态，最后停止在 i_k. 它取轨道(7)的概率为

$$p_{ii_1}p_{i_1i_2}\cdots p_{i_{k-1}i_k}p_{i_k}. \tag{8}$$

在(7) 中的轨道 J 上，定义一个函数

$$V(J)=\begin{cases}\dfrac{h_{ii_1}}{p_{ii_1}}\cdot\dfrac{h_{i_1i_2}}{p_{i_1i_2}}\cdot\cdots\cdot\dfrac{h_{i_{k-1}i_k}}{p_{i_{k-1}i_k}}\cdot\dfrac{a_{i_k}}{p_{i_k}}, & k>0,\\[2ex] \dfrac{a_i}{p_i}, & k=0.\end{cases} \tag{9}$$

以 E_i 表示自 i 出发的条件数学期望，由(8)(9) 得

$$\begin{aligned}E_i[V(J)]&=\frac{a_i}{p_i}\cdot p_i+\sum_{i_1}\frac{h_{ii_1}a_{i_1}}{p_{ii_1}p_{i_1}}\cdot p_{ii_1}p_{i_1}+\\&\quad\sum_{i_1}\sum_{i_2}\frac{h_{ii_1}h_{i_1i_2}a_{i_2}}{p_{ii_1}p_{i_1i_2}p_{i_2}}p_{ii_1}p_{i_1i_2}p_{i_2}+\cdots\\&=a_i+\sum_{k=1}^{+\infty}\sum_{i_1}\sum_{i_2}\cdots\sum_{i_k}h_{ii_1}h_{i_1i_2}\cdots h_{i_{k-1}i_k}a_{i_k},\end{aligned}$$

由此及(3) 即得

$$x_i=E_i[V(J)]. \tag{10}$$

于是我们得到下列计算方法：

(i) 仿照 §6.3(一) 中的方法，模拟以(p_{ij})为转移概率矩阵的马尔可夫链；

(ii) 独立地做出 n 个(7) 中的轨道，并按(9) 算出 $V(J_1)$，$V(J_2),\cdots,V(J_n)$；

(iii) 以$\frac{1}{n}\sum_{l=1}^{n}V(J_l)$ 作为 x_i 的估值.

用这个方法来计算 x_i 所需要的转移次数，设为 τ，则

$$\begin{aligned} E_i\tau &= 0\cdot p_i + 1\cdot\sum_{i_1}p_{ii_1}p_{i_1} + 2\cdot\sum_{i_1}\sum_{i_2}p_{ii_1}p_{i_1i_2}p_{i_2}+\cdots \\ &= \sum_{k=1}^{+\infty}k\sum_{i_1}\sum_{i_2}\cdots\sum_{i_k}p_{ii_1}p_{i_1i_2}\cdots p_{i_{k-1}i_k}p_{i_k}. \end{aligned} \tag{11}$$

这个方法的好处是：每个 x_i 可单独地求出，并不需要同时算出其他的 x_j.

(二) 一般解法

现在除去假设 $\|\boldsymbol{H}\|<1$，来讨论一般方程组

$$\sum_j c_{ij}x_j = d_i,\quad i=1,2,\cdots,n \tag{12}$$

的解. 下述解法的构思是很巧妙的. 考虑二次型

$$Q\equiv Q(x_1,x_2,\cdots,x_n)=\sum_i\alpha_i\Big(\sum_j c_{ij}x_j-d_i\Big)^2, \tag{13}$$

这里 $\alpha_i>0$ 是常数，显然，求(12) 的解等价于求 Q 的最小点$(x_1^0,x_2^0,\cdots,x_n^0)$. 对于任意常数 $A>0$，

$$E:\ Q(x_1,x_2,\cdots,x_n)\leqslant A$$

是一 n 维椭球；这只需作线性变换 $y_i=\sum_j c_{ij}x_j-d_i$ 即可看出这个椭球的中心在 $y_i=0(i=1,2,\cdots,n)$，也就是在$(x_1^0,x_2^0,\cdots,x_n^0)$. 每个通过中心的 n 维超平面$x_j=x_j^0$ 都把椭球分成体积相等的两部分. 这个几何性质提供了求(12) 的解的方法：求 $x_1^0,x_2^0,\cdots,x_n^0$，使椭球 E 位于 $x_j\leqslant x_j^0$ 的那部分，恰有一半的体积.

作 n 维立方体 $[a,b]^n$，使它包含椭球 E. 设 $\xi_1,\xi_2,\cdots,\xi_n$ 是 n 个独立的随机变量，每个都在 $[a,b]$ 中均匀分布. 作 n 维随机向量 $\boldsymbol{\eta}=(\xi_1,\xi_2,\cdots,\xi_n)$. 根据 §7.1(25)，得知在"$\boldsymbol{\eta}\in E$"的条件下，$\boldsymbol{\eta}$ 在椭球 E 中有均匀分布. 取 $\boldsymbol{\eta}$ 的 l 个独立的样本向量 $\boldsymbol{\eta}_1,\boldsymbol{\eta}_2,\cdots,\boldsymbol{\eta}_l$，如果 $\boldsymbol{\eta}_1\in E$，就选取 $\boldsymbol{\eta}_1$；如果 $\boldsymbol{\eta}_1\overline{\in} E$，就舍弃 $\boldsymbol{\eta}_1$，如此共选出 m 个($m\leqslant l$). 不妨设它们就是前面的 m 个 $\boldsymbol{\eta}_1,\boldsymbol{\eta}_2,\cdots,\boldsymbol{\eta}_m$. 注意 $\boldsymbol{\eta}_i$ 的分量表示是

$$\boldsymbol{\eta}_i=(\xi_{i1},\xi_{i2},\cdots,\xi_{in}),$$

由于 $\boldsymbol{\eta}_i$ 在 E 中均匀分布，而超平面 $x_j=x_j^0$ 分椭球为等体积的两部分，故当 m 充分大时，$\boldsymbol{\eta}_1,\boldsymbol{\eta}_2,\cdots,\boldsymbol{\eta}_m$ 中，应各有一半分别在此超平面的两侧. 这表示这些向量的第 j 个分量，即 $\xi_{1j},\xi_{2j},\cdots,\xi_{mj}$ 之中，应约有一半不大于(或不小于) x_j^0. 把这些分量按大小排成

$$\xi'_{1j}\leqslant\xi'_{2j}\leqslant\cdots\leqslant\xi'_{mj},\tag{14}$$

其中最中间的那一个即 $\xi'_{\frac{m}{2}+1,j}$（不妨设 m 为偶数）自然应靠近 x_j^0. 因此，我们就取

$$\xi'_{\frac{m}{2}+1,j}\approx x_j^0(j=1,2,\cdots,n),\tag{15}$$

即以 $(\xi'_{\frac{m}{2}+1,1};\xi'_{\frac{m}{2}+1,2};\cdots;\xi'_{\frac{m}{2}+1,n})$ 作为方程组(12) 的解的估值.

以上是取样本(14) 的中数作为 x_j^0 的估值；自然也可取它的平均值作为估值，即

$$\frac{1}{m}\sum_{i=1}^{m}\xi'_{ij}\equiv\frac{1}{m}\sum_{i=1}^{m}\xi_{ij}\approx x_j^0.\tag{16}$$

（三）积分方程的解

设有方程

$$x(s)=\int_a^b h(s,t)x(t)\mathrm{d}t+a(s)\ (a\leqslant s\leqslant b),\tag{17}$$

其中 $a(s)$ 及 $h(s,t)$ 是已知的连续函数，而 $x(s)$ 是待求的未知函数. 将(17) 与方程组(1)，即与

$$x_i=\sum_j h_{ij}x_j+a_i(i=1,2,\cdots,n)$$

比较,可见两者非常相似,只不过是从离散变量 i 过渡到连续变量 s,把求和号 $\sum_{j}$ 换为积分号 $\int_a^b$ 而已. 因此,可以把(一)中的方法移植来解(17). 扼述如下:取二元函数 $p(s,t)$, $a \leqslant s,t \leqslant b$,它满足 $p(s,t) \geqslant 0$, $\int_a^b p(s,t)\mathrm{d}t \leqslant 1$,而且若 $h(s,t) \neq 0$,则 $p(s,t) > 0$. 令 $p(s) = 1 - \int_a^b p(s,t)\mathrm{d}t$. 造一马尔可夫链,如果它自 s 出发,下一步转移到 $(t, t+\Delta t)$ 中的概率为 $p(s,t)\Delta t + o(\Delta t)$,而停止运动的概率密度为 $p(s)$. 今设它自 s 出发,经 k 步后停止运动,所经轨道为 $J: s \to s_1 \to s_2 \to \cdots \to s_k$. 定义泛函

$$V(J) = \begin{cases} \dfrac{h(s,s_1)h(s_1,s_2)\cdots h(s_{k-1},s_k)a(s_k)}{p(s,s_1)p(s_1,s_2)\cdots p(s_{k-1},s_k)p(s_k)}, & k > 0, \\ \dfrac{a(s)}{p(s)}, & k = 0, \end{cases}$$

则若 $\| h \| \equiv \sup_s \int | h(s,t) | \mathrm{d}t < 1$,则

$$x(s) = E_s[V(J)]. \tag{18}$$

一些偏微分方程,也可用概率方法求解,请参看 §4.1 例 4. 这方面的研究很多,例如可看参考书[27]第 13 章. 关于蒙特卡罗方法更多的叙述可见张建中. 蒙特卡罗方法. 数学的实践与认识, 1974 年,第 1,第 2 期.

*第 8 章　可靠性问题的概率分析

§8.1　可靠函数

(一)问题的产生

随着工农业的迅速发展,人们迫切需要提高各种设备系统的功效.近代的设备系统都是由许多元件构成的;各种元件起着部分的作用,它们按照一定的设计方案组合起来,完成各种预定的任务.卫星、火箭、飞机、导航系统以及各种电子仪器等,无一不是如此.然而,系统的构造越复杂,所含的元件越多,如果不采取适当措施,系统的工作可靠性就很可能大大降低.这是因为,只要某些元件发生故障,就可能损害整个系统,使它不能正常工作.为了解决这类矛盾,可靠性问题被提上了科学研究的日程.最近若干年来,特别是第二次世界大战以后,可靠性理论得到了迅速的发展.看来,要提高系统的可靠性,可以从两方面着手:一是提高每一组成元件的可靠性,以使系统建筑在优质元件的基础上,这样就必须对元件和系统的可靠性作依时间发展的动态分析.二是研究系统的最佳设计、使用与维修方案,以便由可靠性较低的元件,制造出可靠性较高的大型系统，并保证它能在较长时间内正常工作. 前者是分析问题，后者是综合问题，而综合又只有在分析的基础上才能进行. 提高可靠性是一项复杂的任务，必须有工程技术人员、物理、化学等工作者共同合作，对其中许多的定量问题，还需要作深入的数学分析和计算，而概率论和数理统计正是不可缺少的数学工具. 在本章中，我们不可能对可靠性理论作全面的讨论，只是对它的分析方面作一些初步的介绍，以说明概率论在这门学科中的若干应用.

所谓可靠性，通常理解为在一段时间内无故障的概率. 对可靠性的要求，需由具体问题来决定：有时要求一段时间内无故障的概率高，而有时则要求无故障的平均时间长.

(二)首次故障时刻

考虑某个元件，假定它在 $t=0$ 时正常地开始工作，一直继续到时刻 $t=\tau$，在 τ 时发生故障. 我们称 τ 为首次故障时刻，或称它为元件的寿命. 令

$$Q(t)=P(\tau\leqslant t)\quad(t\geqslant 0),$$

它是 τ 的分布函数，则

$$P(t)=1-Q(t)=P\quad(\tau>t).$$

为在 $[0,t]$ 中无故障即正常工作的概率. 称 $P(t)$ 为此元件的可靠函数. 注意 $P(0)$ 可能小于 1，这时

$$1-P(0)=Q(0)=P\quad(\tau=0),$$

这表示一开始就出故障的概率为 $1-P(0)>0$. 这种情形在实际中可能发生，因为元件本身可能有未被检查出的内部缺陷或损伤，或者由于保存不当、过久、运输条件不佳等而产生的新致命伤害.

一般说来，故障可分成三类：一是开始故障，它们在工作一开始或开始后不久便发生；二是随机故障，它们在元件已走上正常工作的期间，由于偶然的原因而出现；三是衰老故障，这是由元件

寿命的限制而不可避免的，它们出现在工作后期．对一种元件，当然可能不是三种故障都全具备．例如，饲养小猪，初出生时由于先天不足或不适应环境等原因，可能发生开始故障（这里故障指死亡）；这一关过去，走上正常发育期，这时出现随机故障（由于疾病或外伤等）的概率较小；至于衰老故障在这里基本上不发生．

要具体求出某元件的寿命分布，通常有两种方法（这对求任何分布都适用）：一是用随机抽样，通过实验，应用数理统计方法近似地求出理论分布；二是从元件的物理特性出发，提出若干基本假定，在这些假定下推导出所需分布，就像我们在§2.4（三）中由泊松流推导出泊松分布一样．前者是归纳法，后者是演绎法．

下面我们主要利用第二种方法来导出几种常见的寿命分布．为此，先介绍一个重要概念——故障率，它也可看成可靠性的一个指标．

考虑下列问题：设元件在$[0,t]$中无故障，试求它在$[t,t+\Delta t]$中发生故障的概率，$Q(t,t+\Delta t)$，这里 $\Delta t>0$，显然，我们有

$$\begin{aligned}Q(t,t+\Delta t)&=P(t+\Delta t\geqslant\tau>t\mid\tau>t)\\&=\frac{P(t+\Delta t\geqslant\tau>t)}{P(\tau>t)}=\frac{Q(t+\Delta t)-Q(t)}{1-Q(t)}.\end{aligned}\tag{1}$$

如果假定 $Q(t)$有导函数 $q(t)$：$q(t)=Q'(t)$，那么

$$Q(t,t+\Delta t)=\frac{q(t)}{1-Q(t)}\Delta t+o(\Delta)t.\tag{2}$$

我们称

$$\lambda(t)\equiv\frac{q(t)}{1-Q(t)}=-\frac{p(t)}{P(t)}\tag{3}$$

为此元件的故障率；这里 $p(t)=P'(t)$．

由(2)可见：$\lambda(t)$越大，则在$(t,t+\Delta t]$中出现故障的条件概率也越大，故 $\lambda(t)$是表示可靠性大小的局部指标．直观地说：如果元件在$[0,t]$内正常工作，那么在下一个单位时间内（如单位长 Δt 很小）发生故障的条件概率近似于 $\lambda(t)$．

对应于上述三个工作时期，$\lambda(t)$的一般图形是：在开始期 A 内，$\lambda(t)$下降；在正常期 B 内，由于元件工作稳定，$\lambda(t)$基本上是常数；在衰老期，故障增多，因之 $\lambda(t)$上升(见图 8-1).

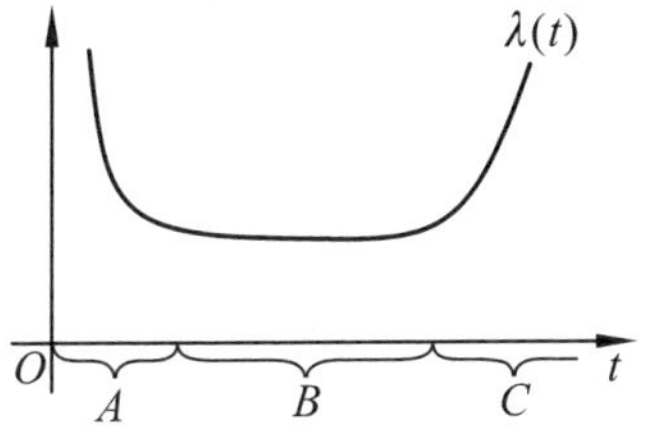

图 8-1

容易求出可靠函数的一般形式. 设 $p(t)$连续，将(3)两边积分，得

$$\lg P(t)-\lg P(0)=-\int_0^t \lambda(s)\mathrm{d}s,$$

$$P(t)=P(0)\exp\{-\int_0^t \lambda(s)\mathrm{d}s\}. \tag{4}$$

由于 $\lim\limits_{t\to+\infty} P(t)=0$，故 $\int_0^{+\infty}\lambda(t)\mathrm{d}t=+\infty.$ (5)

如果 $Q(0)=0$，因而 $P(0)=1$，那么

$$P(t)=\exp\{-\int_0^t \lambda(s)\mathrm{d}s\}, \tag{6}$$

于是证明了：若可靠函数 $P(t)$有连续导数，则它必呈(4)的形式，其中 $\lambda(t)$是满足(5)的非负连续函数.

$\lambda(t)$可通过实验而近似求出. 设参加实验的元件共有 n 个，以 $n(t)$表示$[0,t]$内未出故障的元件数，则当 Δt 甚小而 n 很大时，由(3)有

$$\lambda(t)\approx\frac{P(t)-P(t+\Delta t)}{\Delta t P(t)}\approx\frac{\dfrac{n(t)}{n}-\dfrac{n(t+\Delta t)}{n}}{\Delta t\cdot\dfrac{n(t)}{n}}$$

$$=\frac{n(t)-n(t+\Delta t)}{\Delta t\cdot n(t)}.$$

换句话说：$\lambda(t)$近似地等于在$[t,t+\Delta t]$内发生故障的元件数，除以 Δt 及在 t 以前尚未出现故障的元件数.

给出不同的 $\lambda(t)$，就得到不同的 $P(t)$. 下面讨论几种常见的可靠函数.

（三）常见的可靠函数

因为 $$Q(t)+P(t)=1,$$

所以知道 $Q(t)$后就知道 $P(t)$. 以下谈到分布是指寿命分布$Q(t)$.

(i) 指数分布. 这时

$$P(t)=\mathrm{e}^{-\lambda t},\ (t\geqslant 0);$$

$$\lambda(t)\equiv\lambda,\ (\lambda>0\ \text{是常数}).$$

如果某元件在任何时刻 t 的故障率都相同，即 $\lambda(t)$恒等于某常数 λ，由(6)，$Q(t)$必有指数分布，这使人怀疑，实际中是否有这样的元件存在，它具有不衰老的特性（这里图 8-1 中只有相应于 B 的那一段）. 但实际中确实是有的，至少近似地是如此. 例如：宇宙飞船的故障往往由于陨石撞击. 若设陨石在时间和空间中均匀分布，则在一段时间内飞船受击的概率不依赖于它过去是否受击，即 $\lambda(t)\equiv$常数，因而可以认为可靠函数是指数型的. 一般地，如果某元件的故障是由一些随机碰撞所引起，而这些碰撞形成泊松流，那么它有指数型可靠函数. 此外，指数分布还可作为一些复杂系统的极限分布而出现.

(ii) 韦布尔分布.

$$P(t)=\mathrm{e}^{-\lambda t^{\alpha}},\quad t\geqslant 0;$$

$$\lambda(t)=\alpha\lambda t^{\alpha-1},\quad \alpha>0,\lambda>0.$$

指数分别是它的特殊情形（$\alpha=1$）. 韦布尔分布含两个参数$\lambda>0$，$\alpha>0$，所以它比指数分布能描述更多的现象. 当 $\lambda=1$ 时，$\lambda(t)$及 $q(t)$之图见图 8-2、图 8-3. 当 $\alpha<1$ 时，故障率下

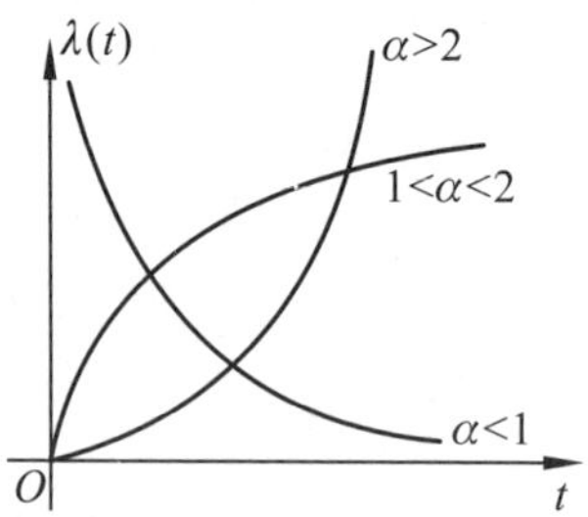

图 8-2

降;$\alpha>1$ 时上升. 前者描写开始故障,后者刻画衰老故障. 人们曾用此分布来研究电子管及滚珠轴承等的故障.

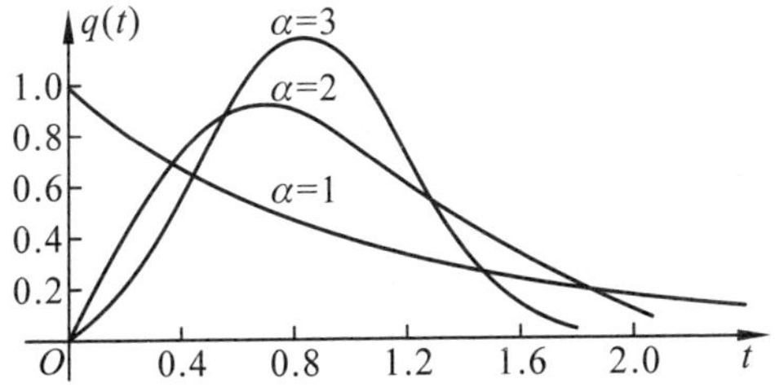

图 8-3

试求寿命的各阶矩

$$E(\tau^n)=\int_0^{+\infty}\alpha\lambda t^{n-1+\alpha}\mathrm{e}^{-\lambda t^\alpha}\,\mathrm{d}t.$$

作变换 $u=t^\alpha$,得

$$E(\tau^n)=\int_0^{+\infty}\lambda u^{\frac{n}{\alpha}}\mathrm{e}^{-\lambda u}\,\mathrm{d}u=\Gamma\left(\frac{n}{\alpha}+1\right)\lambda^{-\frac{n}{\alpha}},\tag{7}$$

$\Gamma(x)$ 表示伽马函数. 特别地,$E(\tau)=\Gamma\left(\frac{1}{\alpha}+1\right)\lambda^{-\frac{1}{\alpha}}$,而方差为

$$D(\tau)=\lambda^{-\frac{2}{\alpha}}\left[\Gamma\left(\frac{2}{\alpha}+1\right)-\left\{\Gamma\left(\frac{1}{\alpha}+1\right)\right\}^2\right].\tag{8}$$

(iii) 伽马分布.

$$P(t)=\int_t^{+\infty}\frac{\lambda^\alpha x^{\alpha-1}}{\Gamma(\alpha)}\mathrm{e}^{-\lambda x}\,\mathrm{d}x,\quad t\geqslant 0;$$

$$q(t)=-P'(t)=\frac{\lambda^\alpha t^{\alpha-1}}{\Gamma(\alpha)}\mathrm{e}^{-\lambda t},\quad \lambda>0,\alpha>0.$$

设 $X_1,X_2,\cdots,X_n$ 为独立同分布随机变量,有参数为 λ 的指数分布,则 $\sum\limits_{i=1}^n X_i$ 有伽马分布,参数为 λ 及 $\alpha=n$. 实际上,此结论对 $n=1$ 显然正确;今设它对 $n=m$ 正确,即设 $\sum\limits_{i=1}^m X_i$ 的密度为

$$q_m(t)=\frac{\lambda^m t^{m-1}}{(m-1)!}\mathrm{e}^{-\lambda t},$$

则 $\sum_{i=1}^{m+1} X_i$ 的密度为

$$q_{m+1}(t) = \int_0^t q_m(t-x)q_1(x)\mathrm{d}x$$

$$= \frac{\lambda^{m+1}}{(m-1)!}\mathrm{e}^{-\lambda t}\int_0^t x^{m-1}\mathrm{d}x = \frac{\lambda^{m+1}t^m}{m!}\mathrm{e}^{-\lambda t}.$$

这便证明了上述结论(此结论也可用特殊函数直接证明).

今设某元件恰好在经受 n 次撞击时出现故障，而这些撞击相继出现于时刻 y_i，前后两次之间的时差记为 $X_i = y_i - y_{i-1}$ ($y_0 = 0$). 设诸 X_i 相互独立，且有相同的指数分布，则由上面所述的结论，可见此元件的寿命有伽马分布. ①

故障率 $\lambda(t) = \dfrac{P'(t)}{P(t)}$，当$\alpha>1$ 时，是单调上升的，有上界为 λ；当 $\alpha<1$ 时单调下降. $q(t)$的图形是单峰偏态(非对称的)，见图 8-4、图 8-5(其中 $\lambda=1$).

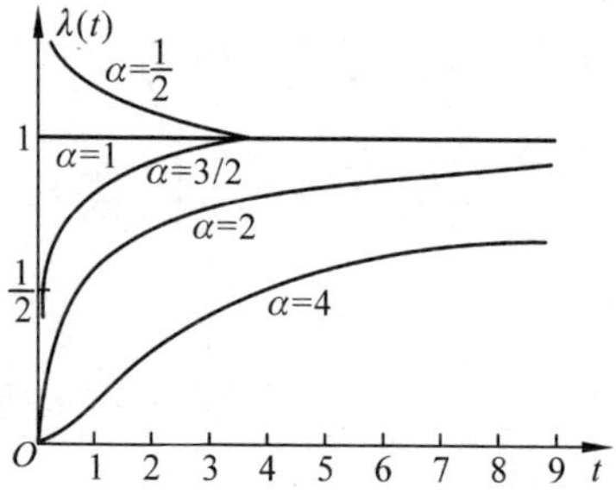

图 8-4

① 也可换一说法：伽马分布出现于如下的模型中. 设诸事故构成参数为 λ 的泊松流. 当接连出现 $\alpha-1$ 个以上的事故时，机器便发生故障，则故障发生的时刻 T 有伽马分布. 实际上

$$1 - P(T > t) = 1 - \sum_{k=0}^{\alpha-1}\frac{(\lambda t)^k \mathrm{e}^{-\lambda t}}{k!} = \int_0^t \frac{\lambda^\alpha x^{\alpha-1}}{(\alpha-1)!}\mathrm{e}^{-\lambda x}\mathrm{d}x,$$

参看 § 2.4 的注(见本书第 96 页). 后一等式建立了伽马分布与泊松分布间的一个关系式.

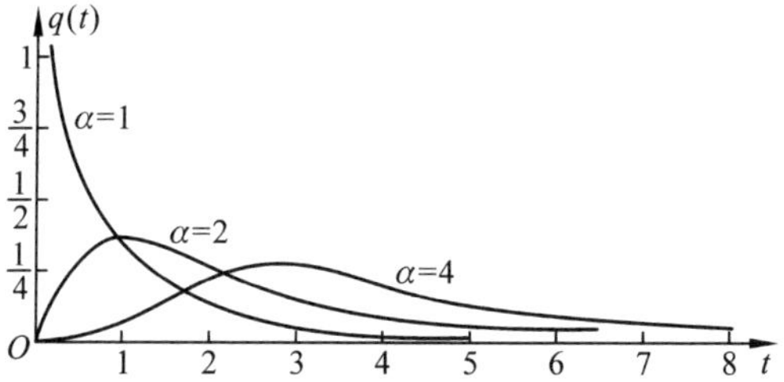

图 8-5

(iv) 对数正态分布. 密度函数为

$$q(t)=\frac{1}{t\sigma\sqrt{2\pi}}\mathrm{e}^{-\frac{\lg t-a^2}{2\sigma^2}},\ t>0;\sigma>0 \text{ 与 } a \text{ 为两参数.}$$

其图形见图 8-6. 它对应的 $\lambda(t)$ 是下降函数. 一、二阶矩及方差分别为

$$E(\tau)=\mathrm{e}^{a+\frac{\sigma^2}{2}},$$

$$E(\tau^2)=\mathrm{e}^{2(a+\sigma^2)},$$

$$D(\tau)=\mathrm{e}^{2a+\sigma^2}(\mathrm{e}^{\sigma^2}-1).$$

这分布容易由正态分布变换得来: 设 X 有 $N(a,\sigma)$ 分布, 令 $X=\lg Y$, 则 Y 有对数正态分布.

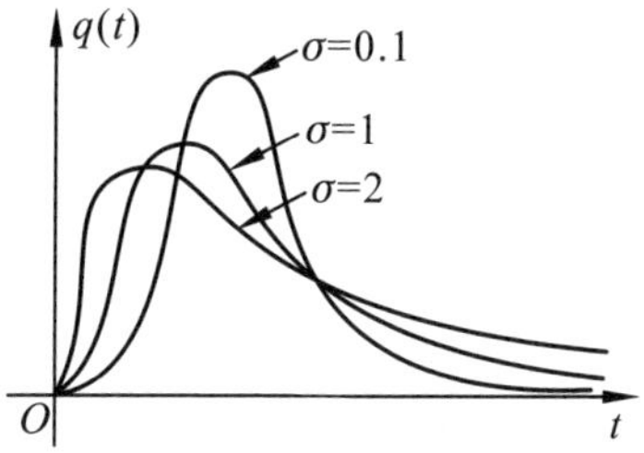

图 8-6

设 $X_1,X_2,\cdots,X_n$ 为独立随机变量, 取正值. 令 $Y_i=\lg X_i$, 又 $Y=\sum\limits_{i=1}^{n}Y_i=\lg(X_1,X_2,\cdots,X_n)$, 当 $\{Y_i\}$ 满足林德伯格条件时,

由§3.4知$\frac{Y-EY}{\sqrt{DY}}$有渐近$N(0,1)$正态分布，因此，随机变量$X=X_1X_2\cdots X_n$有渐近对数正态分布. 换句话说，对数正态分布可用来描写大量非负独立变数的乘积.

(v) 重指数分布. 设有厚度为D的金属板，它上面有许多微细小孔，第i个小孔的开始深度为d_i. 由于腐蚀作用这些小孔逐渐加深，一旦有小孔穿透金属板，就发生故障. 试求首次故障时刻的分布$Q(t)$.

我们假定$d_i(i=1,2,\cdots,n)$相互独立，并设有相同的指数分布. 因为$d_i\leqslant D$，所以应设有切断的指数分布，即$P(d_i\geqslant t)=\frac{e^{-\lambda t}-e^{-\lambda D}}{1-e^{-\lambda D}}$（这实际上是$P(y\geqslant t|0\leqslant y\leqslant D)$，这里$y$有参数为$\lambda$的指数分布）. 设第$i$个小孔的穿透时间为$\tau_i=k(D-d_i)$，这里$k$为某常数，依赖于金属的性质，则

$$F(t)\equiv P(\tau_i\leqslant t)=P\left(d_i\geqslant D-\frac{t}{k}\right)$$
$$=\frac{e^{\frac{\lambda t}{k}}-1}{e^{\lambda D}-1},\quad 0\leqslant t\leqslant kD. \tag{9}$$

今以τ表示首次故障时刻，我们有

$$\tau=\min(\tau_1,\tau_2,\cdots,\tau_n);$$
$$Q(t)\equiv P(\tau\leqslant t)=1-P(\tau>t)$$
$$=1-P(\tau_1>t,\tau_2>t,\cdots,\tau_n>t)$$
$$=1-\prod_{i=1}^{n}P(\tau_i>t)=1-[1-F(t)]^n. \tag{10}$$

如果n非常大，那么近似地有

$$Q(t)\approx 1-e^{-nF(t)}, \tag{11}$$

以(9)代入得

$$Q(t)\approx 1-\exp\left[-\frac{n}{e^{\lambda D}-1}(e^{\frac{\lambda t}{k}}-1)\right]=1-e^{-\alpha(e^{\beta t}-1)},\ t\geqslant 0, \tag{12}$$

其中常数 $$\alpha=\frac{n}{e^{\lambda D}-1},\quad \beta=\frac{\lambda}{k}.$$

其密度为 $$q(t)=\alpha\beta e^{\beta t}e^{-\alpha(e^{\beta t}-1)},\ t\geqslant 0, \tag{13}$$

其中，$\alpha>0$，$\beta>0$ 为两参数；当 $\beta=1$ 时，见图 8-7. 它的故障率$\lambda(t)$为

$$\lambda(t)=\alpha\beta e^{\beta t}. \tag{14}$$

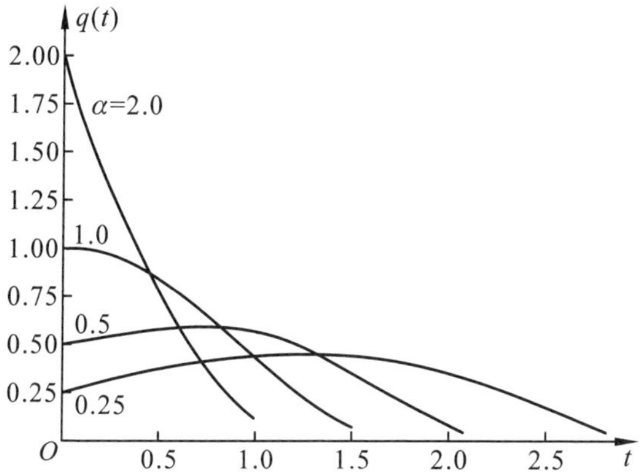

图 8-7

显然，$\lambda(t)$是上升函数.

除以上所举的 5 种分布外，正态分布也常用作寿命分布.

我们不去列举更多的可靠函数，而只补充说明一点. 研究得最多的一类故障率是上升的 $\lambda(t)$. 通常认为这一类故障率能概括大量的现象. 另一类是下降的$\lambda(t)$. 看来，有些问题中的 $\lambda(t)$可能既非上升也非下降，而是更复杂的时而上升时而下降的函数. 例如，有些系统中随时在积累能量，当能量超过一定限度时发生爆炸(故障)，但当积累的能量未达此限度时，又可能发生能量转移或以小爆炸的形式释放能量. 显然，未转移以前的故障率应比转移后不久要大些，故 $\lambda(t)$于此时下降，此后又因积累能量，$\lambda(t)$又上升，大地震的爆发可能就属于这种概型.

§8.2 更新问题

(一) 更新方程

上节讨论了首次故障以前的概率性质，现在来研究在此以后的问题.元件出了故障，就需要更新(修理，或者换上新的同样的元件)，我们先假定更新所需的时间为 0.第 2 个元件到时候也需要更新，如此继续下去.于是得到一列时刻$\{t_n\}$：

$$0 \equiv t_0 < t_1 < t_2 < \cdots < t_n < \cdots,$$

t_n 表示第 n 次更新时刻，而 $\tau_n = t_n - t_{n-1}$ 是第 n 个元件的寿命.我们假定$\{\tau_n\}$是一列独立随机变量，有相同的连续分布函数

$$Q(t) = P(\tau_n \leqslant t).$$

称随机数列$\{t_n\}$为更新过程；当 $Q(t)$ 为指数分布时，它化为泊松流.

对每个固定的 $t > 0$，定义随机变量 $v(t)$：

$$t_{v(t)} < t \leqslant t_{v(t)+1}\,; \tag{1}$$

换句话说：$v(t)$ 是在 t 以前的更新次数，显然 $v(t)$ 只能取非负整数为值.

试求 $v(t)$ 的分布.为此，先求 t_n 的分布 $F_n(t)$.由于

$$t_n = \tau_1 + \tau_2 + \cdots + \tau_n$$

是 n 个相互独立同分布的随机变量的和，由 §2.8(5) 得

$$F_n(t) = \int_0^t F_{n-1}(t-s)\,\mathrm{d}Q(s),\ F_1(t) = Q(t), \tag{2}$$

于是得

$$\begin{aligned} P(v(t) = n) &= P(v(t) \geqslant n) - P(v(t) \geqslant n+1) \\ &= P(t_n < t) - P(t_{n+1} < t) = F_n(t) - F_{n+1}(t)\,; \end{aligned} \tag{3}$$

$$P(v(t) = 0) = 1 - Q(t).$$

在更新问题的研究中,起重要作用的是更新函数 $M(t)$,它是 $v(t)$ 的数学期望

$$M(t)=Ev(t). \tag{4}$$

由(3),容易求得①

$$M(t)=\sum_{n=0}^{+\infty}nP(v(t)=n)=\sum_{n=1}^{+\infty}F_n(t). \tag{5}$$

(5) 中右方的级数实际上不容易计算,但我们可以通过解方程来求 $M(t)$:由(5)(4) 得

$$\begin{aligned}M(t)&=Q(t)+\sum_{n=2}^{+\infty}\int_0^t F_{n-1}(t-s)\mathrm{d}Q(s)\\&=Q(t)+\int_0^t\sum_{n=1}^{+\infty}F_n(t-s)\mathrm{d}Q(s)=Q(t)+\int_0^t M(t-s)\mathrm{d}Q(s).\end{aligned}$$

因此,$M(t)$ 是方程

$$M(t)=Q(t)+\int_0^t M(t-s)\mathrm{d}Q(s) \tag{6}$$

的解.一般地,称下列积分方程为更新方程:

$$M(t)=G(t)+\int_0^t M(t-s)\mathrm{d}Q(s), \tag{7}$$

其中 $G(t),Q(t)$ $(t\geqslant 0)$ 是已知函数,而 $M(t)$ 是未知的.(6) 是 (7) 在 $G(t)=Q(t)$ 时的特殊情形.

如果存在导数

$$q(t)=Q'(t),\ m(t)=M'(t),\ g(t)=G'(t),$$

微分(7) 得

$$m(t)=g(t)+\int_0^t m(t-s)q(s)\mathrm{d}s. \tag{8}$$

称 $m(t)$ 为更新密度,由(5),在可逐项微分的条件下,有

---

① 若 $Q(t)<1$,则 $M(t)<+\infty$,此因 $F_{n-1}(t)$ 单调上升.由(2),知 $F_n(t)\leqslant[Q(t)]^n$,故 $M(t)=\sum_{n=1}^{+\infty}F_n(t)\leqslant\sum_{n=1}^{+\infty}[Q(t)]^n<+\infty$.

$$m(t) = \sum_{n=1}^{+\infty} f_n(t),\ f_n(t) = F'_n(t). \tag{9}$$

对(6)式两边取拉普拉斯变换,由于卷积的拉普拉斯变换等于两函数的拉普拉斯变换的积,故

$$\overline{M}(s) = \overline{Q}(s) + \overline{M}(s)\overline{Q}(s),$$

或

$$\overline{M}(s) = \frac{\overline{Q}(s)}{1 - \overline{Q}(s)}, \tag{10}$$

这里 $\overline{M}(s) = \int_0^{+\infty} e^{-st} dM(t)$,又

$$\overline{Q}(s) = \int_0^{+\infty} e^{-st} dQ(t) = E(e^{-s\tau}),$$

τ 为首次故障时刻. 由(10),知 $\overline{M}(s)$ 与 $\overline{Q}(s)$ 相互决定,故 $M(t)$ 与 $\overline{Q}(t)$ 也相互决定. 既然 $Q(t)$ 决定了更新过程的一切概率性质,所以 $M(t)$ 也能起此作用. 这就是为什么 $M(t)$ 特别重要的原因.

例 1 设 $Q(t)$ 为伽马分布,密度为

$$q(t) = \frac{\lambda^m t^{m-1}}{(m-1)!} e^{-\lambda t},\ t \geqslant 0,$$

根据 §8.1(三) 中关于伽马分布的一个结论,可见 $F_n(t)$ 可看成为 nm 个指数分布的卷积,故它也是伽马分布,密度为

$$f_n(t) = \frac{\lambda^{nm} t^{nm-1}}{(n m - 1)!} e^{-\lambda t}. \tag{11}$$

由此得

$$F_n(t) = \int_0^t f_n(s) ds = 1 - e^{-\lambda t} \sum_{r=0}^{nm-1} \frac{(\lambda t)^r}{r!},\ n \geqslant 1. \tag{12}$$

从而

$$\begin{aligned} P(v(t) = n) &= F_n(t) - F_{n+1}(t) \\ &= e^{-\lambda t} \Big(\sum_{r=0}^{nm+m-1} - \sum_{r=0}^{nm-1} \Big) \frac{(\lambda t)^r}{r!} = e^{-\lambda t} \sum_{r=nm}^{nm+m-1} \frac{(\lambda t)^r}{r!}. \end{aligned}$$

由(9)(1)

$$m(t)=\sum_{n=1}^{+\infty}\frac{\lambda^{nm}t^{nm-1}}{(n\,m-1)!}\mathrm{e}^{-\lambda t}.$$

特别地①，若 $m=1$，即当 $Q(t)$ 为指数分布时，

$$m(t)=\lambda,\quad M(t)=\lambda t.$$

若 $m=2$，则

$$m(t)=\frac{\lambda}{2}-\frac{\lambda}{2}\mathrm{e}^{-2\lambda t},\quad M(t)=\frac{\lambda t}{2}-\frac{1}{4}+\frac{1}{4}\mathrm{e}^{-2\lambda t}.$$

回到一般的情形，试讨论下列问题：应该储存多少元件，使以 99% 以上的概率，在 t_0 以前足够用？这就是说，要求最小的正整数 n，使

$$P(v(t)<n)\geqslant 99\%,\ \text{或}\ P(v(t)\geqslant n)<1\%.$$

由(12) 得

$$P(v(t)\geqslant n)=F_n(t)=1-\mathrm{e}^{-\lambda t}\sum_{r=0}^{nm-1}\frac{(\lambda t)^r}{r!}<1\%.$$

解此不等式，即可求出最小的 n；这里的求和有表可查.

(二) 若干极限定理

定理 设 $E(\tau_n)=\mu,\ D(\tau_n)=\sigma^2<+\infty$，则当 $t\to+\infty$ 时，$v(t)$ 有渐近 $\left(\frac{t}{\mu},\sqrt{\frac{t\sigma^2}{\mu^3}}\right)$ 正态分布，即

$$\lim_{t\to+\infty}P\left(\frac{v(t)-\frac{t}{\mu}}{\sqrt{\frac{t\sigma^2}{\mu^3}}}<x\right)=\frac{1}{\sqrt{2\pi}}\int_{-\infty}^{x}\mathrm{e}^{-\frac{y^2}{2}}\,\mathrm{d}y. \tag{13}$$

证 令 t,n 保持下列关系

$$\frac{t-n\mu}{\sigma\sqrt{n}}=-x\ (x\ \text{固定}), \tag{14}$$

---

① 对一般的 m，有 $M(t)=\frac{\lambda t}{m}+\frac{1}{m}\sum_{j=1}^{m-1}\frac{\theta^j}{1-\theta^j}[1-\mathrm{e}^{-\lambda t(1-\theta^j)}]$，其中 $\theta=\exp\{-\lambda t(1-\theta^j)\}$. 参看[39]，第 175 ~ 177 页.

而趋于 $+\infty$，即 $t\to+\infty$，$n\to+\infty$. 记 $t_n=\sum_{i=1}^{n}\tau_i$，有

$$\begin{aligned}P(v(t)<n)&=P(t_n>t)=P(t_n>n\mu-x\sigma\sqrt{n})\\&=P\left(\frac{t_n-n\mu}{\sigma\sqrt{n}}>-x\right)\to\frac{1}{\sqrt{2\pi}}\int_{-x}^{+\infty}\mathrm{e}^{-\frac{y^2}{2}}\mathrm{d}y\\&=\frac{1}{\sqrt{2\pi}}\int_{-\infty}^{x}\mathrm{e}^{-\frac{y^2}{2}}\mathrm{d}y.\end{aligned}\tag{15}$$

另一方面，

$$\begin{aligned}P(v(t)<n)&=P\left(\frac{v(t)-\frac{t}{\mu}}{\sqrt{\frac{t\sigma^2}{\mu^3}}}<\frac{n-\frac{t}{\mu}}{\sqrt{\frac{t\sigma^2}{\mu^3}}}\right)\\&=P\left(\frac{v(t)-\frac{t}{\mu}}{\sqrt{\frac{t\sigma^2}{\mu^3}}}<x\left[1+\frac{x\,\sigma\sqrt{n}}{t}\right]^{\frac{1}{2}}\right),\end{aligned}\tag{16}$$

这里用到(14). 再由(14)

$$\mu\,n-x\,\sigma\sqrt{n}-t=0,$$

把此式看成 $\sqrt{n}$ 的二次方程，解得

$$\sqrt{n}=\frac{x\,\sigma+\sqrt{(x\,\sigma)^2+4t\,\mu}}{2\mu},$$

故 $\lim\limits_{t\to+\infty}\dfrac{\sqrt{n}}{t}=0$. 由此及(15)(16) 即得(13). ■

例 2 设某类元件的平均寿命为 $\mu=150$ h，方差 $\sigma^2=2\ 500$ h^2. 今欲工作 3 600 h，问需储备多少元件，才能以 95% 的概率保证够用. 这问题与例 1 同，不过这里的近似解法中无需知道寿命的分布律，只需知道它的平均值与方差. 先解

$$\frac{1}{\sqrt{2\pi}}\int_{-\infty}^{x}\mathrm{e}^{-\frac{y^2}{2}}\mathrm{d}y=95\%,$$

查表得 $x \approx 1.65$. 由(13) 知

$$p\left(v(t) < 1.65\sqrt{\frac{t\,\sigma^2}{\mu^3}} + \frac{t}{\mu}\right) \approx 95\%.$$

以题中所给的数据代入，得

$$n \approx 1.65\sqrt{\frac{3\ 600 \times 2\ 500}{150^3}} + \frac{3\ 600}{150} \approx 27. \blacksquare$$

下列结果的直观意义非常明显，而证明却相当繁难，故只叙述而不证明.

(i)
$$\lim_{t \to +\infty} \frac{M(t)}{t} = \frac{1}{\mu}$$

(若 $\mu = +\infty$，则右方理解为 0).

这表明：在$[0, t)$ 中的平均更新次数乘平均寿命之积渐近地等于 t.

(ii) 设 $Q(t)$ 连续，则

$$\lim_{t \to +\infty} [M(t+h) - M(t)] = \frac{h}{\mu}, \tag{17}$$

其中 $h > 0$ 任意. 如果 $Q(t)$ 是格子点型的离散分布，即若它的密度为$\begin{pmatrix} nd \\ qn \end{pmatrix}$($n \in \mathbf{N}^*$)，$d > 0$ 为步长，那么(17) 当 $h = nd$，($n \in \mathbf{N}^*$) 时仍正确. 无论在何种情形，对 $\mu = +\infty$ 结论仍正确，但应理解(17) 右方为 0.

(17) 的直观意义为：在$[t, t+h)$ 中的平均更新次数与平均寿命之积渐近地等于 h.

(iii) 设 $Q(t)$ 连续，又 $g(t)$ 是$[0, +\infty)$ 中有界变差函数，则

$$\lim_{t \to +\infty} \int_0^t g(t-s)\,\mathrm{d}M(s) = \frac{1}{\mu}\int_0^{+\infty} g(s)\,\mathrm{d}s, \tag{18}$$

只要右方积分存在(若 $\mu = +\infty$，则理解右方为 0).

(iv) 如果 τ_i 的方差 σ^2 有限，那么

$$\lim_{t\to+\infty}\left[M(t)-\frac{t}{\mu}\right]=\frac{\sigma^2}{2\mu^2}-\frac{1}{2}.$$

换言之，当 t 充分大时

$$M(t)\approx\frac{t}{\mu}+\frac{\sigma^2}{2\mu^2}-\frac{1}{2}.$$

(v) 若 $Q(t)$ 有连续密度 $q(t)$，而且 $\lim\limits_{t\to+\infty}q(t)=0$，则

$$\lim_{t\to+\infty}m(t)=\frac{1}{\mu},\ m(t)=M'(t).$$

(三) 剩余寿命的分布

对任意固定的 $t>0$，以 ξ_t 表示自 t 算起直到下次故障的时长，即

$$\xi_t=t_{v(t)+1}-t,$$

称 ξ_t 为在时刻 t 的剩余寿命，试求

$$P_t(\tau)\equiv P\quad(\xi_t>\tau),$$

它是在 $[t,t+\tau]$ 中正常工作的概率. 为此，考虑事件

$A_0=\{t+\tau<s_1\}$, $A_n=\{t_n<t<t+\tau<t_n+\tau_{n+1}\}$, $n\geqslant1$.

如图 8-8.

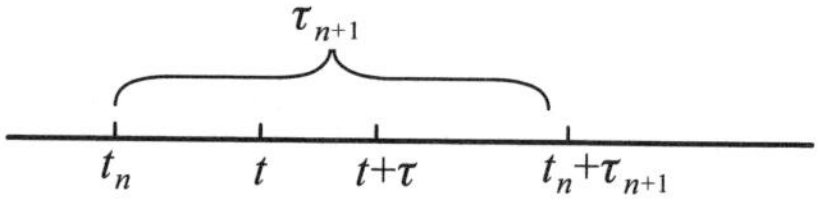

图 8-8

这些事件互不相容，而且

$$(\xi_t>\tau)=\bigcup_{n=0}^{+\infty}A_n,$$

故 $P_t(\tau)=\sum\limits_{n=0}^{+\infty}P(A_n)$.

但 $P(A_0)=1-Q(t+\tau)$；又因 $\{\tau_n\}$ 有相同分布 $Q(t)$，故

$$\begin{aligned}P(A_n)&=\int_0^t P(x\leqslant t_n\leqslant x+\mathrm{d}x)P(\tau_{n+1}>t+\tau-x)\\&=\int_0^t[1-Q(t+\tau-x)]f_n(x)\mathrm{d}x,\end{aligned}$$

因此,由(9) 得

$$P_t(\tau) = 1 - Q(t+\tau) + \int_0^t [1 - Q(t+\tau-x)] m(x) \mathrm{d}x. \tag{19}$$

现在考虑当 t 充分大以后的稳定情形. 在(19) 中令 $t \to +\infty$,得

$$P(\tau) \equiv \lim_{t \to +\infty} P_t(\tau) = \lim_{t \to +\infty} \int_0^t [1 - Q(t+\tau-x)] m(x) \mathrm{d}x,$$

利用(18),取那里的 $g(t) = 1 - Q(t+\tau)$,即得

$$P(\tau) = \frac{1}{\mu} \int_0^{+\infty} [1 - Q(t+\tau)] \mathrm{d}t = \frac{1}{\mu} \int_\tau^{+\infty} [1 - Q(t)] \mathrm{d}t. \tag{20}$$

回忆 $\mu = E(\tau_n)$,由 §2.9(七),$\mu = \int_0^{+\infty} [1 - Q(x)] \mathrm{d}x$,故

$$P(\tau) = \frac{\int_\tau^{+\infty} [1 - Q(t)] \mathrm{d}t}{\int_0^{+\infty} [1 - Q(t)] \mathrm{d}t}.$$

这式的几何意义非常明显.

(四) 更新时间大于 0 的情形

在以上的讨论中,都假定故障是立即排除的,现在考虑一般情形,即更换一个元件需要停工一段时间,等更新完毕后才能继续工作,这就是说:工作到时间 τ'_1,发生故障,由于更新,需要一段时间 τ''_1;然后再工作一段时间 τ'_2,又需要新一段时间 τ''_2;…. 我们假定:

(i) $\tau'_1, \tau''_1, \tau'_2, \tau''_2, \cdots$ 是相互独立的随机变量(如图 8-9);

(ii) $\{\tau'_n\}$ 有相同的分布 $Q_1(t)$; $\{\tau''_n\}$ 也有相同的分布函数 $Q_2(t)$.

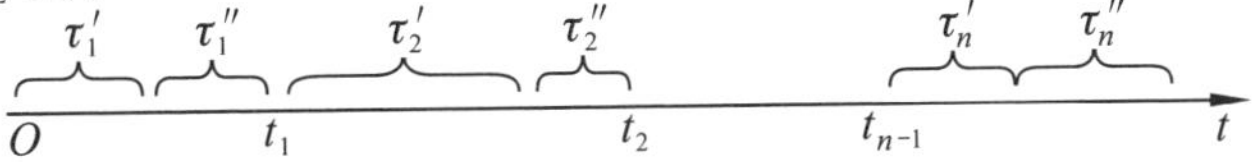

图 8-9

令 $\tau_n=\tau'_n+\tau''_n$，则$\{\tau_n\}$独立，有相同分布为

$$Q(t)\equiv P(\tau_n\leqslant t)=\int_0^t Q_1(t-s)\mathrm{d}Q_2(s).$$

于是可把$\{t_n\}$视为更新时长为0的更新过程，这里 $t_n=\sum_{i=1}^{n}\tau_i$，因之本节(一)(二)(三)中的一些结果可用于$\{t_n\}$，不过要注意这时 $Q(t)$ 是 $Q_1(t)$ 与 $Q_2(t)$ 的卷积. 例如，以 $F_n(t)$ 表示 $Q(t)$ 的 n 重卷积，则更新函数为

$$M(t)=\sum_{n=1}^{+\infty}F_n(t),$$

更新密度为

$$m(t)=\sum_{n=1}^{+\infty}f_n(t),\ f_n(t)=F'_n(t).$$

由(二)(5)，

$$\lim_{t\to+\infty}m(t)=\frac{1}{\mu_1+\mu_2},$$

这里 $\mu_1=E(\tau'_n)$，$\mu_2=E(\tau''_n)$. 若以 $v(t)$ 表示在 t 以前的更新次数，则由定理1，$v(t)$ 有渐近 $N(a,\sigma)$ 正态分布，其中

$$a=\frac{t}{\mu_1+\mu_2},\quad \sigma^2=\frac{(\sigma_1^2+\sigma_2^2)t}{(\mu_1+\mu_2)^3},$$

σ_1^2，σ_2^2 分别表 τ'_n，τ''_n 的方差.

以 $P_t(\tau)$ 表示在区间$[t,t+\tau]$中正常工作(无故障)的概率. 完全像推导(19)(20)一样，得

$$P_t(\tau)=1-Q_1(t+\tau)+\int_0^t[1-Q_1(t+\tau-x)]m(x)\mathrm{d}x;\tag{21}$$

$$P(\tau)\equiv\lim_{t\to+\infty}P_t(\tau)=\frac{1}{\mu_1+\mu_2}\int_{\tau}^{+\infty}[1-Q_1(t)]\mathrm{d}t.\tag{22}$$

令 $A=\lim\limits_{\tau\to+\infty}P(\tau)$，则由(22)

$$A=\frac{1}{\mu_1+\mu_2}\int_0^{+\infty}[1-Q_1(t)]\mathrm{d}t=\frac{\mu_1}{\mu_1+\mu_2}. \tag{23}$$

称 A 为工作系数，它表示当 t 充分大时，在时刻 t 元件正常工作的概率近似于 A.（23）的直观意义是明显的：右方是元件的平均寿命（亦即平均工作时间）与总平均时间（平均工作时间加平均更新时间）的比. 利用 A，还可把（22）改写成

$$P(\tau)=A\cdot\frac{1}{\mu_1}\int_\tau^{+\infty}[1-Q_1(t)]\mathrm{d}t. \tag{24}$$

将此式与（20）对照，可见在长为 τ 的区间中正常工作的概率，等于在此区间开始时正常工作的概率，乘在更新时间为 0 的系统中，在长为 τ 的区间中正常工作的概率.

§8.3　系统的可靠性

（一）串联系统

系统是由许多元件按一定的方式组合起来的，因此，系统的可靠性，既依赖于每个元件的可靠性，也依赖于元件之间的连接关系. 我们的目的是通过元件的可靠性来求出系统的可靠性. 一种最简单的关系是串联，这时只要有一个元件发生故障，就使整个系统发生故障(见图 8-10). 多级火箭是一个很好的例子：第一级正常工作后，必须点燃第二级，使它也正常工作，然后自行脱落；以后各级顺次如此. 如果有一级出故障，就使整个火箭的运行发生问题. 这个例子中的工作程序是按时间先后进行的，对一般的串联系统可不必如此.

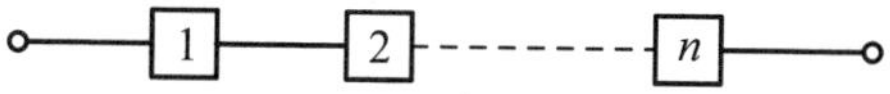

图 8-10

以 A_t(或 $A_{m,t}$) 表事件："在时刻 t，系统(或第 m 个元件) 正常工作"，在串联情况下，当且只当一切 $A_{m,t}$($m=1,2,\cdots,n$；n 为元件个数) 出现时 A_t 出现，故

$$A_t = A_{1,t}A_{2,t}\cdots A_{n,t}, \tag{1}$$

$$\begin{aligned}P(A_t) &= P(A_{1,t}A_{2,t}\cdots A_{n,t}) \\ &= P(A_{1,t})P(A_{2,t}\mid A_{1,t})P(A_{3,t}\mid A_{1,t}A_{2,t})\cdots \\ &\quad P(A_{n,t}\mid A_{1,t}\cdots A_{n-1,t}).\end{aligned} \tag{2}$$

现在设备元件的可靠性是相互独立的，这就是说，任何一些元件发生故障并不影响其他元件是否发生故障；用数学语言来表达，就是 $A_{1,t},A_{2,t},\cdots,A_{n,t}$ 是独立事件. 这时(2) 简化为

$$P(A_t) = P(A_{1,t})P(A_{2,t})\cdots P(A_{n,t}).$$

以 $P(t)$(或 $p_m(t)$)表示系统(或第 m 个元件)的可靠函数,可改写上式为

$$P(t)=p_1(t)p_2(t)\cdots p_n(t).\tag{3}$$

设 $p_m(0)=1$,第 m 个元件(或系统)的事故率记为 $\lambda_m(t)$(或 $\lambda(t)$),则由 § 8.1(6) 及上式得

$$\exp\{-\int_0^t \lambda(s)\mathrm{d}s\}=\exp\{-\int_0^t \lambda_1(s)\mathrm{d}s-\cdots-\int_0^t \lambda_n(s)\mathrm{d}s\},$$

从而

$$\lambda(t)=\lambda_1(t)+\lambda_2(t)+\cdots+\lambda_n(t).\tag{4}$$

特别地,当每个元件的寿命有指数分布时,$\lambda_m(t)\equiv\lambda_m$,故 $\lambda=\sum\limits_{m=1}^{n}\lambda_m$. 既然系统的寿命有指数分布 $1-\mathrm{e}^{-\lambda t}$,系统的平均寿命 μ 就是

$$\mu=\frac{1}{\lambda}=\frac{1}{\lambda_1+\lambda_2+\cdots+\lambda_n}=\frac{1}{\dfrac{1}{\mu_1}+\dfrac{1}{\mu_2}+\cdots+\dfrac{1}{\mu_n}},\tag{5}$$

这里 μ_m 为第 m 个元件的平均寿命.

(二) 并联系统

另一种元件关系是并联,这时当且仅当一切元件发生故障时系统发生故障(见图 8-11). 当元件的可靠性相互独立时,由并联的定义得

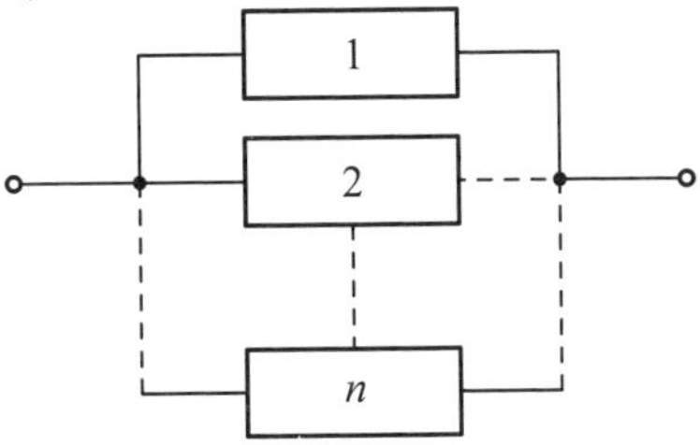

图 8-11

$$1-P(t)=\prod_{m=1}^{n}[1-p_m(t)],\tag{6}$$

亦即

$$P(t)=1-\prod_{m=1}^{n}[1-p_m(t)].\tag{7}$$

特别地,若 $p_m(t)=\mathrm{e}^{-\lambda t}\quad(m=1,2,\cdots,n)$,得

$$P(t)=1-(1-\mathrm{e}^{-\lambda t})^n, \tag{8}$$

这时系统的平均寿命为

$$\mu=\int_0^{+\infty}P(t)\mathrm{d}t=\int_0^{+\infty}[1-(1-\mathrm{e}^{-\lambda t})^n]\mathrm{d}t.$$

作变换 $1-\mathrm{e}^{-\lambda t}=x$，得

$$\mu=\frac{1}{\lambda}\int_0^1\frac{1-x^n}{1-x}\mathrm{d}x=\frac{1}{\lambda}\int_0^1(1+x+\cdots+x^{n-1})\mathrm{d}x$$

$$=\frac{1}{\lambda}\left(1+\frac{1}{2}+\cdots+\frac{1}{n}\right),$$

对充分大的 n 有

$$\mu\approx\frac{1}{\lambda}(\lg n+c),\ c=0.577\ 12\cdots,\ c\text{ 为欧拉常数}. \tag{9}$$

在一般的系统中，常是既有串联、又有并联. 例如，设某系统由 N 个子系统串联而成，而每个子系统又由 k_j 个相同的元件并联组成（见图 8-12）. 设第 j 类元件的可靠函数为 $p_j(t)$，令 $q_j(t)=1-p_j(t)$. 由(7)，第 j 个子系统的可靠函数为 $1-q_j^{k_j}(t)$，再由(3) 知整个系统的可靠函数为

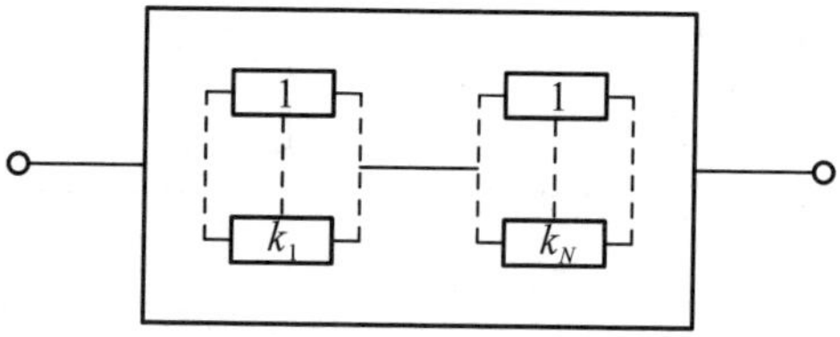

图 8-12

$$P(t)=\prod_{j=1}^{N}[1-q_j^{k_j}(t)].$$

例 1 设有 n 个相同的独立元件关联如图 8-11，问 n 至少有多大，才能使系统在时刻 t 的可靠性达到 95%？

解 设元件的可靠函数为 $p(t)$，由(7) 得

$$[1-p(t)^n]\leqslant\frac{5}{100},$$

故

$$n \geqslant \frac{\lg \frac{5}{100}}{\lg[1-p(t)]}. ■$$

例 2　储备元件的最佳分配. 设系统的组成如图 8-12 所示. 每个子系统中,只有一个元件起基本作用,其余起储备作用,但它们都处于相同状态. 一旦基本元件出故障,储备元件中的某个立即补上. 显然,储备元件越多,系统可靠性越高,但所需费用也越大,如何处理这对矛盾?

设第 j 类元件的单价为 c_j. 数学上这个问题有两种提法:

(i) 在总费用不超过某数 c 的条件下,决定每类元件的个数,使系统的可靠性极大. 这也就是说:试求正数 $k_1, k_2, \cdots, k_N$,使满足条件

$$\sum_{j=1}^{N} k_j c_j \leqslant c,$$

并使

$$P(t)=\prod_{j=1}^{N}\left[1-q_j^{k_j}(t)\right] \tag{10}$$

达到极大值. 这个问题可用动态规划来解,我们不去叙述它的解法①只给出一组近似解:

$$k_j \approx \left[\frac{c}{\lg q_j(t)}\right] \div \left[\sum_{j=1}^{N} \frac{c_j}{\lg q_j(t)}\right],\ j=1,2,\cdots,N.$$

(ii) 在希望系统的可靠系数不小于某定数 P 的条件下,求出各类元件的个数,使总费用极小. 这也就是说:试求正数 k_1, $k_2, \cdots, k_N$,使满足条件

$$\prod_{j=1}^{N}\left[1-q_j^{k_j}(t)\right] \geqslant P, \tag{11}$$

① 参看 Полляк Д Г. Одвух задачах теорин надеЖности радиоэлектронного оборудования. Радиотехника, 1960, 15(10).

并使

$$c=\sum_{j=1}^{N}k_jc_j$$

达到极小值. 可以证明：近似解为

$$k_j\approx\frac{1}{\lg q_j(t)}\lg\frac{\dfrac{c_j(1-P)}{\lg q_j(t)}}{\displaystyle\sum_{j=1}^{N}\frac{c_j}{\lg q_j(t)}}.\ \blacksquare$$

注：设系统（或第 j 个元件）的寿命为 τ（或为 τ_j），则对串联系统，$\tau=\min(\tau_1,\tau_2,\cdots,\tau_n)$；而对并联系统，$\tau=\max(\tau_1,\tau_2,\cdots,\tau_n)$. 因而串联与并联间有对偶关系. 例如，在(3) 中以 $Q(t)$ 替换 $P(t)$，就得到对并联成立的公式(6).

（三）纯灭模型

以上讨论中假定了元件间的可靠性是独立的，即某些元件出故障并不影响其他元件出故障的概率，但在实际问题中并不常如此. 一般地，某些元件发生故障后，由于工作元件减少，因而平均负担加大，剩下的元件出故障的概率就增加. 这意味着每个元件发生故障的概率与工作元件的个数有关. 下面来考虑一个系统，它由 n 个元件并联而成；我们假定：在任一时刻，若有 k 个元件工作，则每一元件在此时刻的故障率等于同一常数 λ_k，它不依赖于时间 t 而只依赖于工作元件的个数 k.

以 x_t 表示在时刻 t 正常工作的元件个数，它是随机变量，可能取的值是 $0,1,2,\cdots,n$. 这里的随机过程 $\{x_t,t\geqslant 0\}$ 属于所谓纯灭过程一类，它的转移情况是 $k\to k-1\to k-2\to\cdots\to 0$. 由于系统是并联的，当且仅当 $x_t=0$ 时，系统在 t 时发生故障，故

$$P(t)=1-P(x_t=0).\tag{12}$$

我们说系统在 t 时处于状态 k，如果 $x_t=k$. 令

$$p_k(t)=P(x_t=k),$$

为了求出可靠函数 $P(t)$，由(12)，只要求出 $p_0(t)$. 试推导出 $p_k(t)$ 所满足的微分方程.

设在 t 时系统处于状态 k，由假定，在很短时间 Δt 内，系统以概率 $k\lambda_k\Delta t+o(\Delta t)$ 转移到状态 $k-1$，或以概率 $1-k\lambda_k\Delta t+o(\Delta t)$ 停留在 k，而转移到其他状态的概率则是高阶无穷小 $o(\Delta t)$. 由全概率公式，得

$$p_k(t+\Delta t)=[(k+1)\lambda_{k+1}\Delta t+o(\Delta t)]p_{k+1}(t)+[1-k\lambda_k\Delta t+o(\Delta t)]p_k(t)+o(\Delta t). \tag{13}$$

以 Δt 除两边，令 $\Delta t\to 0$，得

$$p'_k(t)=(k+1)\lambda_{k+1}p_{k+1}(t)-k\lambda_k p_k(t),\ k=0,1,2,\cdots,n-1. \tag{14}$$

当 $k=n$ 时，(13) 中右边缺少第 1 项，故

$$p'_n(t)=-n\lambda_n p_n(t). \tag{15}$$

由(15) 及开始条件

$$p_n(0)=1,\ p_k(0)=0,\ k<n, \tag{16}$$

可解出 $p_n(t)$，代入(14) 最后一式可求出 $p_{n-1}(t)$，如此继续可求出一切 $p_k(t)$. 但不如用拉普拉斯变换求解来得简便，令

$$a_k(z)=\int_0^{+\infty}p_k(t)\mathrm{e}^{-zt}\mathrm{d}t,\ k=0,1,2,\cdots,n,$$

以 e^{-zt} 乘(14)(15) 两边，对 t 自 0 到 $+\infty$ 积分，由拉普拉斯变换的性质，得代数方程组 $za_n(z)-1=-n\lambda_n a_n(z)$，

$$za_k(z)=(k+1)\lambda_{k+1}a_{k+1}(z)-k\lambda_k a_k(z)\quad(k<n),$$

解得 $a_n(z)=\dfrac{1}{z+n\lambda_n}$，　$a_k(z)=\dfrac{(k+1)\lambda_{k+1}\cdots n\lambda_n}{(z+k\lambda_k)\cdots(z+n\lambda_n)}$.

特别地，　$a_0(z)=\dfrac{n!\lambda_1\lambda_2\cdots\lambda_n}{z(z+\lambda_1)(z+2\lambda_2)\cdots(z+n\lambda_n)}$.

取 $a_0(z)$ 的反拉普拉斯变换，查表即可得

$$p_0(t)=1-n!\lambda_1\lambda_2\cdots\lambda_n\sum_{k=1}^{n}\frac{\mathrm{e}^{-k\lambda_k t}}{k\lambda_k b'(-k\lambda_k)},$$

其中　$b(x)=(x+\lambda_1)(x+2\lambda_2)\cdots(x+n\lambda_n)$,

$$b'(-k\lambda_k)=\frac{\mathrm{d}b(x)}{\mathrm{d}x}\bigg|_{x=-k\lambda_k}.$$

这样就可求得系统的可靠函数 $P(t)=1-p_0(t)$.

系统的平均寿命 μ(即系统的首次故障时刻的数学期望）容易求出:定义

$$\mu(z)=\int_0^{+\infty}P(t)\mathrm{e}^{-zt}\mathrm{d}t=\int_0^{+\infty}[1-p_0(t)]\mathrm{e}^{-zt}\mathrm{d}t=\frac{1}{z}-a_0(z),$$

令 $z\to 0$,得

$$\mu(0)=\mu=\int_0^{+\infty}P(t)\mathrm{d}t=\frac{1}{n\lambda_n}+\frac{1}{(n-1)\lambda_{n-1}}+\cdots+\frac{1}{\lambda_1}.$$

(四) 更新系统

现在考虑首次故障以后的情形. 设系统由 n 个元件构成,我们假定,任何一些元件的故障与更新并不影响其他元件的可靠性. 对于第 1 个元件,有一列故障时刻;对第 2 个元件,…, 第 n 个元件也都如此, 这 n 列故障的总体构成系统的故障列(见图 8-13). 这里我们假定元件的更新是瞬时完成的,即更新时间为 0. 以 $v(t)$(或 $v_k(t)$) 表示系统(或第 k 个元件) 在时刻 t 以前的更新次数,$M(t)=Ev(t)$,$M_k(t)=E_{v_k}(t)$,则

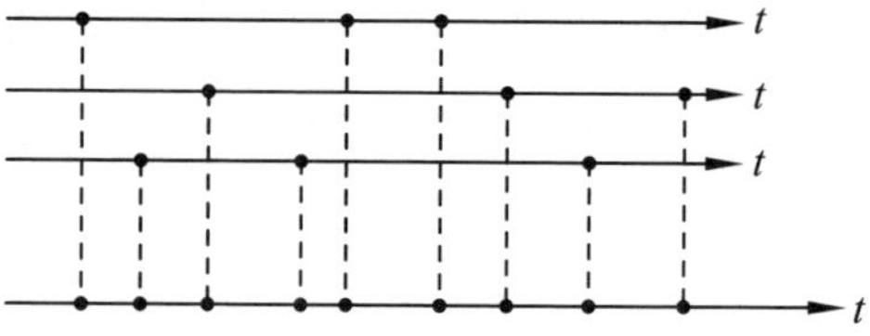

图 8-13

$$v(t)=\sum_{k=1}^{n}v_k(t),\quad M(t)=\sum_{k=1}^{n}M_k(t).$$

系统的更新密度 $m(t)=M'(t)$ 与元件的更新密度 $m_k(t)$ 间的关系为

$$m(t)=\sum_{k=1}^{n}m_k(t).$$

其次,由所假定的元件间的独立性,显然有

$$P(v(t)=r)=\sum_{r_1+r_2+\cdots+r_n=r}P(v_1(t)=r_1)\\P(v_2(t)=r_2)\cdots P(v_n(t)=r_n).$$

再次,试求在$[t,t+\tau]$中系统正常工作(即无故障)的概率$P_t(\tau)$.这事件当且仅当每一元件都在$[t,t+\tau]$中无故障时发生.由独立性假定得$P_t(\tau)=P_{1,t}(\tau)P_{2,t}(\tau)\cdots P_{n,t}(\tau)$,这里$P_{k,t}(\tau)$是对第$k$个元件同样事件的概率,它可由 §8.2(19) 求出.

现在来考虑更新时间大于 0 的情形.这时重要的可靠性指标为系统的工作系数A,它是当系统处于平稳时,也就是当t充分大时,在时刻t系统正常工作的概率的极限值.我们仍假定上述元件间的独立性.由于当且仅当每一元件都正常工作时系统正常,故有

$$A=A_1A_2\cdots A_n,$$

这里A_k是第k个元件的工作系数.以μ_{k_1}及μ_{k_2}分别表第k个元件的平均寿命及平均更新时间,则由 §8.2(23) 得

$$A=\prod_{k=1}^{n}\frac{\mu_{k_1}}{\mu_{k_1}+\mu_{k_2}}.$$

例 3　问题完全与例 2 相同,只是由于考虑更新系统,可靠性指标稍有改变:把(10)及(11)中的$q_j(t)$换为$\dfrac{\mu_{j_2}}{\mu_{j_1}+\mu_{j_2}}$,于是近似解中的$q_j(t)$也只需这样改变即可.■

关于可靠性理论,我们只叙述至此为止.由于实际的需要,这方面的研究很多,发展很快,文献也很丰富,但都偏重于实用.从数学观点看来,比较严格的叙述见[44][45].

部分习题解答

第 1 章　事件与概率

7. $\frac{2}{4!}=\frac{1}{12}$.

8. $C_{T-1}^{k-1}\frac{s^k r^{T-k}}{(s+r)^T}$.

9. $\frac{n!}{n^n}$.

10. $\frac{(N-1)^n}{N^n}$, $n\geqslant N$.

11. $\frac{1}{2}$.

12. $\frac{41}{90}$. 注意“四位偶数”必须是四位有效数字,即不能以 0 开头.

13. (i) $\frac{n!C_N^n}{N^n}$.

(ii) 每次都可以从 N 个数中取出一个,故取 n 次所有可能的取法有 N^n 种,取出来的有三类: $<M$, $=M$, $>M$.

如果我们固定 k_1 次是取到 $<M$ 的数,固定 k_2 次是取到 $>M$ 的数,当然其余的一定是取到 M 的.

当次数固定后,$<M$的有$(M-1)^{k_1}$ 种可能的取法(因为每一次都可以从 $M-1$ 个数中取一个),$>M$的有$(N-M)^{k_2}$ 种可能的取法,而 $=M$的只

有一种取法即全是 M,所以可能的取法有$(M-1)^{k_1}(N-M)^{k_2}$,

但是次数可以有不同的固定方式,共有 $C_n^{k_1}\times C_{n-k_1}^{k_2}$ 种,

因此,k_1 次取到 $<M$ 的数,k_2 次取到 $>M$ 的数的可能的取法有

$$C_n^{k_1}C_{n-k_1}^{k_2}(M-1)^{k_1}(N-M)^{k_2}\text{ 种}.$$

设 A 表事件"从小到大第 m 个数等于 M".

事件 A 出现,也就是 k_1 次取到 $<M$ 的数,k_2 次取到 $>M$ 的数,$0\leqslant k_1\leqslant m-1$,$0\leqslant k_2\leqslant n-m$. 因此 A 包含的所有可能的取法有

$\sum\limits_{k_1=0}^{m-1}\sum\limits_{k_2=0}^{n-m}C_n^{k_1}C_{n-k_1}^{k_2}(M-1)^{k_1}(N-M)^{k_2}$ 种.

所以
$$P(A)=\sum_{k_1=0}^{m-1}\sum_{k_2=0}^{n-m}C_n^{k_1}C_{n-k_1}^{k_2}\frac{(M-1)^{k_1}(N-M)^{k_2}}{N^n}.$$

14. 这题在统计物理中有用,所以我们给出两种详细的解法.

解 1 首先考虑基本事件的总数.

匣可辨,故可将匣子按一定顺序排列起来,将 n 个球投入这排列起来的 N 个匣子,我们关心的只是每一个匣中的球数而不管它是哪些球,因为球是不可辨的.

每一个基本事件 $\omega=(x_1,x_2,\cdots,x_N)$,$x_j$ 表示第 j 个匣中的球数,$0\leqslant x_j\leqslant n$,

$$x_1+x_2+\cdots+x_N=n,$$

因此,基本事件的总数为$(1+x+x^2+\cdots+x^n)^N$ 的展开式中 x^n 的系数,

$$(1+x+x^2+\cdots+x^n)^N=\left(\frac{1-x^{n+1}}{1+x}\right)^N$$
$$=\Big(\sum_{l=0}^{N}(-1)^lC_N^lx^{(n+1)l}\Big)\Big(\sum_{k=0}^{+\infty}C_{N+k-1}^kx^k\Big),$$

所以 x^n 的系数应为 $C_{N+n-1}^n=C_{N+n-1}^{N-1}$.

(i) 没有空匣所包含的基本事件,$0<x_j\leqslant n$,即为$(x+x^2+\cdots+x^n)^N$ 展开式中 x^n 的系数,或$(1+x+x^2+\cdots+x^{n-1})^N$ 展开式中 x^{n-N} 的系数,

$$(1+x+x^2+\cdots+x^{n-1})^N=\left(\frac{1-x^n}{1-x}\right)^N$$
$$=\Big(\sum_{l=0}^{N}(-1)^lC_N^lx^{nl}\Big)\Big(\sum_{k=0}^{+\infty}C_{N+k-1}^kx^k\Big),$$

所以 x^{n-N} 的系数应为 $C_{N+(n-N)-1}^{n-N}=C_{n-1}^{n-N}=C_{n-1}^{N-1}$. 若令 A_1“没有空匣”,

$$P(A_1)=\frac{C_{n-1}^{N-1}}{C_{N+n-1}^{N-1}}.$$

(ii) 固定 m 个空匣，即将 n 个球投入 $N-m$ 个匣中，按照(i) 应为

$$(x+x^2+\cdots+x^n)^{N-m}=x^{N-m}\left(\frac{1-x^n}{1-x}\right)^{N-m}$$

$$=x^{N-m}\Big(\sum_{l=0}^{N-m}(-1)^l C_{N-m}^l x^{nl}\Big)\Big(\sum_{k=0}^{+\infty}C_{N-m+k-1}^k x^k\Big).$$

x^n 的系数应为 $C_{n-1}^{n-N+m}=C_{n-1}^{N-m-1}$.

但是，由于匣可辨，m 个空匣有 C_N^m 种不同取法，令 A_m“恰好有 m 个空匣”,

$$P(A_m)=\frac{C_N^m C_{n-1}^{N-m-1}}{C_{N+n-1}^{N-1}}.$$

(iii) 指定的 m 个匣中正好有 j 个球，而其余的 $N-m$ 个匣中正好有 $n-j$ 个球，按照本题开始时的分析，前者有 C_{m+j-1}^j 种投法，后者有 $C_{N-m+n-j-1}^{N-m-1}$ 种投法，故所求的概率为

$$\frac{C_{m+j-1}^j C_{N+n-m-j-1}^{N-m-1}}{C_{N+n-1}^{N-1}}.$$

解 2 现在我们用另一个更为直观的方法来分析这个问题，同样将匣子按照一定的顺序排列起来，则 n 个球的每一种投法可以表示如下

$$|\ *\ *\ |\ *\ |\ *\ *\ *\ |\ \cdots\ |\ *\ |\ *\ *\ |.$$

每一个“|”表示匣子的壁，“*”表示一个球. 如果我们将每一个壁和每一个球都看成是一个位置，当然，最外两层必须是两个壁，而 n 个球每一种投法就对应于中间的 $N-1$ 壁和 n 个球不同的位置(球之间和壁之间的次序不用考虑)，也就是说 $N+n-1$ 个位置被壁占据了 $N-1$ 个. 因此总的投法有 C_{N+n-1}^{N-1} 种.

(i) 没有空匣，即每一个壁必须在两个球之间，亦即要从 n 个球所形成的空隙中间插入 $N-1$ 个壁，共有 C_{n-1}^{N-1} 种. $P(A_1)=\dfrac{C_{n-1}^{N-1}}{C_{N+n-1}^{N-1}}$.

(ii) 有 m 个空匣，相当于少了 m 个壁，对固定的 m 个空匣来说，相当于在 $n-1$ 个空隙中安插入 $N-m-1$ 个壁，共有 C_{n-1}^{N-m-1} 种. m 个空匣，有 C_N^m 种固定法，故

$$P(A_m)=\frac{C_N^m C_{n-1}^{N-m-1}}{C_{N+n-1}^{N-1}}.$$

(iii) 指定的 m 个匣中有 j 球，共有 C_{m+j-1}^j 种不同的放法，其余 $N-m$ 个匣中有 $n-j$ 个球共有 $C_{N+n-m-j-1}^{N-m-1}$ 种不同的放法，故所求的概率为

$$\frac{C_{m+j-1}^j C_{N+n-m-j-1}^{N-m-1}}{C_{N+n-1}^{N-1}}.$$

15. $\dfrac{m^k-(m-1)^k}{n^k}$(参考 §1.5 例 4).

16. (ii) $\dfrac{m\cdot n^k}{(m+n)^{k+1}}$.

17. 设 x,y 为两船到达时刻，一切可能值为 $0\leqslant x\leqslant 24$，$0\leqslant y\leqslant 24$.

所求值满足 $y-x\leqslant 1, x-y\leqslant 2$.

所求概率为 0.121.

18. $\left(1-\dfrac{t_0}{T_2-T_1}\right)^2$. 注意任何一个等待的时间都限制在 T_1 至 T_2 之间.

19. (i) 试验的结果已知，要求事前概率，故利用贝叶斯公式

$$P(U_i\mid v)=\frac{P(v\mid U_i)P(U_i)}{\sum_{j=0}^{N}P(v\mid U_j)P(U_j)}.$$

若 $i<v$，显然 $P(U_i\mid v)=0$；若 $i\geqslant v$，

$$P(U_i\mid v)=\frac{\dfrac{C_i^v C_{N-i}^{n-v}}{C_N^n}}{\sum_{j=v}^{N}\dfrac{C_j^v C_{N-j}^{n-v}}{C_N^n}}=\frac{C_i^v C_{N-i}^{n-v}}{\sum_{j=v}^{N}C_j^v C_{N-j}^{n-v}}.$$

(ii) $\dfrac{\sum_{i=v}^{N}\dfrac{i-v}{N-n}C_i^v C_{N-i}^{n-v}}{\sum_{i=v}^{N}C_i^v C_{N-i}^{n-v}}$.

20. $\dfrac{7}{18}$(利用全概率公式).

21. (i) $\dfrac{b}{b+r}\cdot\dfrac{b+c}{b+r+c}$(利用乘法公式).

(ii) $C_n^{n_1}\dfrac{\prod_{i=0}^{n_1-1}(b+ic)\prod_{j=0}^{n_2-1}(r+jc)}{\prod_{k=0}^{n-1}(b+r+kc)}$.

22. 用归纳法，设第 n 次取得黑球的概率为 p_n，显然 $p_1=\frac{b}{b+r}$. 假定 $p_n=\frac{b}{b+r}$，则第一次得黑(红) 球，第 $n+1$ 次得黑球的概率为

$$\frac{b+c}{b+r+c}\left(\frac{b}{b+r+c}\right),$$

故
$$p_{n+1}=\frac{b}{b+r}\cdot\frac{b+c}{b+r+c}+\frac{r}{b+r}\cdot\frac{b}{b+r+c}=\frac{b}{b+r}.$$

23. 证. 用数学归纳法.

首先，证当 $m=1$ 时，结论(i) 对一切 n 成立. 令 B_j 表示"第 j 次取到黑球"，R_j 表示"第 j 次取到红球". $P(B_1B_n)=P(B_1)P(B_n\mid B_1)$，而 $P(B_1)=\frac{b}{b+r}$，求 $P(B_n\mid B_1)$ 时，可把它看作从 $b+c$ 个黑球和 r 个红球开始第 $n-1$ 次得黑球的概率. 由上知 $P(B_n\mid B_1)=\frac{b+c}{b+r+c}$.

故
$$P(B_1B_n)=\frac{b}{b+r}\cdot\frac{b+c}{b+r+c}.$$

其次，假定结论(i) 对 $m-1$ 以及一切 n 成立，来证对 m 以及一切 n 成立.

$$P(B_mB_n)=P(B_mB_n\mid B_1)P(B_1)+P(B_mB_n\mid R_1)P(R_1),$$

其中 $P(B_mB_n\mid B_1)$ 可以看作是从 $b+c$ 个黑球和 r 个红球中第 $m-1$ 次和 $n-1$ 次都得黑球的概率，由归纳法假定

$$知\ P(B_mB_n\mid B_1)=\frac{b+c}{b+r+c}\cdot\frac{b+2c}{b+r+2c}.$$

又 $P(B_mB_n\mid R_1)$ 可以看作是从 b 个黑球和 $r+c$ 个红球中第 $m-1$ 次和 $n-1$ 次都得黑球的概率，由归纳法假定知

$$P(B_mB_n\mid R_1)=\frac{b}{b+r+c}\cdot\frac{b+c}{b+r+2c},$$

于是

$$P(B_mB_n)=\frac{b+c}{b+r+c}\cdot\frac{b+2c}{b+r+2c}\cdot\frac{b}{b+r}+\frac{b}{b+r+c}\cdot\frac{b+c}{b+r+2c}\cdot\frac{r}{b+r}$$
$$=\frac{b(b+c)}{(b+r)(b+r+c)}.$$

于是(i) 得证. (ii) 之证类似.

24. 利用全概率公式.

25. 甲、乙胜的概率分别为

$$\sum_{k=0}^{+\infty}(1-p_1)^k(1-p_2)^k p_1, \quad \sum_{k=0}^{+\infty}(1-p_1)^{k+1}(1-p_2)^k p_2.$$

26. $\dfrac{C_a^1 C_{a+b-1}^k}{C_{a+b-k}^1 C_{a+b}^k}=\dfrac{a}{a+b}$.

27. 所求概率为$\dfrac{a}{a+b}$. 袋中只剩白球时取出的球必为b个黑球，j个白球($j=0,1,2,\cdots,a-1$)，计算出每一种情形的概率 p_j，再相加.

28. 提示：设袋中有A个球，a个是白的，不还原随机取出，第k次才取得白球的概率为

$$p_k=\frac{a(A-a)(A-a-1)\cdots(A-a-k+2)}{A(A-1)(A-2)\cdots(A-k+1)}.$$

由 $1=\sum\limits_{n=1}^{+\infty}p_k=\sum\limits_{k=1}^{A-a+1}p_k$，即得所要证的等式.

29. (i) 0.612. (ii) 0.997.

30. $\sum\limits_{k=1}^{n}\dfrac{(-1)^{k-1}}{k!}$(参看 §1.4 例 7).

31. 令 A_i:“第 1 次从坛 Ⅰ 取出 i 个白球”，B_i:“从坛 Ⅱ 中取出 i 个白球”，C:“从坛 Ⅲ 中取到一个白球”.

现在是已知试验结果(从坛 Ⅲ 中取到一个白球)，求 A_5 的事后概率，所以利用贝叶斯公式

$$P(A_5\mid C)=\frac{P(C\mid A_5)P(A_5)}{\sum\limits_{i=0}^{5}P(C\mid A_i)P(A_i)}.$$

因此只需求出 $P(C\mid A_i)$，$i=0,1,2,\cdots,5$.

但是从坛 Ⅰ 到坛 Ⅲ 中间经过坛 Ⅱ，所以 $P(C\mid A_i)$ 与从坛 Ⅱ 取出的球有关，C 必与 B_j 之一同时出现，故利用全概率公式

$$P(C\mid A_i)=\sum_j P(C\mid B_jA_i)P(B_j\mid A_i).$$

下面就来分别求出它们.

$$P(C\mid A_0)=0,$$

$$P(C\mid A_1)=P(C\mid B_1A_1)P(B_1\mid A_1)=\frac{1}{3}\times\frac{C_4^2C_1^1}{C_5^3}=\frac{1}{5},$$

$$P(C \mid A_2) = \frac{1}{3} \times \frac{C_2^1 C_3^2}{C_5^3} + \frac{2}{3} \times \frac{C_2^2 C_3^1}{C_5^3} = \frac{2}{5},$$

$$P(C \mid A_3) = \frac{1}{3} \times \frac{C_3^1 C_2^2}{C_5^3} + \frac{2}{3} \times \frac{C_3^2 C_2^1}{C_5^3} + \frac{C_3^3}{C_5^3} = \frac{3}{5},$$

$$P(C \mid A_4) = \frac{2}{3} \times \frac{C_4^2 C_1^1}{C_5^3} + \frac{C_4^3}{C_5^3} = \frac{4}{5},$$

$$P(C \mid A_5) = 1.$$

另一方面

$$P(A_1) = \frac{C_5^4 C_5^1}{C_{10}^5} = \frac{25}{252},\ P(A_2) = P(A_3) = \frac{100}{252},$$

$$P(A_4) = \frac{25}{252},\ P(A_5) = P(A_0) = \frac{1}{252}.$$

于是 $$P(A_5 \mid C) = \frac{\frac{1}{252}}{\frac{1}{252} + \frac{5}{252} + \frac{40}{252} + \frac{60}{252} + \frac{20}{252}} = \frac{1}{126}.$$

32. 甲（乙）获胜的概率是$\dfrac{\alpha^2}{1-2\alpha\beta}\left(\dfrac{\beta^2}{1-2\alpha\beta}\right)$.

找出甲（乙）获胜的所有可能的情形，然后用乘法公式求得每种情形的概率.

本题用差分方程法亦可求解.

第2章　随机变量与它的分布

2. (i)
$$F_\eta(x) = \begin{cases} 1 - F\left(\frac{1}{x}\right) + F(0), & x > 0, \\ F(0), & x = 0, \\ F(0) - F\left(\frac{1}{x}\right), & x < 0, \end{cases}$$

密度为
$$f_\eta(x) = \begin{cases} \frac{1}{x^2} p\left(\frac{1}{x}\right), & x \neq 0, \\ p(0), & x = 0. \end{cases}$$

(ii)
$$F_\eta(x) = \begin{cases} 0, & x < 0, \\ F(x) - F(-x), & x \geqslant 0, \end{cases}$$

密度为 $$f_\eta(x)=\begin{cases}0, & x<0,\\ p(x)-p(-x), & x\geqslant 0.\end{cases}$$

3. (i) 因 $F(x)$ 连续,故 $\mathcal{B}_1$ - 可测,从而 η 是随机变量.

(ii) $f_\eta(x)=\begin{cases}0,\ x<0,\\ x,\ 0\leqslant x<1,\\ 1,\ x\geqslant 1,\end{cases}$ 即$[0,1]$上的均匀分布.

4. (i) $a=\dfrac{1}{2}$.

6. $x\displaystyle\int_x^{+\infty}\frac{1}{z}\mathrm{d}F(z)\leqslant\int_x^{+\infty}\mathrm{d}F(z)\to 0, x\to+\infty$,即 $\displaystyle\lim_{x\to+\infty}x\int_x^{+\infty}\frac{1}{z}\mathrm{d}F(z)=0$.

类似可证 $$\lim_{x\to-\infty}x\int_{-\infty}^{x}\frac{1}{z}\mathrm{d}F(z)=0.$$

今证: $$\lim_{x\to+0}x\int_x^{+\infty}\frac{1}{z}\mathrm{d}F(z)=0.$$

任给 $\alpha>\varepsilon>0$,存在一个 $x_0>0$,使$\displaystyle\int_{+0}^{x_0}\mathrm{d}F(z)<\frac{\varepsilon}{2}$.

对于取定的 x_0,只要 $0<x<\dfrac{x_0\varepsilon}{2}$,就有

$$x\int_{x_0}^{+\infty}\frac{1}{z}\mathrm{d}F(z)\leqslant\frac{x}{x_0}\int_{x_0}^{+\infty}\mathrm{d}F(z)\leqslant\frac{x}{x_0}<\frac{\varepsilon}{2},$$

$$x\int_x^{+\infty}\frac{1}{z}\mathrm{d}F(z)=x\int_{x_0}^{+\infty}\frac{1}{z}\mathrm{d}F(z)+x\int_{+0}^{x_0}\frac{1}{z}\mathrm{d}F(z),$$

$$\leqslant\frac{x}{x_0}\int_{x_0}^{+\infty}\mathrm{d}F(x)+\int_{+0}^{x_0}\mathrm{d}F(z)<\frac{\varepsilon}{2}+\frac{\varepsilon}{2}=\varepsilon,$$

故得证.类似有 $$\lim_{x\to-0}x\int_{-\infty}^{x}\frac{1}{z}\mathrm{d}F(x)=0.$$

7. $p_{\xi_1}(x_1)=\dfrac{1}{\Gamma(k_1)}x_1^{k_1-1}\mathrm{e}^{-x_1}, 0<x_1<+\infty$.

$p_{\xi_2}(x_2)=\dfrac{1}{\Gamma(k_1+k_2)}x_2^{k_1+k_2-1}\mathrm{e}^{-x_2}, 0<x_2<+\infty$.

8. 书上有 500 个错字,可以看做是将这 500 个错字投入这本书中去,每投一个字看作是一次试验,这个试验有两个可能的结果,落到所指定的一页上,或没有落在指定的一页上,前者的概率是$\dfrac{1}{500}$,后者的概率是$\dfrac{499}{500}$. 500

个错字可看作是做了 500 次这样的试验，由上面的分析可知是一个伯努利试验，因此给定的一页上至少有三个错字的概率是

$$\sum_{k=3}^{500} C_{500}^{k}\left(\frac{1}{500}\right)^{k}\left(\frac{499}{500}\right)^{500-k}=\left(\frac{499}{500}\right)^{500}\sum_{k=3}^{500}\frac{C_{500}^{k}}{499^{k}}.$$

9. 如图答 -1，设弦长是 x，$x=2R\cos\dfrac{\varphi}{2}$，$-\pi\leqslant\varphi\leqslant\pi$.

而 φ 在 $(-\pi,\pi)$ 上均匀分布.

弦长的分布函数是：当 $0<x\leqslant 2R$ 时，

$$F(x)=P\left(2R\cos\frac{\varphi}{2}\leqslant x\right),$$

此外，又有

$$F(x)=\begin{cases}0, & x\leqslant 0,\\ 1, & x>2R,\end{cases}$$

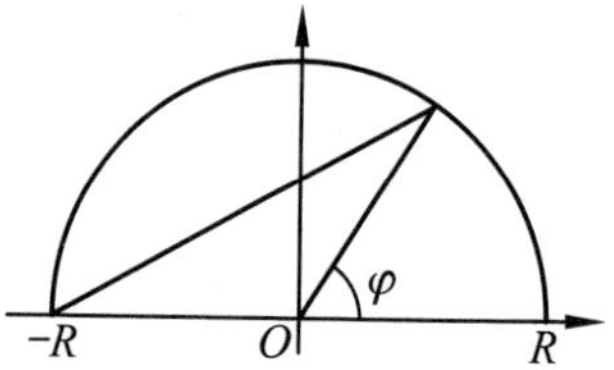

图答 -1

仿照 §2.8 例 2，得分布密度为

$$f(x)=F'(x)=\begin{cases}0, & x\leqslant 0, x>2R,\\ \dfrac{2}{\pi}\dfrac{1}{\sqrt{4R^2-x^2}}, & 0<x\leqslant 2R.\end{cases}$$

10. $F(x)=\begin{cases}0, & x<0,\\ \dfrac{x(2a-x)}{a^2}, & 0\leqslant x\leqslant a,\\ 1, & x>a.\end{cases}$

11. 设所抛的 n 个点的横坐标是 $\xi_1,\xi_2,\cdots,\xi_n$，将其按大小顺序排起来，得到 $\xi_{(1)}\leqslant\xi_{(2)}\leqslant\cdots\leqslant\xi_{(n)}$.

(i) 求 $\xi_{(k)}$ 的分布密度.

$$P(\xi_{(k)}\leqslant x)=\sum_{j=k}^{n}\sum{}'P(\xi_{i_1}\leqslant x,\cdots,\xi_{i_j}\leqslant x;\xi_{i_{j+1}}>x,\cdots,\xi_{i_n}>x),$$

其中 $\sum{}'$ 是对 C_n^j 组取法 $(i_1,\cdots,i_j,i_{j+1},\cdots,i_n)$ 求和.

由于 $(\xi_1,\xi_2,\cdots,\xi_n)$ 的独立性，

$$\begin{aligned}&P(\xi_{i_1}\leqslant x,\cdots,\xi_{i_j}\leqslant x;\xi_{i_{j+1}}>x,\cdots,\xi_{i_n}>x)\\ =&P(\xi_{i_1}\leqslant x)\cdots P(\xi_{i_j}\leqslant x)P(\xi_{i_{j+1}}>x)\cdots\\ &P(\xi_{i_n}>x)=[F(x)]^j[1-F(x)]^{n-j}.\end{aligned}$$

于是

$$P(\xi_{(k)} \leqslant x) = \sum_{j=k}^{n} C_n^j [F(x)]^j [1-F(x)]^{n-j}$$

$$= \frac{n!}{(k-1)!(n-k)!} \int_0^{F(x)} y^{k-1}(1-y)^{n-k} dy.$$

$\xi_{(k)}$ 的分布密度

$$f_k(x) = \frac{n!}{(k-1)!(n-k)!}[F(x)]^{k-1}[1-F(x)]^{n-k}F'(x), \quad 0<x<a.$$

以 $F(x)=\dfrac{x}{a}, F'(x)=\dfrac{1}{a}$ 代入得

$$f_k(x) = \frac{n!}{(k-1)!(n-k)!} \frac{x^{k-1}(a-x)^{n-k}}{a^n}, \quad 0<x<a.$$

(ii) 求 $\xi_{(k)}$ 和 $\xi_{(m)}$ 的联合分布($k<m$). 对 $y \leqslant x$,

$$P(\xi_{(k)} \leqslant x, \xi_{(m)} \leqslant y) = P(\xi_{(m)} \leqslant y) = \sum_{j=m}^{n} C_n^j [F(y)]^j [1-F(y)]^{n-j}$$

$$= \frac{n!}{(m-1)!(n-m)!} \int_0^{F(y)} y^{m-1}(1-y)^{n-m} dy.$$

对 $y>x$,

$$P(\xi_{(k)} \leqslant x, \xi_{(m)} \leqslant y)$$

$$= \sum_{l=m}^{n} \sum_{j=k}^{l} \sum{}' P(\xi_{i_1} \leqslant x, \cdots, \xi_{i_j} \leqslant x; x < \xi_{i_{j+1}} \leqslant y, \cdots,$$

$$x < \xi_{i_l} \leqslant y, \xi_{i_{l+1}} > y, \cdots, \xi_{i_n} > y),$$

其中 $\sum'$ 是对所有可能的分组$(i_i, \cdots, i_j; i_{j+1}, \cdots, i_l; i_{l+1}, \cdots, i_n)$求和.

同样由$(\xi_1, \xi_2, \cdots, \xi_n)$的独立性得

$$P(\xi_{(k)} \leqslant x, \xi_{(m)} \leqslant y)$$

$$= \sum_{l=m}^{n} \sum_{j=k}^{l} C_n^l C_l^j [F(x)]^j [F(y)-F(x)]^{l-j} [1-F(y)]^{n-l}$$

$$= \frac{n!}{(k-1)!(m-k-1)!(n-m)!} \cdot$$

$$\int_0^{F(x)} dy_1 \int_0^{F(y)} y_1^{k-1}(y_2-y_1)^{m-k-1}(1-y_2)^{n-m} dy_2,$$

于是 $\xi_{(k)}, \xi_{(m)}$ 的联合分布密度是

$$p(x,y)=\begin{cases}0,\ 0<y\leqslant x<a,\\ \dfrac{n!}{(k-1)!(m-k-1)!(n-m)!}[F(x)]^{k-1}[F(y)-\\ \quad F(x)]^{m-k-1}\times[1-F(y)]^{n-m}F'(x)F'(y),\ 0<x<y<a.\end{cases}$$

将 $F(x)=\dfrac{x}{a}$，$F(y)=\dfrac{y}{a}$，$F'(x)=F'(y)=\dfrac{1}{a}$ 代入，得

$$p(x,y)=\begin{cases}0,\ 0<y\leqslant x<a,\\ \dfrac{n!}{(k-1)!(m-k-1)!(n-m)!}\dfrac{x^{k-1}(y-x)^{m-k-1}(a-y)^{n-m}}{a^n},\\ \quad 0<x<y<a.\end{cases}$$

12. 直接利用上题的结果令 $k=1$，$m=n$，即可.

13. $f_{\xi\times\eta}(x)=\dfrac{1}{\pi}\displaystyle\int_0^{+\infty}\mathrm{e}^{-\frac{z^4+x^2}{2z^2}}\dfrac{1}{z}\mathrm{d}z.$

14. (i) $P_\zeta(x)=\begin{cases}0, & x\leqslant 0,\\ \dfrac{1}{(x+1)^2}, & x>0.\end{cases}$ (ii) $P_\zeta(x)=\begin{cases}0, & x\leqslant 0,\\ \dfrac{1}{2}, & 0<x\leqslant 1,\\ \dfrac{1}{2x^2}, & x>1.\end{cases}$

15. (i) $\dfrac{2}{\pi(x^2+4)}.$ (iii) $\dfrac{1}{4\alpha}\mathrm{e}^{-\frac{|x|}{\alpha}}\left(1+\dfrac{|x|}{\alpha}\right).$

(ii) $f(x)=\begin{cases}\dfrac{x+4}{24}, & -4\leqslant x\leqslant 0,\\ \dfrac{1}{6}, & 0\leqslant x\leqslant 2,\\ \dfrac{6-x}{24}, & 2\leqslant x\leqslant 6,\\ 0, & x>6 \text{ 或 } x<-4.\end{cases}$

16. (ξ,η) 的密度函数是 $f(x,y)=Cx^{\frac{m}{2}-1}y^{\frac{n}{2}-1}\mathrm{e}^{-\frac{x+y}{2}}\quad(x\geqslant 0,y\geqslant 0)$，

其中
$$C=\frac{1}{2^{\frac{m+n}{2}}\Gamma\left(\frac{m}{2}\right)\Gamma\left(\frac{n}{2}\right)}.$$

设 $U=\xi+\eta$ 与 $V=\dfrac{\xi}{\eta}$ 的联合密度是 $g(u,v)$，令 $u=x+y$，$v=\dfrac{x}{y}$，则

$$g(u,v)=f(x,y)\left|\frac{\partial(x,y)}{\partial(u,v)}\right|,\quad \left|\frac{\partial(x,y)}{\partial(u,v)}\right|=\frac{u}{(1+v)^2},$$

故 $$g(u,v)=Cu^{\frac{m+n}{2}-1}\mathrm{e}^{-\frac{u}{2}}\cdot v^{\frac{m}{2}-1}(1+v)^{-\frac{m+n}{2}},$$

即 $g(u,v)$ 是 u 的函数及 v 的函数的积,故知 U,V 独立.

17. 由独立性知 ξ,η 的联合密度为 $\frac{1}{2\pi}\mathrm{e}^{-\frac{x^2+y^2}{2}}$.

又 $U=\xi^2+\eta^2, V=\frac{\xi}{\eta}$ 有两组解为

$$\xi_1=\frac{V\sqrt{U}}{W},\quad \eta_1=\frac{\sqrt{U}}{W};\quad \xi_2=-\xi_1,\quad \eta_2=-\eta_1,$$

其中 $W=\sqrt{1+V^2}$. 对第一组解

$$J_1=\frac{\partial(\xi_1,\eta_1)}{\partial(U,V)}=\begin{vmatrix}\frac{V}{2W\sqrt{U}} & \frac{\sqrt{U}}{W^3}\\ \frac{1}{2W\sqrt{U}} & \frac{-V\sqrt{U}}{W^3}\end{vmatrix}=-\frac{1}{2(1+V^2)},$$

故 $|J_1|=|J_2|=\frac{1}{2(1+V^2)}$. 根据 §2.8 定理 1,注 1 知 (U,V) 的联合密度 $g(u,v)$ 如下式所示.

因 $g(u,v)=\frac{(\pi)^{-1}\mathrm{e}^{-\frac{u}{2}}}{2(1+v^2)}$ 可表为 u 的函数与 v 的函数的积, $u\geqslant 0$, v 任意,从而 U,V 独立.

18. 令 $U=\xi+\eta, V=\eta$,则 $U\cdot V$ 的密度为

$$g(u,v)=(\ln\theta)^2\theta^{-u},0<v<u<+\infty.$$

而 U 的分布密度是 $(\ln\theta)^2u\theta^{-u}$, $0<u<+\infty$, V 的分布密度是 $(\ln\theta)\theta^{-v}$, $0<v<+\infty$,故 U,V 不独立.

19. ξ,η 的联合分布密度是

$$f(x,y)=p(x)p(y)=\begin{cases}\mathrm{e}^{-(x+y)}, & 0<x,y<\infty,\\ 0, & 其他.\end{cases}$$

令

$$u=\xi+\eta,\xi=uv,|J|=\begin{vmatrix}v & u\\ 1-v & -u\end{vmatrix}=-u,\quad v=\frac{\xi}{\xi+\eta},\quad \eta=u(1-v),$$

所以 u,v 的联合分布是 $g(u,v)=u\mathrm{e}^{-u}$, $0<u<+\infty$, $0<v<1$.

u 的分布密度是 $h(u)=\int_0^1 g(u,v)\mathrm{d}v=u\mathrm{e}^{-u}$, $0<u<+\infty$.

v 的分布密度是 $\tilde{h}(v)=\int_0^{+\infty}u\mathrm{e}^{-u}\mathrm{d}u=1, 0<v<1.$

由 $g(u,v)=h(u)\tilde{h}(v)$ 成立，所以 u,v 独立.

20. 提示：利用概率想法，注意 $b(k,n,p)$ 是 n 次试验中恰好成功 k 次的概率，而 $B(k,n,p)$ 是 n 次中至多成功 k 次的概率. 利用前式以证明后式.

21. 提示：将等式 $\int_0^p(p-x)^\alpha x^{n-k-1}\mathrm{d}x=p^{n-k+\alpha}\int_0^1(1-x)^\alpha x^{n-k-1}\mathrm{d}x$ 的右方分部积分，得

$$\int_0^p(p-x)^\alpha x^{n-k-1}\mathrm{d}x=p^{n-k+\alpha}\frac{\alpha!(n-k-1)!}{(\alpha+n-k)!}\ (n-k>0,\alpha\geqslant 0),\tag{1}$$

将此关系代入所要证明的等式的左方，得

$$\begin{aligned}\sum_{\alpha=0}^{k}\mathrm{C}_n^{k-\alpha}p^{n-k+\alpha}q^{k-\alpha}&=\sum_{\alpha=0}^{k}\int_0^p(p-x)^\alpha x^{n-k-1}\mathrm{d}x\frac{n!q^{k-\alpha}}{\alpha!(n-k-1)!(k-\alpha)!}\\&=\sum_{\alpha=0}^{k}\int_0^p(p-x)^\alpha x^{n-k-1}\mathrm{d}x(1-p)^{k-\alpha}\frac{k!}{\alpha!(k-\alpha)!}\div\frac{k!(n-k-1)!}{n!}\\&=\int_0^p(1-x)^k x^{n-k-1}\mathrm{d}x\div\frac{k!(n-k-1)!}{n!}.\end{aligned}$$

其次，在(1)中取 $p=1,\alpha=k$，则 $\frac{k!(n-k-1)!}{n!}=\int_0^1(1-x)^k x^{n-k-1}\mathrm{d}x$，以此式代入上式分母，即得所欲证.

22. 提示：注意到 $q=\alpha\beta, p=-(\alpha+\beta)$，利用乘积以及和的分布，即得 p,q 的分布密度为

$$f_p(x)=\begin{cases}\frac{2-|x|}{4}, & |x|\leqslant 2,\\ 0, & |x|>2.\end{cases}\quad f_q(x)=\begin{cases}-\frac{1}{2}\lg(-x), & -1\leqslant x<0,\\ -\frac{1}{2}\lg x, & 0<x\leqslant 1,\\ 0, & \text{其他}.\end{cases}$$

23. $E\xi=a, D\xi=a(1+\alpha)$.

24. $c=2h^2, E\xi=\frac{\sqrt{\pi}}{2|h|}, D\xi=\frac{4-\pi}{4h^2}$.

25. (i) $0,\frac{\pi^2}{12}-\frac{1}{2}$. (ii) $0,\frac{1}{\alpha+3}$.

26. 提示：参考 §2.9(16).

29. 提示:利用 Cauchy 不等式.

$$\left(\int f\cdot g\,\mathrm{d}F\right)^2\leqslant\int f^2\,\mathrm{d}F\cdot\int g^2\,\mathrm{d}F.$$

30. 提示:先算

$$q=\frac{1}{2\pi\sqrt{1-r^2}}\iint_{(x-a_1)(y-a_2)<0}\mathrm{e}^{-\frac{1}{2(1-r^2)}[(x-a_1)^2-2r(x-a_1)(y-a_2)+(y-a_2)^2]}\mathrm{d}x\mathrm{d}y.$$

31. (ξ,η) 的联合分布密度是 $f(x,y)=\frac{1}{2\pi\sqrt{1-R^2}}\mathrm{e}^{-\frac{1}{2(1-R^2)}(x^2-2Rxy+y^2)}$.

$$\begin{aligned}
E\max(\xi,\eta)&=\frac{1}{2\pi\sqrt{1-R^2}}\int_{-\infty}^{+\infty}\int_{-\infty}^{+\infty}\max(x,y)\mathrm{e}^{-\frac{1}{2(1-R^2)}(x^2-2Rxy+y^2)}\mathrm{d}x\mathrm{d}y\\
&=\frac{1}{2\pi\sqrt{1-R^2}}\Big[\int_{-\infty}^{+\infty}x\,\mathrm{d}x\int_{-\infty}^{+\infty}\mathrm{e}^{-\frac{1}{2(1-R^2)}(x^2-2Rxy+y^2)}\mathrm{d}y+\\
&\qquad\int_{-\infty}^{+\infty}y\mathrm{d}y\int_{-\infty}^{y}\mathrm{e}^{-\frac{1}{2(1-R^2)}(x^2-2Rxy+y^2)}\mathrm{d}x\Big]\\
&=\frac{1}{\pi\sqrt{1-R^2}}\int_{-\infty}^{+\infty}x\mathrm{d}x\int_{-\infty}^{x}\mathrm{e}^{-\frac{1}{2(1-R^2)}(x^2-2Rxy+y^2)}\mathrm{d}y\\
&=\frac{1}{\pi\sqrt{1-R^2}}\int_{-\infty}^{+\infty}x\mathrm{e}^{-\frac{x^2}{2}}\mathrm{d}x\int_{-\infty}^{+\infty}\mathrm{e}^{-\frac{(y-Rx)^2}{2(1-R^2)}}\mathrm{d}y\\
&=\frac{1}{\pi}\int_{-\infty}^{+\infty}x\mathrm{e}^{-\frac{x^2}{2}}\mathrm{d}x\int_{-\infty}^{\sqrt{\frac{1-R}{1+R}}x}\mathrm{e}^{-\frac{y^2}{2}}\mathrm{d}y\\
&=\frac{1}{\pi}\Big[-\mathrm{e}^{-\frac{x^2}{2}}\int_{-\infty}^{\sqrt{\frac{1-R}{1+R}}x}\mathrm{e}^{-\frac{y^2}{2}}\mathrm{d}y\Big]_{-\infty}^{+\infty}+\\
&\qquad\frac{1}{\pi}\sqrt{\frac{1-R}{1+R}}\int_{-\infty}^{+\infty}\mathrm{e}^{-\frac{1}{2}\left(1+\frac{1-R}{1+R}\right)x^2}\mathrm{d}x\\
&=\frac{1}{\pi}\sqrt{\frac{1-R}{1+R}}\int_{-\infty}^{+\infty}\mathrm{e}^{-\frac{x^2}{1+R}}\mathrm{d}x=\frac{1}{\pi}\sqrt{\frac{1-R}{1+R}}\cdot\sqrt{2\pi}\cdot\sqrt{\frac{1+R}{2}}\\
&=\sqrt{\frac{1-R}{\pi}}.
\end{aligned}$$

32. $r_{\xi\eta}=\frac{E\xi\eta-E\xi E\eta}{\sqrt{D\xi}\sqrt{D\eta}}$,

$$E\xi=E(\alpha X+\beta Y)=0,$$

$$E\eta=E(\alpha X-\beta Y)=0,$$

$$E\xi\eta=E(\alpha X+\beta Y)(\alpha X-\beta Y)=E(\alpha^2X^2-\beta^2Y^2)=(\alpha^2-\beta^2)\sigma^2,$$

$$D\xi = E(\alpha X + \beta Y)^2 = (\alpha^2 + \beta^2)\sigma^2,$$

$$D\eta = E(\alpha X - \beta Y) = (\alpha^2 + \beta^2)\sigma^2,$$

所以 $r_{\xi\eta} = \dfrac{\alpha^2 - \beta^2}{\alpha^2 + \beta^2}$.

33. 提示：令 $\xi = \dfrac{X_1 - a}{\sigma}, \eta = \dfrac{X_2 - a}{\sigma}$ 得 $\max(X_1, X_2) = a + \sigma \max(\xi, \eta)$，然后利用 31 题.

34. $P(|X| \geqslant x) = P(f(|x|) \geqslant f(x)) \leqslant [f(x)]^{-1}\int_{|y|\geqslant x} f(y)\mathrm{d}F(y)$

$$\leqslant \frac{E(f(|X|))}{f(x)}.$$

35. 提示：利用上题.

36. (i) $f_\eta(x) = \dfrac{1}{x} f_\xi(-\lg x), 0 < x < 1$.

(ii) $F_\eta(x) = P(\tan \xi \leqslant x)$

$$= \sum_{n=-\infty}^{+\infty} P\left(\tan \xi \leqslant x, -\frac{\pi}{2} + n\pi < \xi \leqslant \frac{\pi}{2} + n\pi\right)$$

$$= \sum_{n=-\infty}^{+\infty} P\left(-\frac{\pi}{2} + n\pi < \xi \leqslant \arctan x + n\pi\right)$$

$$= \sum_{n=-\infty}^{+\infty} \int_{-\frac{\pi}{2}+n\pi}^{\arctan x + n\pi} f_\xi(u)\mathrm{d}u,$$

$$f_\eta(x) = \frac{1}{1+x^2} \sum_{n=-\infty}^{+\infty} f_\xi(\arctan x + n\pi).$$

(iii) $f_\eta(x) = \dfrac{f_\xi(\tan x)}{\cos^2 x}$.

37. 提示：前式显然；后式由 §2.9 定理 1(iv) 得

$$D\xi \leqslant E\left(\xi - \frac{b+a}{2}\right)^2 \leqslant E\left(\frac{b+a}{2} - a\right)^2 = \left(\frac{b-a}{2}\right)^2.$$

41. 设 x_i 的分布是 F.

$$P\left(\sum_{i=1}^{k} x_i^2 \geqslant \lambda_k\right) = \int \cdots \int_{\sum x_j^2 \geqslant \lambda_k} \mathrm{d}F(x_1)\,\mathrm{d}F(x_2)\cdots\mathrm{d}F(x_k)$$

$$\leqslant \frac{1}{\lambda_k} \int \cdots \int_{\sum x_j^2 \geqslant \lambda_k} \left(\sum x_i^2\right)\mathrm{d}F(x_1)\mathrm{d}F(x_2)\cdots\mathrm{d}F(x_k)$$

$$\leqslant \frac{1}{\lambda_k}\int\cdots\int\left(\sum x_i^2\right)\mathrm{d}F(x_1)\mathrm{d}F(x_2)\cdots\mathrm{d}F(x_k)$$

$$=\frac{1}{\lambda_k}\sum_i\int x_i^2\mathrm{d}F(x_i)=\frac{1}{\lambda}.$$

或者直接利用马尔可夫不等式证明亦可.

42. 提示:半不变量是矩的多项式,而奇数阶不变量每一项都含有奇数阶矩.

43. $f(t)=p\mathrm{e}^{ta\mathrm{i}}+(1-p)\mathrm{e}^{tb\mathrm{i}}$.

44. $f(t)=\dfrac{\sin at}{at}$.

45. $f(t)=\dfrac{a^2}{a^2+t^2}$.

46. $f(t)=\dfrac{p}{1-q\mathrm{e}^{t\mathrm{i}}}$, $E\xi=\dfrac{q}{p}$, $D\xi=\dfrac{q}{p}+\dfrac{q^2}{p^2}$.

49. 解. 各给出两种解法. (i) $\dfrac{1}{1-t\mathrm{i}}$(一) 先试解密度函数

$$g(x)=\frac{1}{2\pi}\int_{-\infty}^{+\infty}\frac{\mathrm{e}^{tx\mathrm{i}}}{1-t\mathrm{i}}\,\mathrm{d}t.$$

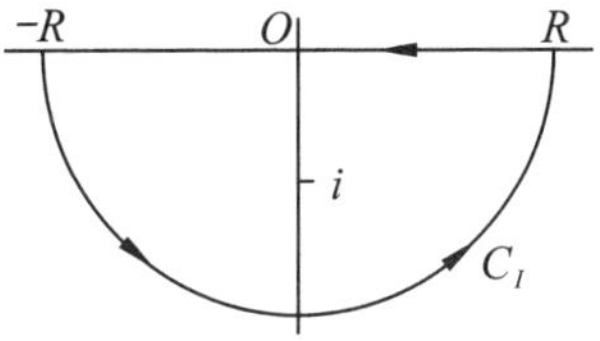

图答 -2

考虑复变函数积分$\displaystyle\int_{C_I}\frac{\mathrm{e}^{-xz\mathrm{i}}}{1-z\mathrm{i}}\,\mathrm{d}z$.

被积函数在 $z=-\mathrm{i}$ 有一个极点.

取闭路 C_I 如图答-2,则

$$\int_{C_I}\frac{\mathrm{e}^{-xz\mathrm{i}}}{1-z\mathrm{i}}\,\mathrm{d}z=\int_R^{-R}\frac{\mathrm{e}^{-xt\mathrm{i}}}{1-t\mathrm{i}}\,\mathrm{d}t+\int_{-\pi}^{0}R\mathrm{i}\cdot\mathrm{e}^{\theta\mathrm{i}}\frac{\mathrm{e}^{-xR\mathrm{i}\mathrm{e}^{\theta\mathrm{i}}}}{1-R\mathrm{i}\mathrm{e}^{\theta\mathrm{i}}}\,\mathrm{d}\theta,$$

$$\lim_{R\to+\infty}\int_R^{-R}\frac{\mathrm{e}^{-xt\mathrm{i}}}{1-t\mathrm{i}}\,\mathrm{d}t=-\int_{-\infty}^{+\infty}\frac{\mathrm{e}^{-xt\mathrm{i}}}{1-t\mathrm{i}}\,\mathrm{d}t.$$

$$\left|R\mathrm{i}\int_{-\pi}^{0}\frac{\mathrm{e}^{-xR\mathrm{i}\mathrm{e}^{\theta\mathrm{i}}}}{1-R\mathrm{i}\mathrm{e}^{\theta\mathrm{i}}}\mathrm{e}^{\theta\mathrm{i}}\mathrm{d}\theta\right|\leqslant R\int_{-\pi}^{0}\left|\frac{\mathrm{e}^{-xR\mathrm{i}\mathrm{e}^{\theta\mathrm{i}}}}{1-R\mathrm{i}\mathrm{e}^{\theta\mathrm{i}}}\right|\mathrm{d}\theta\leqslant\frac{R}{R-1}\int_{-n}^{0}\mathrm{e}^{xR\sin\theta}\mathrm{d}\theta,$$

所以当 $x>0$ 时,由控制收敛定理得

$$\lim_{R\to+\infty}\int_{-\pi}^{r}R\mathrm{i}\mathrm{e}^{\theta\mathrm{i}}\frac{\mathrm{e}^{-xR\mathrm{i}\mathrm{e}^{\theta\mathrm{i}}}}{1-R\mathrm{i}\mathrm{e}^{\theta\mathrm{i}}}\mathrm{d}\theta=0.$$

另一方面,对任何 $|R|>1$,

$$\int_{C_I}\frac{\mathrm{e}^{xz\mathrm{i}}}{1-z\mathrm{i}}\,\mathrm{d}z=2\pi\mathrm{i}\cdot c_{-1},$$

c_{-1} 是被积函数在 $z=-\mathrm{i}$ 的残数,$c_{-1}=\dfrac{\mathrm{e}^{-x}}{-\mathrm{i}}$.

所以，当 $R\to+\infty, x\geqslant 0$ 时，我们得到

$$\int_{-\infty}^{+\infty}\frac{e^{-xti}}{1-ti}\,dt=-2i\pi\left(\frac{e^{-x}}{-i}\right)=2\pi e^{-x},$$

即 $$g(x)=e^{-x}.$$

对于 $x<0$，只需在上半平面取闭路 C_{II} 积分，如图答 -3，因为被积函数在上半平面没有奇点，故 $\int_{C_{II}}\frac{e^{-xzi}}{1-zi}\,dz=0$.

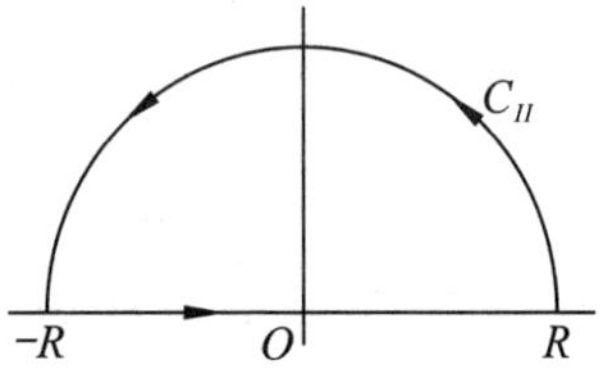

图答 -3

于是 $g(x)=0, x<0$，这样得到的 $g(x)$ 确实是密度函数，$\int_0^{+\infty}e^{-x}\,dx=1$.

（二）由所给的特征函数容易直接看出

$$\int_0^{+\infty}e^{xti}e^{-x}\,dx=\frac{1}{1-ti},\quad \text{亦可知 } g(x)=\begin{cases}0, & x<0,\\ e^{-x}, & x\geqslant 0.\end{cases}$$

(ii) $\dfrac{1}{(1-ti)^n}$.

（一）先试解 $g(x)=\dfrac{1}{2\pi}\displaystyle\int_{-\infty}^{+\infty}\frac{e^{-txi}}{(1-ti)^n}\,dt$.

类似于(i) 考虑复变函数积分 $\displaystyle\int_{C_I}\frac{e^{-xzi}}{(1-zi)^n}\,dz$.

$$c_{-1}=\lim_{z\to-i}\frac{1}{(n-1)!}\frac{d^{n-1}}{dz^{n-1}}\left[(z+i)^n\frac{e^{-xzi}}{(1-zi)^n}\right]=\lim_{z\to-i}\frac{i^n}{(n-1)!}\cdot\frac{d^{n-1}}{dz^{n-1}}\left[e^{-xzi}\right]$$

$$=\frac{i^n}{(n-1)!}(-xi)^{n-1}e^{-x}=\frac{i}{(n-1)!}x^{n-1}e^{-x}.$$

$$\left|\int_{-\pi}^{0}Rie^{\theta i}\frac{e^{-xRie^{\theta i}}}{(1-Rie^{\theta i})^n}d\theta\right|\longrightarrow 0, x\geqslant 0, R\to+\infty,$$

故得，对 $x\geqslant 0$ $$g(x)=\frac{x^{n-1}}{(n-1)!}e^{-x}.$$

同样，考虑 $\int_{C_{II}}$，得 $g(x)=0, x<0$，故

$$g(x)=\begin{cases}0, & x<0,\\ \dfrac{x^{n-1}}{(n-1)!}e^{-x}, & x\geqslant 0.\end{cases}$$

既然 $\int_0^{+\infty}g(x)\,dx=1$，于是 $g(x)$ 即为所求.

(二) 如果利用(i) 的结果 $\dfrac{1}{1-t\mathrm{i}}=\int_0^{+\infty}\mathrm{e}^{-x(1-t\mathrm{i})}\mathrm{d}x.$

两边对 t 求 $n-1$ 次导数,得

$$\frac{(-\mathrm{i})^{n-1}(-1)^{n-1}(n-1)!}{(1-t\mathrm{i})^n}=\mathrm{i}^{n-1}\int_0^{+\infty}x^{n-1}\mathrm{e}^{-x}\cdot\mathrm{e}^{tx\mathrm{i}}\,\mathrm{d}x,$$

$$\frac{1}{(1-t\mathrm{i})^n}=\int_0^{+\infty}\frac{x^{n-1}\mathrm{e}^{-x}}{(n-1)!}\cdot\mathrm{e}^{tx\mathrm{i}}\,\mathrm{d}x,$$

故得 $g(x)=\dfrac{x^{n-1}\mathrm{e}^{-x}}{(n-1)!},x\geqslant 0.$

50. 提示:为了证明 $f(t)\equiv 1$,只需证明对应的分布函数是集中于零点的退化分布,或 $E\xi=D\xi=0$,即$\int_{-\infty}^{+\infty}x^2\mathrm{d}F(x)=0.$

考虑 $f(t)$ 在 $t=0$ 的二阶差商

$$\Delta^2 f(0)=\frac{1}{4t^2}(f(2t)+f(-2t)-2f(0))$$

$$=\frac{1}{4t^2}\int_{-\infty}^{+\infty}(\mathrm{e}^{2tx\mathrm{i}}+\mathrm{e}^{-2tx\mathrm{i}}-2)\mathrm{d}F(x)=-\int_{-\infty}^{+\infty}\left(\frac{\sin tx}{t}\right)^2\mathrm{d}F(x).$$

利用法图(Fatou)引理,当 $t\to 0$ 时,右端趋于$-\int_{-\infty}^{+\infty}x^2\mathrm{d}F(x)$,而左端趋于 0,故得证 $\int_{-\infty}^{+\infty}x^2\mathrm{d}F(x)=0.$

51. 如果 ξ 的分布函数是 F,那么 $-\xi$ 的分布函数 $\widetilde{F}(x)=1-F(-x-0).$

设特征函数是实值,即 $f(t)=\overline{f(t)}=f(-t).$

$$f(t)=E\mathrm{e}^{t\xi\mathrm{i}},\ f(-t)=E\mathrm{e}^{-t\xi\mathrm{i}},$$

故 ξ 与 $-\xi$ 有相同的特征函数,由唯一性定理知它们有相同的分布函数,即 $F(x)=\widetilde{F}(x)=1-F(-x-0)$,故分布对称.

反之,若 $F(x)=\widetilde{F}(x)$,由唯一性定理 $f(t)=E\mathrm{e}^{t\xi\mathrm{i}}=E\mathrm{e}^{-t\xi\mathrm{i}}=f(-t)$,所以 $f(t)$ 是实的.

52. 考虑 $G(x)=\dfrac{1}{h}\int_x^{x+h}F(y)\mathrm{d}y=\dfrac{1}{h}\int_0^h F(x+y)\mathrm{d}y.$

由积分定义知

$$G(x)=\lim_{n\to+\infty}\frac{1}{h}\sum_{k=1}^{n}F\left(x+\frac{k}{n}h\right)\frac{h}{n}=\lim_{n\to+\infty}\frac{1}{n}\sum_{k=1}^{n}F\left(x+\frac{kh}{n}\right),$$

而 $F\left(x+\frac{kh}{n}\right)\equiv F_k(x)$ 是分布函数，从而，其凸线性组合 $G_n(x)\equiv \frac{1}{n}\sum_{k=1}^{n}F\left(x+\frac{kh}{n}\right)$ 显然亦是分布函数，从而，$G(x)$ 是分布函数列 $G_n(x)$ 的极限函数.

如果能证明 $G(x)$ 是分布函数，那么由特征函数列的极限定理知：$G_n(x)$ 的特征函数

$$g_n(t)=\frac{1}{n}\sum_{k=1}^{n}\mathrm{e}^{-\frac{kht}{n}\mathrm{i}}\cdot f(t)\xrightarrow{n\to+\infty}f(t)\cdot\lim_{n\to+\infty}\frac{1}{n}\cdot\frac{\mathrm{e}^{-\frac{ht}{n}\mathrm{i}}(1-\mathrm{e}^{-ht\mathrm{i}})}{1-\mathrm{e}^{-\frac{ht}{n}\mathrm{i}}}$$

$$=f(t)\lim_{n\to+\infty}\frac{1}{n}\cdot\frac{1-\mathrm{e}^{-ht\mathrm{i}}}{\mathrm{e}^{\frac{ht}{n}\mathrm{i}}-1}$$

$$=f(t)(1-\mathrm{e}^{-ht\mathrm{i}})\lim_{n\to+\infty}\frac{1}{n\left(\frac{ht\mathrm{i}}{n}+\frac{(ht\mathrm{i})^2}{2!n^2}+\cdots\right)}$$

$$=\frac{1-\mathrm{e}^{-ht\mathrm{i}}}{ht\mathrm{i}}\cdot f(t)\equiv g(t),$$

其中 $g(t)$ 必是 $G(x)$ 的特征函数. 再由 $G(x)$ 的连续性、逆转公式以及积分的绝对收敛性得证

$$G(T+h)-G(T)=\lim_{l\to+\infty}\frac{1}{2\pi}\int_{-l}^{l}\frac{1-\mathrm{e}^{-ht\mathrm{i}}}{t\mathrm{i}}\mathrm{e}^{-tT\mathrm{i}}g(t)\mathrm{d}t$$

$$=\frac{1}{2\pi h}\int_{-\infty}^{+\infty}\left(\frac{1-\mathrm{e}^{-ht\mathrm{i}}}{t\mathrm{i}}\right)^2\mathrm{e}^{-tT\mathrm{i}}f(t)\mathrm{d}t.$$

最后我们证明 $G(x)$ 是分布函数. 由 $F(x)$ 的非负性，$G(x)$ 显然是非负的，且由定义知 $G(x)$ 是连续函数（积分限为变量的定积分是该变量的连续函数）. 又由 $G'(x)=F(x+h)-F(x)\geqslant 0$ 及 G 的连续性知 $G(x)$ 单调不减，再由 $|F(x+t)|\leqslant 1$ 对任意 x 及 t 一致有界，从而可在积分号下取极限，有 $\lim\limits_{x\to+\infty}G(x)=\frac{1}{h}\int_0^h\lim\limits_{x\to+\infty}F(x+t)\mathrm{d}t=1$，$\lim\limits_{x\to-\infty}G(x)=0$. 故 $G(x)$ 的确是分布函数.

53. 提示：先证对一个区间上的均匀分布成立，再证均匀分布的凸线性组合成立，再取极限，即知对一般的分布密度也对. 本题就是傅里叶变换理论的黎曼－勒贝格（Riemann-Lebesgue）引理.

54. 实值特征函数可写为 $f(t)=\int_{-\infty}^{+\infty}\cos tx\mathrm{d}F(x)$，于是

$$1-f(2t)=2\int_{-\infty}^{+\infty}\sin^2 xt\,\mathrm{d}F(x)$$
$$=2\int_{-\infty}^{+\infty}(1-\cos xt)(1+\cos xt)\,\mathrm{d}F(x)$$
$$\leqslant 4\int_{-\infty}^{+\infty}(1-\cos xt)\,\mathrm{d}F(x)=4-4f(t),$$
$$1+f(2t)=\int_{-\infty}^{+\infty}(1+\cos 2xt)\,\mathrm{d}F(x)=2\int_{-\infty}^{+\infty}\cos^2 xt\,\mathrm{d}F(x)$$
$$\geqslant 2\left(\int_{-\infty}^{+\infty}\cos xt\,\mathrm{d}F(x)\right)^2=2(f(t))^2.$$

55. 提示:由 46 题,$\sum\limits_{i=1}^{n}\xi_i$ 的特征函数为

$$\varphi(t)=p^n(1-q\mathrm{e}^{t\mathrm{i}})^{-n}$$
$$=p^n\sum_m(-1)^m\frac{-n(-n-1)\cdots(-n-m+1)}{m!}(q\mathrm{e}^{t\mathrm{i}})^m$$
$$=p^n\sum_m\frac{(m+n-1)!}{m!(n-1)!}q^m\mathrm{e}^{tm\mathrm{i}}.$$

由此可见 $P\left(\sum\limits_{i=1}^{n}\xi_i=m\right)=\dfrac{(m+n-1)!}{m!(n-1)!}p^nq^m$.

56. 提示:$G(x)$ 是 $F(x)$ 与 $(-h,h)$ 上均匀分布的卷积,并利用 44 题的结果(令 $a=h$).

57. 由题中条件所规定的函数是以 $2a$ 为周期的对称函数. 将 $f(t)$ 展成傅里叶余弦函数级数

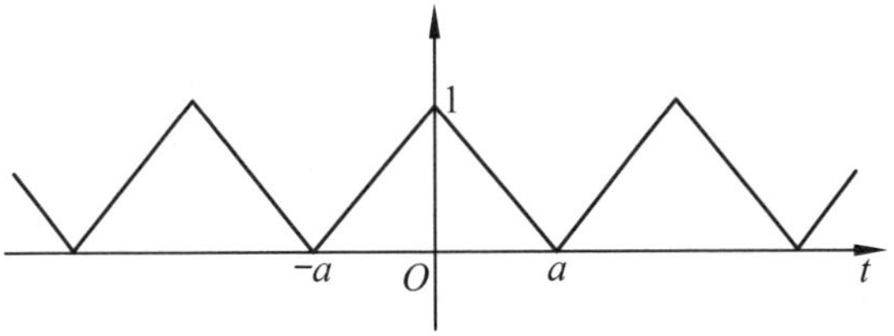

图答 -4

$$f(t)=\frac{a_0}{2}+\sum_{n=1}^{+\infty}a_n\cos\frac{n\pi t}{a},$$
$$a_0=\frac{2}{a}\int_0^a\frac{a-x}{a}\mathrm{d}x=1,$$

$$a_n = \frac{2}{a}\int_0^a \frac{a-x}{a}\cos\frac{n\pi x}{a}\,\mathrm{d}x = -\frac{2}{n^2\pi^2}[(-1)^n - 1]$$

$$= \begin{cases} 0, & n = 2k, \\ \dfrac{4}{\pi^2(2k-1)^2}, & n = 2k-1,\ k \in \mathbf{N}, \end{cases}$$

$$f(t) = \frac{1}{2} + \frac{4}{\pi^2}\left[\cos\frac{\pi t}{a} + \frac{1}{3^2}\cos\frac{3\pi t}{a} + \frac{1}{5^2}\cos\frac{5\pi t}{a} + \cdots\right]$$

$$= \frac{1}{2} + \frac{4}{2\pi^2}\left[\mathrm{e}^{\frac{\pi t}{a}\mathrm{i}} + \mathrm{e}^{-\frac{\pi t}{a}\mathrm{i}} + \frac{1}{3^2}\mathrm{e}^{\frac{3\pi t}{a}\mathrm{i}} + \frac{1}{3^2}\mathrm{e}^{-\frac{3\pi t}{a}\mathrm{i}} + \cdots\right] = \sum_{n=-\infty}^{+\infty} p_n \mathrm{e}^{t\frac{n\pi}{a}\mathrm{i}},$$

其中 $p_0 = \frac{1}{2}$， $p_{2k} = 0$， $p_{-(2k-1)} = p_{2k-1} = \frac{2}{\pi^2}\frac{1}{(2k-1)^2}$， $k \in \mathbf{N}^*$.

$$\sum_{n=-\infty}^{+\infty} p_n = \frac{1}{2} + \frac{4}{\pi^2}\sum_{n=1}^{+\infty}\frac{1}{(2n-1)^2} = \frac{1}{2} + \frac{4}{\pi^2}\times\frac{\pi^2}{8} = 1.$$

故 $f(t)$ 是对应于离散型随机变量 $\begin{pmatrix} \frac{n\pi}{a}, & n \in \mathbf{Z} \\ p_n, & \end{pmatrix}$ 的特征函数.

第 3 章　独立随机变量序列的极限定理

1. 令 $B = \bigcap_{k=1}^{+\infty}\bigcap_{n=k}^{+\infty} A_n$. 又 $\overline{A}_n$ 表示 A_n 的对立事件，则由 §3.1 对偶原则得

$$1 - P(B) = \lim_{k\to+\infty} P\left(\bigcap_{n=k}^{+\infty}\overline{A}_n\right) = \lim_{k\to+\infty}\prod_{n=k}^{+\infty}(1 - P(A_n)).$$

由假设 $\sum_{n=1}^{+\infty} P(A_n) = +\infty$，故无穷乘积 $\prod_{n=1}^{+\infty}(1 - P(A_n)) = 0$，从而上式右边的极限等于 0，亦即 $P(B) = 1$.

2. 必要性　设 ξ_n 的分布是 F_n，

$$E[f(|\xi_n|)] = \int_{-\infty}^{+\infty} f(|x|)\mathrm{d}F_n(x)$$

$$= \int_{|x|>\varepsilon} f(|x|)\mathrm{d}F_n + \int_{|x|\leqslant\varepsilon} f(|x|)\mathrm{d}F_n$$

$$\leqslant \sup_{x\geqslant 0} f(x)\int_{|x|>\varepsilon}\mathrm{d}F_n + f(\varepsilon)\int_{|x|\leqslant\varepsilon}\mathrm{d}F_n$$

$$\leqslant cP(|\xi_n| > \varepsilon) + f(\varepsilon).$$

对任给的 $\eta > 0$，由于 $f(x)$ 的连续性，存在 $\varepsilon > 0$，使 $f(\varepsilon) < \frac{\eta}{2}$.

由于 $\xi_n \to 0,(\mathrm{P})$，存在 N，使 $n > N$ 时，$P(|\xi_n| > \varepsilon) < \dfrac{\eta}{2c}$，

即 $n > N$ 时，$E[f(|\xi_n|)] < \eta$.

充分性

$$\begin{aligned}E[f(|\xi_n|)] &= \int_{-\infty}^{+\infty} f(|x|)\mathrm{d}F_n(x)\\ &= \int_{|x|>\varepsilon} f(|x|)\mathrm{d}F_n + \int_{|x|\leqslant\varepsilon} f(|x|)\mathrm{d}F_n\\ &\geqslant f(\varepsilon)\int_{|x|>\varepsilon}\mathrm{d}F_n = f(\varepsilon)p(|\xi_n| > \varepsilon).\end{aligned}$$

既然 $E[f(|\xi_n|)] \to 0$，而且对任何 $\varepsilon > 0, f(\varepsilon) > 0$，故

$$P(|\xi_n| > \varepsilon) \to 0,\text{即 } \xi_n \to 0,(\mathrm{P}).$$

3. 提示：利用特征函数的逆极限定理.

4. $$\mathrm{e}^{f(t)-1} = \frac{1}{\mathrm{e}}\left(1 + f(t) + \frac{1}{2!}f^2(t) + \cdots + \frac{1}{n!}f^n(t) + \cdots\right).$$

考虑 $$f_n(t) = \frac{1}{K_n}\left(1 + f(t) + \frac{1}{2!}f^2(t) + \cdots + \frac{1}{n!}f^n(t)\right),$$

其中 $K_n = 1 + 1 + \dfrac{1}{2!} + \cdots + \dfrac{1}{n!}$. 由于 $f(t)$ 是特征函数，故 $f(t)$，$f^2(t),\cdots,f^n(t)$ 也是，而 1 也是特征函数. 既然 $f_n(t)$ 是它们的凸线性组合，所以也是特征函数.

另一方面 $\mathrm{e}^{f(t)-1}$ 是连续的，且 $\mathrm{e}^{f(t)-1} = \lim\limits_{n\to+\infty} f_n(t)$，所以由逆极限定理 $\mathrm{e}^{f(t)-1}$ 是特征函数.

5. 提示：若 ξ 有参数为 λ 的泊松分布，则 $E\xi = D\xi = \lambda$；ξ_n 可看成 n 个独立的具有参数为 1 的泊松分布的随机变量的和.

6. 提示：由第 1 章题 14(iii)，$q_k = \dfrac{\mathrm{C}_{N+n-k-2}^{n-k}}{\mathrm{C}_{N+n-1}^{n}}$，故

$$\begin{aligned}q_k &= \frac{(N-1)n(n-1)\cdots(n-k+1)}{(N+n-1)\cdots(N+n-k-2+1)}\\ &= \frac{N-1}{N+n-1}\cdot\frac{n}{N+n-2}\cdots\frac{n-k+1}{N+n-k-1}.\end{aligned}$$

注意条件 $N\to+\infty, n\to+\infty, \dfrac{n}{N}\to\lambda$，即得 $q_k \to \dfrac{\lambda^k}{(1+\lambda)^{k+1}}$.

7. 提示：利用切比雪夫不等式.

8. 提示：利用第 2 题的结果，取 $f(x)=\dfrac{x^2}{1+x^2}$ 即可.

9. 提示：注意 ξ_n 有 $N\left(\theta^n,\dfrac{\sqrt[4]{n}}{\sqrt{2}}\right)$ 分布，而 $\sum\limits_{n=1}^{+\infty}\dfrac{1}{n^2}\dfrac{\sqrt{n}}{2}<+\infty$.

12. 柯尔莫哥洛夫定理条件不满足，但马尔可夫大数定理条件满足.

13. 提示：利用不等式，对 $m<n$ 有 $\dfrac{1}{n^2}\sum\limits_{k=1}^{n}DX_k\leqslant\dfrac{1}{n^2}\sum\limits_{k=1}^{m}DX_k+\sum\limits_{k=m+1}^{n}\dfrac{DX_k}{k^2}$.

14. 令 $\eta_{n,k}=\begin{cases}\xi_k, & |\xi_k|\leqslant n\delta,\\ 0, & |\xi_k|>n\delta\end{cases}\quad(\delta>0),\ k=1,2,\cdots,n.$

由所给条件知 $\quad b_k=\int_{-\infty}^{+\infty}|x|\,\mathrm{d}F_k(x),\ k\in\mathbf{N}^*$

存在而且 b_k 有界，设其界为 M. 由切比雪夫不等式：

$$P\left[\left|\frac{1}{n}\sum_{k=1}^{n}\eta_{n,k}-\frac{1}{n}\sum_{k=1}^{n}E\eta_{n,k}\right|\geqslant\varepsilon\right]\leqslant\frac{M\delta}{\varepsilon^2}.\tag{1}$$

另一方面

$$\sum_{k=1}^{n}P(\xi_k\neq\eta_{n,k})=\sum_{k=1}^{n}P(|\xi_k|>n\delta)\leqslant\frac{1}{\delta}\max_{1\leqslant k<+\infty}\int_{|x|\geqslant n\delta}|x|\,\mathrm{d}F_k(x).\tag{2}$$

综合(1)(2) 式易推知 $\quad\lim\limits_{n\to+\infty}P\left(\dfrac{1}{n}\left|\sum\limits_{k=1}^{n}(\xi_k-E\xi_k)\right|\geqslant2\varepsilon\right)=0,$

亦即 ξ_k 服从大数定理.

16. 能直接验证林德伯格条件成立.

17. (i) 成立. (ii) 成立.

18. 提示：利用[0,1]上的独立均匀分布序列服从强大数定理.

20. 考虑$\{\xi_n\}$，ξ_n 的分布是 $\chi^2(1)$，则 $E\xi_n=1$，$E\xi_n^2=3$，$D\xi_n=2$，所以 ξ_n 服从

中心极限定理. 又 $\sum\limits_{k=1}^{n}\xi_k$ 的分布是 $\chi^2(n)$，

$$P\left(\frac{1}{\sqrt{2n}}\sum_{k=1}^{n}(\xi_k-1)\leqslant t\right)=P\left(\sum_{k=1}^{n}\xi_k<n+\sqrt{2nt}\right)$$

$$=\frac{1}{2^{\frac{n}{2}}\Gamma\left(\frac{n}{2}\right)}\int_0^{n+t\sqrt{2n}}z^{\frac{n}{2}-1}\mathrm{e}^{-\frac{z}{2}}\mathrm{d}z$$

$$=\frac{1}{\Gamma\left(\frac{n}{2}\right)}\sqrt{\left(\frac{n}{2}\right)}\int_0^{1+t\sqrt{\frac{2}{n}}}z^{\frac{n}{2}-1}\mathrm{e}^{-\frac{nz}{2}}\mathrm{d}z\to\frac{1}{\sqrt{2\pi}}\int_{-\infty}^{t}\mathrm{e}^{-\frac{z^2}{2}}\mathrm{d}z.$$

21. 提示:若用 ξ_i 表示第 i 次试验的结果,即 $P(\xi_i=1)=p_i$,$P(\xi_i=0)=q_i$,则 $s_n=\sum_{i=1}^{n}\xi_i$. 只需验证 $\{\xi_i\}$ 是服从中心极限定理的即可.

22. (i) 当废品率为 0.005 时,检查 200 件产品,出现 4 件废品是一小概率事件(概率约为 0.015),故不可信.

(ii) 13.

(iii) 100.

23. 1 598 700.

第 4 章　随机过程引论

1. 三个状态,是遍历的,$p_1=\dfrac{2}{5}$,$p_2=\dfrac{13}{35}$,$p_3=\dfrac{8}{35}$.

2. $E=(1,2,\cdots,6)$,$p_{jk}=\dfrac{1}{6}(k>j)$,$p_{jk}=\dfrac{k}{6}(k=j)$,$p_{jk}=0(k<j)$,$k,j=1,2,\cdots,6$.

3. $P(\xi_{t_1}=j_1,\xi_{t_2}=j_2,\cdots,\xi_{t_k}=j_k;0<t_1<t_2<\cdots<t_k)$

$$=\begin{cases}\dfrac{(\lambda t_1)^{j_1}\mathrm{e}^{-\lambda t_1}}{j_1!}\prod\limits_{u=1}^{k-1}\dfrac{[\lambda(t_{u+1}-t_u)]^{j_{u+1}-j_u}}{(j_{u+1}-j_u)!}\mathrm{e}^{-\lambda(t_{u+1}-t_u)}, & 0\leqslant j_1\leqslant j_2\leqslant\cdots\leqslant j_k,\\ 0, & \text{否则}.\end{cases}$$

4. $(\xi_{t_1},\xi_{t_2},\cdots,\xi_{t_k})$　$(0<t_1<t_2<\cdots<t_k)$ 的联合密度为

$$\frac{1}{\sqrt{2\pi t_1}}\exp\left(-\frac{x_1^2}{2t_1}\right)\prod_{u=1}^{k-1}\frac{1}{\sqrt{2\pi(t_{u+1}-t_u)}}\exp\left(-\frac{(x_{u+1}-x_u)^2}{2(t_{u+1}-t_u)}\right).$$

5. $B_\eta(t)=\sum\limits_{i,j}a_i\bar{a}_jB_\xi(\tau+s_i-s_j)$,$F_\eta(x)=\int_{-\infty}^{x}\left|\sum\limits_k a_k\mathrm{e}^{\lambda s_k \mathrm{i}}\right|^2\mathrm{d}F_\xi(\lambda)$.

第 5 章　数理统计初步

1. $\dfrac{1}{2}(\max\limits_{1\leqslant i\leqslant n}x_i+\min\limits_{1\leqslant i\leqslant n}x_i)$较有效.

2. $\dfrac{4}{3}\max\limits_{1\leqslant i\leqslant 3}x_i$ 较有效.

3. $K_1=\dfrac{1}{3}$,$K_2=\dfrac{2}{3}$.

5. 凡是满足不等式$\max\limits_{1\leqslant i\leqslant n}x_i-\dfrac{1}{2}\leqslant\hat{\theta}(x_1,x_2,\cdots,x_n)\leqslant\min\limits_{1\leqslant i\leqslant n}x_i+\dfrac{1}{2}$

的估计值 $\hat{\theta}$ 都是最大似然估值，例如，$\frac{1}{2}(\max\limits_{1\leqslant i\leqslant n} x_i + \min\limits_{1\leqslant i\leqslant n} x_i)$ 就是一个.

提示：直接按照最大似然估值的定义求.

6. $\max\limits_{1\leqslant i\leqslant n} x_i$（直接按定义求）.

7. (i)$\bar{x}$. (iii)$\bar{x}$.

(iv) 将 $x_1, x_2, \cdots, x_n$ 按大小排成 $x_{(1)} \leqslant x_{(2)} \leqslant \cdots \leqslant x_{(n)}$.

当 $n = 2k+1$ 时，$\hat{\theta} = x_{(k+1)}$ 是最大似然估值.

当 $n = 2k$ 时，一切满足 $x_{(k)} < \hat{\theta} \leqslant x_{(k+1)}$ 的 $\hat{\theta}$ 都是最大似然估值.

当 $x_{(k)} = x_{(k+1)}$ 时，令 $\hat{\theta} = x_{(k)}$.

8. $\hat{\theta}_1 = \min\limits_{1\leqslant i\leqslant n} x_i$，$\hat{\theta}_2 = \frac{1}{n}\sum\limits_{i=1}^{n}(x_i - \min\limits_{1\leqslant i\leqslant n} x_i)$.

9. 提示：要检查两个正态分布的期望值是否相等，利用 §5.5(二)(iii) 所给的检验法，

$$T = \sqrt{\frac{n_1 n_2 (n_1 + n_2 - 2)}{n_1 + n_2}} \cdot \frac{\bar{\xi} - \bar{\eta}}{\sqrt{n_1 s_1^2 + n_2 s_2^2}} = 0.312.$$

自由度 $n_1 + n_2 - 2 = 21$. 查自由度为 21 的 t 分布表，信度取 1% 得 2.83 >0.312，所以按 1% 信度，两店的豆可以看作是同一种类的.

10. 提示：用 §5.5(二)(i) 的检查法， $t = \sqrt{n-1}\,\frac{\xi - a_0}{s} = 2.10$.

取信度 5%，查自由度为 23 的 t 分布表，得 2.07 < 2.10，故不能认为期望值是 12 100.

11. 提示：解法同第 9 题，令 $T = 4.42$.

查自由度为 18 的 t 分布表，信度取 1%，得 2.878 < 4.42，故两品种产量有显著差别.

12. 提示：用 §5.5(二)(iv) 的检查法. $F = 1.03$. 取 5% 的信度，查自由度为(5,8) 的 F 分布表，得 3.69 > 1.03，故可认为两种口径方差无差异.

13. 提示：用 §5.5(三) 中的 χ^2 - 检验法.

首先算得 $\bar{x} = 0.805$，现要检查过路汽车的辆数是否是 $\lambda = 0.805$ 的泊松分布.

数 值 表

数值表 1　$\Phi(x)=\frac{1}{\sqrt{2\pi}}\int_0^x e^{-\frac{z^2}{2}}dz$ 数值表①

x	$\Phi(x)$	x	$\Phi(x)$	x	$\Phi(x)$	x	$\Phi(x)$
0.00	0.000 0						
0.01	0.004 0	0.31	0.121 7	0.61	0.229 1	0.91	0.318 6
0.02	0.008 0	0.32	0.125 5	0.62	0.232 4	0.92	0.321 2
0.03	0.012 0	0.33	0.129 3	0.63	0.235 7	0.93	0.323 8
0.04	0.016 0	0.34	0.133 1	0.64	0.238 9	0.94	0.326 4
0.05	0.019 9	0.35	0.136 8	0.65	0.242 2	0.95	0.328 9
0.06	0.023 9	0.36	0.140 6	0.66	0.245 4	0.96	0.331 5
0.07	0.027 9	0.37	0.144 3	0.67	0.248 6	0.97	0.334 0
0.08	0.031 9	0.38	0.148 0	0.68	0.251 7	0.98	0.336 5
0.09	0.035 9	0.39	0.151 7	0.69	0.254 9	0.99	0.338 9
0.10	0.039 8	0.40	0.155 4	0.70	0.258 0	1.00	0.341 3
0.11	0.043 8	0.41	0.159 1	0.71	0.261 1	1.01	0.343 8
0.12	0.047 8	0.42	0.162 8	0.72	0.264 2	1.02	0.346 1
0.13	0.051 7	0.43	0.166 4	0.73	0.267 3	1.03	0.348 5
0.14	0.055 7	0.44	0.170 0	0.74	0.270 3	1.04	0.350 8
0.15	0.059 6	0.45	0.173 6	0.75	0.273 4	1.05	0.353 1
0.16	0.063 6	0.46	0.177 2	0.76	0.276 4	1.06	0.355 4
0.17	0.067 5	0.47	0.180 8	0.77	0.279 4	1.07	0.357 7
0.18	0.071 4	0.48	0.184 4	0.78	0.282 3	1.08	0.359 9
0.19	0.075 3	0.49	0.187 9	0.79	0.285 2	1.09	0.362 1
0.20	0.079 3	0.50	0.191 5	0.80	0.288 1	1.10	0.364 3
0.21	0.083 2	0.51	0.195 0	0.81	0.291 0	1.11	0.366 5
0.22	0.087 1	0.52	0.198 5	0.82	0.293 9	1.12	0.368 6
0.23	0.091 0	0.53	0.201 9	0.83	0.296 7	1.13	0.370 8
0.24	0.094 8	0.54	0.205 4	0.84	0.299 5	1.14	0.372 9
0.25	0.098 7	0.55	0.208 8	0.85	0.302 3	1.15	0.374 9
0.26	0.102 6	0.56	0.212 3	0.86	0.305 1	1.16	0.377 0
0.27	0.106 4	0.57	0.215 7	0.87	0.307 8	1.17	0.379 0
0.28	0.110 3	0.58	0.219 0	0.88	0.310 6	1.18	0.381 0
0.29	0.114 1	0.59	0.222 4	0.89	0.313 3	1.19	0.383 0
0.30	0.117 9	0.60	0.225 7	0.90	0.315 9	1.20	0.384 9

① 更多的数值表见参考书[33][47].

续表 1

x	$\Phi(x)$	x	$\Phi(x)$	x	$\Phi(x)$	x	$\Phi(x)$
1.21	0.386 9	1.56	0.440 6	1.91	0.471 9	2.52	0.494 1
1.22	0.388 8	1.57	0.441 8	1.92	0.472 6	2.54	0.494 5
1.23	0.390 7	1.58	0.442 9	1.93	0.473 2	2.56	0.494 8
1.24	0.392 5	1.59	0.444 1	1.94	0.473 8	2.58	0.495 1
1.25	0.394 4	1.60	0.445 2	1.95	0.474 4	2.60	0.495 3
1.26	0.396 2	1.61	0.446 3	1.96	0.475 0	2.62	0.495 6
1.27	0.398 0	1.62	0.447 4	1.97	0.475 6	2.64	0.495 9
1.28	0.399 7	1.63	0.448 4	1.98	0.476 1	2.66	0.496 1
1.29	0.401 5	1.64	0.449 5	1.99	0.476 7	2.68	0.496 3
1.30	0.403 2	1.65	0.450 5	2.00	0.477 2	2.70	0.496 5
1.31	0.404 9	1.66	0.451 5	2.02	0.478 3	2.72	0.496 7
1.32	0.406 6	1.67	0.452 5	2.04	0.479 3	2.74	0.496 9
1.33	0.408 2	1.68	0.453 5	2.06	0.480 3	2.76	0.497 1
1.34	0.409 9	1.69	0.454 5	2.08	0.481 2	2.78	0.497 3
1.35	0.411 5	1.70	0.455 4	2.10	0.482 1	2.80	0.497 4
1.36	0.413 1	1.71	0.456 4	2.12	0.483 0	2.82	0.497 6
1.37	0.414 7	1.72	0.457 3	2.14	0.483 8	2.84	0.497 7
1.38	0.416 2	1.73	0.458 2	2.16	0.484 6	2.86	0.497 9
1.39	0.417 7	1.74	0.459 1	2.18	0.485 4	2.88	0.498 0
1.40	0.419 2	1.75	0.459 9	2.20	0.486 1	2.90	0.498 1
1.41	0.4207	1.76	0.460 8	2.22	0.486 8	2.92	0.498 2
1.42	0.422 2	1.77	0.461 6	2.24	0.487 5	2.94	0.498 4
1.43	0.423 6	1.78	0.462 5	2.26	0.488 1	2.96	0.498 5
1.44	0.425 1	1.79	0.463 3	2.28	0.488 7	2.98	0.498 6
1.45	0.426 5	1.80	0.464 1	2.30	0.489 3	3.00	0.498 65
1.46	0.427 9	1.81	0.464 9	2.32	0.489 8	3.20	0.499 31
1.47	0.429 2	1.82	0.465 6	2.34	0.490 4	3.40	0.499 66
1.48	0.430 6	1.83	0.466 4	2.36	0.490 9	3.60	0.499 841
1.49	0.431 9	1.84	0.467 1	2.38	0.491 3	3.80	0.499 928
1.50	0.433 2	1.85	0.467 8	2.40	0.491 8	4.00	0.499 968
1.51	0.434 5	1.86	0.468 6	2.42	0.492 2	4.50	0.499 997
1.52	0.435 7	1.87	0.469 3	2.44	0.492 7	5.00	0.499 999 97
1.53	0.437 0	1.88	0.469 9	2.46	0.493 1		
1.54	0.438 2	1.89	0.470 6	2.48	0.493 4		
1.55	0.439 4	1.90	0.471 3	2.50	0.493 8		

数值表 2 χ^2 分布表

设 χ^2 的密度由§2.8(30)给出，对已给的 p，$0<p<100$，满足下式的常数 χ_p^2 由下表可以查到，因而 χ^2 大于 χ_p^2 的概率为 $p\%$.

$$P(\chi^2>\chi_p^2)=\frac{p}{100}.$$

自由度	χ_p^2 作为 n 与 p 的函数													
n	$p=99$	98	95	90	80	70	50	30	20	10	5	2	1	0.1
1	0.000	0.001	0.004	0.016	0.064	0.148	0.455	1.074	1.642	2.706	3.841	5.412	6.635	10.827
2	0.020	0.040	0.103	0.211	0.446	0.713	1.386	2.408	3.219	4.605	5.991	7.824	9.210	13.815
3	0.115	0.185	0.352	0.584	1.005	1.424	2.366	3.665	4.642	6.251	7.815	9.837	11.341	16.268
4	0.297	0.429	0.711	1.064	1.649	2.195	3.357	4.878	5.989	7.779	9.488	11.668	13.277	18.465
5	0.554	0.752	1.145	1.610	2.343	3.000	4.351	6.064	7.289	9.236	11.070	13.388	15.086	20.517
6	0.872	1.134	1.635	2.204	3.070	3.828	5.348	7.231	8.558	10.645	12.592	15.033	16.812	22.457
7	1.239	1.564	2.167	2.833	3.822	4.671	6.346	8.383	9.803	12.017	14.067	16.622	18.475	24.322
8	1.646	2.032	2.733	3.490	4.594	5.527	7.344	9.524	11.030	13.362	15.507	18.168	20.090	26.125
9	2.088	2.532	3.325	4.168	5.380	6.393	8.343	10.656	12.242	14.684	16.919	19.679	21.666	27.877
10	2.558	3.059	3.940	4.865	6.179	7.267	9.342	11.781	13.442	15.987	18.307	21.161	23.209	29.588
11	3.053	3.609	4.575	5.578	6.989	8.148	10.341	12.899	14.631	17.275	19.675	22.618	24.725	31.264
12	3.571	4.178	5.226	6.304	7.807	9.034	11.340	14.011	15.812	18.549	21.026	24.054	26.217	32.909
13	4.107	4.765	5.892	7.042	8.634	9.926	12.340	15.119	16.985	19.812	22.362	25.472	27.688	34.528
14	4.660	5.368	6.571	7.790	9.467	10.821	13.339	16.222	18.151	21.064	23.685	26.873	29.141	36.123
15	5.229	5.985	7.261	8.547	10.307	11.721	14.339	17.322	19.311	22.307	24.996	28.259	30.578	37.697
16	5.812	6.614	7.962	9.312	11.152	12.624	15.338	18.418	20.465	23.542	26.296	29.633	32.000	39.252
17	6.408	7.255	8.672	10.085	12.002	13.531	16.338	19.511	21.615	24.769	27.587	30.995	33.409	40.790
18	7.015	7.906	9.390	10.865	12.857	14.440	17.338	20.601	22.760	25.989	28.869	32.346	34.805	42.312
19	7.633	8.567	10.117	11.651	13.716	15.352	18.338	21.689	23.900	27.204	30.144	33.687	36.191	43.820
20	8.260	9.237	10.851	12.443	14.578	16.266	19.337	22.775	25.038	28.412	31.410	35.020	37.566	45.315
21	8.897	9.915	11.591	13.240	15.445	17.182	20.337	23.858	26.171	29.615	32.671	36.343	38.932	46.797
22	9.542	10.600	12.338	14.041	16.314	18.101	21.337	24.939	27.301	30.813	33.924	37.659	40.289	48.268
23	10.196	11.293	13.091	14.848	17.187	19.021	22.337	26.018	28.429	32.007	35.172	38.968	41.638	49.728
24	10.856	11.992	13.848	15.659	18.062	19.943	23.337	27.096	29.553	33.196	36.415	40.270	42.980	51.179
25	11.524	12.697	14.611	16.473	18.940	20.867	24.337	28.172	30.675	34.382	37.652	41.566	44.314	52.620
26	12.198	13.409	15.379	17.292	19.820	21.792	25.336	29.246	31.795	35.563	38.885	42.856	45.642	54.052
27	12.879	14.125	16.151	18.114	20.703	22.719	26.336	30.319	32.912	36.741	40.113	44.140	46.963	55.476
28	13.565	14.847	16.928	18.939	21.588	23.647	27.336	31.391	34.027	37.916	41.337	45.419	48.278	56.893
29	14.256	15.574	17.708	19.768	22.475	24.577	28.336	32.461	35.139	39.087	42.557	46.693	49.588	58.302
30	14.953	16.306	18.493	20.599	23.364	25.508	29.336	33.530	36.250	40.256	43.773	47.962	50.892	59.703

数值表 3　　　　t 分布表

设 t 的密度由 §2.8(33) 给出，对已给的 p，$0<p<100$，满足下式的常数 t_p 由下表可以查到，因而 t 的绝对值大于 t_p 的概率为 $p\%$.

$$P(|t|>t_p)=\frac{p}{100}.$$

自由度	t_p 作为 n 与 p 的函数												
n	$p=90$	80	70	60	50	40	30	20	10	5	2	1	0.1
1	0.158	0.325	0.510	0.727	1.000	1.376	1.963	3.073	6.314	12.706	31.821	63.657	636.619
2	0.142	0.289	0.445	0.617	0.816	1.061	1.386	1.886	2.920	4.303	6.965	9.925	31.589
3	0.137	0.277	0.424	0.584	0.765	0.978	1.250	1.638	2.353	3.182	4.541	5.841	12.941
4	0.134	0.271	0.414	0.569	0.741	0.941	1.190	1.533	2.132	2.776	3.747	4.604	8.610
5	0.132	0.267	0.408	0.559	0.727	0.920	1.156	1.476	2.015	2.571	3.365	4.032	6.859
6	0.131	0.265	0.404	0.553	0.718	0.906	1.134	1.440	1.943	2.447	3.143	3.707	5.959
7	0.130	0.263	0.402	0.549	0.711	0.896	1.119	1.415	1.895	2.365	2.998	3.499	5.405
8	0.130	0.262	0.399	0.546	0.706	0.889	1.108	1.397	1.860	2.306	2.896	3.355	5.041
9	0.129	0.261	0.398	0.543	0.703	0.883	1.100	1.383	1.833	2.262	2.821	3.250	4.781
10	0.129	0.260	0.397	0.542	0.700	0.879	1.093	1.372	1.812	2.228	2.764	3.169	4.587
11	0.129	0.260	0.396	0.540	0.697	0.876	1.088	1.363	1.796	2.201	2.718	3.106	4.437
12	0.128	0.259	0.395	0.539	0.695	0.873	1.083	1.356	1.782	2.179	2.681	3.055	4.318
13	0.128	0.259	0.394	0.538	0.694	0.870	1.079	1.350	1.771	2.160	2.650	3.012	4.221
14	0.128	0.258	0.393	0.537	0.692	0.868	1.076	1.345	1.761	2.145	2.624	2.977	4.140
15	0.128	0.258	0.393	0.536	0.691	0.866	1.074	1.341	1.753	2.131	2.602	2.947	4.073
16	0.128	0.258	0.392	0.535	0.690	0.865	1.071	1.337	1.746	2.120	2.583	2.921	4.015
17	0.128	0.257	0.392	0.534	0.689	0.863	1.069	1.333	1.740	2.110	2.567	2.898	3.965
18	0.127	0.257	0.392	0.534	0.688	0.862	1.067	1.330	1.734	2.101	2.552	2.878	3.922
19	0.127	0.257	0.391	0.533	0.688	0.861	1.066	1.328	1.729	2.093	2.539	2.861	3.883
20	0.127	0.257	0.391	0.533	0.687	0.860	1.064	1.325	1.725	2.086	2.528	2.845	3.850
21	0.127	0.257	0.391	0.532	0.686	0.859	1.063	1.323	1.721	2.080	2.518	2.831	3.819
22	0.127	0.256	0.390	0.532	0.686	0.858	1.061	1.321	1.717	2.074	2.508	2.819	3.792
23	0.127	0.256	0.390	0.532	0.685	0.858	1.060	1.319	1.714	2.069	2.500	2.807	3.767
24	0.127	0.256	0.390	0.531	0.685	0.857	1.059	1.318	1.711	2.064	2.492	2.797	3.745
25	0.127	0.256	0.390	0.531	0.684	0.856	1.058	1.316	1.708	2.060	2.485	2.787	3.725
26	0.127	0.256	0.390	0.531	0.684	0.856	1.058	1.315	1.706	2.056	2.479	2.779	3.707
27	0.127	0.256	0.389	0.531	0.684	0.855	1.057	1.314	1.703	2.052	2.473	2.771	3.690
28	0.127	0.256	0.389	0.530	0.683	0.855	1.056	1.313	1.701	2.048	2.467	2.763	3.674
29	0.127	0.256	0.389	0.530	0.683	0.854	1.055	1.311	1.699	2.045	2.462	2.756	3.659
30	0.127	0.256	0.389	0.530	0.683	0.854	1.055	1.310	1.697	2.042	2.457	2.750	3.646
40	0.126	0.255	0.388	0.529	0.681	0.851	1.050	1.303	1.684	2.021	2.423	2.704	3.551
60	0.126	0.254	0.387	0.527	0.679	0.848	1.046	1.296	1.671	2.000	2.390	2.660	3.460
120	0.126	0.254	0.386	0.526	0.677	0.845	1.041	1.289	1.658	1.980	2.358	2.617	3.373
∞	0.126	0.253	0.385	0.524	0.674	0.842	1.036	1.282	1.645	1.960	2.326	2.576	3.291

参考书目

[1]Натансон. И П. 实变函数论. 徐瑞云,译. 第 2 版. 北京:人民教育出版社. 1957.

[2]Loéve. M. Probability Theory, 3rd ed. Springer. 1963.

[3]Cramer. H. Mathematical Methods of Statistics, 2nd ed. Princeton: Princeton University Press. 1946.(有汉译本;魏宗舒,译. 统计学数学方法. 北京:科技出版社,1966)

[4]Ахиезер Н И. Классическая Проблема Моментов. 1961.

[5]Lukacs E. Characteristic Function. London: C. Griffen. 1960.

[6]Wilk S S. Mathematical Statistics. New York, London: J. Wiley and Sons. 1962.

[7]Fisz M. 概率论及数理统计. 王福保,译. 上海:上海科技出版社. 1962.

[8]复旦大学数学系主编. 概率论与数理统计,第 2 版. 上海:上海科技出版社. 1961.

[9]Гнеденко Б В. 概率论教程. 丁寿田,译. 第 2 版. 北京:高等教育出版社. 1954.

[10]江泽坚,吴智泉. 实变函数论,第 2 版. 北京:高等教育出版社. 1994.

[11]Гнеденко Б В,Колмогоров А Н. 相互独立随机变量之和的极限分布. 王寿仁,译. 1949.

[12]Richter H. Wahrscheinlichkeitstheorie. Addison-Wesley Pub. Co.,

1965,63(7):25-75.
[13]Линник Ю В. Разложния Вероятностных Законов. 1960.
[14]Cramer H. Random Variables and Probability Distributions. London: Cambridge University Press, 1937.
[15]Feller W. An Introduction to Probability Theory and Its Applications. Vol. 1, 2nd ed., 1957; Vol. 2, 2nd ed., John Wiley and Sons. Inc., 1971.
[16]Doob J L. Stochastic Processes. New York: John Wiley and Sons, 1953.
[17]伊藤清．概率论．刘璋温,译．北京:科学出版社,1961.
[18]伊滕清．随机过程．刘璋温,译．上海:上海科技出版社,1961.
[19]Blanc-Lapierre A, Fortet R. Théoric des Fonction Aléatoires. Paris, 1953.
[20]Bartlett M S. An Introduction to Stochastic Processes. London: Cambridge University Press, 1955.
[21]Bharucha-Reid A T. Elements of the Theory of Markov Processes and Their Applications. McGraw-Hill, 1960.
[22]雅格龙．平稳随机函数导论．数学进展. 1956,2(1):3-153.
[23]Розанов Ю А. Стационарные Случайные Процессы. 1963.
[24]郑绍濂,编校．希尔伯特空间中的平稳序列．上海:上海科技出版社,1963.
[25]Grenander N, Rosenblatt M. 平稳时间序列的统计分析．郑绍濂,等译.上海:上海科技出版社,1957.
[26]Дынкин Е Б. 马尔可夫过程论基础．王梓坤,译．北京:科学出版社. 1959.
[27]Дынкин Е Б. Марковские Процессы. 1963.
[28]Скороход А В. Исследования по Теории Случайных Процессов.
[29]Chung K L. Markov Chains with Stationary Transition Probablities. Springer-Verlag, 1960.
[30]Вентцепь И С. 概率论．第2版.
[31]Kendall M G. The Advanced Theory of Statistics. Vol. 1, 2. Fifth

edition, Charles Griffin Pub. , 1952.

[32]周华章．工业技术应用数理统计学．北京:高等教育出版社,1963.

[33]Дунин-Барковский И В, Смироов Н В. Теория Вероятносгей и Математическая Статистика в Технике. 1955.

[34]Фихтенгольц Р М．微积分学教程. 北京:人民教育出版社,1964.

[35]王梓坤．随机过程论．北京:科学出版社,1965.

[36]Wald A. Sequential Analysis. John Wiley and Sons. Inc. , 1948.

[37]Голенко Д И. Моделирование и Статистический Анализ Псевдослучайных Числа на Электронных Вычислительных Машинах. 1965.

[38]Ибратимов И А, Линник Ю В. Независимые и Стационарно Связанные Величины. 1965.

[39]Parzen E. Stochastic Processes. Society for Industrial and Applied Mathematics Philedelphia Pa, 1962.

[40]Демидович В П, Марон И А. Основы Вычислительной Математики. 1960.

[41]林少宫．基础概率与数理统计．北京:人民教育出版社,1964.

[42]中国科学院数学研究所统计组编．常用数理统计方法．北京:科学出版社,1973.

[43]王宗皓,李麦村,等．天气预报中的概率统计方法．北京:科学出版社,1974.

[44]Barlow R E,等．Mathematical Theory of Realiability. John Wiley and Sons. Inc. ,1965.

[45]Гнеденко Б В,等. Математические Методы в Теории Надежности. 1965.

[46] Kac M. Probability and Related Topics in Physical Sciences. New York: Interscience Pub. , 1959.

[47]中国科学院数学研究所概率统计室．常用数理统计表．北京:科学出版社,1974.

[48]中国科学院数学研究所概率统计室．回归分析方法．北京:科学出版社,1974.

[49]Петров В В. Суммы Независимых Случайных Величин. 1972.

[50]Cramer H. The Elements of Probability Theory and Some of Its Appli-

cations. John Wiley, 1955.
[51]杨纪珂．数理统计方法在医学科学中的应用．上海:上海科技出版社,1964.
[52]严士健,王隽骧,刘秀芳．概率论基础．北京:科学出版社．1982.
[53]严士健,刘秀芳,徐承彝．概率论与数理统计．北京:高等教育出版社．1990.
[54]汪嘉冈．现代概率论基础．上海:复旦大学出版社．1988.
[55]杨宗磐．概率论入门．北京:科学出版社．1981.
[56]林叔荣．实用统计决策与Bayes分析．厦门:厦门大学出版社．1991.
[57]林鸿庆．概率论．厦门:厦门大学出版社．1989.
[58]陈希孺,倪国熙．数理统计教程．上海:上海科技出版社．1988.
[59]钟开莱．概率论教程．上海:上海科学技术出版社．1989.
[60]钟开莱．初等概率论附随机过程．北京:人民教育出版社．1979.
[61]胡迪鹤．分析概率论．北京:科学出版社．1984.
[62]梁之舜,等．概率论与数理统计．北京:高等教育出版社．1992.
[63]廖昭懋,杨文礼．概率论与数理统计．北京:北京师范大学出版社．1988.
[64]陆传荣,林正炎,陆传赉．概率论极限理论引论. 北京:高等教育出版社,1989.
[65]Yuan Shih Chow, Henry Teicher. Probability Theory, Independence, Interchangeability, Martingales, Second edition. Springer-Verlag, World Publishing Corporation. 1988.
[66]朱成熹．随机极限引论．天津:南开大学出版社．1989.
[67]周概容．概率论与数理统计．北京:高等教育出版社．1984.
[68]骆振华．概率统计简明教程．厦门:厦门大学出版社．1990.
[69]谢尔登·罗斯．概率论初级教程．李漳南,杨振明,译．北京:人民教育出版社．1982.
[70]魏宗舒,等．概率论与数理统计教程．北京:高等教育出版社．1991.
[71]王梓坤．生灭过程与马尔可夫链．北京:科学出版社．1980.
[72]王梓坤．布朗运动与位势．北京:科学出版社．1983.
[73]南开大学数学系统计预报组(王梓坤,钱尚玮). 概率与统计预报及在

地震与气象中的应用．北京:科学出版社．1978.
[74]Dudley R M. Real Analysis and Probability, Wadsworth and Brooks. California. 1989.
[75]Durrett R. Probability, Theory and Examples, Third Edition. Thomson Brooks/cole. 2005.
[76]Kallenberg O. 现代概率论基础．北京:科学出版社．Springer. 2001.
[77]Rao M M. Probability Theory with Applications. Academic Press Inc. 1984.
[78]Shiryayev A N. Probability. Springer-Verlag, 1984(有第 2 版,俄文本,1989).
[79]Stroock D W. Probability Theory, An Analytic View. Cambridge University Press. 1993.
[80]Laha R G, Rohatgi V K. Probability Theory. John Wiley and Sons. Inc. 1979.
[81]王寿仁．概率论基础和随机过程．北京:科学出版社．1986.
[82]李漳南,吴荣．随机过程教程．北京:高等教育出版社．1987.
[83]施仁杰．马尔可夫链基础及其应用．西安:西安电子科技大学出版社．1992.
[84]李志阐．近代概率论基础．石家庄:河北教育出版社．1987.
[85]杨振明．概率论．北京:科学出版社．1999.
[86]朱秀娟,洪再吉．概率统计问答 150 题．长沙:湖南科学技术出版社．1982.
[87]龚光鲁,钱敏平．应用随机过程教程．北京:清华大学出版社．2004.
[88]侯振挺,郭青峰．齐次可列马尔可夫过程．北京:科学出版社．1978.
[89]陆传赉．工程系统中的随机过程．北京:电子工业出版社．2000.
[90]陈永义．马尔可夫链——理论、应用与算法．兰州:兰州大学出版社．1993.
[91]杨向群,李应求．两参数马尔可夫过程论．长沙:湖南科学技术出版社．1996.

名词索引

五　画

六　画

七　画

八　画

九 画

十　画

十一画

十二画

十三画

十三画以上

外来字

后　记

王梓坤教授是我国著名的数学家、数学教育家、科普作家、中国科学院院士。他为我国的数学科学事业、教育事业、科学普及事业奋斗了几十年，做出了卓越贡献。出版北京师范大学前校长王梓坤院士的 8 卷本文集（散文、论文、教材、专著，等），对北京师范大学来讲，是一件很有意义和价值的事情。出版数学科学学院的院士文集，是学院学科建设的一项重要的和基础性的工作。

王梓坤文集目录整理始于 2003 年。

北京师范大学百年校庆前，我在主编数学系史时，王梓坤老师很关心系史资料的整理和出版。在《北京师范大学数学系史（1915～2002）》出版后，我接着主编 5 位老师（王世强、孙永生、严士健、王梓坤、刘绍学）的文集。王梓坤文集目录由我收集整理。我曾试图收集王老师迄今已发表的全部散文，虽然花了很多时间，但比较困难，定有遗漏。之后《王梓坤文集：随机过程与今日数学》于 2005 年在北京师范大学出版社出版，2006 年、2008 年再次印刷，除了修订原书中的错误外，主要对附录中除数学论文外的内容进行补充和修改，其文章的题目总数为 147 篇。该文集第 3 次印刷前，收集补充散文目录，注意到在读秀网（http：//www. duxiu. com），可以查到王老师的散文被中学和大学语文教科书与参考书收录的一些情况，但计算机显示的速度很慢。

出版《王梓坤文集》，原来预计出版10卷本，经过测算后改为8卷。整理8卷本有以下想法和具体做法。

《王梓坤文集》第1卷：科学发现纵横谈。在第4版内容的基础上，附录增加收录了《科学发现纵横谈》的19种版本目录和9种获奖名录，其散文被中学和大学语文教科书、参考书、杂志等收录的300多篇目录。苏步青院士曾说：在他们这一代数学家当中，王梓坤是文笔最好的一个。我们可以通过阅读本文集体会到苏老所说的王老师文笔最好。其重要体现之一，是王老师的散文被中学和大学语文教科书与参考书收录，我认为这是写散文被引用的最高等级。

《王梓坤文集》第2卷：教育百话。该书名由北京师范大学出版社高等教育与学术著作分社主编谭徐锋博士建议使用。收录的做法是，对收集的散文，通读并与第1卷进行比较，删去在第1卷中的散文后构成第2卷的部分内容。收录31篇散文，30篇讲话，34篇序言，11篇评论，113幅题词，20封信件，18篇科普文章，7篇纪念文章，以及王老师写的自传。1984年12月9日，王梓坤教授任校长期间倡议在全国开展尊师重教活动，设立教师节，促使全国人民代表大会常务委员会在1985年1月21日的第9次会议上作出决定，将每年的9月10日定为教师节。第2卷收录了关于在全国开展尊师重教月活动的建议一文。散文《增人知识，添人智慧》没有查到原文。在文集中专门将序言列为收集内容的做法少见。这是因为，多数书的目录不列序言，而将其列在目录之前．这需要遍翻相关书籍。题词定有遗漏，但数量不多。信件收集的很少，遗漏的是大部分。

《王梓坤文集》第3～4卷：论文（上、下卷）。除了非正式发表的会议论文：上海数学会论文，中国管理数学论文集论文，以及在《数理统计与应用概率》杂志增刊发表的共 3 篇论文外，其余数学论文全部选入。

《王梓坤文集》第 5 卷：概率论基础及其应用。删去原书第 3 版的 4 个附录。

《王梓坤文集》第 6 卷：随机过程通论及其应用（上卷）。第 10 章及附篇移至第 7 卷。《随机过程论》第 1 版是中国学者写的第一部随机过程专著（不含译著）。

《王梓坤文集》第 7 卷：随机过程通论及其应用（下卷）。删去原书第 13～17 章，附录 1～2：删去内容见第 8 卷相对应的章节。《概率与统计预报及在地震与气象中的应用》列入第 7 卷。

《王梓坤文集》第 8 卷：生灭过程与马尔可夫链。未做调整。

王梓坤的副博士学位论文，以及王老师写的《南华文革散记》没有收录。

《王梓坤文集》第 1～2 卷，第 3～4 卷，第 5～8 卷，分别统一格式。此项工作量很大。对文集正文的一些文字做了规范化处理，第 3～4 卷论文正文引文格式未统一。

将数学家、数学教育家的论文、散文、教材（即在国内同类教材中出版最早或较早的）、专著等，整理后分卷出版，在数学界还是一个新的课题。

本套王梓坤文集列入北京师范大学学科建设经费资助项目(项目编号 CB420)。本书的出版得到了北京师范大学出版社的大力支持，得到了北京师范大学出版社高等教育与学术著作分社主编谭徐锋博士的大力支持，南开大学王永进教授和南开大学数学科学学院党委书记田冲同志提供了王老师在《南开大学》(校报)上发表文章的复印件，同时得到了王老师的夫人谭得伶教授的大力帮助，使用了读秀网的一些资料，在此表示衷心的感谢。

李仲来

2016-01-18

图书在版编目（CIP）数据

概率论基础及其应用/王梓坤著；李仲来主编．—北京：北京师范大学出版社，2018.8（2019.12 重印）
（王梓坤文集；第 5 卷）
ISBN 978-7-303-23669-5

Ⅰ.①概…　Ⅱ.①王…　②李…　Ⅲ.①概率论　Ⅳ.①O211

中国版本图书馆 CIP 数据核字（2018）第 090388 号

营销中心电话　010－58805072 58807651
北师大出版社高等教育与学术著作分社　http://xueda.bnup.com

Wang Zikun Wenji
出版发行：北京师范大学出版社 www.bnupg.com
　　　　　北京市海淀区新街口外大街 19 号
　　　　　邮政编码：100875
印　　刷：鸿博昊天科技有限公司
经　　销：全国新华书店
开　　本：890 mm ×1240 mm　1/32
印　　张：17.375
字　　数：395 千字
版　　次：2018 年 8 月第 1 版
印　　次：2019 年 12 月第 2 次印刷
定　　价：88.00 元

策划编辑：谭徐锋　岳昌庆　　　责任编辑：岳昌庆
美术编辑：王齐云　　　　　　　装帧设计：王齐云
责任校对：陈　民　　　　　　　责任印制：马　洁